化学实验项目化课程系列教材 Ⅱ

化学合成技术实验

化学实验教材编写组　编

U0201579

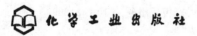

化学工业出版社

·北京·

本书是适应化学实验教学改革的发展需要，构建"基本操作—物质合成—物性测试及表征—综合与设计实验"为主线的项目化实验教学体系，将大学化学实验课程体系、实验内容等整合为化学基本操作技术实验、化学合成技术实验、化学测量及表征技术实验、化学综合与设计技术实验等4门项目化实验课程；打破化学学科实验的边界，反映了化学实验内容的层次性，让学生直观理解化学实验的全部概貌。《化学合成技术实验》包括70个化学合成技术实验实例，涉及各类化学合成方法介绍，涵盖无机化学、有机化学、材料化学、高分子化学四个部分合成技术实验的内容。

本书适合化学、应用化学、化学工程与工艺、制药工程、环境工程、生物工程、药学、高分子材料与工程、轻化工程等专业本科生作为实验教材。

图书在版编目（CIP）数据

化学合成技术实验/化学实验教材编写组编．—北京：化学工业出版社，2015.3（2023.3重印）
ISBN 978-7-122-23159-8

Ⅰ.①化… Ⅱ.①化 Ⅲ.①化学合成-化学实验-教材 Ⅳ.①O6-33

中国版本图书馆 CIP 数据核字（2015）第 039125 号

责任编辑：卢萌萌　陆雄鹰　　　　　　　　　　装帧设计：关　飞
责任校对：宋　玮

出版发行：化学工业出版社（北京市东城区青年湖南街13号　邮政编码100011）
印　　装：北京虎彩文化传播有限公司
787mm×1092mm　1/16　印张10¾　字数272千字　2023年3月北京第1版第6次印刷

购书咨询：010-64518888　　　　　　　售后服务：010-64518899
网　　址：http://www.cip.com.cn
凡购买本书，如有缺损质量问题，本社销售中心负责调换。

定　　价：36.00元

《化学合成技术实验》编写人员

主　　编：李　蕾

副 主 编：马红霞　宗乾收　王一菲

编写人员：杨义文　姜秀娟　宋熙熙　缪程平　张　洋

　　　　　朱连文　朱龙凤　王红梅　刘　丹

前　言

科学技术日新月异的发展，促进了各学科之间的相互渗透。化学学科应该实现与化工、材料、环境、生命、医学、药物、能源、农业、信息等学科领域的交叉和渗透，发挥化学基础学科对相关学科的支撑和促进作用。因此，应用型本科院校如何培养学生运用化学学科的理论知识和实验技能来解决实际问题的能力，显得尤为重要。

大学化学实验是培养学生实践能力和创新能力的重要途径之一。大学化学实验面向化学、化工与制药、环境科学与工程、生物工程、材料、轻工、纺织、药学、医学类等各本科专业单独开设实验课程，主要有无机化学实验、无机及分析化学实验、分析化学实验、有机化学实验、物理化学实验、仪器分析实验、化学综合实验等实验课程。如何以提升学生实践能力和创新能力为核心，构建"基本操作—物质合成—物性测试及表征—综合与设计实验"为主线的实验教学体系，我们将大学化学实验课程体系、实验内容进行改革，整合为化学基本操作技术实验、化学合成技术实验、化学测量及表征技术实验、化学综合与设计实验4门项目化实验课程，供各专业选择组合开设；打破化学学科实验的边界，反映了基础化学实验内容层次性，让学生直观理解化学实验的全部概貌。

本书所选内容具有广泛性和普适性，主要涉及各类化学合成方法、技术、装置等基础知识介绍，内容涵盖了无机化学合成技术、有机化学合成技术、材料化学合成技术实验、高分子化学合成技术等实验内容；同时，考虑各个专业普适性的需求，在教材中选择了不同类型和对象的实验内容。

参加本教材编写的人员有：无机化学合成技术部分有马红霞博士，王一菲博士；有机化学合成技术部分有宗乾收博士，杨义文博士，姜秀娟博士，宋熙熙老师，缪程平老师，张洋老师；材料化学合成技术部分有朱连文博士，朱龙凤博士；高分子化学合成技术部分有王红梅博士，刘丹博士。

全书由李蕾教授、马红霞副教授、宗乾收副教授、王一菲副教授等经多次讨论修改后定稿。

在本教材编写过程中，得到了刘小明教授、吴建一教授、曹雪波教授、周大鹏教授等同志的关心和支持；同时，本教材相关实验内容参考了国内有关高等院校编写的实验教材，在此一并表示衷心感谢。同时，本教材中涉及许多相关知识和多种实验技术，由于编者水平有限，书中的不足和疏漏之处在所难免，敬请广大读者批评指正。

编者
2014 年 12 月

目　录

第1章

无机化学合成技术

1.1 无机化学合成方法概述

无机合成又称无机制备，其主要任务是合成新的无机物，并发展新的合成方法。

无机合成的合成对象日益丰富，除了一般的无机物以外，还扩展到金属有机化合物、生物无机化合物、原子簇化合物、无机固体材料等方面。有关无机物的物理、化学性质及反应规律的知识及经验的积累和总结奠定了无机合成化学的基础，据此进行特定结构和性质的无机材料定向设计和合成是无机合成的发展方向。有代表的无机合成技术有经典的水溶液化学法和高温固相反应、电解法、非水溶剂法、化学气相沉积法、电弧法、光化学法、水热法等。近年来又发展了高温、高压等极端条件下的化学合成，以及以溶胶-凝胶法为代表的在温和条件下进行的所谓"软化学"合成。

1.2 无机化学合成中的若干问题

1.2.1 无机合成化学与反应规律问题

由周期表中100多种元素组成的1300多万种化合物（其中很多并不在自然界中存在，而是通过人工方法合成的），其性质不尽相同，合成方法也因原料、产物性质、对产品性能的要求不同而异，同种化合物又有多种制备方法。因此，不可能逐一讨论每种化合物的合成方法，而应该在掌握无机元素化学及化学热力学、动力学等知识的基础上，归纳总结合成各类无机化合物的一般原理、反应规律，特别是对主要类型的无机化合物或无机材料如酸、碱、盐、氧化物、氢化物、精细陶瓷二元化合物（C、N、B、Si 化合物）、经典配位化合物等的一般合成规律，了解其合成路线的基本模式，才有可能减少工作中的盲目性；才有可能设计合理或选择最优的路线合成出具有一定结构和性能的新型无机化合物或无机材料；才有可能改进或创新现有无机化合物或材料的合成途径和方法。

1.2.2 无机合成中的实验技术和方法问题

无机化合物或材料种类繁多，其合成方法多种多样，大体包括以下六种方法。

（1）电解合成法

如水溶液电解和熔融盐电解。

（2）以强制弱法

包括氧化还原的强氧化剂、强还原剂制弱氧化剂、弱还原剂和强酸强碱制弱酸弱碱。

（3）水溶液中的离子反应法

如气体的生成、酸碱中和、沉淀的生成与转化、配合物的生成与转化等。

（4）非水溶剂合成法

（5）高温热解法

（6）光化学合成法

现代无机合成中，为了合成特殊结构或聚集态（如膜、超微粒、非晶态等）及具有特殊性能的无机功能化合物或材料，越来越广泛地应用各种特殊实验技术和方法，像高温和低温合成、水热溶剂热合成、高压和超高压合成、放电和光化学合成、电氧化还原合成、无氧无水实验技术、各类 CVD（化学气相沉积）技术、sol-gel（溶胶-凝胶）技术、单晶的合成与晶体生长、放射性同位素的合成与制备以及各类重要的分离技术等。如大量由固相反应或界面反应合成的无机材料只能在高温或高温高压下进行；具有特种结构和性能的表面或界面的材料，如新型无机半导体超薄膜，具有特种表面结构的固体催化材料和电极材料等需要在超高真空下合成；大量低价态化合物和配合物只能在无水无氧条件下合成；晶态物质的造孔反应需要在中压水热合成条件下完成；大量非金属间化合物的合成和提纯需要在低温真空下进行等。

1.2.3　无机合成中的分离问题

产品的分离、提纯是合成化学的重要组成部分。合成过程中常伴有副反应发生，很多情况下合成一个化合物并不困难，困难的是从混合物中将产品分离出来。另一方面，通过化学反应制得的产物常含有杂质，纯度不符合要求，随着现代技术的发展，对无机材料纯度的要求越来越高，如超纯试剂、半导体材料、光学材料、磁性材料、用于航天航海的超纯金属等。因此，对合成产物必须进行分离提纯，以满足现代技术发展的需要。同时，合成和分离是两个紧密相连的问题，解决不好分离问题就无法获得满意的合成结果。无机材料既对组成（包括微量掺杂）又对结构有特定要求，因而，使用的分离方法会更多更复杂一些。

在无机合成中一方面要特别注重反应的定向性和原子经济性，尽力减少副产物与废料，使反应产物的组成、结构符合合成的要求；另一方面，要充分重视分离方法和技术的改进和建立，除去传统的重结晶、分级结晶和分级沉淀、升华、分馏、离子交换和色谱分离、萃取分离等方法之外，尚需采用一系列特种的分离方法，如低温分馏、低温分级蒸发冷凝、低温吸附分离、高温区域熔炼、晶体生长中的分离技术、特殊的色谱分离、电化学分离、渗析、扩散分离、膜分离技术和超临界萃取分离技术等，以及利用性质的差异充分运用化学分离方法等。遇到特殊的分离问题时必须设计特殊的方法。

1.2.4　无机合成中的结构鉴定和表征问题

无机材料和化合物的合成对组成和结构有严格的要求，因而结构的鉴定和表征在无机合成中具有重要的指导作用。它既包括了对合成产物的结构确证，又包括特殊材料结构中非主要组分的结构状态和物化性能的测定。为了进一步指导合成反应的定向性和选择性，有时还需对合成反应过程的中间产物的结构进行检测，但由于无机反应的特殊性，这类问题的解决往往相当困难。目前，常用的结构鉴定和表征方法除各种常规的化学分析外，还需要使用一些结构分析仪器和实验技术，如 X 射线粉末衍射，差热、热重分析，各类光谱，如可见、紫外、红外、拉曼、顺磁、核磁等。

针对不同材料的要求，为检测其相应的性能常常还需应用一些特种的现代检测手段。如对新材料尤其是复合材料进行无损检测时常使用红外热波无损检测技术；当制备一定结构性能的固体表面或界面材料，如电极材料、特种催化材料、半导体材料等，为了检测其表面结构，包括其中个体的化学组成、电子状态以及在表面进行反应时的结构，需要使用能量散射谱（Energy dispersed spectrum，EDS）、低能电子衍射（Low energy electron diffraction，LEED）、俄歇电子能谱（Augur electron spectrum，AES）、X 射线光电子能谱（X-rays photoelectron spectrum，XPS）、离子散射光谱（Ion scattering spectrum，ISS）等，且测定需要在超高真空下进行。此外，各种电子显微镜如透射电子显微镜（普通或高分辨，TEM、HRTEM）、扫描电子显微镜（SEM）、扫描隧道电子显微镜（STM）和原子力显微镜（AFM）等，也已广泛应用于物质结构的精细分析上，并且获得了很好的效果。

1.3 无机化学合成技术与装置

1.3.1 水热与溶剂热合成法

水热与溶剂热合成法最初是矿物学家在实验室用于研究超临界条件下矿物形成的过程，而后到沸石分子筛和其他晶体材料的合成，已经历了一百多年的历史。在此过程中，化学家通过对水热和溶剂热合成方法的研究，已制备了很多无机化合物，包括微孔材料、人工水晶、纳米材料、固体功能材料、无机-有机杂化材料等。其中，水热合成是一种特殊条件下的化学传输反应，是以水为介质的多相反应。根据温度分为低温水热合成（100℃以下）、中温水热合成（100～200℃）和高温水热合成（大于300℃）。随着水热与溶剂热合成技术在材料领域越来越广泛的应用，该方法已经成为无机化合物合成的一个重要手段。

水热与溶剂热合成是指在密闭体系中，以水或其他有机溶剂做介质，在一定温度（100～1000℃）和压强（1～100MPa）下，原始混合物进行反应合成新化合物的方法。在高温高压的水热或溶剂热条件下，物质在溶剂中的物理性质与化学反应性能如密度、介电常数、离子积等都会发生变化，如水的临界密度为 $0.32g/cm^3$。与其他合成方法相比，水热与溶剂热合成有以下特点：a. 反应在密闭体系中进行，易于调节环境气氛，有利于特殊价态化合物和均匀掺杂化合物的合成；b. 水热和溶剂热合成适用于在常温常压下不溶于各种溶剂或溶解后易分解、熔融前后易分解的化合物的形成，也有利于合成低熔点、高蒸气压的材料；c. 由于在水热与溶剂热条件下中间态、介稳态以及特殊物相易于生成，因此，能合成与开发一系列特种介稳结构、特种凝聚态的新化合物；d. 在水热和溶剂热条件下，溶液黏度下降，扩散和传质过程加快，而反应温度大大低于高温反应，水热和溶剂热合成可以代替某些高温固相反应；e. 由于等温、等压和溶液条件特殊，有利于生长缺陷少、取向好、完美的晶体，且合成产物结晶度高以及易于控制产物晶体的粒度。

水是水热合成中最常用和最传统的反应介质，在高温高压下，水的物理性质发生了很大的变化，其密度、黏度和表面张力大大降低，而蒸气压和离子积则显著上升。在1000℃、15～20GPa条件下，水的密度大约为 $1.7～1.9g/cm^3$，如果解离为 H_3O^+ 和 OH^-，则此时水已相当于熔融盐。而在500℃、0.5GPa条件下，水的黏度仅为正常条件下的10%，分子和离子的扩散迁移速率大大加快。在超临界区域，水介电常数在10～30之间，此时，电解质在水溶液中完全电离，反应活性大大提高。温度的提高，可以使水的离子积急剧升高

（5～10个数量级），有利于水解反应的发生。

在以水做溶剂的基础上，以有机溶剂代替水，大大扩展了水热合成的范围。在非水体系中，反应物处于液态分子或胶体分子状态，反应活性高，因此可以替代某些固相反应，形成以前常规状态下无法得到的介稳产物。同时，非水溶剂本身的一些特性，如极性、配位性能、热稳定性等都极大地影响了反应物的溶解性，为从反应动力学、热力学的角度去研究化学反应的实质和晶体生长的特征提供了线索。近年来在非水溶剂中设计不同的反应途径合成无机化合物材料取得了一系列重大进展，已越来越受到人们的重视。常用的热合成的溶剂有醇类、DMF、THF、乙腈和乙二胺等。

高压反应釜是进行水热反应的基本设备，高压容器一般用特种不锈钢制成，釜内衬有化学惰性材料，如 Pt、Au 等贵金属和聚四氟乙烯等耐酸碱材料。高压反应釜的类型可根据实验需要加以选择或特殊设计。常见的反应釜有自紧式反应釜、外紧式反应釜、内压式反应釜等，加热方式可采用釜外加热和釜内加热。如果温度、压力不太高，为方便实验过程的观察，也可部分采用或全部采用玻璃或石英设备。根据不用实验的要求，也可设计外加压方式的外压釜或能在反应过程中提取液相、固相研究反应过程的流动反应釜等。

图 1-1 是国内实验室常用于无机化合物合成的简易水热反应釜实物图。釜体和釜盖用不锈钢制造。因反应釜体积小（小于 100mL），可直接在釜体和釜盖设计丝扣直接相连，以达到较好的密封性能，其内衬材料通常是聚四氟乙烯。采用外加热方式，以烘箱或马弗炉为加热源。由于使用聚四氟乙烯，使用温度应低于聚四氟乙烯的软化温度（250℃）。釜内压力由加热介质产生，可通过介质填充度在一定范围内控制，室温开釜。

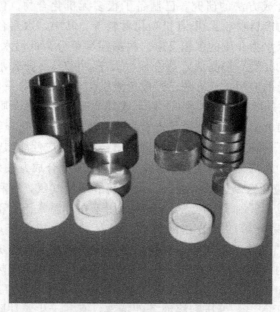

图 1-1　简易水热反应釜实物图

1.3.2　固相合成法

固相化学反应是人类最早使用的化学反应之一，我们的祖先早就掌握了制陶工艺，将制得的陶器做生活用品，如陶罐用作集水、储粮，将精美的瓷器用作装饰。因为它不使用溶剂，加之具有高选择性、高生产率、工艺过程简单等优点，已成为人们制备新型固相固体材料的重要手段之一。

根据固相化学反应发生的温度将固相化学反应分为三类，即反应温度低于100℃的低温固相反应，反应温度介于100～600℃之间的中热固相反应，以及反应温度高于600℃的高温固相反应。虽然这仅是一种人为的分法，但每一类固相反应的特征各有不同，不可替代，在合成化学中必将充分发挥各自的优势。

1.3.3 化学气相沉积法（CVD）

化学气相沉积法（CVD，Chemical vapor deposition）是利用气态或蒸气态的物质在气相或气固相界面上反应生成固态沉积物的技术。化学气相沉积法把含有构成薄膜元素的一种或几种化合物的单质气体供给基片，利用加热、等离子体、紫外线乃至激光等能源，借助气相作用或基片表面的化学反应生成要求的薄膜。这种化学制膜方法完全不同于磁控溅射和真空蒸发等物理气相沉积法（PVD），后者是利用蒸镀材料或溅射材料来制备薄膜。随着科学技术的发展，化学气相沉积法内容和手段不断更新，现代社会又赋予它新的内涵，即物理过程与化学过程的结合，出现了兼备化学气相沉积和物理气相沉积特性的薄膜制备方法，如等离子气相沉积法等。其最重要的应用在半导体材料的生产中，如生产各种掺杂的半导体晶体外延薄膜、多晶硅薄膜、半绝缘的掺氧多晶硅薄膜；绝缘的二氧化硅、氮化硅、磷硅玻璃、硼硅玻璃薄膜以及金属钨薄膜等。化学气相沉积法从古时"炼丹术"时代开始，发展到今天已逐渐成为了成熟的合成技术之一。图1-2为CVD装置示意。

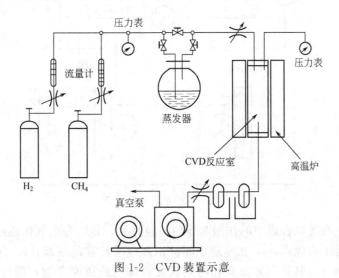

图1-2 CVD装置示意

一般的化学气相沉积法技术是一种热化学气相沉积技术，沉积温度为900～2000℃。这种技术已广泛应用于复合材料合成、机械制造、冶金等领域。化学气相沉积法进行材料合成具有以下特点：a. 在中温或高温下，通过气态的初始化合物之间的气相化学反应而沉积固体；b. 可以在大气压（常压）或者低于大气压（低压）进行沉积，一般来说低压效果要好一些；c. 采用等离子和激光辅助技术可以显著的促进化学反应，使沉积可在较低的温度下进行；d. 沉积层的化学成分可以改变，从而获得梯度沉积物或者得到混合沉积层；e. 可以控制沉积层的密度和纯度；f. 绕镀性好，可在复杂形状的基体上及颗粒材料上沉积；g. 气流条件通常是层流在基体表面形成厚的边缘层；h. 沉积层通常具有柱状晶结构，不耐弯曲，但通过各种技术对化学反应进行气相扰动，可以得到细晶粒的等轴沉积层；i. 可以形成多种金属、合金、陶瓷和化合物沉积层。

因此，化学气相沉积法除了装置简单、易于实现之外还具有以下优点：a. 可以控制材料的形态（包括单晶、多晶、无定型材料、管状、枝状、纤维和薄膜等），并且可以控制材料的晶体结构沿一定的结晶方向排列；b. 产物可在相对低的温度条件下进行固相合成，可在低于材料熔点的温度下合成材料；c. 容易控制产物的均匀程度和化学计量，可以调整两种以上元素构成的材料组成；d. 能实现掺杂剂浓度的控制及亚稳态的合成；e. 结构控制一般能够从微米级到亚微米级，在某些条件下能够达到原子级水平等。

1.3.4 电化学合成法

电化学合成法即利用电解手段合成化合物和材料的方法，主要发生在水溶液体系、熔融盐和非水体系中。电化学是从研究电能与化学能的相互转换开始形成的。1807 年，汉弗里·戴维就用电解法得到钠和钾，1870 年发明了发电机后，电解才获得实际应用，从此相继出现电解制备铝，电解制备氯气和氢氧化钠，电解水制取氢气和氧气。电解系统电路示意如图 1-3 所示。

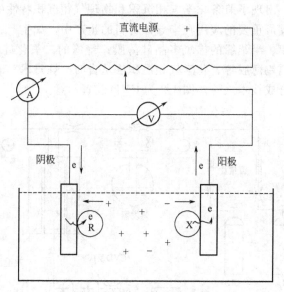

图 1-3　电解系统电路示意

电解合成反应在无机合成中的作用和地位日益重要，是因为电氧化还原过程与传统的化学反应过程相比有下列优点：a. 在电解中能提供高电子转移的功能；b. 合成反应体系及其产物不会被还原剂（或氧化剂）及其相应的氧化产物（或还原产物）所污染；c. 由于能方便地控制电极电势和电极的材质，因而可选择性地进行氧化或还原，从而制备出许多特定价态的化合物；d. 由于电氧化还原的特殊性，因而能制备出其他方法不能制备的许多物质和聚集态。

电化学合成也存在一些缺陷，电化学合成的产率有待提高，由于影响因素多，导致反应中的变数较多。

1.3.5 微波合成法

20 世纪 30 年代初，微波技术主要用于军事方面。第二次世界大战后，发现微波具有热效应，才广泛应用于工业、农业、医疗及科学研究。实际应用中，一般波段的中波长，即 1～25cm 波段专门用于雷达，其余部分用于电讯传输。微波在化学中的应用最早的报道出现于 1952 年，当时 Broida 等用形成等离子体（MIP）的办法以原子发射光谱（AES）测定氢-

气混合气体中气同位素含量。随后的几十年，微波技术广泛应用于无机、有机、分析、高分子等化学的各个领域中。微波技术在无机合成上的应用日益繁荣，已应用于纳米材料、沸石分子筛的合成和修饰、陶瓷材料、金属化合物的燃烧合成等方面。

固相物质制备目前使用的方法有高压法、水热法、溶胶-凝胶法、电弧法、化学气相沉积法等。这些方法中，有的需要高温和高压；有的难以得到均匀的产物；有的制备装置过于复杂，昂贵，反应条件苛刻，周期太长。而微波辐射法则不同，能里外同时加热，不需要传热过程；加热的热能利用率很高。通过调节微波的输出功率无惰性地改变加热情况，便于进行自动控制和连续操作；同时微波设备本身不辐射热量。可以避免环境高温，改善工作环境。微波水热平行合成仪如图1-4所示。

图1-4 微波水热平行合成仪

与传统通过辐射、对流以及传导由表及里的加热方式相比，微波加热主要有4个特点：a. 加热均匀、温度梯度小，物质在电磁场中因本身介质损耗而引起的体积加热，可实现分子水平上的搅拌，因此有利于对温度梯度很敏感的反应，如高分子合成和固化反应的进行；b. 可对混合物料中的各个组分进行选择性加热，由于物质吸收微波能的能力取决于自身的介电特性，对于某些同时存在气固界面反应和气相反应的气固反应，气相反应有可能使选择性减小，而利用微波选择性加热的特性就可使气相温度不至过高，从而提高反应的选择性；c. 无滞后效应，当关闭微波源后，再无微波能量传向物质，利用这一特性可进行温度控制要求很高的反应；d. 能量利用效率很高，物质升温非常迅速，运用得当可加快物料处理速度。但若控制不好，也会造成不利影响。

1.3.6 仿生合成法

虽然自然界中的生物矿化现象，（牙床、骨骼、贝壳等）已经存在了几百年了，但直到20世纪90年代中期，当科学家们注意到生物矿化进程中分子识别、分子自组装和复制构成了五彩缤纷的自然界，并开始有意识地利用这一自然原理来指导特殊材料的合成时，仿生合成的概念才被提出。于是各种具有特殊性能的新型无机材料应运而生，化学合成材料由此进入了一个崭新的领域。

仿生合成（Biomimetric synthesis）一般是指利用自然原理来指导特殊材料的合成，即受自然界生物的启示，模仿或利用生物体结构、生化功能和生化过程并应用到材料设计，以便获得接近或超过生物材料优异特性的新材料，或利用天然生物合成的方法获得所需材料。利用仿生合成所制备的材料通常具有独特显微结构特点和优异的物理、化学性能。

目前，仿生材料工程主要研究内容分为两方面，一方面是采用生物矿化的原理制备优异的材料，另一方面是采用其他方法制备类似生物矿物结构的材料。

仿生合成法为制备实用新型的无机材料提供了一种新的化学方法，使纳米材料的合成技术朝着分子设计和化学"裁剪"的方向发展，巧妙选择合适的无机物沉积模板，是仿生合成的关键。仿生合成法制备无机功能材料具有传统物理和化学方法无可比拟的优点：a. 可对晶体粒径、形态及结晶学定向等微观结构进行严格控制；b. 不需后续热处理；c. 合成的薄膜膜厚均匀、多孔，基体不受限制，包括塑料及其他温度敏感材料；d. 在常温常压下形成，成本低。因此，仿生合成技术在无机材料制备领域具有很大的发展潜力。

第2章

有机化学合成技术

2.1 有机化学合成技术与装置

有机合成技术是为了使有机化学合成选择性好、产率高、原子利用率高、反应速度快和反应条件温和等。本节将介绍一些实验室常用的合成技术,如固相合成、微波合成、超声波合成、电合成、光合成、无溶剂合成和无水无氧操作等原理、优点和装置。

2.1.1 固相有机合成

固相有机合成就是把反应物或催化剂键合在固相高分子载体上,生成的中间产物再与其他试剂进行单步或多步反应,生成的化合物连同载体过滤、淋洗,与试剂及副产物分离,这个过程能够多次重复,可以连接多个重复单元或不同单元,最终将目标产物通过解脱试剂从载体上解脱出来。其与常规合成方法比较有以下优点:a. 后处理简单,通过过滤、洗涤就可以将每一步反应的产物和其他组分分离;b. 易于实现自动化,固相树脂对于重复性反应步骤可以实现自动化,具有工业应用前景;c. 高转化率,可以通过增大液相或固相试剂的量来促进反应完成或加快反应速率,而不会带来分离操作的困难;d. 催化剂可回收和重复利用,稀有贵重材料(如稀有金属催化剂)可以连接到固相高分子上来达到回收和重复利用的目的;e. 控制反应的选择性,例如,利用高分子本身的侧链作为取代基团,或利用高分子孔径的结构和大小等,控制反应的立体和空间选择性。

固相合成中的组成要素为固相载体(Polymer support)、目标化合物(product)和连接体(linRer)。基本原理如图 2-1 所示。

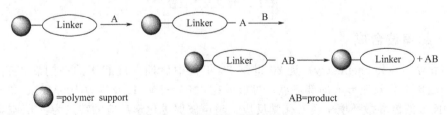

图 2-1　固相合成基本原理

固相有机合成反应总体上可以分为以下 3 类。

① 反应底物以共价键和高分子支持体相连,溶液中的反应试剂和底物反应。反应后产物保留在支持体上,通过过滤、洗涤与反应体系中的其他组分分离,最后将产物从支持体上

解离下来得到最终产物。

② 反应试剂与支持体连接形成固相合成试剂，反应底物溶解在溶液相中，反应后副产物连接在树脂上，而产物留在溶液中，通过过滤、洗涤、浓缩得到最终产物。

③ 将催化剂连接在支持体上，得到固相高分子催化剂。使用这种催化剂可以在反应的任何阶段把催化剂分离出来，从而控制反应进程。

2.1.2 微波合成反应

微波合成化学即微波诱导催化有机反应化学。与传统加热合成相比，微波加热合成的优点包括：a. 微波的存在会活化反应物分子，使反应的诱导期缩短；b. 微波场的存在会对分子运动造成取向效应，使反应物分子在连心线上分运动相对加强，造成有效碰撞频率增加，反应速率加快，微波量子物理学告诉我们，微波可引起分子转动进入亚稳态，从而活化分子，使反应更容易进行；c. 微波加速有机反应与其对催化剂的作用有很大关系，催化剂在微波场中被加热速度比周围介质更快，造成温度更高，在表面形成"热点"，从而得到活化，造成反应速率和选择性的提高。

微波促进有机反应的原理为：a. "内加热"，微波靠介质的偶极子转向极化和界面极化在微波场中的介电耗损而引起的体内加热；b. "非热效应"，由于极性分子内电荷分布不平衡，在微波场中能迅速吸收电磁波的能量，通过分子偶极作用以每秒 4.9×10^9 次的超高速振动，提高了分子的平均能量，使反应温度与速度急剧提高。微波反应装置如图 2-2 所示。

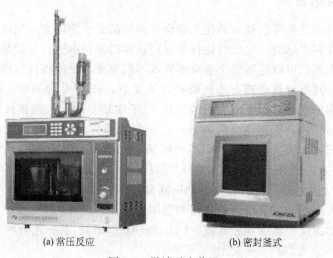

(a) 常压反应　　　　　　　　　　(b) 密封釜式

图 2-2　微波反应装置

2.1.3 超声波合成

超声化学（Sonochemistry）是 20 世纪 80 年代中后期发展起来的一门新兴交叉学科，它是利用超声空化效应形成局部热点，可形成在 4000～6000K 及压力 100MPa、急剧冷却速度达 109K/s 的极端微环境中诱发化学反应。超声波促进化学反应的特点为：a. 空化泡爆裂可以产生促进化学反应的高能环境（高温和高压），使溶剂和反应试剂产生活性物种，如离子、自由基等；b. 超声辐射可以产生机械作用，如促进传质、传热、分散等作用；c. 对于许多有机反应，尤其是非均相反应，有显著地加速效应，并且可以提高反应产率，减少副产物；d. 可使反应在比较温和的条件下反应，减少甚至不用催化剂，简化实验操作；e. 对于金属参与的反应，超声波可以及时去除金属表面形成的产物、中间产物及杂质，使反应面清洁，促进反应的进行。

超声化学的基本原理：超声波在介质中的传播过程存在着一个正负压强的交变周期，当在正压相位时，超声波对介质分子挤压，改变了液体介质原来的密度，使其增大；而在负压相位时，使介质分子稀疏，进一步离散，介质的密度则减小。当用足够大振幅的超声波作用于液体介质时，会慢慢产生空化气泡，并且空化气泡在十分迅速的溃陷过程中瞬间产生几千开氏温度的高温、高压和冲击波，瞬间转化为热能，使泡内的介质加热分解，从而增加化学反应活性（增加分子间的碰撞）和使高分子降解。超声波仪器如图2-3所示。

(a) 超声波光波催化合成仪　　　　　　　　(b) 智能型低温超声波

图 2-3　超声波仪器

2.1.4　电化学合成

以电化学方法合成有机化合物称为有机电合成，它是把电子作为试剂，通过电子得失来实现有机化合物合成的一种新技术，这是一门涉及电化学、有机合成及化学工程等学科的交叉学科。有机电合成与一般有机合成相比，有机电合成反应是通过反应物在电极上得失电子实现的，一般无需加入氧化还原试剂，可在常温常压下进行，通过调节电位、电流密度等来控制反应，便于自动控制。这样，简化了反应步骤，减少物耗和副反应的发生。可以说有机电合成完全符合"原子经济性"要求，而传统的合成催化剂和合成"媒介"是很难达到这种要求的。

从本质来说，有机电合成很有可能会消除传统有机合成产生环境污染的根源。

电解反应需从电极上获得电子来完成，因此有机电合成必须具备以下三个基本条件：a. 持续稳定供电的（直流）电源；b. 满足"电子转移"的电极；c. 可完成电子移动的介质。有机电合成中最重要的是电极，它是实施电子转移的场所。

电合成反应是由电化学过程、化学过程和物理过程等组合起来的。典型的电合成过程如下：a. 电解液中的反应物（R）通过扩散达到电极表面（物理过程）；b. R在双电层或电荷转移层通过脱溶剂、解离等化学反应而变成中间体（I）（化学过程），无溶剂、无缔合现象的不经过此过程；c. 在电极上吸附形成吸附中间体（Iad1）（吸附活化过程）；d. Iad1在电极上放电发生电子转移而形成新的吸附中间体（Iad2）（电子得失的电化学过程）；e. Iad2在电极表面发生反应而变成生成物（Pad）吸附在电极表面；f. Pad脱附后再通过物理扩散成为生成物（P）。

电化学反应过程如图 2-4 所示，电解系统电路示意如图 2-5 所示。

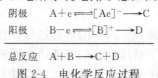

阴极　　　$A+e \rightleftharpoons [Ae]^- \longrightarrow C$

阳极　　　$B-e \rightleftharpoons [B]^+ \longrightarrow D$

总反应　　$A+B \longrightarrow C+D$

图 2-4　电化学反应过程

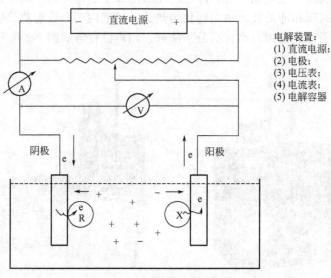

电解装置：
(1) 直流电源；
(2) 电极；
(3) 电压表；
(4) 电流表；
(5) 电解容器

图 2-5　电解系统电路示意

2.1.5　光化学合成

有机合成光化学是研究用光化学方法容易或可在温和条件下便可合成的光化学反应。光催化具有高效、低能耗、洁净、无二次污染和反应速度快等优点。

半导体材料在紫外线及可见光照射下，将光能转化为化学能，并促进有机物的合成与分解，这一过程称为光催化。当光能等于或超过半导体材料的带隙能量时，电子从价带（VB）激发到导带（CB）形成光生载流子（电子-空穴对）。在缺乏合适的电子或空穴捕获剂时，吸收的光能因为载流子复合而以热的形式耗散。价带空穴是强氧化剂，而导带电子是强还原剂。

一般光化学反应机理，如图 2-6 所示。

$$D(S_0) \xrightarrow{h\nu(光照)} D(S_1) \xrightarrow{ISC(系间窜跃)} D(T_1)$$

$$D(T_1)+反应物\ A(S_0) \longrightarrow D(S_0)+反应物\ A(T_0)$$

$$反应物\ A(T_1) \longrightarrow 产物(S_0)$$

图 2-6　光化学反应机理

经典的光化学反应器由光源、透镜、滤光片、石英反应池、恒温装置及功率计组成。如图 2-7 所示。

2.1.6　无水无氧合成

实验研究工作中经常会遇到一些特殊的化合物，有许多是对空气敏感的物质——怕空气中的水和氧；为了研究这类化合物——合成、分离、纯化和分析鉴定，必须使用特殊的仪器和无水无氧操作技术。目前采用的无水无氧操作分三种：a. Schlenk 操作；b. 手套箱操作

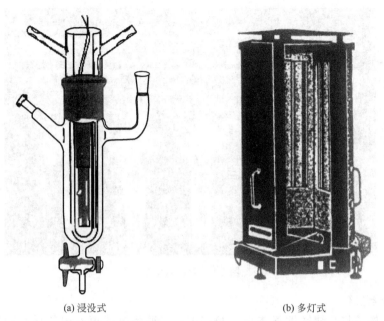

(a) 浸没式　　　　　　　　　　　　　(b) 多灯式

图 2-7　光化学反应装置

（Glove-box）；c. 高真空线操作（Vacuum-line）。

(1) Schlenk 操作

Schlenk 操作是指真空和惰气切换的技术，主要用于对空气和潮气敏感的反应，它是把有机的常规实验统统在真空和惰气的切换下实现保护的反应手段。实现 Schlenk 技术最常见的是双排管方式，即为一条惰气线，一条真空线，通过特殊的活塞来切换。双排管操作的工作原理是：两根分别具有 5～8 个支管口的平行玻璃管，通过控制它们连接处的双斜三通活塞，对体系进行抽真空和充惰性气体两种互不影响的实验操作，从而使体系得到实验所需要的无水无氧的环境要求。双排管操作示意如图 2-8 所示，双排管实物如图 2-9 所示。

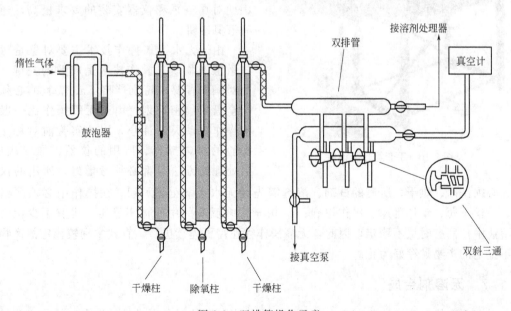

图 2-8　双排管操作示意

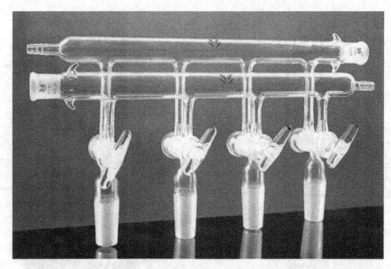

图 2-9 双排管实物

(2) 手套箱操作

手套箱操作是将高纯惰性气体充入箱体内，并循环过滤掉其中的活性物质的实验室设备。主要功能在于对 O_2、H_2O、有机气体的清除，广泛应用于无水、无氧、无尘的超纯环境。手套箱仪器设备如图2-10所示。

(3) 高真空线操作

高真空线操作即对空气敏感物质的操作在事先抽真空的体系中进行。其特点是真空度高，极好地排除了空气。它适用于气体与易挥发物质的转移、贮存等操作。高真空线操作要求的真空度高（一般在 $1\sim10\text{kPa}$），因此对真空泵和仪器安装的要求极高，还要有液氮冷阱。

图 2-10 手套箱仪器设备

由于无水无氧操作技术主要对象是对空气敏感的物质，操作技术是成败的关键。因此对操作者要求特别严格：a. 实验前必须进行全盘的周密计划（由于无氧操作比一般常规操作机动灵活性小，因此实验前对每一步实验的具体操作、所用的仪器、加料次序、后处理的方法等都必须考虑好，所用的仪器事先必须洗净、烘干，所需的试剂、溶剂需先经无水无氧处理）；b. 在操作中必须严格认真、一丝不苟、动作迅速、操作正确；c. 由于许多反应的中间体不稳定，也有不少化合物在溶液中比固态时更不稳定，因此，无氧操作往往需要连续进行，直到拿到较稳定的产物或把不稳定的产物贮存好为止。

2.1.7 无溶剂合成

无溶剂有机反应也称为固态有机反应，因为它研究的对象通常是低熔点有机物之间的反应。反应时，除反应物外不加溶剂，固体物直接接触发生反应。无溶剂合成的优点是：a. 低污染、低能耗、操作简单；b. 较高的选择性；c. 控制分子构型；d. 提高反应效率。无溶剂合成既包括经典的固-固反应，又包括气-固反应和液-固反应。

无溶剂有机合成反应的类型包括以下几种。

(1) 热反应

热反应包括：a. 氧化反应：如拜拜伊尔-维利格（Baeyer-Villiger）氧化反应；b. 还原反应：如用 $NaBH_4$ 使酮还原为醇；c. 坎尼扎罗（Cannizzaro）歧化反应：如将醛歧化为醇和酸；d. 加成反应：如卤素和卤化氢加成，迈克尔（Michael）加成；e. 消去反应：如醇消去变为烯；f. C-C偶合反应：[2＋2][4＋2][6＋2]环加成反应，包括狄尔斯-阿尔德（Diels-Alder）加成、醛酮缩合反应、狄克曼（Dieckmann）缩合反应、格式试剂（Grignard）、雷夫马斯基（Reformasky）、魏梯烯（Wittig）反应、叶立德反应、克莱森（Claisen）反应、鲁宾逊（Robinson）缩环反应、片哪醇（Pinacol）偶合反应、酚之间的偶合反应、炔化合物的氧化偶合反应、C_{60}的加成与偶合反应等；g. 取代反应：氨解、水解、酯交换、醚化；h. 聚合反应；i. 重排与异构：频哪醇（Pinacol）重排，如二苯乙二酮转位和邻二叔醇转位、贝克曼（Beckmann）重排、迈耶-舒斯特（Meyer-Schuster）重排、查普曼（Chappman）重排、异构化等。

(2) 光化反应

光化反应包括：a. 二聚和聚合；b. 环化；c. 重排与异构；d. 醚化；e. 去羰基化；f. 不同分子间的光化加成；g. 不对称选择性光化反应等。

2.2 有机化合物的鉴定

2.2.1 有机化合物的化学鉴定

近年来，由于现代仪器用于分离和分析，使有机化学的实验方法发生了很大的变化，但是化学分析仍然是每个化学工作者必须掌握的基本知识和操作技巧。在实验过程中，往往需要在很短的时间内用很少的样品做出鉴定，以保证实验很快顺利进行。化学分析鉴定在多数情况下可以得到一定的信息，选择化学分析还是光谱仪器分析取决于现有的实验条件和实验中哪些方法更为迅速、更为简便。

经典的有机化学定性系统分析，包括如下步骤。

① 物理化学性质的初步鉴定。

② 物理常数的测定。

③ 元素分析。

④ 溶解度试验，包括酸、碱反应。

⑤ 分类试验，包括各类官能团试验。

⑥ 衍生物制备。

要鉴定一个化合物的结构，除了由元素分析知道所含的元素及其质量分数外，官能团的鉴定也是一个很重要的方法。

有机化合物官能团的性质鉴定，其操作简便、反应迅速，对确定有机化合物的结构非常有用。官能团的定性鉴定是利用有机化合物中官能团所特有的不同特性，即能与某些试剂作用产生特殊的颜色或沉淀等现象，反应具有专一性，结果明显。

2.2.1.1　烯、炔烃的不饱和性质鉴定

(1) 溴的四氯化碳溶液试验

取两支干燥试管，分别在两个试管中放入 1mL 四氯化碳。在其中一试管中加入 2～3 滴环己烷样品，在另一试管中加入 2～3 滴环己烯样品，然后在两支试管中分别滴加 5% 溴-四氯化碳溶液，并不时振荡，观察褪色情况，并做记录。

再取一支干燥试管，加 1mL 四氯化碳并滴入 3～5 滴 5% 溴-四氯化碳溶液，通入乙炔气体，注意观察现象。

(2) 高锰酸钾溶液试验

取 2～3 滴环己烷与环己烯分别放在两支试管中，各加入 1mL 水，再分别逐滴加入 2% 高锰酸钾溶液，并不断振荡。当加入 1mL 以上高锰酸钾溶液时，观察褪色情况，并做记录。

另取一试管，加入 1mL 2% 高锰酸钾溶液，通入乙炔气体，注意观察现象。

(3) 鉴定炔类化合物试验

① 与硝酸银氨溶液的反应。取一支干燥试管，加入 2mL 2% 硝酸银溶液，加 1 滴 10% 氢氧化钠溶液，再逐滴加入 1mol/L 氨水直至沉淀刚好完全溶解。将乙炔通入此溶液，观察反应现象，所得产物应用 1:1 硝酸处理。

② 与铜氨溶液的反应。取绿豆大小固体氯化亚铜，溶于 1mL 水中，再逐滴加入浓氨水至沉淀完全溶解，通入乙炔，观察反应现象。

2.2.1.2　卤代烃的性质试验

(1) 硝酸银试验

取 5 支洗净并用蒸馏水冲洗过的干燥试管，将试管编号，用滴管分别加入正氯丁烷、二级氯丁烷、三级氯丁烷、氯化苄、氯苯样品 4～5 滴，然后在每支试管中再分别加入 2mL 1% 的硝酸银-乙醇溶液，仔细观察生成卤化银沉淀的时间并做记录。10min 后，将未产生沉淀的试管在 70℃ 水浴中加热 5min 左右，观察有无沉淀生成。根据试验结果请排列以上卤代烷反应活泼性次序，并说明原因。

(2) 碘化钠（钾）试验

在洁净干燥的 6 支编号试管中分别加入 1mL 15% 碘化钠-丙酮溶液，分别加入正氯丁烷、二级氯丁烷、三级氯丁烷、正溴丁烷、二级溴丁烷、溴苯试样各 2～4 滴振荡，记录每一支试管生成沉淀所需要的时间。若 5min 内仍无沉淀生成，可将试管置于 50℃ 水浴中温热，在 6min 末，将试管冷至室温，观察反应情况，记录结果。

2.2.1.3　醇的性质鉴定

现有正丁醇、二级丁醇、三级丁醇等样品，请进行以下试验，并仔细观察反应现象。

(1) 苯甲酰氯试验

取三支配有塞子的试管，分别加入三种样品各 0.5mL，再加 1mL 水和数滴苯甲酰氯，分两次加入 2mL 10% 氢氧化钠溶液，每次加完后，把瓶塞塞紧，激烈摇动，使试管中溶液呈碱性，如果样品中含有羟基应得到有水果香味的酯。

(2) 硝酸铈铵试验

① 溶解于水的样品。取 0.5mL 硝酸铈铵溶液，放在试管中，用 1mL 水稀释，加 5 滴样品使之溶解，观察反应现象。

② 不溶于水的样品。取 0.5mL 硝酸铈铵溶液放在试管中，加 1mL 冰醋酸，如有沉淀，加 3～4 滴水使沉淀溶解，然后加 5 滴样品，摇荡后，观察反应，应有红色出现。

③ 卢卡斯试验。在三支干燥的试管中分别加入 5 滴正丁醇、二级丁醇、三级丁醇。再分别各加入 1mL 氯化锌-盐酸溶液，塞好塞子摇荡后，室温静置。观察反应物是否变混浊，有无分层现象，并记录浑浊和分层所需的时间。

④ 硝铬酸试验。取 3 支试管分别加入 1mL7.5mol/L 硝酸，加入 5％重铬酸钾溶液 3～5 滴，再分别加入 3～4 滴三种醇的样品，摇动后观察反应现象并做记录。（哪一种醇无反应？为什么？）

2.2.1.4 酚的性质试验

(1) 酚的酸性

取少许苯酚放在一试管中，加入 5 滴水，振摇后得一乳浊液（苯酚难溶于水）；再滴入 5 滴氢氧化钠溶液至澄清（为什么？），然后再加入 2mol/L 盐酸至呈酸性，观察有何变化。

(2) 与溴水的反应

取一试管，加入 2 滴苯酚水溶液于 0.5mL 水中，用滴管逐滴加入饱和溴水，观察有无结晶析出和溴水褪色情况。

(3) 三氯化铁试验

取一试管加几滴苯酚水溶液于 2mL 水中，再加入 1～2 滴 1％三氯化铁溶液；另取一试管，再用纯水及几滴三氯化铁试剂进行空白试验，比较这两个溶液的颜色。

(4) 酚的氧化试验

在试管中加入 20mg 样品和 5 滴水，加热使其溶解。稍冷后，滴入 1 滴浓硫酸，振摇试管，而后沿试管壁滴入 5 滴饱和重铬酸钾溶液。静置几分钟，观察有无有色结晶生成。

2.2.1.5 醛、酮的性质鉴定

现有丙酮、乙醛等样品分别做以下几个试验，仔细观察反应情况，并做记录。

(1) 2,4-二硝基苯肼试验

于两支试管中分别加入 10 滴 2,4-二硝基苯肼试剂，10 滴 95％乙醇和 1～2 滴样品，振荡，观察有无黄色、橙色或红色沉淀生成。

(2) Tollens 试验

在 2 支干净试管中，分别加入 1mL 5％硝酸银溶液、1 滴 5％氢氧化钠溶液，然后逐滴加入 1mol/L 氨水并不断摇动，直到生成的氧化银沉淀恰好溶解为止。

分别取 2 滴丙酮和乙醛加入到上面两支试管溶液中，在室温放置几分钟。如果试管上没有银镜生成，在热水浴中温热几分钟（注意，加热时间不可太久），观察银镜生成。

(3) Fehling 试验

取两支试管分别取加 1mL Fehling Ⅰ 与 1mL Fehling Ⅱ，配成混合溶液，再分别加入丙酮、乙醛各 2 滴，摇动后放入沸水浴中，观察反应现象，并做记录。

(4) 次碘酸钠试验（碘仿反应）

取两支试管分别加入 4 滴丙酮、乙醛样品，再分别加入 1mL 碘-碘化钾溶液，慢慢滴加 3mol/L 氢氧化钠溶液，使碘的颜色褪去，观察有无黄色结晶析出。

(5) Benedict 试验

用 Benedict 试剂代替 Fehling 试剂重复以上试验，观察反应现象。

试剂配制的有关情况如下。

① 2,4-二硝基苯肼。将 3.0g 的 2,4-二硝基苯肼溶于 15mL 浓硫酸中，所得溶液在搅拌下缓缓加入到 70mL 的 95% 乙醇和 20mL 水的混合液中，过滤后即可使用。

② Fehling 试剂。Fehling（Ⅰ）：将 34.60g 硫酸铜（$CuSO_4 \cdot 5H_2O$）溶于 500mL 水中。Fehling（Ⅱ）：将 173.0g 酒石酸钾钠和 70g 氢氧化钠溶于 500mL 水中。

③ 碘-碘化钾溶液。将 20.0g 碘化钾溶于 80mL 水中，再加入 10.0g 碘，搅拌使其溶解。

④ Benedict 试剂。取 173.0g 柠檬酸钠和 100.0g 无水碳酸钠溶解于 800mL 水中。再取 17.30g 结晶硫酸铜溶解在 100mL 水中，将此溶液逐渐加到上述溶液中，最后用水稀释至 1L。如溶液不澄清，可过滤。

Benedict 试剂为 Fehling 试剂的改进试剂，其性质稳定，不要临时配制，还原糖类时尤其灵敏。

2.2.1.6 胺的性质鉴定

现有苯胺、N-甲基苯胺、N,N-二甲基苯胺几种样品，分别对其进行以下试验。

(1) 苯胺的碱性

在试管中放入 2 滴苯胺和 1mL 水，摇荡观察苯胺是否溶解？再加入 4 滴 2mol/L 盐酸，观察结果，为什么？

(2) 苯磺酰氯试验：区别一级胺、二级胺、三级胺

取 3 支试管配置好塞子，在试管中分别加入 3 种胺的样品各 0.5mL，再分别加入 2.5mL 10% 氢氧化钠溶液和约 0.5mL 苯磺酰氯，塞好塞子，用力摇动。手触试管底部，哪支试管发热，为什么？用 pH 试纸检查 3 个试管内的溶液是否呈碱性，如果不呈碱性可再加几滴氢氧化钠溶液。反应结束后，观察下述 3 种情况，并判断哪支试管内是一级胺、二级胺、三级胺？

① 如果有固体生成，将固体分出，固体能溶于过量的 10% 氢氧化钠溶液中，但加入盐酸酸化后又析出沉淀，表明为一级胺。如最初不析出沉淀物，小心加 2mol/L 盐酸至溶液呈酸性，此时若生成沉淀，也表明为一级胺。

② 溶液中析出油状物或沉淀并且不溶于盐酸，表明为二级胺。

③ 试验时无反应发生，溶液中仍为油状物，加盐酸酸化后即溶解，表明为三级胺。

注意，苯磺酸氯水解不完全时，可与三级胺混在一起，而沉于试管底部。酸化时，虽三级胺已溶解，而苯磺酰氯仍以油状物存在，往往会得出错误结果。为此，在酸化之前应在水浴上微热（温度不能高，时间不长，否则会产生深蓝色染料），使苯磺酸氯水解完全，此时三级胺全部浮在溶液上面，下部无油状物。

(3) 重氮苯的形成及反应

在试管中将 10 滴苯胺和 5mL 2mol/L 盐酸混合，置冰水浴中冷却到 0~5℃。然后边振荡边滴加 10% 亚硝酸钠溶液，至溶液对碘化钾-淀粉试纸显蓝色。所得盐酸重氮苯溶液呈浅黄色透明状，保存在冰水浴中，供以下试验。

① 苯酚的生成。取 2mL 重氮盐溶液置于小试管中，在 50~60℃ 水浴中加热，注意有气体 N_2 放出。冷却后，反应液中有苯酚的气味。在此反应液中加 1mL 饱和溴水，振荡并观察实验结果。

② 与 β-萘酚的偶联。取 1mL 盐酸重氮盐溶液加入一支大试管中，放在冰水浴中冷却，加入数滴 β-萘酚溶液（0.40g β-萘酚溶于 4mL 5% 氢氧化钠溶液中配置而成），注意观察有无橙红色沉淀生成。

2.2.1.7 羧酸及其衍生物的性质鉴定

(1) 羧酸的酸性

取两滴液体或少量（约 30mg）固体羧酸（如苯甲酸），加入 5～10 滴水。振荡后，如溶解，用 pH 试纸试此水溶液的酸性；如不溶，则加入 10% 氢氧化钠溶液，观察其溶解情况，然后再加 6mol/L 盐酸至呈酸性，观察有何变化。

(2) 羧酸衍生物的水解

① 酰氯的水解。在盛有 1mL 蒸馏水的试管中，加 3 滴乙酰氯，略微摇动。此时乙酰氯与水剧烈作用，并放热。在冷水浴中使试管冷却，加入 1～2 滴 2% 硝酸银溶液，观察有何变化。

② 酯的水解。在 3 支试管中分别加入 1mL 乙酸乙酯和 1mL 水，然后再向第一支试管中加 1mL 3mol/L 硫酸，向第二支试管中加 1mL 6mol/L 氢氧化钠溶液。把 3 支试管同时放入 70～80℃ 的水浴中，一边摇动，一边观察，比较 3 支试管中酯层消失的速率。

③ 酸酐的水解。在盛有 1mL 蒸馏水的试管中，加 3 滴乙酸酐。乙酸酐不溶于水，呈油珠状沉于管底，为了加速反应，把试管略微加热，这时乙酸酐油珠消失，同时嗅到醋酸的气味。

④ 酰胺的水解。酰胺的碱性水解是在试管中加入 0.50g 乙酰胺和 3mL 6mol/L 氢氧化钠溶液，煮沸，辨别有无氨的气味；酰胺的酸性水解是在试管中加入 0.50g 乙酰胺和 3mL 3mol/L 硫酸煮沸，辨别有无醋酸的气味。

请写出以上实验的反应式，并比较实验现象。

(3) 羧酸及其衍生物与醇的反应

① 酰氯的醇解。在试管中加入 1mL 乙醇，一边摇动，一边慢慢滴入 1mL 乙酰氯（反应十分剧烈，小心液体从试管中冲出）。将试管冷却，慢慢地加入 2mL 饱和碳酸钠溶液，同时轻微地振荡。静止后，有乙酸乙酯浮到液面上并可嗅到酯的香味。

② 酸酐的醇解。在试管中加入 2mL 乙醇和 1mL 乙酸酐，混合后加 1 滴浓硫酸，振荡。这时反应混合物逐渐发热，以至于沸腾。冷却，慢慢地加入 2mL 饱和碳酸钠溶液，同时轻微地振荡，生成的乙酸乙酯即浮到液面上。

③ 羧酸与醇的反应（酯化反应）。在两支干燥的试管中，各加入 2mL 乙醇和 2mL 冰醋酸，混合均匀后，在一支试管中加入 5 滴浓硫酸。把两支试管同时放入 70～80℃ 的水浴中，边加热边摇荡，10min 后，取出试管，用冷水冷却，再各滴入 2mL 饱和碳酸钠溶液。静置，观察有无乙酸乙酯浮到液面上。

(4) 羟肟酸铁试验

首先对样品检测与三氯化铁有无起颜色反应的官能团，如有，则不能用此试验鉴别。

取 1 滴液体样品或几粒固体样品溶于 10mL 95% 乙醇中，加 1mL 1mol/L 盐酸、1 滴 5% 三氯化铁溶液，溶液应该是黄色，若有橙红色、红色、蓝色或紫色出现，不能进行本试验。

取一支试管，加入 1mL 羟胺盐酸盐乙醇溶液，再加入 1 滴液体样品或 5mg 固体样品，摇动后，加入 0.2mL 6mol/L 氢氧化钠溶液，将溶液煮沸；稍冷后加入 2mL 1mol/L 盐酸，如果溶液变浑，加 2mL 95% 乙醇，再加 1 滴 5% 三氯化铁溶液。如果生成的颜色很快消失，继续一滴一滴地加入，直至溶液不变色为止。出现紫红色，表示正反应。

注意，试剂配制有关情况如下。

羟胺盐酸盐乙醇溶液：加热溶解 18g 羟胺盐酸盐于 500mL 95% 乙醇中。

2.2.1.8 糖的性质鉴定

现有葡萄糖、乳糖、果糖、阿拉伯糖、木糖、麦芽糖、蔗糖、淀粉水溶液，分别对其进行以下试验。

(1) 以生成糠醛及糠醛衍生物为基础的试验

① 糖的 Molish 试验。在 3 支试管中分别放入 0.5mL 5% 葡萄糖、蔗糖、淀粉水溶液，滴入 2 滴 10% α-萘酚的乙醇溶液，混合均匀后，把试管倾斜 45°，沿管壁慢慢加入 1mL 浓硫酸，勿摇动，硫酸在下层，样品在上层，两层交界处出现紫色环，表示溶液中含有糖类化合物。

② 戊糖的 Bial 试验。在 3 支试管中，分别放入 0.5mL 5% 木糖、阿拉伯糖、葡萄糖水溶液，向每支试管中加入 1mL 试剂（溶解 3.0g 地衣酚于 1mL 浓盐酸中，并加入 3mL 10% 三氯化铁水溶液），混合均匀后，在燃气灯火焰上加热，直至混合物刚开始沸腾，注意并记录每一试管中产生的颜色。若颜色不显著，向试管中加入 2mL 1-戊醇，振摇后再观察。有色的缩合物会在 1-戊醇层中被浓缩。

③ 己糖的 Seniwanoff 试验。在 4 支试管中，分别放入 0.5mL 5% 葡萄糖、乳糖、果糖和蔗糖水溶液，向每支试管中加入 2mL 试剂（溶解 0.50g 间苯二酚于 1L 4mol/L 盐酸中），将 4 支试管放入沸水浴中加热，60s 后取出试管，观察并记录结果。为完成试验的剩余部分，将其余试管放回沸水浴中，每隔 1min 观察并记录每一试管中的颜色。5min 后，蔗糖将会水解成果糖，后者发生反应，产物暗红色。

(2) Fehling 试验（或 Benedict 试验）

在 4 支试管中各放入 0.5mL Fehling 溶液 I 和 0.5mL Fehling 溶液 II，混合均匀，在水浴上微热；分别再加入 5% 葡萄糖、蔗糖、果糖、麦芽糖各 5 滴，振荡，加热，注意颜色变化及是否有沉淀生成。

用 Benedict 试剂代替 Fehling 试剂做以上试验。

(3) Tollens 试验

在 4 支洗净的试管中分别加入 1mL 5% 硝酸银溶液，逐滴加入 1mol/L 氢氧化铵溶液，不断摇动，直到生成的氧化银沉淀恰好溶解，再分别加入 0.5mL 5% 葡萄糖、果糖、麦芽糖、蔗糖溶液，在 50℃ 水浴中温热，观察有无银镜生成。

(4) 成脎试验

在 4 支试管中分别加入 1mL 5% 葡萄糖、果糖、蔗糖、麦芽糖样品，再加入 0.5mL 10% 苯肼盐酸盐溶液和 0.5mL 15% 醋酸钠溶液，在沸水浴中加热并不断振荡，比较成脎结晶的速率，记录成脎的时间，并在显微镜下观察脎的结晶形状。

(5) 碘试验和淀粉的水解

① 胶状淀粉溶液的配制。用 15mL 冷水和 1.0g 淀粉充分搅混均匀，勿使有块状物存在。然后将此悬浮物倒入 135mL 沸水中，继续加热几分钟即得胶状淀粉溶液。

② 碘试验。在盛有 1mL 淀粉溶液的试管中，加 1 滴碘溶液，观察其现象。

③ 淀粉的水解。在试管中加入 3mL 淀粉溶液，再加 0.5mL 稀硫酸，于沸水浴中加热 5min，冷却后用 10% 氢氧化钠溶液中和至中性。取 2 滴与 Fehling 试剂作用，观察现象。

2.2.1.9 氨基酸、蛋白质的性质鉴定

(1) 氨基酸与亚硝酸的反应

取 1mL 1% 谷氨酸水溶液于试管中，加入 1 滴浓盐酸，再滴入 2 滴 10% 亚硝酸钠溶液，

振荡，观察现象。

（2）α-氨基酸与茚三酮的反应

取 1mL 1％谷氨酸水溶液于试管中，然后滴入 2 滴 0.1％茚三酮乙醇溶液，振荡，在沸水浴上加热 2min，观察现象。

（3）双缩脲反应

取 1mL 卵清蛋白溶液试管中，加入 1mL1％氢氧化钠水溶液，再加入 2 滴 1％硫酸铜水溶液，观察现象。该反应要避免加入过多的硫酸铜，以防止硫酸铜在碱性溶液中形成氢氧化铜沉淀而掩盖了反应产生的颜色。

2.2.2　有机化合物的光谱鉴定

自 20 世纪中期以来，光谱方法已成为研究有机化合物结构问题的重要手段，其中，以红外光谱、核磁共振谱、紫外光谱和质谱应用最广。除质谱外，这些波谱方法都是利用不同波长的电磁波对有机分子的作用。本节将对红外光谱、核磁共振谱和质谱的基本原理及其仪器的构造、使用方法和特征峰做一介绍。

2.2.2.1　红外光谱

红外光谱（Infrared spectroscopy）简称 IR。根据红外光谱，可以定性地推断分子结构，鉴别分子中所含有的基团，也可用红外光谱定量地鉴别组分的纯度和进行剖析工作。在有机化学理论研究上，红外光谱可用于推断分子中化学键的强度，测定键长和键角，也可推算出反应机理等，它具有迅速准确、样品用量少等优点，多用于定性分析。用于定量分析时，则灵敏度较差，准确度也不高。

（1）基本原理

红外光线是一种波长大于可见光的电磁波。根据波长不同一般分为三个波长区。

① 近红外区：$0.78 \sim 2.5\mu m$（$12820 \sim 4000 cm^{-1}$）。

② 中红外区：$2.5 \sim 50\mu m$（$4000 \sim 200 cm^{-1}$）。

③ 远红外区：$50 \sim 1000\mu m$（$200 \sim 10 cm^{-1}$）。

目前化学分析中常用的是中红外区。

当用波长为 $2.5 \sim 50\mu m$（波数 $4000 \sim 200 cm^{-1}$）之间每一种单色红外光扫描照射某种物质时，物质会对不同波长的光产生特有的吸收，这样随着红外单色光波长的连续变化，吸收（透射比）不断变化，两者之间的曲线就叫该物质的红外吸收光谱。图 2-11 是苯甲酸的红外光谱。

红外光谱图中横坐标表示波长 λ（单位是微米 μm，$1\mu m = 10^{-6} m$）或波数 $\bar{\nu}$（单位是 cm^{-1}），两者为倒数关系 $\left(\bar{\nu} = \dfrac{1}{\lambda} 10^4\right)$。纵坐标表示透射比 T_0，它是透射光强 I 与入射光强 I_0 之比（I/I_0）。纵坐标还可以用吸光度做单位。

（2）红外光谱与分子结构

化合物样品对红外线吸收而形成的红外光谱与化合物的分子结构有什么关系呢？

为了简便，以双原子分子为例说明。把分子内某两个原子设想成为两个小球，它们之间的化学键可设想为连接两个小球的弹簧，这两个原子在其平衡位置附近以很小的振幅做周期性振动。它们的振动频率决定于这两个小球的质量（原子质量）和弹簧的力常数即弹力（化学键等原子间力的大小）；反之，这两个条件固定，其振动频率也固定。双原子分子的振动频率可以波数表示。

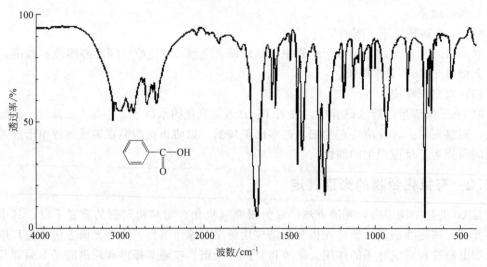

图 2-11 苯甲酸的红外光谱

$$\nu = \frac{2}{2\pi}\sqrt{K/\mu} \quad \text{或} \quad \bar{\nu} = \frac{1}{2\pi c} = \sqrt{K/\mu} \tag{2-1}$$

式中　ν——频率；

　　　$\bar{\nu}$——波数，cm^{-1}；

　　　c——光速，m/s；

　　　K——化学键力常数；

　　　μ——原子的折合质量$\left(\mu = \frac{m_1 m_2}{m_1 + m_2}\right)$，MeV。

由此可见，双原子分子的振动频率与化学键的力常数成正比，与原子的折合质量成反比。它的这种固有振动频率叫基频，这时的能量状态叫基态。

当分子吸收外界的能量时其振动频率就要发生改变，从基态跃迁到激发态能级上去。从量子力学的观点来看，它的能级是量子化的：

$$E = \left(V + \frac{1}{2}\right)h\nu \tag{2-2}$$

式中　V——振动量子数（0，1，2，3等）；

　　　h——普朗克常数，$6.626 \times 10^{-34} J \cdot s$；

　　　ν——振大动频率，Hz。

因此，它发生能级跃迁所吸收的外界能量只能是两能级间能量之差，而且与其频率有关。

$$\Delta E = h\nu = \sqrt{K/\mu} \tag{2-3}$$

如果分子是由吸收外界的红外光线获得能量而发生能级跃迁的，那么从上边的分析可以看出：较强的键（力常数大）在较高的频率（波长较短）下有吸收；较弱的键在较低的频率（波长较长）下有吸收。具体见表 2-1。

表 2-1　键强、频率与吸收的关系

键	$K/(N \cdot cm^{-1})$	$\bar{\nu}/cm^{-1}$
C—C	4.5	约 990
C=C	10.0	约 1620
C≡C	15.6	约 2100

因对应于较重的原子有较低的振动频率，所以它将会在较低的频率（波长较大）下有吸收。如 HCl 和 DCl，两者力常数相同，折合质量 DCl＞HCl，则吸收频率 HCl（2885.9cm^{-1}）＞DCl（2090.8cm^{-1}）。

化合物分子中各种不同的基团是由不同的化学键和原子组成的，因此，它们对红外线的吸收频率必然不相同，这就是利用红外吸收光谱测定化合物结构的理论根据。

实际上化合物分子的运动方式是多种多样的，有整个分子的平动、转动、分子内原子的振动，但只有分子内原子的振动能级才相应于红外线的能量范围。因此，化合物的红外光谱主要是原子之间的振动产生的，有人也称之为振动光谱。因原子之间的振动与整个分子和其他部分的运动关系不大，所以不同分子中相同官能团的红外吸收频率基本上是相同的，这就是红外光谱得以广泛应用的主要原因。

多原子分子的振动形式很多，可分为以下几种方式。振动形式分类如图 2-12 所示。

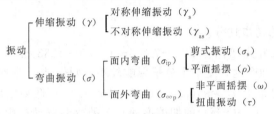

图 2-12　振动形式分类

这些振动方式按能量高低和频率顺序为：$\gamma_{as}＞\gamma_s$。

多原子分子总的基本振动数（振动自由度）与其原子数目（N）有关：线性分子为（$3N-5$），非线性分子为（$3N-6$）。理论上，每个振动自由度在红外光谱区均将产生一个吸收峰带，但实际上由于种种原因峰数往往少于基本振动数目。

分子内各基团的振动不是孤立的，会受邻近基团及整个分子其他部分的影响，如诱导效应、共轭效应、空间效应、氢键效应等的影响，致使同一个基团的特征吸收不总是固定在同一频率上，会在一定范围内波动。

(3) 样品的制备

在测定红外光谱的操作中，固体、气体、流体和溶液样品都可以做红外光谱的测定。

① 固体样品。

a. 石蜡油研糊法。将固体样品 1～3mg 与 1 滴医用石蜡油一起研磨约 2min，然后将此糊状物夹在两片盐板中间即可放入仪器测试。其中，石蜡油本身有几个强吸收峰，识谱时需注意。

b. 熔融法。是对熔点低于 150℃固体或胶状物直接夹在两片盐板之间融熔，然后测定其固体或熔融薄层的光谱。此方法有时会因晶型不同而影响吸收光谱。

c. 压片法。是将 1mg 样品与 300mg KCl 或 KBr 混匀研细，在金属模中加压 5min，可得含有分散样品的透明卤化盐薄片，没有其他杂质的吸收光谱，但盐易吸水，需注意操作。

② 液体样品。液体状态的纯化合物，可将一滴样品夹在两片盐板之间以形成一极薄的膜，用于测定即可。

③ 溶液样品。溶剂一般用四氯化碳、二硫化碳或氯仿。应用双光束分光计，将纯溶剂做参考。

④ 气体样品。气体样品一般灌注入专门的抽空的气槽内进行测定。吸收峰的强度可通过调整气槽中样品的压力来达到。

不管哪种状态的样品的测定都必须保证其纯度大于 98%，同时不能含有水分以避免起基峰的干扰和腐蚀样品池的盐板。

(4) 红外光谱的解析

① 吸收峰的类型。

a. 基频峰。振动能级由基态跃迁到第一激发态时分子吸收一定频率的红外光所产生的吸收峰称为基频峰。

b. 泛频峰。倍频峰、合频峰与差频峰统称为泛频峰。由基态跃迁到第二激发态、第三激发态等所产生的吸收峰称为倍频峰。这种跃迁发生概率很小，峰强很弱。这两种跃迁的和差组合形成的吸收峰叫合频峰或差频峰，强度更弱，一般不易辨认。

c. 特征峰。凡是可用于鉴别官能团存在的吸收峰均称为特征吸收峰。它们是大量实验的总结，并从理论上得到证明的。

d. 相关峰。一个基团常有数种振动形式，因而产生一组相互依存而又可相互佐证的吸收峰叫相关峰。

② 红外吸收光谱的初步划分。

a. 特征谱带区。红外光谱图上 $2.5\sim7.5\mu m$（$4000\sim1333cm^{-1}$）之间的高频区域，主要是由一些重键原子振动产生，受整个分子影响较小，叫做特征谱带区或官能团区。

b. 指纹区。红外光谱上 $7.5\sim15\mu m$（$1333\sim660cm^{-1}$）低频区域的吸收大多是由一些单键（如 C—C，C—N，C—O 等）的伸缩振动和各种弯曲振动产生的。这些键的强度差不多，在分子中又连在一起，互相影响，变动范围大，特征性差，称为指纹区。指纹区的特征性虽差，但对分子结构十分敏感。分子结构的微小变化就会引起指纹区光谱的明显改变，在确认化合物结构时也是很有用的。

c. 红外光谱中的 8 个重要区域，为了便于解析，一般先将红外光谱划分成下列 8 个区，具体见表 2-2。

表 2-2　红外光谱区域的划分

$\lambda/\mu m$	$\bar{\nu}/cm^{-1}$	产生吸收的键
2.7~3.3	3750~3000	O—H，N—H （伸展）
3.0~3.4	3300~2900	—C≡C—H，$\underset{}{C=C}$（带H） Ar—H，—CH$_3$，—CH$_2$—，—C—H （C—H 伸展）
3.3~3.7	3000~2700	—C（=O）—H （C—H 伸展）
4.2~4.9	2400~2100	C≡C，C≡N （伸展）
5.3~6.1	1900~1650	C=O （包括羧酸、醛、酮、酰胺、酯、酸酐中该官能团的伸展）
5.9~6.2	1675~1500	C=C ，C=N （脂肪族和芳香族伸展）（伸展）

$\lambda/\mu m$	$\bar{\nu}/cm^{-1}$	产生吸收的键
6.9~7.7	1475~1300	$\overset{\textstyle\diagup}{\underset{\textstyle\diagup}{-C}}-H$ （弯曲）
10.0~15.4	1000~650	$C=C\overset{H}{\diagup}$ ，Ar—H （平面外弯曲）

如果在某一区域中没有吸收带，则表示没有相应的基团或结构。有吸收带，则需进一步确认存在哪一种键或基团。

③ 图谱解析的一般步骤。解析图谱的具体步骤常根据每人的经验不同而异，这里提供一种方法仅供参考。

a. 确定有无不饱和键。如果已知化合物的分子式，则可先利用经验公式计算不饱和度 Ω，看它有无不饱和键。

$$\Omega=\frac{2n_4+n_3-n_1+2}{2} \tag{2-4}$$

式中 n_4、n_3、n_1——分子中四价、三价、一价元素的原子个数。

如樟脑（$C_{10}H_{16}O$），其不饱和度为：

$$\Omega=(2\times10-16+2)/2=3$$

不饱和度与分子结构的经验关系见表 2-3。

表 2-3 不饱和度与分子结构的经验关系

不饱和度 Ω	分子结构	备 注
4	一个苯环	$\Omega\geqslant4$ 说明分子中含有六元或六元以上的芳香环
2	一个三键	
1	一个脂肪环	
0	链状化合物	

b. 根据红外光谱的 8 个主要区域，按以下顺序进行解析。先识别特征区中的第一强峰的起源（何种振动引起）和可能属于什么基团（可查主要基团的红外吸收特征峰表）；然后找到该基团主要的相关峰（查红外吸收相关图）；其次再一一解析特征区的第二、第三等强峰及其相关峰；之后，再依次解析指纹区的第一、第二等强峰及其相关峰。

根据经验可归纳为一句话："先特征后指纹，先强峰后弱峰；先粗查后细找，先否定后肯定。"一个化合物会有很多吸收带，即使是一个基团，由于振动方式的不同，也会产生几条吸收带，还有其他原因也会改变吸收带的数目、位置、强弱和形状。主要找到化合物的特征吸收频率及相关的吸收，不可能将红外图谱上的每一个谱带吸收峰都能给予解释。

2.2.2.2 核磁共振谱

(1) 基本原理

核磁共振谱（Nuclear magnetic resonance spectroscopy），简称 NMR。其基本原理是一个氢核（即一个质子），为一个球形的带有正电荷的并绕轴旋转的单体，由于本身自转产生一个微小磁场，于是就产生了核磁偶极，其方向与核自旋轴一致，如果把它放到外磁场中时，它的自旋轴就开始改变成一种是趋向于外磁场方向（见图 2-13 中 E_1）的排列，另一种是与外磁场方向相反（见图 2-13 中 E_2）的排列。其中，趋于外磁场方向的代表一个稳定的体系，能量低。当 E_1 吸收一定能量，就会变成 E_2 产生跃迁，即发生所谓"共振"。从理论上讲，无论改变外界的磁场或者是改变辐射能的频率，都会达到核磁矩取向翻转的目的。能量的吸收可以用电的形式测量得到，并以峰谱的形式记录在图纸上，这种由于原子核吸收能量所引起的共振现象，称为核磁共振。氢核的旋转性质如图 2-13 所示。

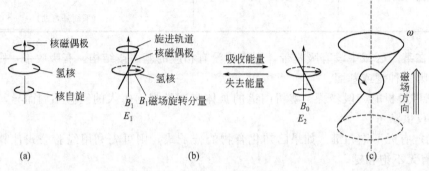

图 2-13　氢核的旋转性质

① 核自旋和核磁矩。原子核也有自旋运动，因而具有相应的核磁矩。用自旋量子数 I 来描述这种量子化的核自旋运动。

$$I=0,1/2,1,3/2,\cdots（为整数或半整数）\tag{2-5}$$

各种元素根据 I 的值可分为三类，具体见表 2-4。

表 2-4　元素分类

质量数	原子序数	自旋量子数	举例
奇数	奇数或偶数	$1/2,3/2,5/2,\cdots$	$^1H,{}^{18}F,{}^{13}C,{}^{35}Cl,{}^{79}Br$
偶数	偶数	0	$^{12}C,{}^{16}O,\cdots$
偶数	奇数	$1,2,3,\cdots$	$^2H,{}^{14}N,{}^{10}B,\cdots$

核自旋就有自旋角动量和对应的核磁矩：

$$\mu_N=\gamma M=\gamma\sqrt{I(I+1)}\frac{h}{2\pi}\tag{2-6}$$

式中　μ_N——核磁矩；

　　　M——自旋角动量，rad/(s·T)；

　　　γ——旋磁比，J·s；

　　　h——普朗克常数。

在磁场中核磁矩的方向是量子化的，可有 $(2I+1)$ 种不同的取向。用磁量子数 m 描述，核磁矩在磁场方向的分量为：

$$\mu_H=\gamma m\frac{h}{2\pi}$$

$$m=I,(I-1),\cdots,-I\tag{2-7}$$

② 核磁能级和核磁共振。核磁矩在磁场中取向不同，和磁场的相互作用就不同，能量不同。

$$E=-\mu_N\cdot B=-\mu_H\cdot B_0=-\gamma mB_0\frac{h}{2\pi}\tag{2-8}$$

式中　E——能量，J；

　　　B——磁场强度，T；

　　B_0——外加磁场强度，T。

由于核磁矩有（$2I+1$）种不同的取向，因此有（$2I+1$）种不同的能量状态，称为核磁能级。其相邻的能级间隔为：

$$\Delta E=\gamma B_0\frac{h}{2\pi} \tag{2-9}$$

当外加电磁波的频率 ν 正好与此能级间隔 ΔE 相当，即当 $\Delta E=h\nu$ 时，低能级的核就会吸收电磁波跃迁到高能级，这就是核磁共振。同一种核在不同的化学环境中会产生不同的核磁共振吸收，因此可利用它来分析分子的结构。

③ 核磁共振仪工作原理。核磁共振仪的示意如图 2-14 所示，射频发生器发出一定频率的电磁波作用于样品，样品在均匀磁场中转动，扫描发生器变化发射线圈的电流，使磁场不断变化，当磁场变到使核磁能级差正好和入射电磁波频率相当时，便产生核磁共振吸收信号，经射频接收器放大后由记录仪记录下来即得核磁共振谱图。

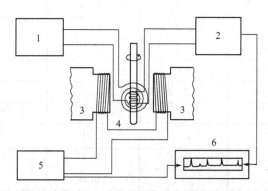

图 2-14　核磁共振仪的示意

1—振荡器；2—接收器；3—电磁铁；4—样品管；5—扫描发生器；6—记录仪

目前，射频为 60MHz 和 100MHz 的较多。研究和应用最多的是氢质子和 ^{13}C 的核磁共振谱。

④ 化学位移。同一种核由于在分子中的环境不同，核磁共振吸收峰的位置有所变化，这就叫化学位移。它起源于核周围的电子对外加磁场的屏蔽作用。

$$B_{有效}=B-\sigma B_0=(1-\sigma)B_0 \tag{2-10}$$

式中　$B_{有效}$——作用于核的有效磁场，T；

　　　B_0——外加磁场 T；

　　　σ——屏蔽系数。

同一种核在分子中不同环境下有不同的 σ，感受到的 $B_{有效}$ 不同，因而产生核磁共振吸收峰位置不同，就是化学位移，由它可以了解分子的结构。

化学位移一般只能相对比较，通常选择适当物质做标准，其他质子的吸收峰与标准物质的吸收峰的位置之间的差距作为化学位移值。

$$\nu_{样}-\nu_{标}=\frac{2\mu}{h}(\sigma_{标}-\sigma_{样})B_0 \tag{2-11}$$

为了表示出化学环境对核屏蔽的影响，通常定义一个无量纲的量 δ 来表示。

$$\delta=\frac{B_{样}-B_{标}}{B_{标}}\times10^6=\frac{\nu_{样}-\nu_{标}}{\nu_{标}}\times10^6=\frac{\sigma_{标}-\sigma_{样}}{1-\sigma_{样}}\times10^6\approx(\sigma_{标}-\sigma_{样})\times10^6 \tag{2-12}$$

经常使用的标准物是四甲基硅烷 $(CH_3)_4Si$，简记为 TMS，并人为规定 TMS 的 $\delta=0$。早期的文献中也用 τ 来标度化学位移，规定 TMS 的 $\tau=10.00$，τ 和 δ 的关系为：

$$\tau=10.00-\delta \tag{2-13}$$

有机化合物各种氢的化学位移值取决于它们的电子环境。如果外磁场对质子的作用受到周围电子云的屏蔽，质子的共振信号就出现在高场（谱图的右面）。如果与质子相邻的是一个吸电子的基团。这时质子受到去屏蔽作用，它的信号就出现在低场（谱图的左面）。

各种类型氢核的化学位移值见表 2-5 所示。

表 2-5　接于各类官能团上的氢的典型的化学位移

氢的类型	化学位移		氢的类型	化学位移	
	τ	δ		τ	δ
环丙烷	9.6~10.0	0.0~0.4	O_2NCH	5.4~5.8	4.2~4.6
RCH_3	9.1	0.9	ICH	6~8	2~4
R_2CH_2	8.7	1.3	OCH(醚、醇)	6~6.7	3.3~4
R_3CH	8.5	1.5	OCH(酯)	4.7	5.3
C=CH	4.1~5.4	4.6~5.9	RO_2CCH	5.9~6.3	3.7~4.1
CCH	7~8	2~3	ROH	7.4~8	2~2.6
ArH	1.5~4	6~8.5	$ArOH$	7.3~8	2~2.7
ArCH	7~7.8	2.2~3	$RCOOH$	0~1	9~10
C=CCH$_3$	8.3	1.7	RNH_2	4.5~9	1~5.5
C≡CCH$_3$	8.2	1.8	>CH	−2~6	4~12
FCH	5~5.6	4~4.5	O‖RCCH	−2~−0.5	10.5~12
ClCH	6~7	3~4			
Cl_2CH	4.2	5.8	O‖RCCH	5~9	1~5
BrCH	6~7.5	2.5~4			

⑤ 自旋耦合。在高分辨率核磁共振谱中，一定化学位移的质子峰往往分裂为不止一个的小峰。这种谱"分裂"称为自旋—自旋分裂。它来源于核自旋之间的相互作用，称为自旋耦合。谱线分裂的间隔大小反映两种核自旋之间相互作用的大小，称为耦合常数 J。J 的数值不随外磁场 B. 变化而改变。质子间的耦合只发生在邻近质子之间，相隔 3 个链以上的质子间相互耦合可以忽略。

当 J 无穷小于 δv 时，自旋分裂图谱有如下简单规律：a. 一组等同的核内部相互作用不引起峰的分裂；b. 核受相邻一组 n 个核的作用时，该核的吸收峰分裂成 $(n+1)$ 个间隔相等的一组峰，间隔就是耦合常数 J；c. 分裂峰的面积之比，为二项式 $(x+1)^n$ 展开式中各项系数之比；d. 一种核同时受相邻的 n 个和 n^1 个两组核的作用时，此核的峰分裂成 $(n+1)(n'+1)$ 个峰，但有些峰可重叠而分辨不出来。

(2) 核磁共振图谱的解析

以上所述，说明核磁共振谱的解析可以提供有关分子结构的丰富资料。测定每一组峰的化学位移可以推测与产生吸收峰的氢核相连的官能团的类型；自旋分裂的形状提供了邻近的氢的数目；而峰的面积可算出分子中存在的每种类型氢的相对数目。

在解析未知化合物的核磁共振谱时，一般步骤如下。

① 首先区别有几组峰，从而确定未知物中有几种不等性质子（即电子环境不同，在图

谱上化学位移不同的质子)。

② 计算峰面积比,确定各种不等性质子的相对数目。

③ 确定各组峰的化学位移值,再查阅有关数表,确定分子中间可能存在的官能团(见表2-5)。

④ 识别各组峰自旋裂分情况和耦合常数值,从而确定各不等性质子的周围情况。

⑤ 总结以上几方面的信息资料,提出未知物的一个或几个与图谱相符的结构或部分结构。

⑥ 最后参考未知物其他的资料,如红外光谱、沸点、熔点、折射率等,确定未知物的结构。

2.2.2.3 质谱

质谱法(MS,Mass spectrometry)是将样品离子化,变为气态离子混合物,并按质荷比(M/Z)分离的分析技术;质谱仪是实现上述分离分析技术,从而测定物质的质量与含量及其结构的仪器。质谱分析法是一种快速有效的分析方法,利用质谱仪可进行同位素分析、化合物分析、气体成分分析以及金属和非金属固体样品的超纯痕量分析。在有机混合物的分析研究中证明了质谱分析法比化学分析法和光学分析法具有更加卓越的优越性,其中,有机化合物质谱分析在质谱学中占最大的比重,全世界几乎有3/4仪器从事有机分析,现在的有机质谱法,不仅可以进行小分子的分析,而且可以直接分析糖、核酸、蛋白质等生物大分子,在生物化学和生物医学上的研究成为当前的热点,生物质谱学的时代已经到来,当代研究有机化合物已经离不开质谱仪。

(1)仪器概述

① 基本结构。质谱仪由以下几部分组成。质谱仪组成如图2-15所示。

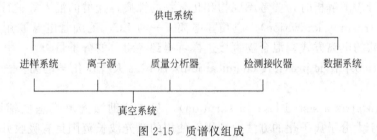

图2-15 质谱仪组成

a. 进样系统:把分析样品导入离子源的装置,包括直接进样、GC、LC及接口、加热进样、参考物进样等。

b. 离子源:使被分析样品的原子或分子离化为带电粒子(离子)的装置,并对离子进行加速使其进入分析器,根据离子化方式的不同,有机常用的有如下几种,其中,EI、FAB最常用。

EI(Electron impact ionization)。电子轰击电离——最经典常规的方式,其他均属软电离,EI使用面广,峰重现性好,碎片离子多。缺点是不适合极性大、热不稳定性化合物,且可测定分子量有限,一般≤1000。

CI(Chemical ionization)。化学电离——核心是质子转移,与EI相比,在EI法中不易产生分子离子的化合物,在CI中易形成较高丰度的 $[M+H]^+$ 或 $[M-H]^+$ 等"准"分子离子。得到碎片少,谱图简单,但结构信息少一些。与EI法同样,样品需要汽化,对难挥发性的化合物不太适合。

原理　　　　$R+e^- \rightarrow R^+ \cdot +2e^-$　　（电子电离）反应气为含 H 的

R 为反应气体分子　$R^+ \cdot +R \longrightarrow RH^+ +(R-H)\cdot$　反应气为含 H 的烷、甲烷、氨气、甲醇气等

M 为样品分子　　$RH^+ +M \longrightarrow R+(M+H)^+$　（质子转移）烷，甲烷，氨气，

R 浓度≫M 浓度　$R^+ \cdot +M \longrightarrow R+M^+ \cdot$　（电荷交换）甲醇气等

　　　　　　　　$R^+ \cdot +M \longrightarrow (R+M)^+ \cdot$　（加合离子）

反应气为含 H 的烷，甲烷，氨气、甲醇气等

FD（Field desorption）。场解吸——大部分只有一根峰，适用于难挥发极性化合物，例如糖，应用较困难，目前基本被 FAB 取代。

FAB（Fast atom bombardment）。快原子轰击——利用氩与氙，20 世纪 80 年代初发明，或者铯离子枪（LSIMS，液体二次离子质谱），高速中性原子或离子对溶解在基质中的样品溶液进行轰击，在产生"爆发性"汽化的同时，发生离子-分子反应，从而引发质子转移，最终实现样品离子化。适用于热不稳定以及极性化合物等。FAB 法的关键之一是选择适当的（基质）底物，从而可以进行从较低极性到高极性的范围较广的有机化合物测定，是目前应用比较广的电离技术。不但得到分子量还能提供大量碎片信息。产生的谱介于 EI 与 ESI 之间，接近硬电离技术。生成的准分子离子，一般常见 $[M+H]^+$ 和 $[M+底物]^+$。另外，还有根据底物脱氢以及分解反应产生的 $[M-H]^+$。

容易提供电子的芳烃化合物产生 M^+。

甾类化合物、氨基霉素等还产生 $[M+NH_4]^+$。

糖甙、聚醚等一般可（产生）观察到 $[M+Na]^+$。

由底物与粒子轰击（碰撞）诱导发生还原反应来产生 $[M+nH]^+$（$n>1$），二量体（双分子）$[M+H+M]^+$ 及 $[M+H+B]^+$ 等。

因此，进行谱图解析时，要考虑底物和化合物的性质，盐类的混入等进行综合判断。

ESI（Electrospray ionization）。电喷雾电离——与 LC，毛细管电泳联用最好，亦可直接进样，属最软的电离方式，混合物直接进样可得到各组分的分子量。

APCI（Atmospheric pressure chemical ionization）。大气压化学电离——同上，更适宜做小分子。

MALDI（Matrix assisted laser desorption）。基体辅助激光解吸基质辅助激光解吸电离——一种用于大分子离子化的方法，利用对使用的激光波长范围具有吸收并能提供质子的基质（一般常用小分子液体或结晶化合物），将样品与其混合溶解并形成混合体，在真空下用激光照射该混合体，基体吸收激光能量，并传递给样品，从而使样品解吸电离。MALDI 的特点是准分子离子峰很强。通常将 MALDI 用于飞行时间质谱和 FT-MS，特别适合分析蛋白质和 DNA 等大分子。

c. 质量分析器。是质谱仪中将离子按质荷比分开的部分，离子通过分析器后，按不同质荷比（M/Z）分开，将相同的 M/Z 离子聚焦在一起，组成质谱。

d. 检测接收器。接收离子束流的装置，有二次电子倍增器、光电倍增管、微通道板。

e. 数据系统。将接收来的电信号放大、处理并给出分析结果。包括外围部分，例如，终端显示器、打印机等。现代计算机接口，还可反过来控制质谱仪各部分工作。

f. 真空系统。由机械真空泵（前极低真空泵）、扩散泵或分子泵（高真空泵）组成真空机组，抽取离子源和分析器部分的真空。只有在足够高的真空下，离子才能从离子源到达接收器，真空度不够则灵敏度低。

g. 供电系统。包括整个仪器各部分的电器控制部件，从几伏低压到几千伏高压。

② 分类。

常见质谱仪包括下列几种。

a. 双聚焦扇形磁场-电场串联仪器（Sector）。

b. 四极质谱仪（Q）。

c. 离子阱质谱仪（TRAP）。

d. 飞行时间质谱仪（TOF）。

e. 傅立叶变换-离子回旋共振质谱仪（FT-ICRMS）。

f. 串列式多级质谱仪（MS/MS）。包括混合型如四极＋TOF，磁式＋TRAP 等；三重四极；TOF＋TOF。

③ 分析原理。

磁质谱基本公式如下：

$$M/Z = H_2 R_2 / 2V \tag{2-14}$$

式中　M——质量；

Z——电荷；

V——加速电压；

R——磁场半径；

H——磁场强度。

磁质谱经典，可高分辨，质量范围相对宽；缺点是体积大，造价高，现在越来越少。

四极分析器（Quadrupole）是一种被广泛使用的质谱仪分析器。由两组对称的电极组成。电极上加有直流电压和射频电压（U＋Vcost）。相对的两个电极电压相同，相邻的两个电极上电压大小相等，极性相反。带电粒子射入高频电场中，在场半径限定的空间内振荡。在一定的电压和频率下，只有一种质荷比的离子可以通过四极杆达到检测器，其余离子则因振幅不断增大，撞在电极上而被"过滤"掉，因此四极分析器又叫四极滤质器。利用电压或频率扫描，可以检测不同质荷比的离子。优点是扫描速度快，比磁式质谱价格便宜，体积小，常作为台式进入常规实验室，缺点是质量范围及分辨率有限。

飞行时间质谱仪。利用相同能量的带电粒子，由于质量的差异而具有不同速度的原理，不同质量的离子以不同时间通过相同的漂移距离到达接收器。优点是扫描速度快，灵敏度高，不受质量范围限制以及结构简单，造价低廉等。

公式

$$M/Z = 2E/v^2 \quad v = d/t \quad 代入 \quad M/Z = Kt^2 \tag{2-15}$$

式中　E——离子动能；

v——离子速度；

d——飞行距离；

t——飞行时间；

K——常数＝$2E/d^2$。

FT-MS。在射频电场和正交横磁场作用下，离子做螺旋回转运动，回旋半径越转越大，当离子回旋运动的频率与补电场射频频率相等时，产生回旋共振现象，测量产生回旋共振的离子流强度，经傅立叶变换计算，最后得到质谱图。是较新的技术，对于高质量数，高分辨率及多重离子分析，很有前途，但使用超导磁铁需要液氮，不能接 GC，动态范围稍窄，目前还不太作为常规仪器使用。

离子阱（Ion trap）通常由一个双曲面截面的环形电极和上下一对双曲面端电极构成。从离子源产生的离子进入离子阱内后，在一定的电压和频率下，所有离子均被阱集。改变射频电压，可使感兴趣的离子处于不稳定状态，运动幅度增大而被抛出阱外被接收、检测。用离子阱作为质量分析器，不但可以分析离子源产生的离子，而且可以把离子阱当成碰撞室，使阱内的离子碰撞活化解离，分析其碎片离子，得到子离子谱。离子阱不但体积很小，而且具有多级质谱的功能，即做到多级质谱（MSn），但动态范围窄，低质量区 1/3 缺失，不太适合混合物定量。

多级质谱联用仪。现在，几乎所有的商品质谱仪上均配有 GC-MS，但对难挥发、强极性和大分子量混合物，GC-MS 无能为力，为了弥补 GC-MS 的不足，经过 20 多年的探索，通过开发上述几种软电离技术，特别是 ESI 和 APCI 等，解决了 LC 与离子源接口问题（1987 年完成），从而实现了 LC-MS 联用，是分析化学的一次重大进展，而串联质谱仪更具有许多优点。

串联质谱仪（MS/MS 或 Tamdem）。

离子源——→第一分析器——→碰撞室——→第二分析室——→接收器
　　　　　　　MS$_1$　　　　　　　　　　　　　　　　MS$_2$

进行 MS/MS 的仪器从原理上可分为两类。第一类仪器利用质谱在空间中的顺序，是由两台质谱仪串联组装而成。即前面列出的串列式多级质谱仪。第二类利用了一个质谱仪时间顺序上的离子贮存能力，由具有存储离子的分析器组成，如离子回旋共振仪（ICR）和离子阱质谱仪。这类仪器通过喷射出其他离子而对特定的离子进行选择。在一个选择时间段这些被选择的离子被激活，发生裂解，从而在质谱图中观测到碎片离子。这一个过程可以反复观测几代碎片的碎片。时间型质谱便于进行多级子离子实验，但另一方面不能进行母离子扫描或中性丢失。

一般采用 ESI、CI 或 FAB 等软离子化方法，以利于多产生分子离子，通过 MS1 的离子源使样品离子化后，混合离子通过第一分析器，可选择一定质量的离子作为母体离子，进入碰撞室，室内充有靶子反应气体（碰撞气体：He、Ar、Xe、CH$_4$ 等）对所选离子进行碰撞，发生离子-分子碰撞反应，从而产生"子离子"，再经 MS2 的分析器及接受器得到子离子（扫描）质谱（Product ion spectrun）。一般称作 MS/MS-CID 谱，或者简称为 CID（Collision-induced dissociation）谱，碰撞诱导裂解谱及 MS/MS 谱。另外，也有母体离子找子离子的 MS/MS 谱，（MS/MS Spreursor ion spectrum）研究 MS/MS 谱（一般指子离子质谱，与在源内裂解产生的正常碎片质谱类似，但有区别，现不能检索），可以了解到被分析样品的混合物性质和成分，对一些混合物，目前，多用最软电离的 ESI 或 APCI 的 MS/MS，不必进行色谱分离可直接分析，与色谱法相比，有很快的响应速度，省时省样品省费用，具有高灵敏度和高效率的优点。另外一个特点是通过子-母及母-子 MS/MS 谱可以掌握一定的结构信息，作为目前有力的结构解析手段。因此，现在利用串联质谱仪进行药物研究越来越得到重视，特别是在药物代谢以及混合物的微量成分分析和结构测定等方面正在起到越来越重要的作用。比较常用的三级四极型 MS/MS，联用 LC-MS/MS 使用方便，操作简单，适合于定量等常规，大型的 MS/MS 更适合结构解析。

④ 仪器性能指标。

a. 质量范围：表明一台仪器所允许测量的质荷比，从最小到最大值的变化范围。一般最小为 2，实际 10 以下已经无用，最大可达数万，利用多电荷离子，实际能达上百万。

b. 分辨率（R）：是判断质谱仪的一个重要指标，低分辨仪器一般只能测出整数分子量，高分辨率仪器可测出分子量小数点后第四位，因此，可算出分子式，不需要进行元素分析，更精确。

$R = M/\Delta M$，M 为相邻两峰之一的质量数，ΔM 为差。例如，500 与 501 两个峰刚好分开，则 $R=500/1=500$，若 $R=50000$，则可区别开 500 与 500.01。对于四极杆仪器，通常做到单位分辨，高低质量区 R 数值不同。

c. 灵敏度：有多种定义方法，粗略地说是表示所能检查出的最小量，一般可达到 $10^{-12}\sim10^{-9}$g 甚至更低，实际还应看信噪比。

(2) 质谱的表示法及解析

谱图法：横坐标代表质量数，纵坐标代表峰强度，是该质量离子的多寡的表示，常用，直观，但不太细致。还分为连续谱和棒状图两种，一般 EI 棒图多，ESI 连续谱多。

列表法：质量数，相对丰度等。具体见表 2-6。

高分辨表示法：列表，元素组成。

表 2-6　质量数与相对丰度

实测质量	理论质量	C	H	O	N	误差/10^{-6}	相对丰度/%
322.1094	322.1079	19	16	4	1	-4.6	100
	322.1106	22	14	1	2	3.7	
309.1358	309.1365	19	19	3	1	2.2	80

① 几个术语。

a. 质荷比 M/Z：一般 Z 为 1，故 M/Z 也就认为是离子的质量数，蛋白质等易带多电荷，$Z>1$。在质谱中不能用平均分子量计算离子的化学组成，例如，不能用氯的平均分子量 35.5，而用 35 和 37。同理，溴也是如此，79 和 81，无 80。在质谱图中，根本不会出现 35.5 的峰。一氯苯的分子峰应是 112 和 114，而不是 113。

b. 相对丰度：以质谱中最强峰为 100%（称基峰），其他碎片峰与之相比的百分数。

c. 总离子流（TIC）：即一次扫描得到的所有离子强度之和，若某一质谱图总离子流很低，说明电离不充分，不能作为一张标准质谱图。

d. 动态范围：即最强峰与最弱峰高之比，早期仪器窄，现代计算机接收宽。若太窄，会造成有多个强峰出头，都成为基峰，而该要的（常为分子峰）却记录不出来。这样的图也是不标准的，检索、解析起来都很困难。

e. 本底：未进样时，扫描得到的质谱图，空气成分，仪器泵油，FAB 底物，ESI 缓冲液，色谱联用柱流失及吸附在离子源中的其他样品。

因有总离子流、动态范围和本底，故要控制进样量及放大器放大倍数，还要扣除本底，以得到一张标准的质谱图。

质量色谱图（Mass chromatogram）和质量色谱法（MC，Mass chromatography）又叫提取离子色谱图（Extract ion chromatography），是质谱法处理数据的一种方式。在 GC/MS 或 LC/MS 中，选定一定的质量扫描范围，按一定的时间间隔测定质谱数据并将其保存在计算机中。然后可以用各种办法调出质谱数据。如果要观察特定质量与时间的关系，可以指定这个质量，计算机将以指定离子的强度为纵坐标，以时间作为横坐标，表示质量与时间的关系。这种方法叫做质量色谱法。得到的图叫做质量色谱图或提取离子色谱图。

② 离子的种类。

a. 分子离子 $M^+\cdot$，也有用 $M^+\cdot$ 的。中性分子丢失一个电子时，就显示一个正电荷，故用 $M^+\cdot$。

在 EI 中，继续生成碎片离子，在 CI、FD、FAB 等电离方法中，往往生成质量大于分子量的离子，如 $M+1$，$M+15$，$M+43$，$M+23$，$M+39$，$M+92$ 等称为准分子离子，解析中准分子离子与分子离子有同样重要的作用。

b. 碎片离子。电离后，有过剩内能的分子离子，会以多种方式裂解，生成碎片离子，其本身还会进一步裂解生成质量更小的碎片离子，此外，还会生成重排离子。碎片峰的数目及其丰度则与分子结构有关，数目多表示该分子较容易断裂，丰度高的碎片峰表示该离子较稳定，也表示分子比较容易断裂生成该离子。如果将质谱中的主要碎片识别出来，则能帮助判断该分子的结构。

c. 多电荷离子。指带有 2 个或更多电荷的离子，有机小分子质谱中，单电荷离子是绝大多数，只有那些不容易碎裂的基团或分子结构，如共轭体系结构，才会形成多电荷离子，它的存在说明样品是较稳定的，对于蛋白质等生物大分子，采用电喷雾的离子化技术，可产生带很多电荷的离子，最后经计算机自动换算成单质/荷比离子。

d. 同位素离子。各种元素的同位素，基本上按照其在自然界的丰度比出现在质谱中，这对于利用质谱确定化合物及碎片的元素组成有很大方便，在前面 M/Z 提到过，如氯35和氯37，后面还要讲，还可利用稳定同位素合成标记化合物，如，氘等标记化合物，再用质谱法检出这些化合物，在质谱图外貌上无变化，只是质量数的位移，从而说明化合物结构，反应历程等。

e. 负离子。通常碱性化合物适合正离子，酸性化合物适合负离子，某些化合物负离子谱灵敏度很高，可提供很有用的信息。

③ 由质谱推断化合物结构。

质谱是一种语言，但需要翻译，与其他类型谱图比较，学习如何由质谱图识别一个简单分子要容易得多。质谱图直接给出分子及其碎片的质量，因此，化学家不需要学习任何新的知识。与解数学难题相似，例如，水的质谱图（见图2-16），一看便知。但并不是随意拼凑质量数，是有规律可循的。

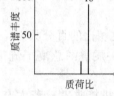

图 2-16 水的质谱图

a. 确定分子离子，即确定分子量。

氮规则，含偶数个氮原子的奇电子离子，其质量数是偶数，含奇数个氮原子的奇电子离子，其质量数是奇数。

与高质量碎片离子有合理的质量差，凡质量差在 3～14 和 21，25 之间均不可能，则说明是碎片或杂质。

b. 确定元素组成，即确定分子式或碎片化学式。

低分辨，利用元素的同位素丰度，元素按同位素丰度可分三大类，A、A+1、A+2。A+2 元素是容易识别的，参见元素的同位素丰度表。计算时注意以下几点。

ⓐ 用最高质量数，如果太弱则用强的不受其他峰干扰的碎片峰。

ⓑ 元素原子个数多于 1 的，由同位素丰度计算出各种元素的原子数，具体如图2-17 所示。

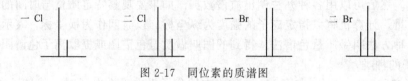

图 2-17 同位素的质谱图

ⓒ 若同时含 A+1 和 A+2 元素，则 A+2 元素的 A−1 峰会对 A+1 元素峰有贡献，应扣除。

ⓓ 一定质量范围内，元素组成是有限的，不是任意组合的。例如，碳氢之比，最高 C_nH_{2n+2} 最低通常 $1/2n$，除甲酸 CH_2O_2、草酸 $C_2H_2O_4$、极个别小分子，O 一般与 C 数相

等，N 规则，M 若是奇数，必含 N 且含奇数个 N；M 若是偶数，不含 N 或含偶数个 N，18 不可能是 CH_6。

如果有了高分辨数据，更方便，但也会有误差，通常允许误差在 10×10^{-6}，故前边的规则也是有用的。

c. 峰强度与结构的关系。

丰度大反映离子结构稳定，在元素周期表中自上而下，自右至左，杂原子外层未成键电子越易被电离，容纳正电荷能力越强，$S > N > O$，$n > \pi > \sigma$，含支链的地方易断，这同有机化学基本一致，总是在分子最薄弱的地方断裂。

d. 各类有机物的裂解方式（略）。

不同类型有机物有不同的裂解方式，相同类型有机物有相同的裂解方式，只是质量数的差异，需要经验记忆，很有用。这里的裂解规律，均是 EI 谱经验总结，质谱解析的一般步骤，也由 EI 谱归纳而来，并非绝对。

④ 质谱解析的一般步骤（适于低分辨小分子谱图，若已经高分辨得到元素组成更好）。

a. 核对获得的谱图，扣除本底等因素引起的失真，考虑操作条件是否适当，是哪种离子化法的谱图，是否有基质的峰存在，有否二聚体峰等。样品编号避免 1，2，3 等过于简单，最好用英文字母和阿拉伯数字组合，以防混淆出错。

b. 综合样品其他知识，例如，熔点、沸点、溶解性等理化性质，样品来源，光谱，波谱数据等。多数情况下可给出明确的指导方向。所以送样时要将已知数据写清。

c. 尽可能判断出分子离子。

d. 假设和排列可能的结构归属。

高质量离子所显示的，在裂解中失去的中性碎片，如 M-1，M-15，M-18，M-20，M-31 等，意味着失去 H，CH_3，H_2O，HF，CH_3 等。

e. 假设一个分子结构，与已知参考谱图对照，或取类似的化合物，并做出它的质谱进行对比。目前计算机自动检索还不完善，尤其是 ESI 等谱图，因操作条件很难完全一致，不是绝对准确，还要看是否符合生源等其他特征，而且许多天然产物，合成的新化合物谱库中没有。

(3) 有机质谱的特点与应用

① 优点。

a. 定分子量准确，其他技术无法比。

b. 灵敏度高，常规 $10^{-8} \sim 10^{-7} g$，单离子检测可达 $10^{-12} g$。

c. 快速，几分甚至几秒。

d. 便于混合物分析，GC/MS，LC/MS，MS/MS 对于难分离的混合物特别有效，如药物代谢产物，中草药中微量有效成分的鉴定等，其他技术无法胜任。

e. 多功能，广泛适用于各类化合物。X-RAY 要求好的结晶，核磁共振（NMR）要溶。

② 局限性。

a. 异构体，立体化学方面区分能力差。

b. 重复性稍差，要严格控制操作条件。所以不能像低场 NMR，IR 等自己动手，需专人操作。

c. 有离子源产生的记忆效应，污染等问题。

d. 价格昂贵，操作复杂。所以与其他分析方法配合，能发挥更大作用，可以先做一下质谱，提供指导信息，如结构类型，纯度等。

③ 应用。

a. 有机化工。

ⓐ 合成中原料及产品杂质分析——LC/MS。

ⓑ 中间步骤监测。

ⓒ 反应机理的研究。

b. 石油。

c. 环保，样品还需进行前处理，并非全都能直接进入质谱。

ⓐ 农药残毒检测。

ⓑ 大气污染。

ⓒ 水分析。

ⓓ 特定成分定量测定，单离子和多离子检测，灵敏度可达 10^{-12} g，借助于内标或标定曲线，可定量，在痕量分析中非常有用。

d. 食品、香料。

ⓐ 酒：判断真酒假酒，有无害处，GC/MS是唯一客观准确的。

ⓑ 化妆品中除基料外，香料起关键性作用，通过MS，找出天然产物中有效成分后合成。

e. 生化、医药。

ⓐ 蛋白质，多肽研究，前沿生命科学，FAB，ESI等，可测几十万分子量的生物大分子，定氨基酸序列，十几个肽，比氨基酸分析仪快且准。

ⓑ 天然产物，这也是最重要的内容之一，例如，生物合成研究室拿到一个样品，据NMR推出的结构与MS图不符，元素分析也对不上号，从MS上看到有S元素，而元素分析未做S，故不对，NMR因其他干扰，所以，H数也不对，碳谱少一个C，后来根据MS，重新换了NMR溶剂，才使C数吻合，用计算机检索标准MS谱库，得到正确的结构式。还有一个例子，植物化学研究室提取出一新化合物，质谱上有很强的72峰，表示含有氮甲基，而从核磁上看不到，只根据NMR定出了错误的结构，后来因为质谱显示出的无法否定的证据，将此化合物重新进行碱化处理，再做NMR，才与质谱吻合，定出了正确的结构。

f. 法医、毒化。

体液，代谢物等，兴奋剂检测，质谱图是必要的证据之一。

色谱是快速灵敏分离有机物的有效手段，各种检测器中，除了应用最广泛的FID（GC）和UV（LC）外，质谱（MS）尽管价格较昂贵，但是其选择性、灵敏度、分子量及结构信息等优势，已被公认为高级的通用型检测器，把它与各种分离手段联用，将定性、定量结果有机地结合在一起，一直是人们所研究的目标。

GC/MS在我国已有20多年的应用历史，随着台式小型仪器迅速增长，在色谱研究中已经成为重要的手段，气相色谱质谱技术成熟运用至今，人们越来越不满足仅仅分析那些具有挥发性和低分子量的化合物，面对日益增加的大分子量（特别是蛋白、多肽等）和不挥发化合物的分析任务，迫切需要用液相色谱/质谱联用解决实际问题。与气相色谱相比，液相色谱的分离能力有着不可比拟的优势，液相色谱/质谱联用技术为人们认识和改造自然提供了强有力的工具。高效液相色谱法（HPLC）可以直接分离难挥发、大分子、强极性及热稳定性差的化合物，LC/MS联机曾长期为分析界所期待，由于LC流动相与MS传统电离源的高真空难以相容，还要在温和的条件下使样品带上电荷而样品本身不分解，大量的样品不得不采取脱机方式，MS鉴定或制成衍生物，用GC/MS分析。经过努力相继出现了多种液相色谱/质谱联用接口，实现了液相色谱/质谱的联用。特别是大气压电离质谱（APIMS）的实现为LC/MS的兼容创造了机会，商品化的小型LC/MS作为成熟的常规分析仪器在20

世纪 90 年代已经在生物医药实验室发挥着重要的作用。

2.3 薄层色谱

薄层色谱（TLC）是一种非常有用的跟踪反应的手段，还可以用于柱色谱分离中合适溶剂的选择。薄层色谱常用的固定相有氧化铝或硅胶，它们是极性很大（标准）或者是非极性的（反相）。流动相则是一种极性待选的溶剂。在大多数实验室实验中，都将使用标准硅胶板。将溶液中的反应混合物点在薄板上，然后利用毛细作用使溶剂（或混合溶剂）沿板向上移动进行展开。根据混合物中组分的极性，不同化合物将会在薄板上移动不同的距离。极性强的化合物会"粘"在极性的硅胶上，在薄板上移动的距离比较短。而非极性的物质将会在流动的溶剂相中保留较长的时间从而在板上移动较大的距离。化合物移动的距离大小用 R_f 值来表达。这是一个位于 0～1 之间的数值，它是化合物距离基线（最先点样时已经确定）的距离除以溶剂的前锋距离基线的距离。

2.3.1 薄层色谱（TLC）实验步骤

① 切割薄板。

通常，买来的硅胶板都是方形的玻璃板，必需用钻石头玻璃刀按照模板的形状进行切割。在切割玻璃之前，用尺子和铅笔在薄板的硅胶面上轻轻地标出基线的位置（注意不要损坏硅胶面）。借助锋利的玻璃切割刀和一把引导尺，你便可方便地进行玻璃切割。当整块玻璃被切割后，你就可以进一步将其分成若干独立的小块了。（开始的时候，也许你会感到有一些难度，但经过一些训练以后，你便会熟练地掌握该项技术。）

② 选取合适的溶剂体系。

化合物在薄板上移动距离的多少取决于所选取的溶剂不同。在戊烷和己烷等非极性溶剂中，大多数极性物质不会移动，但是非极性化合物会在薄板上移动一定距离。相反，极性溶剂通常会将非极性的化合物推到溶剂的前段而将极性化合物推离基线。一个好的溶剂体系应该使混合物中所有的化合物都离开基线，但并不使所有化合物都到达溶剂前端，R_f 值最好在 0.15～0.85 之间。虽然这个条件不一定都能满足，但这应该作为薄层色谱分析的目标（在柱色谱中，合适的溶剂应该满足 R_f 在 0.2～0.3 之间）。那么，应该选取哪些溶剂呢？一些标准溶剂和它们的相对极性（从 LLP 中摘录）如下。

a. 强极性溶剂：甲醇＞乙醇＞异丙醇。

b. 中等极性溶剂：乙氰＞乙酸乙酯＞氯仿＞二氯甲烷＞乙醚＞甲苯。

c. 非极性溶剂：环己烷，石油醚，己烷，戊烷。

常用混合溶剂情况如下。

a. 乙酸乙酯/己烷：常用浓度 0～30％。但有时较难在旋转蒸发仪上完全除去溶剂。

b. 乙醚/戊烷体系：浓度为 0～40％的比较常用。在旋转蒸发器上非常容易除去。

c. 乙醇/己烷或戊烷：对强极性化合物，浓度为 5％～30％比较合适。

d. 二氯甲烷/己烷或戊烷：5％～30％，当其他混合溶剂失败时可以考虑使用。

③ 将 1～2mL 选定的溶剂体系倒入展开池中，在展开池中放置一大块滤纸。

④ 将化合物在标记过的基线处进行点样。

我们用的点样器是买来的，此外，点样器也可从加热过的 Pasteur 吸管上拔下（你可以参照 UROP）。在跟踪反应进行时，一定要点上起始反应物、反应混合物以及两者的混合物。

⑤ 展开。让溶剂向上展开约 90％的薄板长度。

⑥ 从展开池中取出薄板并且马上用铅笔标注出溶剂到达的前沿位置。根据这个算 R_f 数值。

⑦ 让薄板上的溶剂挥发掉。

⑧ 用非破坏性技术观察薄板。

最好的非破坏性方法就是用紫外灯进行观察。将薄板放在紫外灯下,用铅笔标出所有有紫外活性的点。尽管在 5.301 中不用这种方法,但我们将采用另一常用的无损方法——用碘染色法。

⑨ 用破坏性方式观测薄板。

当化合物没有紫外活性的时候,只能采用这种方法。在 5.301 中,提供了很多非常有用的染色剂。使用染色剂时,将干燥的薄板用镊子夹起并放入染色剂中,确保从基线到溶剂前沿都被浸没。用纸巾擦干薄板的背面。将薄板放在加热板上观察斑点的变化。在斑点变得可见而且背景颜色未能遮盖住斑点之前,将薄板从加热板上取下。

⑩ 根据初始薄层色谱结果修改溶剂体系的选择。

如果想让 R_f 变得更大一些,可使溶剂体系极性更强些;如果想让 R_f 变小,就应该使溶剂体系的极性减小些。如果在薄板上点样变成了条纹状而不是一个圆圈状,那么你的样品浓度可能太高了。稀释样品后再进行一次薄板层析,如果还是不能奏效,就应该考虑换一种溶剂体系。

⑪ 做好 TLC 标记,计算每个斑点的 R_f 值,并且在笔记本中画出图样。

2.3.2　TLC 显色试剂的选择

显色试剂可以分成两大类,一类是检查一般有机化合物的通用显色剂;另一类是根据化合物分类或特殊官能团设计的专属性显色剂。显色剂种类繁多,列举一些常用的显色剂。

(1) 通用显色剂

① 硫酸常用的有四种溶液,硫酸-水(1∶1)溶液;硫酸-甲醇或乙醇(1∶1)溶液;1.5mol/L 硫酸溶液与 0.5～1.5mol/L 硫酸铵溶液,喷后 110℃烤 15min,不同有机化合物显不同颜色。

② 0.5％碘的氯仿溶液。对很多化合物显黄棕色。

③ 中性 0.05％高锰酸钾溶液。易还原性化合物在淡红背景上显黄色。

④ 碱性高锰酸钾试剂。还原性化合物在淡红色背景上显黄色。溶液Ⅰ为 1％高锰酸钾溶液;溶液Ⅱ为 5％碳酸钠溶液;溶液Ⅰ和溶液Ⅱ等量混合应用。

⑤ 酸性高锰酸钾试剂。喷 1.6％高锰酸钾浓硫酸溶液(溶解时注意防止爆炸),喷后薄层于 180℃加热 15～20min。

⑥ 酸性重铬酸钾试剂。喷 5％重铬酸钾浓硫酸溶液,必要时 150℃烤薄层。

⑦ 5％磷钼酸乙醇溶液。喷后 120℃烘烤,还原性化合物显蓝色,再用氨气熏,则背景变为无色。

⑧ 铁氰化钾-三氯化铁试剂。还原性物质显蓝色,再喷 2mol/L 盐酸溶液,则蓝色加深。溶液Ⅰ为 1％铁氰化钾溶液;溶液Ⅱ为 2％三氯化铁溶液;临用前将溶液Ⅰ和溶液Ⅱ等量混合。

(2) 专属性显色剂

由于化合物种类繁多,因此专属性显色剂也是很多的,现将在各类化合物中最常用的显色剂列举如下。

① 烃类。

a. 硝酸银/过氧化氢。检出物：卤代烃类。溶液：硝酸银 0.1g 溶于 1mL 水，加 2-苯氧基乙醇 100mL，用丙酮稀释至 200mL，再加 30%过氧化氢 1 滴。方法：喷后置未过滤的紫外光下照射；结果：斑点呈暗黑色。

b. 荧光素/溴。检出物：不饱和烃。溶液：溶液 I 为荧光素 0.1g 溶于 100mL 乙醇；溶液 II 为 5%溴的四氯化碳溶液。方法：先喷溶液 I，然后置含溴蒸气容器内，荧光素转变为四溴荧光素（曙红），荧光消失，不饱和烃斑点由于溴的加成，阻止生成曙红而保留荧光，多数不饱和烃在粉红色背景上呈黄色。

c. 四氯邻苯二甲酸酐。检出物：芳香烃。溶液：2%四氯邻苯二甲酸酐的丙酮与氯代苯（10∶1）的溶液。方法：喷后置紫外光下观察。

d. 甲醛/硫酸。检出物：多环芳烃。溶液：37%甲醛溶液 0.2mL 溶于 10mL 浓硫酸。

② 醇类。

a. 3,5-二硝基苯酰氯。检出物：醇类。溶液：溶液 I 为 2%本品甲苯溶液；溶液 II 为 0.5%氢氧化钠溶液；溶液 III 为 0.002%罗丹明溶液。方法：先喷溶液 I，在空气中干燥过夜，用蒸气熏 2min，将纸或薄层通过溶液 II 30s，喷水洗，趁湿通过溶液 III 15s，空气干燥，紫外灯下观察。

b. 硝酸铈铵。检出物：醇类。溶液：溶液 I 为 1%硝酸铈铵的 0.2mol/L 硝酸溶液；溶液 II 为 N,N-二甲基-对苯二胺盐酸盐 1.5g 溶于甲醇、水与乙酸（128mL＋25mL＋1.5mL）混合液中，用前将溶液 I 与溶液 II 等量混合。喷板后于 105℃加热 5min。

c. 香草醛/硫酸。检出物：高级醇、酚、甾类及精油。溶液：香草醛 1g 溶于 100mL 硫酸。方法：喷后于 120℃加热至呈色最深。

d. 二苯基苦基偕肼。检出物：醇类、萜烯、羰基、酯与醚类。溶液：本品 15mg 溶于 25mL 氯仿中。方法：喷后于 110℃加热 5~10min。结果：紫色背景呈黄色斑点。

③ 醛酮类。

a. 品红/亚硫酸。检出物：醛基化合物。溶液：溶液 I 为 0.01%品红溶液，通入二氧化硫直至无色；溶液 II 为 0.05mol/L 氯化汞溶液；溶液 III 为 0.05mol/L 硫酸溶液。方法：将溶液 I、溶液 II、溶液 III 以 1∶1∶10 混合，用水稀释至 100mL。

b. 邻联茴香胺。检出物：醛类、酮类。溶液：本品乙酸饱和溶液。

c. 2,4-二硝基苯肼。检出物：醛基、酮基及酮糖。溶液：溶液 I 为 0.4%本品的 2mol/L 盐酸溶液；溶液 II 为本品 0.1g 溶于 100mL 乙醇中，加 1mL 浓盐酸。方法：喷溶液 I 或溶液 II 后，立即喷铁氰化钾的 2mol/L 盐酸溶液。结果：饱和酮立即呈蓝色；饱和醛反应慢，呈橄榄绿色；不饱和羰基化合物不显色。

d. 绕丹宁。检出物：类胡萝卜素醛类。溶液：溶液 I 为 1%~5%绕丹宁乙醇溶液；溶液 II 为 25%氢氧化铵或 27%氢氧化钠溶液。方法：先喷溶液 I，再喷溶液 II，干燥。

④ 有机酸类。

a. 溴甲酚绿。检出物：有机酸类。溶液：溴甲酚绿 0.1g 溶于 500mL 乙醇和 5mL 0.1mol/L 氢氧化钠溶液。方法：浸板。结果：蓝色背景产生黄色斑点。

b. 高锰酸钾/硫酸。检出物：脂肪酸衍生物。溶液：见通用显色剂酸性高锰酸钾。

c. 过氧化氢。检出物：芳香酸。溶液：0.3%过氧化氢溶液。方法：喷后置紫外光（365nm）下观察。结果：呈强蓝色荧光。

d. 2,5,6-二氯苯酚-靛酚钠。检出物：有机酸与酮酸。溶液：0.1%本品的乙醇溶液。方法：喷后微温。结果：蓝色背景呈红色。

⑤ 酚类。

a. Emerson 试剂 [4-氨基安替比林/铁氰化钾（Ⅲ）]。检出物：酚类、芳香胺类及挥发油。溶液：溶液 Ⅰ 为 4-氨基安替比林 1g 溶于 100mL 乙醇；溶液 Ⅱ 为铁氰化钾（Ⅲ）4g 溶于 50mL 水。用乙醇稀释至 100mL。方法：先喷溶液 Ⅰ，在热空气中干燥 5min，再喷溶液 Ⅱ，再于热空气中干燥 5min，然后将板置于含有氨蒸气（25%氨溶液）的密闭容器中。结果：斑点呈橙-淡红色。挥发油在亮黄色背景下呈红色斑点。

b. Boute 反应。检出物：酚类、氯、溴、烷基代酚。方法：将薄层置有 NO_2 蒸气（含浓硝酸）的容器中 3～10min，再用 NH_3 蒸气（浓氨液）处理。

c. 氯醌（四氯代对苯醌）。检出物：酚类。溶液：1%本品的甲苯溶液。

d. DDQ（二氯二氰基苯醌）试剂。检出物：酚类。溶液：2%本品的甲苯溶液。

e. TCNE（四氰基乙烯）试剂。检出物：酚类、芳香碳氢化物、杂环类、芳香胺类。溶液：0.5%～1%本品的甲苯溶液。

f. Gibb's（2,6-二溴苯醌氯亚胺）试剂。检出物：酚类。溶液：2%本品的甲醇溶液。

g. 氯化铁。检出物：酚类、羟酰胺酸。溶液：1%～5%氯化铁的 0.5mol/L 盐酸溶液。结果：酚类呈蓝色、羟酰胺酸呈红色。

⑥ 含氮化合物。

a. FCNP（硝普钠/铁氰化物）试剂。检出物：脂肪族含氮化合物，如氨基氰、胍、脲与硫脲及其衍生物、肌酸及肌酐。溶液：10%氢氧化钠溶液、10%硝普钠溶液、10%铁氰化钾溶液与水按 1∶1∶1∶3 混合，在室温至少放置 20min，冰箱保存数周，用前将混合液与丙酮等体积混合。

b. Dragendorff（碘化铋钾试剂）试剂。检出物：芳香族含氮化合物，如生物碱类、抗心律不齐药物。溶液：溶液 Ⅰ 为碱式硝酸铋 0.85g 溶于 10mL 冰醋酸及 40mL 水中；溶液 Ⅱ 为碘化钾 8g 溶于 20mL 水中。将上述溶液 Ⅰ 及溶液 Ⅱ 等量混合，置棕色瓶中作为储备液，用前取储备液 1mL、冰醋酸 2mL 与水 10mL 混合。结果：呈橘红色斑点。

c. 4-甲基伞形酮。检出物：含氮杂环化合物。溶液：本品 0.02g 溶于 35mL 乙醇，加水至 100mL。方法：喷板后置 25%氨水蒸气的容器中，取出后于紫外灯（365nm）下观察。

d. 碘铂酸钾。检出物：生物碱类及有机含氮化物。溶液：10%六氯铂酸溶液 3mL 与 97mL 水混合，加 6%碘化钾溶液，混匀。临用前配制。

e. 硫酸高铈铵/硫酸。检出物：生物碱及含碘有机化合物。溶液：硫酸铈 1g 混悬于 4mL 水中，加三氯乙酸 1g，煮沸，逐滴加入浓硫酸直至混浊消失。方法：喷后薄层于 110℃加热数分钟。结果：阿朴吗啡、马钱子碱、秋水仙碱、罂粟碱、毒扁豆碱与有机碘化物均能检出。

f. Ehrlich（对二甲氨基苯甲醛/盐酸）试剂。检出物：吲哚衍生物及胺类。溶液：1%本品的浓盐酸溶液与甲醇 1∶1 混合。方法：喷后板于 50℃加热 20min。结果：呈不同颜色的斑点。

⑦ 胺类。

a. 硝酸/乙醇。检出物：脂肪族胺类。溶液：50 滴 65%硝酸于 100mL 乙醇中。方法：需要时 120℃加热。

b. 2,6-二氯醌氯亚胺。检出物：抗氧剂，酰胺（辣椒素），伯、仲脂肪胺，仲、叔芳香胺，芳香碳氢化物，药物，苯氧基乙酸除草剂等。溶液：新鲜制备的 0.5%～2%本品乙醇溶液。方法：喷后薄层于 110℃加热 10min，再用氨蒸气处理。

c. 茜素。检出物：胺类。溶液：0.1%本品的乙醇溶液。

d. 丁二酮单肟/氯化镍。检出物：胺类。溶液：溶液Ⅰ为丁二酮单肟 1.2g 溶于 35mL 热水中，加氯化镍 0.95g，冷却后加浓氨水 2mL；溶液Ⅱ为盐酸羟胺 0.12g 溶于 200mL 水中。方法：将溶液Ⅰ及溶液Ⅱ混合，放置 1d，过滤。

e. Pauly（对氨基苯磺酸）试剂。检出物：酚类、胺类和能偶合的杂环化合物。溶液：磺酸 4.5g 溶于温热的 45mL 12mol/L 盐酸中，用水稀释至 500mL，取 10mL 于冰中冷却，加 4.5% 亚硝酸钠冷溶液 10mL，于 0℃ 放置 15min。用前加等体积 10% 碳酸钠溶液。

f. 硫氰酸钴（Ⅱ）。检出物：生物碱，伯、仲、叔胺类。溶液：硫氰酸铵 3g 与氯化钴 1g 溶于 20mL 水。结果：白色至粉红色背景上呈蓝色斑点，2h 后颜色消退。若将薄层喷水或放入饱和水蒸气容器内，可重现色点。

g. 1,2-萘醌-4-磺酸钠。检出物：芳香胺类。溶液：本品 0.5g 溶于 95mL 水，加乙酸 5mL，滤去不溶物即得。方法：喷后反应 30min 显色。

h. 葡萄糖/磷酸。检出物：芳香胺类。溶液：葡萄糖 2g 溶于 10mL 85% 磷酸与 40mL 水混合液中，再加乙醇与正丁醇各 30mL。方法：喷后于 115℃ 加热 10min。

⑧ 硝基及亚硝基化合物。

a. α-萘胺。检出物：3,5-二硝基苯甲酸酯、二硝基苯甲酰胺。溶液：溶液Ⅰ为 0.5% α-萘胺乙醇溶液；溶液Ⅱ为 10% 氢氧化钾甲醇溶液。方法：先喷溶液Ⅰ，再喷溶液Ⅱ。结果：呈红褐色斑点。

b. 二苯胺/氯化钯。检出物：亚硝胺类。溶液：1.5% 二苯胺乙醇溶液与 0.1g 氯化钯的 0.2% 氯化钠溶液 100mL，按 5∶1 混合。方法：喷后置紫外光（254nm）下观察。结果：显紫色斑点。

⑨ 氨基酸及肽类。

a. 茚三酮。检出物：氨基酸、胺与氨基糖类。溶液：本品 0.2g 溶于 100mL 乙醇中。方法：喷后于 110℃ 加热。结果：呈红紫色斑点。

b. 茚三酮/乙酸镉。检出物：氨基酸及杂环胺类。溶液：茚三酮 1g 及乙酸镉 2.5g 溶于 10mL 冰醋酸中，用乙醇稀释至 500mL。方法：喷后于 120℃ 加热 20min。

c. 1,2-萘醌-4-磺酸钠。检出物：氨基酸。溶液：临用前将本品 0.02g 溶于 5% 碳酸钠 100mL 中。方法：喷后室温干燥。结果：不同氨基酸呈不同色点。

d. 靛红/乙酸锌。检出物：氨基酸与某些肽类。溶液：靛红 1g 与乙酸锌 1g 溶于 100mL 95% 异丙醇中，加热至 80℃，冷却后加乙酸 1mL，冰箱保存。方法：喷后于 80～85℃ 加热 30min。

e. 茚三酮/冰醋酸。检出物：二肽及三肽。溶液：1% 茚三酮吡啶溶液与冰醋酸按 5∶1 混合。方法：喷后于 100℃ 加热 5min。

f. 香草醛。检出物：氨基酸及胺类。溶液：溶液Ⅰ为本品 1g 溶于 50mL 丙醇中；溶液Ⅱ为 1mol/L 氢氧化钾溶液 1mL，用乙醇稀释至 100mL。方法：先喷溶液Ⅰ后于 110℃ 干燥 10min，再喷溶液Ⅱ，于 110℃ 再干燥 10min，于紫外光（365nm）下观察。

⑩ 甾类。

a. 香草醛/硫酸。检出物：甾体激素。溶液：1% 香草醛浓硫酸溶液。方法：喷后于 105℃ 加热 5min。

b. 氯化锰。检出物：雌激素类。溶液：氯化锰 0.2g 溶于含硫酸 2mL 的 60mL 甲醇中。方法：喷后置紫外光（365nm）下观察。

c. 高氯酸。检出物：甾体激素。溶液：5% 高氯酸甲醇溶液。方法：喷后于 110℃ 加热

5min，置紫外光（365nm）下观察。

d. 三氯化锑/乙酸。检出物：甾类与二萜类。溶液：三氯化锑 20g 溶于 20mL 乙酸与 60mL 氯仿混合液中。方法：喷后于 100℃ 加热 5min，紫外光长波下观察。结果：二萜类斑点呈红黄-蓝紫色。

e. 对甲苯磺酸。检出物：甾族化合物、黄酮类与儿茶酸类。溶液：20％本品的氯仿溶液。方法：喷后于 100℃ 加热数分钟，紫外光长波下观察。结果：斑点呈荧光。

f. 氯磺酸/乙酸。检出物：三萜、甾醇与甾族化合物。溶液：5mL 氯磺酸在冷却下加 10mL 乙酸溶解。方法：喷后于 130℃ 加热 5～10min，置紫外光长波下观察。结果：斑点显荧光。

⑪ 糖类。

a. 茴香胺、邻苯二酸试剂。检出物：烃类化合物。溶液：1.23g 茴香胺及 1.66g 邻苯二酸于 100mL 95％乙醇中的溶液。方法：喷雾或浸渍。结果：己糖呈绿色、甲基戊糖呈黄绿色、戊糖呈紫色、糖醛酸呈棕色。

b. 四乙酸铅/2,7-二氯荧光素。检出物：苷类、酚类、糖酸类。溶液：溶液Ⅰ为 2％四乙酸铅的冰醋酸溶液；溶液Ⅱ为 1％2,7-二氯荧光素乙醇溶液。取溶液Ⅰ、溶液Ⅱ各 5mL 混匀，用干燥的苯或甲苯稀释至 200mL，试剂溶液只能稳定 2h。方法：浸板。

c. 邻氨基联苯/磷酸。检出物：糖类。溶液：0.3g 邻氨基联苯加 5mL 85％磷酸与 95mL 乙醇。方法：喷板后 110℃ 加热 15～20min。结果：斑点呈褐色。

d. 苯胺/二苯胺/磷酸。检出物：还原糖。溶液：4g 二苯胺、4mL 苯胺与 20mL 85％磷酸共溶于 200mL 丙酮中。方法：喷后于 85℃ 加热 10min。结果：产生各种颜色。1，4-己醛糖、低聚糖呈蓝色。

e. 双甲酮/磷酸。检出物：酮糖。溶液：双甲酮（5,5-二甲基环己烷-1,3-二酮）10.3g 溶于 90mL 乙醇与 10mL 85％磷酸中。方法：喷板后于 110℃ 加热 15～20min。结果：日光下观察，白色背景上呈黄色斑点，紫外光长波下呈蓝色荧光。

f. 联苯胺/三氯乙酸。检出物：糖类。溶液：0.5g 联苯胺溶于 10mL 乙酸，再加 10mL 40％三氯乙酸水溶液，用乙醇稀释至 100mL。方法：喷后置紫外光下照射 15min。结果：斑点呈灰棕-红褐色。

g. 对二甲氨基苯甲醛/乙酰丙酮。检出物：氨基糖类。溶液：溶液Ⅰ为 5mL 50％氢氧化钾溶液与 20mL 乙醇混匀，取此溶液 0.5mL，加乙酰丙酮 0.5mL 与 50mL 正丁醇的混合液 10mL，此两种溶液均需新鲜配制，临用前混合；溶液Ⅱ为 1g 对二甲氨基苯甲醛溶于 30mL 乙醇中，再加 30mL 浓盐酸，需要时此溶液可用正丁醇 180mL 稀释。方法：先喷溶液Ⅰ后于 105℃ 加热 5min，再喷溶液Ⅱ，然后于 90℃ 干燥 5min。结果：斑点呈红色。

第3章

材料化学合成技术

3.1 材料化学合成方法概述

材料的合成方法是材料科学发展的基础，也是调控材料性能的关键。目前材料合成方法众多，按物料状态可分为液相法、固相法和气相法三类。

3.2 材料化学合成技术与装置

3.2.1 液相法

液相法是以均相溶液为反应介质，通过控制反应条件使溶质与溶剂分离，形成一定形貌和尺寸的颗粒，可以在分子尺度上实现产物的均匀度，是应用最为广泛的材料合成技术。液相法具有反应温度低、容易操作、设备简单、成本低等优点。该法主要包括沉淀法、水热/溶剂热法、溶胶凝胶法、溶剂蒸发热解法、微乳液法等。

沉淀法通常是在均相溶液状态下，将反应物混合均匀，通过控制反应条件使沉淀析出，从而获得功能材料的方法。沉淀法主要包括直接沉淀法、均匀沉淀法和共沉淀法。其中，直接沉淀法是在可溶性盐溶液中直接加入沉淀剂，使目标材料形成沉淀并从溶液中析出；均匀沉淀法通过控制沉淀的生成速率，使沉淀均匀析出，从而减少晶粒凝聚，该方法可制备高纯度的功能材料；共沉淀法是把沉淀剂加入到金属盐混合溶液中，促使各组分同时均匀沉淀，从而形成复合材料。

水热/溶剂热法是指在高压反应釜中，采用水或者有机溶剂作为反应介质，通过对密闭反应体系加热，创造一个相对高温高压的反应环境，使通常难溶或不溶的物质溶解并发生反应，从而实现无机材料的制备。该法操作简单，成本低，所得材料纯度高，分散性好，结晶度高，并且尺寸形貌可控，尤其广泛应用于微纳材料的制备领域。液相法合成装置如图 3-1 所示。

溶胶-凝胶法是指金属醇盐或无机盐溶液发生水解反应，生成纳米粒子并形成溶胶，溶胶经蒸发干燥转变为凝胶，再将凝胶干燥、焙烧，最后得到目标产物。溶胶凝胶法允许掺杂大量的无机物和有机物，可在低温条件下制备高纯度、高均匀度、高活性的纯净物或混合物，尤其适用于非晶态材料的制备。

(a) 水热反应釜   (b) 高压反应釜

图 3-1 液相法合成装置

溶剂蒸发热解法以可溶性盐或在酸的作用下能完全溶解的化合物为原料，在水或有机溶剂中混合形成均匀的溶液，通过加热蒸发、喷雾干燥、火焰干燥或冷冻干燥使溶剂蒸发，然后通过热分解得到功能材料。

微乳液法是新兴的透明材料合成技术。微乳液是由表面活性剂、助表面活性剂、油和水组成的、各相同性的热力学稳定体系，可分为 O/W 型微乳液和 W/O 型微乳液。微乳液的基本组成单元是大小均匀、彼此分离的液滴，这些液滴可以看作是一个"微型反应器"，其大小可以控制在几十到几百纳米之间，是制备微纳材料的理想反应介质。微乳液法具有设备简单、无需加热、易操作、粒子可控等优点，缺点是运用了大量的有机溶剂，易造成环境污染，成本较高。

3.2.2 固相法

固相法是通过从固相到固相的变化来制备功能材料，避免了溶剂的使用，操作简单，产量高。包括固相分解法、固相反应法、高能球磨法等。固相法合成装置如图 3-2 所示。

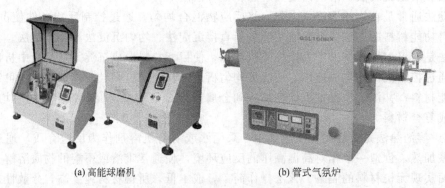

(a) 高能球磨机   (b) 管式气氛炉

图 3-2 固相法合成装置

固相分解法是基于碳酸盐、草酸盐、硝酸盐、有机酸盐、金属氢氧化物、金属络合物等物质的热分解反应制备无机功能材料。该方法制备工艺比较简单，但热分解反应不易控制，生成的粉体容易团聚，产物尺寸不可控，并且分解过程中易产生有毒气体，造成环境污染，成本较高。

固相反应法是把金属盐或金属氧化物按比例充分混合研磨后，通过原料间的固相反应制备功能材料的方法。该法具有产量大、制备工艺简单、不需要溶剂、污染小等优点，但易引入杂质，能耗较高。

高能球磨法是近年来在机械粉碎法基础上发展起来的一种自上而下的材料合成技术。高能球磨法是利用球磨机的转动或振动，使硬球对原料进行强烈的撞击、研磨和搅拌，把原料粉碎为微纳颗粒的方法。高能球磨法工艺简单，效率高，可制备高熔点纳米金属或合金材料。其缺点是能耗大、产物尺寸大、粒径分布不均匀、杂质含量多。

3.2.3 气相法

气相法是指反应物在气态状态下发生物理或者化学变化，最后在冷却过程中凝聚长大形成功能材料的方法。该法可以制造出高纯度、形貌均一、粒径分布窄而细的微纳材料。尤其适用于制备其他方法难以制备的金属碳化物、硼化物等非氧化物材料。气相法主要包括气体蒸发法、化学气相沉积法（CVD）、溅射法等。

气体蒸发法是指在气体环境中使金属、合金或陶瓷蒸发气化，然后与惰性气体冲突，冷却、凝结（或与活泼性气体反应后再冷却凝结）而形成功能材料。气相蒸发法制备的材料具有表面清洁、粒度整齐、粒径分布窄等优点。

气相化学反应法（CVD）是利用气态的先驱反应物，通过原子、分子间化学反应，使得气态前驱体分解生成所需的化合物，在保护气体环境下快速冷凝，从而制备各类功能材料。用气相反应法制备纳米微粒具有很多优点，如颗粒均匀、纯度高、粒度小、分散性好、化学反应活性高等。

溅射法的原理是在惰性气氛或活性气氛下在阳极或阴极蒸发材料间加上几百伏的直流电压，使之产生辉光放电，放电中的离子撞击蒸发材料靶，靶材的原子就会由表面蒸发出来，蒸发原子被惰性气体冷却而凝结或与活性气体反应而形成功能材料。用溅射法可制备多种纳米金属，包括高熔点和低熔点金属；也可制备多组元的化合物。气相法合成装置如图 3-3 所示。

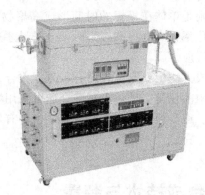

图 3-3　气相法合成装置

第4章

高分子化学合成技术

4.1 高分子化学合成方法概述

按聚合机理或动力学,聚合反应分为链式聚合和逐步聚合两大类。

(1) 链式聚合

其特征为整个聚合过程由链引发、链增长、链终止等几步基元反应组成,体系始终由单体、高分子量聚合物和微量引发剂组成,没有分子量递增的中间产物。随聚合时间延长,聚合物的生成量(转化率)逐渐增加,而单体则随时间而减少。根据活性中心不同,可以将链式聚合反应分成自由基聚合、阳离子聚合、阴离子聚合和配位聚合。烯类单体的加聚反应大部分属于链式聚合反应。

(2) 逐步聚合

其特征为反应是逐步进行的。反应早期,大部分单体很快聚合成二聚体、三聚体、四聚体等低聚物(链式聚合反应则是单体在极短的时间形成高聚物),短期内转化率很高。随后低聚物间继续反应,直至转化率很高(>98%)时,分子量才逐渐增加到较高的数值。绝大多数缩聚反应属于逐步聚合反应。

链式聚合反应采用的合成方法主要有本体聚合、悬浮聚合、乳液聚合和溶液聚合。自由基聚合可以采用这四种方法中的任何一种,离子聚合通常采用溶液聚合的方法,配位聚合可以采用本体聚合和溶液聚合。逐步聚合采用的合成方法主要有熔融缩聚、溶液缩聚、界面缩聚和固相缩聚。

4.2 高分子化学合成技术与装置

4.2.1 高分子化学合成技术

4.2.1.1 单体的纯化与贮存

所有合成高分子化合物都是由单体通过聚合反应生成的,在聚合反应过程中,所用原料的纯度对聚合反应影响巨大,特别是单体,即使单体中仅含质量百分比为 0.0001% ～ 0.01%的杂质也常常会对聚合反应产生严重的影响。单体中 1%的对苯二酚或 4-叔丁基邻苯二酚就足以起到阻聚作用。在聚合反应前需将这些阻聚剂除去。大多数经提纯后的单体可在避光及低温条件下短时间贮存，如放置在冰箱中；若需贮存较长时间，则除避光低温外还需除氧及氮气保护。实验室的通常做法是将提纯后的单体在氮气保护下封管再避光低温贮存。

4.2.1.2　常见引发剂（催化剂）的提纯

为使聚合反应顺利进行以及获得真实准确的聚合反应实验数据，对引发剂（催化剂）进行提纯处理是非常必要的，以下是一些常见引发剂（催化剂）的提纯。

(1) 过氧化二苯甲酰（BPO）

过氧化二苯甲酰常采用重结晶的方法提纯，但为防止发生爆炸，重结晶操作应在室温下进行。将待提纯的BPO溶于三氯甲烷，再加等体积的甲醇或石油醚使BPO结晶析出。也可用丙酮加2体积的蒸馏水重结晶。如将5g的BPO在室温下溶于20mL的$CHCl_3$，过滤除去不溶性杂质，滤液滴入等体积的甲醇中结晶，过滤，晶体用冷甲醇洗涤，室温下真空干燥，贮于干燥器中避光保存。必要时可进行多次重结晶。

(2) 过氧化二异丙苯

用95%乙醇溶解，活性炭脱色后，冷却结晶。室温下真空干燥，避光保存。

(3) 过氧化二异丙苯过硫酸钾（KPS）或过硫酸铵（APS）

过硫酸钾（铵）中的杂质主要为硫酸氢钾（铵）和硫酸钾（铵），可用水重结晶除去。如将过硫酸盐用40℃的水溶解（10mL/g），过滤，滤液冷却结晶。50℃真空干燥。置于干燥器中避光保存。

(4) 偶氮二异丁腈（AIBN）

可用丙酮、三氯甲烷或甲醇重结晶，室温下真空干燥，避光贮于冰箱中。如将50mL 95%的乙醇加热至接近沸腾，迅速加入5g AIBN溶解，趁热过滤，滤液冷却结晶。

4.2.1.3　聚合物的合成方法

链式聚合反应采用的合成方法主要有本体聚合、悬浮聚合、乳液聚合和溶液聚合。

(1) 本体聚合

不加其他介质，只有单体、引发剂或催化剂参加的聚合反应过程称本体聚合。本体聚合的特点是不需要溶剂回收和精制工序，后处理简单，产品纯净，适合于制作板材、型材等透明制品。自由基聚合、配位聚合、缩聚、离子聚合都可选用本体聚合。链式聚合反应进行本体聚合时，由于反应热瞬间大量的释放，且随聚合进行体系黏度大大增加，至使散热变得更加困难，故易产生局部过热，产品变色，甚至爆聚。如何及时排除反应热，是生产中的关键问题，解决的办法各异。

已工业化的本体聚合方法有苯乙烯液相均相本体聚合（自由基聚合）、乙烯高压气相非均相本体聚合（自由基聚合）、乙烯低压气相非均相本体聚合（配位聚合）、丙烯液相淤浆本体聚合（配位聚合）、甲基丙烯酸甲酯液相均相本体浇铸聚合（自由基聚合）、氯乙烯液相非均相本体聚合（自由基聚合）等。

(2) 悬浮聚合

悬浮聚合又称珠状聚合，是指在分散剂存在下，经强烈机械搅拌使液态单体以微小液滴状分散于悬浮介质中，在油溶性引发剂引发下，进行的聚合反应。悬浮介质通常是水，进行悬浮聚合的单体应呈液态或加压下呈液态且不溶于水（悬浮介质）。悬浮聚合产物可以是透明的小圆珠，也可以是无规则的固体粉末。当聚合物与单体互溶时，聚合产物就呈珠状，如苯乙烯、甲基丙烯酸甲酯的聚合产物。当聚合物与单体不互溶时，聚合产物就是无规则的固体粉末，如氯乙烯的聚合产物。

① 单体的分散过程。悬浮聚合过程中选择适当的分散剂及强烈的机械搅拌是非常重要的，直接影响悬浮聚合反应能否进行（分散剂选择不当将产生聚合物结块、聚合热无法及时排除等生产事故）及产物的性能，如疏松程度、粒径分布等。

悬浮聚合过程中单体的分散-凝聚示意如图 4-1 所示。即大块单体先在机械搅拌下破碎成小的条带状、最后变成小的单体液滴（液滴的直径一般为 $50\sim2000\mu m$）（过程①②）；小的单体液滴可以重新聚集起来形成大块单体（过程③④⑤）。未完全聚集起来的单体液滴也可以在搅拌下分散成小的单体液滴，即过程③的逆过程。分散剂的作用是将分散的单体小液滴保护起来，不使其重新聚集，从而使聚合发生在单体液滴内。因此，悬浮聚合可以看成是发生在单体液滴中的本体聚合。

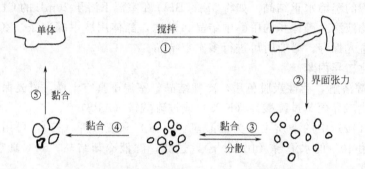

图 4-1　悬浮聚合过程中单体分散-凝聚示意

② 分散剂和分散作用。分散剂有两种主要类型，水溶性有机高分子物质和高分散无机固体粉末。水溶性有机高分子物质通常是部分水解的聚乙烯醇、聚丙烯酸和聚甲基丙烯酸或其共聚物的盐类、马来酸酐-苯乙烯共聚物等合成高分子；甲基纤维素、羟丙基纤维素等纤维素衍生物明胶、海藻盐等天然高分子。高分散无机固体粉末通常是碳酸镁、碳酸钙、羟基磷酸钙、磷酸钙等。

水溶性有机高分子物质可以在单体液滴表面形成保护膜，阻止液滴的重新聚集，高分散无机固体粉末则是吸附在液滴表面，将液滴之间隔离起来，阻止液滴的重新聚集。

(3) 乳液聚合

单体在乳化剂作用下，在水中分散形成乳状液，然后进行的聚合称为乳液聚合。分散成乳状液的单体，其液滴的直径仅在 $1\sim10\mu m$ 范围，比悬浮聚合的单体液滴小很多。单体聚合后形成的聚合物则以乳胶粒的状态存在。乳液体系比悬浮体系稳定得多，因此，乳液聚合后需进行破乳，才能将聚合产物与水分离，而悬浮聚合仅需简单过滤即可将聚合产物与水分离。

① 乳化剂和乳化作用。乳化剂是乳液聚合的重要组成部分。乳化剂多为表面活性剂，分子中既含有亲水的基团又含有亲油的基团，超过一定浓度（称为临界胶束浓度）的表面活性剂可以在水中形成胶束，单体可以溶解在胶束中（称为增溶胶束）而形成乳液。由于增溶胶束中的单体被乳化剂分子覆盖，所以，增溶胶束中的单体微小液滴能够稳定存在。胶束、增溶胶束示意如图 4-2 所示。

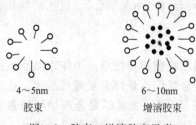

4～5nm　　6～10nm
胶束　　　增溶胶束

图 4-2　胶束、增溶胶束示意

图 4-2 中，"○"为乳化剂的亲水基团（称为头）、

"—" 为乳化剂的亲油基团（称为尾）。亲油的尾部与油性的单体的相溶性使得不溶于水的单体能够进入到胶束中。

常用乳化剂包括阴离子型、阳离子型和非离子型。

② 乳液聚合机理。乳液聚合体系中存在各种组分：a. 胶束，平均每毫升乳液有 $10^{17}\sim10^{18}$ 个胶束，单体存在胶束中（增溶胶束）。b. 存在于水中的水溶性引发剂分子。c. 单体液滴，平均每毫升乳液有 $10^{10}\sim10^{12}$ 个单体液滴，直径＞1000nm。d. 溶解于水中的单体分子、游离的乳化剂分子。

若聚合发生在单体液滴中，称为液滴成核；若聚合发生在增溶胶束中，则称为胶束成核；若聚合发生在溶解于水中的单体分子处，则称为水相成核。乳液聚合机理认为聚合场所与单体的水溶性有关，若单体有强的疏水性，则聚合主要发生在增溶胶束中，即为胶束成核。若单体在水中有一定的溶解度，则可能以水相成核为主。

（4）溶液聚合

单体溶解在溶剂中进行的聚合称为溶液聚合。聚合产物能溶解在溶剂中时称为均相溶液聚合，聚合产物不能溶解在溶剂中时称为非均相溶液聚合。由于溶剂的存在，溶液聚合的反应热能够及时的排除，减少了局部过热现象，反应易控制。溶液聚合尤其适用于离子聚合与配位聚合，因为用于离子聚合与配位聚合的催化剂通常要在特定的溶剂中才有催化活性。溶液聚合最大的弊端是增加了溶剂的分离、回收工序，增加了聚合操作的不安全性（溶剂毒性造成）、增大了生产成本。

逐步聚合采用的合成方法主要有熔融缩聚、溶液缩聚、界面缩聚和固相缩聚。简单介绍如下。

① 熔融缩聚。熔融缩聚生产工艺过程简单，生产成本较低。可连续法生产直接纺丝。聚合设备的生产能力高。反应温度高，要求单体和缩聚物在反应温度下不分解，单体配比要求严格，反应物料黏度高，小分子不易脱除。局部过热可能产生副反应，对聚合设备密封性要求高。

② 溶液缩聚。溶液缩聚由于反应体系中溶剂的存在，可降低反应温度避免单体和产物分解，反应平稳易控制。可与产生的小分子共沸或与之反应而脱除。聚合物溶液可直接用作产品。原料需充分混合，要求达到一定细度，反应速度低，小分子不易扩散脱除。

③ 界面缩聚。界面缩聚反应聚条件缓和，反应是不可逆的。对两种单体的配比要求不严格。反应温度低于熔融。溶剂可能有毒，易燃，提高了成本。增加了缩聚物分离、精制、溶剂回收等工序，生产高分子量产品时需将溶剂蒸出后进行熔融缩聚。

（5）固相缩聚

固相缩聚的反应条件比较缓和，但必须使用高活性单体，如酰氯，产品不易精制。

4.2.1.4 聚合物的分离与提纯

在聚合反应完成后，是否需要对聚合物进行分离后处理取决于聚合体系的组成及聚合物的最终用途。如本体聚合和熔融缩聚，由于聚合体系中除单体外只有微量甚至没有外加的催化剂，因此，聚合体系中所含的杂质很少，并不需要分离后处理程序。有些聚合物在聚合反应完成后便可直接以溶液或乳液形式成为商品，因此，也不需要进行分离后处理，如有些胶黏剂和涂料等的合成。其他的聚合反应一般都需要把聚合物从聚合体系中分离出来才能应用。此外，为了对聚合产物进行准确的分析表征，在聚合反应完成后不仅需要对聚合物进行分离，还需要进行必要的提纯。而且分离提纯还有利于提高聚合物的各种性能，特别是一些具有特殊用途的聚合物，如光、电功能高分子材料、医用高分子材料等，对聚合物的纯度要求都相当高，对于这类高分子而言，分离提纯是必不可少的。

（1）聚合物的分离

聚合物的分离方法取决于聚合物在反应体系中的存在形式，聚合物在反应体系中的存在形式大致可分为以下几种。

① 沉淀形式。如沉淀聚合、悬浮聚合、界面缩聚等，聚合反应完成后，聚合物以沉淀形式存在于反应体系中，这类聚合反应的产物分离比较简单，可用过滤或离心方法进行分离。

② 溶液形式。如果聚合物以溶液形式存在于反应体系中，聚合物的分离可有两种方法，一是用减压蒸馏法除去溶剂、残余的单体以及其他的挥发性成分，但该方法由于难以彻底除去引发剂残渣及聚合物包埋的单体与溶剂，在实验室中一般很少使用。但由于可进行大量处理，因而在工业生产中多被采用。另一种方法是加入沉淀剂，使聚合物沉淀后再分离，该方法常用于实验室少量聚合物的处理。由于需大量沉淀剂，工业生产较少用。

使用沉淀法时，对沉淀剂有一定的要求。首先，沉淀剂必须对单体、聚合反应溶剂、残余引发剂及聚合反应副产物（包括不需要的低聚物）等具有良好的溶解性，但不溶解聚合物，最好能使聚合物以片状而不是油状或团状沉淀出来。其次，沉淀剂应是低沸点的，且难以被聚合物吸附或包藏，以便于沉淀聚合物的干燥。

沉淀时通常将聚合物溶液在强烈搅拌下滴加到 4～10 倍量的沉淀剂中，为使聚合物沉淀为片状，聚合物溶液的浓度一般以不超过 10％为宜。有时为了避免聚合物沉淀为胶体状，需在较低温度下操作或在滴加完后加以冷冻，也可以在沉淀剂中加入少量的电解质，如氯化钠或硫酸铝溶液、稀盐酸、氨水等。此外，长时间的搅拌也有利于聚合物凝聚。

如果聚合物对溶剂的吸附性较强或易在沉淀过程中结团，用滴加的方法通常难以将聚合物很好地分离，而需将聚合物溶液以细雾状喷射到沉淀剂中沉淀。

③ 乳液形式。要把聚合物从乳液中分离出来，首先必须对乳液进行破乳，即破坏乳液的稳定性，使聚合物沉淀。破乳方法取决于乳化剂的性质，对于阴离子型乳化剂，可用电解质［如 $NaCl$、$AlCl_3$、$KAl(SO_4)_2$ 等］的水溶液作为破乳剂，其中，尤以高价金属盐的破乳效果最好。如果酸对聚合物没有损伤的话，稀酸（如稀盐酸等）也是非常不错的破乳剂。所加破乳剂应容易除去。

通常的破乳操作程序是在搅拌下将破乳剂溶液滴加到乳液中直至出现相分离，必要时事先应将乳液稀释，破乳后可加热（60～90℃）一段时间，使聚合物沉淀完全，再冷却至室温、过滤、洗涤、干燥。

（2）聚合物的提纯

聚合物的提纯不仅对准确的结构分析表征是必要的，而且也是提高聚合物性能（如力学性能、电学性能、光学性能等）的有力手段。

最常用的聚合物提纯方法是多次沉淀法。将聚合物配成浓度小于 5％的溶液，再在强烈搅拌下将聚合物溶液倾入到过量沉淀剂（通常为 4～10 倍量）中沉淀，多次重复操作，可将聚合物包含的可溶于沉淀剂的杂质除去。但如果聚合物中包含的杂质是不溶性的，且颗粒非常小，一般的过滤难以将其除去，如有些金属盐类催化剂等，在这种情形下可考虑先将配好的聚合物溶液用装有一定量硅藻土的玻璃砂芯漏斗过滤，使不溶性的杂质被硅藻土吸附后，再将滤液进行多次沉淀；有时甚至可采用柱层析方法来提纯。

经多次沉淀法提纯的聚合物还需经干燥除去聚合物包藏或吸附的溶剂、沉淀剂等挥发性杂质。要取得好的干燥效果，必须把聚合物尽可能地弄碎，这就要求在沉淀时要小心地选择沉淀剂及其用量,以使聚合物尽可能地以细片状沉淀,因此,使用喷射沉淀法对聚合物的干燥是非常有利的。若聚合物无法沉淀成碎片状,则可采用冷冻干燥技术,如将聚合物溶液用干冰—丙酮浴或液氮冷冻成固体,再抽真空使溶剂升华而得到蜂窝状或粉末状的聚合物。

4.2.2 高分子化学合成装置

在实验室中,大多数的聚合反应可在磨口三颈瓶或四颈瓶中进行,常见的反应装置如图 4-3 所示,一般带有搅拌器、冷凝管和温度计,若需滴加液体反应物,则需配上滴液漏斗。

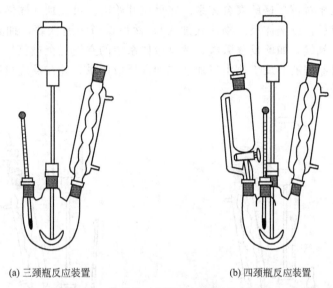

(a) 三颈瓶反应装置　　　　　　(b) 四颈瓶反应装置

图 4-3　常见的三颈瓶与四颈瓶反应装置

为防止反应物特别是挥发性反应物的逸出,搅拌器与瓶口之间应有良好的密封。如图 4-4(a) 所示的聚四氟乙烯搅拌器为常用的搅拌器,由搅拌棒和高耐腐蚀性的标准口聚四氟乙烯搅拌头组成。搅拌头包括两部分,两者之间常配有橡胶密封圈,该密封圈也可用聚四氟乙烯膜缠绕搅拌棒压成饼状来代替。由于聚四氟乙烯具有良好的自润滑性能和密封性能,因此,既能保证搅拌顺利进行,也能起到很好的密封作用;搅拌棒是带活动聚四氟乙烯搅拌桨

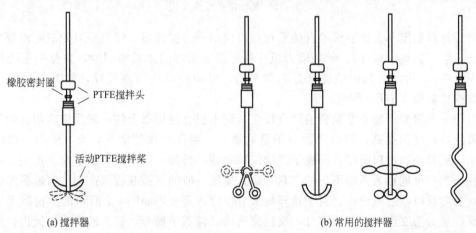

橡胶密封圈
PTFE搅拌头
活动PTFE搅拌桨

(a) 搅拌器　　　　　　　　　　(b) 常用的搅拌器

图 4-4　实验室用搅拌器

的金属棒，该活动搅拌桨通过其开合，不仅能非常方便地进出反应瓶，而且还能以不同的打开角度来适应实际需要（如虚线所示）。为了得到更好的搅拌效果，也可根据需要用玻璃棒烧制各种特殊形状的搅拌棒（桨），如图4-4(b)所示。

以上的反应装置适合于不需要氮气保护的聚合反应场合，若需氮气保护的聚合反应则需相应地添加通氮装置。为保证良好的保护效果，单单只向体系中通氮气常常是不够的。通常需先对反应体系进行除氧处理，而且在反应过程中，为防止氧气和湿气从反应装置的各接口处渗入，必须使反应体系保持一定的氮气正压。常用氮气保护反应装置如图4-5所示。其中，图4-5(a)适合于除氧要求不是十分严格的聚合反应。若反应是在回流条件下进行，则在开始回流后，由于体系本身的蒸汽可起到隔离空气的作用，因此可停止通氮。图4-5(b)适合于对除氧除湿相对较严格的聚合体系。在反应开始前，可先加入固体反应物（也可将固体反应物配成溶液后，以液体反应物形式加入），然后调节三通活塞，抽真空数分钟后，再调节三通活塞充入氮气，如此反复数次，使反应体系中的空气完全被氮气置换。之后再在氮气保护下，用注射器把液体反应物由三通活塞加入反应体系，并在反应过程中始终保持一定的氮气正压。

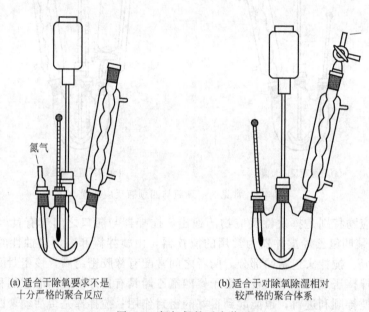

(a) 适合于除氧要求不是
十分严格的聚合反应

(b) 适合于对除氧除湿相对
较严格的聚合体系

图4-5　氮气保护反应装置

对于体系黏度不大的溶液聚合体系也可以使用磁力搅拌器，特别是对除氧除湿要求较严的聚合反应（如离子聚合）。使用磁力搅拌器可提供更好的体系密闭性，典型的聚合反应装置如图4-6(a)所示。其中的温度计若非必需，可用磨口玻璃塞代替，如图4-6(b)所示。其除氧操作如图4-5(b)所示。

对于一些聚合产物非常黏稠的聚合反应，则不适合使用以上的一般反应容器。如熔融缩聚随着反应程度的提高，聚合产物分子量的增大，聚合产物黏度非常大，使用一般的三颈瓶，由于瓶口小、出料困难，不便于产物的后处理；再如一些非线形逐步聚合反应，如果条件控制不当，可能形成不熔不溶的交联产物，使用一般的三颈瓶会给产物的清理带来极大的困难，易对反应器造成损伤。对于这样的聚合反应，宜使用如图4-7所示的"树脂反应釜"，树脂反应釜分为底座和釜盖两部分，反应完成后，将盖子揭开，黏稠的物料易倾出，反应器也易清理。

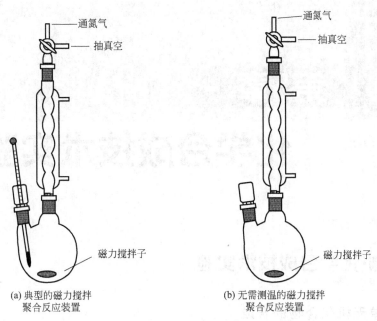

(a) 典型的磁力搅拌
聚合反应装置

(b) 无需测温的磁力搅拌
聚合反应装置

图 4-6　磁力搅拌反应装置

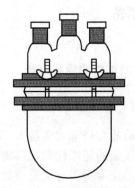

图 4-7　树脂反应釜

　　聚合反应温度的控制是聚合反应实施的重要环节之一。准确的温度控制必须使用恒温浴。实验室最常用的热浴是水浴和油浴，由于使用水浴存在水汽蒸发的问题，因此，若反应时间较长宜使用油浴（如硅油浴）。根据聚合反应温度控制的需要，可选择适宜的热浴。热浴的温度控制一般通过继电器控温仪来实现。

　　若反应温度在室温以下，则需根据反应温度选择不同的低温浴。如 0℃用冰浴，更低温度可使用各种不同的冰和盐混合物、液氮和溶剂混合物等。不同的盐与冰、不同的溶剂与液氮以不同的配比混合可得到不同的冷浴温度。此外，也可使用专门的制冷恒温设备。

第5章

化学合成技术实验

5.1 无机化学合成技术实验

5.1.1 简单无机化合物的合成

 **实验1** 硫代硫酸钠的制备

【目的和要求】

1. 学习亚硫酸钠法制备硫代硫酸钠的原理和方法。

2. 学习硫代硫酸钠的检验方法。

【实验原理】

硫代硫酸钠是最重要的硫代硫酸盐,俗称"海波",又名"大苏打",是无色透明单斜晶体。易溶于水,不溶于乙醇,具有较强的还原性和配位能力,是冲洗照相底片的定影剂,棉织物漂白后的脱氯剂,定量分析中的还原剂。有关反应如下:

$$4AgBr + 2Na_2S_2O_3 \Longrightarrow [Ag(S_2O_3)_2]^{3-} + 4NaBr + 3Ag^+$$

$$2Ag^+ + S_2O_3^{2-} \Longrightarrow Ag_2S_2O_3$$

$$Ag_2S_2O_3 + H_2O \Longrightarrow Ag_2S\downarrow + H_2SO_4 (此反应用作 S_2O_3^{2-} 的定性鉴定)$$

$$2S_2O_3^{2-} + I_2 \Longrightarrow S_4O_6^{2-} + 2I^-$$

$Na_2S_2O_3 \cdot 5H_2O$ 的制备方法有多种,其中,亚硫酸钠法是工业和实验室中的主要方法。

$$Na_2SO_3 + S + 5H_2O \Longrightarrow Na_2S_2O_3 \cdot 5H_2O$$

反应液经脱色、过滤、浓缩结晶、过滤、干燥即得产品。

$Na_2S_2O_3 \cdot 5H_2O$ 于 40~45℃熔化,48℃分解,因此,在浓缩过程中要注意不能蒸发过度。

【仪器和试剂】

仪器:电子天平,烧杯,玻璃棒,减压过滤装置,试管,pH试纸,滤纸。

试剂:HCl(6mol/L),淀粉溶液(0.2%)、$AgNO_3$(0.1mol/L)、KBr(mol/L),I_2 标准溶液(0.05mol/L,准确浓度自行标定),乙醇(95%),硫粉(s)、亚硫酸钠(s,无水)

【实验内容】

1. 硫代硫酸钠的制备

（1）取 5.0g Na_2SO_3（0.04mol）于 100mL 烧杯中，加 50mL 去离子水搅拌溶解。

（2）取 1.5g 硫黄粉于 100mL 烧杯中（思考题 1），加 3mL 乙醇充分搅拌均匀，再加入 Na_2SO_3 溶液，隔石棉网小火加热煮沸，不断搅拌至硫黄粉几乎全部反应。

（3）停止加热，待溶液稍冷却后加 1g 活性炭，加热煮沸 2min。

（4）趁热过滤至蒸发皿中，于泥三角上小火蒸发浓缩至溶液呈微黄色浑浊。

（5）冷却、结晶，减压过滤，晶体用乙醇洗涤，用滤纸吸干后，称重，计算产率。

2. 产品检验

取少量产品配成待测溶液备用。

（1）$S_2O_3^{2-}$ 的检验。往少量 $AgNO_3$ 溶液中滴加少量待测液，观察并记录实验现象。

（2）$S_2O_3^{2-}$ 的还原性。往碘水与淀粉混合溶液滴加待测液，观察并记录实验现象。

（3）$S_2O_3^{2-}$ 不稳定性。往少量待测液滴加少量的 6mol/L HCl 溶液，观察并记录实验现象，并用湿润的蓝色石蕊试纸检验生成的气体。

（4）$S_2O_3^{2-}$ 的配位性。往试管滴加 5 滴 $AgNO_3$（0.1mol/L）溶液和 6 滴 KBr（0.1mol/L）溶液，再滴加待测液，观察并记录实验现象。

【数据记录及处理】

1. 产品外观及产率：

产品外观：　　　　　　　　产品质量（g）：　　　　　　　　产率（%）：

2. 产物定性分析

产物定性分析记录见表 5-1。

表 5-1　产物定性分析

	实验现象	反应方程式
$S_2O_3^{2-}$ 的鉴定		
$S_2O_3^{2-}$ 的还原性		
$S_2O_3^{2-}$ 不稳定性		
$S_2O_3^{2-}$ 的配位性		

【实验说明】

1. 用 3mL 乙醇充分搅拌均匀，使硫黄粉容易与亚硫酸钠反应。

2. 煮沸过程中要不停地搅拌，并要注意补充蒸发掉的水分。

3. 反应中的硫黄用量已经是过量的，不需再多加。

4. 蒸发浓缩时，速度太快，产品易于结块；速度太慢，产品不易形成结晶。

5. 实验过程中，浓缩液终点不易观察，有晶体出现即可。当结晶不易析出时可加入少量晶种。

【思考题】

1. 硫黄粉稍有过量，为什么？

2. 为什么加入乙醇？目的何在？

3. 蒸发浓缩时，为什么不可将溶液蒸干？

4. 减压过滤后晶体要用乙醇来洗涤，为什么？

实验 2 **碱式碳酸铜的制备**

【目的和要求】

通过碱式碳酸铜制备条件的探求和生成物颜色、状态的分析，研究反应物的合理配料比并确定制备反应合适的温度条件，以培养独立设计实验的能力。

【实验原理】

碱式碳酸铜 $[Cu_2(OH)_2CO_3]$ 为天然孔雀石的主要成分，呈暗绿色或淡蓝绿色，加热至 200℃ 即分解，在水中的溶解度很小，新制备的试样在水中很易分解。

由于 CO_3^{2-} 的水解作用，Na_2CO_3 溶液呈碱性，而且铜的碳酸盐与氢氧化物的溶解度相近，所以当碳酸钠与硫酸铜反应时，得到的产物是碱式碳酸铜。

$$2CuSO_4 + 2Na_2CO_3 + H_2O \Longrightarrow Cu(OH)_2 \cdot CuCO_3 \downarrow + CO_2 \uparrow + 2Na_2SO_4$$

【仪器和试剂】

仪器：台秤，烧杯，玻璃棒，吸滤瓶，布氏漏斗，试管，滴管，吸量管。

试剂：$CuSO_4$，Na_2CO_3。

【实验内容】

1. 条件试验

(1) $CuSO_4$ 和 Na_2CO_3 的比例关系

取试管 8 支分成两列，分别于 4 支试管中，各加入 2.0mL 0.50mol/L 的 $CuSO_4$ 溶液，另四支分别加入 1.6mL、2.0mL、2.4mL 和 2.8mL 0.50mol/L 的 Na_2CO_3 溶液。然后将 8 支试管于 348K 的恒温水浴中。几分钟后，依次将 $CuSO_4$ 溶液分别倒入 Na_2CO_3 溶液中，振荡。观察并记录各管生成沉淀的情况，通过结果选出合适的比例关系。$CuSO_4$ 和 Na_2CO_3 溶液的合适配比见表 5-2。

表 5-2　$CuSO_4$ 和 Na_2CO_3 溶液的合适配比（348K）

项　　目	1	2	3	4
0.50mol/L 的 $CuSO_4$/mL	2.0	2.0	2.0	2.0
0.50mol/L 的 Na_2CO_3/mL	1.6	2.0	2.4	2.8
沉淀生成速率				
沉淀的数量及颜色				
结论				

(2) 温度对晶体生成的影响

取试管 8 支，分成两列，4 支试管中各加入 2.0mL 0.50mol/L 的 $CuSO_4$ 溶液，另四支中分别加入 (1) 结果的 Na_2CO_3 溶液。实验温度为室温、323K、348K 和 373K。每次从两列中各取一支，将 $CuSO_4$ 溶液倒入 Na_2CO_3 溶液，振荡。观察并记录生成沉淀的情况，由结果选出合适的温度。温度对晶体生成的影响见表 5-3。

表 5-3　温度对晶体生成的影响

项　　目	室温	323K	348K	373K
0.50mol/L 的 $CuSO_4$/mL	2.0	2.0	2.0	2.0
0.50mol/L 的 Na_2CO_3/mL				
现象				
结论				

2. 碱式碳酸铜的制备

分别按合适比例取 $CuSO_4$ 溶液和 Na_2CO_3 溶液各若干毫升，加热到合适温度后，将 $CuSO_4$ 溶液倒入 Na_2CO_3 溶液，记录沉淀的颜色和体积变化。沉淀下沉后，用倾泻法洗涤沉淀数次，抽滤，并用少量冷蒸馏水洗涤沉淀至无 SO_4^{2-} 为止，抽干，置烘箱中烘干，称量，计算产率。

【思考题】

1. 除反应物的配比和反应的温度对本实验的结果有影响外，反应物的种类，反应进行的时间等因素是否对产物的质量也会有影响？

2. 自行设计一个实验，来测定产物中铜及碳酸根的含量，从而分析所制得的碱式碳酸铜的质量。

 实验3 微波辐射合成磷酸锌

【目的和要求】

1. 了解磷酸锌的微波合成原理和方法。

2. 掌握吸滤的基本操作。

【实验原理】

磷酸锌 $Zn_3(PO_4)_2 \cdot 2H_2O$ 是一种白色的新一代无毒性、无公害的防锈颜料，溶于无机酸、氨水、铵盐溶液，不溶于水、乙醇，它能有效的替代含有重金属铅、铬的传统防锈颜料。

磷酸锌对三价铁离子具有很强的缩合能力，这种磷酸锌的根离子与铁阳极反应，可形成以磷酸铁为主体的坚固的保护膜，这种致密的钝化膜不溶于水、硬度高，附着力优异呈现出卓越的防锈性能，由于磷酸锌基团具有很好的活性，能与很多金属离子作用生成络合物，因此，具有良好的防锈效果。

磷酸锌的合成通常是用硫酸锌，磷酸和尿素在水浴加热下反应，反应过程中尿素分解放出氨气并生成铵盐，过去反应需 4h 才完成。本实验采用微波加热条件下进行反应，反应时间缩短为 8min，反应式如下。

$$3ZnSO_4 + 2H_3PO_4 + 3(NH_2)_2CO + 7H_2O \Longrightarrow Zn_3(PO_4)_2 \cdot 4H_2O + 3(NH_4)_2SO_4 + 3CO_2$$

所得的四水合晶体在 110℃烘箱中脱水即得二水合晶体。

【仪器和试剂】

仪器：微波炉，电子天平，微型实验仪器，烧杯，表面皿，量筒。

试剂：$ZnSO_4 \cdot 7H_2O$，尿素，磷酸，无水乙醇，EDTA 标准溶液（0.01000mol/L，自行标定浓度），氨与氯化铵的缓冲溶液（pH=10），铬黑 T，氨水。

【实验内容】

1. 合成 $Zn_3(PO_4)_2 \cdot 2H_2O$

称取 2.00g 硫酸锌于 50mL 烧杯中，加 1.00g 尿素和 1.0mL H_3PO_4，再加入 20.0mL 水搅拌溶解，把烧杯置于 100mL 烧杯水浴中，盖上表面皿，放进微波炉里，以大火档（约 600W）辐射 10mim，烧杯里隆起白色沫状物，停止辐射加热后，取出烧杯，用蒸馏水浸取、洗涤数次，吸滤。晶体用水洗涤至滤液无 SO_4^{2-}。产品在 110℃烘箱中脱水得到 $Zn_3(PO_4)_2 \cdot 2H_2O$，称重计算产率。

2. 测定 $Zn_3(PO_4)_2 \cdot 2H_2O$ 中的锌含量

分析天平称取 0.1～0.3g 样品，微热溶解，用 50mL 容量瓶定容；移取 25.00mL 处理好的 $Zn_3(PO_4)_2 \cdot 2H_2O$ 溶液于锥形瓶中，加入 1∶1 氨水直至白色沉淀出现，再加入 5mL 氨与氯化铵的缓冲溶液、50mL 水和 3 滴铬黑 T，用 EDTA 标准溶液滴定至溶液由酒红色变为纯蓝色即为终点。平行测定 3 次。

【实验说明】

1. 在合成反应完成时，溶液的 pH 值为 5～6，加尿素的目的是调节反应体系的酸碱性。
2. 晶体最好洗涤至近中性时再吸滤，否则最后会得到一些副产物杂质。
3. 微波对人体有危害，在使用时炉内不能使用金属，以免产生火花。炉门一定要关紧后才可以加热，以免微波泄漏而伤人。

【思考题】

1. 还有哪些制备磷酸锌的方法？
2. 如何对产品进行检验？请拟出实验方案。
3. 为什么微波加热能显著缩短反应时间？使用微波炉要注意哪些事项？

附：磷酸锌技术指标（符合指标：Q/84XS01—2004）

水分：≤1.5%；　　　含锌量：45%以上；　　　　　吸油量：30±5；

pH 值：5～7；　　　筛余物（325 目）：≤0.5；　　颜色：白色粉末

5.1.2　无机复盐的合成

 实验4　硫酸亚铁铵的制备

【目的和要求】

1. 了解复盐的一般特性。
2. 学习复盐 $(NH_4)_2SO_4 \cdot FeSO_4 \cdot 6H_2O$ 的制备方法。
3. 熟练掌握水浴加热、过滤、蒸发、结晶等基本无机制备操作。
4. 学习产品纯度的检验方法。
5. 了解用目测比色法检验产品的质量等级。

【实验原理】

硫酸亚铁铵 $(NH_4)_2SO_4 \cdot FeSO_4 \cdot 6H_2O$ 商品名为莫尔盐，为浅蓝绿色单斜晶体。一般亚铁盐在空气中易被氧化，而硫酸亚铁铵在空气中比一般亚铁盐要稳定，不易被氧化，并且价格低，制造工艺简单，容易得到较纯净的晶体，因此应用广泛。在定量分析中常用来配制亚铁离子的标准溶液。

和其他复盐一样，$(NH_4)_2SO_4 \cdot FeSO_4 \cdot 6H_2O$ 在水中的溶解度比组成它的每一组分 $FeSO_4$ 或 $(NH_4)_2SO_4$ 的溶解度都要小。利用这一特点，可通过蒸发浓缩 $FeSO_4$ 与 $(NH_4)_2SO_4$ 溶于水所制得的浓混合溶液制取硫酸亚铁铵晶体。三种盐的溶解度数据列于表 5-4。

表 5-4　三种盐的溶解度　　　　　　　　　　　　　　　单位：g/100g H_2O

温度/℃	$FeSO_4$	$(NH_4)_2SO_4$	$(NH_4)_2SO_4 \cdot FeSO_4 \cdot 6H_2O$
10	20.0	73	17.2
20	26.5	75.4	21.6
30	32.9	78	28.1

本实验先将铁屑溶于稀硫酸生成硫酸亚铁溶液。

$$Fe + H_2SO_4 = FeSO_4 + H_2 \uparrow$$

再往硫酸亚铁溶液中加入硫酸铵并使其全部溶解，加热浓缩制得的混合溶液，再冷却即可得到溶解度较小的硫酸亚铁铵晶体。

$$FeSO_4 + (NH_4)_2SO_4 + 6H_2O = (NH_4)_2SO_4 \cdot FeSO_4 \cdot 6H_2O$$

利用目视比色法可估计产品中所含杂质 Fe^{3+} 的量。Fe^{3+} 与 SCN^- 能生成红色配合物 $[Fe(SCN)]^{2+}$，红色深浅与 Fe^{3+} 浓度相关。将所制备的硫酸亚铁铵晶体与 KSCN 溶液在比色管中配制成待测溶液，将它所呈现的红色与含一定 Fe^{3+} 量所配制成的标准 $[Fe(SCN)]^{2+}$ 溶液的红色进行比较，确定待测溶液中杂质 Fe^{3+} 的含量范围，确定产品等级。

【仪器和试剂】

仪器：电子天平，锥形瓶，玻璃棒，量筒，减压抽滤装置，酒精灯，铁架台，目视比色管（25mL），酸式滴定管，移液管，蒸发皿，滤纸。

试剂：铁屑，硫酸铵固体，硫酸溶液（3mol/L），盐酸（2mol/L），碳酸钠溶液（10%），酒精溶液（95%），硫氰化钾溶液（25%），Fe^{3+} 标准溶液（0.01mg/L）。

【实验内容】

1. 铁屑的净化

用台式天平称取 2.0g 铁屑，放入锥形瓶中，加入 15mL 10% Na_2CO_3 溶液，小火加热煮沸约 10min 以除去铁屑上的油污，倾去 Na_2CO_3 碱液，用自来水冲洗后，再用去离子水把铁屑冲洗干净。

2. $FeSO_4$ 的制备

往盛有铁屑的锥形瓶中加入 15mL 3mol/L H_2SO_4，水浴加热至不再有气泡放出，趁热减压过滤，用少量热水洗涤锥形瓶及漏斗上的残渣，抽干。将滤液转移至洁净的蒸发皿中。

3. $(NH_4)_2SO_4 \cdot FeSO_4 \cdot 6H_2O$ 的制备

根据溶液中 $FeSO_4$ 的量，按反应方程式计算并称取所需 $(NH_4)_2SO_4$ 固体的质量，加入上述制得的 $FeSO_4$ 溶液中。水浴加热，搅拌使 $(NH_4)_2SO_4$ 全部溶解，并用 3mol/L H_2SO_4 溶液调节至 pH 值为 1~2，继续在水浴上蒸发、浓缩至表面出现结晶薄膜为止（蒸发过程不宜搅动溶液）。静置，使之缓慢冷却，$(NH_4)_2SO_4 \cdot FeSO_4 \cdot 6H_2O$ 晶体析出，减压过滤除去母液，并用少量 95% 乙醇洗涤晶体，抽干。将晶体取出，摊在两张吸水纸之间，轻压吸干。

观察晶体的颜色和形状。称重，计算产率。

4. 产品检验 [Fe(Ⅲ) 的限量分析]

(1) Fe(Ⅲ) 标准溶液的配制。称取 0.8634g $NH_4Fe(SO_4)_2 \cdot 12H_2O$，溶于少量水中，加 2.5mL 浓 H_2SO_4，移入 1000mL 容量瓶中，用水稀释至刻度。此溶液为 0.1000g/L Fe^{3+}。

(2) 标准色阶的配制。取 0.50mL Fe(Ⅲ) 标准溶液于 25mL 比色管中，加 2mL 3mol/L HCl 和 1mL 25% 的 KSCN 溶液，用蒸馏水稀释至刻度，摇匀，配制成 Fe 标准液（含 Fe^{3+} 为 0.05mg/g）。

同样，分别取 0.05mL Fe(Ⅲ) 和 2.00mL Fe(Ⅲ) 标准溶液，配制成 Fe 标准液（含 Fe^{3+}，分别为 0.10mg/g、0.20mg/g）。

(3) 产品级别的确定。称取 1.0g 产品于 25mL 比色管中，用 15mL 去离子水溶解，再加入 2mL 3mol/L HCl 和 1mL 25% KSCN 溶液，加水稀释至 25mL，摇匀。与标准色阶进行目视比色，确定产品级别。

此产品分析方法是将成品配制成溶液与各标准溶液进行比色，以确定杂质含量范围。如果成品溶液的颜色不深于标准溶液，则认为杂质含量低于某一规定限度，所以这种分析方法称为限量分析。

【实验说明】

1. 不必将所有铁屑溶解完，实验时溶解大部分铁屑即可。
2. 酸溶时要注意分次补充少量水，以防止 $FeSO_4$ 析出。
3. 注意计算 $(NH_4)_2SO_4$ 的用量。
4. 硫酸亚铁铵的制备：加入硫酸铵后，应搅拌使其溶解后再往下进行。加热在水浴上，防止失去结晶水。
5. 蒸发浓缩初期要不停搅拌，但要注意观察晶膜，一旦发现晶膜出现即停止搅拌。
6. 最后一次抽滤时，注意将滤饼压实，不能用蒸馏水或母液洗晶体。

【思考题】

1. 为什么硫酸亚铁铵在定量分析中可以用来配制亚铁离子的标准溶液？
2. 本试验利用什么原理来制备硫酸亚铁铵？
3. 如何利用目视法来判断产品中所含杂质 Fe^{3+} 的量？
4. 铁屑中加入 H_2SO_4 水浴加热至不再有气泡放出时，为什么要趁热减压过滤？
5. $FeSO_4$ 溶液中加入 $(NH_4)_2SO_4$ 全部溶解后，为什么要调节至 pH 值为 1～2？
6. 蒸发浓缩至表面出现结晶薄膜后，为什么要缓慢冷却后再减压抽滤？
7. 洗涤晶体时为什么用 95％乙醇而不用水洗涤晶体？

实验 5　硫酸铝钾的制备

【目的和要求】

1. 了解由金属铝制备硫酸铝钾的原理及过程。
2. 学习复盐的制备及性质。
3. 认识铝及氢氧化铝的两性性质。
4. 巩固蒸发、结晶、沉淀的转移、抽滤、洗涤、干燥等无机物制备的基本操作。

【实验原理】

硫酸铝同碱金属的硫酸盐（K_2SO_4）生成硫酸铝钾复盐 $KAl(SO_4)_2$（俗称明矾）。它是一种无色晶体，易溶于水并水解生成 $Al(OH)_3$ 胶状沉淀，具有很强的吸附性能，是工业上重要的铝盐，可作为净水剂、媒染剂、造纸填充剂等。

本实验利用金属铝可溶于 NaOH 溶液中，生成可溶性的四羟基铝酸钠 $Na[Al(OH)_4]$。

$$2Al+2NaOH+6H_2O \longrightarrow 2Na[Al(OH)_4]+3H_2 \uparrow$$

金属铝中其他杂质则不溶，再用稀硫酸调节此溶液的 pH 值为 8～9，即有 $Al(OH)_3$ 沉淀产生，分离后在沉淀中加入 H_2SO_4 致使 $Al(OH)_3$ 沉淀转化为 $Al_2(SO_4)_3$。

$$2Al(OH)_3+3H_2SO_4 \longrightarrow Al_2(SO_4)_3+6H_2O$$

在 $Al_2(SO_4)_3$ 溶液中加入等量的 K_2SO_4，在水溶液中结合生成溶解度较小的复盐，当冷却溶液时，硫酸铝钾以大块晶体结晶析出，即制得 $KAl(SO_4)_2 \cdot 12H_2O$。

$$Al_2(SO_4)_3+K_2SO_4+12H_2O \longrightarrow 2KAl(SO_4)_2 \cdot 12H_2O$$

【仪器和试剂】

仪器：电子天平，烧杯，量筒，玻璃棒，减压过滤装置，蒸发皿，表面皿，酒精灯，石棉网，铁三角，pH 试纸，滤纸。

试剂：H_2SO_4（3mol/L），H_2SO_4（1∶1），K_2SO_4（s），NaOH（s），铝屑。

【实验内容】

1. Na[Al(OH)$_4$] 的制备

称取 2.3g 固体 NaOH，置于 250mL 烧杯中，加入 30mL 蒸馏水溶解。称取 1g 铝屑，分批放入 NaOH 溶液中（反应激烈，为防止溅出，应在通风橱中进行），搅拌至不再有气泡产生，说明反应完毕。补充少量蒸馏水使溶液体积约为 40mL，反应后，趁热抽滤。

2. Al(OH)$_3$ 的生成

将滤液转入 250mL 烧杯中，加热至沸，在不断搅拌下，逐滴滴加 3mol/L H_2SO_4，使溶液的 pH 值为 8～9，继续搅拌煮沸数分钟，抽滤，用沸水洗涤沉淀，直至洗出液的 pH 值降至 7 左右，抽干。

3. Al$_2$(SO$_4$)$_3$ 的制备

将制得的 Al(OH)$_3$ 沉淀转入烧杯中，加入约 16mL（1+1）H_2SO_4，并不断搅拌，小火加热使其溶解，得 Al$_2$(SO$_4$)$_3$ 溶液。

4. 复盐的制备

将 Al$_2$(SO$_4$)$_3$ 溶液与 3.3g K$_2$SO$_4$ 固体配成的饱和溶液相混合。搅拌均匀，充分冷却后，减压抽滤，尽量抽干，称重。

【数据记录及处理】

产品外观及产率：

产品外观：　　　　　　　　产品质量（g）：　　　　　　　　产率（%）：

【实验说明】

1. 计算产率时 $m_{理论}$ 以铝屑量为基准进行计算。

2. 硫酸钾在水中的溶解度

硫酸钾在水中的溶解度见表 5-5。

表 5-5　硫酸钾在水中的溶解度

温度/℃	0	10	20	30	40	60	80	90	100
溶解度/(g/100g H$_2$O)	7.4	9.3	11.1	13	14.8	18.2	21.4	22.9	24.1

【思考题】

1. 第一步反应中是碱过量还是铝屑过量？为什么？

2. 铝屑中的杂质是如何除去的？

3. 如何制得明矾大晶体？

5.1.3　无机过氧化物的合成

 **实验6** 过氧化钙的制备及组成分析

【目的和要求】

1. 巩固无机物制备的操作技术。

2. 掌握过氧化钙的制备原理和方法。

3. 掌握测定产品中过氧化钙含量的方法。

【实验原理】

过氧化钙为白色或淡黄色结晶粉末，室温下稳定，加热到 300℃可分解为氧化钙及氧，

难溶于水，可溶于稀酸生成过氧化氢。它广泛用作杀菌剂、防腐剂、解酸剂、油类漂白剂、种子及谷物的无毒消毒剂，还用于食品、化妆品等作为添加剂。

1. 过氧化钙的制备原理

$CaCl_2$ 在碱性条件下与 H_2O_2 反应，得到 $CaO_2 \cdot 8H_2O$ 沉淀，反应方程式如下。

$$CaCl_2 + H_2O_2 + 2NH_3 \cdot H_2O + 6H_2O == CaO_2 \cdot 8H_2O + 2NH_4Cl$$

2. 过氧化钙含量的测定原理

利用在酸性条件下，过氧化钙与酸反应生产过氧化氢，再用 $KMnO_4$ 标准溶液滴定，而测得其含量，反应方程式如下。

$$5CaO_2 + 2MnO_4^- + 16H^+ == 5Ca^{2+} + 2Mn^{2+} + 5O_2 \uparrow + 8H_2O$$

【仪器和试剂】

仪器：循环水真空泵，烧杯，布氏漏斗，量筒，电子天平，锥形瓶（250mL），滴定管，称量瓶，干燥器。

试剂：$CaCl_2 \cdot 2H_2O$，H_2O_2（30%），0.02mol/L $KMnO_4$ 标准溶液，浓 $NH_3 \cdot H_2O$，2mol/L HCl，0.05mol/L $MnSO_4$，冰。

【实验内容】

1. 过氧化钙的制备

称取 7.5g $CaCl_2 \cdot 2H_2O$，用 5mL 水溶解，加入 25mL 30% 的 H_2O_2，边搅拌边滴加由 5mL 浓 $NH_3 \cdot H_2O$ 和 20mL 冷水配成的溶液，然后置冰水中冷却半小时。抽滤后用少量冷水洗涤晶体 2～3 次，然后抽干置于恒温箱，先在 60℃ 下烘 0.5h 在 140℃ 下烘 0.5h，转入干燥器中冷却后称重，计算产率。

2. 过氧化钙含量的测定

准确称取 0.2g 样品于 250mL 锥瓶中，加入 50mL 水和 15mL 2mol/L HCl，振荡使溶解，再加入 1mL 0.05mol/L $MnSO_4$，立即用 $KMnO_4$ 标准溶液滴定溶液呈微红色并且在半分钟内不褪色为止。平行测定 3 次，计算 CaO_2 的百分含量。

【实验说明】

1. 反应温度以 0～8℃ 为宜，低于 0℃，液体易冻结，使反应困难。

2. 抽滤出的晶体是八水合物，先在 60℃ 下烘 0.5h 形成二水合物，再在 140℃ 下烘 0.5h，得无水 CaO_2。

【思考题】

1. 所得产物中的主要杂质是什么？如何提高产品的产率与纯度？

2. CaO_2 产品有哪些用途？

3. $KMnO_4$ 滴定常用 H_2SO_4 调节酸度，而测定 CaO_2 产品时为什么要用 HCl，对测定结果会有影响吗？如何证实？

4. 测定时加入 $MnSO_4$ 的作用是什么？不加可以吗？

实验 7 过碳酸钠的合成及活性氧含量测定

【目的和要求】

1. 了解过氧键的性质，认识 H_2O_2 溶液固化的原理，学习低温下合成过碳酸钠的方法。

2. 认识过碳酸钠的洗涤性、漂白性及热稳定性。

3. 测定过碳酸钠的活性氧含量（由 H_2O_2 含量确定）。

【实验原理】

过碳酸钠又称过氧化碳酸钠，化学通式 $Na_2CO_3 \cdot nH_2O_2 \cdot mH_2O$，是一种固体放氧剂，为碳酸钠与过氧化氢以氢键结合在一起的结晶化合物，常见分子晶型有两种，1.5 型（$Na_2CO_3 \cdot 1.5H_2O_2$）和 2:3 型（$2Na_2CO_3 \cdot 3H_2O_2$）。

过氧碳酸钠是一种具有多用途的新型氧系漂白剂，具有漂白、杀菌、洗涤、水溶性好等特点，对环境无危害。现已广泛应用于纺织、洗涤剂、医药和饮食行业，同时它也是一种优良的纸浆漂白剂，可替代含氯漂白剂，生产白度高、白度稳定性好的纸浆。

过氧碳酸钠为白色结晶粉末状或颗粒状固体，由于碳酸钠与过氧化氢以氢键联接，其在水中有很好的溶解度，并随温度的升高而上升。过氧碳酸钠在不同温度下的溶解度见表 5-6。

表 5-6　过氧碳酸钠在不同温度下的溶解度

温度/℃	5	10	20	30	40
溶解度/(g/100g H_2O)	12	12.3	14	16.2	18.5

过碳酸钠不稳定，重金属离子或其他杂质污染，高温、高湿等因素都易使其分解，从而降低过碳酸钠活性氧含量。其分解反应式为：

$$Na_2CO_3 \cdot 1.5H_2O_2 \cdot H_2O \xrightarrow{110℃} Na_2CO_3 + 2.5H_2O + 0.75O_2 \uparrow$$

过碳酸钠分解后，活性氧分解成 H_2O 和 O_2，使得过碳酸钠活性氧的含量降低，因此，通过测定在不同条件下活性氧的含量及变化，即可研究过碳酸钠的稳定性。

用 Na_2CO_3 或 $Na_2CO_3 \cdot 10H_2O$ 以及 H_2O_2 为原料，在一定条件下可以合成 $Na_2CO_3 \cdot nH_2O_2 \cdot mH_2O$（一般 $n=1.5$，$m=1$）。合成方法有干法、喷雾法、溶剂法以及湿法（低温结晶法）等多种。本实验采用低温结晶法。反应过程如下：

Na_2CO_3 水解　　　　　　$CO_3^{2-} + H_2O \longrightarrow HCO_3^- + OH^-$

酸碱中和　　　　　　　$H_2O_2 + OH^- \longrightarrow HO_2^- + H_2O$

过氧键转移　　　　　$HCO_3^- + HO_2^- \longrightarrow HCO_4^- + OH^-$

低温下析出结晶：

$$2(NaHCO_4 \cdot H_2O) \longrightarrow Na_2CO_3 \cdot 1.5H_2O_2 + CO_2 + 1.5H_2O + 0.25O_2 \uparrow$$

$-4℃$ 左右析出 $Na_2CO_3 \cdot 1.5H_2O_2 \cdot H_2O$ 晶体。

为了提高 $Na_2CO_3 \cdot 1.5H_2O_2$ 的产量和析出速率，可以采用盐析法。由于 NaCl 溶解度基本不随温度降低而减小，在合成反应完成之后，加入适量的 NaCl 固体，即盐析法促进过碳酸钠晶体大量析出。母液可循环使用，实现污染"零排放"。

由于 $Na_2CO_3 \cdot 1.5H_2O_2$ 易与有机物反应，因此，它的晶体与母液不能通过滤纸加以分离，要用砂芯漏斗抽滤或离心法分离。

为了提高过碳酸钠的稳定性，在合成过程中应加入微量稳定剂，如 $MgSO_4$、Na_2SiO_3、$Na_4P_2O_7$ 等，也可以加入 EDTA 钠盐或柠檬酸钠盐作为配位剂，以掩蔽重金属离子，使它们失去催化 H_2O_2 分解的能力。同时产品中应尽量除去非结晶水。

【仪器和试剂】

仪器：电子天平，烧杯（100mL，250mL，400mL），称量瓶，碘量瓶，温度计（-10～$100℃$），分液漏斗，量筒（10mL，100mL），滴定管，减压抽滤装置。

试剂：$Na_2CO_3(s)$，30％ H_2O_2，$NaCl$（s，不含 I^- 或事先用 H_2O_2 处理过），$MgSO_4(s)$，$Na_2SiO_3(s)$，EDTA(s)，$K_2Cr_2O_7$（s，基准物质），KI(s)，无水乙醇，澄清石灰水，氨水，淀粉溶液（0.5％），$Na_2S_2O_3$ 标准溶液（0.1000mol/L）。

【实验内容】

1. 过碳酸钠的合成

称取碳酸钠 50g，在盛有 200mL 去离子水的 250mL 烧杯中加热溶解、澄清、过滤，在冰柜中冷却到 0℃，待用。

量取 75mL 30％ H_2O_2 倒入 400mL 烧杯中，在冰柜中冷却到 0℃，在该烧杯中加入 0.10g 固体 EDTA 钠盐、0.25g 固体 $MgSO_4$、1g 固体 $Na_2SiO_3 \cdot 9H_2O$，放入磁转子，用磁力搅拌器搅拌均匀，将 Na_2CO_3 溶液通过分液漏斗滴入盛有 H_2O_2 的烧杯中，边滴边搅拌，约 15min 之后滴加完毕，温度不超过 5℃，在冰柜中冷却到 −5℃ 左右，边搅拌边缓缓加入固体 NaCl（约用 5min 时间加完）20g，此时大量晶体析出（盐析法）。20min 之后，从冰柜中取出 400mL 烧杯，用砂芯漏斗的减压抽滤设备抽滤分离，用澄清石灰水洗涤固体 2 次，用少量无水乙醇洗涤一次，抽干，得到晶状粉末 $Na_2CO_3 \cdot 1.5H_2O_2 \cdot H_2O$。母液可回收。

将产品 $Na_2CO_3 \cdot 1.5H_2O_2 \cdot H_2O$ 固体置于表面皿上，在低于 50℃ 的真空干燥器中烘干，得到白色粉末结晶，称量产品质量。工业生产上，母液可以回收，循环使用。

注意，在反应中尽可能避免引入重金属离子，否则产品的稳定性降低。烘干冷却之后，密闭放置于干燥处，受潮也影响热稳定性。

2. 过碳酸钠中 H_2O_2 含量（活性氧）的测定

产品中过氧化氢含量的测定主要有两种方法，量气管粗测体积法和间接碘量法，本实验选用间接碘量法测定。

（1）$Na_2S_2O_3$ 标准溶液（0.1000mol/L）的配制和标定。

称取 26g $Na_2S_2O_3 \cdot 5H_2O$（或 16g 无水 $Na_2S_2O_3$）溶于 1000mL 纯水中，缓缓煮沸 10min，冷却，放置两周，过滤，备用。

准确称取 0.15g 基准物 $K_2Cr_2O_7$，需在 120℃ 烘干到恒重时称量。置于碘量瓶中，加 25mL 纯水、2gKI 及 20mL 2mol/L H_3PO_4 溶液，摇匀之后，于暗处放置 10min，加 150mL 蒸馏水，用 0.1000mol/L 的 $Na_2S_2O_3$ 溶液滴定。接近滴定终点时（溶液变成浅绿黄色），加 3mL 0.5％淀粉指示液继续滴定到溶液由蓝色变成亮绿色，就是滴定终点。记录读数，即为 $Na_2S_2O_3$ 的消耗体积（L），同时进行空白试验，记录消耗 $Na_2S_2O_3$ 的体积（L），用同样的方法平行测定另外 2 份。

$$Cr_2O_7^{2-} + 6I^- + 14H^+ \longrightarrow 2Cr^{3+} + 3I_2 + 7H_2O \qquad I_2 + 2S_2O_3^{2-} \longrightarrow 2I^- + S_4O_6^{2-}$$

$$n_{K_2Cr_2O_7} = \frac{1}{6} n_{Na_2S_2O_3} \qquad c_{Na_2S_2O_3} = \frac{m_{K_2Cr_2O_7}}{(V-V_0) \times 49.03}$$

式中　m——精确称量 $K_2Cr_2O_7$ 的质量，g；

　　49.03——$K_2Cr_2O_7$ 的摩尔质量的 1/6，g/mol；

　　　　V——滴定消耗 $Na_2S_2O_3$ 液体的体积，L；

　　　　V_0——空白试验消耗 $Na_2S_2O_3$ 溶液的体积，L。

（2）产品中 H_2O_2 含量测定。

用减量法准确称取产品过碳酸钠 0.20～0.30g 4 份，分别放入碘量瓶中，取其中 1 份加入纯净水 100L（立即加入 2mol/L $H_3PO_4$6mL）再加入 2g KI 摇匀，置于暗处反映 10min，用 0.1000mol/L $Na_2S_2O_3$ 标准溶液滴定到浅黄色，加入 3mL 淀粉指示剂，继续滴定到蓝色消失为止，如 30s 内不恢复蓝色，说明已达终点。记录 $Na_2S_2O_3$ 用量（体积，L）并做空白试验，记录 $Na_2S_2O_3$ 的用量（体积，L）。

用同样方法，平行测定另外三份产品试样。相对偏差值小于 2%（由于 H_2O_2 与 I^- 的反应伴有副反应 $H_2O_2 \xrightarrow{I^-} H_2O + \frac{1}{2}O_2$，故测定值偏低）。

$$H_2O_2 + 2H^+ + 2I^- \longrightarrow I_2 + H_2O \qquad I_2 + 2S_2O_3^{2-} \longrightarrow 2I^- + S_4O_6^{2-}$$

反应不可在碱性条件下进行，否则 I_2 易发生歧化，由于产品 $Na_2CO_3 \cdot 1.5H_2O_2 \cdot H_2O$ 是碱性的，故要加入一定量 H_3PO_4，适当增加酸性介质，以阻止 I_2 的歧化反应。

H_2O_2 含量可用以下公式计算：

$$\omega_{H_2O_2} = \frac{c_{S_2O_3^{2-}} \; (V - V_0) \; M_{\frac{1}{2}(H_2O_2)}}{m_{产品}} \qquad \omega_{活性氧} = \omega_{H_2O_2} \times \frac{16}{34}$$

式中　V——滴定消耗 $Na_2S_2O_3$ 体积，L；

　　　V_0——空白试验消耗 $Na_2S_2O_3$ 体积，L；

　　$M_{\frac{1}{2}(H_2O_2)}$——$1/2H_2O_2$ 的摩尔质量（17.01g/mol）。

3. $Na_2CO_3 \cdot 1.5H_2O_2 \cdot H_2O$ 的漂白消毒洗涤性能

在小烧杯中放入沾有油污的天然次等棉花 1g，加入 5mL H_2O，振荡或搅拌反应体系 10min，与天然次等棉花对比色泽。$Na_2CO_3 \cdot 1.5H_2O_2 \cdot H_2O$ 是无磷无毒漂白洗涤剂一种配方的添加剂。

【数据记录及处理】

1. 产品外观及产率

产品外观：　　　　　　　产品质量（g）：　　　　　　　产率（%）：

2. 产品活性氧含量分析

请列出表格记录实验数据，并计算产品中活性氧的含量。

3. 产物漂白性能测试

产物漂白性能测试数据记录见表 5-7。

表 5-7　产物漂白性能测试数据记录

实验内容	现象	结论及解释

【思考题】

1. 根据分子轨道理论计算 O_2^+、O_2、O_2^- 的键级。结合氧元素的元素电势图，了解 H_2O_2 的性质。

2. 根据实验原理，在制备 $Na_2CO_3 \cdot 1.5H_2O_2 \cdot H_2O$ 过程中，应注意掌握好哪些操作条件？

3. 试分析 $Na_2CO_3 \cdot 1.5H_2O_2 \cdot H_2O$ 具有洗涤、漂白与消毒作用的原因。

4. 如何测定 $Na_2CO_3 \cdot 1.5H_2O_2 \cdot H_2O$ 中 H_2O_2 的含量。分析测定结果成败的原因。

5. 为何不能像测定 CaO_2 含量那样，用 $KMnO_4$ 标准溶液来测定？

实验8　电解法制备过二硫酸钾

【目的和要求】

1. 了解电化学合成的基本原理、特点及影响电流效率的主要因素。

2. 掌握阳极氧化制备含氧酸盐的方法和技能。

【实验原理】

本实验是用电解 $KHSO_4$ 水溶液（或 H_2SO_4 和 K_2SO_4 水溶液）的方法来制备 $K_2S_2O_8$。在电解液中主要含有 K^+、H^+ 和 HSO_4^- 离子，电流通过溶液后，发生电极反应，其中：

阴极反应：$2H^+ + 2e^- \longrightarrow H_2$ $\qquad \varphi^\theta = 0.00V$

阳极反应：$2HSO_4^- \longrightarrow S_2O_8^{2-} + 2H^+ + 2e^-$ $\qquad \varphi^\theta = 2.05V$

在阳极除了以上的反应外，H_2O 变为 O_2 的氧化反应也是很明显的。

$$2H_2O == O_2 + 4H^+ + 4e^- \qquad \varphi^\theta = 1.23V$$

从标准电极电位来看，HSO_4^- 的氧化反应先发生，H_2O 的氧化反应也随之发生，实际上从水中放出 O_2 需要的电位比 1.23V 更大，这是由于水的氧化反应是一个很慢的过程，从而使得这个半反应为不可逆，这个动力学的慢过程，需要外加电压（超电压）才能进行。无论怎样，这个慢反应的速率受发生这个氧化反应的电极材料的影响极大。氧在 1mol/L KOH 溶液中的不同阳极材料上的超电压下：

阳极	Ni	Cu	Ag	Pt
超电压/V	0.87	0.84	1.14	1.38

这些超电压不能很好的重复与材料的来源有关，但是它们的差别使人想到在缓慢的氧化反应中，电极参加了反应。确实，超电压是人们所熟悉的，但对它的了解却较少。对于合成目的来说，正是由于氧的超电压使物质在水中的氧化反应可以进行。如果水放出氧的副反应没有超电压的话，物质在水中的氧化反应便不能实现。因为注意到了氧在 Pt 上的高的超电压，所以，$K_2S_2O_8$ 最大限度地生成，并使 O_2 的生成限制在最小的程度。调整电解的条件已增加氧的超电压是有利的，因为超电压随电流密度增加而增大，所以采用较大的电流。同样，假如电解在低温下进行，因为反应速率变小，同时水被氧化这个慢过程的速率也会变小，这就增加了氧的超电压，所以低温对 $K_2S_2O_8$ 的形成是有利的。最后，提高 HSO_4^- 的浓度，使 $K_2S_2O_8$ 产量最大。

由于这些原因，HSO_4^- 的电解将采用：a. Pt 电极；b. 高电流密度；c. 低温；d. 饱和的 HSO_4^- 溶液。

在任何电解制备中，总有对产物不利的方面，就是产物在阳极发生扩散，到阴极上又被还原为原来的物质，所以一般阳极和阴极必须分开，或用隔膜隔开。本实验，阳极产生的 $K_2S_2O_8$ 也将向阴极扩散，但由于 $K_2S_2O_8$ 在水中的溶解度不大，它在移动到阴极以前就从溶液中沉淀出来。

阳极采用直径较小的铂丝，已知铂丝的直径和它同电解液接触的长度可以计算电流密度：

$$电流密度 = \frac{安培}{阳极面积}$$

根据法拉第电解定律可以计算电解合成产物的理论产量和产率：

$$理论产量 = \frac{流过的电量（库仑）}{96500 \text{ 库仑}} \times 产物的电化当量 = \frac{I \times t}{96500} \times 产物的电化当量$$

因为有副反应，所以实际产量往往比理论产量少，通常所说的产率，在电化学中称为电流效率：

$$产率 = 电流效率 = \frac{实际产量}{理论产量} \times 100\%$$

过二硫酸根离子的盐比较稳定，但在酸性溶液中产生 H_2O_2：

$$O_3S—O—O—SO_3^{2-} + 2H^+ \longrightarrow HO_3S—O—O—SO_3H$$
$$HO_3S—O—O—SO_3H + H_2O \longrightarrow HO_3S—O—OH + H_2SO_4$$
$$HO_3S—O—OH + H_2O \longrightarrow H_2SO_4 + H_2O_2$$

在某些条件下反应可能会停留在中间产物过一硫酸 HO_3SOOH 这一步。工业上为制备 H_2O_2，是用蒸出 H_2O_2 而迫使反应完成的。

$S_2O_8^{2-}$ 是已知最强的氧化剂之一，它的氧化性甚至比 H_2O_2 还强。

$S_2O_8^{2-} + 2H^+ + 2e^- \longrightarrow 2HSO_4^-$　$\varphi^\theta = 2.05V$；$H_2O_2 + 2H^+ + 2e^- \longrightarrow 2H_2O$　$\varphi^\theta = 1.77V$

它可以把很多种元素氧化为它们的最高氧化态，例如，Cr^{3+} 可被氧化为 $Cr_2O_7^{2-}$：

$$3S_2O_8^{2-} + 2Cr^{3+} + 7H_2O \longrightarrow 6SO_4^{2-} + Cr_2O_7^{2-} + 14H^+$$

此反应较慢，加入 Ag^+ 则被催化，Ag^+ 催化反应的动力学指出最初阶段是 Ag^+ 变为 Ag^{3+} 的氧化反应：$S_2O_8^{2-} + Ag^+ \longrightarrow 2SO_4^{2-} + Ag^{3+}$，而 Ag^{3+} 同 Cr^{3+} 作用生成 $Cr_2O_7^{2-}$ 是很快的，而且使 Ag^+ 再生：$3Ag^{3+} + 2Cr^{3+} + 7H_2O \longrightarrow Cr_2O_7^{2-} + 3Ag^+ + 14H^+$，这些反应的细节尚不清楚，但是由于 $S_2O_8^{2-}$ 中原有的 O—O 基团的分解，得到高活性的 SO_4^{2-} 阴离子原子团继续进行氧化反应，使 $S_2O_8^{2-}$ 的氧化很快地进行。

$S_2O_8^{2-}$ 的强氧化能力已经被用来制备 Ag 的特殊的氧化态（+2）化合物，例如，配合物 $[Ag(PY)_4]S_2O_8$ 的合成：$2Ag^+ + 3S_2O_8^{2-} + 8PY \longrightarrow 2[Ag(PY)_4]S_2O_8 + 2SO_4^{2-}$，阳离子 $[Ag(PY)_4]^{2+}$ 具有平面正方形的几何构造，类似于 $Cu(PY)^{2+}$ 的形状，PY 为 Pyri-dine 的缩写，其分子式为 C_5H_5N。

【仪器和试剂】

仪器：直流稳压电源，铂电极，烧杯（1000mL），大口径试管，抽滤装置一套，碱式滴定管，碘量瓶。

试剂：H_2SO_4（1mol/L），HAc（浓），$Na_2S_2O_3$（0.1000mol/L），KI（0.1mol/L），$Cr_2(SO_4)_3$（0.1mol/L），$MnSO_4$（0.1mol/L），$AgNO_3$（0.1mol/L），$KHSO_4$，KI，吡啶，H_2O_2（10%），C_2H_5OH（95%）。

【实验内容】

1. $K_2S_2O_8$ 的合成

溶解 40g $KHSO_4$ 于 100mL 水中，然后冷却到 $-4℃$ 左右，倾泻 80mL 至大试管中，装配铂丝电极和铂片薄电极，调节两极间的合适距离，并使之固定。

将试管放在 1000mL 烧杯中，周围用冰盐水浴冷却。通电约 0.33A，1.5~2h，$K_2S_2O_8$ 的白色晶体会聚集在试管底部，待 $KHSO_4$ 将消耗尽时，电解反应就慢得多了。由于电解时溶液的电阻使电流产生过量的热，以致需要在电解时，每隔半小时在冰浴中补加冰，必须使温度保持在 $-4℃$ 左右。反应结束后，关闭电源并记录时间。在布氏漏斗中进行抽滤，收集 $K_2S_2O_8$ 晶体，不能用水洗涤。抽干后，先用 95% 乙醇，再用乙醚洗涤晶体。抽干后，在干燥器中干燥一至两天，一般得产物 1.5~2g，若产量少 1.5~2g，则需加入新的 $KHSO_4$ 溶液，再进行电解。

2. $K_2S_2O_8$ 的性质

配制自制的 $K_2S_2O_8$ 饱和溶液，大约用 0.75g $K_2S_2O_8$ 溶解在尽量少的水中，将 $K_2S_2O_8$ 溶液同下列各种溶液反应，注意观察每个试管中发生的变化。

（1）与酸化了的 KI 溶液反应（微热）。

（2）与酸化了的 $MnSO_4$ 溶液（需加入 1 滴 $AgNO_3$ 溶液）反应（微热）。

（3）与酸化了的 $Cr_2(SO_4)_3$ 溶液（需加入 1 滴 $AgNO_3$ 溶液）反应（微热）。

（4）与 $AgNO_3$ 溶液反应（微热）。

（5）用 10％的 H_2O_2 溶液做以上（1）～（4）实验，与 $K_2S_2O_8$ 对比。

（6）过二硫酸四吡啶合银（Ⅱ）$[Ag(PY)_4]S_2O_8$ 的合成（选作）。加 1.4mL 分析纯吡啶至 3.2mL 含有 1.6g $AgNO_3$ 的溶液中，搅拌，将此溶液加入到 135mL 含有 2g $K_2S_2O_8$ 溶液中，放置 30min，由沉淀生成，抽滤，用尽可能少量的水洗涤黄色产品，在干燥器中干燥，计算产率。

3. $K_2S_2O_8$ 的含量

在碘量瓶中溶解 0.25g 样品在 30mL 水中，加入 4g KI，用塞子塞紧，振荡，溶解碘化物以后至少静置 15min，加入 1mL 冰醋酸，用标准 $Na_2S_2O_3$ 溶液（0.1000mol/L）滴定析出的碘，至少分析两个样品，计算电流效率。

废液和固体废弃物倒入指定容器中。

【思考题】

1. 分析制备 $K_2S_2O_8$ 中电流效率降低的主要原因。

2. 比较 $S_2O_8^{2-}$ 的标准电极电位，你能预言 $S_2O_8^{2-}$ 可以氧化 H_2O 为 O_2 吗？实际上这个反应能发生吗？为什么能或为什么不能？

3. 写出电解 $KHSO_4$ 水溶液时发生的全部反应。

4. 为什么在电解时阳极和阴极不能靠得很近？

5. 如果用铜丝代替铂丝做阳极，仍能生成 $K_2S_2O_8$ 吗？

5.1.4 配位化合物的合成

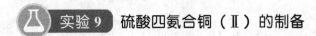 实验 9　硫酸四氨合铜（Ⅱ）的制备

【目的和要求】

1. 了解配合物的制备、结晶、提纯的方法。

2. 学习硫酸四氨合铜（Ⅱ）的制备原理及制备方法。

3. 进一步练习溶解、抽滤、洗涤、干燥等基本操作。

【实验原理】

一水合硫酸四氨合铜（Ⅱ）$[Cu(NH_3)_4]SO_4 \cdot H_2O$ 为蓝色正交晶体，在工业上用途广泛，常用作杀虫剂、媒染剂，在碱性镀铜中也常用作电镀液的主要成分，也用于制备某些含铜的化合物。

本实验通过将过量氨水加入硫酸铜溶液中反应得硫酸四氨合铜，反应式为：

$$CuSO_4 + 4NH_3 + H_2O === [Cu(NH_3)_4]SO_4 \cdot H_2O$$

由于硫酸四氨合铜在加热时易失氨，所以，其晶体的制备不宜选用蒸发浓缩等常规的方法。硫酸四氨合铜溶于水但不溶于乙醇，因此，在硫酸四氨合铜溶液中加入乙醇，即可析出深蓝色的 $[Cu(NH_3)_4]SO_4 \cdot H_2O$ 晶体。

由于该配合物不稳定，常温下，一水合硫酸四氨合铜（Ⅱ）易于与空气中的二氧化碳、水反应生成铜的碱式盐，使晶体变成绿色粉末。在高温下分解成硫酸铵，氧化铜和水，故不宜高温干燥。

【仪器和试剂】

仪器：电子天平，烧杯，量筒，玻璃棒，减压过滤装置，表面皿，滤纸。

试剂：H_2SO_4（2mol/L），NaOH（2mol/L），无水乙醇，乙醇：乙醚（1：1），氨水，乙醇：浓氨水（1：2），五水硫酸铜（s）。

【实验内容】

1. 硫酸四氨合铜（Ⅱ）的制备

称取 5.0g 五水硫酸铜，放入洁净的 100mL 烧杯中，加入 10mL 去离子水，搅拌至完全溶解，加入 10mL 浓氨水，搅拌混合均匀（此时溶液呈深蓝色，较为不透光。若溶液中有沉淀，抽滤使溶液中不含不溶物）。沿烧杯壁慢慢滴加 20mL 无水乙醇，然后盖上表面皿静置 15min。待晶体完全析出后，减压过滤，晶体用乙醇：浓氨水（1：2）的混合液洗涤，再用乙醇与乙醚的混合液淋洗，抽滤至干。然后将其在 60℃左右烘干，称量。

2. 产品检验

取产品 0.5g，加 5mL 蒸馏水溶解备用。

（1）取少许产品溶液，滴加 2mol/L 硫酸溶液，观察并记录实验现象。

（2）取少许产品溶液，滴加 2mol/L 氢氧化钠溶液，观察并记录实验现象。

（3）取少许产品溶液，加热至沸，观察并记录实验现象；继续加热，观察并记录实验现象。

（4）取少许产品溶液，逐渐滴加无水乙醇，观察并记录实验现象。

（5）在离心试管中逐渐滴加 0.1mol/L Na_2S 溶液，观察并记录实验现象。

【数据记录及处理】

1. 产品外观及产率

产品外观：　　　　　　　产品质量（g）：　　　　　　产率（%）：

2. 产物定性分析

产物定性分析数据记录见表 5-8。

表 5-8　产物定性分析数据记录

实验内容	现象	结论及解释
产品溶液＋2mol/L H_2SO_4		
产品溶液＋2mol/L NaOH		
产品溶液加热至沸		
继续加热 产品溶液＋无水乙醇 产品溶液＋Na_2S 溶液		

【实验说明】

硫酸铜溶解较为缓慢，为加快溶解速度，应研细固体硫酸铜，同时可微热促使硫酸铜溶解。

【思考题】

为什么使用乙醇：浓氨水（1：2）的混合液洗涤晶体而不是蒸馏水？

实验 10　一种钴（Ⅲ）配合物的制备

【目的和要求】

1. 掌握制备金属配合物最常用的方法——水溶液中的取代反应和氧化还原反应。

2. 了解基本原理和方法。

3. 学会对配合物的组成初步推断。

【实验原理】

采用水溶液中的取代反应来制取金属配合物。实际上是用适当的配体来取代水合配离子中的水分子，然后利用氧化还原反应将不同氧化态的金属配合物，在配体存在下使其适当地氧化或还原得到该金属配合物。

Co(Ⅱ) 的配合物能很快地进行取代反应（是活性的），而 Co(Ⅲ) 配合物的取代反应很慢（是惰性的）。本实验 Co(Ⅲ) 的配合物制备过程是通过 Co(Ⅱ)（实际上是它的水合配合物）和配体之间的一种快速反应生成 Co(Ⅱ) 的配合物，然后将它氧化成相应的 Co(Ⅲ) 的配合物（配位数均为 6）。

用化学分析方法确定某配合物的组成，通常先确定配合物的外界，然后将配离子破坏再来看其内界。配离子的稳定性受很多因素影响，通常可用加热或改变溶液酸碱性来破坏它。本实验是初步推断，一般用定性、半定量甚至估量的分析方法。推定配合物的化学式后，可用电导仪来测定一定浓度配合物溶液的导电性，与已知电解质溶液的导电性进行对比，可确定该配合物化学式中含有几个离子，进一步确定该化学式。

游离的 Co^{2+} 在酸性溶液中可与硫氰化钾作用生成蓝色配合物 $[Co(NCS)_4]^{2-}$。因其在水中离解度大，故常加入硫氰化钾浓溶液或固体，并加入戊醇和乙醚以提高稳定性。由此可用来鉴定 Co^{2+} 的存在。其反应如下：

$$Co^{2+} + 4SCN^- ==== [Co(NCS)_4]^{2-}$$

游离的 NH_4^+ 可由奈氏试剂来鉴定，其反应如下：

$$NH_4^+ + 2[HgI_4]^{2-} + 4OH^- ==== [O(Hg)_2NH_2]I\downarrow + 7I^- + 3H_2O$$

【仪器和试剂】

仪器：台称，烧杯，锥形瓶，量筒，研钵，漏斗，铁架台，酒精灯，试管，滴管，药勺，试管夹，漏斗架，石棉网，普通温度计，电导率仪等。

试剂：氯化铵，氯化钴，硫氰化钾，浓氨水，硝酸（浓），浓盐酸（6mol/L），H_2O_2（30%），$AgNO_3$（2mol/L），$SnCl_2$（0.5mol/L、新配），奈氏试剂，乙醚，戊醇等。

材料：pH 试纸、滤纸。

【实验内容】

1. 制备 Co(Ⅲ) 配合物

氯化铵（1.0g）——加入浓氨水（6mL）——溶解（注意完全溶解）——振摇（目的使溶液匀）——加氯化钴（研细，2.0g 分数次加，边加边振荡，有利于反应进行完全）——加完继续振荡至溶液成棕色稀浆——滴加 H_2O_2（2～3mL，30%，边加边振荡，加完继续摇动）——当固体完全溶解停止起泡时，慢加浓 HCl（6mL，边加边摇动并水浴微热，注意，温度不能超过 85℃，否则配合物破坏）——加热 10～15min（边摇边加热）——冷却（继续摇动）——过滤——冷水洗涤沉淀——冷盐酸（6mol/L，5mL）洗涤沉淀——产物烘干（105℃）——称重。

【说明 1】

$$Co(H_2O)_6^{2+} + 6NH_3 ==== Co(NH_3)_6^{2+}$$
$$Co(H_2O)_6^{2+} + 5NH_3 ==== [Co(NH_3)_5(H_2O)]^{2+}$$
$$Co(H_2O)_6^{2+} + 5NH_3 + Cl^- ==== [Co(NH_3)_5(Cl)]^+ + 6H_2O$$

Co^{2+} 的配合物取代反应快，而 Co^{3+} 的配合物取代反应慢，因此，采用 Co^{2+} 的配合物进行这一步反应，在氯化铵固体中加入浓氨水的目的是抑制氨的电离，使 $[Co^{2+}][OH^-]_2 < K_{sp}$，$Co^{2+}$ 不能以氢氧化物沉淀。加 H_2O_2 使 $Co(II)$ 的配合物氧化成相应 $Co(III)$ 的配合物。

$$Co(NH_3)_6^{2+} + H_2O_2 \longrightarrow Co(NH_3)_6^{3+}（黄色）+ H_2O$$

$$[Co(NH_3)_5(H_2O)]^{2+} + H_2O_2 \longrightarrow [Co(NH_3)_5(H_2O)]^{3+}（粉红色）+ H_2O$$

$$[Co(NH_3)_5(Cl)]^+ + H_2O_2 \longrightarrow [Co(NH_3)_5(Cl)]^{2+}（紫红色）+ H_2O$$

可以通过颜色初步判断是何种配合物，加浓盐酸加热的目的是除去过量的氨水和氯化铵。

2. 组成的初步推断

（1）产物（0.3g）——加水（35mL）——用 pH 试纸检验酸碱性

（2）实验（1）溶液（15mL）——加 $AgNO_3$（2mol/L，慢加并搅动直至加一滴 $AgNO_3$ 溶液后无沉淀生成为止）——过滤——滤液加浓硝酸（1~2mL，搅动）——再加 $AgNO_3$——观察有无沉淀生成，并与前面沉淀量进行比较。

【说明 2】$Ag^+ + Cl^- \longrightarrow AgCl\downarrow$（证明外界有 Cl^-），滤液加浓硝酸促使钴的配合物电离，如内界有 Cl^-，就会与后加入的 $AgNO_3$ 生成沉淀，然后与前面的沉淀量相比，可得出内界与外界 Cl^- 的比例关系。

$$Co(NH_3)_6^{3+} + HNO_3 \longrightarrow Co^{3+} + NH_4^+ + NO_3^-$$

$$[Co(NH_3)_5(Cl)]^{2+} + HNO_3 \longrightarrow Co^{3+} + NH_4^+ + NO_3^- + Cl^-$$

（3）实验（1）溶液（2~3mL）——加 $SnCl_2$（0.5mol/L，几滴）——振荡——加硫氰化钾（绿豆大小）——振荡——加戊醇、乙醚（各 1mL）——振荡——观察上层溶液颜色。

【说明 3】

$$Co^{3+} + Sn^{2+} \longrightarrow Co^{2+} + Sn^{4+}$$

$$Co^{2+} + 4SCN^- =\!=\!= [Co(NCS)_4]^{2-}（蓝色）$$

该配合物在水溶液中不稳定，但在有机溶剂中稳定，所以加戊醇和乙醚。这一步检验的是溶液中是否有游离的 Co^{3+}，如有乙醚和戊醇层出现蓝色。

（4）实验（1）溶液（2mL）——加水——加奈氏试剂——观察溶液有无变化检验外界是否有 NH_4^+，如果在外界，会有大量的沉淀产生。

（5）实验（1）溶液（剩余）——加热——观察溶液变化——至完全变成棕黑色停止加热——冷却——检验溶液酸碱性——过滤——上清液——分别再做实验（3）、实验（4）实验——观察有何不同。

【说明 4】加热有利于配合物的离解，离解出来的 Co^{3+} 在加热状态下会发生水解：

$$Co^{3+} + H_2O \longrightarrow Co(OH)_3\downarrow（棕黑色）+ H^+$$

pH 试纸检验应呈酸性。

上清液再加奈氏试剂，出现大量沉淀说明 NH_3 是在内界；上清液重复做实验（3）试验，如没有实验（3）的现象或不同，说明 Co^{3+} 是在内界而且中心离子确实是 Co^{3+}。

【思考题】

1. 将氯化钴加入氯化铵与浓氨水的混合液中，可发生什么反应？生成何种配合物？

2. 上述制备实验中加过氧化氢起何种作用？

3. 有 5 种不同的配合物，分析其组成后确定它们有共同的实验式：$K_2CoCl_2I_2(NH_3)_2$；电导测定得知在水溶液中 5 种化合物的电导率数值与硫酸钠相近。请写出它们不同配离子的结构式并说明不同配离子间有何不同？

实验 11　水合三草酸合铁（Ⅲ）酸钾的合成及结构分析

【目的和要求】

1. 初步了解配合物制备的一般方法。
2. 掌握用 $KMnO_4$ 法测定 $C_2O_4^{2-}$ 与 Fe^{3+} 的原理和方法。
3. 培养综合应用基础知识的能力。
4. 了解表征配合物结构的方法。

【实验原理】

1. 制备

水合三草酸合铁（Ⅲ）酸钾 $K_3[Fe(C_2O_4)_3] \cdot 3H_2O$ 为翠绿色单斜晶体，溶于水 [溶解度：4.7g/100g（0℃），117.7g/100g（100℃）]，难溶于乙醇。110℃下失去结晶水，230℃分解。该配合物对光敏感，遇光照射发生分解：

$$2K_3[Fe(C_2O_4)_3] \longrightarrow 3K_2C_2O_4(黄色) + 2K_2C_2O_4 + 2CO_2$$

三草酸合铁（Ⅲ）酸钾是制备负载型活性铁催化剂的主要原料，也是一些有机反应的良好催化剂，在工业上具有一定的应用价值。其合成工艺路线有多种。例如，可用三氯化铁或硫酸铁与草酸钾直接合成三草酸合铁（Ⅲ）酸钾，也可以铁为原料制得三草酸合铁（Ⅲ）酸钾。

本实验以硫酸亚铁铵为原料进行制备，其反应方程式如下：

$$(NH_4)_2Fe(SO_4)_2 \cdot 6H_2O + H_2C_2O_4 \longrightarrow$$
$$FeC_2O_4 \cdot 2H_2O(s,黄色) + (NH_4)_2SO_4 + H_2SO_4 + 4H_2O$$
$$6FeC_2O_4 \cdot 2H_2O + 3H_2O_2 + 6K_2C_2O_4 \longrightarrow 4K_3[Fe(C_2O_4)_3] \cdot 3H_2O + 2Fe(OH)_3(s)$$

加入适量草酸可使 $Fe(OH)_3$ 转化为三草酸合铁（Ⅲ）酸钾：

$$2Fe(OH)_3 + 3H_2C_2O_4 + 3K_2C_2O_4 \longrightarrow 2K_3[Fe(C_2O_4)_3] \cdot 3H_2O$$

2. 产物的定性分析

采用化学分析法，K^+ 与 $Na_3[Co(NO_2)_6]$ 在中性或稀醋酸介质中，生成亮黄色的 $K_2Na[Co(NO_2)_6]$ 沉淀：

$$2K^+ + Na^+ + [Co(NO_2)_6]^{3-} \Longrightarrow K_2Na[Co(NO_2)_6](s)$$

Fe^{3+} 与 KSCN 反应生成血红色 $Fe(NCS)_n^{3-n}$，$C_2O_4^{2-}$ 与 Ca^{2+} 生成白色沉淀 CaC_2O_4，由此可以判断 Fe^{3+}、$C_2O_4^{2-}$ 处于配合物的内界还是外界。

3. 产物的定量分析

用 $KMnO_4$ 法测定产品中的 Fe^{3+} 含量和 $C_2O_4^{2-}$ 的含量，并确定 Fe^{3+} 和 $C_2O_4^{2-}$ 的配位比。在酸性介质中，用 $KMnO_4$ 标准溶液滴定试液中的 $C_2O_4^{2-}$，根据 $KMnO_4$ 标准溶液的消耗量可直接计算出 $C_2O_4^{2-}$ 的质量分数，其反应式为：

$$5C_2O_4^{2-} + 2MnO_4^- + 16H^+ \Longrightarrow 10CO_2 + 2Mn^{2+} + 8H_2O$$

在上述测定草酸根后剩余的溶液中，用锌粉将 Fe^{3+} 还原为 Fe^{2+}，再利用 $KMnO_4$ 标准溶液滴定 Fe^{2+}，其反应式为：

$$Zn + 2Fe^{3+} \Longrightarrow 2Fe^{2+} + Zn^{2+}$$

$$5Fe^{2+} + MnO_4^- + 8H^+ =\!=\!= 5Fe^{3+} + Mn^{2+} + 4H_2O$$

根据 $KMnO_4$ 标准溶液的消耗量,可计算出 Fe^{3+} 的质量分数。

根据

$$n(Fe^{3+}) : n(C_2O_4^{2-}) = [\omega(Fe^{3+})/55.8] : [\omega(C_2O_4^{2-})/88.0]$$

可确定 Fe^{3+} 与 $C_2O_4^{2-}$ 的配位比。

【仪器和试剂】

仪器:电子天平,烧杯(100mL,250mL),量筒(10mL,100mL),玻璃棒,长颈漏斗,减压过滤装置,表面皿,称量瓶,干燥器,锥形瓶(250mL),滴定管。

试剂:H_2SO_4(2mol/L),$H_2C_2O_4$(6mol/L),H_2O_2(3%),$(NH_4)_2Fe(SO_4)_2 \cdot 6H_2O$(s),$K_2C_2O_4$(饱和),KSCN(0.1mol/L),$CaCl_2$(0.5mol/L),$FeCl_3$(0.1mol/L),$Na_3[Co(NO_2)_6]$,$KMnO_4$ 标准溶液(0.02mol/L,准确浓度自行标定),乙醇(95%),丙酮。

【实验内容】

1. 三草酸合铁(Ⅲ)酸钾的制备

(1) 制取 $FeC_2O_4 \cdot 2H_2O$

称取 6.0g $(NH_4)_2Fe(SO_4)_2 \cdot 6H_2O$ 放入 250mL 烧杯中,加入 1.5mL 2mol/L H_2SO_4 和 20mL 去离子水,加热使其溶解。

另称取 3.0g $H_2C_2O_4 \cdot 2H_2O$ 放到 100mL 烧杯中,加 30mL 去离子水微热,溶解后取出 22mL 倒入上述 250mL 烧杯中,加热搅拌至沸,并维持微沸 5min。静置,得到黄色 $FeC_2O_4 \cdot 2H_2O$ 沉淀。用倾斜法倒出清液,用热的去离子水洗涤沉淀 3 次,以除去可溶性杂质。

(2) 制备 $K_3[Fe(C_2O_4)_3] \cdot 3H_2O$

在上述洗涤过的沉淀中,加入 15mL 饱和 $K_2C_2O_4$ 溶液,水浴加热至 40℃,滴加 25mL 3% 的 H_2O_2 溶液,不断搅拌溶液并维持温度在 40℃ 左右。滴加完后,加热溶液至沸以除去过量的 H_2O_2。

取适量上述(1)中配制的 $H_2C_2O_4$ 溶液趁热加入,使沉淀溶解至呈现翠绿色为止。冷却后,加入 15mL 95% 的乙醇水溶液,在暗处放置,结晶。减压过滤,抽干后用少量乙醇洗涤产品,继续抽干,称量,计算产率,并将晶体放在干燥器内避光保存。

2. 产物的定性分析

(1) K^+ 的鉴定

在试管中加入少量产物,用去离子水溶解,再加入 1mL $Na_3[Co(NO_2)_6]$ 溶液,放置片刻,观察并记录现象。

(2) Fe^{3+} 的鉴定

在试管中加入少量产物,用去离子水溶解,另取一支试管加入少量的 $FeCl_3$ 溶液。各加入 2 滴 0.1mol/L KSCN,观察并记录现象。在装有产物溶液的试管中加入 3 滴 2mol/L H_2SO_4,再观察溶液颜色有何变化,观察、记录并解释实验现象。

(3) $C_2O_4^{2-}$ 的鉴定

在试管中加入少量产物,用去离子水溶解,另取一支试管加入少量的 $K_2C_2O_4$ 溶液。各加入 2 滴 0.5mol/L $CaCl_2$ 溶液,观察并记录实验现象有何不同。

3. 产物组成的定量分析

(1) 结晶水质量分数的测定

洗净两个称量瓶，在110℃电烘箱中干燥1h，置于干燥器中冷却，至室温时在电子天平上称量。然后再放到110℃电烘箱中干燥0.5h，即重复上述干燥—冷却—称量操作，直至质量恒定（两次称量相差不超过0.3mg）为止。

在电子天平上准确称取两份产品各0.5～0.6g，分别放入上述已质量恒定的两个称量瓶中。在110℃电烘箱中干燥1h，然后置于干燥器中冷却，至室温后，称量。重复上述干燥（0.5h）—冷却—称量操作，直至质量恒定。根据称量结果计算产品结晶水的质量分数。

(2) 草酸根质量分数的测量

在电子天平上准确称取两份产物（约0.15～0.20g），分别放入两个锥形瓶中，均加入15mL 2mol/L H_2SO_4 和15mL去离子水，微热溶解，加热至75～85℃（即液面冒水蒸气），趁热用0.0200mol/L $KMnO_4$ 标准溶液滴定至粉红色为终点（保留溶液待下一步分析使用）。根据消耗 $KMnO_4$ 溶液的体积，计算产物中 $C_2O_4^{2-}$ 的质量分数。

(3) 铁质量分数的测量

在上述保留的溶液中加入一小匙锌粉，加热近沸，直到黄色消失，将 Fe^{3+} 还原为 Fe^{2+} 即可。趁热过滤除去多余的锌粉，滤液收集到另一锥形瓶中。继续用0.0200mol/L $KMnO_4$ 标准溶液进行滴定，至溶液呈粉红色。根据消耗 $KMnO_4$ 溶液的体积，计算 Fe^{3+} 的质量分数。

根据(1)、(2)、(3)的实验结果，计算 K^+ 的质量分数，结合实验步骤(2)的结果，推断出配合物的化学式。

【数据记录及处理】

1. 产品外观及产率

产品外观：　　　　　　产品质量(g)：　　　　　　产率(%)：

2. 产物定性分析

产物定性分析数据记录见表5-9。

表5-9　产物定性分析数据记录

离子 \ 现象	鉴定试剂	实验现象	结论
K^+ 的鉴定			
Fe^{3+} 的鉴定			
$C_2O_4^{2-}$ 的鉴定			

3. 产物定量分析

自己设计表格记录产物定量分析数据，并写出配合物的化学式。

【实验说明】

1. 因本实验中有 Fe^{3+}，会对地板、实验台水池染色，所以在实验过程中要注意，应及时清理污染物。

2. 所合成的钾盐是一种亮绿色晶体，易溶于水难溶于丙酮等有机溶剂，它是光敏物质，见光分解。

【思考题】

1. 如何提高产率？能否用蒸干溶液的办法来提高产率？

2. 用乙醇洗涤的作用是什么？

3. 如果制得的三草酸合铁（Ⅲ）酸钾中含有较多的杂质离子，对三草酸合铁（Ⅲ）酸钾离子类型的测定将有何影响？

4. 氧化 $FeC_2O_4 \cdot 2H_2O$ 时，氧化温度控制在 $40℃$，不能太高。为什么？

5. 根据三草酸合铁（Ⅲ）酸钾的性质，应如何保存该化合物？

5.2 有机化学合成技术实验

5.2.1 烯烃的制备

实验 12 环己烯的制备

【目的和要求】

1. 学习用环己醇制取环己烯的原理和方法。

2. 掌握简单分馏的一般原理及基本操作技能。

3. 学会正确安装填料及分馏装置。

【实验原理】

反应：

【仪器和试剂】

仪器：锥形瓶（25mL，2 个）、圆底烧瓶（50mL），维氏分馏柱、直形冷凝管、蒸馏头、温度计套管、接引管、分液漏斗、电热套、量筒（25mL）、水银温度计（150℃）。

试剂：环己醇、浓硫酸、无水氯化钙、氯化钠、5％碳酸钠水溶液。

【实验内容】

1. 在 50mL 干燥的圆底烧瓶中，放入 10mL 环己醇，边摇边冷却滴加 3 滴浓硫酸，使两者液体混合均匀，放入沸石，搭好简单分馏装置。

2. 用电热套慢慢升温至反应液沸腾，控制分馏柱顶温度不超过 90℃，正常时稳定在 69～83℃，直到无馏出液为止。

3. 向馏出液中逐渐加 NaCl 至饱和，再加 1.5～2mL 5％碳酸钠水溶液，用 50mL 分液漏斗洗涤分液，分出产品层，用无水氯化钙干燥 15min 后把粗产品倒入 25mL 圆底烧瓶中，常压蒸馏纯化产品，收集 82～84℃馏分。产品质量约 5～6g。环己烯红外光谱图如图 5-1 所示。

【实验说明】

1. 加入浓硫酸时，要注意防止局部过热，发生聚合或碳化作用。

2. 收集和转移环己烯时，应保持充分冷却（如将接收瓶放在冷水浴中），以免因挥发而损失。

3. 由于反应中环己烯与水形成共沸物（沸点 70.8℃，含水 10％）；环己醇与环己烯形成共沸物（沸点 64.9℃，含环己醇 30.5％）；环己醇与水形成共沸物（沸点 97.8℃，含水

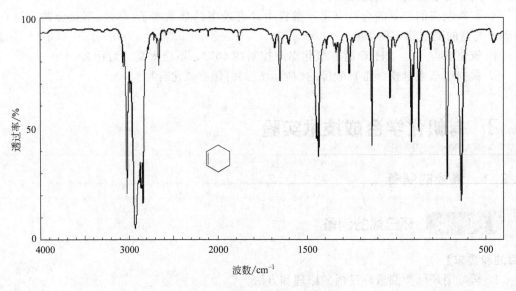

图 5-1 环己烯红外光谱图

80%）。因此，在加热时控制柱顶温度不超过 90℃，蒸馏速度不宜太快，以减少未作用的环己醇蒸出。调节加热速度，以保证反应速率大于蒸出速率，使分馏得以连续进行，反应时间约 40min 左右。

4. 产品是否清亮透明，是本实验的一个质量标准，为此除干燥好外，所有蒸馏仪器必须全部干燥。

5. 当粗产品干燥好后，向烧瓶中倾倒时要防止干燥剂混出，可在普通玻璃漏斗颈处稍塞一团疏松的脱脂棉或玻璃棉过滤。

【思考题】

1. 在粗制的环己烯中，加入精盐使水层饱和的目的？

2. 反应时柱顶温度控制在何值最佳？

实验 13 魏梯烯的制备和反应——苄基三苯基膦氯化物的制备及 1,4-二苯基-1,3-丁二烯的制备

【目的和要求】

1. 学习魏梯烯试剂的制备方法。

2. 学习利用魏梯烯试剂与醛酮反应制备烯烃的方法。

【实验原理】

$$Ph_3P + PhCH_2Cl \longrightarrow Ph_3P^+CH_2PhCl^-$$

$$Ph_3P^{3+}CH_2PhCl^- + NaOH \longrightarrow Ph_3P=CHPh + H_2O + NaCl$$

$$Ph_3P=CHPh + PhCH=CHCHO \longrightarrow PhCH=CHPh + Ph_3PO$$

【仪器和试剂】

仪器：圆底烧瓶（50mL）、电热套、球形冷凝管、锥形瓶、磁力搅拌器、量筒、抽滤装

置（一套）。

试剂：氯化苄、三苯基膦、二甲苯、95％乙醇、肉桂醛、25％NaOH。

【实验内容】

1. 苄基三苯基膦氯化物的制备

在 50mL 圆底烧瓶中加入 1g 氯化苄、1.3g 三苯基膦和 10mL 二甲苯，回流 2h，并不时摇动，以防生成的产物被反应物包裹。抽滤，用少量二甲苯洗涤，烘干，得无色结晶产品，收率约 85％，熔点 310～312℃。

2. 1,4-二苯基-1,3-丁二烯的制备

取 1g 苄基三苯基膦盐放入 25mL 锥形瓶中，加入 12mL95％乙醇使其溶解，然后再加入 0.4g 肉桂醛。在磁力搅拌下于室温逐滴加入 1.5mL25％NaOH 水溶液。这时，反应液开始变成淡黄色，随后出现浑浊，并伴随有白色沉淀生成。继续搅拌 2h，减压过滤，用少量 95％乙醇洗涤，干燥后得淡黄色鳞片状结晶，产率约 60～70℃，熔点 310～312℃。对产物进行红外光谱和核磁共振分析，确定所得烯烃的立体结构。

【实验说明】

有机膦化合物有毒，苄基氯具有刺激性和催泪性，应慎防上述物质与皮肤接触或吸入其蒸气。

【思考题】

1. 写出魏梯烯反应的历程以及产物的主要构型。

2. 举例说明魏梯烯反应在有机合成中的应用。

5.2.2 卤代烃的制备

实验 14　正溴丁烷的合成

【目的和要求】

1. 了解以正丁醇、溴化钠和浓硫酸为原料制备正溴丁烷的基本原理和方法。

2. 掌握带有害气体吸收装置的加热回流操作。

3. 进一步熟悉巩固洗涤、干燥和蒸馏操作。

【实验原理】

主反应：

$$NaBr + H_2SO_4 \longrightarrow HBr + NaHSO_4 \qquad n\text{-}C_4H_9OH + HBr \longrightarrow n\text{-}C_4H_9Br + H_2O$$

副反应：

$$CH_3CH_2CH_2CH_2OH + HBr \longrightarrow CH_3CH_2CH=CH_2 + H_2O$$

$$2n\text{-}C_4H_9OH \longrightarrow (n\text{-}C_4H_9)_2O + H_2O \qquad 2NaBr + H_2SO_4 \longrightarrow Br_2 + SO_2 \uparrow + 2H_2O$$

【仪器和试剂】

仪器：三颈圆底烧瓶（100mL）、带加热的磁力搅拌器、磁珠、球形冷凝管、蒸馏装置（一套）、气体吸收装置（一套）。

试剂：正丁醇、溴化钠、浓硫酸、10％氢氧化钠溶液、无水氯化钙。

【实验内容】

1. 在 100mL 的圆底烧瓶中加入 10g 溴化钠，10mL 水和 7.5mL 正丁醇，充分振摇。

2. 将烧瓶置于冰水浴中，在不停地回荡下，慢慢加入 12mL 浓硫酸，再加入几粒沸石。

3. 装上回流冷凝管，在冷凝管上端接一气体吸收装置，用氢氧化钠的水溶液做吸收剂。

4. 在石棉网上加热回流混合物约 0.5h，在此过程中，要经常摇动烧瓶。

5. 冷却后，改装蒸馏装置。

6. 在石棉网上加热蒸馏混合物至馏出液完全溶于水（或变为澄清），此时溴丁烷已全部蒸出，停止蒸馏。

7. 将馏出液小心转入分液漏斗中，用 10mL 水洗涤，并静置分层。

8. 将有机层转入到另一个干燥的分液漏斗中（哪一层？溴丁烷和水的密度各为多少？）。

9. 有机层用 5mL 浓硫酸洗涤，并尽量分去硫酸层（哪一层？）。

10. 有机层依次用 10mL 水，10mL10％氢氧化钠和 10mL 水洗涤，用 pH 试纸检验是否已达中性，否则重复水洗。

11. 将产物移入干燥的小三颈烧瓶中，加入少量的无水氯化钙干燥，间歇摇动，直至液体透明。

12. 将干燥后的产物小心转入到一个干燥的蒸馏烧瓶中，在石棉网上加热蒸馏，收集 99～103℃的馏分。称重产物，计算产率。

纯的 1-溴丁烷为无色透明液体，沸点为 101.6℃，相对密度为 1.2758，折光率为 1.4401，正溴丁烷红外光谱图如图 5-2 所示。

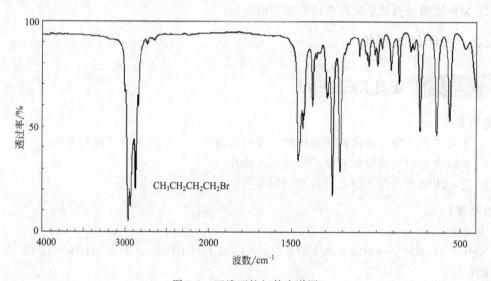

图 5-2 正溴丁烷红外光谱图

【实验说明】

1. 掌握气体吸收装置的正确安装和使用

2. 溴化钠不要黏附在烧瓶口上和烧瓶壁上。

3. 浓硫酸要分批加入，混合均匀。否则，因放出大量的热而使反应物氧化，颜色变深。

4. 反应过程中不时摇动烧瓶，或加入磁力搅拌搅拌反应，促使反应完全。

5. 正溴丁烷是否蒸完，可以从下列几方面判断：a. 蒸出液是否由混浊变为澄清；b. 蒸馏瓶中的上层油状物是否消失；c. 取一试管收集几滴馏出液；加水摇动观察无油珠出现。

如无，表示馏出液中已无有机物、蒸馏完成。

6. 洗后产物呈红色，可用少量的饱和亚硫酸氢钠水溶液洗涤以除去由于浓硫酸的氧化作用生成的游离溴。

【思考题】

1. 什么时候用气体吸收装置？如何选择吸收剂？

2. 在正溴丁烷的合成实验中，蒸馏出的馏出液中正溴丁烷通常应在下层，但有时可能出现在上层，为什么？若遇此现象如何处理？

3. 粗产品正溴丁烷经水洗后油层呈红棕色是什么原因？应如何处理？

实验 15　溴乙烷的合成

【目的和要求】

1. 学习以结构上相对应的醇为原料制备一卤代烷的实验原理和方法。

2. 学习低沸点蒸馏的基本操作。

3. 巩固分液漏斗的使用方法。

【实验原理】

卤代烷制备中的一个重要方法是由醇和氢卤酸发生亲核取代来制备。反应一般在酸性介质中进行。实验室制备溴乙烷是用乙醇与氢溴酸反应制备，由于氢溴酸是一种极易挥发的无机酸，因此在制备时采用溴化钠与硫酸作用产生氢溴酸直接参与反应。在该反应过程中，常常伴随消除反应和重排反应的发生。

主反应：

$$NaBr + H_2SO_4 \longrightarrow HBr + NaHSO_4$$

$$HBr + C_2H_5OH \Longrightarrow C_2H_5Br + H_2O$$

副反应：

$$C_2H_5OH \xrightarrow{H_2SO_4} C_2H_4$$

$$2C_2H_5OH \xrightarrow{H_2SO_4} C_2H_5OC_2H_5$$

$$2HBr + H_2SO_4 \longrightarrow SO_2 + Br_2 + 2H_2O$$

【仪器和试剂】

仪器：50mL 圆底烧瓶（2 个），10mL 圆底烧瓶（2 个），50mL 锥形瓶（2 个），100℃温度计（2 个），200mL 烧杯（2 个），100mL 分液漏斗（2 个），真空接液管，75°弯头，蒸馏头，直形冷凝管，温度计套管，10mL 量筒，100mL 电热套，胶头滴管各一个。

试剂：95％乙醇、浓硫酸、溴化钠。

【实验内容】

1. 在 50mL 圆底烧瓶中加入 5mL 95％乙醇及 5mL 水，在不断振摇和冷水冷却下慢慢滴加 10mL 浓硫酸，冷却至室温后，加入 7.5g 研细的溴化钠，混合均匀，加入沸石，用常压蒸馏装置进行蒸馏，在接收瓶内加入冰水，使接引管的末端刚好与冰水接触为宜。加热时应慢慢升高温度，直至无油状物馏出。

2. 将馏出物倒入分液漏斗中，分出的有机层转移至一个干燥的锥形瓶中，边冷却边振荡，慢慢滴加浓硫酸，直至有明显的硫酸层出现为止，然后用分液漏斗尽量将硫酸层分出，粗产品用无水氯化钙干燥后，用水浴加热进行蒸馏，接收瓶外加冰水冷却，收集 37～40℃ 间馏分，产率约 62%。溴乙烷的红外光谱图如图 5-3 所示。

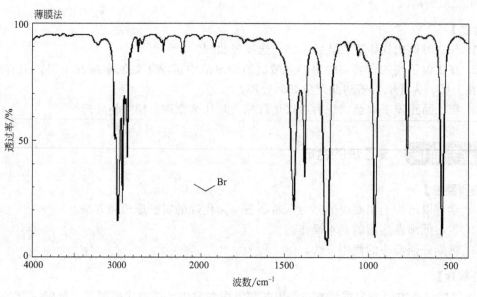

图 5-3　溴乙烷红外光谱图

【实验说明】

1. 加入少量水可以防止反应时产生大量泡沫，减少副产物乙醚的生成和避免氢溴酸的挥发。

2. 由于溴乙烷沸点较低，蒸馏时一定要慢慢加热，以防反应物冲出蒸馏瓶或由于蒸汽来不及冷凝，从而造成产品损失。

3. 由于接收瓶中加入了冰水，故在蒸馏时应防止馏出液倒吸。

4. 本实验可用 KBr 代替 NaBr。

【思考题】

1. 在制备溴乙烷时，反应混合物中如果不加水会有什么结果？

2. 粗产物中可能有什么杂质，是如何除去的？

3. 一般制备溴代烃都有哪些方法？各有什么优缺点？

实验 16　二苯氯甲烷的合成

【目的和要求】

1. 了解三光气氯代的原理和方法。

2. 熟悉配方中各原料的作用。

3. 掌握透明皂的配制操作技巧。

【实验原理】

二苯氯甲烷是一种重要的医药中间体，可用来合成中枢神经药物莫达非尼、心血管类药物如脑益嗪、白乐利辛、胡椒双苯嗪以及抗组胺药奥沙米特和抗过敏药物苯海拉明等。合成二苯氯甲烷的方法较多，其中，苯和苄氯通过 Friedel-Crafts 反应得到二苯甲烷，再在光照条件下与氯气反应得到二苯氯甲烷，这一工艺报道较多，但该过程需要用到氯气，反应难以控制，条件比较苛刻，且操作繁琐。二苯氯甲烷的反应过程如下。

三光气，化学名为双（三氯甲基）碳酸酯，相对于光气和双光气，具有毒性低、计量准确、操作方便、易于贮存、反应活性好等特点，因而近年来受到了持续的关注，成了光气、双光气和三氯氧磷等氯化试剂的"绿色替代品配方"。

【仪器和试剂】

仪器：三颈圆底烧瓶（100mL）、磁珠、回流冷凝管、蒸馏装置（一套）、TLC 层析板、布氏漏斗、滤纸。

试剂：二苯甲醇（自制）、三光气、二氯甲烷、DMF、无水硫酸钠、碳酸氢钠。

【实验内容】

1. 在装有磁力搅拌和回流冷凝管的 100mL 三颈烧瓶圆底烧瓶中中，加入 8.6g 二苯甲醇和 0.36g DMF，50mL 二氯甲烷做溶剂。

2. 混合物室温搅拌 5min 后缓慢的滴加溶于 20mL 二氯甲烷中的 4.95g 三光气。

3. 滴加完后继续搅拌 10～20min，然后加热升温至 40℃回流 2.5h，TLC 跟踪至原料点消失。

4. 冷却后，倒入冰水 60mL，再加碳酸氢钠水解，合并有机相，加无水硫酸钠干燥。常压回收二氯甲烷，冷却后蒸馏得到产品。

产品熔点（m.p.）：56～57℃。

【实验说明】

1. 固体三光气称量注意安全。

2. 反应中三光气的滴加速度不能太快。

【思考题】

1. 三光气氯代的原理？

2. 换成其他氯代试剂可以选择哪些？

3. 反应后处理中为什么加碳酸氢钠来处理？

5.2.3 醇、酚的制备

🧪 **实验 17** （±)-1,2-二苯基-1,2-乙二醇的合成

【目的和要求】

1. 掌握还原反应的基本原理。

2. 学习并掌握硼氢化钠还原的基本操作。

【实验原理】

安息香中的羰基在一定条件下可被还原为羟基。还原剂硼氢化钠具有立体选择性，可还原安息香主要生成（±)-1,2-二苯基-1,2-乙二醇。反应方程式如下。

$$\text{[图: 安息香经 NaBH}_4\text{ 还原生成二苯乙二醇]}$$

【仪器和试剂】

仪器：锥形瓶（250mL）、磁力搅拌器、磁珠、真空抽滤装置（1套）。

试剂：安息香、乙醇、硼氢化钠、18%盐酸。

【实验内容】

1. 在250mL锥形瓶中加入2.0g（9.4mmol）安息香和20mL乙醇（95%）。反应液搅拌一段时间后呈淡黄色混合液。

2. 上述反应液在搅拌的同时分批加入0.5g（13.2mmol）硼氢化钠，加完后室温继续搅拌15min，黄色浑浊液逐渐澄清。

3. 将锥形瓶置于冰水浴中边搅拌边加入40mL水，有气泡产生。再滴加1mL 18%盐酸，出现大量气泡。放置冷却，待气泡散去，结晶完全后抽滤，用少量水进行洗涤。干燥，称重。得粗品2.04g。所得产品进一步用丙酮-石油醚重结晶进行纯化。

【实验说明】

1. 硼氢化钠具有极强还原性，还原性在弱酸介质中最强，碱性环境下略稳定。为防止还原反应太剧烈，硼氢化钠应分批加入。

2. 反应后过量的硼氢化钠应及时用水和盐酸除去。

【思考题】

1. 该反应中加入水和盐酸的作用是什么？

2. 该反应中使用硼氢化钠的注意事项？

实验 18　二苯甲醇的合成

【目的和要求】

1. 学习用还原法由酮制备仲醇的原理和方法。

2. 熟悉硼氢化钠还原剂的使用范围及操作注意事项。

3. 巩固重结晶和抽滤等基本操作。

4. 进一步熟悉用TLC判定反应终点的方法。

【实验原理】

二苯甲醇是一种重要的化工中间体，主要用于有机合成，医药工业作为苯甲托品，苯海拉明的中间体。二苯甲醇可以通过多种还原剂还原二苯甲酮，得到二苯甲醇。在碱性醇溶液中用锌粉还原，是制备二苯甲醇常用的方法，适用于中等规模的实验室制备；对于小量合成，硼氢化钠是更理想的选择性的将醛酮还原为醇的负氢试剂，使用方便，反应可在含水和醇溶液中进行。

$$\text{[图: 二苯甲酮经 NaBH}_4\text{/EtOH 还原生成二苯甲醇]}$$

硼氢化钠是一种负氢转移试剂，还原的本质是氢原子携带电子向被还原底物的羰基碳原子转移，然后带有负电荷的羰基氧原子与硼结合，形成还原的中间产物，最后经过水解而生成醇，此法试剂较昂贵，通常只用于小量合成。

【仪器和试剂】

仪器：圆底烧瓶（50mL）、烧杯（150mL）、玻璃棒、布氏漏斗、滤纸、水浴锅、搅拌磁子。

试剂：乙醇、硼氢化钠、二苯甲酮、石油醚。

【实验内容】

1. 50mL 圆底烧瓶中加入 20mL 95％乙醇和 1.5g 二苯甲酮，缓慢振动，使二苯甲酮溶解于乙醇中，然后称取 0.40g 硼氢化钠，把称好的硼氢化钠缓慢倒入圆底烧瓶中，振荡，在加药品过程中，温度始终低于 50℃。

2. 待加完药品后，放置 50min，使其充分反应，直到有沉淀物出现为止，此时将圆底烧瓶中的液体连同沉淀物一起倒入盛有 20mL 冷水的烧杯中，滴几滴浓盐酸，搅拌混合，抽滤，分离出二苯甲醇，用 8mL/次水洗涤两次。

3. 粗品用 10mL 石油醚重结晶得二苯甲醇晶状体，将其置于烘箱中恒温烘干后用电子天平称量。

产品为白色至浅米色结晶固体，易溶于乙醇、醚、氯仿和二硫化碳，在 20℃水中的溶解度 0.5g/L。熔点为 67℃，沸点为 297～298℃，密度为 1.102g/cm³。二苯甲醇的红外光谱图如图 5-4 所示。

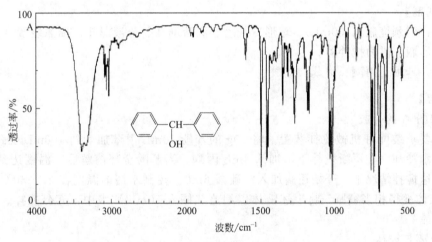

图 5-4 二苯甲醇的红外光谱图

【实验说明】

1. 该实验中溶剂可用 95％乙醇和甲醇，甲醇作为溶剂时虽然二苯甲酮易溶于它，且反应速度快，但与 95％乙醇相比，甲醇的毒性要比乙醇对人体的危害性要大，且甲醇的价格昂贵，故在制备二苯甲醇的时候，溶剂一般用 95％的乙醇。

2. 浓盐酸在这个实验中所起到的作用主要有两点。

① 分解过量的硼氢化钠，此时滴加速度不宜过快，有大量气泡放出，严禁明火。

② 水解硼酸酯的配合物。

【思考题】

1. 由羰基化合物制备醇的方法有哪些？

2. $LiAlH_4$ 和 $NaBH_4$ 的还原性有何区别？

3. 反应后加入 $3mL$ H_2O，并加热至沸腾后再冷却，为什么？

① 使 $(RO)_4B-Na^+$ 及过量的 $NaBH_4$ 水解，溶于水相与产物分离。

② 提高温度使 $(R_2CHO)_4B-Na^+$ 快速分解。

实验 19　双酚 A 的制备

【目的和要求】

1. 学习和掌握双酚 A 制备的原理和方法。

2. 掌握利用搅拌提高非均相反应和减压过滤等操作。

【实验原理】

双酚 A 是一种用途很广泛的化工原料。它是双酚 A 型环氧树脂及聚碳酸酯等化工产品的合成原料，还可以用作聚氯乙烯塑料的热稳定剂，电线防老剂，涂料、油墨等的抗氧剂和增塑剂。双酚 A 主要是通过苯酚和丙酮的缩合反应来制备，一般用盐酸、硫酸等质子酸作为催化剂。

【仪器和试剂】

仪器：三颈烧瓶（100mL）、球形冷凝管、滴液漏斗、分液漏斗、抽滤装置（1 套）、温度计、锥形瓶、磁力搅拌器。

试剂：苯酚、丙酮、甲苯、硫酸。

【实验内容】

1. 双酚 A 的合成

按照要求装配好机械搅拌装置。将 $10g$ 的苯酚 $10mL$ 甲苯加入到 $100mL$ 三颈烧瓶中，烧瓶外用水冷却。在不断搅拌下，加入 $4mL$ 丙酮。当苯酚全部溶解后，温度达到 $15℃$ 时，在保持匀速搅拌情况下，开始逐滴加入浓硫酸 $6mL$。控制水浴的温度在 $30\sim40℃$。搅拌持续 $2h$，液体变得相当稠厚。将上述液体以细流状倾入 $50mL$ 冰水中，充分搅拌。静置，充分冷却结晶。

2. 分离与提纯

溶液充分冷却后减压过滤，滤液分液回收甲苯，将滤饼用水洗涤至呈中性为止。彻底抽滤干后，用滤纸进一步压干，然后进行烘干。粗产品用乙醇重结晶。烘干、称重，计算产量与产率。

双酚 A 为白色晶体，熔点为 $156\sim158℃$。

【实验说明】

1. 控制水浴温度要有提前量，温度上升到 $36\sim37℃$，可停止加热；若 $40℃$ 再停止加热，温度会继续上升，副反应严重。

2. 减压过滤完后，先将滤液倒出，分液回收甲苯；再洗涤固体。

【思考题】

1. 本实验中为什么要加入硫酸？用其他酸代替行不行？可以用什么酸代替？

2. 除了本实验中所用到的方法，双酚 A 还有哪些制备方法？

实验 20　苯甲醛歧化反应制备苯甲醇

【目的和要求】

1. 理解由苯甲醛通过坎尼扎罗（Cannizzaro）歧化反应制备苯甲醇的原理和方法。
2. 熟练掌握萃取、洗涤及蒸馏等纯化技术。

【实验原理】

坎尼扎罗（Cannizzaro）反应是指不含 α-氢的醛在浓的强碱溶液作用下发生的歧化反应。此反应的特征是醛自身同时发生氧化及还原反应，一分子醛被氧化成羧酸（在碱性溶液中成为羧酸盐），另一分子醛则被还原成醇。本实验以苯甲醛为原料，通过 Cannizzaro 反应，让苯甲醛在浓的氢氧化钠溶液作用下合成苯甲醇。反应式如下。

【仪器和试剂】

仪器：锥形瓶（250mL）、圆底烧瓶（100mL）、蒸馏头、温度计、球形冷凝管、直形冷凝管、空气冷凝管、接引管、分液漏斗、烧杯、短颈漏斗、玻璃棒。

试剂：苯甲醛、氢氧化钠、浓盐酸、乙醚、饱和亚硫酸氢钠、10％碳酸钠、无水硫酸镁。

【实验内容】

在 250mL 锥形瓶中，放入 20g 氢氧化钠和 50mL 水配置成的水溶液，振荡使氢氧化钠完全溶解，冷却至室温。在振荡下，分批加入 20mL 新蒸馏过的苯甲醛，溶液分层。装上回流冷凝管。加热回流 1h 间歇振摇直至苯甲醛油层消失，反应物变透明。

在反应物中加入足量的水（最多 30mL），不断振摇，使其中的苯甲酸盐全部溶解。将溶液倒入分液漏斗中，每次用 20mL 乙醚萃取三次。合并上层的乙醚提取液，分别用 8mL 饱和亚硫酸氢钠溶液，16mL 10％碳酸钠溶液和 16mL 水洗涤。分离出上层的乙醚提取液，用无水硫酸镁干燥。

将干燥的乙醚溶液滤入 100mL 圆底烧瓶，连接好普通蒸馏装置，投入沸石后用温水浴加热，蒸出乙醚（回收）；直接加热当温度上升到 140℃改用空气冷凝管，收集 204～206℃的馏分。苯甲醇和苯甲酸的红外谱图如图 5-5 和图 5-6 所示。

【实验说明】

1. 原料苯甲醛易被空气氧化，所以保存时间较长的苯甲醛，使用前应重新蒸馏；否则苯甲醛已氧化成苯甲酸而使苯甲醇的产量相对减少。
2. 在反应时充分摇荡目的是让反应物要充分混合，否则对产率的影响很大。
3. 在第一步反应时加水后，苯甲酸盐如不能溶解，可稍微加热。
4. 用分液漏斗分液时，水层从下面分出，乙醚层要从上面倒出，否则会影响后面的操作。
5. 合并的乙醚层用无水硫酸镁或无水碳酸钾干燥时，振荡后要静置片刻至澄清；并充分静置约 30min。干燥后的乙醚层慢慢倒入干燥的蒸馏烧瓶中，应用棉花过滤。
6. 蒸馏乙醚时严禁使用明火。乙醚蒸完后立刻回收，直接用电热套加热，温度上升到

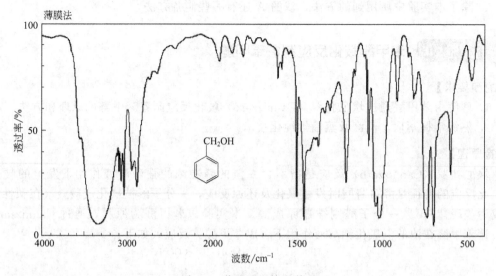

图 5-5　苯甲醇红外光谱图

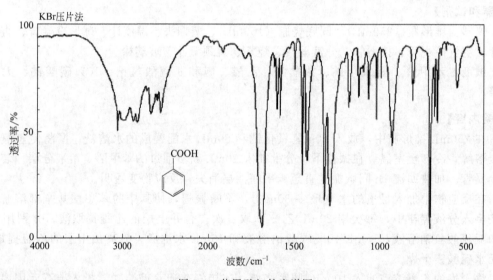

图 5-6　苯甲酸红外光谱图

140℃，用空气冷凝管蒸馏苯甲醇。

【思考题】

1. 使苯甲醛进行 Cannizzaro 反应时为什么要使用新蒸馏过的苯甲醛？

2. 本实验用饱和亚硫酸氢钠及 10％碳酸钠溶液洗涤的目的是什么？

3. 干燥乙醚溶液时能否用无水氯化钙代替无水硫酸镁？

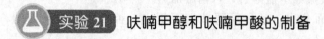　呋喃甲醇和呋喃甲酸的制备

【目的和要求】

1. 学习呋喃甲醛在浓碱条件下进行坎尼扎罗（Cannizzaro）反应制得相应的醇和酸的原理和方法。

2. 了解芳香杂环衍生物的性质。

【实验原理】

在浓的强碱作用下，不含 α-氢的醛类可以发生分子间自身氧化还原反应，一分子醛被氧化成酸，而另一分子醛则被还原为醇，此反应称为坎尼扎罗（Cannizzaro）反应。反应实质是羰基的亲核加成。反应涉及了羟基负离子对一分子不含 α-氢的醛的亲核加成，加成物的负氢向另一分子醛的转移和酸碱交换反应，其反应机理表示如下。

在坎尼扎罗（Cannizzaro）反应中，通常使用 50% 的浓碱，其中，碱的物质的量比醛的物质的量多一倍以上，否则反应不完全，未反应的醛与生成的醇混在一起，通过一般蒸馏很难分离。

【仪器和试剂】

仪器：圆底烧瓶（25mL）、回流冷凝管、带加热的磁力搅拌器、磁珠、分液漏斗、蒸馏装置（一套）。

试剂：呋喃甲醛、氢氧化钠、乙醚、盐酸、无水硫酸镁、刚果红试纸。

【实验内容】

1. 在 50mL 烧杯中加入 3.28mL（3.8g，0.04mol）呋喃甲醛，并用冰水冷却；另取 1.6g 氢氧化钠溶于 2.4mL 水中，冷却。在搅拌下滴加氢氧化钠水溶液于呋喃甲醛中。滴加过程必须保持反应混合物温度在 8～12℃ 之间，加完后，保持此温度继续搅拌 40min，得一黄色浆状物。

2. 在搅拌下向反应混合物加入适量水（约 5mL）使其恰好完全溶解得暗红色溶液，将溶液转入分液漏斗中，用乙醚萃取（3mL×4），合并乙醚萃取液，用无水硫酸镁干燥后，先在水浴中蒸去乙醚，然后在石棉网上加热蒸馏，收集 169～172℃ 馏分，产量约 1.2～1.4g，纯粹呋喃甲醇为无色透明液体，沸点 171℃。

3. 在乙醚提取后的水溶液中慢慢滴加浓盐酸，搅拌，滴至刚果红试剂变蓝（约 1mL），冷却，结晶，抽滤，产物用少量冷水洗涤，抽干后，收集粗产物，然后用水重结晶，得白色针状呋喃甲酸，产量约 1.5g，熔点 130～132℃。

【实验说明】

1. 反应温度若高于 12℃，则反应难以控制，致使反应物变成深红色；若温度过低，则反应过慢，可能积累一些氢氧化钠。一旦发生反应，则过于猛烈，增加副反应，影响产量及纯度。由于氧化还原是在两相间进行的，因此，必须充分搅拌。

2. 呋喃甲醇也可用减压蒸馏收集 88℃/4.666kPa 的馏分。

3. 酸要加够，以保证 pH＝3 左右，使呋喃甲酸充分游离出来，这是影响呋喃甲酸收率的关键。

4．蒸馏回收乙醚，注意安全。

【思考题】

1．乙醚萃取后的水溶液用盐酸酸化，为什么要用刚果红试纸？如不用刚果红试纸，怎样知道酸化是否恰当？

2．本实验根据什么原理来分离呋喃甲酸和呋喃甲醇？

实验 22　三苯甲醇的合成

【目的和要求】

1．了解格氏试剂的制备、应用和进行格氏反应的条件。

2．掌握制备三苯甲醇的原理和方法。

3．掌握搅拌、回流、蒸馏等基本操作。

【实验原理】

卤代烷在干燥的乙醚中能和镁屑作用生成烃基卤代镁 RgMX，俗称 Grignard（格氏）试剂。制备格氏试剂时需要注意整个体系必须保证绝对无水，不然将得不到烃基卤化镁，或者产率很低。在形成格氏试剂的过程中往往有一个诱导期，作用非常慢，甚至需要加温或者加入少量碘来使它发生反应，诱导期过后反应变得非常剧烈，需要用冰水或冷水在反应器外面冷却，使反应缓和下来。格氏试剂是一种非常活泼的试剂，它能起很多反应，是重要的有机合成试剂。最常用的反应是格氏试剂与醛、酮、酯等羰基化合物发生亲核加成生成仲醇或叔醇。

三苯甲醇就是通过格氏试剂苯基溴化镁与苯甲酸乙酯反应制得。

主反应：

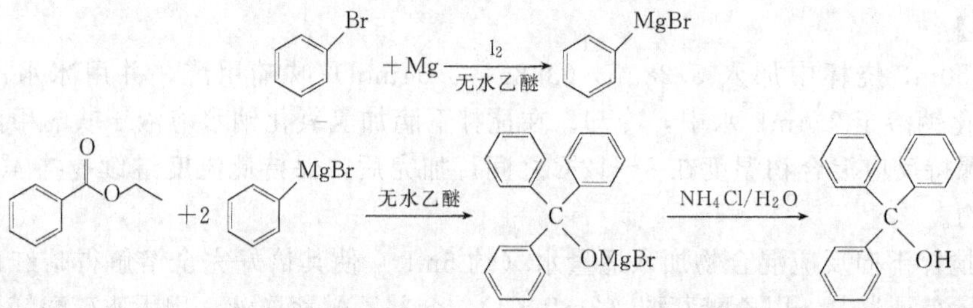

副反应：

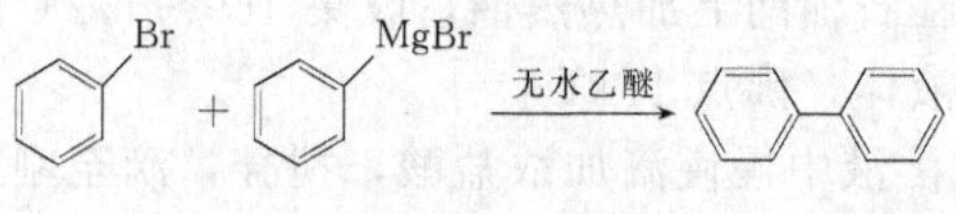

【仪器和试剂】

仪器：三颈烧瓶（100mL）、恒压滴液漏斗、干燥管、球形冷凝管、蒸馏装置 1 套、锥形瓶、温度计。

试剂：溴苯、苯甲酸乙酯、乙醚、金属镁条、砂纸。

【实验内容】

1．苯基溴化镁（格氏试剂）的制备

在 100mL 的三颈烧瓶加入 0.75g 镁屑，一小粒碘和搅拌磁子，烧瓶上安装冷凝管和滴液漏斗，在冷凝管及滴液漏斗的上口装置氯化钙干燥管，在滴液漏斗中混合 5g 溴苯及

16mL 乙醚。

将其 1/3 由恒压滴液漏斗滴加到反应瓶中，用手温热反应瓶，使反应尽快发生。若反应仍不能发生，加一粒碘诱发反应。当反应较为平稳后，将剩余的溶液慢慢滴入反应瓶（保持微沸）。滴加完毕后，继续将反应瓶置于 40℃ 水浴上保持微沸回流使镁几乎完全溶解。

2. 三苯甲醇的制备

用冷水冷却反应瓶，搅拌下由滴液漏斗将 1.9mL 苯甲酸乙酯与 7mL 无水乙醚混合液逐滴加入其中。滴加完毕后，将反应混合物在水浴回流约 0.5h，使反应完全。将反应物改为冰水浴冷却。反应物冷却后由滴液漏斗向其中慢慢滴加由 4g 氯化铵配成的饱和水溶液（约15mL），明显分为两层。

3. 分离与提纯

改为蒸馏装置，水浴蒸出乙醚。再将残余物进行水蒸气蒸馏，以除去未反应的溴苯及联苯等副产物。瓶中剩余物冷却后冷凝为有色固体，抽滤收集。

粗产品用玻塞压碎，用水洗两次，抽干。粗产物用 80% 的乙醇进行重结晶，干燥后产量约 2～2.5g。纯三苯甲醇为无色棱状晶体，熔点 162.5℃。

三苯甲醇的红外光谱如图 5-7 所示。

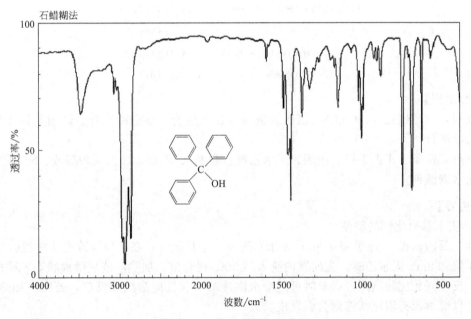

图 5-7　三苯甲醇的红外光谱

【实验说明】

1. 使用仪器及试剂必须干燥，三颈烧瓶、滴液漏斗、球形冷凝管、干燥管等预先烘干；乙醚经金属钠处理放置一周成无水乙醚。

2. 由于制 Grignard 试剂时放热易产生偶合等副反应，故滴溴苯醚混合液时需控制滴加速度，并不断振摇。

3. 水蒸气蒸馏是分离和纯化有机物的常用方法之一，尤其是在反应产物中有大量树脂状物质的情况下，效果较一般蒸馏或重结晶为好。使用这种方法时，被提纯物质应该具备下列条件：不溶（或几乎不溶）于水，在沸腾下长时间与水共存而不起化学变化，在 100℃ 左右时必须具有一定的蒸气压（一般不小于 1.33kPa）。

【思考题】

1. 本实验的成败关键何在？为什么？为此采取什么措施？
2. 本实验中溴苯加得太快或一次加入有什么影响？

实验 23　2-甲基-2-己醇的合成

【目的和要求】

1. 了解 Grignard 试剂的制备、应用和进行 Grignard 反应的条件。
2. 学习液体化合物提纯的方法。
3. 巩固回流、萃取、蒸馏等操作技能。

【实验原理】

卤代烷烃与金属镁在无水乙醚中反应生成烃基卤化镁（又称 Grignard 试剂）；Grignard 试剂能与羰基化合物等发生亲核加成反应，其加成产物用水分解可得到醇类化合物。

$$n\text{-}C_4H_9Br + Mg \xrightarrow{\text{无水乙醚}} n\text{-}C_4H_9MgBr$$

$$n\text{-}C_4H_9MgBr + CH_3COCH_3 \xrightarrow{\text{无水乙醚}} n\text{-}C_4H_9\underset{\underset{OMgBr}{|}}{C}(CH_3)_2$$

$$n\text{-}C_4H_9\underset{\underset{OMgBr}{|}}{C}(CH_3)_2 + H_2O \xrightarrow{H^+} n\text{-}C_4H_9\underset{\underset{OH}{|}}{C}(CH_3)_2$$

【仪器和试剂】

仪器：三颈烧瓶（100mL）、恒压滴液漏斗、干燥管、球形冷凝管、蒸馏装置 1 套、锥形瓶、温度计。

试剂：镁条、正溴丁烷、丙酮、无水乙醚（自制）、乙醚、10%硫酸溶液、5%碳酸钠溶液、无水碳酸钾。

【实验内容】

1. 正丁基溴化镁的制备

向三颈瓶内投入 1g 镁条、8mL 无水乙醚及一小粒碘片；在恒压滴液漏斗中混合 4.5mL 正溴丁烷和 8mL 无水乙醚。先向瓶内滴入约 3mL 混合液，加热溶液呈微沸状态，碘的颜色消失。反应开始比较剧烈，必要时可用冷水浴冷却（该反应为放热反应，若除去加热装置，反应可以继续保持回流状态则为引发成功）。

待反应缓和后，继续慢慢滴加剩余的正溴丁烷混合液，控制滴加速度维持反应液呈微沸状态。

滴加完毕后（恒压滴液漏斗可以用 2mL 左右无水乙醚洗涤并加入到反应混合物中，恒压滴液漏斗后面可以继续使用），继续加热回流 20min，使镁条几乎作用完全。

2. 2-甲基-2-己醇的制备

将上面制好的 Grignard 试剂在冰水浴冷却后加入恒压滴液漏斗中，滴入 4mL 丙酮和 10mL 无水乙醚的混合液中，控制滴加速度（可以用冷水冷却），勿使反应过于猛烈。加完后，在室温下继续搅拌 15min（溶液中可能有白色黏稠状固体析出）。

将反应瓶在冰水浴冷却和搅拌下，自恒压滴液漏斗中分批加入 12mL 10%硫酸溶液，分解上述加成产物（开始滴入宜慢，以后可逐渐加快）。待分解完全后，将溶液倒入分液漏斗中，分出醚层。水层 10mL 乙醚萃取一次，合并醚层，有机相用 15mL 5%碳酸钠溶液洗涤一次，分液后，用无硫酸镁或无水碳酸钾干燥。

装配蒸馏装置。将干燥后的粗产物醚溶液加入单口圆底烧瓶中，用蒸馏方法除去乙醚后剩余物为产物，可以继续采用减压蒸馏收集137～141℃馏分。

2-甲基-2-己醇（2-Methyl-2-hexanol）为无色液体，具有特殊气味，相对分子质量为116.20，分子式$C_7H_{16}O$，沸点为141～142 ℃，折射率为1.4175，相对密度为0.8119，其CAS编号为625-23-0。2-甲基-2-己醇与水能形成共沸物（沸点87.4℃，含水27.5％）。红外谱图如图5-8所示。

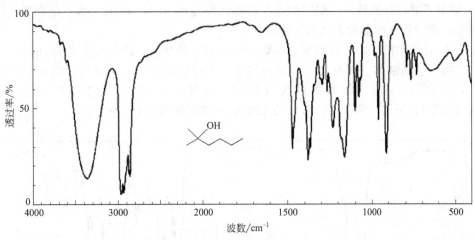

图 5-8   2-甲基-2-己醇红外谱图

【实验说明】

1. Grignard 试剂的制备所需仪器必须干燥。
2. 反应的全过程应控制好滴加速度，使反应平稳进行。
3. 干燥剂用量合理，且将产物醚溶液干燥完全。

【思考题】

1. 实验所用的仪器为什么要必须干燥？为此你采取了什么措施？
2. 实验有哪些副反应？如何避免？

5.2.4　醚的制备

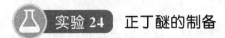 实验 24　正丁醚的制备

【目的和要求】

1. 掌握醇分子间脱水制备醚的反应原理和实验方法。
2. 巩固分水器的实验操作。

【实验原理】

主反应：　　　$2C_4H_9OH \xrightarrow{H_2SO_4} C_4H_9\text{-}O\text{-}C_4H_9 + H_2O$

副反应：　　　$2C_4H_9OH \xrightarrow{H_2SO_4} C_2H_5CH=CH_2 + H_2O$

【仪器和试剂】

药品：正丁醇、浓硫酸、无水氯化钙、5％氢氧化钠、饱和氯化钙。

仪器：50mL 三颈烧瓶、球形冷凝管、分水器、温度计、分液漏斗、25mL 蒸馏瓶。

【实验内容】

1. 在装有 6.2mL 正丁醇的三颈烧瓶中，边摇边加入 0.9mL 浓硫酸，加入几粒沸石后，按要求搭建好装置。

2. 在分水器中加入 0.6mL 饱和食盐水后，开始加热回流。当分水器已全部充满时，水层不再变化，瓶中反应温度达 150℃，表示反应已基本完成。

3. 将仪器改为蒸馏装置，再加入几粒沸石，进行蒸馏，至无馏出液为止。

4. 馏出液进行分液后，上层粗的正丁醚依次经过水、5%NaOH、水、饱和氯化钠溶液进行洗涤，然后用无水氯化钙进行干燥。

5. 干燥后的产物再次进行蒸馏，收集 140～144℃的馏分，产量约 1.2～1.6g。

正丁醚为透明液体。具有类似水果的气味，微有刺激性。分子量为 130.2279，熔点为 -98℃，沸点为 142℃，相对密度为 0.7704，闪点为 30.6℃，几乎不溶于水。0.03g/100mL（20℃），折光率为 1.3992。正丁醚红外光谱图如图 5-9 所示。

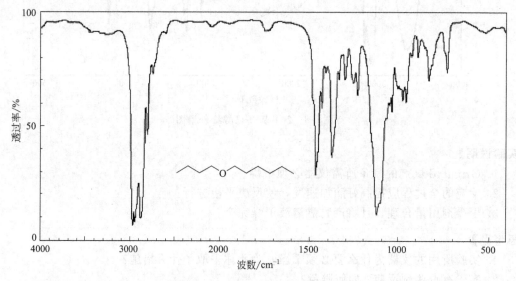

图 5-9　正丁醚红外光谱图

【实验说明】

1. 分水器的正确安装及使用。

2. 制备正丁醚的适宜温度是 130～140℃，但开始回流时，这个温度很难达到，因为正丁醚可与水形成共沸物（沸点 94.1℃，含水 33.4%）；另外，正丁醚与水及正丁醇形成三元共沸物（沸点 90.6℃，含水 29.9%，正丁醇 34.6%），正丁醇也可与水形成共沸物（沸点 93℃，含水 44.5%），故应在 100～115℃之间反应半小时之后可达到 130℃以上。

3. 在碱洗过程中，不要太剧烈地摇动分液漏斗，否则生成乳浊液，分离困难。

4. 正丁醇溶在饱和氯化钙溶液中，而正丁醚微溶。

【思考题】

1. 反应物冷却后为什么要倒入水中？各步的洗涤目的何在？

2. 能否用本实验方法由乙醇和 2-丁醇制备乙基仲丁基醚？你认为用什么方法比较好？

实验 25　苯乙醚的制备

【目的和要求】

1. 掌握苯乙醚的制备方法和原理。
2. 巩固分液，蒸馏，回流的操作。

【实验原理】

苯酚在碱性条件下，生成苯酚负离子作为亲核试剂，与溴乙烷反应，亲核取代生成苯乙醚，Williamson 醚合成法。

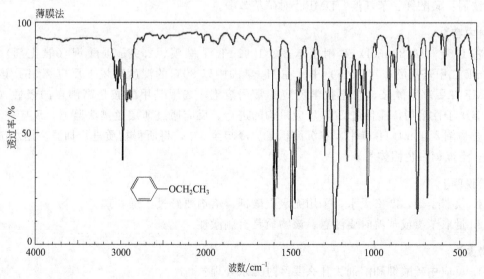

【仪器和试剂】

仪器：三颈烧瓶（50mL）、回流冷凝管、带加热的磁力搅拌器、磁珠、分液漏斗、蒸馏装置（1套）。

试剂：苯酚、溴乙烷、乙醇、饱和食盐水、乙酸乙酯、无水氯化钙。

【实验内容】

1. 酚钠形成。在装有搅拌磁子、回流冷凝管和分液漏斗的 50mL 的三颈瓶中，加入 7.5g 苯酚开动搅拌磁子，5g 氢氧化钠和 4mL 水，开动搅拌磁子，水浴加热使固体全部溶解，调节水温度在 80～90℃ 之间。

2. 醚的制备。开始慢慢滴加 8.9mL 溴乙烷和无水乙醇的混合液，滴加完毕，继续保持搅拌 1h，冷却至室温加适量水使固体溶解。

3. 洗涤和分液。将液体转入分液漏斗中分出水相，有机相用饱和食盐水洗涤两次，分出有机相，合并两次的洗涤液，用 15mL 乙酸乙酯提取，提取液与有机相合并。

4. 干燥和蒸馏。用无水氯化钙干燥，蒸出乙酸乙酯，得到无色透明液体即产物约 3.5g。苯乙醚的沸点为 172℃，折光率 $n_D^{20} = 1.5418$。苯乙醚的红外光谱如图 5-10 所示。

图 5-10　苯乙醚的红外光谱

【实验说明】

1. 溴乙烷的沸点低，回流时冷却水流量要大，以保证有足够量的溴乙烷参与反应。若有结块出现，则应停止加溴乙烷，待充分搅拌后继续滴加。

2. 为了很好的反应，可在溴乙烷中加入乙醇。溴乙烷的沸点低，回流时冷却水流量要大。

【思考题】

1. 制备苯乙醚时用饱和食盐水洗涤的目的是什么？

2. 反应中回流的液体是什么？出现的固体是什么？为什么恒温到后期回流不明显了？

实验 26　4-苄氧基-1-硝基苯的制备

【目的和要求】

1. 掌握酚醚化反应的原理和反应注意事项。

2. 熟悉苄氯或苄溴的应用和操作注意事项。

【实验原理】

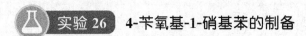

【仪器和试剂】

仪器：圆底烧瓶（25mL）、回流冷凝管、带加热的磁力搅拌器、磁珠、分液漏斗、蒸馏装置（1套）。

试剂：碳酸钾、苄基溴、DMF、对硝基苯酚。

【实验内容】

将 1.5g（10.8mmol）对硝基苯酚、1.92mL 苄基溴、2.98g 碳酸钾（催化剂）溶于 15.0mL 二甲基甲酰胺（DMF）中。在 N_2 氛围中以 80℃的温度环境下反应 2.5h。该反应中 DMF 二甲基甲酰胺，它是化学反应的常用溶剂，二甲基甲酰胺是高沸点的极性（亲水性）非质子性溶剂，能促进 SN_2 反应机构的进行。反应通过薄层色谱法监测，反应完全后，将混合物倒入 40mL H_2O 中，有沉淀析出。冷却至 0℃，将所得物质进行抽滤。用水洗滤饼三次，干燥得白色固体粉末。

【实验说明】

1. 仪器干燥，严格无水。采用无水碳酸钾，溶剂要经过干燥处理。

2. 量取苄氯或苄溴时要注意，该物质具有刺激性。

【思考题】

1. 反应中碳酸钾和溶剂为什么要经过无水处理？

2. DMF 作为反应溶剂具有什么样的优点？

5.2.5 醛、酮的制备

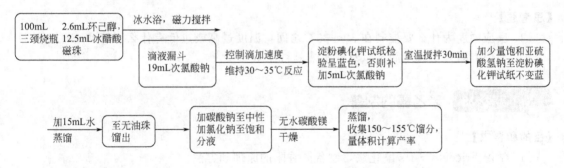**实验 27** 环己酮的制备

【目的和要求】

1. 了解重铬酸氧化法制备环己酮的原理和方法。
2. 掌握萃取、分离和干燥等实验操作及空气冷凝管的应用。

【实验原理】

该反应由环己醇用次氯酸钠或者重铬酸钠氧化生成环己酮，氧化反应为放热，控制反应温度。

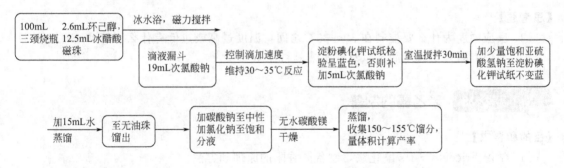

【仪器和试剂】

仪器：烧杯、玻璃棒、布氏漏斗、滤纸、水浴锅、石棉网、搅拌磁子、淀粉-碘化钾试剂、分液漏斗温度计、直形冷凝管、牛角管。

试剂：次氯酸钠、环己醇、冰乙酸、浓硫酸、重铬酸钠、碳酸钠、氯化钠、亚硫酸氢钠、蒸馏水。

【实验内容】

1. 用次氯酸钠做氧化剂

```
┌──────────┐  冰水浴，磁力搅拌
│100mL  2.6mL环己醇，├──────────────→
│三颈烧瓶 12.5mL冰醋酸│
│磁珠      │
└──────────┘
```

| 滴液漏斗
19mL次氯酸钠 | 控制滴加速度
维持30~35℃反应 | 淀粉碘化钾试纸检
验呈蓝色，否则补
加5mL次氯酸钠 | 室温搅拌30min | 加少量饱和亚硫
酸氢钠至淀粉碘
化钾试纸不变蓝 |

| 加15mL水
蒸馏 | 至无油珠
馏出 | 加碳酸钠至中性
加氯化钠至饱和
分液 | 无水碳酸镁
干燥 | 蒸馏，
收集150~155℃馏分，
量体积计算产率 |

2. 用重铬酸钠做氧化剂

（1）氧化剂的制备

在搅拌的条件下，向 7.5mL 水和 1.3g 重铬酸钠的溶液中慢慢加入 1.1mL 浓 H_2SO_4，得橙红色铬酸溶液，冷至室温备用。

（2）环己酮制备

向 2.5g 环己醇中，分 3 次加入上述铬酸溶液，每加一次都振摇混匀，并控制反应液温度在 55~60℃。反应约 0.5h 后温度开始下降，再放置 15min，其间不断振摇，使反应液呈墨绿色为止。向反应液内加入 7.5mL 水，进行简易水蒸气蒸馏，将环己酮与水一起蒸出，收集 6mL 馏出液。用食盐饱和后，分出有机相。水相用 7.5mL 乙醚分两次萃取，萃取液并

入有机相。然后经干燥，空气冷凝管蒸馏，收集 151~155℃的馏分。

环己酮：无色油状液，相对密度（水＝1）为 0.95，沸点（℃）为 155.6℃，折光率为 1.4505。环己酮的红外光谱图如图 5-11 所示。

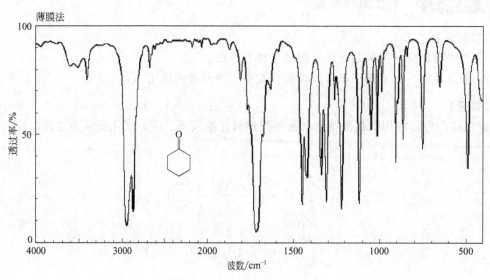

图 5-11　环己酮的红外光谱图

【实验说明】

1. 次氯酸钠需过量，呈无色或乳白色。
2. 反应后加入饱和亚硫酸氢钠，除去过量次氯酸钠。
3. 加无水碳酸钠除去乙酸。
4. 加氯化钠降低环己酮在水中溶解性。
5. 加水蒸馏实质为水蒸气蒸馏。

【思考题】

1. 反应温度为什么要控制在 30~35℃之间，温度过高或过低有什么不好？
2. 如何判断本实验中简易水蒸气蒸馏是否完全？

实验 28　苯乙酮的制备

【目的和要求】

1. 学习 Friedel-Crafts 酰化法，制备芳香酮的原理和方法。
2. 复习尾气吸收和减压蒸馏操作。

【实验原理】

Friedel-Crafts 酰基化，是制备芳酮的主要方法。在 Lewis 酸无水三氯化铝的存在下，酸酐与活泼的芳基化合物亲电取代，反应得到高产率的芳酮。

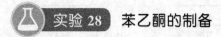

【仪器和试剂】

仪器：三颈烧瓶（50mL）、回流冷凝管、带加热的磁力搅拌器、磁珠、分液漏斗、蒸馏装置（1 套）、干燥管、漏斗。

试剂：苯、乙酸酐、无水三氯化铝、10%NaOH、石油醚、浓盐酸、硫酸镁。

【实验内容】

1. 合成

在 50mL 三颈烧瓶中加入 6g 无水氯化铝和 8mL 苯，瓶口装回流冷凝管、无水氯化钙干燥管和气体吸收装置（5%NaOH 吸收剂），另一口装滴液漏斗加入 2mL 乙酸酐，边搅拌边滴加，注意控制速度，该反应为放热反应。此过程大约 10min。

2. 分离

反应缓和后水浴加热搅拌至无气体溢出。待反应液冷却后水解。将反应液倒入 10mL 浓盐酸和 20g 碎冰（通风柜操作），若有固体补加浓盐酸使其溶解。将反应液倒入分液漏斗，分出有机层（上层），用 30mL 石油醚分两次萃取水相，合并有机相，依次用 5mL10% NaOH 和 5mL 水洗涤至中性，无水硫酸镁干燥。水浴蒸取石油醚和苯后，再减压蒸馏得产品，产率约为 65%，苯乙酮的沸点为 202℃，折光率 $n_D^{20} = 1.5338$。苯乙酮的红外光谱如图 5-12 所示。

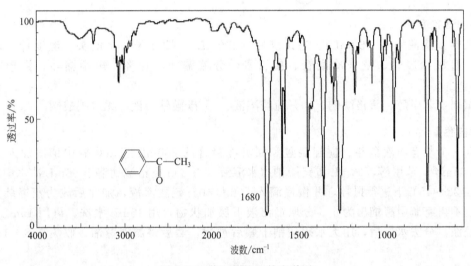

图 5-12　苯乙酮的红外光谱图

【实验说明】

1. 滴加苯乙酮和乙酐混合物的时间以 10min 为宜，滴得太快温度不易控制。

2. 无水三氯化铝的质量是本实验成败的关键，以白色粉末打开盖冒大量的烟，无结块现象为好。

3. 苯以分析纯为佳，最好用钠丝干燥 24h 以上再用。

4. 粗产物中的少量水，在蒸馏时与苯以共沸物形式蒸出，其共沸点为 69.4℃，这是液体化合物的干燥方法之一。

【思考题】

1. 在苯乙酮的制备中，水和潮气对本实验有何影响？在仪器装置和操作中应注意哪些事项？

2. 反应完成后，为什么要加入浓盐酸和冰水的混合液？

3. 何谓减压蒸馏？适用于什么体系？减压蒸馏装置由哪些仪器、设备组成？各起什么作用？

实验 29 苯甲醛的制备

【目的和要求】

1. 学习由苯甲醇通过氧化反应制备苯甲醛的原理和方法。
2. 掌握萃取、洗涤及蒸馏等纯化技术。

【实验原理】

苯甲醛，俗称苦杏仁油，是一种重要的化工原料，可用于合成染料及其中间体，是树脂、油类、某些纤维素醚、醋酸和硝酸纤维素的溶剂，在合成肉桂酸、苯甲酸、药物、肥皂、照相化学品、调味料及合成香料等方面有着广泛的用途。本实验以苯甲醇为原料，通过氧化反应合成苯甲醛。其反应式如下。

$$\text{（CH}_2\text{OH 苯环）} \xrightarrow[\triangle]{Na_2Cr_2O_7/H_2SO_4} \text{（CHO 苯环）}$$

【仪器和试剂】

仪器：滴液漏斗（50mL）、三颈烧瓶（250mL）、搅拌子、蒸馏头、温度计、球形冷凝管、直形冷凝管、空气冷凝管、接引管、分液漏斗、烧杯、短颈漏斗、锥形瓶、玻璃棒。

试剂：苯甲醇、重铬酸钠、40％硫酸溶液、5％碳酸钠溶液、无水碳酸钠。

【实验内容】

向一个装有滴液漏斗、搅拌装置和回流冷凝管的 250mL 三颈烧瓶中依次加入 5.1mL（约 0.05mol）苯甲醇、60mL 重铬酸钠冰水溶液（将 20g 重铬酸钠溶于 60mL 冰水中制得），然后在 35～45℃下进行搅拌，并慢慢滴入 50mL 40％硫酸溶液，加完后改为蒸馏装置，并蒸馏至不再有苯甲醛馏出为止。分取馏出液下层油状物，用 15mL 水洗，再用 15mL 5％碳酸钠洗涤，分去水层后，用无水碳酸钠干燥后过滤，然后将滤液蒸馏，收集 178～180℃ 的馏分。

纯苯甲醛的沸点为 179℃，苯甲醛的红外光谱图如图 5-13 所示。

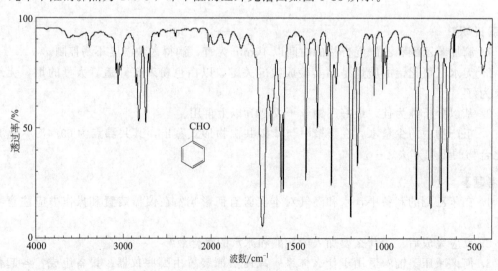

图 5-13 苯甲醛的红外光谱图

【实验说明】

由于苯甲醛易被铬酸进一步氧化成苯甲酸，所以反应要边氧化边蒸出苯甲醛，以防苯甲醛留在反应瓶中继续被氧化。

【思考题】

本实验能否用酸性高锰酸钾溶液做氧化剂，为什么？

5.2.6 羧酸、磺酸的制备

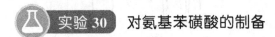 **实验30 对氨基苯磺酸的制备**

【目的和要求】

1. 掌握磺化反应的基本操作及原理。

2. 了解氨基的简单检验方法。

【实验原理】

苯和浓硫酸反应生成苯磺酸，即在苯环上引入磺酸基，称为磺化反应。磺酸一般指磺酸基（—SO_3H）直接和烃基相连（即硫原子直接和碳原子相连）。磺化反应的实质是苯和三氧化硫的亲电取代反应。三氧化硫虽然不带电荷，但是中心的硫原子为 sp^2 杂化，为平面结构，最外层只有六个电子。另外，硫原子和三个电负性较大的氧原子连接，增强了硫原子的缺电子程度，即为缺电子试剂，容易和苯发生亲电取代反应。

$$\text{(苯胺)} \xrightarrow[180°]{H_2SO_4} \text{(对氨基苯磺酸, } SO_2OH)$$

【仪器和试剂】

仪器：圆底烧瓶（50mL）、空气冷凝管、带加热的磁力搅拌器、磁珠、烧杯（100mL）、抽滤装置（1套）、表面皿、玻璃棒。

试剂：苯胺、浓硫酸、10%的氢氧化钠溶液。

【实验内容】

1. 在 50mL 烧瓶中加入 3g 新蒸馏的苯胺，装上空气冷凝管，滴加 5.1mL 浓硫酸。油浴加热，在 180～190℃反应约 1.5h，检查反应完全后停止加热，放冷至室温。

2. 将混合物在不断搅拌下倒入 30mL 盛有冰水的烧杯中，析出灰白色对氨基苯磺酸，抽滤，水洗，热水重结晶得产物。

对氨基苯磺酸为灰白色粉末，熔点为 280℃。对氨基苯磺酸的红外光谱图如图 5-14 所示。

【实验说明】

1. 浓 H_2SO_4 要分批加入，边加边摇荡烧瓶，并冷却，加料时加上空气冷凝管。

2. 反应温度 180～190℃。

3. 可用 10%NaOH 溶液测试，若得澄清溶液则反应完全。

【思考题】

1. 对氨基苯磺酸较易溶于水，而难溶于苯及乙醚，试解释。

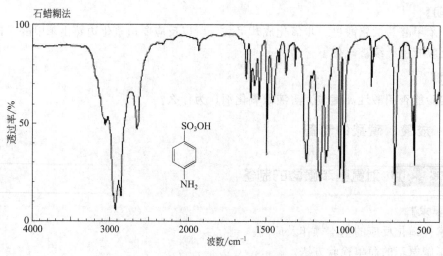

图 5-14　对氨基苯磺酸的红外光谱图

2. 反应产物中是否会有邻位取代物？若有，邻位和对位取代产物，哪一种较多？说明理由。

实验 31　对甲基苯磺酸的制备

【目的和要求】

1. 学习芳香族的磺化反应制备芳磺酸。
2. 巩固分水器的使用、回流以及重结晶操作。

【实验原理】

对甲基苯磺酸，简称 PTS，是一个不具备氧化性的有机强酸。医药上用作合成多西环素、潘生丁、dl-萘普生、阿莫西林、头孢羟氨苄中间体的重要原料，在有机合成工业中被广泛使用；在丙烯酸酯、纺织助剂、摄影胶片等生产中用作催化剂；在树脂、涂料、人造板、铸造、涂料行业被广泛用作固化剂，使用本厂产品，固化速率快，漆膜不变色。芳环上氢原子被磺酸基取代生成磺酸的反应叫磺化反应。磺化是亲电子取代反应。芳环上有给电子基，磺化较易进行，有吸电子基则较难进行。

主反应：

副反应：

【仪器和试剂】

仪器：磁力搅拌器、加热套、减压干燥箱、电子天平、托盘天平、圆底烧瓶（50mL）、温度计、回流冷凝管、分水器、恒压滴液漏斗。

试剂：甲苯、浓硫酸。

【实验内容】

在 50mL 圆底烧瓶内放入 25mL 甲苯，一边摇动烧瓶，一边缓慢地加入 5.5mL 浓硫酸，投入几粒沸石在石棉网上用小火加热回流 2h 或至分水器中积存 2mL 水为止。静止冷却反应物。将反应物倒入 60mL 锥形瓶内，加入 1.5mL 水，此时有晶体析出。用玻璃棒慢慢搅动，反应物逐渐变成固体。用布氏漏斗油滤，用玻璃瓶塞挤压以除去甲苯和邻甲苯磺酸，得到粗产物约 15g。

若要得到较纯的对甲基苯磺酸，可进行重结晶。在 50mL 烧杯（或大试管）里，将 12g 粗产物溶于约 6mL 水中。往此溶液里通入氯化氢气体。直到有晶体析出。在通氯化氢气体时，要采取措施，防止"倒吸"。析出的晶体用布氏漏斗快速抽滤。晶体用少量浓盐酸洗涤。用玻璃瓶塞挤压去水分，取出后保存在干燥器里。干燥、称重，计算产率。

对甲基苯磺酸为白色针状或粉末状结晶，可溶于水、醇、醚和其他极性溶剂。极易潮解，易使木材、棉织物脱水而碳化，难溶于苯和甲苯。碱溶时生成对甲酚。常见的是对甲基苯磺酸一水合物（TsOH·H$_2$O）或四水合物（TsOH·4H$_2$O）。熔点为 106~107℃，沸点为 140℃（2.67kPa）。对甲基苯磺酸红外光谱及核磁氢谱图如图 5-15 所示。

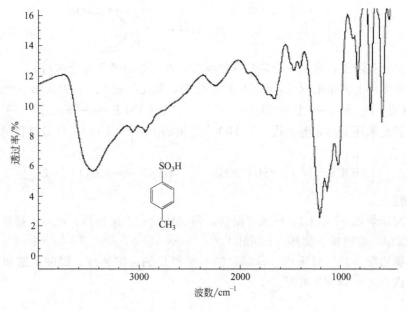

图 5-15 对甲基苯磺酸红外光谱及核磁氢谱图

【实验说明】

1. 硫酸要慢慢滴加，取用硫酸需要戴手套。
2. 抽滤产品后要及时烘干并密闭保存，因为对甲基苯磺酸极易吸水。

【思考题】

1. 影响磺化的因素有哪些？
2. 磺化反应中有哪些副反应产生？
3. 各种浓度的发烟硫酸如何配制？

4. 常用的磺化剂有哪些？哪些是强的磺化剂，哪些是弱的磺化剂？

🧪 实验 32　2,4-二氯苯氧乙酸的制备

【目的和要求】

1. 了解 2,4-二氯苯氧乙酸的制备方法。
2. 复习分液漏斗使用和重结晶等基本操作。

【实验原理】

本实验遵循先缩合后氯化的合成路线，采用浓盐酸加过氧化氢和次氯酸钠在酸性介质中的分步氯化来制备 2,4-二氯苯氧乙酸。

其反应式如下。

第一步是制备酚醚，这是一个亲核取代反应，在碱性条件下易于进行。

第二步是苯环上的亲电取代，$FeCl_3$ 做催化剂，氯化剂是 Cl^+，引入第一个 Cl。

$$2HCl + H_2O_2 \longrightarrow Cl_2 + 2H_2O \qquad Cl_2 + FeCl_3 \longrightarrow [FeCl_4]^- + Cl^+$$

第三步仍是苯环上的亲电取代，从 HOCl 产生的 H_2O^+Cl 和 Cl_2O 做氯化剂，引入第二个 Cl。

$$HOCl + H^+ \Longrightarrow H_2O + Cl \qquad HOCl \Longrightarrow Cl_2O + H_2O$$

【仪器和试剂】

仪器：圆底烧瓶（50mL）、回流冷凝管、带加热的磁力搅拌器、磁珠、搅拌、抽滤装置（1套）、表面皿、玻璃棒、烧杯（100mL）。

试剂：氯乙酸、33％双氧水、苯酚、35％氢氧化钠、浓盐酸、醋酸、饱和碳酸钠水溶液、三氯化铁、5％ NaOCl 溶液。

【实验内容】

1. 苯氧乙酸的制备

（1）成盐

向 3.2g 氯乙酸和 4.0mL 水的混合液中慢慢滴加 8mL 饱和的 Na_2CO_3 溶液，调节 pH 值到 7～8，使氯乙酸转变为氯乙酸钠。

（2）取代

在搅拌下向上述氯乙酸钠溶液中加入 2.0g 苯酚，用 35％NaOH 溶液调节 pH 值到 12，并在沸水浴上加热 20min。期间保持 pH 值为 12。

（3）酸化沉淀

向上述的反应液中滴加浓 HCl，调节 pH 值至 3～4，此时苯氧乙酸结晶析出。经过过

滤、洗涤、干燥即得苯氧乙酸粗品。

2. 对氯苯氧乙酸的制备

2.4g 苯氧乙酸粗品和 8mL 冰醋酸的混合液在水浴上加热到 55℃，搅拌下加入 16mg FeCl$_3$ 和 8mL HCl。在浴温升至 60～70℃时，在 3min 内滴加 2.4mL 33％H$_2$O$_2$ 溶液。滴完后，保温 10min，有部分固体析出。升温重新溶解固体，并经过冷却、结晶、过滤、洗涤、重结晶等操作即得精品氯苯氧乙酸。

3. 2,4-二氯苯氧乙酸（2,4-D）的制备

（1）氯化

在摇动的状态下，向 0.8g 对氯苯氧乙酸和 8.8mL 冰醋酸的混合液中分批滴加 15.2mL 5％ NaOCl 溶液，并在室温下反应 5min。

（2）分离

用 6mol/L 的 HCl 酸化至刚果红试纸变蓝色，接着用乙醚萃取 2 次，在经过水洗涤后，用 10％NaCO$_3$ 溶液萃取醚层。

上述碱性萃取液，加 20mL 水后，用浓 HCl 酸化至刚果红试纸变蓝色，此时析出 2,4-二氯苯氧乙酸。经过冷却、过滤、洗涤、重结晶等操作即得精品 2,4-二氯苯氧乙酸。

2,4-二氯苯氧乙酸的熔点为 138℃，2,4-二氯苯氧乙酸的红外光谱图如图 5-16 所示。

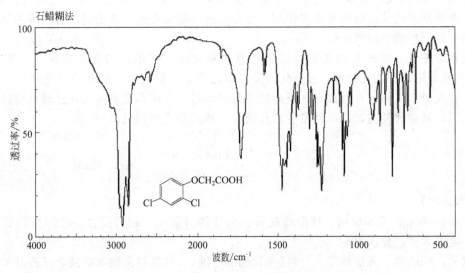

图 5-16　2,4-二氯苯氧乙酸的红外光谱图

【实验说明】

1. 先用饱和碳酸钠溶液将氯乙酸转变为氯乙酸钠，以防氯乙酸水解。因此，滴加碱液的速度宜慢。

2. HCl 勿过量，滴加 H$_2$O$_2$ 宜慢，严格控温，让生成的 Cl$_2$ 充分参与亲核取代反应。Cl$_2$ 有刺激性，特别是对眼睛、上呼吸道和肺部器官。应注意操作，勿使其逸出，并注意开窗通风。

3. 开始加浓 HCl 时，FeCl$_3$ 水解会有 Fe(OH)$_3$ 沉淀生成。继续加 HCl 又会溶解。

4. 严格控制温度、pH 值和试剂用量是 2,4-二氯苯氧乙酸制备实验的关键。NaOCl 用量勿多，反应保持在室温以下。

【思考题】

1. 从亲核取代反应、亲电取代反应和产品分离纯化的要求等方面说明本实验中各步反应调节 pH 值的目的和作用。

2. 以苯氧乙酸为原料，如何制备对-溴苯氧乙酸？为何不能用本法制备对-碘苯氧乙酸？

实验 33　己二酸的制备

【目的和要求】

1. 学习环己醇氧化制备己二酸的原理和了解由醇氧化制备羧酸的常用方法。
2. 了解相转移催化剂的作用原理。
3. 掌握设计性实验的基本要求和方法，完成一份设计实验报告。

【实验原理】

己二酸（Adipic acid）又称肥酸，常温下为白色晶体，熔点 152℃，沸点 337.5℃，是一种重要的有机二元酸，能够发生成盐反应、酯化反应、酰胺化反应等，并能与二元胺或二元醇缩聚成高分子聚合物，是合成尼龙-66 的主要原理之一。其对眼睛、皮肤、黏膜和上呼吸道有刺激作用。己二酸是工业上具有重要意义的二元羧酸，在化工生产、有机合成工业、医药、润滑剂制造等方面都有重要作用，也是医药、酵母提纯、杀虫剂、香料等的原料，产量居所有二元羧酸中的第 2 位。

制备羧酸最常用的方法是烯、醇、醛等的氧化法。常用的氧化剂有硝酸、重铬酸钾（钠）的硫酸溶液、高锰酸钾、过氧化氢及过氧乙酸等。但其中用硝酸为氧化剂反应非常剧烈，伴有大量二氧化氮毒气放出，既危险又污染环境。因而本实验采用环己醇在相转移催化剂作用下，高锰酸钾的碱性条件发生氧化反应，然后酸化得到己二酸。

【仪器和试剂】

仪器：100mL 三颈烧瓶、球形冷凝管、恒压滴液漏斗、磁力搅拌器、加热装置、抽滤装置、电子天平、分液漏斗。

试剂：环己醇、高锰酸钾、5% 氢氧化钠水溶液、2% 氢氧化钠水溶液、三乙基苄基氯化铵、石油醚、浓硫酸、亚硫酸氢钠、草酸。

【实验内容】

1. 在 100mL 三颈烧瓶中分别加入 10.5g（0.067mol）高锰酸钾、20mL 的 5% 氢氧化钠水溶液、0.1g 三乙基苄基氯化铵；放入磁珠，装上球形冷凝管和恒压滴液漏斗。

2. 在恒压滴液漏斗中加入 2.6mL（0.025mol）环己醇和 7.5mL 石油醚的混合液。

3. 开动磁力搅拌并加热。

4. 先放入环己醇和石油醚的混合液 1mL，等反应液变绿，再继续滴加该混合液，约 15min 滴完。由于反应放热，该过程中石油醚开始回流。

5. 滴加完毕后，继续反应 15～20min，趁热抽滤，用 2% 的氢氧化钠水溶液洗涤反应器和滤饼，滤液分为两层，上层为有机层，下层为己二酸盐的水溶液。

6. 用分液漏斗分出水层，加入浓硫酸至强酸性，析出白色己二酸晶体，冷却抽滤后的粗品 2.5～3g，熔点 148～152℃。

7. 用水对粗品进行重结晶，得己二酸纯品 1～1.5g，熔点 152～153℃。

【实验说明】

1. 制备羧酸采取的都是比较强烈的氧化条件，一般都是放热反应，应严格控制反应温度，否则不但影响产率，有时还会发生爆炸事故。

2. 由于反应是放热反应，反应液开始回流后，可停止加热。

3. 反应过程中，如果观察到反应液的紫色一直难以消失，可加入少量固体亚硫酸氢钠以除去过量的高锰酸钾。

4. 反应结束后，反应瓶中的难以去除的褐色物质，可用少量草酸洗涤。

【思考题】

1. 如何确定反应终点，为什么高锰酸钾不能过量？

2. 为什么反应结束后，要趁热过滤？

3. 为什么要用 2% 的氢氧化钠水溶液洗涤滤饼和反应瓶？

4. 2% 的氢氧化钠水溶液加入过多会有什么影响？

5. 反应过程中，为什么加入三乙基苄基氯化铵，它在反应中起什么作用？

实验 34 （±）-苯乙醇酸（苦杏仁酸）的合成及拆分

【目的和要求】

1. 了解（±）-苯乙醇酸的制备原理和方法。

2. 学习相转移催化合成基本原理和技术。

3. 巩固萃取及重结晶操作技术。

4. 了解酸性外消旋体的拆分原理和实验方法。

【实验原理】

苯乙醇酸（学名）（俗名是扁桃酸 Mandelic acid，又称苦杏仁酸）可做医药中间体，用于合成环扁桃酸酯、扁桃酸乌洛托品及阿托品类解痛剂；也可用作测定铜和锆的试剂。

本实验利用氯化苄基三乙基铵作为相转移催化剂，将苯甲醛、氯仿和氢氧化钠在同一反应器中进行混合，通过卡宾加成反应直接生成目标产物。需要指出的是，用化学方法合成的扁桃酸是外消旋体，只有通过手性拆分才能获得对映异构。

反应式如下。

反应中用氯化苄基三乙基铵作为相转移催化剂。

通过一般化学方法合成的苯乙醇酸只能得到外消旋体。由于（±）-苯乙醇酸是酸性外消旋体，故可以用碱性旋光体做拆分剂，一般常用（一）-麻黄碱。拆分时，（±）-苯乙醇酸与（一）-麻黄碱反应形成两种非对映异构的盐，进而可以利用其物理性质（如：溶解度）的差异对其进行分离。

反应式如下。

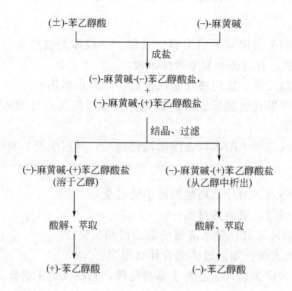

【仪器和试剂】

仪器：圆底烧瓶、三颈烧瓶、磁力搅拌器、冷凝管、滴液漏斗、温度计、回流冷凝管、磁珠、减压抽滤装置（1套）。

试剂：苄氯、三乙胺、苯、苯甲醛、氯仿、30%氢氧化钠溶液、乙醚、无水硫酸镁、盐酸麻黄碱、无水乙醇、乙醚、苯、盐酸。

【实验内容】

1. 合成

（1）依次向25mL圆底烧瓶中加入3mL苄氯，3.5mL三乙胺，6mL苯，加几粒沸石后，加热回流1.5h后冷却至室温，氯化苄基三乙基铵即呈晶体析出，减压过滤后，将晶体放置在装有无水氯化钙和石蜡的干燥器中备用。

（2）在250mL三颈烧瓶上配置搅拌器、冷凝管、滴液漏斗和温度计。依次加入2.8mL苯甲醛、5mL氯仿和0.35g氯化苄基三乙基铵，水浴加热并搅拌。当温度升至56℃时，开始自滴液漏斗中加入35mL 30%的氢氧化钠溶液，滴加过程中保持反应温度在60~65℃，约20min滴毕，继续搅拌40min，反应温度控制在65~70℃。反应完毕后，用50mL水将反应物稀释并转入150mL的分液漏斗中，分别用9mL乙醚连续萃取两次，合并醚层，用硫酸酸化水相至pH＝2~3，再分别用9mL乙醚连续萃取两次，合并所有醚层并用无水硫酸镁干燥，水浴下蒸除乙醚即得扁桃酸粗品。将粗品置于25mL烧瓶中，加入少量甲苯，回流。沸腾后补充甲苯至晶体完全溶解，趁热过滤，静置母液待晶体析出后过滤。（±)-苯乙醇酸的熔点为120为122℃。

2. 拆分

（1）麻黄碱的制备：称取4g市售盐酸麻黄碱，用20mL水溶解，过滤后在滤液中加入1g氢氧化钠，使溶液呈碱性。然后用乙醚对其萃取三次（3×20mL），醚层用无水硫酸钠干燥，蒸除溶剂，即得（一）-麻黄碱。

（2）非对映体的制备与分离：在50mL圆底烧瓶中加入2.5mL无水乙醚、1.5g（±)-苯乙醇酸，使其溶解。缓慢加入（一）-麻黄碱乙醇溶液（1.5g麻黄碱与10mL乙醇配成），在 85～90℃ 水浴中回流 1h。回流结束后，冷却混合物至室温，再用冰浴冷却使晶体析出。析出晶体为（－）-麻黄碱-（－）苯乙醇酸盐，（－）-麻黄碱-（＋）苯乙醇酸盐仍留在乙醇中。过滤即可将其分离。

（3）（－）-麻黄碱-（－）苯乙醇酸盐粗品用 2mL 无水乙醇重结晶，可得白色粒状纯化晶体。熔点 166～168℃。将晶体溶于 20mL 水中，滴加 1mL 浓盐酸使溶液呈酸性，用 15mL 乙醚分 3 次萃取，合并醚层并用无水硫酸钠干燥，蒸除有机溶剂后即得（－）苯乙醇酸。熔点为 131～133℃，$[\alpha]_D^{23} -153°$（$c=2.5$，H_2O）。

（－）-麻黄碱-（＋）苯乙醇酸盐的乙醇溶液加热除去有机溶剂，用 10mL 水溶解残余物，再滴加浓盐酸 1mL 使固体全部溶解，用 30mL 乙醚分三次萃取，合并醚层并用无水硫酸钠干燥，蒸除有机溶剂后即得（＋）苯乙醇酸。产品为白色固体，熔点 131 为 134℃，$[\alpha]_D^{23} +154°$（$c=2.8$，H_2O）。

【实验说明】

1. 取样及反应都应在通风橱中进行。
2. 干燥器中放石蜡以吸收产物中残余的烃类溶剂。
3. 此反应是两相反应，剧烈搅拌反应混合物，有利于加速反应。
4. 重结晶时，甲苯的用量为 1.5～2mL。

【思考题】

1. 以季铵盐为相转移催化剂的催化反应原理是什么？
2. 本实验中若不加季铵盐会产生什么后果？
3. 反应结束后，为什么要先用水稀释？后用乙醚萃取，目的是什么？
4. 反应液经酸化后为什么再次用乙醚萃取？

实验 35　肉桂酸的制备

【目的和要求】

1. 学习肉桂酸的制备原理和方法。
2. 学习水蒸气蒸馏的原理及其应用，掌握水蒸气蒸馏的装置及操作方法。

【实验原理】

芳香醛与具有 α-H 原子的脂肪酸酐在相应的无水脂肪酸钾盐或钠盐的催化下共热发生缩合反应，生成芳基取代的 α，β-不饱和酸，此反应称为 Perkin 反应。反应式如下。

$$\text{C}_6\text{H}_5\text{—CHO} + (\text{CH}_3\text{CO})_2\text{O} \xrightarrow[150\sim170℃]{\text{KAc}} \text{C}_6\text{H}_5\text{—CH=CHCOOH} + \text{CH}_3\text{COOH}$$

Perkin 反应的催化剂通常是相应酸酐的羧酸钾或钠盐，有时也可用碳酸钾或叔胺代替。反应时，可能是酸酐受醋酸钾（钠）的作用，生成一个酸酐的负离子，负离子和醛发生亲核加成，生成中间物 β-羟基酸酐，然后再发生失水和水解作用而得到不饱和酸。反应机理如下。

$$(\text{CH}_3\text{CO})_2\text{O} + \text{CH}_3\text{COOK} \longrightarrow [^-\text{CH}_2\text{—C(O)—O—C(O)—CH}_3]\text{K}^+ + \text{CH}_3\text{COOH}$$

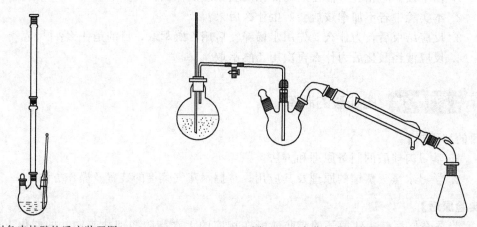

肉桂酸，又名β-苯丙烯酸、3-苯基-2-丙烯酸。是从肉桂皮或安息香分离出的有机酸。植物中由苯丙氨酸脱氨降解产生的苯丙烯酸。主要用于香精香料、食品添加剂、医药工业、美容、农药、有机合成等方面。

【仪器和试剂】

仪器：250mL 三颈烧瓶、空气冷凝管、250mL 圆底烧瓶、75°弯管、直形冷凝管、支管接引管、锥形瓶、量筒、烧杯、布氏漏斗、吸滤瓶、表面皿、红外灯。

试剂：苯甲醛、乙酸酐、无水醋酸钾、饱和碳酸钠溶液、浓盐酸、活性炭。

【实验内容】

制备肉桂酸的实验装置如图 5-17 和图 5-18 所示。

图 5-17　制备肉桂酸的反应装置图　　　　图 5-18　水蒸气蒸馏装置图

1. 在 250mL 三颈烧瓶中依次加入无水醋酸钾 6g，苯甲醛 6mL，乙酸酐 11mL，沸石 2 粒。

2. 安装反应装置如图 5-18 所示，三颈烧瓶一口堵塞，一口插入温度计进液相，一口装空气冷凝管。

3. 用电夹套加热，控制温度在 150～170℃回流 1h。要注意控制加热速度，防止物料从空气冷凝管顶端逸出，必要时可再接一个冷凝管。

4. 将反应液冷却至约 100℃左右，加入 40mL 热水，此时有固体析出。

5. 向三颈烧瓶内加入饱和碳酸钠溶液，并摇动三颈烧瓶，用 pH 试纸检验，直到 pH 值为 8 左右，约需饱和碳酸钠溶液 30～40mL。

6. 如图 5-19 所示搭好水蒸气蒸馏装置，蒸出未反应的苯甲醛，蒸到馏出液澄清无油珠时停止蒸馏（可用盛水的烧杯去接引管下接几滴馏出液，检验有无油珠），约需 20min。

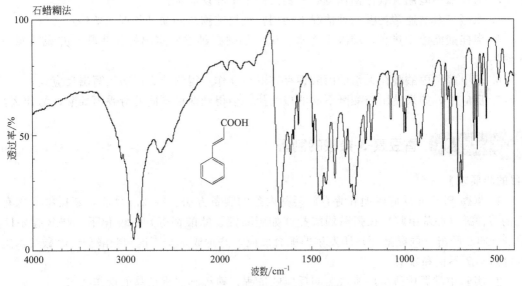

图 5-19　肉桂酸的红外光谱图

7. 将剩余液转入 400mL 烧杯中，补加少量水至液体总量为 200～250mL，再加 1～2 匙活性炭。

8. 煮沸脱色 5min。

9. 趁热减压过滤，滤液转入干净的烧杯，冷却到室温。

10. 搅拌下慢慢加入浓盐酸，到 pH 试纸变红，大约需要 20～40mL。

11. 冷却到室温后，减压过滤，滤饼用 5～10mL 冷水洗涤，抽干。

12. 滤饼转入表面皿，红外灯下干燥。产品称量，回收，计算产率。

肉桂酸（分顺式和反式，顺式为天然，反式为合成）为白色至淡黄色粉末。微有桂皮香气。

熔点为 133℃，肉桂酸的红外光谱图如图 5-19 所示。

【实验说明】

1. 久置的苯甲醛含苯甲酸，故需蒸馏提纯。苯甲酸含量较多时可用以下方法除去。先用 10％碳酸钠溶液洗至无 CO_2 放出，然后用水洗涤，再用无水硫酸镁干燥，干燥时加入 1％对苯二酚以防氧化，减压蒸馏，收集 79℃/25mmHg 或 69℃/15mmHg，或 62℃/10mmHg 的馏分，沸程 2℃，贮存时可加入 0.5％的对苯二酚。

2. 无水醋酸钾需新鲜熔融。将含水醋酸钾放入蒸发皿内，加热至熔融，立即倒在金属板上，冷后研碎，置于干燥器中备用。

3. 反应混合物在加热过程中，由于 CO_2 的逸出，最初反应时会出现泡沫。

4. 反应混合物在 150～170℃下长时间加热，发生部分脱羧而产生不饱和烃类副产物，并进而生成树脂状物，若反应温度过高（200℃），这种现象更明显。

5. 肉桂酸有顺反异构体，通常以反式存在，为无色晶体，熔点 133℃。

6. 如果产品不纯，可在水或 3∶1 稀乙醇中进行重结晶。

【思考题】

1. 具有何种结构的醛能进行 Perkin 反应？

2. 本实验中在水蒸气蒸馏前为什么用饱和碳酸钠溶液中和反应物？

3. 为什么不能用氢氧化钠代替碳酸钠溶液来中和反应物？

4. 水蒸气蒸馏通常在哪三种情况下使用？被提纯物质必须具备哪些条件？

5. 肉桂酸能溶于热水，难溶于冷水，试问如何提纯之？定出操作步骤，并说明每一步的作用。

6. 苯甲醛和丙酸酐在无水的丙酸钾存在下相互作用得到什么产物？写出反应式？

7. 反应中，如果使用与酸酐不同的羧酸盐，会得到两种不同的芳香丙烯酸，为什么？

🧪 实验 36 香豆素-3-羧酸的制备

【目的和要求】

1. 掌握 Perkin 反应原理和芳香族羟基内酯的制备方法。Perkin 反应，是指由不含有 α-H 的芳香醛（如苯甲醛）在强碱弱酸盐（如碳酸钾、醋酸钾等）的催化下，与含有 α-H 的酸酐（如乙酸酐、丙酸酐等）所发生的缩合反应，并生成 α,β-不饱和羧酸盐，经酸性水解即可得到 α,β-不饱和羧酸。

2. 实验中掌握用薄层层析法监测反应的进程，熟练掌握重结晶的操作技术。

【实验原理】

让水杨醛与丙二酸酯在六氢吡啶的催化下缩合成香豆素-3-甲酸乙酯，后者加碱水解，此时酯基和内酯均被水解，然后经酸化再次闭环形成内酯，即为香豆素-3-羧酸-3-羧酸。

【仪器与试剂】

仪器：分液漏斗（500mL）、恒压滴液漏斗、布氏漏斗、电动搅拌器、旋转蒸发仪、水浴锅、电热干燥箱、三颈烧瓶（250mL）、球形冷凝管、干燥管、玻璃水泵、温度计（0～300℃）、烧杯（500mL）、量筒（100mL）、滴液漏斗（60mL）。

试剂：水杨醛、丙二酸乙二乙酯、无水乙醇、六氢吡啶、冰醋酸、95%乙醇、氢氧化钠、浓盐酸、无水氯化钙。

【实验内容】

1. 香豆素-3-羧酸酯

（1）在 25mL 圆底烧瓶中依次加入 1mL 水杨醛、1.2mL 丙二酸二乙酯、5mL 无水乙醇和 0.1mL 六氢吡啶及一滴冰醋酸。

（2）在无水条件下搅拌回流 1.5h，待反应物稍冷后拿掉干燥管。

（3）从冷凝管顶端加入约 6mL 冷水，待结晶析出后抽滤并用 1mL 被冰水冷却过的 50%乙醇洗两次，可得粗品香豆素-3-羧酸酯。

2. 香豆素-3-羧酸

（1）在 25mL 圆底烧瓶中加入 0.8g 香豆素-3-羧酸乙酯、0.6g 氢氧化钾、4mL 乙醇和

2mL 水，加热回流约 15min。

（2）在 25mL 圆底烧瓶中加入 0.8g 香豆素-3-羧酸乙酯、0.6g 氢氧化钾、4mL 乙醇和 2mL 水，加热回流约 15min。

（3）冰浴冷却后过滤，用少量冰水洗涤，干燥后的粗品约 1.6g，可用水重结晶，熔点 190℃（分解）。

【实验说明】

1. 水杨醛或者丙二酸酯过量，都可使平衡向右移动，提高香豆素-3-甲酸乙酯的产率。可使水杨醛过量，因为其极性大，后处理容易。

2. 用滴加的方式将溶于乙醇的丙二酸二乙酯加入圆底烧瓶，无水乙醇介质使原料互溶性更好，每次加入数滴，使其完全包裹在水杨醛与六氢吡啶的溶液内，充分接触，反应更充分。

3. 随着催化剂六氢吡啶的用量增加，产率提高，主要是碱性增强，碳负离子数目增多，产率增大，但用量过多时，其会与生成的香豆素-3-甲酸乙酯进一步生成酰胺，产率降低，所以其最好与丙二酸酯的物质的量比为 1∶1。

4. 反应温度以能让乙醇匀速缓和回流为好，大概在 80℃ 左右，温度过高回流过快，甚至有负反应发生。

5. 产率随反应时间增多而提高，超过 2h 产率降低，所以反应时间最好控制在 2h 左右。

6. 用冰过的 50% 乙醇洗涤可以减少酯在乙醇中的溶解。

【思考题】

1. 羧酸盐在酸化得羧酸沉淀析出的操作中，应如何避免酸的损失？如何提高酸的纯度？

2. 试写出本反应的反应机理，并指出反应中加入醋酸的目的是什么？

3. 试设计从香豆素-3-羧酸制备香豆素的反应过程和实验方法。

5.2.7 酯、酰胺的制备

实验 37 乙酰乙酸乙酯的制备

【目的和要求】

1. 了解 Claisen 酯缩合反应的机理和应用。

2. 熟悉在酯缩合反应中金属钠的应用和操作注释。

3. 复习液体干燥和减压蒸馏操作。

【实验原理】

含 α-活泼氢的酯在强碱性试剂（如 Na、NaNH₂、NaH、三苯甲基钠或格氏试剂）存在下，能与另一分子酯发生 Claisen 酯缩合反应，生成 β-羰基酸酯。乙酰乙酸乙酯就是通过这一反应制备的。虽然反应中使用金属钠做缩合试剂，但真正的催化剂是钠与乙酸乙酯中残留的少量乙醇作用产生的乙醇钠。

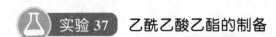

乙酰乙酸乙酯与其烯醇式是互变异构（或动态异构）现象的一个典型例子，它们是酮式和烯醇式平衡的混合物，在室温时含 92% 的酮式和 8% 的烯醇式。单个异构体具有不同的性质并能分离为纯态，但在微量酸碱催化下，迅速转化为二者的平衡混合物。

【仪器和试剂】

仪器：圆底烧瓶（25mL）、回流冷凝管、带加热的磁力搅拌器、磁珠、分液漏斗、蒸馏装置（1套）。

试剂：金属钠、二甲苯、乙酸乙酯、50%醋酸溶液、氯化钠。

【实验内容】

1. 熔钠和摇钠

在干燥的25mL圆底烧瓶中加入0.5g金属钠和2.5mL二甲苯，装上冷凝管，加热使钠熔融。拆去冷凝管，用磨口玻塞塞紧圆底烧瓶，用力振摇得细粒状钠珠。

2. 缩合和酸化

稍经放置钠珠沉于瓶底，将二甲苯倾倒到二甲苯回收瓶中（切勿倒入水槽或废物缸，以免着火）。迅速向瓶中加入5.5mL乙酸乙酯，重新装上冷凝管，并在其顶端装一氯化钙干燥管。反应随即开始，并有氢气泡逸出。如反应很慢时，可稍加温热。待激烈的反应过后，置反应瓶于石棉网上小火加热，保持微沸状态，直至所有金属钠全部反应完为止。反应约需0.5h。此时生成的乙酰乙酸乙酯钠盐为橘红色透明溶液（有时析出黄白色沉淀）。待反应物稍冷后，在摇荡下加入50%的醋酸溶液，直到反应液呈弱酸性（约需3mL）。此时，所有的固体物质均已溶解。

3. 盐析和干燥

将溶液转移到分液漏斗中，加入等体积的饱和氯化钠溶液，用力摇振片刻。静置后，乙酰乙酸乙酯分层析出。分出上层粗产物，用无水硫酸钠干燥后滤入蒸馏瓶中，并用少量乙酸乙酯洗涤干燥剂，一并转入蒸馏瓶中。

4. 蒸馏和减压蒸馏

先在沸水浴上蒸去未作用的乙酸乙酯，然后将剩余液移入50mL圆底烧瓶中，用减压蒸馏装置进行减压蒸馏。减压蒸馏时需缓慢加热，待残留的低沸点物质蒸出后，再升高温度，收集乙酰乙酸乙酯。产量约1.1g（产率40%）。

乙酰乙酸乙酯的沸点为180.4℃，折光率 $n_D^{20}=1.4199$。乙酰乙酸乙酯的红外光谱图如图5-20所示。

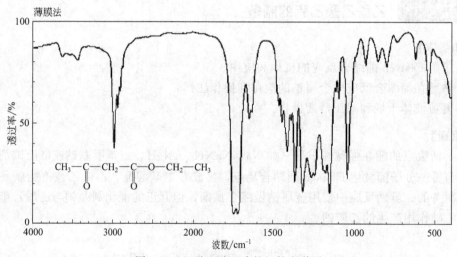

图5-20 乙酰乙酸乙酯的红外光谱图

【实验说明】

仪器干燥，严格无水。金属钠遇水即燃烧爆炸，故使用时应严格防止钠接触水或皮肤。

钠的称量和切片要快，以免氧化或被空气中的水汽侵蚀。多余的钠片应及时放入装有烃溶剂（通常为二甲苯）的瓶中。

摇钠为本实验关键步骤，因为钠珠的大小决定着反应的快慢。钠珠越细越好，应呈小米状细粒。否则，应重新熔融再摇。摇钠时应用干抹布包住瓶颈，快速而有力地来回振摇，往往最初的数下有力振摇即达到要求。切勿对着人摇，也勿靠近实验桌摇，以防意外。

【思考题】

1. 什么是 Claisen 酯缩合反应中的催化剂？本实验为什么可以用金属钠代替？为什么计算产率时要以金属钠为基准？

2. 本实验中加入 50％醋酸和饱和氯化钠溶液有何作用？

3. 如何实验证明常温下得到的乙酰乙酸乙酯是两种互变异构体的平衡混合物？

实验 38　邻苯二甲酸二丁酯的制备

【目的和要求】

1. 了解邻苯二甲酸二丁酯的制备原理和方法。

2. 训练减压蒸馏操作及分水装置的操作和应用。

【实验原理】

邻苯二甲酸二丁酯大量作为增塑剂使用，称为增塑剂 DBP，还可用作油漆、黏结剂、染料、印刷油墨、织物润滑剂的助剂。它是无色透明液体，具有芳香气味、不挥发，在水中的溶解度 0.03％（25℃），对多种树脂都具有很强的溶解能力。

【仪器和试剂】

仪器：三颈圆底烧瓶（25mL）、回流冷凝管、带加热的磁力搅拌器、温度计、分水器、磁珠、分液漏斗、蒸馏装置（1 套）。

试剂：邻苯二甲酸酐、正丁醇、浓硫酸、5％碳酸钠、无水硫酸钠、氯化钠。

【实验内容】

1. 将 7.5mL 正丁醇，3g 邻苯二甲酸酐和 4 滴浓硫酸加入 25mL 三颈烧瓶，摇匀后固定在操作平台上。在三颈瓶上装上温度计（离瓶底约 0.5cm）和油水分离器，余下的一口用塞子塞住。分离器上口接装球形冷凝管。在油水分离器中加入水至支管相差 1.5cm 处。

2. 小火加热让瓶内温度缓慢上升，当温度升至 140℃时（约需 25min），停止加热，待瓶内温度降至 50℃以下时将反应液转入分液漏斗，用 10mL 5％碳酸钠溶液中和反应液，分出水层。再用饱和食盐水洗涤 2 次。彻底分除水层。有机层用少量无水硫酸钠干燥后转入 10mL 圆底烧瓶，加热先除去过量的正丁醇，再减压蒸馏。得产品 3.7g。纯产品沸点 340℃，密度（20℃）为 1.042～1.048g/mL。

【实验说明】

1. 正丁醇和水易形成共沸混合物，将水带入油水分离器，上层为正丁醇，下层为水，应注意根据反应产生的水量来判断反应进行的程度。

2. 反应温度不可过高，以免生成的产物在酸性条件被分解。

3. 中和时应掌握好碱的用量，否则会影响产物纯度及产率。

【思考题】
1. 计算本次实验反应过程应生成的水量，以判断反应进行的程度。
2. 反应中有可能发生哪些副反应？
3. 若粗产物中和程度不到中性，对后处理会产生什么不利影响？

 **实验 39** 乙酸乙酯的制备

【目的和要求】
1. 熟悉和掌握酯化反应的特点。
2. 掌握酯的制备方法。

【实验原理】
浓硫酸催化下，乙酸和乙醇生成乙酸乙酯。

$$CH_3COOH + C_{42}H_5OH \xrightarrow{H_2SO_4} CH_3COOC_2H_5 - n + H_2O$$

实验中，必须控制好反应温度，若温度过高，会产生大量的副产物乙醚。所以要得到较纯的乙酸乙酯，就必须要除掉粗产品中含有的乙醇、乙酸和乙醚。

【仪器和试剂】
仪器：圆底烧瓶（50mL）、回流冷凝管、带加热的磁力搅拌器、磁珠、分液漏斗、蒸馏装置（1套）、温度计。
试剂：醋酸、乙醇、浓硫酸、无水硫酸钠、饱和碳酸钠、氯化钠。

【实验内容】
1. 粗乙酸乙酯的制备

在50mL三颈蒸馏烧瓶中加入8mL无水乙醇，边振荡边缓慢加入5mL浓硫酸，混合均匀后，加几粒沸石。三颈蒸馏烧瓶左口配一200℃的温度计，量取12mL冰醋酸和12mL无水乙醇混合均匀后加于滴液漏斗中。接通冷凝水后，小火加热反应瓶，当温度达到110～120℃之间后，从滴液漏斗慢慢滴入混合液，控制滴加速度与馏出速度大致相等（滴加的价速度不能太快），并维持温度在110～120℃之间。滴加完毕后，继续加热几分钟，使生成的酯尽量蒸出。接液瓶里液体即为制备的粗乙酸乙酯。

2. 乙酸乙酯的精制

（1）除乙酸　将馏出液在搅拌的同时慢慢加入饱和碳酸钠溶液，直至不再有二氧化碳气体产生或酯层不显酸性（可用pH试纸检验）为止。

（2）除水分　将混合液转移至分液漏斗中，充分振荡（注意放气）、充分静置后分去下层水溶液。

（3）除碳酸钠　漏斗中的酯层先用10mL饱和食盐水洗涤，静置分层，放去下层溶液。

（4）除乙醇　用饱和氯化钙溶液20mL分两次洗涤酯层。充分振荡后，静置分层，放去下层液。酯层自漏斗上口倒入一干燥的带塞锥形瓶中，加入2～3g无水硫酸钠。不断振荡，待酯层清亮（约15min）后，用折叠滤纸在长颈漏斗中滤入干燥的蒸馏烧瓶中。

（5）除乙醚　在蒸馏烧瓶中加入几粒沸石，在水浴上蒸馏。将35～40℃的馏分（乙醚）倒入指定的容器，收集73～78℃的馏分即为乙酸乙酯，称重，计算产率。乙酸乙酯的红外光谱图如图5-21所示。

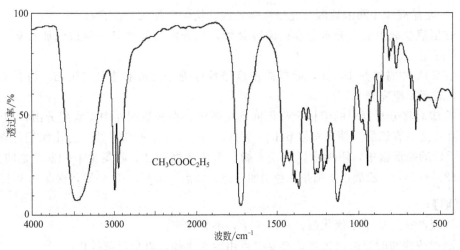

图 5-21　乙酸乙酯的红外光谱图

【实验说明】

1. 控制反应温度在 120～125℃，控制浓硫酸滴加速度。
2. 洗涤时注意放气，有机层用饱和 NaCl 洗涤后，尽量将水相分干净。
3. 干燥后的粗产品进行蒸馏、收集 73～78℃馏分。
4. 无色液体，$n = 1.3728$。

【思考题】

1. 酯化反应有什么特点？本实验如何创造条件使酯化反应尽量向生成物方向进行？
2. 本实验有哪些可能的副反应？
3. 如果采用醋酸过量是否可以？为什么？
4. 为什么不用水代替饱和氯化钠溶液和饱和氯化钙溶液来洗涤？
5. 蒸馏出来的粗产品里面有哪些杂质，应该怎么样除掉它们？

实验 40　乙酸正丁酯的制备

【目的和要求】

1. 掌握乙酸正丁酯的制备原理和方法。
2. 掌握分水器分水的原理及基本操作。

【实验原理】

浓硫酸催化下，乙酸和正丁醇生成乙酸乙酯

$$CH_3COOH + n\text{-}C_4H_9OH \underset{}{\overset{H_2SO_4}{\rightleftharpoons}} CH_3COOC_4H_9\text{-}n + H_2O$$

该反应为酯化反应且为可逆，为了促使反应向正反应方向进行，可以使反应物乙酸过量或者利用分水器把生成的水分离出去。

【仪器和试剂】

仪器：圆底烧瓶（50mL）、分水器、回流冷凝管、加热磁力搅拌器、蒸馏装置（1套）。
试剂：正丁醇、冰醋酸、乙酸正丁酯、浓硫酸、10%碳酸钠溶液、无水硫酸镁。

【实验内容】

1. 在干燥的 50mL 圆底烧瓶中加入 5mL（4.0g，0.05mol）正丁醇、3.5mL（3.6g，

0.06mol）冰醋酸和 1 滴浓硫酸，充分振摇，混合均匀。加入几粒沸石。

2. 在圆底烧瓶上装上分水器和回流冷凝管，在分水器放水口一侧预先加水略低于支管口，并做好记号。

3. 在 80℃左右加热 15min，后提高温度使反应处于回流状态约 25min，当看不到水珠穿行时，表示反应完毕。

4. 冷却后将分水器中的液体全部倒回反应瓶中，在分液漏斗中将水层分出，用 5mL 碳酸钠水溶液洗涤有机层，使有机层 pH 值等于 7，再用 5mL 水洗一次，分出水层，有机层倒入一个干燥的锥形瓶中，用无水硫酸镁干燥。常压蒸馏产品，收集 124～126℃之间的馏分，产率为 68%～75%。乙酸正丁酯是无色透明液体。沸点（b.p.）126.3℃，密度 0.8825。

【实验说明】

1. 浓硫酸在反应中做催化剂，只需少量，不宜过多。

2. 滴加浓硫酸时要边加边摇，必要时可用冷水冷却，以免局部碳化。

3. 反应终点的判断可观察以下两种现象：分水器中不再有水珠下沉；分水器中分出的水量与理论分水量进行比较，判断反应完成的程度。

【思考题】

1. 本实验采用什么方法来提高乙酸正丁酯的产率？

2. 本实验根据什么原理移去反应中生成的水？为什么水必须被移去？

3. 能不能将碳酸钠溶液改用氢氧化钠。

实验 41　乙酰水杨酸（阿司匹林）的制备

【目的和要求】

1. 掌握重结晶和抽滤基本操作。

2. 了解酯化反应的原理。

【实验原理】

阿司匹林也叫乙酰水杨酸，是一种历史悠久的解热镇痛药。用于治感冒、发热、头痛、牙痛、关节痛、风湿病，还能抑制血小板聚集，用于预防和治疗缺血性心脏病、心绞痛、心肺梗塞、脑血栓形成，也可提高植物的出芽率，应用于血管形成术及旁路移植术也有效。

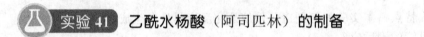

【仪器和试剂】

仪器：锥形瓶（50mL）、烧杯（50mL）、抽滤装置。

试剂：水杨酸、乙酸酐、浓硫酸、1%三氯化铁溶液。

【实验内容】

1. 制备

取 1g 水杨酸放入 50mL 锥形瓶中，慢慢滴入 2.5mL 乙酸酐，滴入 2 滴浓硫酸，水浴加热（90℃）5～10min，冷却至室温析出晶体。加入 25mL 水，冰水浴冷却，晶体完全析出，抽滤，红外灯下烘干，产率约 80%。

2. 检验

用 1% 的三氯化铁溶液检验，是否有酚羟基存在。

乙酰乙酸乙酯的熔点为 135~138℃，沸点为 250℃。乙酰水杨酸的红外光谱图如图 5-22 所示。

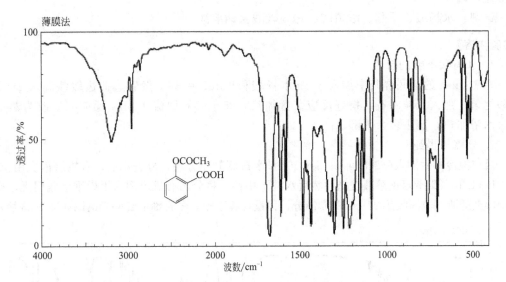

图 5-22　乙酰水杨酸的红外光谱图

【实验说明】

1. 乙酸酐将刺激眼睛，于通风橱内倒试剂，小心操作。

2. 水杨酸是一个双官能团的化合物，反应温度应控制在 70℃ 左右，以防副产物的生成。

3. 后处理加水消除未反应的乙酸酐，并使不溶于水的产物阿司匹林沉淀析出。

4. 经重结晶后的产品是否纯，可用 1% $FeCl_3$ 溶液进行试验。

【思考题】

1. 本实验采用什么原理和措施提高转化率？

2. 本实验有哪些副产物？

3. 加入浓硫酸的目的？

实验 42　冬青油的制备

【目的和要求】

1. 掌握水杨酸甲酯的合成原理及方法。

2. 掌握回流、蒸馏、分液等基本操作。

【实验原理】

水杨酸甲酯俗名冬青油，是无色且有香味的液体，现被广泛地用在精细品化工中做溶剂、防腐剂、固定液，也用作饮料、食品、牙膏、化妆品等的香料，以及用于生产止痛药、杀虫剂、擦光剂、油墨及纤维助染剂等。天然的冬青油是在甜桦树中发现的，但因来源有限，因此，人工合成冬青油就显得尤为重要。

【仪器和试剂】

仪器：100mL 圆底烧瓶、球形和直形冷凝管、分液漏斗、温度计及套管、真空接引管、锥形瓶、磁珠。

试剂：水杨酸、甲醇、浓硫酸、10％碳酸氢钠溶液。

【实验内容】

1. 水杨酸甲酯的合成

在 100mL 的圆底烧瓶中加入 3.5g 水杨酸和 15mL 甲醇，然后边摇边缓缓滴入 1mL 浓硫酸摇匀，加入几粒沸石，搭好反应装置加热，85～95℃回流 1.5h。反应完后改为蒸馏装置，水浴加热，蒸去多余甲醇。

2. 分离与提纯

反应液冷却后倒入分液漏斗，加入 10mL 水振荡静止分层，分去水层，有机层依次用 10mL 水，10mL 10％碳酸氢钠溶液洗涤，然后水洗至中性。将分出有机层倒入干燥锥形瓶用无水硫酸镁干燥至澄清。蒸馏收集 221～224℃馏分，称量计算产率。冬青油的红外光谱图如图 5-23 所示。

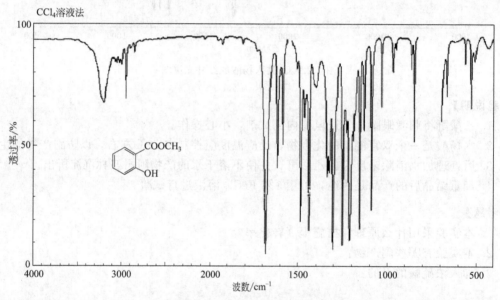

图 5-23 冬青油的红外光谱图

【实验说明】

1. 反应仪器必须干燥，否则影响产率。

2. 反应温度不可过高，否则酯易分解。

【思考题】

1. 酯化反应有哪些特点？应如何提高产率？

2. 粗品中含有哪些杂质？如何除去？

实验 43 对氨基苯磺酰胺（磺胺）的制备

【目的和要求】

1. 通过对氨基苯磺酰胺的制备，掌握酰氯的氨解和乙酰氨基衍生物的水解。

2. 巩固回流、脱色、重结晶等基本操作。

【实验原理】

本实验从对乙酰氨基苯磺酰氯出发经下述三步反应合成对氨基苯磺酰胺（磺胺）。

【仪器和试剂】

仪器：圆底烧瓶（50mL）、烧杯、回流冷凝管、温度计。

试剂：乙酰氨基苯磺酰氯、浓氨水、盐酸、碳酸钠、石蕊试纸。

【实验内容】

1. 对乙酰氨基苯磺酰胺的制备

将自制的对乙酰氨基苯磺酰氯粗品放入一个 50mL 的烧杯中。在通风橱内，搅拌下慢慢加入 35mL 浓氨水（28%），立即发生放热反应生成糊状物。加完氨水后，在室温下继续搅拌 10min，使反应完全。将烧杯置于热水浴中，于 70℃反应 10min，并不断搅拌，以除去多余的氨，然后将反应物冷至室温。振荡下向反应混合液加入 10% 的盐酸，至反应液使石蕊试纸变红（或对刚果红试纸显酸性）。用冰水浴冷却反应混合物至 10℃，抽滤，用冷水洗涤。得到的粗产物可直接用于下步合成。

2. 对氨基苯磺酰胺（磺胺）的制备

将对乙酰氨基苯磺酰胺的粗品放入 50mL 的圆底烧瓶中，加入 20mL10% 的盐酸和一粒沸石。装上一回流冷凝管，使混合物回流至固体全部溶解（约需 10min），然后再回流 0.5h。将反应液倒入一个大烧杯中，将其冷却至室温。在搅拌下小心加入碳酸钠固体（约需 4g），至反应液对石蕊试纸恰显碱性（pH 值为 7~8），在中和过程中，磺胺沉淀析出。在冰水浴中将混合物充分冷却，抽滤，收集产品。用热水重结晶产品并干燥。称重，计算产率。测定熔点。

纯的对氨基苯磺酰胺（磺胺）为一白色针状晶体，熔点为 165~166℃。

【实验说明】

1. 本反应应需使用过量的氨以中和反应生成的氯化氢，并使氨不被质子化。

2. 此产物对于水解反应来说已足够纯，若需纯品，可用 95% 的乙醇进行重结晶，纯品的熔点为 220℃。

3. 若溶液呈现黄色，可加入少量活性炭，煮沸，抽滤。

4. 应少量分次加入固体碳酸钠，由于生成二氧化碳，每次加入后都会产生泡沫。

5. 由于磺胺能溶于强酸和强碱中，故 pH 值应控制在 7~8 之间。

【思考题】

1. 试比较苯磺酰氯与苯甲酰氯水解反应的难易。

2. 为什么对氨基苯磺酰胺可溶于过量的碱液中？

【目的和要求】

1. 学习对甲基苯磺酰胺的制备原理和方法。
2. 掌握回流、过滤等操作。

【实验原理】

对甲基苯磺酰胺是一种重要的精细化工中间体。它不仅可用于合成氯胺-T 和氨磺氯霉素（Tevenel）。还可用于合成荧光染料、制造增塑剂、合成树脂、涂料、消毒剂及木材加，工光亮剂等化合物。本实验通过对甲苯磺酰氯与氨水反应制备对甲基苯磺酰胺。反应式如下。

$$\text{对甲苯磺酰氯} + NH_3 \cdot H_2O \longrightarrow \text{对甲基苯磺酰胺} + NH_4Cl + H_2O$$

【仪器和试剂】

仪器：烧杯（50mL）、布氏漏斗、吸滤瓶（250mL）、培养皿、循环水利用真空泵。

试剂：对甲苯磺酰氯、浓氨水 35mL。

【实验内容】

称取 42g 对甲苯磺酰氯放入 50mL 烧杯中，在通风橱内，于搅拌下慢慢加入 35mL 浓氨水（28%，相对密度 0.9），立即起放热反应，加完氨水后继续搅拌 10min，又在水浴中于 70℃加热 10min，并不断搅拌，以除去多余的氨，冷却，抽滤，用冷水洗涤，抽干，即得到对甲基苯磺酰胺晶体。

为了鉴定产品，可用乙醇进行重结晶，然后测定其熔点，纯对甲基苯磺酰胺的熔点为 138.5～139℃。对甲基苯磺酰胺的红外光谱图如图 5-24 所示。

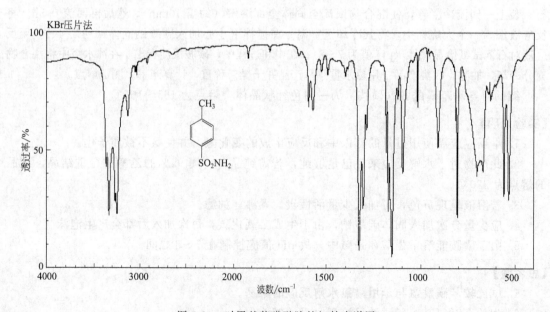

图 5-24　对甲基苯磺酰胺的红外光谱图

【实验说明】

1. 由于氨气对眼、鼻、皮肤有刺激性和腐蚀性，因此反应要在通风橱内进行。

2. 由于对甲基苯磺酰氯产品中含有游离酸根，所以氨水的量要超过理论量，使反应呈碱性。

【思考题】

本实验选用乙醇做产物重结晶的溶剂，其依据是什么？

实验 45　己内酰胺的制备

【目的和要求】

1. 学习环己酮肟的制备方法。

2. 通过环己酮肟的贝克曼（Beckmann）重排，学习己内酰胺的制备方法。

【实验原理】

酮与羟胺作用生成肟。

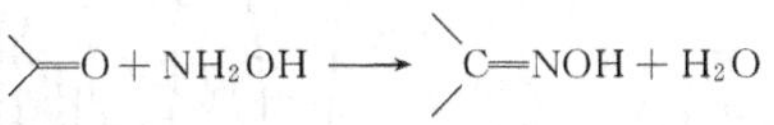

肟在酸性催化剂如硫酸、多聚磷酸、苯磺酰氯等作用下，发生分子重排生成酰胺的反应称为贝克曼重排反应。反应历程如下：

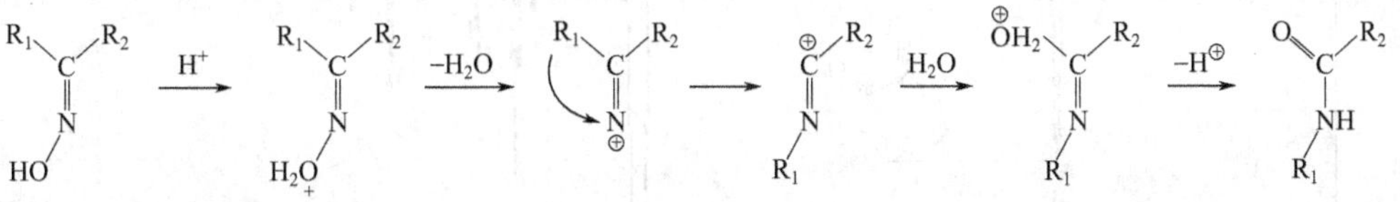

上面的反应式说明肟重排时，其结果是羟基与处于反位的基团对调位置。

贝克曼重排反应不仅可以用来测定酮的结构，而且有一定的应用价值。如环己酮肟重排得到己内酰胺，后者经开环聚合得到尼龙-6。己内酰胺是一种重要的有机化工原料，己内酰胺主要用于制造尼龙-6纤维和尼龙-6工程塑料，也用作医药原料及制备聚己内酰胺树脂等。

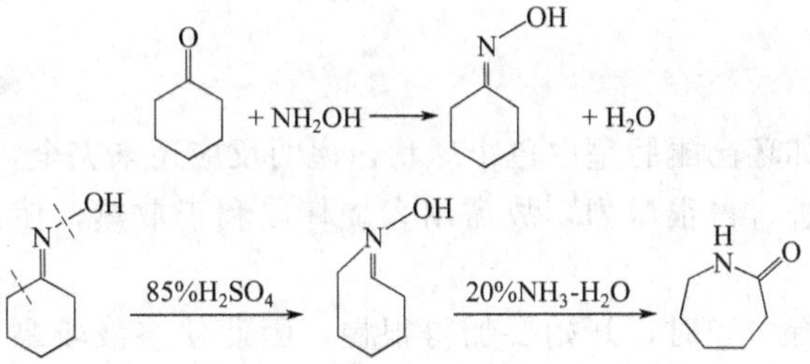

【仪器和试剂】

仪器：25mL 圆底烧瓶、50mL 烧杯、分液漏斗、加热装置、锥形瓶、抽滤装置（1套）。

试剂：环己酮、盐酸羟胺、结晶乙酸钠、85% H_2SO_4、20% 氨水、二氯甲烷、无水硫酸钠。

【实验内容】

1. 环己酮肟的制备

在 25mL 圆底烧瓶中加入 1g 结晶乙酸钠，0.7g 盐酸羟胺和 3mL 水，振荡使其溶解。

用 1mL 吸量管准确吸取 0.75mL（7.2mmol）环己酮，加塞，剧烈振荡 2~3min。环己酮肟以白色结晶析出。冷却后抽滤，并用少量水洗涤沉淀，抽干。晾干后得 0.75~0.78g 产物，产率约 95%，熔点为 89~90℃。

2. 环己酮肟重排制备己内酰胺

在 50mL 烧杯中加入 0.5g（4.4mmol）干燥的环己酮肟，并加入 1mL85% 硫酸。边加热边搅拌至沸，立即离开热源。冷却至室温后再放入冰水浴中冷却。慢慢滴加 20% 氨水（约 7mL）恰至呈碱性，将反应物转移至 10mL 分液漏斗中分出有机层，水层用二氯甲烷萃取二次，每次 2mL，合并有机层，并用等体积水洗涤两次后，用无水硫酸钠干燥，过滤所得滤液用已称重的锥形瓶接收，将锥形瓶在温水浴温热下，在通风柜中浓缩至 1mL 左右，放置冷却，析出白色结晶。将该锥形瓶放入真空干燥器中干燥。称量，产量约 0.2~0.3g，产率为 40%~50%。己内酰胺可用己烷进行重结晶后，测其熔点。文献值为 69~70℃。己内酰胺的红外光谱图如图 5-25 所示。

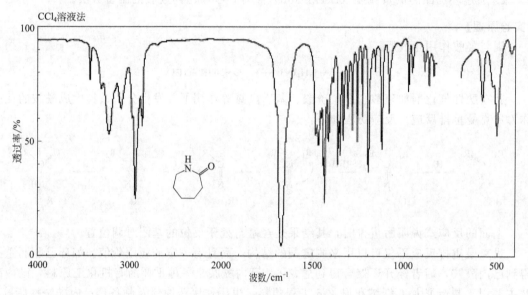

CCl₄ 溶液法

图 5-25　己内酰胺的红外光谱图

【实验说明】

1. 振荡要剧烈，如环己酮肟呈白色小球状，说明反应还未完全，还需振荡。

2. 由于重排反应进行得很激烈，故需用大烧杯以利于散热，使反应缓和。环己酮肟的纯度对反应有影响。

3. 用氢氧化铵进行中和时，开始要加得很慢，因此使溶液较黏，发热很厉害，否则温度升高，影响吸收率。

4. 己内酰胺也可用重结晶方法提纯：将粗产物转入分液漏斗，每次用 10mL 四氯化碳萃取 3 次，合并萃取液，用无水硫酸镁干燥后，滤入一干燥的锥形瓶。加入沸石后在水浴上蒸去大部分溶剂，直到剩下 8mL 左右溶液为止。小心向溶液加入石油醚（30~60℃），到恰好出现混浊为止。将锥形瓶置于冰浴中冷却结晶，抽滤，用少量石油醚洗涤结晶。如加入石油醚的量超过原溶液 4~5 倍仍未出现混浊，说明开始所剩下的四氯化碳量太多。需加入沸石后重新蒸去大部分溶剂直到剩下很少量的四氯化碳时，重新加入石油醚进行结晶。己内酰胺为白色粉末或者白色片状固体。

【思考题】

1. 制备环己酮肟时，加入醋酸钠的目的是什么？
2. 反式甲基乙基酮肟经 Beckmann 重排得到什么产物？

5.2.8　胺及偶氮化合物的制备

 实验 46　苯胺的制备

【目的和要求】

1. 掌握用硝基苯还原制备苯胺的原理及方法。
2. 了解水蒸气蒸馏的原理及基本操作。
3. 巩固回流、萃取、分液等基本操作。

【实验原理】

将硝基苯还原是制备苯胺的一种重要方法。实验室常用的还原剂有 Sn-HCl，SnO_2-HCl，Fe-HCl，Fe-HAc，Zn-HAc 等。用 Sn-HCl 做还原剂时，作用较快，产率高，但价格较贵，酸碱用量较多。Fe-HCl 的缺点是反应时间较长，但成本低，酸的用量仅为理论量的 1/40，如用 Fe-HAc，还原时间还能显著缩短，其反应式如下。

$$4\ \underset{}{\text{（苯环）}}NO_2 + 9Fe + 4H_2O \xrightarrow{H^+} 4\ \underset{}{\text{（苯环）}}NH_2 + 3Fe_3O_4$$

【仪器和试剂】

仪器：三颈烧瓶（250mL）、回流冷凝管、水蒸气蒸馏装置、分液漏斗、空气冷凝管、石棉网、蒸馏装置。

试剂：硝基苯、还原铁粉（40～100 目）、冰醋酸、乙醚、精盐、粒状氢氧化钠。

【实验内容】

1. 在 250mL 三颈烧瓶中加入 20g 铁粉、20mL 水和 2mL 冰醋酸，振摇后接到回流装置，加热煮沸 10min。
2. 向反应液中分批滴加 10.5mL 硝基苯，继续回流 30min。
3. 安装水蒸气蒸馏装置，进行水蒸气蒸馏，接收馏出液。馏出液加入精盐使水层饱和，然后分液。有机层用 5mL 乙醚萃取 3 次，合并乙醚层，用粒状氢氧化钠干燥，然后进行蒸馏，收集 180～185℃产品。苯胺的红外光谱图如图 5-26 所示。

【实验说明】

1. 硝基苯的加入：由于反应较剧烈，硝基苯需从冷凝管上方分批加入。开始可能无现象，是因为反应尚未引发，可小心加热，一旦反应启动后即较剧烈。每加一次硝基苯均需剧烈振荡，待反应稳定后再加下一批硝基苯。如果反应液上冲很厉害，可以在冷凝管上方再加一根冷凝管。
2. 硝基苯、乙酸溶液和铁粉互不相溶，形成三相体系，充分振摇反应物是反应顺利进行的关键。
3. 苯胺有毒，一旦接触皮肤，要先用清水冲洗，再用肥皂水和温水洗。

【思考题】

1. 有机物需具备什么性质才可采用水蒸气蒸馏方法提纯？为什么？

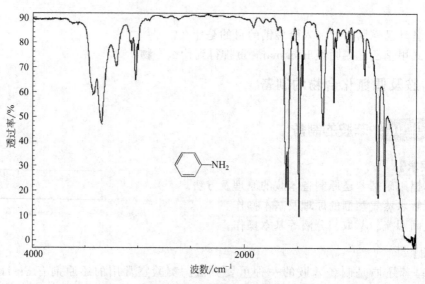

图 5-26 苯胺的红外光谱图

2. 本实验根据什么原理用水蒸气蒸馏把苯胺从反应混合物中分离出来？

实验 47 苯佐卡因的合成

【目的和要求】

1. 学习多步有机合成实验路线的选择和最终产率的计算。
2. 掌握回流、过滤等操作。

【实验原理】

苯佐卡因（Benzocaine）是对氨基苯甲酸乙酯的通用名称，可作为局部麻醉药物。它是白色结晶性粉末，味微苦而麻；熔点为 88～90℃；易溶于乙醇，极微溶于水。本实验以对硝基苯甲酸为原料，通过还原、酯化两步反应得到苯佐卡因。

第一步还原反应以对硝基苯甲酸为原料，锡粉为还原剂，在酸性介质中，苯环上的硝基还原成氨基，产物为对氨基苯甲酸。这是一个既含有羧基又有氨基的两性化合物，故可通过调节反应液的酸碱性将产物分离出来。还原反应是在酸性介质中进行的，产物对氨基苯甲酸形成盐酸盐而溶于水中。还原剂锡反应后生成四氯化锡也溶于水中，反应完毕加入浓氨水至碱性，四氯化锡变成氢氧化锡沉淀可被滤去，而对氨基苯甲酸在碱性条件下生成羧酸氨盐仍溶于其中。然后再用冰乙酸中和滤液，对氨基苯甲酸固体析出。对氨基苯甲酸为两性介质，酸化或碱化时都需小心控制酸碱用量，否则严重影响产量与质量，有时甚至生成内盐而得不到产物。

$$SnCl_4 + 4NH_3 \cdot H_2O \longrightarrow Sn(OH)_4 + NH_4Cl$$

第二步是酯化反应。由于酯化反应有水生成，且为可逆反应，故使用无水乙醇和过量的硫酸。酯化产物与过量的硫酸形成盐而溶于溶液中，反应完毕加入碳酸钠中和，即得苯佐卡因。

$$\underset{NH_2}{\overset{COOH}{\bigcirc}} \xrightarrow[H_2SO_4]{C_2H_5OH} \underset{NH_2\cdot H_2SO_4}{\overset{COOC_2H_5}{\bigcirc}} \xrightarrow{Na_2CO_3} \underset{NH_2}{\overset{COOC_2H_5}{\bigcirc}}$$

【仪器和试剂】

仪器：圆底烧瓶（100mL）、球形冷凝管、烧杯（250mL）、布氏漏斗、吸滤瓶（250mL）、培养皿、循环水利用真空泵。

试剂：对硝基苯甲酸、锡粉、浓硫酸、浓氨水20mL、无水乙醇、冰醋酸、碳酸钠（固体）、浓硫酸、10％碳酸钠溶液。

【实验内容】

1. 还原反应

称取4g（0.02mol）对硝基苯甲酸、9g（0.08mol）、锡粉加入到100mL圆底烧瓶中，装上回流冷凝管，从冷凝管上口分批加入20mL（0.25mol）浓硫酸，边加边振荡反应瓶，反应立即开始（如有必要可用小火加热至反应发生）。必要时可用微热片刻以保持反应正常进行，反应液中锡粉逐渐减少，当反应接近终点时（约20～30min）、反应液呈透明状。稍冷，将反应液倾倒入250mL烧杯中，用少量水洗涤留存的锡块固体。反应液冷至室温，慢慢地滴加浓氨水，边滴加边搅拌，合并滤液和洗液。注意总体积不要超过55mL，若体积超过55mL，可在水浴上浓缩。向滤液中小心地滴加冰醋酸，有白色晶体析出，再滴加少量冰醋酸，有更多的固体析出。用蓝色石蕊试纸检验呈酸性为止。在冷水浴中冷却，过滤得白色固体，晾干后称重，产量约2g。

2. 酯化反应

将制得的2g（0.015mol）对氨基苯甲酸，放入100mL圆底烧瓶中，加入20mL（0.34mol）无水乙醇和2.5mL（0.045mol）浓硫酸（乙醇和浓硫酸的用量可根据每人得到的对氨基苯甲酸的多少而做相应调整）。将混合物充分摇匀，投入沸石，水浴上加热回流1h，反应液呈无色透明状。趁热将反应液倒入盛有85mL水的250mL烧杯中。溶液稍冷后，慢慢加入碳酸钠固体粉末，边加边搅拌，使碳酸钠粉末充分溶解，当液面有少许白色沉淀出现时，慢慢加入10％碳酸钠溶液，将溶液pH值调至呈中性，过滤得固体产品。用少量水洗涤固体，抽干，晾干后称重。产量1～2g。

苯佐卡因，无色斜方形结晶，熔点88～90℃。苯佐卡因的红外光谱图如图5-27所示。

【实验说明】

1. 还原反应中加料次序不要颠倒，加热时用小火。

2. 还原反应中，浓硫酸的量切不可过量，否则浓氨水用量将增加，最后导致溶液体积过大，造成产品损失。

3. 如果溶液体积过大，则需要浓缩。浓缩时，氨基可能发生氧化而导入有色杂质。

4. 对氨基苯甲酸是两性物质，碱化或酸化时都要小心控制酸、碱用量。特别是在滴加冰醋酸时，需小心慢慢滴加。避免过量或形成内盐。

5. 酯化反应中，仪器需干燥。

6. 浓硫酸的用量较多，一是催化剂，二是脱水剂。加浓硫酸时要慢慢滴加并不断振荡，以免加热引起碳化。

7. 酯化反应结束时，反应液要趁热倒出，冷却后可能有苯佐卡因硫酸盐析出。

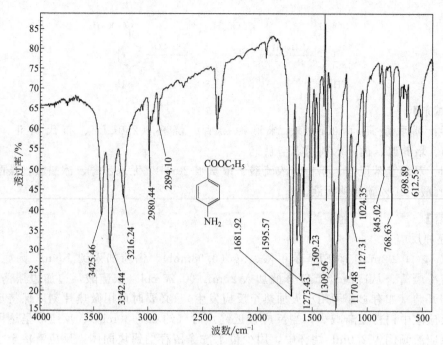

图 5-27 苯佐卡因的红外光谱图

8. 碳酸钠的用量要适宜，太少产品不析出，太多则可能使酯水解。

【思考题】

1. 如何判断还原反应已经结束？为什么？
2. 酯化反应中为何先用固体碳酸钠中和，再用 10% 碳酸钠溶液中和反应液？

实验 48　对硝基苯胺的制备

【目的和要求】

1. 了解芳香族硝基化合物的制备方法，尤其是由芳胺制备芳香族硝基化合物的方法。
2. 掌握回流、重结晶等基本操作。

【实验原理】

主反应：

$$\text{—NHCOCH}_3 + \text{HONO}_2 \xrightarrow{\text{H}_2\text{SO}_4} \text{O}_2\text{N—}\text{—NHCOCH}_3 + \text{H}_2\text{O}$$

$$\text{O}_2\text{N—}\text{—NHCOCH}_3 + \text{H}_2\text{O} \xrightarrow{\text{H}_2\text{SO}_4} \text{O}_2\text{N—}\text{—NH}_2 + \text{CH}_3\text{COOH}$$

副反应：

$$\text{—NHCOCH}_3 + \text{H}_2\text{O} \xrightarrow{\text{H}_2\text{SO}_4} \text{—NH}_2 + \text{CH}_3\text{COOH}$$

$$\text{—NHCOCH}_3 + \text{HONO}_2 \xrightarrow{\text{H}_2\text{SO}_4} \overset{\text{NO}_2}{\text{—NHCOCH}_3} + \text{H}_2\text{O}$$

【仪器和试剂】

仪器：圆底烧瓶（25mL），锥形瓶（100mL），回流冷凝管。

试剂：乙酰苯胺，冰醋酸，浓硫酸，浓硝酸，乙醇，20%NaOH。

【实验内容】

1. 对硝基乙酰苯胺的制备

100mL 锥形瓶内,放入 5g 乙酰苯胺和 5mL 冰醋酸。用冷水冷却,一边摇动锥形瓶,一边慢慢地加入 10mL 浓硫酸。乙酰苯胺逐渐溶解。将所得溶液放在冰盐浴中冷却到 0～2℃。在冰盐浴中用 2.2mL 浓硝酸和 1.4mL 浓硫酸配置混酸。一边摇动锥形瓶,一边用吸管慢慢地滴加此混酸,保持反应温度不超过 5℃。从冰盐浴中取出锥形瓶,在室温下放置 30min,间歇摇荡之。在搅拌下把反应混合物以细流慢慢地倒入 20mL 水和 20g 碎冰的混合物中,对硝基乙酰苯胺立刻成固体析出。放置约 10min,减压过滤,尽量挤压掉粗产品中的酸液,用冰水洗涤 3 次,每次用 10mL。称取粗产品 0.2g(样品 A),放在空气中晾干。其余部分用 95％乙醇进行重结晶。减压过滤从乙醇中析出的对硝基乙酰苯胺,用少许冷乙醇洗涤,尽量压挤去乙醇。将得到的对硝基乙酰苯胺(样品 B)放在空气中晾干。将所得乙醇母液在水浴上蒸发到其原体积的 2/3。如有不溶物,减压过滤。保存母液(样品 C)。

2. 对硝基乙酰苯胺的酸性水解

在 50mL 圆底烧瓶中放入 4g 对硝基乙酰苯胺和 20mL 70％硫酸,投入沸石,装上回流冷凝管,加热回流 10～20min。将透明的热溶液倒入 100mL 冷水中。加入过量的 20％氢氧化钠溶液,使对硝基苯胺沉淀下来。冷却后减压过滤。滤饼用冷水洗去碱液后,在水中进行重结晶。

纯对硝基苯胺为黄色针状晶体,熔点 147.5℃。对硝基苯胺的红外光谱图如图 5-28 所示。

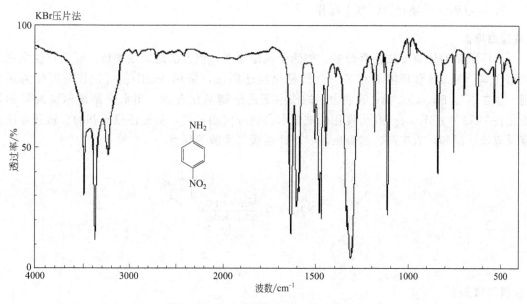

图 5-28 对硝基苯胺的红外光谱图

【实验说明】

1. 摇乙酰苯胺可以在低温下溶解于浓硫酸里,但速度较慢,加入冰醋酸可加速其溶解。

2. 乙酰苯胺与混酸在 5℃下作用,主要产物是对硝基乙酰苯胺;在 40℃作用,则生成约 25％的邻硝基乙酰苯胺。

3. 也可用下法除去粗产物中的邻硝基苯胺。将粗产物放入一个盛 20mL 水的锥形瓶中,在不断搅拌下分次加入碳酸钠粉末,直到混合液对酚酞试纸显碱性。将反应混合物加热至沸腾，这时对硝基乙酰苯胺不水解，而邻硝基乙酰苯胺则水解为邻硝基苯胺。混合物冷却到50℃时，迅速减压过滤，尽量挤压掉溶于碱液中的邻硝基苯胺，再用水洗涤并挤压去水分。取出晾干。

4. 利用邻硝基乙酰苯胺和对硝基乙酰苯胺在乙醇中溶解度的不同，在乙醇中进行重结晶，可除去溶解度较大的邻硝基乙酰苯胺。

5. 70%硫酸的配制方法。在搅拌下把 4 份（体积）浓硫酸小心地以细流加到 3 份（体积）冷水中。

6. 可取 1mL 反应液加到 2～3mL 水中，如溶液仍清澈透明，表示水解反应已完全。

7. 对硝基苯胺在 100g 水中的溶解度：18.5℃，0.08g；100℃，2.2g。

【思考题】

1. 对硝基苯胺是否可从苯胺直接硝化来制备？为什么？

2. 如何除去对硝基乙酰苯胺粗产物中的邻硝基乙酰苯胺？

3. 在酸性或碱性介质中都可以进行对硝基乙酰苯胺的水解反应，试讨论各有何优缺点？

 **实验 49** **4-苄氧基苯胺的制备**

【目的和要求】

1. 了解硝基还原反应的机理和常用方法。

2. 熟悉水合肼还原试剂在硝基还原反应中的应用和操作注意事项。

3. 复习固体干燥和抽滤基本操作。

【实验原理】

芳环硝基的还原方法还有很多，如硫化碱还原法，该方法还原效率低，还会产生大量的有毒气体，对人体和环境都有害。金属氢化物还原法，常用 $NaBH_4$、$LiAlH_4$ 等作为还原剂，多在 Ni、Pd、Cu、Ag 等催化剂的作用下还原硝基化合物。用水合肼还原法最早的报道是在 1953 年用 Raney Ni 为催化剂催化水合肼分解出氢气，从而还原硝基的。该还原法具有反应条件温和，收率高，选择性好、不产生废气废渣等优点。

$$+ N_2H_4 \cdot H_2O \xrightarrow[\text{EtOH，reflux}]{FeCl_3 \cdot 6H_2O}$$

【仪器和试剂】

仪器：三颈圆底烧瓶（100mL）、回流冷凝管、带加热的磁力搅拌器、磁珠、分液漏斗、蒸馏装置（1 套）。

试剂：4-苄氧基硝基苯、水合肼、$FeCl_3 \cdot 6H_2O$、乙醇、活性炭。

【实验内容】

依次将 4-苄氧基硝基苯 4.1g（17.9mmol），活性炭 0.6g，六水合三氯化铁 0.12g，无水乙醇 50mL 加入到 100mL 三颈圆底烧瓶中（配备温度计、回流冷凝管和恒压滴液漏斗并磁力搅拌），升温至乙醇回流，通过恒压滴液漏斗慢慢滴加 82%水合肼 4.4g（72.16mmol），约 30min 后滴加完毕。继续回流 1h 后，用石油醚和乙酸乙酯以体积比为 3∶1 配成展开剂，点板反应完全。将反应液冷却至 30℃ 左右，减压过滤除去活性炭，滤液减压蒸馏除去部分溶剂乙醇后，剩余物加入冰水混合物中析出产品，抽滤得产品并进行干燥。

【实验说明】

1. 水合肼要在反应混合物加热回流后再进行滴加，滴加速度不能太快。
2. 活性炭要在混合物稍微冷却后再进行抽滤除去活性炭。
3. 水合肼在量取的时候要注意安全。

【思考题】

1. 水合肼分解产生什么？
2. 加活性炭和三氯化铁的目的是什么？
3. 除了水合肼还原还可以采用其他的什么还原剂？

实验 50 甲基橙的制备

【目的和要求】

1. 熟悉重氮化反应和偶合反应的原理。
2. 掌握甲基橙的制备方法。

【实验原理】

红色(酸式甲基橙)　　　　　　　　　　　　　甲基橙

【仪器和试剂】

仪器：烧杯、玻璃棒、布氏漏斗、滤纸、水浴锅、石棉网、搅拌磁子、抽滤瓶。

试剂：对氨基苯磺酸、亚硝酸钠、浓盐酸、淀粉、碘化钾试纸、蒸馏水、N,N-二甲基苯胺、乙醇、乙醚、氢氧化钠、冰醋酸。

【实验内容】

1. 重氮盐的制备

将 5mL5％NaOH 溶液和 1.05g 对氨基苯磺酸晶体的混合物温热溶解，向该混合物中加入溶于 3mL 水的 0.4g 亚硝酸钠，在冰盐浴中冷至 0～5℃。在不断搅拌下，将 1.5mL 浓盐酸与 5mL 水配成的溶液缓缓滴加到上述混合溶液中，并控制温度在 5℃ 以下。滴加完后，用淀粉-碘化钾试纸检验，然后在冰盐浴中放置 15min，以保证反应完全。

2. 偶合

将 0.6gN,N-二甲基苯胺和 0.5mL 冰醋酸的混合溶液在不断搅拌下慢慢加到上述冷却的重氮盐溶液中。加完后继续搅拌 10min，然后慢慢加入 12.5mL5％NaOH 溶液，直至反应物变为橙色，这时有粗制的甲基橙呈细粒状沉淀析出。将反应物在热水浴中加热 5min，然后经过冷却、析晶、抽滤、收集结晶，并依次用少量水、乙醇、乙醚洗涤、压干。若要得较纯产品，可用溶有少量氢氧化钠的沸水进行重结晶。

【实验说明】

1. 对氨基苯磺酸为两性化合物，酸性强于碱性，它能与碱作用成盐而不能与酸作用成盐。

2. 重氮化过程中，应严格控制温度，反应温度若高于 5℃，生成的重氨盐易水解为酚，降低产率。

3. 若试纸不显色，需补充亚硝酸钠溶液。

4. 重结晶操作要迅速，否则由于产物呈碱性，在温度高时易变质，颜色变深。用乙醇和乙醚洗涤的目的是使其迅速干燥。

【思考题】

1. 什么叫偶联反应？试结合本实验讨论一下偶联反应的条件。

2. 在本实验中，制备重氮盐时为什么要把对氨基苯磺酸变成钠盐？本实验如改成下列操作步骤：先将对氨基苯磺酸与盐酸混合，再滴加亚硝酸钠溶液进行重氮化反应，可以吗？为什么？

3. 试解释甲基橙在酸碱介质中的变色原因，并用反应式表示。

5.2.9 杂环化合物的制备

实验 51 2-氨基-4,6-二甲基嘧啶的制备

【目的和要求】

1. 掌握 2-氨基-4,6-二甲基嘧啶的制备方法。

2. 掌握环合反应的机理。

3. 掌握利用重结晶分离提纯化合物的技术和方法。

【实验原理】

2-氨基-4,6-二甲基嘧啶，白色至类无色结晶性粉末，熔点 151～153℃。不溶于水，难溶于大部分有机溶剂，是嘧啶类化合物中极为重要的一种，它是合成磺胺二甲嘧啶、水杨酸偶氮磺胺二甲嘧啶和磺胺硝呋嘧啶等磺胺类抗生素药物以及磺酰脲类除草剂的重要中间体。近来有研究发现以 2-氨基-4,6-二甲基嘧啶作为配体的一些稀土配合物也具有较好的抑菌和抗癌生物活性。

2-氨基-4,6-二甲基嘧啶是由乙酰丙酮和硝酸胍，在碱性条件下环合而得。具体的反应方程式如下。

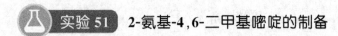

【仪器和试剂】

仪器：250mL 三颈烧瓶、球形冷凝管、机械搅拌器、加热装置、抽滤装置、温度计、电子天平。

试剂：乙酰丙酮、硝酸胍、碳酸钠、25%氯化钠水溶液、氯化钠、活性炭。

【实验内容】

1. 在装有搅拌器、温度计、球形冷凝管的 250mL 三颈烧瓶中依次分别加入 35mL 水、17.5g 硝酸胍、12g 碳酸钠和 12.5g 乙酰丙酮。

2. 开动搅拌并加热，在 95~100℃下搅拌反应 2~3h。

3. 反应完毕后，稍冷却，加入 62.5mL 水稀释，冷至 10℃以下，放置养晶 1~1.5h。

4. 过滤，滤饼加入 25% 的氯化钠水溶液 10g 打浆 30min（温度不超过 10℃），再过滤。

5. 滤饼加入到 45g 水中，搅拌加热溶解后加入 0.5g 活性炭，并继续升温搅拌 20~30min，趁热过滤。

6. 滤液倒入烧杯中，加入 12.5g 氯化钠固体，搅拌 15min 后冷却，慢慢析出晶体，冷至 15℃以下，养晶 30min，过滤，冰水洗涤、50℃下真空干燥，得到产品。收率大于 85%，含量大于 99%（HPLC 分析），熔点 151~153℃。

【实验说明】

1. 加入 25% 的氯化钠水溶液打浆时控制温度不超过 10℃。

2. 最后水洗时，需要冰水洗涤，以减少产品的损失。

【思考题】

1. 加入 25% 的氯化钠水溶液洗涤的目的是什么？

2. 加入 12.5g 氯化钠固体的作用是什么？

3. 加入活性炭的目的是什么？在加活性炭操作时应注意什么？

实验 52 3-氨基三氮唑-5-羧酸的制备

【目的和要求】

1. 了解环合反应。

2. 了解杂环化合物的制备方法。

【实验原理】

3-氨基三氮唑-5-羧酸又称 3-氨基-1H-1，2,4-三氮唑-5-羧酸，属于三氮唑类化合物，是一种用途广泛的有机化工中间体。其在医药、染料、农药领域的应用越加广泛，需求量不断上升，它的甲酯硫酸盐是合成抗病药利巴韦林的重要中间体。

【仪器和试剂】

仪器：三颈烧瓶（250mL）、回流冷凝管分液漏斗、石棉网、烧杯（250mL）。

试剂：氨基胍、草酸、碳酸钾、10% 硫酸。

【实验内容】

1. 在 250mL 三颈烧瓶上配置搅拌器、温度计及回流冷凝管，反应瓶中加入氨基胍 7.5g、水 50mL，水浴加热到 60℃，分批加入草酸 9.5g。

2. 加毕，在沸水浴上搅拌反应 5h，冷却到 70℃，加入碳酸钾 1.2g，再于沸水浴上继续反应 5h，趁热抽滤，滤液在搅拌下加入 10% 的硫酸 2.5mL 进行酸化。

3. 析出结晶，抽滤，水洗滤饼，干燥后得产品。

4. 产品，熔点（℃）为 181～182℃。

【实验说明】

1. 反应温度不能过高。
2. 草酸要分批加入，不能一次加入。

【思考题】

1. 试推测该环合反应的机理。
2. 实验中草酸为何分批加入？

实验 53　2-亚氨基-4-噻唑酮的制备

【目的和要求】

1. 了解环合反应。
2. 了解杂环化合物的制备方法。

【实验原理】

噻唑及其衍生物在化学、医学和农业很多领域是非常重要的化合物。该杂环系统具有广泛的生理活性，因而备受有机化学家和药学家的关注。2-亚氨基-4-噻唑酮就是其中的一种。

【仪器与试剂】

仪器：布氏漏斗、电动搅拌器、水浴锅、三颈烧瓶（250mL）、球形冷凝管、烧杯、量筒。

试剂：硫脲、氯乙酸乙酯、无水乙醇。

【实验内容】

将 3.8g 硫脲、30mL 95％的乙醇加到配有高速搅拌装置和回流冷凝管的 100mL 三颈烧瓶中，水浴加热回流 15min，使硫脲全部溶解。滴加 6.2g 氯乙酸乙酯，约 15～20min 滴毕，继续回流 2.5h，冷却至室温，析出大量白色结晶，抽滤，少量乙醇洗涤，干燥，得产品。

【实验说明】

1. 氯乙酸乙酯的滴加速度要慢。
2. 反应中产生的白色固体后搅拌需均匀。

【思考题】

1. 试推测该环合反应的机理。
2. 在反应后处理过程中闻到的臭鸡蛋味是什么物质？
3. 可否用溴乙酸乙酯代替氯乙酸乙酯？

实验 54　1.4-二氢-2.6-二甲基-吡啶-3,5-二甲酸二乙酯的合成

【目的和要求】

1. 了解杂环的制备方法、应用缩合反应的原理和条件进行吡啶衍生物的合成。

2．学习磁力搅拌器和固体物质的提纯方法。

3．巩固回流、抽滤、重结晶等操作技能。

4．掌握固体物质纯度测定方法和结构测定的方法。

【实验原理】

乙酰乙酸乙酯与乌洛托品在醋酸铵的催化下缩合反应生成 1,4-二氢-2,6-二甲基-吡啶 3,5-二甲酸二乙酯，此反应的特点是活性亚甲基与羰基化合物等发生亲核加成反应，氨与羰基发生，其加成产物用水分解可得到醇类化合物，反应式如下。

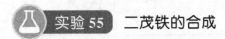

【仪器和试剂】

仪器：三颈圆底烧瓶（50mL）、回流冷凝管、带加热的磁力搅拌器、磁珠、抽滤装置（1套）。

试剂：乙酰乙酸乙酯、次六甲基四胺、乙酸铵、乙醇。

【实验内容】

在 50mL 三颈瓶中依次加入乙酰乙酸乙酯 50mmol，六次甲基四胺 37.5mmol，相转移催化剂 0.1g，蒸馏水 10mL 和乙醇 2.5mL，装上回流冷凝管，在水浴温度 50～55℃磁力搅拌反应 45min，有淡色晶体析出，薄层板测到反应终点后冷却至室温，抽滤，用乙醇重结晶，产品干燥后得浅黄色晶体 5～6g，收率 88％左右，熔点为 179～180℃。

【实验说明】

1．控制好反应的温度。

2．乙醇的水溶液浓度对重结晶的收率具有非常重要的影响。

【思考题】

1．六元杂环的合成方法还有哪些？

2．反应中要注意哪些方面？

3．反应终点如何判断？

5.2.10 有机金属化合物的制备

实验 55 二茂铁的合成

【目的和要求】

1．学习二茂铁的制备原理和方法。

2．学会用红外光谱、熔点测定的方法对产物进行表征。

【实验原理】

二茂铁又叫双环戊二烯基铁，学名二环戊二烯基铁，是由两个环戊二烯基阴离子和一个二价铁阳离子组成的夹心型化合物。二茂铁与芳香族化合物相似，不容易发生加成反应，容易发生亲电取代反应，可进行金属化、酰基化、烷基化、磺化、甲酰化以及配合体交换等反应，从而可制备一系列用途广泛的衍生物。

二茂铁可通过以下方法合成得到。

先让环戊二烯与氢氧化钾反应,生成双环戊二烯基钾,然后再与氯化亚铁反应即可得到二茂铁。反应式如下。

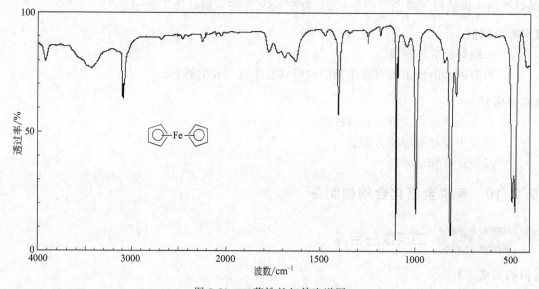

【仪器和试剂】

仪器:三颈烧瓶(50mL)、滴液漏斗、烧杯、表面皿、玻璃棒。

试剂:环戊二烯、氢氧化钾、四水氯化亚铁、二甲亚砜、稀盐酸。

【实验内容】

在 50mL 三颈烧瓶中加入 0.65g KOH、15mL 二甲亚砜及 1.3mL 环戊二烯,装好磁力搅拌器、滴液漏斗和氮气导管并通入氮气,开动搅拌器。等形成环戊二烯钾黑色溶液后,滴加刚刚用 1.75g $FeCl_2 \cdot 4H_2O$ 和 12.5mL 二甲亚砜配制的溶液,同时强搅拌并用氮气保护,加完后再搅拌反应 10min。把反应液倒入 25g 冰-25g 水中,搅动均匀,用 2mol/L 盐酸调节反应液 pH 值至 3~5,待黄色固体完全析出后,抽滤,分四次各用 5mL 水洗滤饼,抽干烘干,产品约 1.1g。

若需进一步纯化,可将粗产品放入干净且干燥的 200mL 烧杯中,上盖表面皿,用脱脂棉塞住烧杯嘴,缓缓加热烧杯,表面皿外边用湿布冷却,如此常压 100℃升华黄色片状光亮的晶体,熔点为 173~174℃。二茂铁的红外光谱图如图 5-29 所示。

图 5-29 二茂铁的红外光谱图

【实验说明】

1. 环戊二烯在常温下发生双烯合成反应,形成环戊二烯二聚体。使用之前采用简单分馏装置,用电热套加热烧瓶,接收瓶应冷却,柱顶温度 42~44℃,环戊二烯可平稳地被蒸出。应立即使用或暂时置于冰箱低温保存。

2. 在空气中,二茂铁能被氧化成蓝色的正离子 $Fe^{3+}(C_5H_5)_2$,$FeCl_2 \cdot 4H_2O$ 在二甲亚砜中也会使 Fe^{2+} 变成 Fe^{3+},因此要用氮气保护以隔绝空气。

3. $FeCl_2 \cdot 4H_2O$ 如果变成棕色可用乙醇或乙醚洗成淡绿色再用，用前应研细溶解。

4. KOH 应研细加入（动作要快，以防吸水）。

【思考题】

1. 二茂铁比苯更易发生亲电取代反应，但用混合酸（$HNO_3 + H_2SO_4$）来使二茂铁发生硝化反应，实验却是失败的。为什么？

2. 盐酸加得不够或过量会有何后果？

3. 二甲亚砜还可用何物质代替？它在本实验中的作用是什么？

实验56 乙酰基二茂铁的合成

【目的和要求】

1. 学习二茂铁亲电取代反应合成乙酰基二茂铁的反应原理和方法。

2. 巩固柱色谱分离技术。

【实验原理】

二茂铁是一种很稳定而且具有芳香性的有机金属配合物。这类配合物是1950年以后陆续发展起来的，由于它们的出现，不仅扩大了配合物的领域，促进了化学键理论的发展，而且也有重要的实际用途。二茂铁及其衍生物可作为火箭燃料的添加剂，以改善其燃料性能，还可以作为汽油的抗震剂、硅树脂和橡胶的防老化剂及紫外线的吸收剂等。

由于二茂铁的茂基具有芳香性，其茂基环上能发生多种取代反应，特别是亲电取代反应比苯容易，如二茂铁与乙酐反应可以制得乙酰二茂铁，其反应条件不同，形成的产物可以是单乙酰基取代物或双乙酰基取代物。

二茂铁的茂基环上发生取代反应时，其反应条件不同形成不同的取代产物，同时产物还会含有一定量未反应的二茂铁，利用色层分离法可以从这些混合物中分离不同的配合物，先用薄层层析探索分离这些配合物的层析条件，然后利用这些条件在柱层析中分离而得到较纯的配合物。

【仪器和试剂】

仪器：三颈烧瓶（50mL）、球形冷凝器、干燥管、滴液漏斗、烧杯、布氏漏斗、吸滤瓶、玻璃棒、载玻片（2.5cm×7.5cm）5片、层析柱（ϕ1.0cm×120cm）2支、层析缸（ϕ3.0cm×18cm）5只。

试剂：二茂铁、乙酐、85%磷酸、碳酸氢钠、活性氧化铝（三级）、石油醚、乙醚、无水氯化钙。

【实验内容】

将3g（0.016mol）二茂铁和10g（9.4mL，0.1mol）的乙酐放入50mL的三颈烧瓶中，三颈烧瓶上装有带有干燥管的回流冷凝器，在搅拌下自滴液漏斗中滴加2mL85%的磷酸。滴加完后，于沸水浴上加热10min。另于250mL的烧杯中放入40g冰，将上述反应混合物倾入烧杯中，小心地用碳酸氢钠中和反应物（有二氧化碳逸出），将烧杯于冰水中冷却半小时，过滤收集橙黄色固体。用水洗涤，抽干后放入真空干燥器中干燥。

将上述粗产品进行柱上层析分离提纯，用三级活性氧化铝做吸附剂，用石油醚和乙醚的混合物（3∶1）做淋洗剂。首先流出的黄色部分是二茂铁，然后流出的橙黄色部分是乙酰基二茂铁。将两部分溶液分别在旋转蒸发仪上蒸除溶剂，得到二茂铁和乙酰基二茂铁。称重并计算产率。记录回收二茂铁的量，再计算乙酰基二茂铁的产率，并测定熔点（85～85℃）。乙酰基二茂铁的红外光谱图如图 5-30 所示。

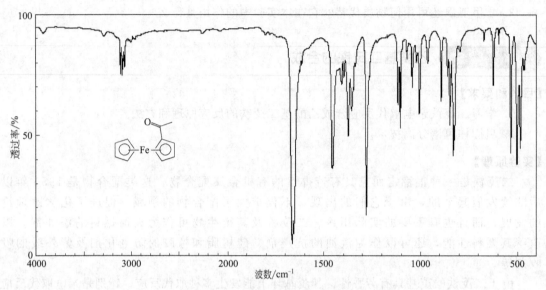

图 5-30　乙酰基二茂铁的红外光谱图

【实验说明】

1. 可用固体碳酸氢钠来中和反应液。

2. 小心加入碳酸氢钠直至无气泡冒出时，即可认为反应液已为中性，不可用试纸检验反应是否呈中性，因反应液有时呈橙色有时呈暗棕色，用试纸难以正确判定。

3. 当乙酰基二茂铁被淋洗出来之后，若改用纯乙醚做淋洗剂，可淋洗到二乙酰基二茂铁这一副产物，其为橙棕色固体，熔点为 130～131℃。

【思考题】

二茂铁乙酰化属于哪一类反应？反应中除用 85％磷酸做催化剂外，还有哪些化合物对此反应有催化作用？

5.2.11　Diels-Alder 反应

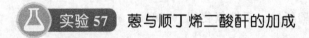 实验 57　蒽与顺丁烯二酸酐的加成

【目的和要求】

1. 通过蒽与马来酸酐的加成（Diels-Alder 反应）验证环加成反应。

2. 熟练处理固体产物的操作。

【实验原理】

蒽与顺丁烯二酸酐的加成反应是 Diels-Alder 反应的实例之一，其反应式如下。

反应原料蒽在紫外光照射下可激发荧光，故可用薄层层析法检测蒽的消耗情况，以判断反应是否达到了终点。反应是可逆的，当反应达到平衡后溶液中仍有少量的蒽，因而荧光并不能完全消失，但荧光的颜色及浓淡可作为定性判断的依据。蒽的浓溶液点在薄层板上，在紫外光下显现强烈的蓝绿色荧光，当浓度很低时则为蓝紫色荧光。

【仪器和试剂】

仪器：圆底烧瓶（25mL）、回流冷凝管、干燥管、小试管、展缸、紫外灯、电吹风、干燥器、2.5cm×7.5cm 的 CMC-硅胶薄层板 4 块。

试剂：蒽、顺丁烯二酸酐、二甲苯、无水氯化钙、石油醚（30～60℃）、乙醚、石蜡片、硅胶。

【实验内容】

1. 配制体积比为 1∶1 的石油醚（30～60℃）-乙醚溶液为展开剂。

2. 在 25mL 干燥的圆底烧瓶中放置 1g 蒽（5.6mmol）及 0.56g 顺丁烯二酸酐（5.7mmol），注入 13mL 二甲苯，投入两粒沸石，摇振。在瓶口安装回流冷凝管，在冷凝管上口安装氯化钙干燥管。

3. 在一支干燥的小试管中将少许蒽溶于约 0.5mL 二甲苯制成饱和溶液做对照。

4. 隔石棉网大火加热圆底烧瓶，回流 10min。

5. 对上述 2，3，4 中的样品进行薄层层析。其中，2、3 在同一板上进行，点样后用电吹风吹干后展开，最后在 365nm 紫外光照射下显色，记下荧光颜色及浓淡变化，并用铅笔描出荧光斑点的位置及大小。

6. 重新加热回流，每过 10min 检测一次，直至蒽的紫蓝色荧光变得很淡时为止，共需回流约 30min。在回流期间需间歇摇动装置，将反应瓶内壁上结出的晶体荡入反应液中。

7. 待反应混合物冷至室温，抽滤，用玻璃塞挤压，充分抽干后可得松散的黄白色晶粉 1.2～1.3g。如有必要，可用二甲苯重结晶，得精制品约 1g，精品收率约 65%，熔点为 262～263℃。产品需保存在装有石蜡片和硅胶的干燥器中。

纯粹的产物 9,10-二氢蒽-9,10-α,β-丁二酸酐熔点为 263～264℃。

【实验说明】

1. 顺丁烯二酸酐和生成的加成产物遇水都会水解成相应的二元酸，故所用仪器和试剂均需干燥。

2. 延长回流时间可提高收率，如回流 2h，粗品收率一般在 90% 以上。此外，试剂的纯度及反应系统的干燥程度也都明显影响收率。

3. 石蜡片可吸收产品表面吸附的痕量二甲苯，硅胶吸收水汽以防产品水解。

【思考题】

1. 如何判断反应是否到达终点？

2. 什么叫周环反应？它包含哪几类反应？

实验 58 环戊二烯与马来酸酐的反应

【目的和要求】

1. 通过环戊二烯与马来酸酐的加成（Diels-Alder 反应）验证环加成反应。
2. 熟练处理固体产物的操作。

【实验原理】

环戊二烯与马来酸酐的加成反应是 Diels-Alder 反应的典型实例，反应结果生成环状产物，反应式如下。

【仪器和试剂】

仪器：三角烧瓶（125mL）、水浴锅。

试剂：环戊二烯、马来酸酐、乙酸乙酯、石油醚。

【实验内容】

在 125mL 三角烧瓶中加入 6g（61mmol）马来酸酐，用 20mL 乙酸乙酯在水浴上加热使之溶解，再加入 20mL 石油醚（沸程 60～90℃），稍冷后（不得析出结晶），往此混合液中加入 4.8g（6mL 73mmol）新蒸馏的环戊二烯。振荡反应液，直到放热反应完成。产量 7.2g（产率 72%）。

加成物为一白色固体，熔点 164～165℃。

【实验说明】

1. 环戊二烯在室温容易二聚，生成环戊二烯的二聚体。因此，纯净的环戊二烯需经二聚体的解聚、分馏而获得。
2. 马来酸酐如放置过久，用时应重结晶。

【思考题】

如何对环戊二烯的二聚体进行解聚？

5.3 材料化学合成技术实验

实验 59 固相分解法制备 ZnO 纳米棒及其光催化性能研究

【目的和要求】

1. 了解纳米氧化锌的基本性质及主要应用。
2. 掌握固相分解法的原理与操作。
3. 掌握固相法制备纳米氧化锌的化学反应原理。
4. 了解纳米材料的表征方法。

【实验原理】

氧化锌是一种重要的宽带隙（3.37eV）半导体氧化物，常温下激发键能为60MeV。近年来，氧化锌纳米材料已经应用在纳米发电机、紫外激光器、传感器和燃料电池等领域。

固相分解法是基于碳酸盐、草酸盐、硝酸盐、醋酸盐、有机酸盐、金属氢氧化物、金属络合物等物质的热分解反应制备无机功能材料。该方法制备工艺比较简单，可大批量生产，但热分解反应不易控制，生成的粉体容易团聚，成本相对较高。在本实验中，我们选用醋酸锌为锌源，利用其热分解反应大批量制备纳米 ZnO。相应的热分解反应方程式如下。

$$Zn(CH_3COO)_2 \xrightarrow{\triangle} ZnO + CH_3COCH_3\uparrow + CO_2\uparrow$$

【仪器和试剂】

仪器：托盘天平、管式气氛炉、瓷舟、扫描电镜、X射线衍射仪。

试剂：$Zn(CH_3COO)_2(s)$。

【实验内容】

1. 操作步骤

在台秤上称取 10g $Zn(CH_3COO)_2$，放入瓷舟中，然后把瓷舟转移到管式气氛炉中，分别在 400℃、500℃ 和 600℃ 下煅烧 2h，冷却至室温。得到的白色固体为纳米 ZnO、称重并计算产率。

2. 实验现象、数据记录及处理

产品外观：　　　　　　产品质量（g）：　　　　　　产率（%）：

3. XRD 测量

用 X 射线衍射仪测量下列物质的衍射图，确定固相反应的产物组成。

（1）标准 $Zn(CH_3COO)_2(s)$

（2）标准 $ZnO(s)$

4. SEM 表征

用扫描电镜观察产物，确定产物的形貌、尺寸以及均匀度。

5. 光催化性能测试

将 0.1g ZnO 纳米棒加入到 100mL 新配置的亚甲基蓝（MB）溶液（6mg/L）中，搅拌形成悬浮液。然后将悬浮液放在 10W 的紫外灯下照射。大约 5min 取一次样，经离心除去悬浮的固体后，用紫外-可见分光光度计测定 MB 的浓度。光催化降解率的计算公式为：$Y = [(A_0-A)/A_0]\times100\% = [(C_0-C)/C_0]\times100\%$。其中，$C_0$ 为有机物的初始浓度，C 为反应过程中某时刻有机物的浓度；A_0 为有机物浓度，为 C_0 时的吸光度，A 为有机物浓度为 C 时的吸光度。

【思考题】

1. 什么是固相分解法？本实验都涉及了哪些基本操作，应注意什么？

2. 产品可能含有的杂质是什么？怎样提纯？

3. 如何判断醋酸锌是否完全分解？

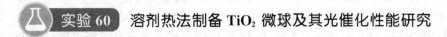 **实验 60** 溶剂热法制备 TiO_2 微球及其光催化性能研究

【目的和要求】

1. 了解纳米 TiO_2 的基本性质及主要应用。

2. 掌握溶剂热法的原理与反应釜的操作方法。

3. 掌握溶剂热法制备纳米 TiO_2 的化学反应原理。

4. 了解纳米材料的表征方法。

【实验原理】

TiO_2 是目前研究最为广泛的光催化材料，具有无毒、化学稳定性好、价格低廉、光催化活性高等优点，在水处理、空气净化等环境修复领域具有广阔的应用前景。纳米级 TiO_2 具有尺寸小、光生载流子分离速度快等优势，往往展现出较高的光催化活性，但是在实际应用过程中存在分离困难、易团聚失活等缺陷，严重限制了其在环境修复领域中的大规模应用。TiO_2 微球是由众多超细纳米单元组装而成的三维多孔结构，它不仅保留了超细纳米粒子的本征优势（尺寸小、光催化活性高），而且衍生出很多新颖的特性，如多孔性、光捕获效率高、易于回收等。因此，TiO_2 微球是一种易于回收分离的高效光催化材料。

目前，TiO_2 微球的制备方法主要有模板法、溶胶-凝胶法、水热-溶剂热法、回流法等。其中，模板法、溶胶-凝胶法和回流法需要精确控制反应条件，操作复杂，并且难以直接获得锐钛矿型产物；而水热-溶剂热法制备的产物粒径分布宽、尺寸大，难以获得单分散的亚微米球。因此，单分散锐钛矿型 TiO_2 亚微米球的一步法制备依然是个挑战。

本实验中，以钛酸四正丁酯为钛源，一水合柠檬酸为辅助剂，无水乙醇为溶剂，采用溶剂热法制备了单分散锐钛矿型 TiO_2 亚微米级球，并研究了其对罗丹明的光催化降解性能。

【仪器和试剂】

仪器：水热反应釜（100mL）、量筒（100mL）、烧杯（100mL）、移量管、烘箱、托盘天平、扫描电镜、X 射线衍射仪。

试剂：一水合柠檬酸（s）、钛酸四正丁酯（s）、无水乙醇（l）、罗丹明（s）。

【实验内容】

1. 操作步骤

在台秤上称取 6g 一水合柠檬酸，放入 100mL 烧杯中，加入 80mL 无水乙醇，搅拌使其溶解，用移量管量取 0.5mL 钛酸四正丁酯置于上述溶液中，搅拌均匀获得无色透明溶液。然后将此溶液转移到聚四氟乙烯高压反应釜中，200℃下反应 30h。反应结束后离心分离淡黄色固体，分别用蒸馏水和无水乙醇洗涤数次，40℃干燥 4h。

2. 实验现象、数据记录及处理

产品外观：　　　　　　　产品质量（g）：　　　　　　　产率（%）：

3. XRD 测量

用 X 射线衍射仪测量下列物质的衍射图，确定溶剂热反应的产物组成。

(1) 标准柠檬酸（s）

(2) 标准 TiO_2（s）

4. SEM 表征

用扫描电镜观察产物，确定产物的形貌、尺寸以及均匀度。

5. 产物的光催化性能评价

采用液相中罗丹明的降解率来评价 TiO_2 的光催化降解有机物的性能，以 10W 的紫外灯为光源（主波长 254nm，光密度为 0.08mW/cm²）。把 20mg TiO_2 加入到 50mL，5mg/L 的罗丹明溶液中，间隔 10min 取样，离心分离除去 TiO_2 固体，用紫外可见分光光度计检测罗丹明浓度的变化。光催化降解率的计算公式为：$Y = [(A_0 - A)/A_0] \times 100\% = [(C_0 - C)/C_0] \times 100\%$。其中，$C_0$ 为有机物的初始浓度，C 为反应过程中某时刻有机物的浓度；A_0 为

有机物浓度为 C_0 时的吸光度，A 为有机物浓度为 C 时的吸光度。

【实验说明】

1. 钛酸四正丁酯遇水立即水解，因此量取钛酸四正丁酯的移量管必须严格干燥。
2. 溶剂热反应过程中涉及高温高压，反应釜的充填度低于 80%，操作过程中正确放置垫片，确保反应釜组装紧密，反应过程中不得触摸反应釜，以防烫伤腐蚀。

【思考题】

1. 什么是溶剂热法？本实验都涉及了哪些基本操作，应注意什么？
2. 反应釜的操作注意事项有哪些？
3. 如何计算产率？
4. 如何确定钛酸四正丁酯是否反应完全？原理是什么？

实验 61　室温条件下铜（Ⅱ）化合物与 NaOH 的固相反应

【目的和要求】

1. 熟悉低热固相反应的基本知识，认识其在材料合成领域中的价值。
2. 认识固相反应与传统的液相反应的异同。
3. 掌握 XRD 表征固相反应的原理和方法。

【实验原理】

低热是指温度低于 $100℃$ 的反应温度条件。因此，低热固相反应是指在低于 $100℃$ 的条件下，有固体物质直接参加的化学反应，它包括固-固、固-液、固-气反应，常见的是低热固-固反应。

20 世纪 80 年代中后期开始，南京大学的忻新泉教授领导的小组在低热固相反应方面开展了系统和富有开创性的工作，发现固相反应的许多规律。如在室温条件下许多固相反应就能很快完成；有些反应在液相中能够进行，而在固相中不能进行；有些反应在固相中能够进行，而在液相中不能进行；即使在固相和液相条件下都能进行，由于固相和液相反应的机理不同，有时相同的反应物还可能产生不同的产物。此外，低热固相反应还具有无化学平衡、反应存在潜伏期、拓扑效应等特殊规律。

本实验是通过铜（Ⅱ）化合物与 NaOH 的室温固-固相化学反应制备反应不同阶段的反应混合物，通过 X 射线衍射谱（XRD）确定其组成，获得有价值的实验结果，即铜（Ⅱ）化合物与 NaOH 的室温固-固相化学反应产物为 CuO，而其相应的液相化学反应产物为 $Cu(OH)_2$。相应的化学反应方程式如下。

$$CuSO_4 \cdot 5H_2O(s) + 2NaOH(s) =\!=\!= CuO(s) + Na_2SO_4(s) + 6H_2O$$

【仪器与试剂】

仪器：玛瑙研钵、X 射线衍射仪、红外干燥箱、循环水真空泵。

试剂：$CuSO_4 \cdot 5H_2O(s)$、$NaOH(s)$、$CuO(s)$、$Na_2SO_4(s)$。

【实验内容】

1. 反应

称取 10mmol $CuSO_4 \cdot 5H_2O(s)$ 和 20mmol $NaOH(s)$ 分别放在两玛瑙研钵中研磨至粉状，然后将 NaOH 加入 $CuSO_4 \cdot 5H_2O$ 中，全部加入后再研磨，立即有黑色产物生成。室温下，充分研磨 20min，反应体系的颜色由浅蓝色完全变为黑色。

2. 分离

将上述黑色混合物等分为两份。一份以 A 表示，直接用于测量表征；另一份用蒸馏水洗涤 3 次，抽滤，干燥后得黑色产物 B。

3. XRD 测量

用 X 射线衍射仪测量下列物质的衍射图，确定固相反应的产物组成。

（1）标准 $CuSO_4 \cdot 5H_2O(s)$。

（2）标准 $CuO(s)$。

（3）标准 $Na_2SO_4(s)$。

（4）未经处理的固相反应产物 A。

（5）固相反应产物经洗涤干燥后所得黑色产物 B。

【思考题】

1. 什么是低热固相反应？在本实验中你发现室温固相反应容易进行吗？试对其反应过程进行描述。

2. XRD 测量结果中，你是否可以肯定 $CuO(s)$ 就是室温固相反应的产物，而不是在对混合物进行洗涤过程中发生液相反应的产物？

实验 62　热致变色材料的合成

【目的和要求】

1. 了解低热固态反应以及溶液低温反应。

2. 了解热致变色材料变色原理。

【实验原理】

热致变色材料是一类加热到某一温度（或温度区间），颜色发生变化，呈现出新的颜色，冷却时又能恢复到原来的颜色，颜色变化具有可逆性，具有颜色记忆功能，可以反复使用的材料。主要用途是作为示温材料和防伪材料。

室温固态反应是一种全新的合成方法，其优点是工艺简单、反应时间短、产率高、能耗低，有效避免了产物的硬团聚现象，不使用溶剂、对环境污染小，实现了绿色化学反应。

$CoCl_2 \cdot 6H_2O$ 与六次甲基四胺（$C_6H_{12}N_4$）室温固态反应（液相法也可以合成），可以得到红色的水合配合物 $Co(C_6H_{12}N_4)_2Cl_2 \cdot 10H_2O$。将该配合物加热到一定温度后，失去部分结晶水变蓝，吸收水分后又能恢复到粉红色的十水化合物，颜色变化是可逆的，故是一种具有可逆性的示温材料。其示温性能和加热的温度及时间有关，变色温度在 $40 \sim 100\,℃$，同时由于示温性能又具有可逆性，所以该化合物又是"一种较理想的化学防伪材料"。其变色范围见表 5-10。

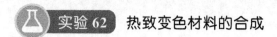

$$Co(C_6H_{12}N_4)_2Cl_2 \cdot 10H_2O \underset{冷却,+H_2O}{\overset{加热,-H_2O}{\rightleftharpoons}} Co(C_6H_{12}N_4)_2Cl_2 \cdot xH_2O$$

表 5-10　$Co(C_6H_{12}N_4)_2Cl_2 \cdot 10H_2O$ 变化范围

$t/℃$	加热时间	颜色变化	x
31	1d	亮红,不变色	9～10
35	1h	亮红→浅蓝色	7～8
45	10min	亮红→青蓝色	6～8
50	5min	亮红→青蓝色	6～7
60	45s	亮红→天蓝色	5～7
100	10s	亮红→深蓝色	1～3

【仪器及试剂】

仪器：量筒（25mL）、磁力搅拌器、烧杯（400mL，250mL）、电炉、研钵、加热板、抽滤泵、红外光谱仪等。

试剂：$CoCl_2 \cdot 6H_2O$、$C_6H_{12}N_4$、去离子水、甲醇、丙酮等。

【实验内容】

1. $Co(C_6H_{12}N_4)_2Cl_2 \cdot 10H_2O$ 的制备

（1）固相法合成：将固体 $CoCl_2 \cdot 6H_2O$ 与固体六次甲基四胺（$C_6H_{12}N_4$）以 1∶2 物质的量比混合，在室温常压下研磨，反应物由红色全部变为蓝色后，产物用甲醇和丙酮各洗涤一次，抽滤，在 30℃ 下干燥得 $Co(C_6H_{12}N_4)_2Cl_2 \cdot 10H_2O$ 晶体。

（2）液相法合成：将饱和氯化钴溶液与饱和六次甲基四胺溶液以 1∶2 物质的量比混合，加热浓缩至表面有晶膜产生时，冷却结晶，晶体用少量蒸馏水洗涤 2～3 次，抽滤，在 30℃ 下干燥得 $Co(C_6H_{12}N_4)_2Cl_2 \cdot 10H_2O$ 晶体。

2. 配合物红外光谱测定

将合成所得化合物进行 KBr 压片，测定红外光谱。

3. 热色性测定

所制的化合物平摊在玻璃上，置于加热板上，升高温度观察颜色变化；电热板停止加热后，再观测温度下降时颜色的变化。记录现象。

【思考题】

1. 低热固相反应合成技术的优点和缺点有哪些？
2. 讨论 $Co(C_6H_{12}N_4)_2Cl_2 \cdot 10H_2O$ 可逆变色的原理。

实验 63　无机高分子絮凝剂的制备及其污水处理

【目的和要求】

1. 了解铝盐和铁盐类絮凝剂的制备方法。
2. 了解絮凝剂的性能和处理污水的方法。
3. 掌握 pH 计的工作原理和使用方法。

【实验原理】

聚合氯化铝（PAC）是 20 世纪 60 年代研制成功的优良无机高分子絮凝剂，在国内外已得到广泛应用，其化学式为 $[Al_m(OH)_n(H_2O)] \cdot Cl_{3m-n}$（$m=1-13$，$n \leqslant 3m$），其中，铝的存在形式有单核离子，如 $[Al(H_2O)_6]^{3+}$，双核离子，如 $[Al_2(H_2O)_2]^{4+}$，多核离子，如 $[Al_{13}O_4(OH)_{24}(H_2O)_{12}]^{7+}$（简称 Al_{13} 离子）等。其制备原理是：$AlCl_3$ 溶液中的 $[Al(H_2O)_6]^{3+}$ 在 NaOH 作用下发生多步水解，各步简单的水解产物通过羟基桥联等反应逐步聚合成为无机高分子离子。

$$[Al(H_2O)_6]^{3+} \xrightarrow{-H^+} [Al(OH)(H_2O)_5]^{2+} \xrightarrow{[Al(H_2O)_6]^{3+}} [Al_2(OH)_2(H_2O)_8]^{4+}$$

$$\cdots\cdots \xrightarrow{[Al(H_2O)_6]^{3+} [Al_{10}(H_2O)_{22}]^{8+}} [Al_{13}O_4(OH)_{24}(H_2O)_{12}]^{7+}$$

研究表明，当 $R=n(OH)/n(Al)=2.4$（其中，n 为物质的量，单位为 mol），溶液中 Al_{13} 离子组分最多；当 $R>2.6$ 时，溶液会经凝胶变为沉淀。PAC 的絮凝作用机理是：以其水解产物对水中颗粒或胶体污染物进行电中和及脱稳、吸附架桥或黏附卷扫而生成粗颗粒絮凝体，然后加以分离去除。PAC 的缺点是其生产受原料限制，成分复杂，生产过程长，反应条件不易控制，很难得到聚合度相同的产品，价格也较贵。

聚铁絮凝剂（PFC）是 20 世纪 70 年代末研制成功的无机高分子絮凝剂。PFC 可有效去除水中的悬浮物、有机物、硫化物、亚硝酸盐、胶体及金属离子。其应用 pH 值范围广、腐蚀性小、残留铁离子少、絮凝颗粒密度大、沉降迅速。但与 PAC 类似，PFC 的相对分子质量以及絮凝架桥能力仍比有机絮凝剂差很多，而且还存在处理后的水颜色较深等问题。

复合聚合铝铁絮凝剂（PAFC）是近十年才开发研制出来的，它兼有铝盐和铁盐絮凝剂的特点，具有反应速率快、形成絮凝体大、沉降快、过滤性强等特点。聚合氯化铝和复合聚合铝铁絮凝剂均带较多的正电荷，具有较大的比表面积和吸附作用，能较好吸附水中的杂质，逐步扩大形成大的絮体而使杂质沉降下来，最终达到净化水质的目的。

【仪器和试剂】

仪器：烧杯、量筒、三颈烧瓶、磁力搅拌器、恒温水浴、pH 计、滴液漏斗。

试剂：1mol/L AlCl$_3$ 溶液、1mol/L Fe$_2$(SO$_4$)$_3$ 溶液、0.5mol/L NaOH 溶液、泥浆水、有机废水。

【实验内容】

1. 操作步骤

（1）聚合氯化铝的制备

在 250mL 三颈烧瓶中加入 30mL 1mol/L AlCl$_3$ 溶液，60℃水浴加热。磁力搅拌下，通过滴液漏斗慢慢滴加 50mL 0.5mol/L NaOH 溶液。滴加完毕后（大约 30min），让其自然老化 20min，另取 1mol/L AlCl$_3$ 溶液 30mL 用同样的方法，通过滴液漏斗慢慢滴加 100mL 0.5mol/L NaOH 溶液（大约 40min），老化后溶液分别记为 1 号、2 号絮凝剂。观察溶液的颜色，用 pH 计分别测定它们的 pH 值。

（2）复合聚合铝铁絮凝剂的制备

在 250mL 三颈烧瓶中加入 30mL 1mol/L AlCl$_3$ 溶液和 15mL 1mol/L Fe$_2$(SO$_4$)$_3$ 溶液，60℃水浴加热。磁力搅拌下，通过滴液漏斗慢慢滴加 50mL 0.5mol/L NaOH 溶液，滴加完毕后（大约 30min），让其自然老化 20min。另取一份 30mL 混合液 1mol/L AlCl$_3$ 溶液和 15mL 1mol/L Fe$_2$(SO$_4$)$_3$ 溶液，用同样的方法，慢慢滴加 100mL 0.5mol/L NaOH 溶液（大约 40min），老化后溶液分别记为 3 号、4 号絮凝剂。观察溶液的颜色，用 pH 计分别测定它们的 pH 值。

（3）污水处理实验

分别量取上述 4 种絮凝剂各 50mL 到 4 个烧饼中，另取一个烧饼加入 50mL 蒸馏水作为对比。在 5 个烧杯中分别加入 20mL 泥浆水，充分搅拌后，静置，比较沉降快慢、沉降物颗粒大小，评价沉降效果。另外，在 5 个烧杯中分别加入 20mL 有机废水，充分搅拌后，静置，比较沉降快慢、沉降物颗粒大小，评价沉降效果。

2. 实验现象、数据记录及处理

（1）沉降效果比较。

（2）根据实验数据，总结和说明 PAC 和 PAFC 处理污水的最佳 pH 值。

【思考题】

1. PAC 和 PAFC 絮凝剂的区别以及各自优势？

2. 为什么 pH 值的控制对 PAC 和 PAFC 的制备及其污水处理性能有很大的影响？

5.4 高分子化学合成技术实验

实验 64 甲基丙烯酸甲酯的本体聚合

【目的和要求】

1. 了解自由基本体聚合的特点和实施方法。
2. 熟悉有机玻璃的制备方法，了解其工艺过程。

【实验原理】

本体聚合是在不加溶剂与介质条件下单体进行聚合反应的一种聚合方法。与其他聚合方法如溶液聚合、乳液聚合等相比，本体聚合可以制得较纯净、分子量较高的聚合物，对环境污染较低。

在本体聚合中，随着转化率的提高，聚合物的黏度增大，反应所产生的热量难于散发，同时增长链自由基末端被黏性体系包埋，很难扩散，使得双基终止速率大大降低，聚合速率急剧增加，从而导致出现"自加速现象"或"凝胶效应"。这些都将引起聚合物分子量分布增宽，并影响制品性能。

本实验以甲基丙烯酸甲酯为单体，在引发剂的存在下，通过本体聚合法，一步制备有机玻璃板。在实验中，为了避免因体系黏度增大导致的体系热量积聚、"自动加速现象"可能引起的爆聚及聚合体系体积收缩等问题，一般采用预聚合的方法，严格控制反应温度，降低聚合反应速率，从而使聚合反应安全度过"危险期"，进一步提高聚合温度，完成聚合反应。甲基丙烯酸甲酯的聚合反应方程式如下。

$$n CH_2=\overset{\overset{\displaystyle CH_3}{|}}{C}-COOCH_3 \xrightarrow{BPO} \begin{array}{c} CH_3 \\ | \\ \{CH_2-C\}_n \\ | \\ COOCH_3 \end{array}$$

【仪器和试剂】

仪器：721 型分光光度计、锥形瓶（50mL）、胶塞、恒温水浴锅、试管夹。

试剂：甲基丙烯酸甲酯（MMA-单体）、过氧化二苯甲酰（BPO-引发剂）。

【实验内容】

1. 预聚合

在 50mL 锥形瓶中加入 20mLMMA 及 BPO，瓶口用胶塞盖上或直接用铝箔封口，用试管夹夹住瓶颈在 85～90℃的水浴中不断摇动，进行预聚合约 1h，注意观察体系的黏度变化，当体系黏度变大，但仍能顺利流动时（黏度近似室温下的甘油），结束预聚合。

2. 浇铸灌模

将以上制备的预聚液小心地倒入一次性纸杯，盖上盖子，浇灌时注意防止锥形瓶外的水珠滴入。

3. 后聚合

将灌好预聚液的纸杯放入 45～50℃的烘箱中反应约 48h，注意控制温度不能太高，否则易使产物内部产生气泡。然后再在烘箱中升温到 100～105℃，反应 2～3h，使单体转化完全，完成聚合。

　　4. 样品观察

　　取出所得有机玻璃板，观察其透明性，是否有气泡。

　　5. 透光率测试

　　(1) 试样制备

　　试样尺寸为 10mm×50mm，厚度按原厚度，用内卡尺测量其厚度。

　　(2) 测量方法

　　采用 721 型分光光度计进行透光率测试。

　　① 接通恒压电源，调至 220V。

　　② 打开仪器电源，恒压器及光源开关。

　　③ 开启样品盖，打开工作开关，将检流计光点调至透明度点位置。

　　④ 调节波长为 46.5nm。

　　⑤ 将光度调节到满刻度 100% 位置。

　　⑥ 放入试样，关上样品盖，测得的透光度即为样品的透光度。

　　⑦ 逐一关闭各开关，再关闭总开关。

【思考题】

　　1. 本体聚合工艺中的关键是什么？采取什么措施来解决这些问题？

　　2. MMA 的本体聚合有何特点？制造有机玻璃的步骤有哪些？

　　3. 写出 MMA 聚合反应历程。

实验 65　醋酸乙烯酯的乳液聚合

【目的和要求】

　　1. 学习乳液聚合方法，制备聚醋酸乙烯酯乳液。

　　2. 了解乳液聚合机理及乳液聚合中各个组分。

　　3. 了解聚醋酸乙烯酯乳液的性能测试。

【实验原理】

　　乳液聚合是指单体在乳化剂的作用下分散在介质中，加入水溶性引发剂，在搅拌或振荡下进行的非均相聚合反应。它既不同于溶液聚合，也不同于悬浮聚合。乳化剂是乳液聚合的主要成分。乳液聚合的引发、增长和终止都在胶束的乳胶粒内进行，单体液滴只是单体的储库。反应速率主要决定于粒子数，具有快速与分子量高的特点。

　　醋酸乙烯酯乳液聚合机理与一般乳液聚合相同，采用过硫酸盐为引发剂。为使反应平稳进行，单体和引发剂均需分批加入。本实验分两步加料反应，第一步加入少许的单体、引发剂和乳化剂进行预聚合，可生成颗粒很小的乳胶粒子；第二步，继续滴加单体和引发剂，在一定的搅拌条件下使其在原来形成的乳胶粒子上继续长大。由此得到的乳胶粒子，不仅粒度较大，而且粒度分布均匀。这样保证了胶乳在高固含量的情况下，仍具有较低的黏度。聚合中常用的乳化剂是聚乙烯醇。实际中还常把两种乳化剂合并使用，乳化效果和稳定性比单一用一种好。本实验采用聚乙烯醇和 OP-10 两种乳化剂。

【仪器和试剂】

　　仪器：三颈烧瓶 (250mL)、冷凝管、搅拌器、滴液漏斗 (50mL)、量筒、烧杯 (50mL)、温度计、恒温水浴锅。

试剂：乙酸乙烯酯、聚乙烯醇水溶液（10%）、OP-10（烷基酚的环氧乙烷缩合物）、过硫酸钾（KPS）、去离子水。

【实验内容】

1. 安装装置

按图 5-31 安装好实验装置，为保证搅拌速度均匀，整套装置安装要规范，尤其是搅拌器，安装后用手转动要求无阻力，转动轻松自如。

2. 聚醋酸乙烯酯乳液的合成

先在 50mL 烧杯中将 KPS 溶于 8mL 水中。另装有搅拌器、冷凝管和恒压滴液漏斗的三颈烧瓶中加入 30mL 聚乙烯醇溶液，0.8mL 乳化剂 OP-10，20mL 去离子水，5mL 乙酸乙烯酯和 2mLKPS 水溶液，开动搅拌，加热水浴，控制反应温度为 70℃，

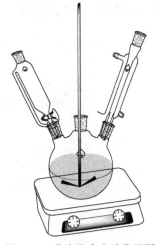

图 5-31　乳液聚合实验装置图

在约 2h 内由冷凝管和恒压滴液漏斗分次滴加完剩余的单体和引发剂，保持温度反应到无回流时，逐步将反应温度升到 90℃，继续反应（约 0.5～1h）至无回流时，撤去水浴，冷却至室温、出料，观察乳液外观。

3. 聚醋酸乙烯酯溶液的性能测试

（1）黏度测定

根据国家标准 GB/T 2794—95 "胶黏剂黏度的测定" 进行实验。采用旋转黏度计于一定的温度下测定乳液的黏度。

（2）乳液固含量的测定

在已恒重的称量瓶中，称取 1.0～1.5g 样品，放入 105℃ 的恒温干燥箱中干燥 3h 后取出，放在干燥器中冷却至室温，称重，按下式计算乳液固含量。

$$固含量＝（固体含量/乳液质量）×100\%$$

【实验说明】

1. 按要求严格控制单体滴加速度，如果开始阶段滴加快，乳液中出现块状物，使实验失败。

2. 严格控制反应各阶段的温度。

3. 反应结束后，料液自然冷却，测含固量时，最好出料后马上称样，以防止静置后乳液沉淀。

【思考题】

1. 乳化剂的作用是什么？

2. 本实验操作应注意哪些问题？

实验66　苯乙烯的悬浮聚合

【目的和要求】

1. 了解苯乙烯自由基聚合的基本原理。

2. 通过实验掌握悬浮聚合的实施方法，了解配方中各组分的作用。

3. 通过对聚合物颗粒均匀性和大小的控制，了解分散剂、升温速度、搅拌速度等对悬浮聚合的影响。

【实验原理】

苯乙烯在水和分散剂作用下分散成液滴状，在油溶性引发剂过氧化二苯甲酰引发下进行

自由基聚合，其反应历程如下。

悬浮聚合是由烯类单体制备高聚物的重要方法，由于水为分散介质，聚合热可以迅速排除，因而反应温度容易控制，生产工艺简单，制成的成品呈均匀的颗粒状，故又称珠状聚合，产品不经造粒可直接加工成型。

苯乙烯是一种比较活泼的单体，容易进行聚合反应。苯乙烯在水中的溶解度很小，将其倒入水中，体系分成两层，进行搅拌时，在剪切力作用下单体层分散成液滴，界面张力使液滴保持球形，而且界面张力越大形成的液滴越大，因此，在作用方向相反的搅拌剪切力和界面张力作用下液滴达到一定的大小和分布。而这种液滴在热力学上是不稳定的，当搅拌停止后，液滴将凝聚变大，最后与水分层，同时聚合到一定程度以后的液滴中溶有的发黏聚合物亦可使液滴相黏结。因此，悬浮聚合体系还需加入分散剂。

悬浮聚合实质上是借助于较强烈的搅拌和悬浮剂的作用，将单体分散在单体不溶的介质（通常为水）中，单体以小液滴的形式进行本体聚合，在每一个小液滴内，单体的聚合过程与本体聚合相似，遵循自由基聚合一般机理，具有与本体聚合相同的动力学过程。由于单体在体系中被搅拌和悬浮剂作用，被分散成细小液滴，因此，悬浮聚合又有其独到之处，即散热面积大，防止了在本体聚合中出现的不易散热的问题。由于分散剂的采用，最后的产物经分离纯化后可得到纯度较高的颗粒状聚合物。

【仪器和试剂】

仪器：三颈烧瓶（250mL）、冷凝管、搅拌器、温度计、恒温水浴锅、移液管（20mL）、吸管、布氏漏斗、锥形瓶（50mL）、表面皿、量筒。

试剂：苯乙烯、聚乙烯醇溶液（1.5%）、过氧化二苯甲酰（BPO-引发剂）、去离子水。

【实验内容】

1. 安装装置

按图 5-32 安装好实验装置，为保证搅拌速度均匀，整套装置安装要规范，尤其是搅拌器，安装后用手转动要求无阻力，转动轻松自如。

2. 加料

用分析天平准确称取 0.3g 过氧化二苯甲酰放入 50mL 锥形瓶中，再用移液管按配方量取苯乙烯，加入锥形瓶中，轻轻振荡，待过氧化二苯甲酰完全溶于苯乙烯后将溶液加入三颈烧瓶。再加入 20mL1.5％的聚乙烯醇溶液，最后用 130mL 去离子水分别冲洗锥形瓶和量筒后加入三颈烧瓶中。

3. 聚合

通冷凝水，启动搅拌器并控制在一恒定转速，将温度升至 85～90℃，开始聚合反应。在反应一个多小时以后，体系中分散的颗粒变得发黏，此时一定要注意控制好搅拌速度。在反应后期可将温度升至反应温度上限，以加快反应，提高转化率。当反应 1.5～2h 后，可用吸管取少量颗粒于表面皿中进行观察，如颗粒变硬发脆，可结束反应。

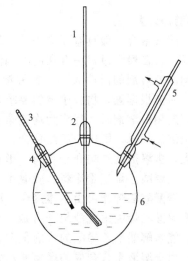

图 5-32　悬浮聚合装置图
1—搅拌器；2—四氟密封塞；3—温度计；
4—温度计套管；5—冷凝管；6—三颈烧瓶

4. 出料及后处理

停止加热，撤出加热器，一边搅拌一边用冷水将三颈烧瓶冷却至室温，然后停止搅拌，取下三颈烧瓶。产品用布氏漏斗过滤，并用热水洗数次。最后产品在 50℃鼓风干燥箱中烘干，称量并计算产率。

【实验说明】

1. 开始时，搅拌速度不宜太快，避免颗粒分散的太细。

2. 保温反应 1h 以后，由于此时颗粒表面黏度较大，极易发生黏结。故此时必须十分仔细的调节搅拌速度，千万不能使搅拌停止，否则颗粒将黏结成块。

3. 悬浮聚合的产物颗粒的大小与分散剂的用量及搅拌速度有关，严格控制搅拌速度和温度是实验成功的关键。为了防止产物结团，可加入极少量的乳化剂以稳定颗粒。若反应中苯乙烯的转化率不够高，则在干燥过程中会出现小气泡，可利用在反应后期提高反应温度并适当延长反应时间来解决。

【思考题】

1. 结合悬浮聚合的理论，说明配方中各种组分的作用。如改为苯乙烯的本体聚合或乳液聚合，此配方需做哪些改动，为什么？

2. 分散剂作用原理是什么？如何确定用量，改变用量会产生什么影响？如不用聚乙烯醇可用什么别的代替？

3. 悬浮聚合对单体有何要求？聚合前单体应如何处理？

4. 根据实验体会，结合聚合反应机理，你认为在悬浮聚合的操作中，应特别注意哪些问题？

实验 67　醋酸乙烯酯的溶液聚合

【目的和要求】

1. 掌握溶液聚合的基本原理和特点，增强对溶液聚合的感性认识。

2. 通过实验了解聚醋酸乙烯酯的聚合特点。

【实验原理】

溶液聚合一般具有反应均匀、聚合热易散发、反应速度及温度易控制、分子量分布均匀等优点。在聚合过程中存在向溶剂链转移的反应，使产物分子量降低。因此，在选择溶剂时必须注意溶剂的活性大小。各种溶剂的链转移常数变动很大，水为零，苯较小，卤代烃较大。一般根据聚合物分子量的要求选择合适的溶剂。另外，还要注意溶剂对聚合物的溶解性能，选用良溶剂时，反应为均相聚合，可以消除凝胶效应，遵循正常的自由基动力学规律。选用沉淀剂时，则成为沉淀聚合，凝胶效应显著。产生凝胶效应时，反应自动加速，分子量增大，劣溶剂的影响介于其间，影响程度随溶剂的优劣程度和浓度而定。

聚醋酸乙烯酯是涂料、胶黏剂的重要品种之一，同时也是合成聚乙烯醇的聚合物前驱体。聚醋酸乙烯酯可由本体聚合、溶液聚合和乳液聚合等多种方法制备。通常涂料或胶黏剂用聚醋酸乙烯酯由乳液聚合合成，用于醇解合成聚乙烯醇的聚醋酸乙烯酯则由溶液聚合合成。能溶解醋酸乙烯酯的溶剂很多，如甲醇、苯、甲苯、丙酮、三氯乙烷、乙酸乙酯、乙醇等，由于溶液聚合合成的聚醋酸乙烯酯通常用来醇解合成聚乙烯醇，因此，工业上通常采用甲醇做溶剂，这样制备的聚醋酸乙烯酯不需进行分离就可直接用于醇解反应。

本实验以甲醇为溶剂进行醋酸乙烯酯的溶液聚合。根据反应条件的不同，如温度、引发剂量、溶剂等的不同可得到分子量从 2000 到几万的聚醋酸乙烯酯。聚合时，溶剂回流带走反应热，温度平稳。但由于溶剂引入，大分子自由基和溶剂易发生链转移反应使分子量降低。

由于醋酸乙烯酯自由基活性较高，容易发生链转移，反应大部分在醋酸基的甲基处反应，形成链或交链产物。除此之外，还向单体、溶剂等发生链转移反应。所以，在选择溶剂时，必须考虑对单体、聚合物、分子量的影响，而选取适当的溶剂。

温度对聚合反应也是一个重要的因素。随温度的升高，反应速度加快，分子量降低，同时引起链转移反应速度增加，所以，必须选择适当的反应温度。

【仪器和试剂】

仪器：三颈烧瓶（250mL）、冷凝管、搅拌器、温度计、恒温水浴锅、量筒。

试剂：乙酸乙烯酯、偶氮二异丁氰、甲醇。

【实验内容】

在装有搅拌器、冷凝管、温度计的 250mL 三颈烧瓶中，分别加入 50mL 乙酸乙烯酯、0.21g 偶氮二异丁氰和 30mL 甲醇，开动搅拌，加热升温，将反应物逐步升温至（62±2）℃，反应约 3h 后，升温至（65±1）℃，继续反应 0.5h 后，冷却结束聚合反应。将所得产物称重，并称取 2～3g 产物在烘箱中烘干，计算固含量与产率。

【实验说明】

反应后期，聚合物极黏稠，搅拌阻力较大，可以加入少量甲醇。

【思考题】

1. 溶液聚合的特点及影响因素？
2. 溶液聚合法如何选择溶剂？实验中甲醇的作用是什么？

实验 68　热固性脲醛树脂的制备

【目的和要求】

1. 了解热固性树脂的聚合原理。

2. 熟悉脲醛树脂的制备方法。

【实验原理】

无定形、线形的高聚物一般是热塑性的，也就是当体系的温度升高时，这种高聚物较易变形（变软），熔融后具有流动性。当线形高聚物在一定条件下交联，就形成三维空间的网状结构，所有平移运动都受到限制，这种交联的高聚物称为热固性树脂，它具有不溶、不熔及化学惰性的特征。氨基塑料是重要的热固性树脂之一，它包括脲醛树脂（UF）和三聚氰胺甲醛树脂（MF）等。

脲醛树脂是由尿素与甲醛进行缩聚反应得到的热固性树脂，合成脲醛的反应可以在酸性或碱性条件下进行，用酸催化时的反应速度高于碱催化反应速度，并且反应对 pH 值很敏感。尿素与甲醛的反应首先是形成单羟甲基脲、双羟甲基脲或三羟甲基脲。

$$H_2NCOHNH_2 + HCHO \longrightarrow H_2NCONHCH_2OH$$

$$H_2NCONHCH_2OH + HCHO \longrightarrow HOCH_2NHCONHCH_2OH$$

$$HOCH_2NHCONHCH_2OH + HCHO \longrightarrow HOCH_2NHCON(CH_2OH)_2$$

然后这些羟甲基衍生物通过羟甲基间或与胺基缩合，生成亚甲基键。

$$\sim\!\!\sim\!\!NH_2 + HOCH_2\!\!\sim\!\!\sim \longrightarrow \sim\!\!\sim\!\!NH_2CH_2\!\!\sim\!\!\sim + H_2O$$

$$\sim\!\!\sim\!\!CH_2OH + HOCH_2\!\!\sim\!\!\sim \longrightarrow \sim\!\!\sim\!\!CH_2OCH_2\!\!\sim\!\!\sim + H_2O$$

通过以上缩聚反应，尿素与甲醛反应逐步形成带支链结构的预聚物，最后在加热、加压或酸性催化剂作用下，进一步固化交联生成不溶不熔的网状结构的聚合物。在实际生产过程中，一般先将尿素和甲醛缩合成低相对分子量的树脂水溶液，然后将其浸渍填料，浸有树脂的填料在干燥时，树脂会进一步缩聚，在成型时，树脂又进一步缩聚，最后生成不溶不熔的固体脲醛树脂。

脲醛树脂加入填料，如纤维素、木粉、玻璃纤维、纸张等和其他助剂，可制成氨基塑料，它的强度高、刚性好，可以制成色彩鲜艳的制品。脲醛树脂还可以用作木材黏接剂、涂料等。

【仪器和试剂】

仪器：三颈烧瓶（250mL）、加热套、搅拌器、冷凝管、油水分离器、烘箱、pH 试纸、试管、烧杯。

试剂：尿素（50g）、甲醛（含量为 35%～37%，110g）、六次甲基四胺（7.5g）、草酸（0.25g）、硬脂酸钡（0.5g）、石蜡（若干）、纸浆板（100mm×120mm）。

【实验内容】

1. 脲醛树脂的合成

将甲醛水溶液加入装有温度计、冷凝管、搅拌器的三颈烧瓶中，然后加入六次甲基四胺，搅拌 15min，调节 pH 值为 7～8。在搅拌的情况下，分批加入尿素，使其溶解，并将温度控制在 50～55℃反应 60min 后，再加入草酸，检验 pH 值，使反应完的脲醛水溶液的 pH 值控制在 5.5～6.5。

2. 脲醛附胶材料的制备

将纸浆板裁成所需形状，放于搪瓷盆中浸渍脲醛树脂水溶液（可两面翻动），浸渍时注意，作为外层料应浸渍时间长一些，使其含有的树脂量多些，压出的制品表面光洁度较高。内层则浸渍时间稍短，树脂含量相对较少。浸渍好的纸浆板用夹子夹好挂在温度为 50～60℃的烘箱内进行干燥，干燥后（用手摸上去不发黏，且纸浆板发脆），将纸浆板放于干燥器内备用。

【实验说明】

1. 在脲醛树脂缩聚中要严格控制 pH 值在 5.5～6.5 之间。每隔 10min 用玻璃棒蘸取反应液观察 pH 值。在 50～55℃反应下，反应约 1h，当 pH 值接近 5.5 时，应立刻停止反应。

2. 干燥温度必须控制在 50～60℃，过高会使脲醛树脂交联度变大，从而使在压制时失去流动性。干燥时，必须经常翻动物料，避免其产生局部过热。

【思考题】

1. 写出合成脲醛树脂的反应方程式。

2. 为什么在脲醛树脂缩聚反应中要严格控制反应的 pH 值？

实验 69 聚乙烯醇缩醛（维尼纶）的制备

【目的和要求】

1. 加深对高分子化学反应基本原理的理解。

2. 掌握聚乙烯醇缩醛的制备方法。

3. 了解缩醛化反应的主要影响因素。

【实验原理】

聚乙烯醇缩甲醛是由聚乙烯醇在酸性条件下与甲醛缩合而成的。其反应方程式如下。

$$CH_2O + H^+ \Longrightarrow C^+H_2OH$$

$$—CH—CH_2—CH— \ +C^+H_2OH \underset{极慢}{\overset{缓慢}{\rightleftharpoons}} \sim\sim\sim CH——CH_2—CH— \ +H_2O$$
$$\quad\ |\qquad\qquad\ |\qquad\qquad\qquad\qquad\qquad\qquad\qquad |\qquad\qquad\qquad\ |$$
$$\quad OH\qquad\quad\ OH\qquad\qquad\qquad\qquad\qquad\qquad\ OC^+H_2OH$$

$$—CH——CH_2—CH— \underset{极慢}{\overset{迅速}{\rightleftharpoons}} —CH\overset{\overset{\displaystyle CH_3}{|}}{\quad}CH— \ +H^+$$
$$\quad\ |\qquad\qquad\qquad\qquad |\qquad\qquad\qquad\quad |\qquad\qquad\quad |$$
$$\quad OC^+H_2OH\qquad\qquad\qquad\qquad O—CH_2—O$$

由于几率效应，聚乙烯醇中邻近羟基成环后，中间往往会夹着一些无法成环的孤立的羟基，因此缩醛化反应不能完全。为了定量表示缩醛化的程度，定义已缩合的羟基量占原始羟基量的百分数为缩醛度。

由于聚乙烯醇溶于水，而反应产物聚乙烯醇缩甲醛不溶于水，因此，随着反应的进行，最初的均相体系将逐渐变成非均相体系。本实验是合成水溶性聚乙烯醇缩甲醛胶水，实验中要控制适宜的缩醛度，使体系保持均相。如若反应过于猛烈，则会造成局部高缩醛度，导致不溶性物质存在于胶水中，影响胶水的质量。因此，反应过程中，要特别严格控制催化剂用量、反应温度、反应时间及反应物比例等因素。

【仪器和试剂】

仪器：三颈烧瓶（250mL）、冷凝管、搅拌器、温度计、恒温水浴锅、量筒。

试剂：聚乙烯醇（1799）、甲醛水溶液（38%）、盐酸、NaOH 水溶液（8%）、去离子水。

【实验内容】

在装有搅拌器、冷凝管、温度计的 250mL 三颈烧瓶中加入 90mL 去离子水，开动搅拌，加入 10g 聚乙烯醇，加热至 95℃，保温，直至聚乙烯醇全部溶解，降温至 80℃，加入 4mL 甲醛溶液，搅拌 15min，滴加 0.25mol/L 稀盐酸，控制反应体系 pH 值为 1～3，继续搅拌，反应体系逐渐变稠。当体系中出现气泡或有絮状物产生时，立即迅速加入 1.5mL 8％的 NaOH 溶液，调节 pH 值为 8～9，冷却，出料，得无色透明黏稠液体，即为一种化学胶水。

【思考题】

1. 为什么缩醛度增加，水溶性会下降？
2. 为什么以较稀的聚乙烯醇溶液进行缩醛化？
3. 聚乙烯醇缩醛化反应中，为什么不生成分子间交联的缩醛键？
4. 产物最终能够为什么要把 pH 值调到 8～9？试讨论缩醛对酸和碱的稳定性。

 **实验 70** 尼龙-66 的制备

【目的和要求】

1. 掌握尼龙-66 的制备方法。
2. 了解双官能团单体缩聚的特点。

【实验原理】

双官能团单体 a-A-a，b-B-b 缩聚生成高聚物，其分子量主要受三方面因素的影响。一是 a-A-a，b-B-b 的摩尔比，其定量关系式可表示为：

$$DP=\frac{100}{q}$$

式中，DP 为缩聚物的平均聚合度，q 为 a-A-a（或 b-B-b）过量的摩尔百分数。二是 a-A-a，b-B-b 的反应程度。如果两反应单体等摩尔，此时反应程度 p 与缩聚物分子量的关系为：

$$\overline{X_n}=\frac{1}{1-p}$$

式中，$\overline{X_n}$ 为以结构单元为基准的数均聚合度，p 为反应程度。第三个影响因素是缩聚反应本身的平衡常数。若 a-A-a，b-B-b 等摩尔，生成的高聚物分子量与 a-A-a，b-B-b 反应的平衡常数 K 的关系为：

$$\overline{X_n}=\sqrt{\frac{K}{[\text{ab}]}}$$

式中，[ab] 为缩聚体系中残留的小分子（如 H_2O）的浓度。K 越大，体系中小分子 [ab] 越小，越有利于生成高分子量的缩聚物。由于己二酸与己二胺在 260℃时的平衡常数为 305，比较大，所以即使产生的 H_2O 不排除，甚至外加一部分水存在时，亦可以生成具有相当分子量的缩聚物，这是制备高分子量尼龙-66 有利的一面。但另一方面，有己二酸、己二胺制备尼龙-66，由于己二胺在缩聚温度 260℃时易升华损失，以致很难控制配料比，所以实际上是先将己二酸与己二胺制得 6,6 盐，它是一个白色晶体，熔点为 196℃，易于纯化。用纯化的尼龙，但 6,6 盐直接进行缩聚，可以解决反应的配料比，由于 6,6 盐中的己二胺在 260℃高温下仍能升华（与单体己二胺相比，当然要小得多），故缩聚过程中的配料比还会改变，从而影响分子量，甚至得不到高分子量聚合物。本实验采用降低缩聚温度（200～210℃）以减少二胺损失的方法进行预缩聚，反应 1～2h 后，再将缩聚温度提高到 260℃或 270℃进行进一步的聚合反应。这种办法不能完全排除己二胺升华的损失，所以得到的分子量不可能很大，也不容易达到拉丝成纤的程度。

己二酸、己二胺生成 6,6 盐，及其再缩聚成尼龙-66 的反应式可以表示如下：

$$HOOC(CH_2)_4COOH + H_2N(CH_2)_6NH_2 \xrightarrow{\text{乙醇}} [H_3\overset{+}{N}(CH_2)_6\overset{+}{N}H_3][^-OOC(CH_2)_4COO^-]$$

$$[H_3\overset{+}{N}(CH_2)_6\overset{+}{N}H_3][^-OOC(CH_2)_4COO^-] \longrightarrow +HN(CH_2)_6NHCO(CH_2)_4CO\frac{1}{n} + (2n-1)H_2O\uparrow$$

【仪器和试剂】

仪器：带侧管的试管，电炉（600W），石棉，温度计（360℃），烧杯（250mL），锥形瓶（250mL）。

试剂：己二酸，己二胺，无水乙醇，高纯氮，硝酸钾，亚硝酸钠。

【实验内容】

1. 己二酸己二胺盐（尼龙-6,6盐）的制备

在250mL锥形瓶中加入7.3g（0.05mol）己二酸及50mL无水乙醇，在水浴上温热溶解。另取一锥形瓶，加5.9g己二胺（0.051mol）及60mL无水乙醇，在水浴上温热溶解。稍冷后，将二胺溶液搅拌下慢慢倒入二酸溶液中，反应放热，可观察到有白色沉淀产生。冷却后过滤，漏斗中的尼龙-6,6盐结晶用少量无水乙醇洗涤2～3次，每次用乙醇4～6mL，将尼龙-6,6盐转入培养皿中于40～60℃真空烘箱干燥，得到尼龙-6,6盐结晶约12～13g，熔点196～197℃。若结晶带色，可用体积比为3∶1的乙醇和水混合溶剂加活性炭重结晶脱色。

2. 尼龙-6,6盐缩聚

取一带侧管的20mm×150mm试管作为缩聚管，加3g尼龙-6,6盐，用玻璃棒尽量压至试管底部。缩聚管侧口作为氮气出口，连一橡皮管通入水中（见图5-33）。通氮气5min，排除管内空气，将缩聚管架入200～210℃熔融盐浴（小心！不要打翻盐浴）。试管架入盐浴后，尼龙-6,6盐开始熔融，并有气泡上升。将氮气流尽量调小，约一秒钟一个气泡，在200～210℃预缩聚2h。期间不要打开塞子。

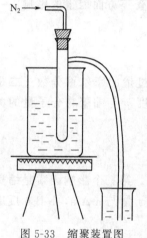

图 5-33 缩聚装置图

2h后，将熔融盐浴温度逐渐升至260～270℃，再缩聚2h后，打开塞子。用玻璃棒蘸取少量缩聚物，试验是否可以拉丝。若能拉丝，表明分子量已经很大，可以成纤。若不能拉丝，取出试管，待冷却后破之，得白色至土黄色韧性固体，熔点265℃，可溶于甲酸，间甲苯酚。若性脆，表明缩聚得不好，分子量不高。

【实验说明】

1. 熔融盐浴制备如下：取250mL干净烧杯，检查无裂痕。加入130g硝酸钾和130g亚硝酸钠，搅匀后与600W电炉加热至所需温度。

2. 融盐浴的温度很高，使用时应小心，实验结束后，戴上手套，趁热将熔融盐倒入回收铁盘或旧的搪瓷盘，待冷后，将其保存在干燥器中，下次实验备用。

3. 尼龙-6,6盐缩聚时仍有少量己二胺升华，在接氮气出口水中加入几滴酚酞，水将变红，表明有少量己二胺带出。由于通氮气是为了维持反应体系无氧，并且为了防止带出己二胺，因此氮气通入速度要慢（开始赶体系中空气除外），否则会增加己二胺带出量，则分子量更上不去。

4. 氮气的纯度在本实验中至关重要，必须使用高纯氮（氧含量＜5mg/L），若用普通氮气，体系呈现褐色，并得不到高黏度产物，用高纯氮，体系始终无色，且能拉出长丝。

5. 如果没有高纯氮气，按以下方法可以将普通氮气中的O_2含量降至20mg/L以下，将普通氮气通过 30％焦性没食子酸的 NaOH 溶液（10％水溶液）吸收 O_2，再通过 H_2SO_4，$CaCl_2$ 等干燥后，经过加热至 200～300℃的活性铜柱进一步吸氧，所得氮气可以满足本实验的要求。

【思考题】

1. 将尼龙-6,6 盐在密封体系 220℃进行预缩聚，实验室中所遇到的主要困难是什么？本实验是如何解决的？工业上又是如何解决的？

2. 通氮气的目的是什么？本实验中 N_2 的纯度为何影响特别大？

3. 为什么在合成尼龙-6,6 时要先制备尼龙-6,6 盐？

附　录

附录1　常见溶剂的氢谱化学位移（常见溶剂的^{1}H 在不同氘代溶剂中的化学位移值）

	mult.	氘 代 溶 剂							
		CDCl$_3$	(CD$_3$)$_2$CO	(CD$_3$)$_2$SO	C$_6$D$_6$	CD$_3$CN	CD$_3$OD	D$_2$O	C$_5$D$_5$N
残余溶剂峰		7.26	2.05	2.50	7.16	1.94	3.31	4.79	7.20 7.57 8.72
水峰	brs	1.56	2.84	3.33	0.40	2.13	4.87	4.79	4.96
CHCl$_3$	s	7.26	8.02	8.32	6.15	7.58	7.90		
(CH$_3$)$_2$CO	s	2.17	2.09	2.09	1.55	2.08	2.15	2.22	
(CH$_3$)$_2$SO	s	2.62	2.52	2.54	1.68	2.50	2.65	2.71	
C$_6$H$_6$	s	7.36	7.36	7.37	7.15	7.37	7.33		
CH$_3$CN	s	2.10	2.05	2.07	1.55	1.96	2.03	2.06	
CH$_3$OH	CH$_3$,s OH,s	3.49 1.09	3.31 3.12	3.16 4.01	3.07	3.28 2.16	3.34	3.34	
C$_5$H$_5$N	CH(2),m CH(3),m CH(4),m	8.62 7.29 7.68	8.58 7.35 7.76	8.58 7.39 7.79	8.53 6.66 6.98	8.57 7.33 7.73	8.53 7.44 7.85	8.52 7.45 7.87	8.72 7.20 7.57
CH$_3$COOC$_2$H$_5$	CH$_3$,s CH$_2$,q CH$_3$,t	2.05 4.12 1.26	1.97 4.05 1.20	1.99 4.03 1.17	1.65 3.89 0.92	1.97 4.06 1.20	2.01 4.09 1.24	2.07 4.14 1.24	
CH$_2$Cl$_2$	s	5.30	5.63	5.76	4.27	5.44	5.49		
n-hexane	CH$_3$,t CH$_2$,m	0.88 1.26	0.88 1.28	0.86 1.25	0.89 1.24	0.89 1.28	0.90 1.29		
C$_2$H$_5$OH	CH$_3$,t CH$_2$,q	1.25 3.72	1.12 3.57	1.06 3.44	0.96 3.34	1.12 3.54	1.19 3.60	1.17 3.65	

附录 2 常见溶剂的碳谱化学位移（常见溶剂的^{13}C 在不同氘代溶剂中的化学位移值）

	氘代溶剂							
	CDCl$_3$	(CD$_3$)$_2$CO	(CD$_3$)$_2$SO	C$_6$D$_6$	CD$_3$CN	CD$_3$OD	D$_2$O	C$_5$D$_5$N
溶剂峰	77.16	206.26 29.84	39.52	128.06	1.32 118.26	49.00	—	123.44 135.43 149.84
CHCl$_3$	77.36	79.19	79.16	77.79	79.17	79.44		
(CH$_3$)$_2$CO	207.07 30.92	205.87 30.60	206.31 30.56	204.43 30.14	207.43 30.91	209.67 30.67	215.94 30.89	
(CH$_3$)$_2$SO	40.76	41.23	40.45	40.03	41.31	40.45	39.39	
C$_6$H$_6$	128.37	129.15	128.30	128.62	129.32	129.34		
CH$_3$CN	116.43 1.89	117.60 1.12	117.91 1.03	116.02 0.20	118.26 1.79	118.06 0.85	119.68 1.47	
CH$_3$OH	50.41	49.77	48.59	49.97	49.90	49.86	49.50	
C$_5$H$_5$N	149.90 123.75 135.96	150.67 124.57 136.56	149.58 123.84 136.05	150.27 123.58 135.28	150.76 127.76 136.89	150.07 125.53 138.35	149.18 125.12 138.27	
CH$_3$COOC$_2$H$_5$	21.04 171.36 60.49 14.19	20.83 170.96 60.56 14.50	20.68 170.31 59.74 14.40	20.56 170.44 60.21 14.19	21.16 171.68 60.98 14.54	20.88 172.89 61.50 14.49	21.15 175.26 62.32 13.92	
CH$_2$Cl$_2$	53.52	54.95	54.84	53.46	55.32	54.78		
n-hexane	14.14 22.70 31.64	14.34 23.28 32.30	13.88 22.05 30.95	14.32 23.04 31.96	14.43 23.40 32.36	14.45 23.68 32.73		

附录 3 核磁共振^{1}H 化学位移图表

质子类型	化学位移值
烷烃质子	(1) —C—C—H δ0.9~1.5mg/L
	(2) —C=C—CH$_3$ $\Big\}$ δ1.6~2.1mg/L —C≡C—CH
	(3) 与 N,S,C=O,—Ar 相连 δ2.0~2.5mg/L
烯烃质子	(4) 与 O,卤素相连 δ3~4mg/L δ4.5~8.0mg/L 利用^{1}H-NMR 可有效确定双键的取代及构型。 δH = 5.28 + Zgem + Zcis + Ztrans
炔烃质子 炔烃质子	δ4.5~8.0mg/L 利用^{1}H-NMR 可有效确定双键的取代及构型。 不特征,δ1.8~3.0mg/L,与烷烃重叠,应结合 IR 解析。

芳烃质子	^{1}H-NMR 信息非常特征	δ6.5~8.0mg/L,未取代芳环
		δ7.26mg/L,呈现单峰
其他质子	醛基—CO—H	δ9.0~10.0δmg/L
	羟基 R—OH	δ0.5~1.0mg/L(稀溶液)
		δ4~5.5mg/L(浓溶液)
	Ar—OH	δ3.5~7.7mg/L
		δ10~16mg/L(分子内氢键)
	—COOH	δ10.5~13mg/L

附录4 常见官能团红外吸收特征频率表

化合物类型	官能团	吸收频率/cm^{-1}					备注
		4000~2500	2500~2000	2000~1500	1500~900	900 以下	
烷基	—CH$_3$	2960,尖[70] 2870,尖[30]			1460,[<15] 1380,[15]		1. 甲基氧、氮原子相连时,2870 的吸收移向低波数。 2. 借二甲基使 1380 的吸收产生双峰
	—CH$_2$	2925,尖[75] 2825,尖[45]			1470,[8]	725~720[3]	1. 与氧、氮原子相连时,2850 吸收移向低波数。 2. —(CH$_2$)$_n$—中,n>4 时方有 725~720 的吸收,当 n 小时往高波数移动
	△ 三元碳环	3000~3080[变化]					三元环上有氢时,方有此吸收
不饱和烃	—CH$_2$	3080,[30] 2975,[中]					
	—CH—	3020,[中]					
	C—C			1675~1600[中~弱]			共轭烯移向较低波数
	—CH—CH$_2$				990,尖[50] 910,尖[110]		
	—C=CH$_2$					895,尖[100~150]	
	反式二氢				965,尖[100]		
	顺式二氢					800~650,[40~100]	常出峰于 730~675
	三取代烯					840~800,尖[40]	
	≡CH	3300,尖[100]					
	—C≡C—		2140~2100				末端炔基
			2260~2190				中间炔基

化合物类型	官能团	吸收频率/cm⁻¹					备注
		4000~2500	2500~2000	2000~1500	1500~900	900以下	
苯环及稠芳环	C—C			1600,尖[<100] 1580[变] 1500,尖[<100]	1450,[中]		
	—CH	3030[<60]					
醚	C—O—C				1150~1070,[强]		
	—C—O—C				1275~1200,[强]		
					1075~1020,[强]		
	▲	3050~3000[中、弱]					环上有氢时方有此吸收峰
					1250,[强]	950~810,[强]	
						840~750,[强]	
酮	链状饱和酮			1725~1705,尖[300~600]			
	环状酮						
	大于七元环			1720~1700,尖[极强]			
	六元环			1725~1705,尖[极强]			
	五元环			1750~1740,尖[极强]			
	四元环			1775,尖[极强]			
	三元环			1850,尖[极强]			
	不饱和酮						
	α,β-不饱和酮			1685~1665,尖[极强]			羰基吸收
				1650~1600,尖[极强]			烯键吸收
	Ar—CO—			1700~1680,尖[极强]			羰基吸收
	Ar—CO—Ar { α,β,α′,β′-不饱和酮			1670~1660,尖[极强]			羰基吸收
	α-取代酮₁ α-卤代酮			1745~1725,尖[极强]			
	α-二卤代酮			1765~1745,尖[极强]			

化合物类型	官能团	吸收频率/cm^{-1}					备注
		4000~2500	2500~2000	2000~1500	1500~900	900 以下	
酮	二酮： O O ‖ ‖ —C—C—			1730~1710, 尖[极强]			当两个羰基不相连时,基本上回复到链状饱和酮的吸收位置
	醌： 1,2 苯醌			1690~1660, 尖[极强]			
	1,4 苯醌						
	革酮			1650, 尖[极强]			
醛	饱和醛	28020[弱], 2720[弱]		1740~1720, 尖[极强]			
	不饱和醛 α,β-不饱和醛 α,β,γ,δ-不饱和醛 Ar—CHO			1705~1680, 尖[极强] 1680~1660, 尖[极强] 1715~1695, 尖[极强]			
羧酸	饱和羧酸	3000~2500, 宽		1760[1500]	1440~1395 [中,强]		1760 为单体吸收
				1725~1700 [1500]	1320~1210 [强] 920 宽[中]		1725~1700 为二聚体吸收,可能见到两个吸收,分别为单体及二聚体吸收
	α,β-不饱和腈			1720[极强] 1715~1690 [极强]			分别为单体及二聚体吸收
	Ar—COOH			1700~1680 [极强]			
	α-卤代羧酸			1740~1720 [极强]			
酸酐	饱和,链状酸酐			1820[极强] 1760[极强]	1170~1045 [极强]		
	α,β-不饱和酸酐			1775[极强] 1720[极强]			
	六元环酸酐			1800[极强] 1750[极强]	1300~1175 [极强]		
	五元环酸酐			1865[极强] 1785[极强]	1300~1200 [极强]		
羧酸酯	饱和链状羧酸酯			1750~1730, 尖 [500~1000]	1300~1050 （两个峰） [极强]		

化合物类型	官能团	吸收频率/cm⁻¹					备注
		4000~2500	2500~2000	2000~1500	1500~900	900以下	
羧酸酯	α,β-不饱和羧酸酯				1730~1715[极强]	1300~1250[极强] 1200~1050[极强]	
	α-卤代羧酸酯				1770~1745[极强]		
	Ar—COOR				1730~1715[极强]		
	CO—O— C=C—				1770~1745[极强]	1300~1250[极强] 1180~1100[极强]	
	CO—O—Ar				1740[极强]		
	(六元环内酯)				1750~1735[极强]		
	(六元环不饱和内酯)				1720[极强]		
	(六元环不饱和内酯)				1760[极强]		同时还有C=C吸收峰(1685)
羧酸酯	(五元环内酯)			1780~1760[极强]			
羧酸盐	—COO⁻			1610~1550[强]	1450~1300[强]		
酰氯	饱和酰氯			1815~1770,尖[极强]			O‖—C—F 在较高波数处,O‖—C—Br,O‖—C—I 在较低波数处
	α,β-不饱和酰氯			1780~1750,尖[极强]			
酰胺							(1)圆括号内数值为络合状态的吸收峰。(2)内酰胺的吸收位置随着环的减小而移向高波数方向
	伯酰胺—CONH₂		3500,3400,双峰[强](3350~3200,两个峰)				N—H吸收

参 考 文 献

[1] 吴庆银. 现代无机合成与制备化学. 北京：化学工业出版社，2010.

[2] 强根荣等. 综合化学实验. 北京：化学工业出版社，2010.

[3] 南京大学. 无机及分析化学及实验. 北京：高等教育出版社，2006.

[4] 薛叙明. 精细有机合成技术. 北京：化学工业出版社，2005.

[5] 范如霖. 有机合成特殊技术. 上海：上海交通大学出版社，1987.

[6] 郭生金. 有机合成新方法及其应用. 北京：中国石化出版社，2007.

[7] 徐家业. 高等有机合成. 北京：化学工业出版社，2005.

[8] 傅春玲. 有机化学实验. 杭州：浙江大学出版社，2000.

[9] 曾昭琼. 有机化学实验. 北京：高等教育出版社，2008.

[10] 罗冬冬. 有机化学实验. 北京：化学工业出版社，2012.

[11] 李明. 有机化学实验. 北京：科学出版社，2010.

[12] 李兆陇. 有机化学实验. 北京：清华大学出版社，2001.

[13] 程青芳. 有机化学实验. 南京：南京大学出版社，2006.

[14] 马敬中. 有机化学实验. 北京：化学工业出版社，2010.

[15] 龙盛京. 有机化学实验教程. 北京：高等教育出版社，2011.

[16] 杨黎明. 精细有机合成实验. 北京：中国石化出版社，2011.

[17] 何巧红等. 大学化学实验. 北京：高等教育出版社，2012.

[18] 李珺等. 综合化学实验. 北京：科学出版社，2011.

[19] 潘祖仁. 高分子化学. 第五版. 北京：化学工业出版社，2011.

[20] 赵德仁. 高聚物合成工艺学. 第二版. 北京：化学工业出版社，1997.

[21] 梁晖，卢江. 高分子化学实验. 北京：化学工业出版社，2005.

[22] Tian, C., Zhang, Q., Wu, A., et al. Chemical Communications, 2010, 48, 2858.

[23] Guo, Y., Cao, X., Lan, X., Zhao, C., Xue, X., Song, Y. The Journal of Physical Chemistry C, 2008, 112, 8832.

[24] 李巧娜，陆晓晓，沈莉等. 单分散锐钛矿型 TiO_2 亚微米球的制备与光催化性能研究. 物理化学进展，2014，3，17.

[25] 周益明，忻新泉. 低热固相合成化学. 无机化学学报，1999，15（3）：273-292.

[26] 贾殿赠，杨立新，夏熙. 铜（Ⅱ）化合物与 NaOH 室温条件下固-固相化学反应的 XRD 研究. 化学通报，1997，(4)：51-52.

[27] 贾殿赠，俞建群，夏熙. 一步室温固相化学反应法合成 CuO 纳米粉体. 科学通报，1998，(4)：172-174.

[28] 陈昌云，周志华，薛蒙伟等. 热色性材料变色机理及应用. 南京晓庄学院学报，2002.18（4）：20-22.

[29] 丁士文，柴佳，冯春燕等. 室温固态反应制备纳米 Bal-xSrxTiO₃ 固溶体及其结构与介电性能研究. 化学学报，2006，64（12）：1243-1247.

[30] 栾兆坤，汤鸿霄. 我国无机高分子絮凝剂产业发展现状与规划. 工业水处理，2000，20（11）：1-6.

[31] 郑怀礼，刘克万. 无机高分子絮凝剂的研究进展及发展趋势. 水处理技术，2005，30（6）：315-319.

序

　　1999 年，国际建筑师协会 UIA 大会在北京举行，发布了强调绿色建筑要成为新世纪工作准则的《北京宪章》。从此，我国从政府到公众都逐步关注绿色建筑的理念、研究与实践。2003 年，为筹备中的北京奥运，我国推出了《绿色奥运建筑评估体系》；2006 年，又推出了我国第一部《绿色建筑评价标准》（GB/T 50378），并从 2008 年开始为我国的绿色建筑进行分级标识评价。截至 2020 年，我国当年新建绿色建筑的建筑面积已经占城镇新建民用建筑的 77%。2020 年，我国又提出了"双碳"目标，而绿色建筑又是实现"双碳"目标的关键。

　　目前，我国已经建成了较为完整的绿色建筑评价标准体系，涵盖不同类型的建筑和园区，以及不同的建设阶段。很多高等院校的毕业生走出校门后会投身于绿色建筑相关的行业，因此非常需要获得绿色建筑的相关知识，包括基本理念、基础知识和基本原理。部分院校也开设了绿色建筑相关的公共选修课。但是迄今为止，还没有一本受到大家认可的面向包括建筑环境、土木、建筑学、给排水等不同专业本科生的全面介绍绿色建筑的教材。目前，各院校的绿色建筑课程的授课内容基本上取决于开课教师个人的专业领域知识，难免有所偏颇。《绿色建筑概论》教材的诞生可以说是填补了这一空白。由于本教材覆盖了绿色建筑的主要方面，尽管都是基础性的知识，但是都是关键的知识，对于授课教师以及学生来说都是非常有帮助的。

　　本教材的主要作者长期从事绿色建筑研究与实践，并具有绿色建筑设计、咨询、绿建标识评价的经验，本教材内容的质量因而也得到了保证。

　　相信本教材能够在我国的本科教育中为贯彻绿色建筑与城乡可持续发展的理念发挥重要的作用！

教育部高等学校土木类专业教学指导委员会副主任委员
教育部高等学校建筑环境与能源应用工程专业教学指导分委员会主任委员
城乡生态规划与绿色建筑教育部重点实验室 副主任

前言

2020年，中国向世界宣告2030年前实现碳达峰，2060年前力争实现碳中和的目标，这既是我国承担大国责任，积极应对气候变化的国策，也是基于科学论证的国家发展战略。建筑，作为人类生活的重要载体，能源和资源的利用终端，其建设与发展方式直接关系到环境质量的改善和"双碳"目标的实现。

绿色建筑，是指在建筑的全寿命周期内，最大限度地节约资源、保护环境和减少污染，为人们提供健康、适用和高效的使用空间，是与自然和谐共生的建筑。它不仅仅是一种建筑技术的革新，更是一种对人与自然关系的深刻反思和积极探索。

党的二十大报告明确指出，"积极稳妥推进碳达峰碳中和""推进工业、建筑、交通等领域清洁低碳转型""推动形成绿色低碳的生产方式和生活方式"。这为我们推进绿色建筑发展提供了根本遵循和行动指南。在这一精神的指引下，我们按照《绿色建筑评价标准》（GB/T 50378—2019）中对绿色建筑的定义和评价框架，以为不同专业、不同基础的读者提供一本知识体系全面，具有一定专业深度的教材为目的，编写了本书。本书按照健康舒适、资源节约、环境宜居、生活便利、安全耐久几大板块所覆盖的知识体系，从建筑热湿环境、光环境、声环境、空气环境、水环境、能源系统、周围环境、施工、安全耐久、建筑运营与维护等方面具体展开论述。本书汇集了建筑环境与能源应用工程、土木结构、水资源等不同专业的一线教学人员，共同编写。

本书与同类书相比具有如下显著特点：

（1）全面融入《绿色建筑评价标准》涉及的知识范围，深入浅出，适合各个层次、不同专业的读者。书中相关知识点处列明《绿色建筑评价标准》的具体条文，方便读者加深对标准的理解与运用。

（2）使用近几年的国内外优秀绿色建筑技术及应用案例。区别于集中介绍绿色建筑案例的方式，书中以技术分类为线索，把案例拆分成技术应用，穿插全书。

（3）充分结合绿色建筑的最新理念，把理论和实际相结合，实现高度的实用性。

（4）组织了音频、彩图、在线题库等丰富的数字资源（读者可扫描二维码的形式获取），以充分拓展绿色建筑概论相关知识点。

本书共11章，由北京工业大学张伟荣和清华大学李晓锋任主编，参加编写的还有北京工业大学薛鹏、王京京、周晋军、张楠，其中张伟荣负责编写第1章、第2章、第5章、第8章和第11章，并对全书进行统筹，李晓锋负责编写第7章及全书框架设计、部分统稿，薛鹏负责编写第

3章、第4章，周晋军负责编写第6章，王京京负责编写第9章和第10章，张楠负责第5章部分内容编写。温舒晴、金芝燕、张昕悦、于婷佳参与部分章节的工作，并负责全书的图表整理及文献校对。北京工业大学建筑环境与能源应用工程专业于2020年获批国家级一流本科专业建设点，按照一流专业建设任务，师资团队编写了本教材。本书为普通高等教育一流本科专业建设成果教材。

　　绿色建筑涉及多个专业，绿色建筑是实现专业融合和学科交叉的重要载体，技术广泛且发展迅速，在"双碳"目标指引下，相关技术应用和优秀案例大量涌现，本书的内容难以完全覆盖，还需要不断更新。受编者水平限制，书中难免有疏漏之处，恳请各位读者批评指正，让本书不断完善。

编者　张伟荣

2024年4月于北京工业大学

目录

125 ｜ 第 7 章　绿色建筑能源系统

181 ｜ 第 8 章　绿色建筑与周围环境

261 第 11 章 绿色建筑运营与维护

绿色

建筑

概论

INTRODUCTION TO
GREEN BUILDING

第 1 章
绿色建筑概述

　　本章旨在从概念、相关学科基础、设计因素、发展历史与意义四个方面使读者对绿色建筑建立起较为全面的了解和认识。1.1 节给出了不同学者对绿色建筑的定义；1.2 节详细讲述了绿色建筑相关学科理论基础，帮助读者全面了解绿色建筑应包含的理论知识；绿色建筑设计是绿色建筑的重点，因此 1.3 节重点介绍了绿色建筑应包含基地、水资源利用、能源的使用、建筑材料和室内环境品质五个设计因素；1.4 节介绍了世界绿色建筑发展史与中国绿色建筑发展史，带领读者了解世界各国绿色建筑的发展史与绿色建筑评价体系，最后阐明发展绿色建筑的意义。

 学习目标

了解并掌握绿色建筑的概念。

了解绿色建筑中的各项设计因素。

学习绿色建筑的发展历程与实际意义。

关键词： 绿色建筑；绿色建筑设计因素；绿色建筑发展与意义

 讨论

1. 为什么要提出绿色建筑的概念？

2. 为什么要对《绿色建筑评价标准》进行修订？

3. 2019 年新版《绿色建筑评价标准》主要修订了哪些内容？

4. 绿色建筑在实际生产生活中相较于传统建筑有哪些优势？

1.1 绿色建筑的概念

建筑是人为了适应环境、改善环境而创造的介于人与自然之间的人工物，它是人类生存与活动的场所。建筑活动的根本目的是为人类生存和活动提供必要的物质环境。建筑学是研究建筑的设计、建造及使用的学科。"绿色"是自然界植物的颜色，是生命之色，象征着生机盎然的自然生态系统。在"建筑"前面冠以"绿色"，意在表示建筑应像自然界绿色植物一样，具有生态环保的特性。**绿色建筑（Green Building）** 可以理解为在保证建筑物使用功能和室内外环境质量的前提下，在全寿命周期内资源节约（节能、节地、节水、节材）、环境友好的建筑。

关于绿色建筑，大卫和鲁希尔·帕卡德基金会曾经给出过一个直白的定义：任何一座建筑，如果其对周围环境所产生的负面影响要小于传统的建筑，那么它就可以被称为绿色建筑。传统的"现代建筑"对人类所生存的环境已经造成了一定负担。以欧洲为例，欧盟各国一半的能源消费都与建筑有关，同时还造成了农业用地损失、污染及温室气体排放等相关问题。因而需要通过设计与建造方式的改变，应对 21 世纪的环境问题。在《大且绿——走向 21 世纪的可持续性建筑》一书中，绿色建筑被定义为：通过节约资源和关注使用者的健康，把对环境的影响降低到最低程度的建筑，其特点是有舒适和优美的环境。

在各种书刊上，常有"绿色建筑""生态建筑（Ecological

Building）""可持续建筑（Sustainable Building）""低碳建筑（Low-carbon Building）"等看似相同的概念出现。大体上，我们可以认为"绿色建筑""生态建筑""可持续建筑""低碳建筑"表述的是同一个意思，也就是关注建筑的建造和使用对资源的消耗和给环境造成的影响，同时，也强调为使用者提供健康舒适的建筑环境。细致区分的话，三者也有区别。

生态建筑是一种参考生态系统的理念与规律来进行设计的建筑。生态系统的核心观念就是一种自我循环的稳定状态，而生态建筑的理想状态，也就是可以在小范围内达到自我循环，而不对环境造成负担。

可持续建筑则与可持续发展的理念有关，可持续发展（Sustainable Development）的发展方式要求在发展过程中"既可以满足我们这一代人的需要，又不牺牲下一代满足他们需要和渴望的能力"（布伦特兰委员会定义）。保障下一代使用资源权利的基础是合理地使用资源：在不可再生资源部分，需要"优化不可再生资源使用的效率"；而对于可再生资源，则需要让其被使用的速度低于自然更新的速度。可持续建筑就是按照这一理念所设计的建筑。

低碳建筑是指在建筑材料与设备制造、施工建造和建筑物使用的整个生命周期内，减少化石能源的使用，提高能效，降低二氧化碳排放量的建筑。

绿色建筑的概念较为宽泛，只要是有环保效益、对资源进行有效利用的建筑，我们都可以称之为绿色建筑，即绿色建筑蕴含生态、低碳、环保等理念。各国现有的绿色建筑评价体系表明绿色建筑可以划分为不同的等级，也就是说，建筑的"绿"可以是不同的。通过对比不同国家的绿色建筑评价标准也可以发现不同国家对于不同等级绿色建筑的划分标准也具有一定的差异性，这表明绿色建筑具有一定的区域特点，它与国家和时代背景紧密相关。

根据我国住房和城乡建设部颁布的《绿色建筑评价标准》（GB/T 50378—2019）中的定义，**绿色建筑**是指"在全寿命周期内，节约资源、保护环境、减少污染，为人们提供健康、适用、高效的使用空间，最大限度地实现人与自然和谐共生的高质量建筑。"

1.2　绿色建筑相关学科理论基础

绿色建筑理念贯穿建筑物的全寿命周期，其涉及的相关学科较传统建筑学更加广泛。在学习绿色建筑相关学科时，其理论基础可大致分为八个部分。

（1）绿色建筑文化与历史。内容包括绿色建筑文化、绿色伦理及绿色建筑发展史。

（2）绿色建筑基础理论。内容包括建筑环境心理学、建筑环境物理学及建筑气候学。其中建筑环境物理学又可细分为建筑光学、建筑声学和建筑热工学。

（3）绿色建筑技术知识。内容包括绿色建筑材料、绿色建筑构造、绿色建筑结构工程及绿色建筑设备工程。其中绿色建筑设备工程包括给水排水工程，供热、供燃气、通风与空调工程，供电与照明工程和通信与网络工程四部分内容。

（4）绿色建筑分析。绿色建筑分析主要有需求分析、功能建模与行为分析、建筑环境与性能分析、非功能性质量分析、风险分析等方面。

（5）绿色建筑设计。这一部分是绿色建筑的重点，以下给出了绿色建筑设计全过程的大致框架。

首先是设计基础，即在设计开始前应确定绿色建筑的设计原则与设计策略、设计功能和需求之间的交互，还有设计风格、模式语言。随后进行绿色建筑的概念设计、详细设计、性能设计（即节能、节水、节地、节材）。此外，对于设计过程，还应形成过程概念，在实现已有设计的过程中体现出过程定义的层次、生命周期模型。对于设计结果，应进行设计评价，以满足绿色建筑标准给出的要求，完成专家评审、使用后评价等环节，根据评价结果给出包括缺陷分析、问题追踪等内容的建筑问题分析与报告。在绿色建筑的设计中，还可以使用创新性的设计技术与支持工具，如计算机辅助分析（CAE）、计算机辅助设计（CAD）、计算机支持的协同设计（CSCD）、可视化技术与虚拟现实技术（VR）等。

（6）设计管理。绿色建筑设计除了对建筑本身的设计，还包括对设计团队的组建与管理、项目计划与控制，以及设计知识管理等方面。

（7）绿色建筑经济学。它涉及绿色建筑的规划、设计、建造、使用、维护及拆除等过程中所产生的经济效益、社会效益和环境效益的评估与优化问题。

（8）绿色建筑运营与管理。这一部分包括专业实践能力、表现技巧、沟通技巧、团队精神以及职业道德等。

可见，绿色建筑的设计与建造，不仅对建筑师的传统建筑设计能力有要求，更对建筑师的可持续设计理念有系统化的要求。同时，它不仅仅要求建筑师完成设计的工作，更需要建筑师承担施工、维护和管理等涉及建筑物"全寿命周期"的责任。

1.3　绿色建筑的设计因素

绿色建筑的兴起与绿色设计观念在全世界范围内的广泛传播密不可分，是绿色设计观念在建筑学领域的体现。**绿色设计（GD，Green Design）** 这一概念最早出现在 20 世纪 70 年代美国的一份环境污染法规中，是指在产品整个寿命周期内优先考虑产品环境属性，同时保证产品应有的基本性能、使用寿命和质量的设计。与传统建筑设计相比，绿色建筑设计有两个特点：一是在保证建筑物的性能、质量、寿命、成本要求的同时，优先考虑建筑物的环境属性，从根本上防止污染，节约资源和能源；二是设计时所考虑的时间跨度大，涉及建筑物的整个寿命周期，即从建筑的前期策划、设计概念形成、建造施工、建筑物使用直至建筑物报废后对废弃物处置的全寿命周期环节。

绿色建筑设计需要考虑以下几个因素：

（1）基地

在基地的选择上，首先要考虑控制建筑活动对基地的污染，要避免水土流失、大气污染，避免使用优质耕地，而鼓励开发曾受到污染的土地。其次，保证一定的开发密度，其周围应有很好的配套设施，如商业服务网点、教育文化设施、医疗福利建筑等，形成混合型小区。同时，基地周围也要求有良好的公共交通系统。再者，设计师需要考虑雨水的管理与利用，并通过适当的场地设计提升空地率，进而减少城市热岛效应。最后，通过以上种种措施，来保障基地的可持续性。

（2）水资源利用

水资源利用包括场地景观用水与建筑物内用水。景观用水应利用中水或者雨水，而不是饮用水。设计师在进行景观植物浇灌系统的设计时，也应考虑合理而节约的浇灌方式。建筑物内部用水的环保措施包括使用节水设备、对废水的利用等，减少建筑物对水的需求和建筑物排出的废水。也就是说，建筑通过对雨水、中水的合理利用，达到节水的目的。

（3）能源的使用

应减少使用化石能源，鼓励使用可再生的清洁能源，如风能、太阳能、生物质能等。清洁能源的使用应结合建筑条件及当地资源条件，并应充分利用太阳能。

（4）建筑材料

建筑材料的选用要从全寿命周期角度考虑，即从来源、生产、运输、安装、使用到最终的废弃或者再次利用的整个过程考虑。建筑材料的选用不能仅考虑单位重量建材的能源、资源消耗量，因为不同建筑结构方案会使使用建材的总量以及建材自身的回收难度不同。因此，当地材料、可回收的材料（如钢材）、可再生的自然材料（如竹子、木材），相对于旧有的建筑材料是更好的选择。同时，需要保证建筑材料的安全性，不能对人体及周围环境产生危害。

（5）室内环境品质

在建筑设计中，应鼓励自然通风，同时提高机械通风的新风率；应鼓励自然采光，同时通过良好的建筑设计保证电气照明系统与自然采光方式的良好配合；应提高建筑物室内的舒适度，同时优化采暖、通风、制冷等系统的能源效率。

1.4　绿色建筑的发展与意义

1.4.1　世界绿色建筑的发展

从历史的角度看，建筑的功能和形态总与一定历史时期人类的建筑观念相适应。在原始社会，生产力水平低下，人类敬畏自然、依存自然，建筑仅是为遮风挡雨、获得安全而建造的庇护所，体现的只是其自然属性，建筑对生态环境的影响较小；在奴隶社会与封建社会时期，人口增加，农业生产和建筑活动增强，人类砍伐森林和开垦土地，对自然造成了一定程度的破坏，但尚未超出自然的承载能力，建设活动的破坏性并不为人们所重视；工业革命以来，科学技术不断进步，社会生产力空前提高，人口急剧增加，建设活动也随之急剧增强，但消耗了大量资源，对环境造成了较大破坏。

1980 年，世界自然保护联盟（IUCN）在《世界保护策略》中首次使用了"可持续发展"

的概念，并呼吁全世界"必须研究自然的、社会的、生态的、经济的以及利用自然资源过程中的基本关系，确保全球的可持续发展"。

1987 年，联合国世界环境与发展委员会（WCED）发表了《我们共同的未来》长篇调查报告。报告从环境与经济协调发展的角度，正式提出了"可持续发展"的观念，并指出走"可持续发展"道路是人类社会生存和发展的唯一选择。

1992 年 6 月，在巴西里约热内卢召开了联合国环境与发展会议。会议通过了《里约环境与发展宣言》（又名《地球宪章》）和《21 世纪议程》两个纲领性文件。这次大会的召开及其所通过的纲领性文件，标志着可持续发展已经成为人类的共同行动纲领。

绿色建筑逐渐成为发展方向，世界绿色建筑评价体系随之迅猛发展。1990 年英国建筑研究院创立了世界上第一个绿色建筑评估方法：建筑研究机构环境评估方法（Building Research Establishment Environmental Assessment Method，BREEAM）。该评估体系采取的"因地制宜、平衡效益"的核心理念，也使它成为全球唯一兼具"国际化"和"本地化"特色的绿色建筑评估体系。它既是一套绿色建筑的评估标准，也为绿色建筑的设计设立了最佳实践方法，也因此成为描述建筑环境性能最权威的国际标准。

1998 年美国绿色建筑委员会（USGBC）推出了"能源与环境设计先锋"（Leadership in Energy and Environmental Design，LEED）的绿色建筑分级评估体系，在目前世界各国的各类建筑环保评估、绿色建筑评估以及建筑可持续性评估标准中被认为是最完善、最有影响力的评估标准。LEED 认证体系适用于所有建筑种类，包括写字楼、住宅、仓储物流、数据中心、医院、学校等。它涵盖建筑的整个寿命周期，在建筑全寿命周期的不同阶段（建筑设计与施工、建筑运营与维护、室内设计与施工）都提供了相应的评价标准。

日本 2002 年颁布了"建筑物综合环境性能评价体系"（Comprehensive Assessment System for Building Environmental Efficiency，CASBEE）。该体系以各种用途、规模的建筑物作为评价对象，从"环境效率"的角度出发进行评价。它的核心是，评价建筑物在限定的环境性能下，通过措施降低环境负荷的效果。CASBEE 将评估体系分为建筑环境的品质（Q）与建筑环境负荷的减少（LR）两部分。建筑环境的品质又分为三个小类：第一小类是室内环境（Q1），第二小类是服务性能（Q2），第三小类是室外环境（Q3）。建筑环境负荷的减少也分为三个小类，第一小类是能源（LR1），第二小类是资源与材料（LR2），第三小类是建筑用地外环境（LR3）。其中每个项目都包含若干小项。CASBEE 采用 5 分评价制。满足最低要求评为 1，达到一般水平评为 3。参评项目最终的 Q 或 LR 得分为各个子项得分乘以其对应权重系数的结果之和，得出 SQ 与 SLR。评分结果显示在细目表中，接着可计算出建筑物的环境效率，即 Bee 值。

此外，还有一些绿色建筑评估体系，如巴黎高质量环境协会在 1992 年颁布的高环境质量评价体系 HQE；1998 年加拿大发起研究，多国及地区参与的 GB Tool 体系；我国香港地区于 1996 年制定的 HK-BEAM；我国台湾地区于 1999 年启动的绿色建筑评估体系 EEWH；澳国家环境与遗产办公室于 2003 年提出正式实施的 NABERS；新加坡建设局于 2005 年推出的绿色建筑评估系统 GREEN MARK；德国可持续建筑委员会在 2007 年颁布的可持续建筑评估体系 DGNB 等多个绿色建筑评估体系。

1.4.2 中国绿色建筑的发展

我国疆域辽阔，历史悠久，有着几千年的建筑历史。我国古代建筑师从自然中汲取经验，用模仿生态的形式来创造建筑，体现了"天人合一"的建筑思想，这本身就是一种绿色理念。如木构架结构有很多优点，首先，承重与围护结构分工明确，屋顶重量由木构架来承担，外墙起遮挡阳光、隔热防寒的作用，内墙起分割室内空间的作用，由于墙壁不承重，这种结构赋予建筑物以极大的灵活性；其次，传统的木结构建筑由于木材的特性及构架节点所用的斗拱和榫卯都有一定伸缩余地，因而在一定限度内可减轻地震的危害。又如，在很多的传统住宅中，天井有着很重要的通风、采光的功能。风过来是穿堂风，所以天井中间的过堂是最绝妙的地方。再如，中国传统的窑洞式民居以生土作为建筑材料，具有就地取材、减少运输费用、节省木材、造价低廉、施工简便、保温和隔热性能优越等优势。窑洞除小面积洞口部位相对单薄外，其他各面全包裹在厚厚的土层中。厚实的土层所起的隔热作用使洞内温度变化很小，达到冬暖夏凉的目的。此外古人"城乡统一""规模适度""合理布局""因地制宜""融合自然"等理念都体现了绿色建筑的思想。

20 世纪 90 年代，"绿色建筑"这个理念引入中国，中国的绿色建筑发展开始逐渐走上体系化和规范化的道路。1992 年巴西里约热内卢联合国环境与发展大会以来，中国政府相继颁布了若干相关纲要、导则和法规，大力推动绿色建筑的发展。

1994 年 3 月，《中国 21 世纪议程——中国 21 世纪人口、环境与发展白皮书》发布，首次提出"促进建筑可持续发展，建筑节能与提高住区能源利用效率"。

2004 年 4 月，建设部与科技部发布了国家科技攻关计划重点项目申报指南，启动了"十五"国家科技重大攻关项目——"绿色建筑关键技术研究"。同年 9 月建设部启动了"全国绿色建筑创新奖"，这标志着我国绿色建筑进入了全面发展阶段。

2006 年 3 月建设部颁布了我国首部《绿色建筑评价标准》（GB/T 50378—2006），该标准对评估建筑绿色程度、保障绿色建筑质量、规范和引导我国绿色建筑健康发展发挥了重要的作用。科技部和建设部还签署了"绿色建筑科技行动"合作协议，为绿色建筑技术发展和科技成果产业化奠定了基础。

2007 年 8 月建设部出台了《绿色建筑评价技术细则（试行）》和《绿色建筑评价标识管理办法》，开始建立起适合中国国情的绿色建筑评价体系。

2014 年 4 月住房和城乡建设部宣布《绿色建筑评价标准》GB/T 50378—2014 自 2015 年 1 月 1 日实施，同时宣布原《绿色建筑评价标准》GB/T 50378—2006 废止。

2019 年 3 月住房和城乡建设部宣布《绿色建筑评价标准》GB/T 50378—2019 自 2019 年 8 月 1 日起实施，同时宣布原《绿色建筑评价标准》GB/T 50378—2014 废止。

2022 年 3 月，住房和城乡建设部印发了《"十四五"建筑节能与绿色建筑发展规划》，明确到 2025 年，城镇新建建筑全面建成绿色建筑，为城乡建设领域 2030 年前碳达峰奠定坚实基础。

我国绿色建筑历经 30 余年的发展，已实现从无到有，从少到多，从个别城市到全国范围，从单体到城区、到城市规模化的发展，直辖市、省会城市及计划单列市保障性安居工程

已全面强制执行绿色建筑标准。绿色建筑实践工作稳步推进，绿色建筑发展效益明显，从国家到地方、从政府到公众，全社会对绿色建筑的理念、认识和需求逐步提高，绿色建筑蓬勃开展。

党的二十大报告将城乡人居环境明显改善，美丽中国建设成效显著列入未来五年的主要目标任务。推进美丽中国建设，必须加快发展方式绿色转型。习近平总书记指出："绿色循环低碳发展，是当今时代科技革命和产业变革的方向，是最有前途的发展领域"我国在这方面的潜力相当大，可以形成很多新的经济增长点。

1.4.3 发展绿色建筑的意义

在了解了绿色建筑的概念、学科基础、设计理念以及发展历史之后，大力推动绿色建筑建设的意义已经不言自明。发展绿色建筑对于经济发展、环境保护、资源利用、生活质量、社会责任等多个方面都具有积极的影响。

（1）经济层面

绿色建筑采用节能、节水和资源循环利用等技术，可以显著降低能源和水资源消耗，从而节约能源成本。同时，绿色建筑需要更多专业人才从事设计、施工和运营等环节，可以创造更多的就业机会，促进经济发展。此外，绿色建筑具有更好的品质和更高的价值。投资绿色建筑可以获得更高的回报率，投资者也倾向于购买具备可持续性标准认证的房产。

（2）环境层面

绿色建筑通过利用可再生能源和节能措施，可以降低对化石燃料的依赖和能源消耗，降低碳排放。绿色建筑采用可再生材料、设计可拆卸结构和推广建筑垃圾分类等措施，可以显著减少废物的产生，从而减轻对环境的压力。绿色建筑通过收集雨水、利用节水设备和处理废水等措施，可以减少对水资源的浪费。

（3）社会层面

绿色建筑注重室内环境质量，通过改善室内空气质量、调节温湿度和提供自然采光等措施，提升了居住舒适度。这有助于改善人们的生活品质、提高工作效率，并减少室内空气污染对健康的影响。绿色建筑符合可持续发展的理念，可以促进社会的可持续发展，可以促进全球可持续发展目标的实现，为未来世代留下一个更好的环境。

随着全球对可持续发展的日益重视和对环境保护的关注，绿色建筑将成为未来建筑行业的重要发展方向。

思考题

1-1　什么是绿色建筑？

1-2　绿色建筑应包含哪些设计因素？

1-3　了解不同国家和地区绿色建筑发展历史与标准内容。

【参考文献】

[1] 刘加平.绿色建筑概论［M］.北京：中国建筑工业出版社，2020.

[2] 王清勤.修订绿色建筑评价标准，助力建筑高质量发展［EB/OL］. 2019-07-18［2023-12-05］. http：//www.cecs.org.cn/zhxw/10792.html.

绿色

建筑

概论

INTRODUCTION TO
GREEN BUILDING

第 2 章
建筑热湿环境

本章将深入探讨建筑环境中热湿环境的形成及其对室内空间的重要影响。首先，分析外扰因素如室外气候参数和邻室空气温湿度对建筑室内环境的影响。这些因素通过围护结构的传热、传湿及空气渗透作用，将热量和湿量传递到室内，从而塑造室内的热湿环境。其次，探讨太阳辐射对围护结构外表面的影响、夜间辐射的作用，以及非透光和透光围护结构在热湿传递过程中的作用。此外，室内设备、照明和人员等内扰因素对室内热湿环境的影响也是本章的关键内容之一。最后，本章还将详细分析人体对热湿环境的反应，包括基本生理需求下的热平衡、热交换过程，以及使用预测平均评价（PMV）和有效温度（ET）等指标来评估稳态环境。通过本章的学习，读者将全面理解热湿环境如何影响建筑设计和人体舒适度。

 学习目标

学习并掌握影响建筑热湿环境的主要因素。

学习并掌握人体与热湿环境的关系。

了解相关标准中对室内热湿环境的要求与评分标准。

关键词： 建筑热湿环境；人体热湿平衡

 讨论

1. 建筑热湿环境受哪些因素影响？为什么？

2. 如何评价热湿环境的好坏？有哪些评价标准？

2.1　影响建筑热湿环境的主要因素

　　围护结构的传热传湿以及室内产热产湿，主要涉及对流换热（对流质交换）、导热（水蒸气渗透）和辐射三种方式。如图 2-1 所示为建筑物获得热量的途径示意图。在某一时刻，受到内外部因素的影响，热量会进入房间，这一过程被称为得热（Heat Gain，HG）。得热主要分为显热和潜热两个部分。其中，显热得热包括对流得热和辐射得热。如果得热量为负数，那么房间正在失去显热或潜热量。由于围护结构具有一定的热惯性，通过围护结构的得热量与外部干扰之间存在衰减和延迟的关系，因而其热湿过程的变化规律比较复杂。

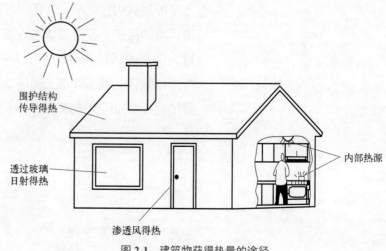

图 2-1　建筑物获得热量的途径

2.1.1　太阳辐射

2.1.1.1　围护结构外表面所吸收的太阳辐射热

太阳光谱主要是由 0.2 ～ 3μm 的波长区域所组成的，其中 0.38 ～ 0.76μm 波段的可见光约占总能量的 46%。当太阳照射到非透光的围护结构外表面时，一部分辐射会被反射，一部分会被吸收，二者的比例取决于围护结构表面的吸收率（或反射率）。不同类型的表面对辐射的波长是有选择性的。围护结构的表面越粗糙、颜色越深，吸收率就越高，反射率就越低。例如，砖墙表面刷白色颜料时吸收率为 0.48，刷黑色颜料时吸收率为 0.9。一些材料对太阳辐射的吸收率见表 2-1。然而，必须注意的是，物体在可见光辐射下的黑度并不等于吸收率。

表2-1　各材料的围护结构外表面对太阳辐射的吸收率 a

材料类别	颜色	吸收率 a	材料类别	颜色	吸收率 a
石棉水泥板	浅	0.72 ～ 0.87	红砖墙	红	0.7 ～ 0.77
镀锌薄钢板	灰黑	0.87	硅酸盐砖墙	青灰	0.45
拉毛水泥面墙	米黄	0.65	混凝土砌块	灰	0.65
水磨石	浅灰	0.68	混凝土墙	暗灰	0.73
外粉刷	浅	0.4	红褐陶瓦屋面	红褐	0.65 ～ 0.74
灰瓦屋面	浅灰	0.52	小豆石保护屋面层	浅黑	0.65
水泥屋面	素灰	0.74	白石子屋面	灰白	0.62
水泥瓦屋面	暗灰	0.69	黑色油毡屋面	深黑	0.86

玻璃对不同波长的辐射具有明显的选择性。对于可见光和波长为 3μm 以下的近红外线，玻璃的透射率几乎与波长无关，使得这些辐射能够几乎不受阻碍地穿过玻璃。然而，对于长波红外线辐射，玻璃的透射率则明显下降，表明它能够有效地阻挡这种辐射。图 2-2（a）详细描绘了玻璃透射率与入射波长的关系，清楚地显示了玻璃对于可见光和近红外线的透射率非常高，而对于长波红外线的透射率则显著降低。这一特性使得在太阳直射时，大部分的可见光和短波红外线可以透过玻璃进入室内，而长波红外线则会被玻璃反射和吸收。

随着技术的发展，将具有低红外透射率、高红外反射率的金属采用真空沉积技术，在普通玻璃表面沉积一层极薄的金属涂层，这样就制成了低辐射玻璃，也称作 Low-E（low-emissivity）玻璃。这种玻璃外表面看上去是无色的，有良好的透光性能，可见光透过率可以保持在 70% ～ 80%。但是，它具有较低的长波红外线透射率和吸收率，反射率很高。普通玻璃的长波红外线透射率和吸收率为 0.84，而 Low-E 玻璃低达 0.1。尽管 Low-E 玻璃和普通玻璃对长波辐射的透射率都很低，但与普通玻璃不同的是 Low-E 玻璃对波长为 0.76 ～ 3μm

的近红外线辐射的透射率比普通玻璃低得多，见图2-2（a）、（b）。依据对太阳辐射的透射率不同，可分为高透和低透两种不同性能的Low-E玻璃。高透Low-E玻璃的近红外线的透射率比较高；低透Low-E玻璃的近红外线透射率比较低，对可见光也有一定影响。

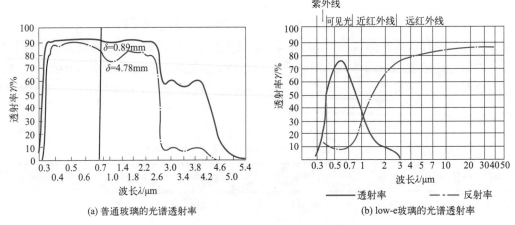

(a) 普通玻璃的光谱透射率

(b) low-e玻璃的光谱透射率

图2-2　不同类型玻璃的太阳辐射透射性质

如图2-3所示，深圳中建钢构大厦作为一栋标志性建筑，建筑外立面玻璃采用遮阳型Low-E中空玻璃设计，且设置有固定外遮阳措施，既保证了室内充足的自然光线，又实现了冬季室内温度的稳定，有效地减少了能源浪费。

图2-3　low-e玻璃使用案例——中建钢构大厦

《绿色建筑评价标准》(GB/T 50378—2019) 中的控制项中，针对室内健康舒适有如下控制要求：

> 5.1.6　应采取措施保障室内热环境。采用集中供暖空调系统的建筑，房间内的温度、湿度、新风量等设计参数应符合现行国家标准《民用建筑供暖通风与空气调节设计规范》GB 50736 的有关规定；采用非集中供暖空调系统的建筑，应具有保障室内热环境的措施或预留条件。
>
> 5.1.8　主要功能房间应具有现场独立控制的热环境调节装置。

《绿色建筑评价标准》（GB/T 50378—2019）的评分项中，针对利用自然光的评价要求详见标准 5.2.8 条。

2.1.1.2　室外空气综合温度

图 2-4 表示围护结构外表面的热平衡。其中太阳直射辐射、天空散射辐射和地面反射辐射均含有可见光和红外线，与太阳辐射的组成相类似；壁体得热等于太阳辐射热量、长波辐射换热量和对流换热量之和。建筑物外表面单位面积得到的热量为：

$$
\begin{aligned}
q &= \alpha_{\mathrm{out}}(t_{\mathrm{air}} - t_{\mathrm{w}}) + aI - Q_{\mathrm{lw}} \\
&= \alpha_{\mathrm{out}}\left[\left(t_{\mathrm{air}} + \frac{aI}{\alpha_{\mathrm{out}}} - \frac{Q_{\mathrm{lw}}}{\alpha_{\mathrm{out}}}\right) - t_{\mathrm{w}}\right] \\
&= \alpha_{\mathrm{out}}(t_{\mathrm{z}} - t_{\mathrm{w}})
\end{aligned}
\tag{2-1}
$$

式中　α_{out}——围护结构外表面的对流换热系数，$W/(m^2 \cdot ℃)$；

　　　t_{air}——室外空气温度，℃；

　　　t_{w}——围护结构外表面温度，℃；

　　　t_{z}——室外空气综合温度，℃；

　　　a——围护结构外表面对太阳辐射的吸收率；

　　　I——太阳辐射照度，W/m^2；

　　　Q_{lw}——围护结构外表面与环境的长波辐射换热量。

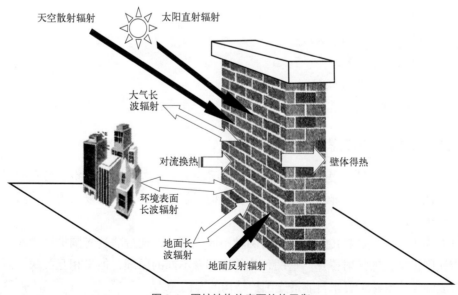

图 2-4　围护结构外表面的热平衡

室外空气综合温度相当于室外气温由原来的 t_{air} 增加了一个太阳辐射的等效温度值，并非实际的室外空气温度。**室外空气综合温度表达式为：**

$$t_z = t_{air} + \frac{aI}{\alpha_{out}} - \frac{Q_{lw}}{\alpha_{out}} \tag{2-2}$$

t_z 综合表达了室外空气温度、太阳辐射、地面反射辐射和长波辐射、大气长波辐射对围护结构外表面的综合热作用，故称为室外空气综合温度。在一般空调负荷计算中，计算室外综合温度常常不考虑夜间辐射对围护结构外表面的热作用。这样，对于夏季空调冷负荷计算是偏安全的，因为忽略了夜间辐射对围护结构的冷却影响，但是，对于冬季热负荷的计算值，特别是对高层建筑的热负荷计算值则偏小，是不安全的。

2.1.1.3 夜间辐射

在计算白天的室外空气综合温度时，由于太阳辐射的强度远远大于长波辐射，所以忽略长波辐射的作用是可以接受的。夜间没有太阳辐射的作用，而天空的背景温度远远低于空气温度，因此建筑物向天空的辐射放热量是不可以忽略的，尤其是在建筑物与天空之间的角系数比较大的情况下。特别是在冬季夜间，忽略天空辐射作用可能会导致对热负荷的估计值偏低。因此，式（2-1）、式（2-2）中的长波辐射 Q_{lw} 也被称为夜间辐射或有效辐射。

围护结构外表面与环境的长波辐射换热包括大气长波辐射以及来自地面和周围建筑及其他物体外表面的长波辐射。如果仅考虑对天空的大气长波辐射和对地面的长波辐射，则有：

$$Q_{lw} = \sigma\varepsilon_w \left[(x_{sky} + x_g\varepsilon_g)T_{wall}^4 - x_{sky}T_{sky}^4 - x_g\varepsilon_g T_g^4 \right] \tag{2-3}$$

式中　ε_w——围护结构外表面对长波辐射的系统黑度，接近壁面黑度，即壁面的吸收率 a；

ε_g——地面的黑度，即地面的吸收率；

x_{sky}——围护结构外表面对天空的角系数；

x_g——围护结构外表面对地面的角系数；

T_{sky}——有效天空温度，K；

T_g——地表温度，K；

T_{wall}——围护结构外表面温度，K；

σ——斯特藩-玻尔兹曼常数，$5.67\times10^{-8}\,W/(m^2\cdot K^4)$。

2.1.2　围护结构热湿传递

围护结构的总得热量与很多条件有关，不仅受室外气象参数和室内空气参数的影响，而且与室内其他表面的状态有显著关系。外围护结构得热的求解方法要复杂得多，需要假定条件来简化计算。

通过外围护结构的显热传热过程也有两种不同类型，即通过非透光围护结构的热传导以及通过透光围护结构的日射得热。这两种热传递有着不同的原理，但又相互关联。而通过围护结构形成的潜热得热主要来自非透光围护结构的湿传递。

2.1.2.1　通过非透光围护结构的显热传递过程

（1）非透光围护结构的热平衡

通过墙体、屋顶等非透光围护结构传入室内的热量来源于两部分：室外空气与围护结构外表面之间的对流换热和太阳辐射通过墙体导热传入的热量。

由于围护结构存在热惯性，因此通过围护结构的传热量和温度的波动幅度与外扰波动幅度之间存在衰减和延迟的关系，见图 2-5。衰减和滞后的程度取决于围护结构的蓄热能力。围护结构的热容量愈大，蓄热能力就愈大，滞后的时间就愈长，波幅的衰减就愈大。图 2-5（a）给出了传热系数相同但蓄热能力不同的两种墙体的传热量变化与室外气温之间的关系。由于重型墙体的蓄热能力比轻型墙体的蓄热能力大得多，因此其得热量的峰值就比较小，延迟时间也长得多。

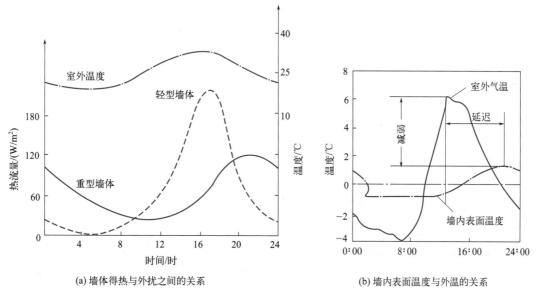

(a) 墙体得热与外扰之间的关系　　(b) 墙内表面温度与外温的关系

图 2-5　墙体的传热量与温度对外扰的响应

《绿色建筑评价标准》（GB/T 50378—2019）中的控制项中对于围护结构热工性能提出了要求：

5.1.7　围护结构热工性能应符合下列规定：

1　在室内设计温度、湿度条件下，建筑非透光围护结构内表面不得结露；

2　供暖建筑的屋面、外墙内部不应产生冷凝；

3　屋顶和外墙隔热性能应满足现行国家标准《民用建筑热工设计规范》GB 50176 的要求。

（2）通过非透光围护结构进入室内的显热量

虽然可以利用公式求出通过某一面墙体从室外环境进入室内的显热量，但会发现，这部分得热并非仅取决于室内外参数以及本面墙体的热工性能，而是还要受到其他室内长波辐射热源以及短波辐射热源的影响。也就是说，室内其他墙体内表面的温度，室内设备、家具、人体的温度，以及照明灯具的辐射热等都会影响这面墙体传热量的大小。图 2-6 给出了室内辐射源对墙体得热影响作用的示意。图中墙体内的实线表示的是该墙体在没有室内照明灯具辐射时墙体内部的温度分布曲线，可以看作是在室外空气综合温度、室内空气温度 t_{in} 以及墙体本身热工性能共同作用下形成的，而 $Q_{wall,cond}$ 可以看作是此时通过该墙体的得热量。但一旦有一个辐射热源，如一个射灯的辐射，能落在这面墙体的内表面上，就会提高这面墙体的内表面温度，从而使整个墙体的温度分布曲线提高，如图 2-6 中的虚线，而 $Q'_{wall,cond}$ 成为此时通过该墙体的得热量。

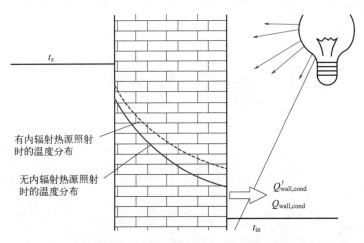

图 2-6　外围护结构受到内辐射源的照射后，通过围护结构导热量的变化

2.1.2.2　通过透光围护结构的显热传递过程

透光围护结构主要包括玻璃门窗和玻璃幕墙等，是由玻璃与其他透光材料（如热镜膜、遮光膜等）以及框架组成的。

玻璃窗由窗框和玻璃组成，见图 2-7。窗框型材有木框、铝合金框、断热塑钢框等；窗框数目可有单框（单层窗）、多框（多层窗）；单框上镶嵌的玻璃层数有单层、双层、三层，称作单玻、双玻或三玻窗；玻璃层之间可充气体如空气（称作中空玻璃）、氮气、氩气等，或有真空夹层，密封的夹层内往往放置了干燥剂以保持气体干燥；玻璃类别有普通透明玻璃、有色玻璃、低辐射（Low-E）玻璃等；玻璃表面可以镀或贴各种具有辐射阻隔性能的镀膜或贴膜，如反射膜、Low-E 膜、有色遮光膜等，有的在两层玻璃之间的中空夹层中夹 1～2 层 Low-E 膜。有的透光围护结构中还含有如磨砂玻璃、乳白玻璃等半透明材料或者太阳能光电板。玻璃幕墙除了面积比玻璃窗大，没有窗框而有隐式的或明式的框架支撑以外，其热物性特点和玻璃窗基本一样。

由于玻璃本身种类有多种，而且厚度也各不相同，因此，即使都是无遮挡的玻璃窗，通过同样大小的玻璃窗的太阳得热量也不尽相同。为了简化计算，常以某种类型和厚度的玻璃作为标准透光材料，取其在无遮挡条件下的太阳得热量，作为标准太阳得热量，并用符号

"SSG"表示。当采用其他类型或厚度的玻璃，或者玻璃窗内外具有某种遮阳设施时，只对标准太阳得热量加以不同修正即可。

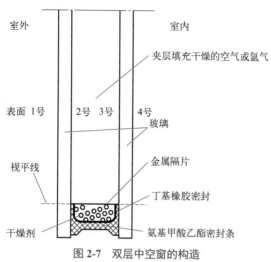

图 2-7　双层中空窗的构造

　　透光围护结构的热阻往往低于实体墙，例如实体墙传热系数很容易在 0.8W/（m²·℃）以下，但普通单层玻璃窗的传热系数高于 5W/（m²·℃），双层中空玻璃窗也只能达到3W/（m²·℃）左右。所以透光围护结构往往是建筑保温中最薄弱的一环。玻璃窗或玻璃幕墙采用不同种类的玻璃层数和特殊的夹层气体，目的主要是尽量增加玻璃的传热热阻，避免冷桥。例如如果单框窗的热阻仍然达不到要求，可以安装双层窗；采用不同类型的玻璃和镀膜，则可以解决采光与遮阳隔热的矛盾。

　　透光围护结构的热传递过程与非透光围护结构有很大的不同。太阳辐射可以透过透光围护结构，这部分热量在建筑物热环境的形成过程中发挥了非常重要的作用，往往比通过热传导传递的热量对热环境的影响还要大。所以通过透光围护结构传入室内的显热主要包括两部分：通过玻璃板壁的热传导和透过玻璃的日射辐射得热。这两部分的传热量与透光围护结构的种类及热工性能有重要的关系。表 2-2 给出了几种主要类型玻璃窗的传热系数。但与非透光围护结构不同的是，这两部分的热量传递之间不存在强耦合关系。尽管太阳辐射对玻璃表面的温度有一定影响，从而对通过玻璃板壁的热传导量也有一定的影响，但由于玻璃本身对太阳辐射的吸收率远远低于非透光围护结构对太阳辐射的吸收率，因而这种影响非常有限，在工程应用中往往可以忽略。所以，通过透光围护结构传入室内的显热量的求解方法跟前面介绍的通过非透光围护结构的传热量求解方法有很大不同：通过玻璃板壁的热传导和透过玻璃的日射辐射得热是分别独立求解的。

　　为了有效遮挡太阳辐射，减少夏季空调负荷，采用遮阳设施是常用的手段。遮阳设施安置在透光围护结构的外侧、内侧，也有安置在两层玻璃中间的。常见的外遮阳设施如图 2-8所示，包括作为固定建筑构件的挑檐、遮阳板或其他形式的有遮阳作用的建筑构件，也有可调节的遮阳篷、活动百叶挑檐、外百叶帘、外卷帘等。内遮阳设施一般采用窗帘和百叶。两层玻璃中间的遮阳设施一般包括固定的和可调节的百叶。

表 2-2　几种主要类型玻璃窗的传热系数

窗户构造	传热系数 /[W/(m² · ℃)]	窗户构造	传热系数 /[W/(m² · ℃)]
3mm 单玻窗	5.8	双玻铝塑窗，氩气层 12.7mm，一层镀 Low-E 膜，ε=0.1	2.22
3.2mm 单玻塑钢窗	5.14	三玻铝塑窗，空气层 12.7mm	2.25
3.2mm 单玻带保温的铝合金框	6.12	三玻塑钢窗，空气层 12.7mm，两层镀 Low-E 膜，ε=0.1	1.76
双玻铝塑窗，空气层 12.7mm	3	三玻铝塑窗，氩气层 12.7mm，两层镀 Low-E 膜，ε=0.1	1.61
双玻铝塑窗，空气层 12.7mm，一层镀 Low-E 膜，ε=0.4	2.7	四玻铝塑窗，氩气层 12.7mm 或氪气层 6.4mm，两层镀膜，ε=0.1	1.54
双玻铝塑窗，氩气层 12.7mm，一层镀 Low-E 膜，ε=0.4	2.55	四玻窗，保温玻璃纤维塑框，氩气层 12.7mm 或氪气层 6.4mm，两层镀膜，ε=0.1	1.23
双玻铝塑窗，空气层 12.7mm，一层镀 Low-E 膜，ε=0.1	2.41	四玻不可开启窗，保温玻璃纤维塑框，氩气层 12.7mm 或氪气层 6.4mm，两层镀膜，ε=0.1	1.05

注：1. 未注明玻璃厚度的均为 3mm 厚玻璃，导热系数为 0.917W/(m · K)；
2. 未注明不可开启的为可开启窗，含推拉和平开，尺寸为 900mm×1500mm，日字框；
3. 不可开启窗尺寸为 1200mm×1200mm，口字框。

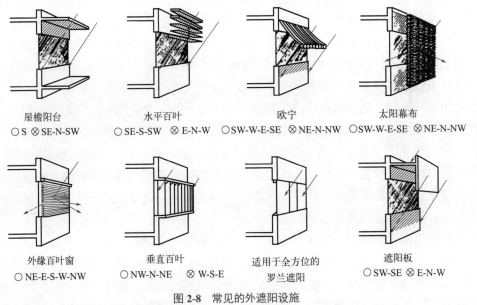

屋檐阳台	水平百叶	欧宁	太阳幕布
○ S　⊗ SE-N-SW	○ SE-S-SW　⊗ E-N-W	○ SW-W-E-SE　⊗ NE-N-NW	○ SW-W-E-SE　⊗ NE-N-NW

外缘百叶窗	垂直百叶	适用于全方位的 罗兰遮阳	遮阳板
○ NE-E-S-W-NW	○ NW-N-NE　⊗ W-S-E		○ SW-SE　⊗ E-N-W

图 2-8　常见的外遮阳设施

○—适用；⊗—不适用；E—东；W—西；S—南；N—北

　　遮阳设施设置在透光外围护结构的内侧和外侧，对透光外围护结构的遮阳作用是不同的。无论外遮阳还是内遮阳设施，都可以反射部分阳光，吸收部分阳光，透过部分阳光，但对于外遮阳设施来说，只有透过的部分阳光才会达到玻璃外表面，其中有部分透过玻璃进入室内形成冷负荷。被外遮阳设施吸收了的太阳辐射热，一般会通过对流换热和长波辐射散到室外环境中而不会对室内造成任何影响。除非外卷帘全关闭，其所吸收太阳辐射热量会有一部分通过卷帘内表面的对流换热再通过玻璃窗传到室内。但这部分热量所占比例也是很小的。

　　尽管内遮阳设施同样可以反射掉部分太阳辐射，但向外反射的一部分又会被玻璃反射回来，使反射作用减弱。更重要的是内遮阳设施吸收的辐射热会慢慢在室内释放，全部成为得热。内遮阳设施只是对得热的峰值有所延迟和衰减而已，对太阳辐射得热的削减效果比外遮阳设施要差得多。图 2-9 比较了内、外遮阳的太阳辐射得热的削减效果。

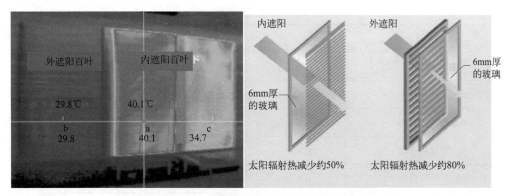

图 2-9　内、外遮阳的太阳辐射得热的削减效果

　　但外遮阳设施的缺点是比较容易损坏，容易被污染而降低其反射能力，特别是可调百叶更是不易清洗、固定和维护。因此，把百叶安置在两层玻璃之间是一种折中的办法，例如图 2-10 所示的双层皮幕墙（Double-skin facade，Double-skin curtain wall）中间常常安装有

百叶，两层玻璃中间安装的遮阳设施尽管消除了外遮阳设施的缺点，但由于遮阳设施吸热后升温会加热玻璃间层的空气，甚至使得玻璃间层的空气温度高于室外温度，其中部分热量会向室内传导而降低了其隔热能力。目前解决此问题的方法之一是在玻璃间层采取通风措施，通过自然通风或者机械通风把玻璃间层里的热量排到室外，这样就可以保证两层玻璃中间安装的遮阳设施的遮阳隔热作用更接近于外遮阳设施。

　　大楼的自然照明，特别是人们每天工作的办公空间，需要根据个人需求自行调节自然光线。遮阳控制和炫光保护成为优化办公空间和保证工作质量的重要因素。

　　不同的日光特性可以通过高效的遮阳帘和半透明纺

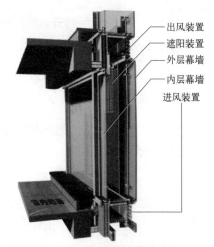

图 2-10　双层皮幕墙

织材质的防眩光屏单独控制。遮阳装置可根据建筑形式、高度及风压状况设计成外置或内置。外置遮阳装置虽然高效，但它受制于建筑的高度。低层建筑风压小，适合外置遮阳装置，而高层建筑风压强，则不适合外置遮阳装置。

　　遮阳设施的遮阳能力用遮阳系数 C_n 来描述。其物理意义是设置了遮阳设施后的透光外围护结构太阳辐射得热量与未设置遮阳设施时的太阳辐射得热量之比，包含了通过包括遮阳设施在内的整个外围护结构的透射部分和通过吸收散热进入室内的两部分热量之和。

　　玻璃或透光材料本身对太阳辐射也具有一定的遮挡作用，用遮挡系数 C_s 来表示。其定义是太阳辐射通过某种玻璃或透光材料的实际太阳得热量与通过厚度为 3mm 标准玻璃的太阳得热量 SSG 的比值，同样包含了通过玻璃或透光材料直接透射进入室内和被玻璃或透光材料吸收后又散到室内的两部分热量总和。不同种类的玻璃或透光材料具有不同的遮挡系数，表 2-3 列出了不同玻璃类型及其遮挡系数。

表2-3　窗玻璃遮挡系数 C_s

玻璃类型	C_s	玻璃类型	C_s
标准玻璃	1.00	双层 5mm 厚普通玻璃	0.78
5mm 厚普通玻璃	0.93	双层 6mm 厚普通玻璃	0.74
6mm 厚普通玻璃	0.89	双层 3mm 玻璃，一层贴 Low-E 膜	0.66～0.76
3mm 厚吸热玻璃	0.96	银色镀膜热反射玻璃	0.26～0.37
5mm 厚吸热玻璃	0.88	茶（棕）色镀膜热反射玻璃	0.26～0.58
6mm 厚吸热玻璃	0.83	蓝色镀膜热反射玻璃	0.38～0.56
双层 3mm 厚普通玻璃	0.86	单层 Low-E 玻璃	0.46～0.77

　　《绿色建筑评价标准》（GB/T 50378—2019）中的控制项对遮阳设施提出了要求：

> 　　5.2.11　设置可调节遮阳设施，改善室内热舒适，评价总分值为 9 分，根据可调节遮阳设施的面积占外窗透明部分的比例按表 5.2.11 的规则评分。具体规则详见标准。

2.1.3　其他热湿要素

　　其他形式进入室内的热量和湿量包括室内的产热产湿（即内扰）和因空气渗透带来的热量湿量两部分。

2.1.3.1　室内产热产湿量

　　室内的热湿源一般有人体、设备和照明设施。人体一方面通过皮肤和服装向环境散发显热，另一方面通过呼吸、出汗向环境散发潜热（湿量）。照明设施向环境散发的是显热。工业建筑的设备（例如电动机、加热水槽等）的散热和散湿取决于工艺过程的需要。一般民用建筑的散热散湿设备包括家用电器、厨房设施、食品、游泳池、体育和娱乐设施等。

（1）设备与照明的散热

室内设备可分为电动设备和加热设备，照明设施也是加热设备的一种。加热设备只要把热量散入室内，就全部成为室内得热。而电动设备是指由电动机带动的设备，其所消耗的能量中有一部分转化为热能散入室内成为得热，还有一部分成为机械能。这部分机械能可能在该室内被消耗掉，最终都会转化为该空间的得热。但如果这部分机械能没有消耗在该室内，而是输送到室外或者其他空间，就不会成为该室内的得热。

另外工艺设备的额定功率只反映装机容量，实际的最大运行功率往往小于装机容量，而且实际上也往往不是在最大功率下运行。在考虑工艺设备发热量时一定要考虑到这些因素的影响。工艺设备和照明设施有可能不同时使用，因此在考虑总得热量时，需要考虑不同时使用的影响。因此，无论是在考虑设备还是在考虑照明散热的时候，都要根据实际情况考虑实际进入所研究空间中的能量，而不是铭牌上所标注的功率。

（2）人体的散热和散湿

人体的总散热量取决于人体的代谢率，其中显热散热与潜热散热（散湿）的比例与空气温度以及平均辐射温度有关。

2.1.3.2　空气渗透带来的得热

由于建筑存在各种门、窗和其他类型的开口，室外空气有可能进入房间，从而给房间空气直接带入热量和湿量，并即刻影响室内空气的温湿度。因此需要考虑空气渗透给室内带来的得热量。

空气渗透是指由于室内外存在压力差，从而导致室外空气通过门窗缝隙和外围护结构上的其他小孔或洞口进入室内的现象，也就是所谓的非人为组织（无组织）的通风。在一般情况下，空气的渗入和空气的渗出总是同时出现的。由于渗出的是室内的空气，渗入的是外界的空气，所以渗入的空气量和空气状态决定了室内的得热量，因此在冷热负荷计算中只考虑空气的渗入，门窗的气密性系数如表 2-4 所示。

表2-4　门窗的气密性系数 a

气密性	好	一般	不好
缝宽 /mm	～ 0.2	～ 0.5	1 ～ 1.5
系数 a	0.87	3.28	13.1

室内外压力差 ΔP 是决定空气渗透量的因素，一般为风压和热压所致。夏季时室内外温差比较小，风压是造成空气渗透的主要动力。如果空调系统送风形成了足够的室内正压，就只有室内向室外渗出的空气，基本没有影响室内热湿状况的从室外向室内渗入的空气，因此可以不考虑空气渗透的作用。如果室内没有正压送风，就需要考虑风压对空气渗透的作用。如果冬季室内有采暖，则室内外存在比较大的温差，热压形成的烟囱效应会强化空气渗透，即由于空气密度差的存在，室外冷空气则从建筑下部的开口进入，室内空气则从建筑上部的开口流出。因此在冬季采暖期，热压可能会比风压对空气渗透起更大的作用。在高层建筑中这种热压作用会更加明显，底层房间的热负荷明显要高于上部房间的热负荷，因此要同时考

虑风压和热压的作用。

《绿色建筑评价标准》（GB/T 50378—2019）中对热湿环境的规定如下：

> 5.2.9　具有良好的热湿环境，评价总分值为 8 分，具体评分规则详见标准。

2.2　人体对热湿环境的反应

2.2.1　人体的热平衡

2.2.1.1　人体的基本生理需求

人体靠摄取食物维持生命。在人体细胞中，从食物中获取的营养物质通过化学反应过程被分解氧化，实现人体的新陈代谢，在化学反应中释放能量的速率称为**代谢率**（**Metabolic Rate**）。化学反应中大部分化学能最终都变成了热量，因此人体不断地释放热量；同时，人体也会通过对流、辐射和汗液蒸发从环境中获得或失掉热量。但是，人体的生理机能要求体温必须维持近似恒定才能保证人体的各项功能正常，所以人体的生理反应总是尽量维持人体重要器官的温度相对稳定。

人体各部分温度并不相同。由于散热的作用，身体表面的温度要比深部组织的温度低，而且易随环境温度的变化而变化。比如暴露在冷空气中的手和泡在热水里面的手，表面温度会差得很远，但身体深部组织的温度却必须接近稳定，才能保证健康。身体表层的温度称作表层温度或者皮肤温度，身体深部组织的温度称作核心温度。

人体为了维持正常的体温，必须使产热和散热保持平衡。图 2-11 是人体的热平衡示意图，它用一个多层圆柱断面来表示人体的核心部分、皮肤部分和衣着。因此人体的热平衡又

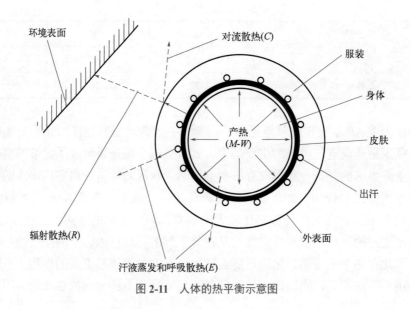

图 2-11　人体的热平衡示意图

可用式（2-4）表示：

$$M-W-C-R-E-S=0 \tag{2-4}$$

式中　M——人体能量代谢率，取决于人体的活动量大小，W/m^2；

　　　W——人体所做的机械功，W/m^2；

　　　C——人体外表面向周围环境通过对流形式散发的热量，W/m^2；

　　　R——人体外表面向周围环境通过辐射形式散发的热量，W/m^2；

　　　E——汗液蒸发和呼出的水蒸气所带走的热量，W/m^2；

　　　S——人体蓄热率，W/m^2。

2.2.1.2　人体与外界的热交换

由传热学知识可知，传热有三种最基本的方式：导热、对流与辐射。人体与环境的换热也应该有这三种方式，但是在热平衡方程式中仅包括了人体与环境的辐射传热 R 以及对流传热 C。为什么没有通过热传导的热交换项呢？

事实上，人与环境之间也存在着热传导。当人体通过周围空气以对流形式换热时，在紧贴人体皮肤或服装表面部位发生的是热量通过空气层的传导，这部分的热传导问题已综合到对流换热中去。另外，虽然人体偶尔会与墙壁等固体表面直接接触，由于人体与壁面接触面积很小，接触面的导热系数很低，导热交换量很小，所以，在热交换计算时通常忽略导热问题。在一些特殊场合，人体接触面积较大的冷、热表面，或导热系数很大的物质（如金属等），可能造成较大的热损失与局部不适，那么可以单独计算这项热损失再归入热平衡方程式中。

在工程实际中，人体与环境的热交换比例用图 2-12 来描述。

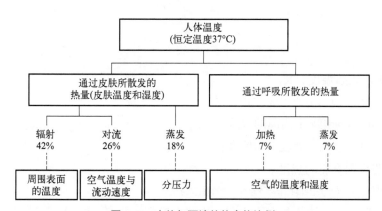

图 2-12　人体与环境的热交换比例

环境空气的温度决定了人体表面与环境的对流换热量温差因而影响了对流换热量，周围的空气流速则影响对流热交换系数。气流速度大时，人体的对流散热量增加，因此会增加人体的冷感。

人体除了对外界有显热交换外，还有潜热交换，主要通过皮肤蒸发和呼吸散湿带走身体的热量。呼吸时会发生两种热交换过程：一种是由于吸入和呼出的空气温度变化，发生的显热交换；另一种是由于吸入和呼出的空气湿度变化发生的潜热交换，通常是呼出的空气中含有更多的水蒸气,这部分水蒸气来自人体,要带走相应的气化潜热。另外,人体的皮肤表面不断地向周围空气蒸发水分;人体出汗时,汗液在人体皮肤表面蒸发,这两种情况都会从人体带走气化潜热。

空气流速同样会影响人体表面的对流质交换系数。气流速度大会提高汗液的蒸发速率从而增加人体的冷感。周围物体的表面温度决定了人体辐射散热的强度。例如,在同样的室内空气参数条件下,比较高的围护结构内表面温度会增加人体热感,反之会增加冷感。

空气流速除了影响人体与环境的显热和潜热交换速率以外,还影响人体皮肤的触觉感受。人们把气流造成的不舒适的感觉称为"吹风感(draught)"。如前所述,在较凉的环境下,吹风会强化冷感,对人体的热平衡有破坏作用,因此"吹风感"相当于一种冷感觉。当然,在较暖的环境下,吹风能够促进散热,改善人体的热舒适。然而,尽管在较暖的环境下,吹风是有利于散热的,但气流流速如果过高,就会引起皮肤紧绷、眼睛干涩、被气流打扰、呼吸受阻甚至头晕的感觉。因此在较暖的环境下,"吹风感"是一种气流增大引起皮肤及黏膜蒸发量增加以及气流冲力产生的不愉快的感觉。

2.2.1.3 影响人体与外界显热交换的几个环境因素

(1)平均辐射温度 $\bar{t}_r$(Mean Radiant Temperature,MRT)

在考虑周围物体表面温度对人体辐射散热强度的影响时要用到"平均辐射温度"的概念。平均辐射温度的意义是一个假想的等温围合面的表面温度,它与人体间的辐射热交换量等于人体周围实际的非等温围合面与人体间的辐射热交换量。其数学表达式为:

$$\bar{t_r^4} = \frac{\sum_{j=1}^{k}(F_j \varepsilon_j t_j^4)}{\varepsilon_0} \tag{2-5}$$

式中　$\bar{t_r}$——平均辐射温度,K;

　　F_j——周围环境第 j 个表面的角系数;

　　T_j——周围环境第 j 个表面的温度,K;

　　ε_j——周围环境第 j 个表面的黑度;

　　ε_0——假想围合面的黑度。

(2)操作温度 t_o(Operative Temperature)

操作温度 t_o 反映了环境空气温度 t_a 和平均辐射温度 $\bar{t}_r$ 的综合作用,其表达式为:

$$t_o = \frac{h_r\bar{t_r} + h_c t_a}{h_r + h_c} \tag{2-6}$$

式中　h_r——辐射换热系数,W/(m²·℃);

　　h_c——对流换热系数,W/(m²·℃)。

(3)对流换热系数 h_c

在无风或风速很小的条件下,人体周围的自然对流就变得十分重要。在较高的风速下人体表面的受迫对流换热系数可以通过风洞试验测定。很多研究者通过不同试验方法获得了人体表面的自然对流换热系数和受迫对流换热系数。

（4）对流质交换系数 h_e

为了确定对流质交换系数 h_e，引入了传质与传热的比拟方法。Lewis 指出对流质交换系数 h_e（即蒸发换热系数）与对流换热系数 h_c 是相关的，二者存在固定的关系：

$$LR = h_e / h_c \tag{2-7}$$

其中 LR 称作刘易斯系数（Lewis Ratio），单位为℃ /kPa。对于典型的室内空气环境有：

$$LR=16.5 \tag{2-8}$$

（5）服装的作用

服装在人体热平衡过程中所起的作用包括保温和阻碍湿扩散。因此在考虑人体与外界的热交换时必然要考虑服装的影响。

服装热阻 Id 指的是服装本身的显热热阻，常用单位为 m² · K/W 和 clo，两者的关系是：

$$1clo = 0.155m^2 \cdot K/W \tag{2-9}$$

（6）热感觉

感觉不能用任何直接的方法来测量。对感觉和刺激之间关系的研究学科称为心理物理学（Psychophysics），是心理学最早的分支之一。

热感觉是人对周围环境是"冷"还是"热"的主观描述。尽管人们经常评价房间的"冷"和"暖"，但实际上人是不能直接感觉到环境温度的，只能感觉到位于自己皮肤表面下的神经末梢的温度。

裸身人体安静时在 29℃的气温中，代谢率最低；如适当着衣，则在气温为 18 ～ 25℃的情况下代谢率低而平稳。在这些情况下，人体不发汗，也无寒意，仅靠皮肤血管口径的轻度改变，即可使人体产热量和散热量平衡，从而维持体温稳定。此时，人体用于体温调节所消耗的能量最少，人感到不冷不热，这种热感觉称之为"中性"状态。

热感觉并不仅仅是由于冷热刺激的存在所造成的，而与刺激的延续时间以及人体原有的热状态都有关。人体的冷、热感受均对环境有显著的适应性。例如把一只手放在温水盆里，另一只手放在凉水盆里，经过一段时间后，再把两只手同时放在具有中间温度的第三个水盆里，尽管它们处于同一温度，但第一只手会感到凉，另一只手会感到暖和。

由于无法测量热感觉，因此只能采用问卷的方式了解受试者对环境的热感觉，即要求受试者按某种等级标度来描述其热感。心理学研究的结果表明：一般人可以不混淆地区分感觉的量级不超过 7 个，因此对热感觉的评价指标往往采用 7 度分级。表 2-5 是两种热感觉标度，其中贝氏标度是由英国学者 Thomas Bedford 于 1936 年提出的，其特点是把热感觉和热舒适合二为一。1966 年美国供热制冷空调工程师协会 ASHRAE 开始使用七级热感觉标度。与贝氏标度相比，ASHRAE 七点标度的优点在于精确地指出了热感觉，所以目前全世界都在采用 ASHRAE 热感觉标度。最早的 ASHRAE 热感觉标度的数值范围也是从 1 至 7。为了使受试者更容易理解标度的含义，目前的热感觉标度数值范围均为从 -3 至 +3，0 代表热中性。表中 ASHRAE 热感觉标度的中文表述与英文直译有所不同，是因为汉字的"暖"与"凉"往往带有舒适的成分，与原文表达的单纯冷热描述有偏差。因此表中的中文表述更能准确地反映该热感觉标度的真实含义，即热感觉达到 ±2，则已达到人们感到显著不适的水平了。这样，通过对受试者的问卷调查得出定量化的热感觉评价，就可以把描述环境热状况的各种参数与人体的热感觉定量地联系在一起。

表2-5　Bedford和ASHRAE的七点标度

贝氏标度			ASHRAE 热感觉标度		
7	Much too warm	过分暖和	+3	Hot	很热
6	Too warm	太暖和	+2	Warm	热
5	Comfortably warm	令人舒适的暖和	+1	Slightly warm	有点热
4	Comfortable (and neither cool nor warm)	舒适（不冷不热）	0	Neutral	中性
3	Comfortably cool	令人舒适的凉快	−1	Slightly cool	有点冷
2	Too cool	太凉快	−2	Cool	冷
1	Much too cool	过分凉快	−3	Cold	很冷

在进行热感觉实验的时候，设置一些投票选择方式来让受试者说出自己的热感觉，这种投票选择的方式称为热感觉投票 TSV（Thermal Sensation Vote），其内容也是一个与 ASHRAE 热感觉标度内容一致的七级分度指标，分级范围为 −3 ～ +3，见表 2-6。

表2-6　热感觉投票TSV

分级	热感觉	分级	热感觉
+3	很热	−1	有点冷
+2	热	−2	冷
+1	有点热	−3	很冷
0	中性		

2.2.2　人体对稳态热环境的描述

2.2.2.1　预测平均评价

预测平均热舒适度（Predicted Mean Vote，PMV）指标就是引入反映人体热平衡偏离程度的人体热负荷 TL 而得出的，其理论依据是当人体处于稳态的热环境下，人体的热负荷越大，人体偏离热舒适的状态就越远。即人体热负荷正值越大，人就觉得越热，负值越大，人就觉得越冷。Fanger 收集了 1396 名美国和丹麦受试者在室内参数稳定的人工气候室内进行热舒适实验的冷热感觉资料，得出人的热感觉与人体热负荷之间关系的实验回归公式：

$$PMV=[0.303\exp(-0.036M)+0.0275]TL \qquad (2-10)$$

其中人体热负荷 TL 的定义为人体产热量与人体向外界散出的热量之间的差值。但这里有一个假定，即人体平均皮肤温度和出汗造成的潜热散热 E_{rsw} 是人体保持舒适条件下的数值。因此可以看出，人体热负荷 TL 就是人体热平衡方程中的蓄热率 S，即把蓄热率看作是造成人体不舒适的热负荷。如果其中对流、辐射和蒸发散热的各项计算采用与热舒适方程式相同的计算公式，则蓄热率 S 就相当于热舒适方程式两侧的差，这样式（2-10）可以展开如下：

$$\begin{aligned} PMV = &[0.303\exp(-0.036M)+0.0275]\times\{M-W-3.05\times[5.733-0.007(M-W)-P_a]-\\ &0.42\times(M-W-58.2)-0.0173M(5.867-P_a)-0.0014M(34-t_a)-\\ &3.96\times10^{-8}f_{cl}[(t_{cl}+273)^4-(\overline{t_r}+273)^4]-f_{cl}h_c(t_{cl}-t_a)\} \end{aligned} \qquad (2-11)$$

式中　P_a——人体周围水蒸气分压力，kPa；

　　　t_a——人体周围空气温度，℃；

　　　f_{cl}——服装面积系数；

　　　t_{cl}——衣服外表面温度，℃。

PMV 指标代表了同一环境下绝大多数人的感觉，所以可以用来评价一个热环境舒适与否，但是人与人之间存在个体差异，因此 PMV 指标并不一定能够代表所有个人的感受。为此，Fanger 又提出了预测不满意百分比（Predicted Percent Dissatisfied，PPD）指标来表示人群对热环境不满意的百分数，并利用概率分析方法，给出 PMV 与 PPD 之间的定量关系，以及图 2-13 的 PMV 与 PPD 之间的关系曲线：

$$PPD = 100-95\exp[-(0.03353PMV^4+0.2179PMV^2)] \qquad (2-12)$$

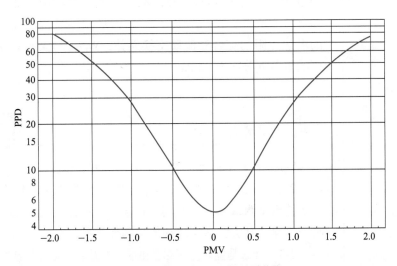

图 2-13　PMV 与 PPD 的关系曲线

2.2.2.2 有效温度 ET（Effective Temperature）与 ASHRAE 舒适区

有效温度 ET 的定义是：干球温度、湿度、空气流速对人体温暖感或冷感影响的综合数值，该数值等效于产生相同感觉的静止饱和空气的温度。有效温度通过人体实验获得，并将相同有效温度的点作为等舒适线系绘制在湿空气焓湿图上或绘成诺模图的形式。

此后不久，新有效温度 ET* 的内容又有所扩展，综合考虑了不同的活动水平和衣服热阻，形成了最通用的指标——**标准有效温度（SET）**。它是以人体生理反应模型为基础，由人体传热的物理过程分析得出的，不同于以往的仅依靠主观评价由经验推导得到的有效温度指标，因而被称为是合理的导出指标。

标准有效温度包含平均皮肤温度和皮肤湿润度，以便确定某个人的热状态。标准有效温度 SET 的定义是：在一个标准环境下，相对湿度为 50%，平均风速低于 0.1m/s，空气温度等于平均辐射温度的等温环境，一个服装热阻为 0.6clo 的静坐的人（代谢率为 1.0met）若与他在某个实际环境和实际服装热阻条件下的平均皮肤温度和皮肤湿润度相同，则必将具有相同的热损失，则该标准环境的空气温度就是上述实际环境的标准有效温度 SET。即：

$$Q_{sk} = h'_{cSET}(t_{sk} - SET) + \omega h'_{eSET}(P_{sk} - 0.5 P_{SET}) \tag{2-13}$$

式中，皮肤的总散热量 Q_{sk}、皮肤温度 t_{sk} 和皮肤湿润度 ω 均可利用 Gagge 的二节点模型进行求解；P_{SET} 是标准有效温度 SET 下的饱和水蒸气分压力，kPa；h'_{cSET} 为标准环境中考虑了服装热阻的综合对流换热系数，W/($m^2 \cdot ℃$)；h'_{eSET} 为标准环境中考虑了服装的潜热热阻的综合对流质交换系数，W/($m^2 \cdot kPa$)；P_{sk} 为皮肤表面的水蒸气分压力，kPa。

 思考题

  在线题库

2-1 影响室内建筑热湿环境的因素有哪些？

2-2 围护结构对太阳辐射的吸收受哪些因素影响？玻璃为什么会导致室内温室效应？利用玻璃的这一性质制作的特殊玻璃，其生产原理是什么？这种玻璃的工作性质如何？

2-3 什么是室外空气综合温度？它是单独由气象参数决定的吗？

2-4 什么情况下建筑物与环境之间的长波辐射可以忽略？

2-5 常见的室内产热产湿有哪些？都与哪些因素有关？

2-6　人体的热平衡是指什么？热平衡的表达式是什么？

2-7　人体与外界的热交换形式有哪些？受哪些因素影响？

2-8　影响人体与外界显热交换的环境因素有哪些？

2-9　能否单靠环境温度确定人体的热感觉？人体的热感觉与哪些因素有关？

2-10　PMV 和 PPD 分别指什么？有什么关系？PMV 如何表示人体的热感觉？

【参考文献】

[1]　朱颖心 . 建筑环境学 [M]. 北京：中国建筑工业出版社，2016.

[2]　蔡大庆，郭小平 . 健康与绿色建筑 [M]. 武汉：华中科技大学出版社，2022.

绿色

建筑

概论

INTRODUCTION TO
GREEN BUILDING

第 3 章
建筑光环境

○○ ─────── ○○ ○ ○○ ──────────────

　　天空的颜色变幻莫测、美丽多变，有时蓝，有时灰，有时红，有时会出现彩虹。这是什么原因呢？夜幕降临后，人类的电灯使黑暗不再笼罩。在选择灯泡时，我们常见到的 W、E、K、R_a/CRI 等参数，分别代表什么含义？各类窗户形式各异，选用的原则是什么？它们在采光和遮光方面有何差异？不同光环境带来的视觉效果各异，为何有些光线让人感到愉悦，而有些则不适？建筑光环境对身体感觉的影响又是怎样的，与眼睛是否有关，进而影响我们对不同光环境的感知？接下来，本章将深入探讨建筑光环境的相关知识。

 学习目标

掌握建筑光环境的基本知识；
掌握建筑光环境的设计与控制方法；
了解和认识建筑光环境视觉舒适的要求及技术应用。
关键词：建筑光环境；绿色建筑光环境技术

 讨论

1. 光通量与发光强度、亮度与照度的关系和区别是什么？
2. 窗户的位置与面积对采光有什么影响？

3.1 建筑光环境基本知识

3.1.1 基本光度单位及测量

光环境的设计和评价离不开定量的分析和说明，这就需要借助一系列的物理光度量来描述光源与光环境的特征。常用的光度量有光通量、照度、发光强度和（光）亮度。这几个基本参数的关系如图 3-1 所示。

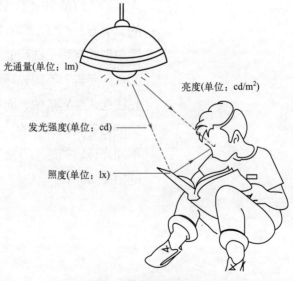

图 3-1 参数之间的关系

3.1.1.1　光通量

辐射体单位时间内以电磁辐射的形式向外辐射的能量称为**辐射功率或辐射通量**。光源的辐射通量中可被人眼感觉的可见光（波长 380 ～ 780nm）能量按照国际约定的人眼视觉特性评价换算为光通量，其单位为流明（lumen，lm）。

人眼观看同样功率的辐射，在不同波长时感觉到的明亮程度也不一样，这是光在视觉上反映的一个特征。在光亮的环境中（适应亮度 >3cd/m²），对辐射功率相等的单色光，人眼看起来感觉波长 555nm 的黄绿光最明亮，并且明亮程度向波长短的紫光和波长长的红光方向递减。国际照明委员会（CIE）根据大量的试验结果，把 555nm 定义为同等辐射通量条件下，视亮度最高的单色波长，用 λ_m 表示。将波长为 λ_m 的辐射通量与视亮度感觉相等的波长为 λ 的单色光的辐射通量的比值，定义为波长为 λ 的单色光的光谱光视效率（也称视见函数），以 $V(\lambda)$ 表示。也就是说，波长 555nm 的黄绿光 $V(\lambda)$=1，其他波长的单色光 $V(\lambda)$ 均小于 1（图 3-2），这就是明视觉光谱光视效率。在较暗的环境中（适应亮度 <0.03cd/m² 时），人的视亮度感受发生变化，以 λ=510nm 的蓝绿光最为敏感。按照这种特定光环境条件确定的 $V'(\lambda)$ 函数称为暗视觉光谱光视效率（图 3-2）。

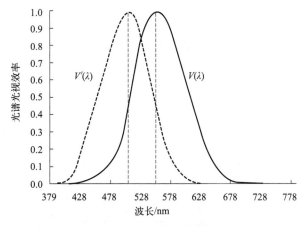

图 3-2　单色光谱光视效率

光视效能是描述光能和辐射能之间关系的量，它是与单位辐射通量相当的光通量，最大值 K_m 在 λ=555nm 处。根据一些国家权威实验室的测量结果，1977 年国际计量委员会决定采用 K_m=683lm/W，也就是波长 555nm 的光源，其发出的 1W 辐射折合成光通量为683lm。

根据这一定义，如果有一光源，其各波长的单色辐射通量为 $\phi_{e,\lambda}$，则该光源的光通量为：

$$\phi = K_m \int \phi_{e,\lambda} V(\lambda) \mathrm{d}\lambda \tag{3-1}$$

式中　ϕ——光通量，lm；

$\phi_{e,\lambda}$——波长为 λ 的单色辐射能通量，W；

$V(\lambda)$——CIE 标准光度观测者明视觉光谱光视效率；

K_m——最大光谱光视效能 683lm/W。

3.1.1.2 照度

照度是受照平面上接受的光通量的面密度，符号为 E。若照射到表面一点面元上的光通量为 $d\phi$（lm），该面元的面积为 dA（m²），则有：

$$E = \frac{d\phi}{dA} \qquad (3\text{-}2)$$

照度的单位是勒克斯（lux，lx）。1lx 等于 1lm 的光通量均匀分布在 1m² 表面上所产生的照度，即 1 lx=1lm/m²。勒克斯是一个较小的单位，例如：夏季中午日光下，地平面上的照度可达 10^5lx；在装有 40W 白炽灯的书写台灯下看书，桌面照度平均为 200～300lx；月光下的照度只有几个勒克斯。

3.1.1.3 发光强度

点光源在给定方向的发光强度，是光源在这一方向上单位立体角元内发射的光通量，符号为 I、单位为坎德拉（Candela，cd），其表达式为：

$$I = \frac{d\phi}{d\Omega} \qquad (3\text{-}3)$$

式中的 Ω 为立体角，其定义见图 3-3。以任一锥体顶点 O 为球心，任意长度 r 为半径作一球面，被锥体截取的一部分球面面积为 S，则此锥体限定的立体角 Ω 为：

$$\Omega = \frac{S}{r^2} \qquad (3\text{-}4)$$

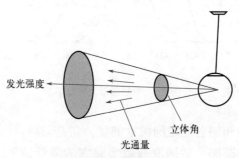

图 3-3　立体角的定义

立体角的单位是球面度（sr）。当 $S=r^2$ 时，Ω =1sr。因为球的表面积为 $4\pi r^2$，所以立体角的最大数值为 4πsr。

坎德拉是我国法定单位制与国际 SI 制的基本单位之一，其他光度量单位都是由坎德拉导出的。2018 年第 26 届国际计量大会通过的坎德拉定义如下：坎德拉，符号 cd，国际单位制中沿给定方向发光强度的单位。当频率为 540×10^{12}Hz 的单色辐射的光视效能以单位 lm·W^{-1}，即 cd·sr·W^{-1}，或 cd·sr·kg^{-1}·m^{-2}·s³ 表示时，将其固定数值取为 683 来定义坎德拉，其中千克、米、秒分别用 h，c 和 Δv_{Cs} 来定义。

3.1.1.4 光亮度（亮度）

光亮度简称亮度，单位是尼特（nit，nt），1nt=1cd/m²。其定义是发光体在某一方向上单位面积的发光强度，以符号 L_θ 表示，其定义式为（图 3-4）：

$$L_\theta = \frac{\mathrm{d}I_\theta}{\mathrm{d}A\cos\theta} \tag{3-5}$$

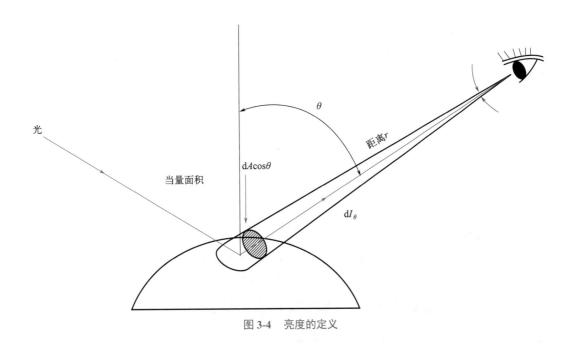

图 3-4　亮度的定义

亮度还有一个较大的单位为熙提（stilb，sb），1sb = 10⁴nt，相当于 1cm² 面积上发光强度为 1cd。太阳的亮度高达 2×10^5 sb，白炽灯丝的亮度为 300 ～ 500sb，而普通荧光灯表面的亮度只有 0.6 ～ 0.8sb，无云蓝天的亮度范围在 0.2 ～ 2.0sb。

3.1.2　光的反射与透射

光在传播过程中遇到新的介质时，会发生反射、透射与吸收现象：一部分光通量被介质表面反射（ϕ_ρ），一部分透过介质（ϕ_τ），余下的一部分则被介质吸收（ϕ_α）。根据能量守恒定律，入射光通量（ϕ_i）应等于上述三部分光通量之和：

$$\phi_\mathrm{i} = \phi_\rho + \phi_\tau + \phi_\alpha \tag{3-6}$$

将反射、吸收与透射光通量与入射光通量之比，分别定义为光反射比 ρ、光吸收比 α 和光透射比 τ，则有：

$$\rho + \tau + \alpha = 1 \tag{3-7}$$

因为材料的不同，存在定向反射与透射和扩散反射与透射。如镜子和抛光的金属表面等都属于定向反射材料，磨砂玻璃等为扩散透射材料。

3.2　眼睛的视觉特征与视觉舒适评价

3.2.1　人眼的构造及视觉特点

3.2.1.1　眼睛与感光细胞

眼球的形状非常接近球体，分为外、中、内三层，眼睛结构示意图可参考《眼科学基础》。

眼球内壁约2/3的面积为视网膜，是眼睛的感光部分。视网膜上有两种感光细胞：视锥细胞和视杆细胞。视锥细胞主要分布在视网膜上的黄斑区，这一区域也是正常情况下通过晶体投射的聚焦区域。视锥细胞在正常的自然光环境下能精确地感知颜色，其具有三种色素物质，分别用于感受红、绿和蓝光。视锥细胞对波长约为555nm的黄绿色光最为敏感。

视杆细胞主要作用于光线较暗的环境之中，其多用于感知物体的运动。视杆细胞的感光敏感度是视锥细胞的1000倍。在最理想的情况下，视杆细胞甚至可以感知单个的光子。视网膜中共有约1.2亿个视杆细胞，主要分布在距离黄斑区视轴20°左右的区域。

3.2.1.2　视野范围

人眼对于不同颜色的视野范围是不同的。图3-5为右眼的颜色视野范围示意图，白色区域的视野范围最大，由大及小依次为蓝色和红色，视野范围最小的是绿色。左右眼的视野范围是基本相同的，但有微小的差别，一般来说可以忽略不计。

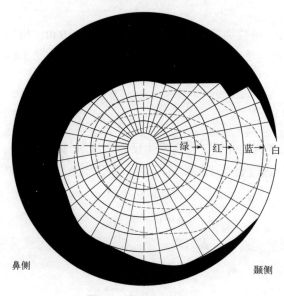

图3-5　右眼的颜色视野

图3-6为双眼视野范围的示意图。白色区域为双眼视野区，阴影区域为单眼视野区，黑色的区域为被遮挡区域，上方为眉毛所遮挡，下方为鼻子和面颊所遮挡。

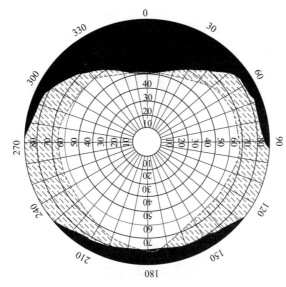

图 3-6　双眼视野

3.2.1.3　明视觉和暗视觉

由于锥体、杆体感光细胞分别在明、暗环境中起主要作用，故形成明、暗视觉。根据国际照明委员会（CIE）1983 年的定义，**明视觉**指亮度超过几个 cd 或坎德拉每平方米（通常认为超过 3cd/m²）的环境，此时视觉主要由视锥细胞起作用；**暗视觉**指环境亮度低于 10^{-3}cd/m² 时的视觉，此时视杆细胞是起主要作用的感光细胞；中间视觉介于明视觉和暗视觉亮度之间，此时人眼的视锥和视杆细胞同时响应，并随着亮度的变化，两种细胞的活跃程度也相应发生变化，而且它们随着正常人眼的适应水平变化而发挥的作用大小不同：中间视觉状态在偏向明视觉时较为依赖视锥细胞，在偏向暗视觉时则对视杆细胞的依赖程度变大。

3.2.2　视觉舒适

3.2.2.1　静态光环境指标

（1）照度

不同工作性质的场所对照度值的要求不同，适宜的照度应当是在某具体工作条件下，大多数人都感觉比较满意而且保证工作效率和精度均较高的照度值。研究人员对办公室和车间等工作场所在各种照度条件下感到满意的人数占比做过大量调查，发现随着照度的增加，感到满意的人数占比也在增加，最大值在 1500～3000lx 之间，见图 3-7。照度超过此数值，对照度满意的人反而越少，这说明照度或亮度要适量。物体亮度取决于照度，照度过大，会使物体过亮，容易引起视觉疲劳和眼睛灵敏度的下降。如夏日在室外看书时，若页面亮度超过 16sb，就会感到刺眼。

因此，提高照度水平只能在一定程度上改善视觉功效，并非照度越高越好。所以，确定照度水平要综合考虑视觉功效、舒适感与经济、能耗等因素。实际应用的照度标准大都是折中的标准。

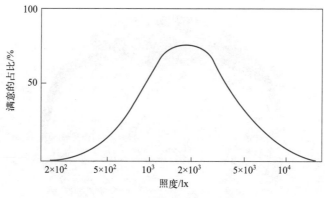

图 3-7　人们感到满意的照度值

（2）照度均匀度

照度均匀度是指工作面上的最低照度与平均照度之比，也可认为是室内照度最低值与平均值之比。照度分布应该满足一定的均匀性。视场中各点照度相差悬殊时，瞳孔就频繁改变大小以适应环境，引起视觉疲劳。评价工作面上的光环境水平，照度均匀度和照度一样都是非常重要的因素。

（3）色温与显色指数

照明光源不仅要求光效高、发光强度大，而且应具有良好的色表和显色性。如果某一光源发出的光，与某一温度下黑体发出的光所含的光谱成分相同，就称为某 K **色温**。光源的色表主要取决于光源的色温，光源的色温低，偏红色；反之，偏蓝色。**显色性**就是指不同光谱的光源照射在同一颜色的物体上时，呈现不同颜色的特性，也就是光源对于物体色彩呈现的程度，即色彩的逼真程度。通常用显色指数（R_a）来表示光源的显色性。光源的显色指数越高，其显色性能越好。

（4）采光系数

采光系数是指在室内参考平面上的某点水平照度 E_n（直接或间接地接收来自假定和已知天空亮度分布的天空漫射光而产生的照度）与同一时刻该天空半球在室外无遮挡水平面上产生的天空漫射光照度 E_w 之比，以百分数表示为：

$$C = \frac{E_n}{E_w} \times 100\%$$

（3-8）

式中　E_n——室内某一点的天然光照度，lx；

　　　　E_w——与 E_n 同一时间，室外无遮挡的天空漫射光在水平面上产生的照度，lx。

3.2.2.2　眩光指标

舒适的亮度比下人的视野很广，在工作房间里，除工作对象外，作业面、顶棚、墙、窗和灯具等都会进入视野，它们的亮度水平构成了周围视野的适应亮度。如果它们与中心视野亮度相差过大，就会加重眼睛瞬时适应的负担，或产生眩光、降低视觉功效。

（1）统一眩光值 UGR

统一眩光值（UGR）是度量处于视觉环境中的照明装置发出的光对人眼引起不舒适感主观反应的心理量。统一眩光值适用于简单的立方体形房间的一般照明设计，不适用于间接照明和发光顶棚的房间。

（2）自然采光眩光指数 DGI

随着技术的发展，研究人员认识到基于亮度的眩光指标通常可以更好地表征视觉舒适度，因此在不同的年代通过分析视野内的亮度分布提出了若干个不同的眩光指数。其中具有代表性的是 1972 年学者 Hopkinson 提出的自然采光眩光指数（Daylight Glare Index，DGI），时至今日 DGI 仍旧是影响力最为广泛、大众接受度最高的眩光指标，我国现行的采光国家标准中使用 DGI 作为评价天然光眩光的指标。

（3）采光眩光发生概率 DGP

Wienold 和 Christoffersen 于 2006 年提出的采光眩光发生概率 DGP（Daylight Glare Probability）指标在考虑视野内亮度对比的同时也将视线方向上的垂直照度纳入考量，经过天然光研究领域研究学者的多次验证试验，普遍认为 DGP 指标的表现优于 DGI 指标，DGP 指标用于预测视觉舒适程度的灵敏性较高、不容易出错，且由于 Wienold 开发出了计算 DGP 的软件工具，使得 DGP 数值的获取较为方便，进一步促进了 DGP 的广泛应用。

3.2.2.3　动态光环境指标

以上所述均为在某一瞬间评价视觉舒适度的方法。天然光环境是一个连续变化的过程，某一房间在某一时刻存在强烈的眩光并不能等同于该房间的采光设计存在问题，眩光问题频繁地出现才能认定该房间需要进一步优化采光方案。动态光环境指标通过年周期上开展动态视觉舒适度评价，全面地评价某房间的视觉舒适程度进而指导其采光设计。

（1）全自然采光时间比 DA

建筑中某一点上的全自然采光时间比（Daylight Autonomy，DA）被定义为全年工作时间中单独依靠自然采光就能达到最小照度要求的时间比，最小照度对应于可以安全和舒适地完成某一特定任务所需的最小设计照度，其选取可以参照现有的采光和照明标准。

（2）有效全自然采光时间比 UDI

有效全自然采光时间比（Useful Daylight Illuminance，UDI）是由 Mardalieve 和 Nabil 于 2005 年提出的基于工作平面照度信息的一个动态自然采光性能评价指标。这一指标主要针对能有效利用自然光的时间，因此采光条件既不能太暗（< 100lx），也不能太亮（> 2000lx）。不满足下限意味着采光量不足，超过上限则意味着采光量过大，从而可能导致视觉不舒适感。

（3）连续全自然采光时间比 cDA

连续全自然采光时间比（continuous Daylight Autonomy，cDA）是由 Roger 提出的一个较新的概念。与 DA 相比，cDA 在自然采光照度小于最小设计照度时采用权衡系数的方式来综合考察其不满足程度。

（4）年日照曝光量 ASE（Annual Sunlight Exposure）

ASE 指超过指定直射阳光照度水平且超过指定小时数的区域面积的比，是描述室内环境中潜在的视觉不适的指标。该指标规定了光暴露的上限，以防止阳光直射过多，给人带来视觉不适的感受。

（5）空间日光自治指数 sDA（spatial Daylight Autonomy）

一般将 sDA 表述为 sDA300/50%（这是 IES 推荐的衡量标准），用来表述空间所有水平照度计算点中有多少计算点在一年中（指空间占有时间，按一天 10 小时计）可以有超过 50% 的时间仅在自然光照射下就达到 300lx。当然 300lx 与 50% 同样可以随不同的空间与设计需求进行改变。IES 选择 300lx 是因为这个值与 IES 的各个设计标准重合较多；50% 则是许多研究表明 50% 的空间达到 300lx 时，人们对空间视觉舒适度与满意度较高。

3.3   建筑光环境现行标准

3.3.1   建筑采光设计标准

3.3.1.1   采光标准值

为了在建筑采光设计中，贯彻国家的法律法规和技术经济政策，充分利用天然光，创造良好光环境、节约能源、保护环境和构建绿色建筑，就必须使采光设计符合建筑采光设计标准要求。我国于 2013 年 5 月 1 日施行了《建筑采光设计标准》（GB 50033—2013），用于指导新建、改建及扩建的民用建筑和工业建筑天然采光的设计与利用，该标准是采光设计的依据。《建筑采光设计标准》（GB 50033—2013）修订后在技术内容上相对原标准有了重大变化：标准中增加了强制性条文的规定，侧面采光的评价指标由采光系数最低值改为采光系数平均值，同时增加了侧面采光有效进深的规定并制定了采光节能计算方法等。该标准主要内容如下。

人眼对不同情况的视看对象有不同的照度要求，而照度在一定范围内是越高越好，照度越高，工作效率越高。但照度高意味着投资大，故照度的确定必须既要考虑视觉工作的需要，又要照顾经济上的可能性和技术上的合理性。采光标准综合考虑了视觉试验结果，通过对已建成建筑的采光现状进行现场调查，结合窗洞口经济分析、我国光气候特征及我国国民经济发展等建筑因素，将视觉工作采光等级划分为 I ～ V 级，并提出了各级视觉工作采光等级要求的采光系数标准值和室内天然光照度标准值，见表 3-1。

表3-1   各采光等级参考平面上的采光标准值和室内天然光照度标准值

采光等级	侧面采光		顶部采光	
	采光系数标准值 /%	室内天然光照度标准值 /lx	采光系数标准值 /%	室内天然光照度标准值 /lx
I	5	750	5	750
II	4	600	3	450
III	3	450	2	300
IV	2	300	1	150
V	1	150	0.5	75

注：1. 工业建筑参考平面取距地面 1m。民用建筑取距地面 0.75m，公用场所取地面。

2. 表中所列采光系数标准值适用于我国 III 类光气候区，采光系数标准值是按室外设计照度值 15000lx 制定的。

3. 采光标准的上限值不宜高于上一采光等级的级差，采光系数值不宜高于 7%。

　　由于不同的采光类型在室内形成的光分布不同，《建筑采光设计标准》（GB 50033—2013）中规定采光系数标准值和室内天然光照度标准值应为参考平面上的平均值。采用采光系数平均值，不仅能反映出工作场所采光状况的平均水平，也更方便理解和使用。在采用采光系数作为采光评价指标的同时，还给出了相应的室内天然光照度值，这样一方面可与视觉工作所需要的照度值相联系，另一方面便于和照明标准规定的照度值进行比较。

3.3.1.2　采光质量

（1）采光均匀度

　　视野内照度分布不均匀，易使人眼疲乏，影响工作效率。因此，要求房间内照度分布应有一定的均匀度，一般以最低值与平均值之比来表示。研究表明，对于顶部采光，如在设计时，保持天窗中线间距小于参考平面至天窗下沿高度的 1.5 倍，则均匀度能达到 0.7 的要求，此时可不进行均匀度的计算。照度越均匀，对视野越有利，考虑到采光均匀度与一般照明的照度均匀度情况相同，而《建筑照明设计标准》（GB 50034—2013）根据主观评价及理论计算结果对视觉作业精度要求高的房间或场所的照度均匀度的要求为 0.7，因此确定采光均匀度为 0.7。如果采用其他采光形式，可对采光照度值进行逐点计算，以确定其均匀度。侧面采光由于照度变化太大，不可能做到均匀，同时 V 级视觉工作系粗糙工作，开窗面积小，较难照顾均匀度，故对侧面采光的均匀度未做规定。

（2）窗眩光

　　由于侧窗位置较低，对于工作视线处于水平的场所极易形成不舒适眩光，故应采取措施减小窗眩光。采光设计时，应采取下列措施减小窗的不舒适眩光：①作业区应减少或避免直射阳光；②工作人员的视觉背景不宜为窗洞口；③可采用室内外遮挡设施；④窗结构的内表面或窗周围的内墙面，宜采用浅色饰面。

　　在采光质量要求较高的场所，用窗的自然采光眩光指数（DGI）作为采光质量的评价指标。窗的自然采光眩光指数不宜高于表 3-2 规定的数值。

表3-2　窗的自然采光眩光指数（DGI）

采光等级	眩光指数值 DGI
I	20
II	23
III	25
IV	27
V	28

（3）光反射比

　　为了使室内各表面的亮度比较均匀，必须使室内各表面具有适当的光反射比。例如，对于办公楼、图书馆、学校等建筑的房间，其室内各表面的光反射比宜符合表 3-3 的规定。

表3-3　室内各表面的光反射比

表面名称	反射比
顶棚	0.60 ~ 0.90
墙面	0.30 ~ 0.80
地面	0.10 ~ 0.50
桌面、工作台面、设备表面	0.20 ~ 0.60

在进行采光设计时，为了提高采光质量，还要注意光的方向性，并避免对工作产生遮挡和不利的阴影；需补充人工照明的场所，照明光源宜选择接近天然光色温的光源；需识别颜色的场所，应采用不改变天然光光色的采光材料；对光有特殊要求的场所，如博物馆建筑的天然采光设计，宜消除紫外辐射，限制天然光照度值和减少曝光时间；陈列室不应有直射阳光进入；当选用导光管采光系统进行采光设计时，采光系统应有合理的光分布。

3.3.2　建筑照明设计标准

《建筑照明设计标准》（GB 50034—2013），由中国建筑科学研究院会同有关单位对原国家标准《建筑照明设计标准》（GB 50034—2004）进行全面修订而成。

该标准共分7章2个附录，主要内容包括总则、术语、基本规定、照明数量和质量、照明标准值、照明节能、照明配电及控制等。

3.3.2.1　住宅建筑

住宅建筑照明标准值宜符合表 3-4 规定。

表3-4　住宅建筑照明标准

房间或场所		参考平面及其高度	照度标准值 /lx	R_a
起居室	一般活动	0.75m 水平面	100	80
	书写、阅读		300[①]	
卧室	一般活动	0.75m 水平面	75	80
	床头、阅读		150[①]	
餐厅		0.75m 餐桌面	150	80
厨房	一般活动	0.75 m 水平面	100	80
	操作台	台面	150[①]	
卫生间		0.75 m 水平面	100	80
电梯前厅		地面	75	60
走道、楼梯间		地面	50	60
车库		地面	30	60

①指混合照明照度。

3.3.2.2　公共建筑

此处以办公建筑为例，办公建筑照明标准值应符合表 3-5 的规定。

表3-5　办公建筑照明标准值

房间或场所	参考平面及其高度	照度标准值/lx	UGR	U_0	R_a
普通办公室	0.75 m 水平面	300	19	0.60	80
高档办公室	0.75 m 水平面	500	19	0.60	80
会议室	0.75 m 水平面	300	19	0.60	80
视频会议室	0.75 m 水平面	750	19	0.60	80
接待室、前台	0.75 m 水平面	200	—	0.40	80
服务大厅、营业厅	0.75 m 水平面	300	22	0.40	80
设计室	实际工作面	500	19	0.60	80
文件整理、复印、发行室	0.75 m 水平面	300	—	0.40	80
资料、档案存放室	0.75 m 水平面	200	—	0.40	80

注：此表适用于所有类型建筑的办公室和类似用途场所的照明。

3.3.3　绿色建筑评价标准

《绿色建筑评价标准》（GB/T 50378—2019）从《绿色建筑评价标准》（GB/T 50378—2014）中"四节一环保"更新为安全耐久、健康舒适、生活便利、资源节约、环境宜居，从这一点上能发现在《绿色建筑评价标准》（GB/T 50378—2019）中不再一味地强调节约资源，更多的是关注人的健康便利，更好地体现以人为本的精神。

在《绿色建筑评价标准》（GB/T 50378—2019）中与建筑天然采光有关的具体条文如下所示。可以发现不管是在住宅建筑还是在公共建筑中都涉及平均时数的概念。对比《绿色建筑评价标准》（GB/T 50378—2014），在居住建筑中，《绿色建筑评价标准》（GB/T 50378—2019）中以平均时数替代窗地面积比作为评价指标；在公共建筑中，《绿色建筑评价标准》（GB/T 50378—2019）中以平均时数替代采光系数作为评价指标。说明现阶段评价指标已从静态评价指标过渡到动态评价指标的阶段，证明该标准在天然采光的规定上更加合理，更加符合实际情况。

5.2.8　充分利用天然光，评价总分值为 12 分，并按下列规则分别评分并累计：

1　住宅建筑室内主要功能空间至少 60% 面积比例区域，其采光照度值不低于 300lx 的小时数平均不少于 8h/d，得 9 分。

2　公共建筑按下列规则分别评分并累计：

1）内区采光系数满足采光要求的面积比例达到 60%，得 3 分；

2）地下空间平均采光系数不小于 0.5% 的面积与地下室首层面积的比例达到 10% 以上，得 3 分；

3）室内主要功能空间至少 60% 面积比例区域的采光照度值不低于采光要求的小时数平均不少于 4h/d，得 3 分。

3　主要功能房间有眩光控制措施，得 3 分。

3.4　光源介绍

3.4.1　天然光

天然采光的意思是利用天然光源来保证建筑室内光环境。在良好的光照条件下，人眼才能进行有效的视觉工作。无窗的房间容易控制室内热湿与洁净水平，节省空调能耗，但不能满足室内人员与外界环境接触的心理需要。在室内有良好光照的同时，让人能透过窗户看见室外的景物，是保证人的工作效率、身心舒适健康的重要条件。无论从环境的实用性还是美观的角度，采用被动或主动的手段，充分利用天然光照明是实现建筑可持续发展的路径之一，有着非常重要的意义。

3.4.1.1　天然光源的特点

天然光就是室外昼光，其强弱变化不定。如果不了解在任一给定时刻的建筑基址上有多少昼光可以利用，我们就不可能对天然光环境进行正确的设计和预测。

太阳是昼光（Daylight）的光源。部分日光（Sunlight）通过大气层入射到地面，它具有一定的方向性，会在被照射物体背后形成明显的阴影，称为太阳直射光。另一部分日光在通过大气层时遇到大气中的尘埃和水蒸气，产生多次反射，使白天的天空呈现出一定的亮度，这就是天空扩散光（Skylight）。扩散光没有一定的方向，不能形成阴影。昼光是直射光与扩散光的总和。

天然光是太阳辐射的一部分，它具有光谱连续且只有一个峰值的特点，见图 3-8。人们长期生活在天然光下，天然光是人们生活中习惯的光源。而人工光的光谱由于其发光机理各不相同，其光谱分布也不相同。大多数人工光源的光谱分布有两个以上的峰值，且不连续，如图 3-8 所示的日光色荧光灯，容易引起视觉疲劳。一般来讲，光谱能量分布较窄的某种纯色光源照明质量较差，光谱能量分布较宽的光源照明质量较好。前者的视觉疲劳高于后者。光谱成分不佳引起视觉疲劳是由于有明显的色差。因此，人们总希望人工光尽量接近天然光，不仅要求光谱分布接近或基本相同，并且也只有一个峰值，还要求有接近的光色感觉。

3.4.1.2　不同采光口形式的特征及其对室内光环境的影响

天然采光的形式主要有侧面采光和顶部采光，即在侧墙上或者屋顶上开采光口采光。另外也有采用反光板、反射镜等，通过光井、侧高窗等采光口进行采光的形式。设置不同种类的采光口和采用不同种类的玻璃，形成的室内照度分布有很大的不同。前面介绍过，室内的照度水平很重要，但照度分布也是室内光环境质量的一个非常重要的指标。

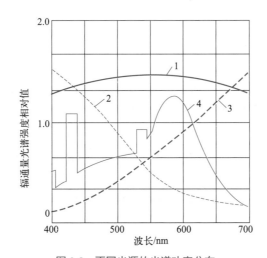

图 3-8　不同光源的光谱功率分布

1—日光；2—晴天天空光；3—白炽灯；4—日光色荧光灯

　　窗的面积越小，获得天然光的光通量就越少。但相同窗口面积的条件下，窗户的形状和位置对进入室内的光通量的分布有很大的影响。如果光能集中在窗口附近，可能会造成远窗处照度不足，需要进行人工照明，而近窗处因为照度过高造成不舒适眩光故需拉上窗帘，结果是仍然需要人工照明。这样就失去了天然采光的意义了。因此，对于一般的天然采光空间来说，尽量降低近采光口处的照度，提高远采光口处的照度，使照度尽可能均匀化是有意义的。

　　除了窗的面积以外，侧窗上沿或者下沿的标高对室内照度分布的均匀性也有着显著影响。图 3-9 是侧窗高度变化对室内照度分布的影响示意图。从图 3-9（a）可以看出，随着窗户上沿的下降、窗户面积的减小，室内各点照度均下降。但如图 3-9（b），提高窗台的高度，尽管窗的面积减小了，导致近窗处的照度降低，却对远窗处的照度影响不大。

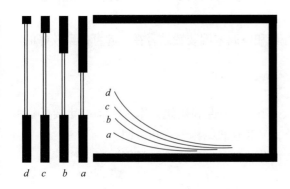

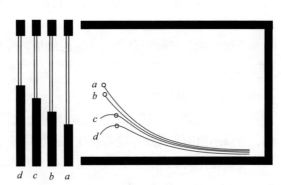

(a) 窗上沿高度对照度分布的影响　　　　　　　　(b) 窗台高度对室内照度分布的影响

图 3-9　侧窗高度变化对室内照度分布的影响

3.4.1.3　天然采光设计计算

　　天然采光设计的步骤根据不同设计阶段的目标不同而异。在建筑设计阶段，需按照

《建筑采光设计标准》的要求与初步拟定的建筑条件估算开窗面积。如果窗子的位置、尺寸和构造已经基本确定，就需要通过较详细的计算来检验室内天然光照度水平是否达到了规定标准。

世界各国使用的采光计算方法多达数十种，如流明法、采光系数法、光通量传输法等。这些方法各有优劣，但按照计算目标可归纳为两类：一类是集总参数计算法，通常是利用简便的计算来检验一个房间的采光系数基准值；另一类是分布参数计算法，能求出室内各点的采光系数，并可通过室外天空光的逐时变化，求出室内各点的天然光照度的逐时分布。后一类方法计算工作量相当大，需要通过计算机模拟来实现。在一般设计工作中，设计人员多采用集总参数计算法并利用直观的计算图表曲线来进行设计计算。

3.4.2　人工光源

天然光具有很多优点，但它的应用受到时间和地点的限制。建筑物内不仅在夜间必须采用人工照明，在某些场合，白天也需要人工照明。人工照明的目的是按照人的生理、心理和社会的需求，创造一个人为的光环境。人工照明主要可分为工作照明（或功能性照明）和装饰照明（或艺术性照明）。前者主要着眼于满足人们生理上、生活上和工作上的实际需要，具有实用性的目的；后者主要满足人们心理上、精神上和社会上的观赏需要，具有艺术性的目的。在考虑人工照明时，既要确定光源、灯具、安装功率和解决照明质量等问题，还需要同时考虑相应的供电线路和设备。

3.4.2.1　灯具

灯具是光源、灯罩及其附件的总称，分为装饰灯具和功能灯具两种。功能灯具是指满足高效、低眩光要求而采用控光设计的灯罩，以保证把光源的光通量集中到需要的地方的人工光源。

除了光效，还应考虑灯具效率。灯具效率被定义为在规定条件下测得的灯具发射的光通量与光源发出的光通量之比，其值小于1.0，与灯罩开口大小、灯罩材料的光学性能有关。

灯具在使用过程中会产生大量的热量，将灯具和空调末端装置结合在一起可得到较好的节能效益。

3.4.2.2　照明方式

在照明设计中，照明方式的选择对光质量、照明经济性和建筑艺术风格都有重要的影响，合理的照明方式应当既符合建筑的使用要求，又和建筑结构形式相协调。

正常使用的照明系统，按其灯具的布置方式可分为四种照明方式，见图3-10。

3.4.2.3　照明设计计算

照明设计计算是人工光环境设计的一个重要环节。当明确了设计要求，选择了合适的照明方式、光源和灯具，确定了所需要的照度和各种质量要求后，通过照明计算可求出所需要的灯具数量和光源功率；或反过来，在已经初步确定照明设计的条件下，验证所做的照明设计是否符合照度标准要求。

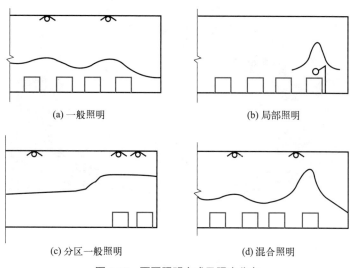

(a) 一般照明　　　　　　　　　　(b) 局部照明

(c) 分区一般照明　　　　　　　　(d) 混合照明

图 3-10　不同照明方式及照度分布

照明设计计算的内容范围很广，包括照度、亮度、眩光、经济与节能分析等，而且计算方法也很多。其中系数法考虑了直射光和反射光两部分所产生的照度，计算结果为水平工作面上的平均照度，适用于灯具均匀布置的一般照明以及利用墙和顶棚作反光面的场合。

3.5　绿色建筑光环境技术

3.5.1　采光及遮阳

通过不同类型采光与遮阳技术可以有效减少眩光、增加室内光环境的舒适性与节能性，主要包括以下几种类型。

3.5.1.1　采光技术

镜面导光管（Mirror Light Pipe，MLP）或管状日光导引系统（Tubular Daylight Guidance System，TDGS）的组成是：

（1）一个置于建筑物屋顶上的室外收集器。图 3-11 是导光管的室外收集器部分。在大多数情况下，它是一个净片聚碳酸酯圆顶，滤除紫外辐射，并排除雨水和灰尘。

（2）一个空心管，内表面反射率很高，一般是用阳极氧化铝或叠层银膜制成的。

（3）室内散光器。它将导光管发射出的、方向高度集中的光线转换成对整个房间表面更为均匀得多的分布。

真实导光管的透射率由涂层材料的反射率、来回反射的次数、弯曲的数量和类型决定。制造商专注于提高内表面的反射率。增加导光管的半径会减少来回反射的次数；弯曲使得对光的控制变难，并增加了来回反射的次数。大多数系统并不是密封的，因为在安装时可能需要进行调整。灰尘往往会堆积，这对于导光管的反射率具有负面影响，进而影响了系统整体的透射率。

图 3-11   导光管室外收集器

3.5.1.2   采光遮阳技术

（1）百叶窗（遮光格栅）

固定的、镜面反射的百叶窗主要用来控制直射日光。高太阳高度角的太阳光和天光❶通过百叶窗反射，提高了内部采光水平，而来自低太阳高度角（即高出地平 10°～40°）的太阳光和天光通过百叶窗反射，采光水平则被降低了。固定的、镜面反射的百叶窗能够控制眩光，但却降低了采光水平。它们常用于控制温带气候条件中浅进深房间采光。

（2）百叶窗帘

标准的百叶窗能够提供中等照度的采光分布。条板的最佳数量取决于眩光、太阳直射光控制和照明需求。如果条板是水平的，反向的、银白色的百叶窗会增加光照水平。

（3）光转向遮阳

图 3-12 给出了遮光板的结构形式。与传统遮阳提供的照度相比，光转向遮阳提高了空间中部的采光照度。光转向遮阳适合于炎热、阳光充足的气候。

（4）角度选择型天窗

图 3-13 给出了角度选择型天窗的结构形式。角度选择型天窗遮挡了高太阳高度角的太阳直射光，反射低太阳高度角的太阳直射光进入室内，进而控制了房间热负荷，并从天空中获得更多天然光。因此，该天窗是引入低太阳高度角直射阳光的最佳形式。

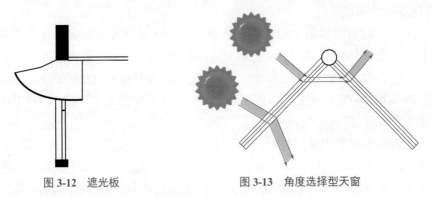

图 3-12   遮光板   图 3-13   角度选择型天窗

---

❶   太阳光是直射光，为直接光照；天光即太阳光线经大气层散射后的光线，是我们常看到的蓝色天空发出的光，是间接光照。

3.5.1.3　遮阳技术

（1）自动式百叶窗

当一个自动式百叶窗被用来遮挡太阳直射光以及与可控明暗的荧光灯同步操作时，相比静态百叶与同样的室内照明控制系统相配合，可获得较好的节能效果。

（2）中空遮阳

中空遮阳是将遮阳装置安装于中空玻璃的中空腔体内，可以用在窗户及隔断上，具备了中空玻璃及遮阳的综合性功能。

（3）外遮阳

外遮阳，是在窗户外设置百叶窗、卷帘、遮阳板等遮阳设备。外遮阳的主要效果是具有自然的节能功效。外遮阳的百叶窗不但可将户外的日照隔绝，并且能够抑制室内的气温上升。

（4）光谱选择性窗户

随着材料技术的发展，在窗户中加入光谱选择性膜可大大降低某些特定波段的辐射透射率，在满足采光照度要求的同时，可有效降低太阳辐射得热，主要包括电致变色、光致变色和热致变色玻璃等技术。

3.5.2　人工照明

人们希望既能控制天然光进入室内空间，又能控制室内空间中的电光源，只有这样才能充分利用接收到的天然光，并最大程度地减少人工照明的使用，同时满足相关照度要求，避免过量的太阳辐射。让使用者感到舒适，是良好采光的主要目标。

3.5.2.1　照明控制

近年来，相比传统的无控制照明系统，照明控制系统的使用在减少照明能耗、降低商业及办公建筑高峰用电需求方面显示了明显的节能潜力。照明控制策略包括在天然采光时自动调节灯光明暗，根据使用者的需求调光或者开关灯具，以及进行流明维护（自动补偿长期的流明损失）等方式。

随着低成本远程控制设备的出现，由使用者控制调光系统成为用户可负担的一个选择，并获得了很高的用户满意度。研究人员在旧金山一栋大楼的一间办公室里进行了长达 7 个月的研究，比较了各种控制技术的节能效果。研究显示，由于控制技术的使用，办公室能耗相比无控制时降低了 23% ～ 44%。

3.5.2.2　照明控制系统的组成

照明控制系统种类繁多，主要可分为中央控制和本地控制两类。通过中央控制系统可实现对每一个灯具、整栋建筑或者建筑每一层楼的控制，中央控制系统通常依赖位于回路（或灯具）中心区域的天花板上（或墙上）的日光传感器进行照明控制，可将照度维持在一个恒定的范围内。可以对控制器的预设值进行调整。不同类型的控制器应用于不同的功能空间，例如，在一个统一操作的空间中，一个简单的开 / 关控制可能是必需的，而在一个大的办公室里，调光控制可能更合适。

在本地控制系统中，光传感器通过估计工作表面亮度，并调节灯的输出光线来维持预设

的水平。总的来说，本地控制系统比中央控制系统表现更好，然而，使用这些传感器的一个缺点就是由于反射系数所带来的误差，例如，当工作台面上放置一张白纸时，由其反射到传感器的反射光大大改变了传感器的控制阈限值，进而导致传感器产生错误的信号。这可通过在适当位置放置传感器来解决，或者通过使用大视角的传感器来降低误差。

3.5.3 模拟技术

建筑光环境模拟是建立在计算机软件技术基础上的，借助计算机软件技术我们可以完成手工计算时代不可想象的任务。随着可持续建筑的发展，传统的实体模型测量、公式计算和经验做法难以支持复杂和多元化的设计需要，而数字化的辅助模拟软件正好可以弥补上述传统做法的不足。按照模拟对象及其状态的不同，光环境模拟软件大致可以分成静态、动态和综合能耗模拟三类。

3.5.3.1 静态光环境模拟软件

静态光环境模拟软件可以模拟某一时间点上的自然采光和人工照明环境的静态亮度图像和光学指标数据（如照度和采光系数）。这就如同你在将来的某个时间为现在还没建好的建筑拍下了一张虚拟的照片或者对其进行了一次虚拟的光学测量，注意，它们记录的是单一状态下的结果。静态光环境模拟软件是光环境模拟软件中的主流，比较流行的有 Desktop Radiance、Radiance、Ecotect、AGi32 和 Dialux 等。

3.5.3.2 动态光环境模拟软件

动态光环境模拟软件可以根据全年气象数据动态计算工作平面的逐时自然采光照度，并在上述照度数据的基础上根据照明控制策略进一步计算全年的人工照明能耗。这类软件与静态软件的区别在于其综合考虑了全年 8760 个小时的动态变化，而静态软件只针对全年中的某一时刻，不过动态软件无法生成静态亮度图像。相对集成于综合能耗模拟软件中的全年照明能耗模拟模块来说，独立的动态光环境模拟软件的灵活性更好，计算更精确。另外，动态光环境模拟软件还可以将计算结果输出到综合能耗模拟软件中进行协同模拟。动态光环境模拟软件的可选择余地较小，只有 Daysim 一种，其也使用 Radiance 作为计算核心。

3.5.3.3 综合能耗模拟软件

实际上这类软件已经不能算作是单纯意义上的光环境模拟软件，准确地说它们只是涉及了光环境的模拟。综合能耗模拟软件主要用于能耗模拟和设备系统仿真，采光和照明能耗模拟只是其中的一个功能。以美国劳伦斯伯克利国家实验室开发的 Doe2 和 EnergyPlus 为代表，它们可以根据全年的自然采光照度计算照明得热，并将以此数据作为输入量纳入全年能耗模拟中计算建筑的综合能耗。

上述三种软件分别针对不同的应用和需求，由于现在还没有一种软件能完全应对光环境模拟中所涉及的方方面面，所以，在全面的光环境模拟中往往需要将这三种软件有机地结合起来。

思考题

3-1　简述光通量、发光强度、照度和亮度的定义、单位以及用途。

3-2　相同的照明条件下，被照面的光学性质对被照面的照度和亮度有何影响？

3-3　舒适光环境的营造需满足哪些基本要求？列举出其中的一个营造措施。

3-4　在明亮的环境条件下，人眼对何种单色光最敏感？色温越高，感觉越冷还是越暖？

3-5　利用反射镜或者反射板把太阳光引导到室内进行天然采光，直接把太阳光反射到室内的什么地方效果最好？

【参考文献】

[1] 朱颖心 . 建筑环境学 [M]. 4 版 . 北京：中国建筑工业出版社，2010.

[2] 何荣，袁磊 . 建筑采光 [M]. 北京：知识产权出版社，2019.

[3] 边宇 . 建筑采光 [M]. 北京：中国建筑工业出版社，2019.

[4] 云朋 . 建筑光环境模拟 [M]. 北京：中国建筑工业出版社，2010.

[5] 郝洛西，曹亦潇 . 光与健康 [M]. 上海：同济大学出版社，2021.

[6] 刘祖国 . 眼科学基础 [M]. 3 版 . 北京：人民卫生出版社，2018.

绿色

建筑

概论

INTRODUCTION TO
GREEN BUILDING

第4章
建筑声环境

○○ ─── ○○ ○ ○○ ────────

　　声波作为机械波传递声音到人耳，构成了感知外部信息的重要部分，占据了人对外部世界信息感知的 30%。人们通过声音学习、交流，欣赏美妙音乐，但并非所有声音都受欢迎，如城市喧嚣、空调嗡嗡声、风机轰鸣等。有些人甚至将音乐视为噪声，认为其干扰工作。如何减小不需要的噪声成为了人们关注的问题。了解声音传播的阻碍和影响因素，理解声音叠加的计算过程，以及生活中不同场合的噪声处理方法，如降噪设备的原理，对于提高室内声环境质量至关重要。此外，建筑结构的设计也能有效减少噪声影响。本章将深入介绍与声环境相关的知识。

 学习目标

掌握建筑声环境的基本知识；

掌握建筑声环境的控制原则与方法；

了解和认识建筑声环境设计标准与有关设备。

关键词：建筑声环境；绿色建筑声环境设计；建筑噪声控制

 讨论

两个声压级为 0dB 的噪声合成的噪声是否仍然听不见？

4.1　建筑声环境的基本知识

4.1.1　声音的基本性质及计量

4.1.1.1　声波的基本物理性质

（1）声波和波动方程

建筑环境中的声波主要是在空气中传播的声波。声源的振动引起它周围的空气交替地被压缩和舒张，并向四周传播。当空气压缩，压强就增大，而空气舒张时，压强就减小。因此声波实质上是空气压强在静态压强水平上起伏变化的过程。所以，空气中的声波是一种压强波。因为声波而引起的空气压强的变化量称为声压。

声压是空气压强的变化量而不是空气压强本身，空气压强 P_a 是在静压强 P_0 上叠加变化量声压 p，声压 p 相对于静压强 P_0 是一个很微小的量。大气静压强的量级是 $10^5 Pa$，而声压 p 的量级是 $10^{-5} \sim 10 Pa$。声音的传播是压力波的传播而不是空气质点的输运，空气质点只是在它原来的平衡位置来回振动。压力波传播速度是声速，而空气质点的振动速度对应的是声音的强弱。

（2）声速

声波在介质中的传播速度，即**声速**，主要取决于介质本身的物理特性，也和温度等因素有关。空气中的声速 c 与空气的压强和密度有关：

$$c = \sqrt{\frac{\gamma P_0}{\rho_0}} \tag{4-1}$$

式中　c——空气中的声速，m/s；

　　　P_0——空气静压强，通常取 101325 Pa；

　　　γ——气体常数，对于空气 $\gamma = 1.4$；

　　　ρ_0——空气密度，$\rho_0 = 1.29 \times \dfrac{273}{T_a}$ kg/m³，其中 T_a 为空气温度，K。

因此，空气中的声速可表示为：

$$c = 331.4\sqrt{\frac{T_a}{273}} \tag{4-2}$$

常温下（15℃）空气中的声速可取为 340m/s。

（3）简谐声波、频率与波长

设一维波动方程解的形式是：

$$p(x,t) = P_m \cos\frac{2\pi}{\lambda}(x - ct) \tag{4-3}$$

式中，λ 为波长，m。令频率 $f = c/\lambda$（Hz），则解可写成：

$$p(x,t) = P_m \cos\left(2\pi ft - \frac{2\pi}{\lambda}x\right) \tag{4-4}$$

如果位置 x 固定，声压随时间的变化是一个余弦函数，即频率为 f 的简谐函数。人耳在该处听到的是一个简谱音（又称纯音），这样的声波被称为简谐声波，是声波中最简单、最基本的形式。描述一个简谐声波只需频率 f 和声压幅值 P_m 两个独立变量，f 确定了它的音调，而声压幅值 P_m 确定了声音的强弱，即响度的大小。简谐声波的频率越高，其波长就越短。常温下空气中的声速约为 340m/s，则 100Hz 的简谱声波波长为 3.4m，而 4000Hz 的声波，波长为 8.5cm。

人耳能听到的声波频率范围在 20 ～ 20000Hz 之间，低于 20Hz 的声波称为次声，高于 20000Hz 的称为超声。次声和超声都不能被人耳听到。

（4）声音信号和频谱

人耳接收到的空气中声压随时间的变化称为声音。简谐声波的声压随时间变化的规律是一个简谐函数，亦称作纯音信号：

$$p(t) = P_m \cos(2\pi ft + \varphi) \tag{4-5}$$

式中，φ 称为初相，随空间位置不同而异。

另有一种信号称为周期性信号，即每隔一确定的周期 ΔT，信号就重复一遍：

$$p(t) = p(t + n\Delta T) \tag{4-6}$$

式中，n 为正整数。对于周期性信号，可进行傅里叶级数展开为一系列简谐函数的和：

$$p(t) = A_0 + \sum_{n=1}^{\infty} A_n \cos(2\pi n f_0 t + \varphi_n) \tag{4-7}$$

式中　f_0——基频；

　　　A_0——直流分量。

每一个简谱分量 i 对应的是各自的声压幅值 A_i、初相 φ_i 和谐频 $f_i = nf_0$。如果以横坐标作为频率 f，纵坐标作为声压幅值 p（或声压级），画出某种声音的频谱图，则各简谱分量都对应着 $f = f_i$ 处的一条竖直线，竖直线的高度与幅值 A_i 对应。一个单一频率的简谐声音（纯音），其频谱图是位于该频率坐标处的一条竖直线。

周期性声信号又称为复音，如管弦乐器发出的声音。其频谱图可以表示为在基频 f_0 和 $2f_0$、$3f_0$、$\cdots$、nf_0 处的一系列高矮不等的竖直线（图 4-1），称为线状谱，又称为离散谱。复音音调的高低取决于基频，而音色取决于谐频分量的构成。

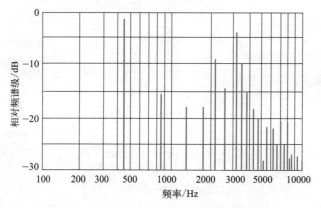

图 4-1　基频为 440Hz 的小提琴频谱图

人们所认为的噪声，一般不是周期性信号，不能用离散的简谐分量的叠加来表示，而是包含着连续的频率成分，为连续谱（图 4-2）。

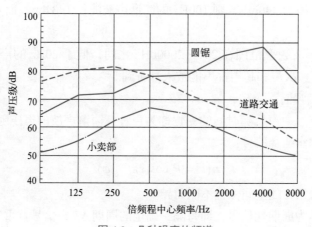

图 4-2　几种噪声的频谱

在通常的声学测量中将声音的频率范围分成若干个频带，以便于工作。精度要求高时，频带带宽可以缩窄；简单测量时，可以将频带带宽放宽。

在建筑声学中，频带划分通常是以各频带的频程数 n 相等来划分。频程数 n 可表示为：$\dfrac{f_2}{f_1}=2^n$，频程数 n 为正整数或分数，n 是几就是几个倍频程。一个倍频程相当于音乐上一个八度音。某个频带的宽度若为 n 个倍频程，则此频带上界频率 f_2 是其下界频率 f_1 的 2^n 倍，f_2 和 f_1 相差 n 个倍频程。建筑声学中一般工程性测量最常用的是间距为一个倍频程的倍频带。各个频带通常用其中心频率 $f_c = \sqrt{f_1 f_2}$ 来表示。

国际标准化组织 ISO 和我国国家标准对倍频带划分的标准规定为：中心频率为 31.5Hz、63Hz、125Hz、250Hz、500Hz、1000Hz、2000Hz、4000Hz、8000Hz 及 16000Hz。

（5）波阵面与声线

声波从声源出发，在同一个介质中按一定方向传播，在某一时刻，波动所达到的各点的包络面，即空间中相位相同的相邻点构成的面，称为**波阵面**。波阵面为平面的称为"平面波"，波阵面为球面的称为"球面波"。

用"声线"表示声波传播的途径。在各向同性的介质中，声线是直线且与波阵面相垂直。

4.1.1.2　声音的计量

（1）声功率、声强和声压

① 声功率 W

声功率是指声源在单位时间内向外辐射的声能，单位为 W 或 μW。声源声功率有时指的是在某个频带的声功率，此时需注明所指的频率范围。

在声环境设计中，大都认为声源辐射的声功率属于声源本身的一种特性，不因环境条件的不同而改变。一般人讲话的声功率是很小的，稍微提高嗓音时约 50μW；即使 100 万人同时讲话，也只相当于一个 50W 电灯泡的功率。

② 声强 I

声强是衡量声波在传播过程中声音强弱的物理量，单位是 W/m²。声场中某一点的声强，是指在单位时间内，该点处垂直于声波传播方向上单位面积所通过的声能。

在无反射声波的自由场中，点声源发出的球面波，均匀地向四周辐射声能。因此，距声源中心为 r 的球面上的声强为：

$$I = \frac{W}{4\pi r^2} \tag{4-8}$$

式中，W 是声源声功率，W。

③ 声压 p

所谓**声压**，是指介质中有声波传播时，介质中的压强相对于无声波时介质静压强的改变量，单位为 Pa。任一点的声压都是随时间而不断变化的，每一瞬间的声压称瞬时声压，某段时间内瞬时声压的均方根值称为有效声压。如未说明，通常所指的声压即为有效声压。

声压与声强有着密切的关系。在自由声场中，某处的声强和该处声压的平方成正比，而和介质密度与声速的乘积成反比，即：

$$I = \frac{p^2}{\rho_0 c} \tag{4-9}$$

（2）声功率级、声强级、声压级及其叠加

人耳对声音是非常敏感的，人耳刚能听见的下限声强为 10^{-12}W/m^2，下限声压为 $2\times10^{-5}\text{Pa}$，称作可听阈；而使人能忍受的上限声强为 1W/m^2，上限声压为 20Pa，称作烦恼阈。可看出，人耳的容许声强范围上下限相差 1 万亿倍，声压相差也达 100 万倍，同时，人耳感觉的变化也与声强和声压变化的对数值近似成正比，因此引入了"级"的概念。

① 级的概念与声压级

所谓级是指相对比较的量。如将声压以 10 倍为一级划分，声压比值写成 10^n 形式，从可听阈到烦恼阈可划分为 $10^0 \sim 10^6$ 共七级。n 就是级值，但又嫌过少，所以以 20 倍乘之，把这个区段的声压级划分为 $0 \sim 120$ 分贝（dB）。即：

$$L_p = 20\lg\frac{p}{p_0} \tag{4-10}$$

式中　L_p——声压级，dB；

p_0——参考声压，以可听阈 $2\times10^{-5}\text{Pa}$ 为参考值。

从上式可以看出：声压变化 10 倍，相当于声压级变化 20dB。

② 声强级

声强级也是以可听阈作为参考值，表示为：

$$L_I = 10\lg\frac{I}{I_0} \tag{4-11}$$

式中　L_I——声强级，单位 dB；

I_0——参考声强，以可听阈 10^{-12}W/m^2 为参考值。

在自由声场中，当空气的介质特性阻抗 $\rho_0 c$ 等于 $400\text{N}\cdot\text{s/m}^2$ 时，声强级与声压级在数值上相等。在常温下，空气的 $\rho_0 c$ 近似为 $400\text{N}\cdot\text{s/m}^2$，因此通常可认为二者的数值相等。

③ 声功率级

同上，声功率级的定义为：

$$L_W = 10\lg\frac{W}{W_0} \tag{4-12}$$

式中　L_W——声功率级，dB；

W_0——参考声功率，10^{-12}W。

④ 声级的叠加

当几个不同的声源同时作用于某一点时，若不考虑干涉效应，该点的总声强是各个声强的代数和，即：

$$I = I_1 + I_2 + \cdots + I_n \tag{4-13}$$

而它们的总声压（有效声压）是各声压的平方和开根值，即：

$$p = \sqrt{p_1^2 + p_2^2 + \cdots + p_n^2} \tag{4-14}$$

声压级叠加时，不能进行简单的算术相加，而要求按对数运算规律进行。n 个声压级为 L_{p1} 的声音叠加，总声压级为

$$L_p = 20\lg\frac{\sqrt{np_1^2}}{p_0} = L_{p1} + 10\lg n \qquad (4\text{-}15)$$

从上式可以看出，两个数值相等的声压级叠加时，声压级会比原来增加 3dB。这一结论同样适用于声强级与声功率级的叠加。

此外，可以证明，两个声压级分别为 L_{p1} 和 L_{p2}（设 $L_{p1} \geqslant L_{p2}$），其叠加的总声压级为：

$$L_p = L_{p1} + 10\lg[1 + 10^{-(L_{p1}-L_{p2})/10}] \qquad (4\text{-}16)$$

声压级的叠加计算亦可利用图 4-3 进行。由图 4-3 查出声压级差（$L_{p1} - L_{p2}$）所对应的附加值，将它加在较高的那个声压级上，即可求得总声压级。如果两个声压级差超过 15dB，则附加值很小，可以略去不计。声强级、声功率级的叠加亦可用上述方法进行。对于同一声源不同倍频程的声级也可以用同样方法叠加出一个声级数值。

图 4-3　声压级的差值与增值的关系

4.1.2　声音传播与衰减的原理

4.1.2.1　声波的绕射与反射

（1）声波的绕射

当声波在传播途径中遇到障碍物时，不再沿直线传播，而是绕过障碍物的边缘，改变原来的传播方向，在障碍物的后面继续传播，这种现象称为**绕射**。图 4-4（a）、（b）给出的是平面波与球面波遇到障碍物时绕射的示意。

（2）声波的反射与散射

当声波在传播过程中遇到一块尺寸比波长大得多的平面障板时，声波将被反射，如图 4-5 所示。当声波入射到表面起伏的障碍物上，且起伏的尺度和波长相近时，声波不会产生定向的几何反射，而是产生散射，即声波的能量向各个方向反射。

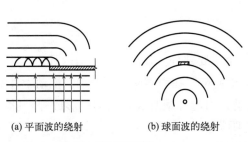

(a) 平面波的绕射　　　(b) 球面波的绕射

图 4-4　声波的绕射

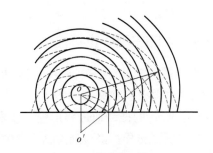

图 4-5　声波的反射

图 4-6 给出了声波遇到不同尺度的障碍物时，产生的反射、绕射与散射的情况。图 4-6（a）～（e）反映了障碍物相对波长的尺度由大至小。

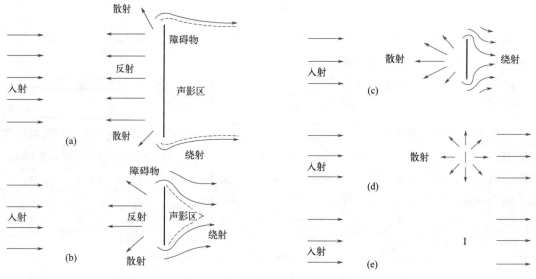

图 4-6　声波遇到障碍物的传播规律

4.1.2.2　声波的透射与吸收

在进行室内噪声控制时，必须了解各种材料的隔声、吸声特性，从而合理地选用材料。

当声波入射到建筑构件（如墙、顶棚）时，声能的一部分被反射，一部分透过构件，还有一部分由于构件的振动或声音在其内部传播时介质的摩擦或热传导而被损耗，通常称之为材料的吸收。

根据能量守恒定律，若单位时间内入射到构件上的总声能为 E_0，反射的声能为 E_ρ，构件吸收的声能为 E_α，透过构件的声能为 E_τ，则互相间有如下的关系：

$$E_0 = E_\rho + E_\alpha + E_\tau \tag{4-17}$$

4.2　人体对声音环境的反应原理与噪声评价

4.2.1　人的主观听觉特性

人耳是声波最终的接收者。人耳可以分成三个主要部分：外耳、中耳与内耳（人耳结构示意参考《耳外科例题解剖图谱》）。声波通过耳道使鼓膜在声波激发下振动，推动中耳室内的听骨，听骨的振动通过卵形窗，使淋巴液运动，引起耳蜗基底膜振动，形成神经脉冲信号，通过听觉传导神经传到大脑听觉中枢，引起听觉。

通常声压级在 120dB 左右，人就会感到不舒服；130dB 左右耳内将有痒的感觉；达到

140dB 时耳内会感到疼痛；当声压级继续升高，会造成耳内出血，甚至听觉器官受损。图 4-7 给出的是人耳的听觉范围，并列出了最小自由场可听阈、烦恼阈和痛阈。

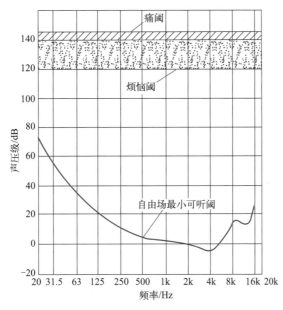

图 4-7　人耳的听觉范围

4.2.1.1　人耳的频率响应与等响曲线

人耳对声音的响应并不是在所有频率上都是一样的。人耳对 2000 ～ 4000Hz 的声音最敏感；低于 1000Hz 时，人耳的灵敏度随频率的降低而降低；在 4000Hz 以上时，人耳的灵敏度也逐渐下降。这也就是说，相同声压级的不同频率的声音，人耳听起来是不一样响的。

以连续纯音做试验，取 1000Hz 的某个声压级，如 40dB 作为参考标准，则听起来和它同样响的其他频率纯音的各自声压级就构成一条等响曲线，称为响度级为 40 方（phon）的等响曲线。依次改变参考用的 1000Hz 纯音的声压级，就可以得到一组等响曲线。图 4-8 所示即为一组等响曲线，它是对大量健康人在自由场中测试的统计结果，由 ISO（国际标准化组织）于 1964 年确定。

某一频率的某个声压级的纯音，落在多少方的等响曲线上，就可以知道它的响度级是多少。从图中不仅可以看出人耳对不同频率的响应是不同的，而且可以看出人耳的频率响应还与声音的强度有关系；等响曲线在低声压级时变化快，斜率大，而在高声压级时就比较平坦，这种情况在低频时尤为明显。

测量声音响度级与声压级时所使用的仪器称为"声级计"。在声级计中设有 A、B、C、D 四套计权网络。A 计权网络参考 40 方等响曲线，对 500Hz 以下的声音有较大的衰减级，以模拟人耳对低频不敏感的特性。C 计权网络具有接近线性的较平坦的特性，在整个可听范围内几乎不衰减，以模拟人耳对 85 方以上的听觉响应，因此它可以代表总声压级。B 计权网络介于两者之间，但很少使用。D 计权网络是用于测量航空噪声的。它们的频率特性如图 4-9 所示。

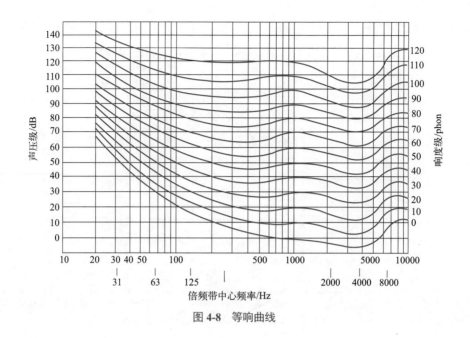

图 4-8　等响曲线

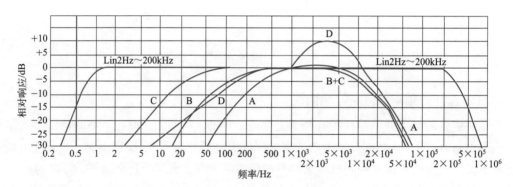

图 4-9　A、B、C、D 计权网络

用声级计的不同网络测得的声级，分别称为 A 声级、B 声级、C 声级和 D 声级，单位是 dB（A）、dB（B）、dB（C）和 dB（D）。通常人耳对不太强的声音的感觉特性与 40 方的等响曲线很接近，因此在音频范围内进行测量时，多使用 A 计权网络。

4.2.1.2　掩蔽效应及应用

人们在安静的环境中听一个声音可以听得很清楚，即使这个声音的声压级很低也可以听到，即人耳对这个声音的听阈很低。如果存在另一个声音（称为"掩蔽声"），就会影响人耳对所听声音的听闻效果，这时对所听声音的听阈就要提高。人耳对一个声音的听觉灵敏度因为另一个声音的存在而降低的现象叫"**掩蔽效应**"，听阈所提高的分贝数叫"掩蔽量"，提高后的听阈叫"掩蔽阈"。因此，一个声音能被听到的条件是这个声音的声压级不仅要超过听者的听阈，而且要超过其所在背景噪声环境中的掩蔽阈。一个声音被另一个声音所掩蔽的程度，即掩蔽量，取决于这两个声音的频谱、两者的声压级差和两者到达听者耳朵的时间和相位关系。

掩蔽效应说明了背景噪声的存在会干扰有用声信号（如语言）的通信。但有时可以利用掩蔽效应，用不敏感的噪声去掩蔽敏感而又不希望听见的声音。在噪声允许的标准范围内，提高背景噪声水平还有另一个好处，就是可以降低隔声构件的隔声量，其原理在图 4-10 中示出。例如，外部 70dB 的噪声，经过构件传入室内后，需降到比背景噪声低时，才能听不到，即降至 15dB，则构件的隔声量为 70-15=55dB。图中也表明，如果背景噪声提高到 35dB，这样还属于人们所允许的范围，则很经济的隔声量 40dB 的构件即可满足要求。

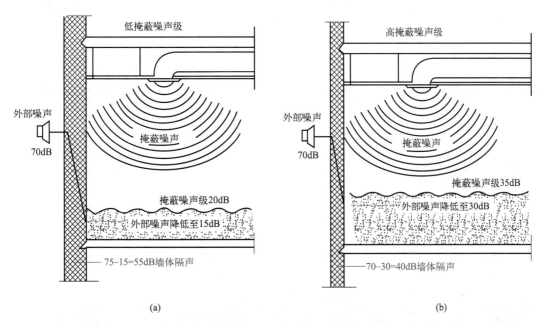

(a)　　　　　　　　　　　　　　(b)

图 4-10　在允许范围内提高室内背景噪声，可减少降低外部噪声的费用

4.2.1.3　双耳听闻效应（方位感）

同一声源发出的声音传至人耳时，由于到达双耳的声波之间存在一定的时间差、相位差和强度差，使人耳能够知道声音来自哪个方向。双耳的这种辨别声源方向的能力称为方位感。方位感很强的声音更能吸引人的注意力，即使多个声源同时发声，人耳也能分辨出它们各自所在的方向，甚至在声音很多的情况下，某一声音（直达声和反射声）在不同时刻到达双耳，人耳仍能判断它们是来自同一声源的声音。因此，往往声源方位感明显的噪声也更容易引起人心理上的烦躁，而无明确方位感的噪声则易被人忽略。所以，在利用掩蔽效应进行噪声控制时，应尽量弱化掩蔽声声源的方位感。

4.2.1.4　听觉疲劳和听力损失

人们在强烈噪声环境里经过一段时间后，会出现听阈提高的现象，即听力有所下降。如果这种情况持续时间不长，在安静环境中停留一段时间，听力就会逐渐恢复。这种听阈暂时提高，事后可以恢复的现象称为**听觉疲劳**。如果听阈的提高即听力下降是永久性不可恢复的，则称为**听力损失**。一个人的听力损失通常用他的听阈比公认的正常听阈高出的声压级表示。

4.2.2 噪声的评价

噪声的标准定义是：凡是人们不愿听的各种声音都是噪声。

噪声评价是对各种环境条件下的噪声做出其对接收者影响的评价，并用可测量计算的评价指标来表示影响的程度。噪声评价涉及的因素很多，它与噪声的强度、频谱和时间特性（持续时间、起伏变化和出现时间等）有关，与人们的生活和工作的性质以及环境条件有关，与人的听觉特性和人对噪声的生理和心理反应有关，还与测量条件和方法、标准化和通用性的考虑等因素有关。下面介绍最常用的几种噪声评价方法及其评价指标：

（1）A声级 L_A（或 L_{pA}）

A声级由声级计上的A计权网络直接读出，用 L_A 或 L_{pA} 表示，单位是 dB（A）。A声级反映了人耳对不同频率声音响度的计权，此外A声级同噪声对人耳听力的损害程度也能对应得很好，因此是目前国际上使用最广泛的环境噪声评价方法。对于稳态噪声，可以用直接测得的 L_A 来评价。

用下列公式可以将一个噪声的倍频带谱转换成A声级：

$$L_A = 10\lg \sum_{i=1}^{n} 10^{(L_i + A_i)/20} \qquad (4\text{-}18)$$

式中　L_i——倍频带声压级，dB；

　　　A_i——各频带声压级的A响应特性修正值，dB，其值可由表4-1查出。

表4-1　倍频带中心频率对应的A响应特性（修正值）

倍频带中心频率 /Hz	A 响应（对应于 1000Hz）	倍频带中心频率 /Hz	A 响应（对应于 1000Hz）
31.5	−39.4	1000	0
63	−26.2	2000	+1.2
125	−16.1	4000	+1.0
250	−8.6	8000	−1.1
500	−3.2		

（2）等效连续A声级

对于声级随时间变化的噪声，其 L_A 是变化的，不能直接用一个 L_A 值来表示。因此，人们提出了在一段时间内能量平均的等效声级方法，称作**等效连续A声级**，简称等效声级：

$$L_{\text{Aeq},T} = 10\lg \left[\frac{1}{t_2 - t_1} \int_{t_1}^{t_2} 10^{L_A(t)/10} \, dt \right] \qquad (4\text{-}19)$$

式中，$L_A(t)$ 是随时间变化的A声级。等效声级的概念相当于用一个稳定的连续噪声，其 A 声级值为 $L_{\text{Aeq},T}$ 来等效变化噪声，两者在观察时间内具有相同的能量。

在实际测量时，多半是间隔读数，即离散采样的，因此，上式可改写为：

$$L_{\text{Aeq},T} = 10\lg\left(\sum_{i=1}^{n}T_i 10^{L_{\text{A}i}/10} \Big/ \sum_{i=1}^{n}T_i\right) \tag{4-20}$$

式中，$L_{\text{A}i}$ 是第 i 个 A 声级测量值，相应的时间间隔为 T_i，n 为样本数。当读数时间间隔 T_i 相等时，上式变为：

$$L_{\text{Aeq},T} = 10\lg\left(\frac{1}{n}\sum_{i=1}^{n}10^{L_{\text{A}i}/10}\right) \tag{4-21}$$

建立在能量平均概念上的等效连续 A 声级，被广泛地应用于各种噪声环境的评价。但它对偶发的短时的高声级噪声不敏感。

（3）昼夜等效声级 L_{dn}

一般噪声在晚上比白天更容易引起人们的烦躁。研究结果表明，夜间噪声对人的干扰比白天大 10dB 左右。因此，计算一天 24h 的等效声级时，夜间的噪声要加上 10dB 的计权，这样得到的等效声级称为**昼夜等效声级**。其数学表达式为：

$$L_{\text{dn}} = 10\lg\left[\frac{1}{24}\left(15\times10^{L_{\text{d}}/10} + 9\times10^{(L_{\text{n}}+10)/10}\right)\right] \tag{4-22}$$

式中　L_{d}——白天（07：00～22：00）的等效声级，dB（A）；

　　　L_{n}——夜间（22：00～次日 7：00）的等效声级，dB（A）。

（4）累积分布声级 L_X

实际的环境噪声并不都是稳态的，比如城市交通噪声，是一种随时间起伏的随机噪声。对这类噪声的评价，除了用 $L_{\text{Aeq},T}$ 外，常常用统计方法。累积分布声级就是用声级出现的累积概率来表示这类噪声的大小。累积分布声级 L_X 表示 X% 测量时间的噪声所超过的声级。例如 L_{10} =70dB，表示有 10% 的测量时间内声级超过 70dB，而其他 90% 测量时间的噪声级低于 70dB。通常在噪声评价中用 L_{10}、L_{50}、L_{90} 进行评价。L_{10} 表示起伏噪声的峰值，L_{50} 表示中值，L_{90} 表示背景噪声。英、美等国以 L_{10} 作为交通噪声的评价指标，而日本用 L_{50}，我国目前用 $L_{\text{Aeq},T}$。

当随机噪声的声级满足正态分布条件，等效连续 A 声级 $L_{\text{Aeq},T}$ 和累积分布声级 L_{10}、L_{50}、L_{90} 有以下关系：

$$L_{\text{Aeq},T} = L_{50} + \frac{(L_{10}-L_{90})^2}{60} \tag{4-23}$$

（5）噪声评价曲线 NR 和 NC、PNC 曲线

尽管 A 声级能够较好地反映人对噪声的主观反应，但单值 A 声级不能反映噪声的频谱特性。与 A 声级相同的声环境，频谱特性可能会很不同，有的可能高频偏多，有的可能低频偏多。因此，国际标准化组织 ISO 提出了噪声评价曲线（NR 曲线），它的特点是强调了噪声的高频成分比低频成分更为烦扰人这一特性，故成为一组倍频程声压级由低频向高频下降的倾斜线，每条曲线在 1000Hz 频带上的声压级即叫作该曲线的噪声评价数。噪

声评价曲线广泛用于评价公众对户外环境噪声的反应，也用作工业噪声治理的限值，见图 4-11。图中每一条曲线用一个 NR 值表示，确定了 31.5～8000Hz 共 9 个倍频带声压级值 L_p。

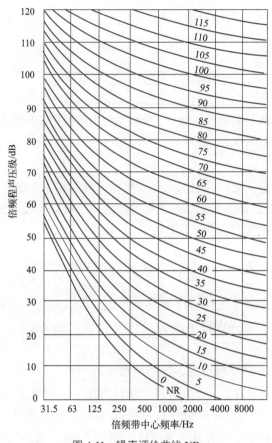

图 4-11　噪声评价曲线 NR

　　用 NR 曲线作为噪声允许标准的评价指标，确定了某条曲线作为限值曲线，就要求现场实测噪声的各个倍频带声压级值不得超过由该曲线所规定的声压级值。例如剧场的噪声限值定为 NR25，则在空场条件下测量背景噪声（空调噪声、设备噪声、室外噪声的传入等），63Hz、125Hz、250Hz、500Hz、1000Hz、2000Hz、4000Hz 和 8000Hz 共 8 个倍频带声压级分别不得超过 55dB、43dB、35dB、29dB、25dB、21dB、19dB 和 18dB。

　　NR 数与 A 声级有较好的相关性，它们之间有近似关系：$L_A = NR + 5dB$。

　　NC 曲线（Noise Criterion Curves）是 Beranek 于 1957 年提出的，1968 年开始实施，是国际标准化组织 ISO 推荐使用的一种评价曲线，对低频的要求比 NR 曲线苛刻。NC 曲线与 A 声级和 NR 曲线有以下近似关系：$L_A = NC + 10dB$，NC=NR-5dB。

　　PNC 曲线（Pretered Noise Curves）是对 NC 曲线进行的修正，对低频部分进一步进行了降低。PNC 曲线与 NC 曲线有以下近似关系：PNC=3.5dB+NC。

　　NC 曲线以及 PNC 曲线适用于评价室内噪声对语言的干扰和噪声引起的烦恼，见图 4-12。

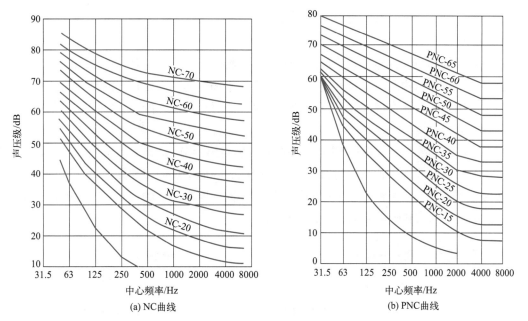

图 4-12　NC 曲线和 PNC 曲线

4.3　建筑声环境现行标准

我国现已颁布与建筑室内声环境有关的主要噪声标准有:《声环境质量控制》(GB 3096)、《民用建筑隔声设计规范》(GB 50118)、《工业企业噪声控制设计规范》(GB/T 50087) 等。此外, 在各类建筑设计规范中, 也有一些有关噪声限值的条文。

在《民用建筑隔声设计规范》(GB 50118)中规定了住宅、学校、医院和旅馆等不同类型建筑的室内允许噪声级。《剧场建筑设计规范》(JGJ 57)和《电影院建筑设计规范》(JGJ 58)中规定了观众席噪声, 在《办公建筑设计标准》(JGJ/T 67)中规定了办公用房、会议室、接待室、电话总机房、计算机房、阅览室的噪声标准。

在《绿色建筑评价标准》中关于建筑声环境的内容在 5.2.6 和 5.2.7 条中有所涉及。

5.2.6　采取措施优化主要功能房间的室内声环境, 评价总分值为 8 分。噪声级达到现行国家标准《民用建筑隔声设计规范》GB 50118 中的低限标准限值和高要求标准限值的平均值, 得 4 分; 达到高要求标准限值, 得 8 分。

5.2.7　主要功能房间的隔声性能良好, 评价总分值为 10 分, 并按下列规则分别评分并累计:

1　构件及相邻房间之间的空气声隔声性能达到现行国家标准《民用建筑隔声设计规范》GB 50118 中的低限标准限值和高要求标准限值的平均值, 得 3 分; 达到高要求标准限值, 得 5 分;

2　楼板的撞击声隔声性能达到现行国家标准《民用建筑隔声设计规范》GB 50118 中的低限标准限值和高要求标准限值的平均值, 得 3 分; 达到高要求标准限值, 得 5 分。

4.4 材料与结构的声学性能

材料和结构的声学性能是指它们对声波的作用特性。声波入射到物体上会产生反射、吸收和透射，材料和结构的声学特性正是从这三方面来描述的。需要指出的是，物体对声波这三方面的作用是由物体在声波激发下振动而产生的。材料和结构的声学特性与入射声波的频率和入射角度有关。

"吸声"和"隔声"是两种不同的控制噪声的方法。隔声是利用隔层把噪声源和接收者分隔开；吸声是声波入射到吸声材料表面上被吸收，降低了反射声。界面吸声对直达声起不到降低的作用。另外，两种方法采用的材料特性不同，厚重密实的材料隔声性能好，如混凝土墙；松散多孔的材料吸声系数较高，如玻璃棉。

4.4.1 吸声材料和吸声结构

（1）吸声材料的吸声系数和吸声量

材料与结构的吸声特性和声波入射角度有关。声波垂直入射到材料和结构表面的吸声系数，称为"垂直入射（或正入射）吸声系数"。以 α_0 表示。当声波斜向入射时，入射角为 θ，这时的吸声系数称为斜入射吸声系数 α_θ。在建筑声环境中，出现上述两种声入射的情况是较少的，而普遍的情形是声波从各个方向同时入射到材料和结构表面。如果入射声波在半空间中均匀分布，即入射角在 0° 到 90° 之间均匀分布，同时入射声波的相位是无规的，则称这种入射状况为"无规入射"或"扩散入射"。这时材料和结构的吸声系数称为无规入射吸声系数或扩散入射吸声系数，以 α_T 表示。在室内声学设计中通常用 α_T，而在消声器设计中用 α_0。

用以表征某个具体吸声构件的实际吸声效果的量是吸声量，它和吸声构件的面积有关：

$$A = \alpha S \tag{4-24}$$

式中　　A——吸声量，m^2；
　　　　S——吸收构件的围蔽面积，m^2。

（2）吸声材料和吸声结构的分类

吸声材料和吸声结构的种类很多。根据材料的外观、构造特征、吸声机理分类，如表 4-2 所列。通常情况下，材料外观特征和吸声机理有着密切的联系，同类材料和结构具有大致相似的吸声频率特性。不同种类的材料和结构可以结合使用，例如，在穿孔板的背面填多孔材料，可发挥不同种类吸声材料和结构的优势。

表4-2　主要吸声材料的种类

名称	示意图	例子	主要吸收特性
多孔材料		矿棉、玻璃棉、泡沫塑料、毛毡	本身具有良好的中高频吸收能力，背后留有空气层时还能吸收低频

名称	示意图	例子	主要吸收特性
板状材料	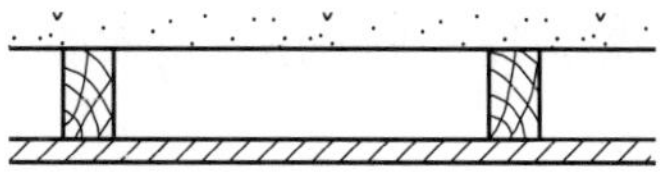	胶合板、石棉水泥板、石膏板、硬质纤维板	吸收低频比较有效
穿孔板	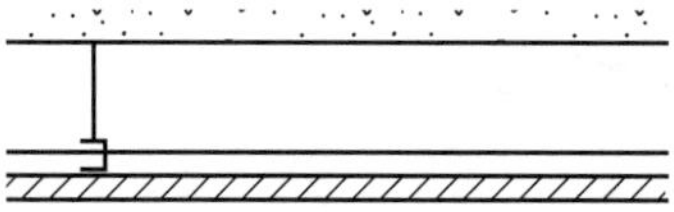	穿孔胶合板、穿孔石棉水泥板、穿孔石膏板、穿孔金属板	一般吸收中频，与多孔材料结合使用时吸收中高频，背后留大空腔还能吸收低频
成型天花吸声板	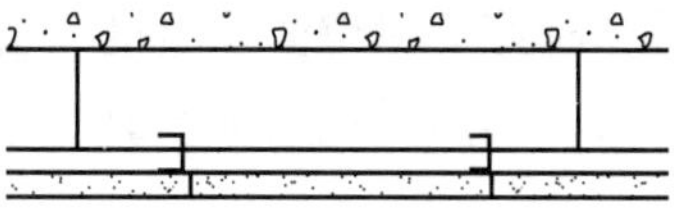	矿棉吸声板、玻璃棉吸声板、软质纤维板	视板的质地而别，密实不透气的板吸声特性同硬质板状材料，透气的同多孔材料
膜状材料	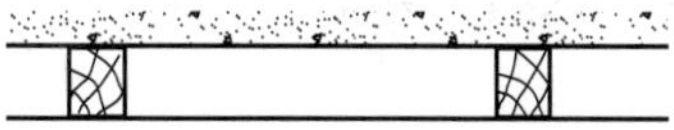	塑料薄膜、帆布、人造革	视空气层的厚薄而吸收低中频
柔性材料		海绵、乳胶块	内部气孔不连通，与多孔材料不同，主要靠共振有选择地吸收中频

第4章

4.4.2　隔声和构件的隔声特性

建筑的围护结构受到外部声场的作用或直接受到物体撞击而发生振动，就会向建筑空间辐射声能，于是空间外部的声音会通过围护结构传到建筑空间中来，这叫作"传声"。围护结构会隔绝一部分作用于它的声能，这叫作"隔声"。如果隔绝的是外部空间声场的声能，称为"空气声隔绝"；若是使撞击的能量辐射到建筑空间中的声能有所减少，称为"固体声或撞击声隔绝"。这和隔振的概念不同，因为前者接收者接收到的是空气声，后者接收者感受到的是固体振动。但隔振可以减少振动或撞击源的撞击，降低撞击声。

（1）隔声量与透射系数

在工程上常用构件隔声量 R（dB）或透射损失 TL 来表示构件对空气声的隔绝能力，它与透射系数 τ 的关系是：

$$R = 10\lg\frac{1}{\tau} \tag{4-25}$$

若一个构件透过的声能是入射声能的千分之一，即 $\tau=0.001$，则 $R=30\mathrm{dB}$。一般来说隔声量 R 与声波的入射角有关。

（2）单层均质密实墙的空气声隔绝特性

单层均质密实墙的隔声性能和入射声波的频率 f 有关，还取决于墙本身的单位面积质量、刚度、材料的内阻尼以及墙的边界条件等因素。严格地从理论上研究单层均质密实墙的隔声是相当复杂和困难的。如果忽略墙的刚度、阻尼和边界条件，只考虑质量效应，则在声波垂直入射时，可从理论上得到墙的隔声量 R_0 的计算公式：

$$R_0 = 20\lg \frac{\pi mf}{\rho_0 c} = 20\lg m + 20\lg f - 43 \tag{4-26}$$

式中　m——墙体的单位面积质量，又称面密度，kg/m²；

　　　ρ_0——空气的密度，取 1.18 kg/m³；

　　　c——空气中的声速，取 344 m/s。

如果声波是无规入射，则墙的隔声量 R 大致比正入射时的隔声量低 5dB。

上面的式子说明墙的单位面积质量越大，隔声效果越好，单位面积质量每增加一倍，隔声量增加 6dB，同时还可看出，入射声频率每增加一倍，隔声量也增加 6dB，上述规律通常称为"质量定律"。

上述理论公式是在一系列假设条件下导出的，一般来说实测值往往比理论值偏小。墙的单位面积质量每增加一倍，实测隔声量增加 4 ～ 5dB；入射声频率每增加一倍，实测隔声量约增加 3 ～ 5dB。

（3）双层墙的空气声隔绝特性

从质量定律可知，单层墙质量增加一倍，实际隔声量增加却不到 6dB。显然，靠增加墙的厚度来提高隔声量是不经济的。如果把单层墙一分为二，做成双层墙，中间留有空气间层，空气间层可以看作是与两层墙板相连的"弹簧"，声波入射到第一层墙板时，使墙板发生振动，此振动通过空气间层传至第二层墙板，再由第二层墙板向邻室辐射声能。由于空气间层的弹性变形具有减振作用，传递给第二层墙体的振动大为减弱，从而提高了墙体总的隔声量。这样墙的总质量没有变，而隔声量却比单层墙显著提高。

在双层墙空气间层中填充多孔材料（如岩棉、玻璃棉等），可以在全频带上提高隔声量。

4.5　噪声的控制与治理方法

4.5.1　噪声控制的原则

噪声污染是一种造成空气物理性质变化的暂时性污染，噪声源停止发声，污染立即消失。噪声的防治方法主要是控制声源的输出和噪声的传播途径，以及对接收者进行保护。

（1）声源的噪声控制

降低声源噪声辐射是控制噪声最根本和最有效的措施。在声源处即使只是局部减弱了辐射强度，也可使控制中间传播途径中或接收处的噪声变得容易。可通过改进结构设计、改进加工工艺、提高加工精度等措施来降低噪声的辐射，还可以采取吸声、隔声、减振以及安装消声器等控制声源的技术措施降低噪声辐射。

（2）在传声途径中的控制

①利用噪声在传播中的自然衰减作用，使噪声源远离安静的地方；②声源的辐射一般有指向性，因此，控制噪声的传播方向是降低高频噪声的有效措施；③建立隔声屏障或利用隔声材料和隔声结构来阻挡噪声的传播；④应用吸声材料和吸声结构，将传播中的声能吸收消耗；⑤对固体振动产生的噪声采取隔振措施，以减弱噪声的传播。

（3）在接收点的噪声控制

为了防止噪声对人的危害，可在接收点采取以下防护措施：①佩戴护耳器，如耳塞、耳罩、防噪头盔等；②减少在噪声中暴露的时间。

4.5.2 控制噪声的方法

合理的噪声控制措施是根据投入的费用、噪声允许标准、劳动生产效率等有关因素进行综合分析而确定的。

4.5.2.1 吸声降噪

在内表面采用清水砖墙、抹灰墙面或水磨石地面等硬质材料的房间里，人听到的不只是由声源发出的直达声，还会听到经各个界面多次反射形成的混响声。在直达声与混响声的共同作用下，当离开声源的距离大于混响半径时，接收点上的声压级要比在自由场中同一距离处高出 10～15dB。如在室内吊顶或墙面上布置吸声材料，可使混响声减弱，这时，人们主要听到的是直达声，那种被噪声包围的感觉将明显减弱。这种利用吸声原理降低噪声的方法称为吸声降噪。

①吸声降噪只能降低混响声，不可能把房间内的噪声全吸掉，靠吸声降噪很难把噪声降低 10dB 以上；②吸声降噪在靠近声源、直达声占主导地位的条件下，发挥的作用很小；③在室内原来的平均吸声系数很小的情况下，做吸声降噪处理的效果明显，否则效果不明显。

4.5.2.2 隔声

用构件将噪声源与接收者分开，隔离空气对噪声的传播，从而降低噪声污染的程度，是噪声控制的一项基本措施，应用范围也较广。适当的隔声设施，能降低噪声 20～50dB，这些设施包括采用隔声的墙或楼板等构件、隔声罩、隔声屏障等。

（1）隔声构件的综合隔声量

如果一个隔声构件是由多种隔层或分构件形成的组合构件时，其隔声量应按照综合隔声量计算。设一个组合隔声构件由几个分构件组成，各个分构件自身的透射系数为 τ_i，面积是 S_i，平均透射系数是：

$$\bar{\tau} = \frac{S_1\tau_1 + S_2\tau_2 + \cdots + S_n\tau_n}{S_1 + S_2 + \cdots + S_n} \tag{4-27}$$

则组合构件的综合隔声量 $\bar{R}$ 的计算公式是：

$$\bar{R} = 10\lg\frac{1}{\bar{\tau}} \tag{4-28}$$

式中　$\bar{\tau}$——平均透射系数；

　　　τ_i——第 i 个分构件的透射系数；

　$S_i\tau_i$——第 i 个分构件的透射量。

（2）撞击声的隔绝

撞击声的产生是由于振动源撞击楼板，楼板受撞而振动，并通过房屋结构的刚性连接而传播，最后振动结构向接收空间辐射声能形成空气声传给接收者。撞击声的隔绝措施主要有：

① 减弱振动源撞击楼板引起的振动。可通过振动源治理和振动源隔振来减弱振动源撞击楼板引起的振动，也可以在楼板上铺设弹性面层。常用的材料是地毯、橡胶板、地漆布、塑料地面、软木地面等，通常对中高频的撞击声级有较大的改善。

② 阻隔振动在建筑结构中的传播。通常可在楼板面层和承重结构之间设置弹性垫层来阻隔振动的传播，这种做法被称为"浮筑楼面"。常用的弹性垫层材料有岩棉板、玻璃棉板、橡胶板等。

③ 阻隔振动结构向接收空间辐射的空气声。在楼板下做封闭的隔声吊顶可以减弱楼板向楼下房间辐射的空气声，吊顶内若铺上吸声材料会使隔声性能有所提高。如果吊顶与楼板之间采用弹性连接，则隔声能力比刚性连接要高。

4.5.2.3　减振和隔振

振动的干扰给人体、建筑物和设备都会带来直接的危害，而且振动往往是撞击噪声的重要来源。

振动对人体的影响可分为全身振动和局部振动。人体能感觉到的振动按频率范围分为低频振动（30Hz 以下）、中频振动（30 ～ 100Hz）和高频振动（100Hz 以上）。对于人最有害的振动频率是与人体及不同部位固有频率相吻合的频率。这些固有频率对于人体在 6Hz 附近，对于内脏器官在 8Hz 附近，对于头部在 25Hz 附近，对于神经中枢在 250Hz 附近时最有害。

物体的振动除了向周围空间辐射在空气中传播的声波外，还通过其基础或相连的固体结构传播声波。如果地面或工作台有振动，会传给工作台上的精密仪器而导致作业精密度下降。

对于振动的控制，除了对振动源进行改进，减弱振动强度外，还可以在振动传播途径上采取隔离措施，用阻尼材料消耗振动的能量并减弱振动向空间的辐射。

4.5.3　降噪设备

（1）隔声罩

许多设备，如风机、制冷压缩机、发电机、电动机等都可以采用隔声罩降低其噪声的干扰。采用隔声罩来隔绝机器设备向外辐射噪声，是在声源处控制噪声的有效措施。隔声罩通常是兼有隔声、吸声、阻尼、隔振、通风和消声等功能的综合体，根据具体使用要求，也可使隔声罩只具有其中几项功能。

（2）消声器

气流噪声主要是由气体被风机高速剪切、在管道中流动形成湍流、在管道出口处高速喷射，以及气流流动使管道产生振动而形成的，例如空调处理设备传出来的气流噪声以及送风口产生的噪声。有的气流噪声声级很大，如电站排气放空的噪声，其声级高达 130 ～ 140dB，而且是以高频为主的啸叫声。在风机噪声中，噪声声级最大的频率通常是叶片扰动空气的频率。如叶轮的转速为 m 转 / 分钟（r/min），叶片数为 z，则其频率 f 为：

$$f = \frac{mz}{60} \tag{4-29}$$

消声器是一种可使气流通过而能降低噪声的装置。对消声器有三方面的基本要求：一是有较好的消声频率特性；二是空气阻力损失小；三是结构简单，使用寿命长，体积小，造价低。以上三方面，根据具体要求可以有所侧重，但这三方面的基本要求是缺一不可的。

思考题

4-1　两个声压级 0dB 的噪声合成的噪声是否仍为 0dB？

4-2　常用的吸声材料和吸声结构有哪些？它们各有什么特性？

4-3　室内有两个 45dB 的噪声源和一个 30dB 的噪声源，综合的效果相当于多少分贝的噪声源？

4-4　某餐厅大厅营业时室内噪声特别大，其内装修均为硬铺装表面。请分析原因并给出改进建议。

4-5　声音的计量中表示声源性能的参数是什么？表示声音传播过程中大小的参数是什么？两个声压级为 0dB 的声音，叠加后的声压级是多少？

4-6　声音的响度与什么因素有关？

4-7　声功率级和声压级这两个评价指标在应用上有何区别？

【参考文献】

[1] 朱颖心.建筑环境学［M］.4 版.北京：中国建筑工业出版社，2010.

[2] 秦佑国，王炳麟.建筑声环境［M］.北京：清华大学出版社，1999.

[3] 刘加平.建筑物理［M］.4 版.北京：中国建筑工业出版社，2009.

[4] 戴朴，宋跃帅.耳外科立体解剖图谱.北京：人民卫生出版社，2016.

绿色

建筑

概论

INTRODUCTION TO
GREEN BUILDING

第 5 章
建筑空气环境

　　室内空气环境（Indoor Air）是建筑环境中的重要组成部分，其中包括室内热湿环境（Indoor Climate）和室内空气质量（Indoor Air Quality）。本章着重介绍室内空气质量方面的有关知识，内容包括：近年来室内空气质量问题产生的原因，改善室内空气质量的重要性，室内空气质量的定义，室内空气污染源的种类、特性和污染途径，室内空气质量对人的影响及评价方法，室内空气质量标准，室内空气污染控制原理和方法以及国际上室内空气质量研究动态等。

 学习目标

了解室内空气空气质量问题产生的原因，掌握室内空气质量的定义；

了解并掌握影响室内空气质量的污染源和污染途径；

了解国内外有关室内空气质量的标准；

了解并掌握室内空气污染的控制方法；

了解室内材料和家具的污染散发特性。

关键词：室内空气；室内空气污染；家具与材料污染；室内病毒传播

 讨论

1. 在绿色建筑中为什么要关注建筑空气环境？

2. 通过哪些方式可以达到对建筑空气环境的要求？

3. 建筑空气环境与传染病的传播有什么关系？

5.1 室内空气质量的定义

室内空气质量的定义经历了许多变化。最初，人们把室内空气质量几乎等价为一系列污染物浓度指标。后来，人们认识到这种纯客观的定义不能涵盖室内空气质量的全部内容。

美国供热制冷空调工程师协会 (ASHRAE) 颁布的标准《达标的室内空气质量和通风》（ASHRAE 62.1—2022）中兼顾了室内空气质量的主观和客观评价，给出的定义为：良好的室内空气质量应该是"由公认的权威机构确定的空气中没有已知的有害浓度的污染物，并且绝大多数 (80% 或更多) 暴露其中的人没有表示不满。"这一定义把对室内空气质量的客观评价和主观评价结合了起来，是人们认识上的一个飞跃。

可接受的感知室内空气质量是指：空调空间中绝大多数人没有因为气味或刺激性而表示不满。它是达到可接受室内空气质量的必要而非充分条件。由于有些气体，如氡、一氧化碳等没有气味，对人也没有刺激作用，不会被人感受到，但实际吸入对人体危害很大，因而仅用感知评价室内空气质量是不够的，必须同时引入可接受的室内空气质量，进行定量的评价。

5.2　影响室内空气质量的污染源和污染途径

5.2.1　室内污染源及其特性

　　调查和研究表明，造成室内空气质量低劣的主要原因是室内空气污染，这些污染一般可分为三类：物理污染（如粉尘）、化学污染［如有机挥发物（Volatile Organic Compounds，VOCs）］和生物污染（如霉菌）。在《绿色建筑评价标准》中，对绿色建筑中污染物浓度做出了规定：

> 5.1.1　室内空气中的氨、甲醛、苯、总挥发性有机物、氡等污染物浓度应符合现行国家标准《室内空气质量标准》GB/T 18883 的有关规定。建筑室内和建筑主出入口处应禁止吸烟，并应在醒目位置设置禁烟标志。

　　下面对每一类污染的常见污染物及其特性作介绍。

5.2.1.1　化学污染

　　化学污染主要为有机挥发性化合物（VOCs）、半有机挥发物（SVOCs）和有害无机物引起的污染。有机挥发性化合物，包括醛类、苯类、烯类等 300 种有机化合物，这类污染物主要来自建筑装修装饰材料、复合木建材及其制品（如家具）。而无机污染物主要为氨气（NH_3）——主要来自冬季施工中添加的防冻液，燃烧产物 CO_2、CO、NO_x、SO_x 等——主要来自室内燃烧产物。

　　（1）有害燃烧产物

　　厨房是烹饪的重要场所，燃料燃烧会产生一些烟气和一些有害气体。烟气是燃烧的主要产物，水蒸气和 CO_2 是其主要成分。水蒸气和 CO_2 通常对人体没有显著影响，但 CO_2 浓度长期过高会使人精神萎靡，工作效率变低，尤其是发生火灾时，大量的 CO_2 会使人窒息。

　　在低浓度下对人体健康会产生损害的燃烧产物主要是 CO、NO_x、SO_x。

　　CO 是燃料不完全燃烧的产物，它是一种无色无味的气体，具有极强的毒性，CO 中毒在全世界都是一个很大的问题。CO 能够快速被肺吸收，和血红蛋白结合生成碳氧血红蛋白（$COHb$），CO 与血红蛋白结合的速率是氧气的 250 倍，因此 CO 的吸入阻止了血液对氧的吸收和输运。CO 中毒对人体氧需求量大的器官和组织伤害程度较大。深度中毒会使脑部受到永久性伤害，使中毒人员持续昏迷；由于心脏耗氧量很大，心脏也特别容易受到损伤；其他如皮肤、骨骼、肌肉也会受到影响。

　　NO_x 包括 N_2O、NO_2、N_2O_5 和 NO。其中由于人类行为所产生的 NO 和 NO_2 是构成大气污染的主要氮氧化物。由于 NO 能够和空气中的氧结合成 NO_2，因此 NO_2 的浓度通常作为氮氧化物污染的指标。低温的家庭燃烧器可以产生 $18.8 \sim 188\text{mg/m}^3$ 的氮氧化物，如果室内通风不良，这些氮氧化物就成了室内污染物。厨房烹饪所产生的 NO_2 是室内 NO_2 的主要来源。室内去除氮氧化物的主要途径是通风和利用绿色植物吸收。NO_2 的毒性主要体现在对呼吸系统的损害上。动物实验表明，NO_2 会使肺部防护机能减退，使得机体对病原体的抵抗能力变弱，从而容易被细菌感染。研究表明：在对人的健康影响方面，NO_2 的浓度要比人在 NO_2 中的暴露时间和机体的抗病能力更为关键。通常在低浓度下几个小时的暴露不会对动物的肺部产生不利影响，只有几周以上的低浓度暴露才可能引起肺损伤，但是在高浓度中的短期暴露就可能对健康产生不利影响。

SO_x 主要为 SO_2，由煤或者油燃烧产生。通常室内 SO_2 的浓度比室外低，这主要是 SO_2 被房间表面吸附所致。SO_2 极易溶于水，因此它可能会在眼睛、鼻子和喉黏膜处变成亚硫酸、硫酸，产生更强的刺激作用，但上呼吸道对 SO_2 的这种阻留能够减轻其对肺部的刺激。然而 SO_2 可以通过血液到达肺部，仍会对肺产生刺激作用。当其浓度为 $26.2 \sim 39.3mg/m^3$ 时，呼吸道的纤毛运动和黏膜的分泌作用均会受到不同程度的抑制；当浓度为 $52.4mg/m^3$ 时，会对眼睛产生很强的刺激，长时间暴露在这种环境中，会引起慢性呼吸综合征；当浓度为 $65.5mg/m^3$ 时，气管中的纤毛运动将有 $65\% \sim 70\%$ 被阻碍。而 SO_2 如果和粉尘一起进入体内，由于粉尘能够把吸附在其上的 SO_2 直接带到肺部，使得毒性增强 3 ~ 4 倍。SO_2 和苯并 [a] 芘的联合作用，使得肺癌的发病率比后者单独作用要高。此外，SO_2 进入体内后，能够与维生素 B_1 结合，从而阻止维生素 B_1 和维生素 C 结合，破坏体内维生素 C 的平衡，影响新陈代谢。SO_2 还能抑制、破坏或激活某些酶的活性，使得糖和蛋白质的代谢发生紊乱，影响机体生长发育。

（2）有机挥发物（VOCs）

有机挥发物是一类低沸点的有机化合物的总称。不同组织对于 VOCs 所涵盖的物质的定义并不相同。美国环境署（EPA）对 VOCs 的定义是：除了 CO_2、碳酸、金属碳化物、碳酸盐以及碳酸铵等一些参与大气中光化学反应之外的含碳化合物，主要包括甲烷、乙烷、丙酮、甲基乙酸和甲基硅酸等。室内空气质量的研究人员通常把他们通过采样分析的所有室内有机气态物质称为 VOCs。各种被测量的 VOCs 被总称为 TVOC（Total VOC 的简称）。通常有一些没有在室外环境 VOCs 中定义的有机物质在室内污染研究中也被当成一种 VOC，譬如甲醛。表 5-1 是世界卫生组织（WHO）对室内有机污染物的分类。

表5-1　室内有机污染物的分类

有机物分类	沸点 /°C	典型采样方法
极易挥发的有机化合物 (VVOC)	<0 到 50 ~ 100	分批采样：用活性炭吸附
有机挥发性化合物 (VOC)	50 ~ 100 到 240 ~ 260	用炭黑或者木炭吸附
半挥发性有机化合物（SVOC）	240 ~ 260 到 380 ~ 400	用聚亚氨酯泡沫吸附或者树脂 XAD-2 吸附
附着在微粒上的有机物 (POM)	>380	过滤器

VOCs 主要源于室内建材散发，因此通常室内 VOCs 的浓度比室外高出很多。VOCs 是室内污染物中最常见也最被人关注的一类，是近 20 年来国际室内空气质量研究中的一个热点。

VOCs 对人体健康的影响主要是刺激眼睛和呼吸道，还可能使人皮肤过敏，产生头痛、咽痛与乏力的症状。TVOC 浓度小于 $0.2mg/m^3$ 时，对人体不产生影响。另外即使室内空气中单个 VOCs 含量都远低于其限制浓度，但由于多种 VOCs 的混合存在及其相互作用，危害强度可能增大，整体暴露后对人体健康的危害可能相当严重。由于① VOCs 中各化合物之间的协同作用比较复杂，难以了解；②各国、各地、不同时间地点所测得 VOCs 的组分也不完全相同，所以目前对 VOCs 健康效应的研究远远不及甲醛清楚。新建筑或新装修建筑中，VOCs 浓度容易偏高，被认为容易引发病态建筑综合征。然而到目前为止，VOCs 引发病态建筑综合征的确切证据还显不足。

（3）甲醛

甲醛是一种无色气体，浓度较高时，有强烈刺激性气味，易溶于水，其 35% ~ 40% 的水溶液称福尔马林。甲醛容易聚合为多聚甲醛，其受热后则发生解聚作用，在室温下缓慢分解出甲醛。甲醛对人体危害较大，当空气中的甲醛浓度超过 0.6mg/m³ 时，人的眼睛会感到刺激，咽喉会感到不适和疼痛。在含甲醛 12.3mg/m³ 的空气中停留几分钟，眼睛会流泪不止。吸入高浓度甲醛时，由于甲醛能与蛋白质结合，可能会导致呼吸道的严重刺激和水肿、头痛。皮肤直接接触甲醛可引起过敏性皮炎、色斑甚至坏死。长期接触低浓度的甲醛可引起慢性呼吸道疾病，女性月经紊乱、妊娠综合征，新生儿体质降低、染色体异常，甚至引起鼻咽癌。

（4）氨

氨是一种无色而有强烈刺激气味的碱性气体，易溶于水、乙醇和乙醚。室内氨浓度超标的主要原因是建筑施工过程中，为了加快混凝土的凝固速度和冬期施工防冻，在混凝土中加入高碱混凝土膨胀剂和含有尿素与氨水的混凝土防冻剂，这些含有大量氨类物质的外加剂在一定的温度湿度条件下，被还原成氨气释放出来。氨对人体有较大的危害，当氨的浓度超过嗅阈：0.5 ~ 1.0mg/m³ 时，对人的口、鼻黏膜及上呼吸道有很强的刺激作用，其症状根据氨气的浓度、吸入时间以及个人感受等而有轻重之分。轻度中毒表现主要有鼻炎、咽炎、气管炎和支气管炎等。

（5）CO_2

CO_2 存在于空气中，其体积浓度一般在 0.03% ~ 0.04% 的范围内，在正常环境下，体积浓度很少会超过 0.5%。CO_2 无色无味，正常环境浓度下对人体并没有危害。人呼吸时也会产生 CO_2。但当吸入空气中的 CO_2 体积浓度增加到 1.0% 时，为保证正常的新陈代谢，呼吸量将开始增加；当吸入空气中的 CO_2 体积浓度增加到 4.0% 时，呼吸量将加倍。如果在此基础上超过一定水平，如达到 5.0%，呼吸量已达到了一定限度无法继续增加，则会导致肺泡气和动脉血中的 CO_2 分压力过高，压抑中枢神经系统的活动，包括呼吸中枢，可能出现呼吸困难、头痛、头晕，甚至昏迷和死亡。因此，要注意避免 CO_2 体积浓度过高。

5.2.1.2　物理污染

物理污染主要指灰尘、重金属和放射性氡（Rn）、纤维尘和烟尘等的污染。

（1）颗粒物

颗粒物是指空气污染物中的固相物质，这种物质多孔、多形，具有较强的吸附性。颗粒物的成分较多，除了一般的尘埃外，还有炭黑、石棉、二氧化硅、铁、铝、镉、砷等 130 多种有害物质，室内经常检测出来的有 50 多种。颗粒物一般为物理污染，有时颗粒物参与化学反应，或吸附了有害化学物质，也会造成化学污染。颗粒物按照粒径的大小可分为表 5-2 中的几种类型。

表5-2　按照粒径划分的颗粒物类型

名称	粒径 d/μm	单位	特点
降尘	>100	t/(月·km²)	靠自身重量沉降
总悬浮颗粒物（Total Suspended Particulate，TSP）	10<d<100	mg/m³	
飘尘可吸入颗粒物 PM₁₀	<10	mg/m³ μg/m³	长期飘浮于大气中，主要由有机物、硫酸盐、硝酸盐及地壳元素组成
细微粒 PM₂.₅	<2.5	mg/m³ μg/m³	室内主要污染物，对人体危害很大
超细颗粒	<0.1	个/m³	室内重要污染物之一，对人体危害很大，系近年来的研究热点

研究表明，按计数浓度计，室内可吸入颗粒物以细微粒为主，大于 10μm 的粒子所占比重较小，粒径小于 7.0μm 的粒子占 95% 以上，粒径小于 3.3μm 的粒子占 80%～90%，而粒径小于 1.1μm 的粒子占 50%～70%，而且吸烟状态下细颗粒浓度最高，所占比重更大，主要是因为烟草烟雾中的颗粒物粒径多小于 1μm。颗粒物被吸入人体后由于粒径的大小不同会沉降到人体呼吸系统的不同部位，其中 10～50μm 的粒子沉降在鼻腔中，5～10μm 的粒子沉降在气管和支气管的黏膜表面，而小于 5μm 的粒子则能通过鼻腔、气管和支气管进入肺部。当人体吸入颗粒物浓度低时，有部分颗粒物可以靠人体自身能力排出体外，但当长期吸入高浓度的颗粒后，会引发人体机能变化，对健康构成影响。

（2）纤维材料

纤维材料也是室内污染物的一种，它们通常来自吸声或者保温材料，譬如顶棚、吸声层和管道的内套等。常见的室内污染纤维类物质通常有石棉、玻璃质纤维和纸浆。石棉纤维会引起两种疾病：石棉沉着病和间皮瘤。玻璃纤维一直被怀疑和病态建筑综合征的发生有关，而且可能会引起皮肤和黏膜刺激。有几项研究表明粒径低于 4.6μm 的玻璃纤维不会引起皮肤的过敏反应，因此这种对皮肤的刺激仅仅是物理的刺激而不是免疫系统的反应。而粒径大于 4μm 的纤维则不会长时间在空气中扩散。玻璃纤维可能是一种致癌物质，而作为它的替代品的纸浆类纤维则被认为是健康、"绿色"的产品。纸浆类纤维通常由可再循环报纸制成，但这类产品也能引起对黏膜和上呼吸道的刺激，而且纸浆纤维产品容易滋生微生物，对人体的健康是一种威胁。

（3）氡（Rn）气

氡（Rn）气是天然存在的无色、无味、非挥发的放射性惰性气体，是世界卫生组织（WHO）确认的主要环境致癌物之一，它主要来自铀 -238 的自然衰变，是一种比较稳定的气体。在矿井中，它从矿石中进入空气，或者溶入水中。在室内，有些建材特别是石材也会散发氡气。

室内 Rn 污染主要是指 ^{222}Rn 及其衰变产物 ^{218}Po、^{214}Pb、^{214}Bi 和 ^{214}Po 对人体的危害。室内空气中，氡气浓度单位为 Bq/m³（贝克／立方米），表示单位体积气体中的放射性活度，1Bq/m³ 就是在 1 单位气体中，每秒有一个放射性原子核发生衰变。Rn 对人体的危害主要是，其衰变产物极易被吸附在空气中的颗粒上，然后被吸入体内，由于氡的半衰期较长，随着人体的呼吸，吸入体内的氡大部分可被呼出，对人体的危害不大，但是氡的衰变产物却能够沉积在气管和支气管中，部分深入到人体肺部，随着这些衰变产物的快速衰变，所产生的很强的电离辐射可能会使得大支气管上的上皮细胞发生癌变。另外氡及其衰变产物在衰变时还会同时放出穿透力极强的 γ 射线，长期暴露在 γ 射线环境中的人血液循环系统会受到损害，如白细胞和血小板减少，严重的会造成白血病。

5.2.1.3 生物污染

生物污染指细菌、真菌和病毒引起的污染。

微生物是肉眼看不见、必须通过显微镜才能看见的微小生物的统称。微生物普遍具有以下特点：

①个体小；②繁殖快（繁殖一代只需几十分钟到几小时）；③分布广、种类繁多；④较易变异，对温度适应性强。

自然界中大部分微生物是有益的，少数微生物有害，后者会引发生物污染。能引起人类传染病的病原微生物一般有以下几种：病毒、细菌和真菌。

表 5-3 列出了一些典型微生物污染源及其传播途径和特性。通常细菌、病毒等会附着在颗粒、人咳嗽或者打喷嚏喷出的飞沫上，这些颗粒或飞沫在空气中悬浮和运动，使得细菌和病毒可以通过空气传播。直径小于 0.5μm 的颗粒被人的呼吸道吸入后大部分会被呼出，直径在 0.5 ～ 5μm 之间的颗粒会滞留在肺部，直径在 5 ～ 15μm 的颗粒会附着在鼻道或气管中，难以进入肺部，15 ～ 20μm 的颗粒沉降效应很强，往往沉降到地面或各种壁面上。

表5-3 一些典型微生物污染源及其传播途径和特性

名称	大小 /μm	生存环境		引发病症举例	特点
		温度	pH 值		
病毒	0.02 ～ 0.3	适宜生长温度 25 ～ 60℃，大部分在 55 ～ 65℃ 下不到 1h 被灭活	一般对酸性环境不敏感，对高 pH 敏感	流感、水痘、甲肝、乙肝	飞沫、接触传播，部分以空气作为传播媒介
细菌	0.5 ～ 3.0	适宜生长温度 25 ～ 60℃	在 1 ～ 10 范围内可生存，一般需求中性和偏碱性	百日咳、霍乱、流行性脑脊髓膜炎、肺结核和军团病	部分嗜热菌在 75℃ 以上依然生长良好，传染途径通常为呼吸道传染和消化道传染
真菌	1 ～ 60	适宜生长温度 23 ～ 37℃，最高温度为 60℃	大部分生存在 pH 值 6.5 以下的酸性环境中	过敏性皮炎、过敏症（打喷嚏、鼻塞、眼睛发痒）	真菌类包括酵母菌和霉菌，能在免疫功能差的人群里引起过敏症，霉菌还能产生悬浮在空气中的有机体，这些有机体常常能产生霉变的臭味

在适宜的温度、湿度和风速等物理条件下，室内微生物会繁衍、生长，近年来由于建筑密闭性的加强更增加了这种污染的严重性，而一些突发事件，更使人们认识到室内生物污染治理的重要性和紧迫性。

5.2.2 室内空气污染途径

室内空气污染途径可用图 5-1 概述。下面分别对室内空气污染途径及其特点作简单介绍。

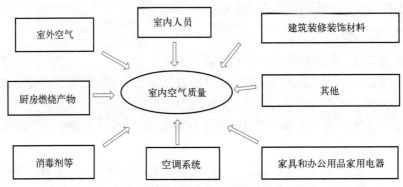

图 5-1 影响室内空气质量的室内空气污染途径

5.2.2.1 室外空气污染影响

室内空气污染和室外空气污染密切相关，因此有必要了解室外空气污染。表 5-4 对室外大气污染物做了一个简要的总结。

表5-4 和室内空气质量相关的室外污染物简介

污染源	污染物	对人体健康的主要危害
工业污染物	NO_x、SO_x、TSP(总悬浮颗粒物)和 HF	呼吸病、心肺病和氟骨病
交通污染物	CO、碳氢有机物	脑血管病
光化学反应	O_3	破坏深部呼吸道
植物	花粉、孢子和萜类化合物	哮喘、皮疹、皮炎和其他过敏反应
环境中微生物	细菌、真菌和病毒	各类皮肤病、传染病
灰尘	各种颗粒物及附着的病毒	呼吸道疾病及某些传染病

其中有些污染物可以通过空气交换由室外进入室内，而有些室内污染物则会随着通风被排至室外。一般说来，室内 VOCs/SVOCs 浓度要高于室外，而在室外污染比较严重的地区，室内 NO_x、SO_x 浓度较低。

5.2.2.2　建筑装修装饰材料与家具

室内装饰和装修材料的大量使用是引起室内空气质量变差的一个重要原因。

常见的散发污染物的室内装饰和装修材料主要为：①无机材料和再生材料；②合成隔热板材；③壁纸和地毯；④人造板材及人造板家具；⑤涂料；⑥胶黏剂；⑦吸声和隔声材料。

家具和办公用品也是室内污染的一个主要污染源。家具用有机漆和一些人工木料（如细木工板）常释放有机挥发气体如甲醛、甲苯等，另外打印机、复印机散发的有害颗粒也会威胁人体健康，而电脑在使用过程中，也会散发多种有害气体，降低人的工作效率。表 5-5 为不同的室内主要污染物在建材中的来源情况。

表5-5　不同的室内主要污染物在建材中的来源情况

室内污染物	建 材 名 称
甲醛	酚醛树脂、脲醛树脂、三聚氰胺树脂、涂料（含醛类消毒、防腐剂水性涂料）、复合木料（纤维板、刨花板、细木工板等各种贴面板、密度板）、壁纸、壁布、家具、人造地毯、泡沫塑料、胶黏剂、市售 903 胶和 107 胶等
除甲醛外的其他 VOCs	涂料中的溶剂、稀释剂、胶黏剂、防水材料、壁纸和其他装饰品
氨	高碱混凝土膨胀剂 - 水泥加快强度剂（含尿素混凝土防冻剂）
氡气	土壤岩石中铀、钍、镭的衰变产物，花岗石，砖石，水泥，建筑陶瓷和卫生器具

5.2.2.3　空调系统

暖通空调系统和室内空气质量密切相关，合理的空调系统及其管理能够大大改善室内空气质量，反之，也可能产生和加重室内空气污染。空调系统可能对室内空气质量产生不良影响的部件主要为：

（1）新风口。新风入口在靠近室外污染比较严重的地方。新风入口离排风口太近，发生排风被吸入的短路现象。

（2）混合间。新、回、排风三股气流交汇，如果该空间受到污染或者有关阀门气密性不好，压力分布不合理，将直接影响室内送风的空气质量。

（3）过滤器。过滤器存在堵塞、缺口、密闭性差和穿透率高等问题，都可能造成在滤材上积累大量菌尘微粒，图 5-2 为受到堵塞的过滤器，在空调的暖湿气流作用下非常容易使微生物生长繁殖并随着气流带入室内造成污染。如果不恰当地选择过滤器面积、风速，不及时清洗或更换过滤器，则会造成污染源扩散，严重影响室内空气质量。

（4）风阀。包括主通及旁通风阀。风阀操作不准确、风阀位置偏低会带来污染扩散问题。

（5）盘管。分为冷热合用与分用两种形式。当除湿盘管及前后连接风道污染、迎风面风速过大引起夹带水珠等均可造成室内空气质量问题。

（6）表冷器托盘。如果托水盘中的水不能及时排走，或排水盘不能及时清洗消毒，一些病毒细菌就会在这阴暗潮湿并且有有机物养分的环境中滋生繁衍，进入室内造成室内空气质量降低。

图 5-2　受到堵塞的过滤器

（7）送风机。风机叶片表面污染、风机皮带轮磨损脱落都会造成空气污染。另外风机电动机因为轴承等问题过热，亦会产生异味，随送风传入室内，影响室内空气质量。

（8）加湿器。一些加湿器周围温度和湿度都很适合微生物的繁殖生长，微生物随送风进入室内，造成室内生物污染。

（9）风道系统。风道内表面消声器的吸声材料多为多孔材料，容易造成微生物在风道内表面沉积、繁殖和扩散，使得空气通过风道后进入室内造成室内空气污染。另一方面回风的大量使用可能造成污染扩散，影响室内空气质量。

因此空调系统的合理设计、妥善管理对于改善室内空气质量有着重要意义。

5.2.2.4　厨房燃烧产物

厨房烹饪使用煤、天然气、液化石油气和煤气等燃料，会产生大量含有 CO、CO_2、NO_x、SO_2 等的气体及未完全氧化的烃类、羟酸、醇、苯并呋喃及丁二烯和颗粒物。江苏省卫生防疫站对民用新型燃料在燃烧时所产生的有害气体的污染程度进行了测定，结果表明，燃烧 120min 后，一定通风条件下，室内甲醇和甲醛平均浓度分别是 $3.91mg/m^3$ 和 $0.1mg/m^3$，不通风条件下分别是 $11.78mg/m^3$ 和 $0.49mg/m^3$，可见污染程度比较严重。

烹饪也会产生大量的污染物，油烟是食用油加热后产生的，温度在 250℃ 以上时，油中的物质会发生氧化、水解、聚合、裂解等反应，其产生的污染物随着沸腾的油挥发出来便形成油烟。这种油烟有 200 余种成分，其中含有致癌物质。

厨房的这些燃烧产物不仅会对烹饪者产生影响，而且在通风设计不好的情况下会严重影响室内空气质量，应该引起重视。

5.2.2.5　室内人员

室内人员吸烟以及人体自身由于新陈代谢而产生的污染物也会产生污染。新陈代谢的污染物主要通过呼出气、大小便、皮肤代谢等排出体外。

（1）呼出气

人体新陈代谢过程中产生的很多化学物质，从呼吸道排出的比如二氧化碳、氨等，其中有些物质在达到一定浓度时会使人感到有异味。由于人体呼吸而造成的污染在一些人员密集且门窗密闭的公共场所（比如中小学的教室）比较严重。另外随着呼吸，一些病毒和细菌也会传播，有些直接通过呼吸道传播。

（2）皮肤代谢

皮肤包括毛发、指甲、皮脂腺、汗腺等附属器官。成年人的皮肤重量占体重的10%以上；经其排泄的废物超过270种，汁液150种，这些物质包括CO_2、CO、丙酮、苯、甲烷气体和毛发等。另外人体每天脱落的死亡细胞也是室内灰尘的重要来源。

（3）吸烟

吸烟产生的烟尘成分复杂，包括上千种气态、气溶胶态化合物，其有很多致癌、致畸、致突变的物质比如尼古丁、甲醛等。

（4）大小便

人体通过大小便来排泄部分人体新陈代谢的废物，但在排泄人体废物的同时，一些病菌也随之排出体外，如果没有处理好这些废物，就可能造成室内环境的污染。另外在人的大小便中含有氨类化合物、甲烷等，因此如果室内通风不好，就会有异味。

其他室内污染的途径是指除了上述途径之外的一些途径，包括日用化学品污染、人为污染、饲养宠物带来的污染等，这里不再赘述。

5.3　室内空气质量标准

（1）国外室内空气质量标准简介

室内空气质量问题已经引起一些国家和地区、组织的重视，已有多个国家和地区制定相关的标准，世界卫生组织（World Health Organization，WHO）2010年颁布了《室内空气质量指南》（*WHO guidelines for indoor air quality*）。一般来说，标准中所定污染物限值的高低和该国家或地区的发达程度相关，发达程度越高、经济条件越好的国家和地区，标准中污染物浓度限值要求越严。我国仍是发展中国家，在室内空气质量控制过程中，不应盲目照搬国外标准及其控制方法，而应根据我国国情，在充分学习和吸收国外经验的同时，制定适合我国国情的室内空气质量标准，采用和发展适宜的室内空气质量控制方法。

（2）国内室内空气质量标准简介

我国现行的《室内空气质量标准》（GB/T 18883—2022），由国家市场监督管理总局、国家标准化管理委员会联合发布，于2022年7月11日正式发布，2023年2月1日正式实施，全面代替《室内空气质量标准》（GB/T 18883—2002）。其中，更改了二氧化氮、二氧化碳、甲醛、苯、可吸入颗粒物、细菌总数和氡等7项指标要求。

2020年8月《民用建筑工程室内环境污染控制标准》（GB 50325—2020）这部与室内空气质量相关的标准也开始实施，其中细化了装饰装修材料分类，对室内空气中污染物浓度限值收严，还对幼儿园、学校教室、学生宿舍，老年人照料房屋设施室内装饰装修提出了更加严格的污染控制要求，分别对聚氯乙烯卷材地板，地毯、地毯衬垫及地毯胶黏剂、混凝土外加剂，建筑材料，人造板及其制品，壁纸，木家具，胶黏剂，内墙涂料，溶剂型木器涂料十类室内装饰材料中的有害物质含量或者散发量进行了限制。这项法规的目的是从源头上控制污染物的散发，改善室内空气质量。《民用建筑工程室内环境污染控制标准》（GB 50325—2020）规定民用建筑工程验收时室内环境污染物浓度必须满足表 5-6 的要求。

表5-6　民用建筑工程室内环境污染物浓度限量

污染物	Ⅰ类民用建筑	Ⅱ类民用建筑
氡 / (Bq/m³)	≤ 150	≤ 150
甲醛 / (mg/m³)	≤ 0.07	≤ 0.08
苯 / (mg/m³)	≤ 0.06	≤ 0.09
氨 / (mg/m³)	≤ 0.15	≤ 0.2
TVOC/ (mg/m³)	≤ 0.45	≤ 0.5

《室内空气质量标准》（GB/T 18883—2022）中的控制项目包括室内空气中与人体健康相关的物理、化学、生物和放射性等污染物控制参数，具体有可吸入颗粒物、甲醛、CO、CO_2、氮氧化物、苯并[a]芘、苯、氨、氡、TVOC、O_3、细菌总数、甲苯、二甲苯、温度、相对湿度、空气流速、噪声和新风量等 19 项指标。部分指标列于表 5-7 中。

表5-7　《室内空气质量标准》中主要控制指标

参数	单位	标准值	备注
温度	℃	22 ～ 28	夏季
		16 ～ 24	冬季
相对湿度	%	40 ～ 80	夏季
		30 ～ 60	冬季
风速	m/s	≤ 0.3	夏季
		≤ 0.2	冬季
新风量	m³/ (h·人)	≥ 30	1h 平均
二氧化硫（SO_2）	mg/m³	≤ 0.5	1h 平均
二氧化氮（NO_2）	mg/m³	≤ 0.2	1h 平均
一氧化碳（CO）	mg/m³	≤ 10	1h 平均
二氧化碳（CO_2）	%	≤ 0.10	1h 平均
氨（NH_3）	mg/m³	≤ 0.20	1h 平均
臭氧（O_3）	mg/m³	≤ 0.16	1h 平均
甲醛（HCHO）	mg/m³	≤ 0.08	1h 平均

在《绿色建筑评价标准》中提出了对于绿色建筑，应控制其室内主要空气污染物的浓度并对选用的装饰装修材料是否满足国家现行绿色产品评价标准中对有害物质限量的要求进行控制与评价。具体的每一细项与其他标准相比的加分细则详见《绿色建筑评价标准》（GB/T 50378—2019）。

5.4　室内空气污染控制方法

为了有效控制室内污染、改善室内空气质量，需要对室内污染全过程有充分认识。

室内空气污染物由污染源散发，在空气中传递，当人体暴露于被污染空气中时，污染就会对人体产生不良影响。室内空气污染控制可通过以下三种方式实现：①污染物源头治理；②通新风稀释和合理组织气流；③空气净化。下面分别就这三个方面进行介绍。

5.4.1　污染物源头治理

从源头治理室内空气污染，是治理室内空气污染的根本之法。前述的图 5-1 显示了室内空气污染的不同来源。污染的源头治理有以下几种：

（1）消除室内污染源

最好、最彻底的办法是消除室内污染源。譬如，一些室内建筑装修材料含有大量的有机挥发物，研发具有相同功能但不含有害有机挥发物的材料可消除建筑装修材料引起的室内有机化学污染；又如，一些地毯吸收室内化学污染后会成为室内空气二次污染源，因此，不用这类地毯就可消除其导致的污染。

（2）减小室内污染源散发强度

当室内污染源难以根除时，应考虑减小其散发强度。譬如，通过标准和法规对室内建筑材料中有害物含量进行限制就是行之有效的办法。我国制定了一系列室内建筑装饰装修材料有害物质限量标准，该系列国标限定了室内装饰装修材料中一些有害物质的含量和散发速率，对于建筑物在装饰装修方面的材料使用作了一定的限定，同时也对装饰装修材料的选择有一定的指导意义。

（3）污染源附近局部排风

对一些室内污染源，可采用局部排风的方法。譬如，厨房烹饪污染可采用抽油烟机解决，厕所异味可通过排气扇解决。

5.4.2　通新风稀释和合理组织气流

通新风是改善室内空气质量的一种行之有效的方法，其本质是提供人所必需的氧气并用室外污染物浓度低的空气来稀释室内污染物浓度高的空气。将建筑物室内污浊的空气直接或净化后排至室外，再把新鲜的空气补充进去，从而保证室内的空气环境符合卫生标准。

美国标准 ASHRAE 62 和欧洲标准 CENCR 1752 中，给出了感知空气质量不满意率和新风量的关系（图 5-3）。可见，随着新风量加大，感知室内空气质量不满意率下降。考虑到新风量加大时，新风处理能耗也会加大，因此，实际应用中采用的新风量会有所不同。

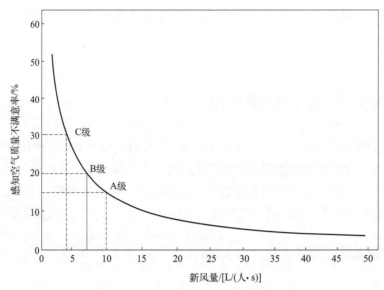

图5-3　感知空气质量不满意率和新风量的关系

室内新风量的确定需从以下几方面考虑：

（1）以氧气为标准的必要换气量

新风量应能提供足够的氧气，以维持室内人员正常的生理活动。人体对氧气的需要量主要取决于能量代谢水平。人体处在极轻活动状态下所需氧气约为 $0.423\text{m}^3/(\text{h}\cdot\text{人})$。由此可见，单纯呼吸氧气所需的新风量并不大，一般通风情况均能满足此要求。

（2）以室内 CO_2 允许浓度为标准的必要换气量

人体在新陈代谢过程中要排出大量 CO_2，CO_2 浓度与人体释放的污染物浓度也有一定关系，故 CO_2 浓度常作为衡量指标来确定室内空气新风量。人体 CO_2 发生量与人体表面积和代谢情况有关。不同活动强度下人体 CO_2 的发生量和所需新风量见表5-8。换气量主要取决于室内污染物允许浓度、室外污染物浓度、室内污染物发生量。

表5-8　CO_2 的发生量和所需的新风量　　　　　　单位：$\text{m}^3/(\text{h}\cdot\text{人})$

活动强度	CO_2 发生量	不同 CO_2 允许浓度下必需的新风量		
		1179.6mg/m³	2699.4mg/m³	3599.2mg/m³
静坐	0.014	20.6	12	8.5
极轻	0.017	24.7	14.4	10.2
轻	0.023	32.9	19.2	13.5
中等	0.041	58.6	34.2	24.1
重	0.075	107	62.3	44.0

（3）以消除臭气为标准的必要换气量

人体会释放气味。气味释放和人所占有的空气体积、活动情况、年龄等因素有关。国外有关专家通过实验测试，在保持室内臭气指数为2的前提下得出的不同情况下所需的新风量，见表 5-9。

表5-9　除臭所需新风量

设备		每人占有空气体积 / (m³/人)	除臭所需新风量 / [m³/(h·人)]	
			成人	少年
无空调		2.8	42.5	49.2
		5.7	27.0	35.4
		8.5	20.4	28.8
		14	12.0	18.6
有空调	冬季	5.7	20.4	—
	夏季	5.7	<6.8	—

（4）以满足室内空气质量国家标准的必要换气量

室内可能存在污染源，为使室内空气质量达到国家标准《室内空气质量标准》（GB/T 18883—2022），需通新风换气。换气次数需根据室内空气污染源的散发强度、室内空间大小和室外新风空气质量情况以及新风过滤能力等确定。

换气次数 = 房间送风量 / 房间体积，单位为次 /h。换气次数是衡量空间稀释情况好坏、通过稀释达到的混合程度的重要参数，同时也是估算空间通风量的依据。按照人均居住面积的划分对换气次数的要求如表 5-10。

表5-10　按照人均居住面积的划分对换气次数的要求

人均居住面积 /m²	换气次数 / (次 /h)
≤ 10	0.70
10 ~ 20	0.60
20 ~ 50	0.50
> 50	0.45

通风通常有机械通风和自然通风两种形式。机械通风又分全空间通风和局部空间通风（包括个体通风）两种形式。自然通风是利用建筑物内外空气的密度差引起的热压，或室外大气运动引起的风压，来引进室外新鲜空气达到通风换气作用的一种通风方式，且不消耗机械动力。

5.4.3 空气净化

空气净化是指从空气中分离和去除一种或多种污染物，实现这种功能的设备称为空气净化器。使用空气净化器，是改善室内空气质量、创造健康舒适室内环境的十分有效的方法。空气净化是室内空气污染源头控制和通风稀释不能解决问题时不可或缺的补充。此外，在冬季供暖、夏季使用空调期间，采用增加新风量来改善室内空气质量，需要将室外进来的空气加热或冷却至舒适温度而耗费大量能源，使用空气净化器改善室内空气质量可减少新风量，降低采暖或空调能耗。

目前空气净化的方法主要有：过滤器过滤、吸附净化法、臭氧净化法、紫外线照射法和其他净化技术，下面分别介绍。

（1）过滤器过滤

过滤器主要功能是处理空气中的颗粒污染。一种普遍的误解是过滤器的工作原理就像筛子一样，只有当悬浮在空气中的颗粒粒径比滤网的孔径大时才能被过滤掉。其实，过滤器和筛子的工作原理大相径庭。图 5-4 是通过显微镜拍摄的颗粒物被纤维过滤器收集的情形，其中圆球状的物体是被捕获的颗粒物。一旦这些颗粒物和过滤器纤维接触，就会被很强的分子力黏住。

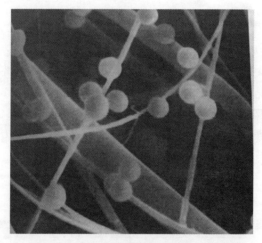

图 5-4 显微镜下颗粒物被过滤器纤维吸附

过滤器工作原理：①扩散、悬浮在空气中的粒子互相随机碰撞，这种运动增加了颗粒和过滤器纤维的接触概率。在大气压下，小于 0.2μm 的粒子通常会很明显地偏离它们的流线，这使得扩散成了过滤机理中的重要方面。扩散通常对速度很敏感，低速能够使得粒子有充足的时间偏离流线，因此也使得颗粒更容易被捕获。②中途拦截，即使有些大粒径的粒子的扩散效应不明显、偏离流线的程度不大，它们也可能因为自己的大尺寸而和过滤器纤维碰上，对于粒径大于 0.5μm 的粒子中途拦截比较有效。③惯性碰撞，空气中比较重或者速度比较高的粒子通常有比较大的惯性，它们通常难于绕过过滤器纤维而和纤维直接接触，从而被捕获。这种作用通常对粒径大于 0.5μm 的粒子有效，而且这种作用取决于空气流速和纤维的尺寸。④筛子效果，对于较大的颗粒，过滤器确有"筛子"似的功能，显然，颗粒越大，这种过滤效果越强。⑤静电捕获，在有些情况下，粒子或者过滤器纤维被有意带上电荷，这样静电力就可在捕获粒子中起重要作用。和扩散作用一样，低速有利于静电力捕获粒子。

由于扩散对小粒子很有效，而中途拦截和惯性碰撞对大于 0.5μm 的粒子非常有效，而这两种作用力对于粒径的要求刚好相反，因此对于粒径在 0.1μm 和 0.4μm 之间的粒子来说，过滤器的效率则主要取决于纤维的尺寸和空气速度，图 5-5 是过滤器的效率和粒径的关系曲线图。

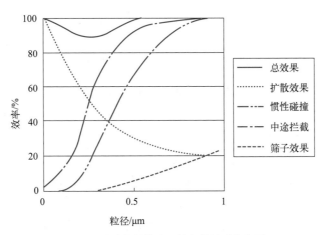

图 5-5　过滤器的效率和粒径的关系曲线图

（2）吸附净化法

吸附室内的 VOCs 和其他污染物是一种比较有效而又简单的消除技术。目前比较常用的吸附剂主要是活性炭，其他的吸附剂还有人造沸石、分子筛等。吸附可以分为物理吸附和化学吸附两类，活性炭吸附属于物理吸附。物理吸附是由于吸附质和吸附剂之间的范德华力而使吸附质聚集到吸附剂表面的一种现象。物理吸附属于一种表面现象，可以是单层吸附，也可以是多层吸附，其主要特征为：①吸附质和吸附剂之间不发生化学反应；②对所吸附的气体选择性不强；③吸附过程快，参与吸附的各相之间瞬间达到平衡；④吸附过程为低放热反应过程，放热量比相应气体的液化潜热稍大；⑤吸附剂与吸附质间的吸附力不强，在条件改变时可脱附。

（3）紫外线照射法

紫外线照射法（Ultraviolet Germicidal Irradiation，UVGI）是通过紫外线照射，破坏及改变微生物的 DNA（脱氧核糖核酸）结构，使细菌当即死亡或不能繁殖后代，从而达到杀菌的目的。紫外光谱分为 UVA（315～400nm）、UVB（280～315nm）和 UVC（100～280nm），波长短的 UVC 杀菌能力较强，因为它更易被生物体的 DNA 吸收，尤以 253.7nm 左右的紫外线杀菌效果最佳。紫外线杀菌属于纯物理方法，具有简单便捷、广谱高效、无二次污染、便于管理和实现自动化的优点，值得一提的是紫外灯杀菌需要一定的作用时间，一般细菌受到紫外灯发出的辐射数分钟后才死亡。鉴于此，紫外辐照杀菌对停留在表面上的微生物杀灭非常有效，对空气中的微生物则需要足够长的作用时间才能杀灭。

（4）臭氧净化方法

臭氧是已知的最强的氧化剂之一，其强氧化性、高效的消毒和催化作用使其在室内空气净化方面有着积极的贡献。臭氧的主要应用在于灭菌消毒，它可即刻氧化细胞壁，直至穿透细胞壁与其体内的不饱和键化合而杀死细菌，这种强的灭菌能力来源于其高的还原电位，表5-11列出了常见灭菌消毒物质的还原电位，其中臭氧具有最高的还原电位。

表5-11   常见灭菌消毒物质的还原电位

名称	臭氧	双氧水	高锰酸离子	二氧化氯	氯气
分子式	O_3	H_2O_2	MnO_4^-	ClO_2	Cl_2
标准电极电位 /V	2.07	1.78	1.67	1.50	1.36

臭氧在消毒灭菌的过程中，还原成氧和水，在环境中不留残留物，同时它能够将有害的物质分解成无毒的副产物，有效地避免了二次污染，因此臭氧产品已在医院、公共场所、家庭灭菌等方面得到了广泛应用，取得了很好的效益。

除了上述成熟的空气净化方法外，近年来发展起一些新的空气净化方法，有的已获应用，有的还有待研究提高，下面对其中一些空气净化新方法作简要介绍。

（1）光催化净化原理和方法

光催化反应的本质是在光电转换中进行氧化还原反应。根据半导体的电子结构，当半导体（光催化剂）吸收一个能量大于其带隙能（E_g）的光子时，电子（e^-）会从价带跃迁到导带上，而在价带上留下带正电的空穴（h^+）。价带空穴具有强氧化性，而导带电子具有强还原性，它们可以直接与反应物作用，还可以与吸附在光催化剂上的其他电子给体和受体反应。

（2）植物净化

绿色植物除了能够美化室内环境外，还能改善室内空气质量。美国宇航局的科学家威廉·沃维尔发现绿色植物对居室和办公室的污染空气有很好的净化作用，他测试了几十种不同的绿色植物对几十种化学复合物的吸收能力，发现所测试的各种植物都能有效降低室内污染物的浓度。24小时照明的条件下，芦荟吸收了 $1m^3$ 空气中所含的90%的甲醛；90%的苯在常青藤中消失；而龙舌兰则可吸收70%的苯、50%的甲醛和24%的三氯乙烯；吊兰能吸收96%的一氧化碳，86%的甲醛。

另外有些植物还可以作为室内空气污染物的指示物，例如紫花苜蓿在 SO_2 浓度超过 $0.78mg/m^3$ 时，接触一段时间后，就会出现受害的症状；贴梗海棠在 $0.98mg/m^3$ 的臭氧中暴露半小时就会有受害反应。香石竹、番茄在浓度为 $0.06 \sim 0.12mg/m^3$ 的乙烯下几个小时，花萼就会发生异常现象。因此可利用植物指示某些环境污染物。

5.5   绿色建筑中的呼吸道传染病防控

研究表明，由于人每天超过85%的时间在室内环境（包括交通工具环境）中度过，且人员近距离接触频繁、人均新风量较低，室内环境已成为呼吸道传染病传播的最主要场所。

呼吸道传染病的传播机制有近距离接触、远距离空气传播等。

（1）近距离接触

根据气溶胶传播的动态特征，近距离接触被定义为相距不超过 1.5m 的两个人完全或部分面对面的互动。近距离接触传播机制根据病毒传播方式的不同分为飞沫传播、近距离空气传播和近距离表面传播。

① 飞沫传播。飞沫传播是呼吸道传染病病毒传播的主要途径之一，是指感染者的呼吸活动（如说话、咳嗽、打喷嚏等）会产生并释放可能含有病毒的飞沫，飞沫可能被易感者直接吸入或沉积到易感者的口腔、鼻腔、眼睛等的黏膜，可能导致易感者患病。

② 近距离空气传播。呼出的飞沫会立即受到干燥环境的影响，从而蒸发，迅速变为飞沫核。这些细小的飞沫和飞沫核也可以直接吸入，称为近距离空气传播。一般情况下，我们认为粒径 5μm 以下的气溶胶为易通过空气传播的小粒径气溶胶。

③ 近距离表面传播。近距离表面传播又包括瞬时近距离表面传播和直接身体接触传播。瞬时近距离表面传播是指患者呼出的飞沫沉积到易感者或易感者周边的物品表面，如面部区域、衣服、手机等表面。

（2）远距离空气传播

远距离空气传播，是指飞沫在空气中的悬浮过程中失去水分，而剩下的蛋白质和病原体组成核，形成飞沫核，这些细小的飞沫在近距离接触范围以外可以飘散得很远，并在空气中停留很长时间，因此空间中的任何人都可能吸入它们。

对于上述不同传播途径，呼吸道传染病防控措施也不同。针对飞沫及近距离空气传播，佩戴口罩是最有效的方法；针对表面传播，洗手和表面消毒等是较为有效的方法；针对远距离空气传播，相应的措施较多，如增加新风量、使用高效过滤器（HEPA filter）、紫外线消毒等。

当高传染性病毒大量传播时，以往的公共建筑中的新风量已经无法满足防控的需要，增加新风量可以快速稀释空气中的病毒气溶胶，达到降低病毒暴露量的目的。HEPA 过滤器通常用于颗粒过滤，它可以安装在回风管道的回风口处。HEPA 过滤器理论上可以去除至少 99.7% 的灰尘、花粉、霉菌、细菌和任何 0.3mm 尺寸的空气传播颗粒。0.3mm 粒径的直径规格对应于最具穿透性的粒径，代表最难过滤的粒径范围。那么更大或更小的颗粒可以以高于 99.97% 的效率捕获，但需要定期清洁和更换过滤器，以保持 HEPA 正常运行。紫外线灯也可用于杀菌和消毒，它可以安装在空气处理装置中，而不会影响气流循环模式。它的工作原理是分解某些化学键，破坏 DNA、RNA 和蛋白质的结构，导致微生物无法繁殖。

除了针对上述传播途径外，还可以通过加快病毒的自然失活率达到降低感染风险的目的。病毒的失活率受到包括温湿度在内的大量因素的影响。大量研究表明，病毒在寒冷干燥的条件下存活时间长，当一个人咳嗽、打喷嚏或说话时，富含水分的呼吸液滴通过肺部的气道呼出。由于周围空气的湿度较低，这些湿度较高的液滴会通过传质失水，液滴的尺寸会减小。一方面，颗粒中的水分含量在稀释病毒方面具有重要作用，水分含量低的飞沫对人类具有高度传染性。另一方面，较小尺寸的感染性飞沫会在通风系统驱动的循环气流下进一步传播。建议室内相对湿度在 50% ～ 60% 之间，以降低空气传播传染病的风险。

 思考题

5-1　室内空气质量问题有哪些? 我国的室内环境污染有哪些特点?

5-2　室内空气质量的定义是什么?

5-3　室内污染源有哪些? 室内空气污染途径有哪些?

5-4　室内空气污染控制方法有哪些? 各自的控制原理或考虑因素是什么?

【参考文献】

[1]　Zhang N, Chen W, Chan P, et al. Close contact behavior in indoor environment and transmission of respiratory infection[J]. Indoor Air, 2020, 30(4): 645-661.

[2]　Loudon R G, Roberts R M. Droplet expulsion from the respiratory tract[J]. the American review of respiratory disease, 1967, 95(3): 435-442.

[3]　Xie X, Li Y, Sun H, et al. Exhaled droplets due to talking and coughing[J]. Journal of the Royal Society Interface, 2009, 6: S703-S714.

[4]　Xie X, Li Y, Chwang A T Y, et al. How far droplets can move in indoor environments revisiting the Wells evaporation-falling curve[J]. Indoor Air, 2007, 17(3): 211-225.

[5]　WHO. Infection prevention and control of epidemic- and pandemic prone acute respiratory diseases in health care[M]. Geneva: World Health Organization, 2014.

[6]　Wei J, Li Y. Human Cough as a Two-Stage Jet and Its Role in Particle Transport[J/OL]. PLoS One, 2017, 12(1): e0169235.

[7]　Chen S, Chang C, Liao C. Predictive models of control strategies involved in containing indoor airborne infections[J]. Indoor Air, 2006, 16(6): 469.

[8]　Doremalen N, Bushmaker T, Morris D, et al. Aerosol and surface stability of SARS-CoV-2 as compared with SARS-CoV-1[J]. New England journal of medicine, 2020, 382(16): 1564-1567.

[9]　Buonanno G, Morawska L, Stabile L. Quantitative assessment of the risk of airborne transmission of SARS-CoV-2 infection: prospective and retrospective applications[J]. Environment international, 2020, 145: 106112.

[10]　Koh X, Sng A, Chee J Y, et al. Outward and inward protections of different mask designs for different respiratory activities[J]. MedRxiv, 2021.

[11]　Environmental Protection Agency. What is a HEPA filter?[EB/OL]. [2023-12-05]. www.epa.gov/indoor-air-quality-iaq/what-hepa-filter-1.

[12]　Ding J, Yu C W, Cao S J. HVAC systems for environmental control to minimize the COVID-19 infection[J]. Indoor and Built Environment, 2020, 29(9): 1195-1201.

[13]　Matson M J, Yinda C K, Seifert S N, et al. Effect of environmental conditions on SARS-CoV-2 stability in human nasal mucus and sputum[J]. Emerg Infect Dis, 2020, 26(9): 2276-2278.

[14]　张寅平, 赵彬, 成通宝, 等. 空调系统生物污染防治方法概述[J]. 暖通空调与 SARS 特集, 2003, 33(4): 41-46.

[15]　Huang H Y, Fariborz H. Modelling of VOC emission from dry building materials[J]. Building and Environment, 2002, 37(12): 1349-1360.

[16] Xu Y，Zhang Y P. An improved mass transfer based model for analyzing VOC emissions from building materials[J]. Atmospheric Environment，2003，37(18)：2497-2505.

[17] Xu Y，Zhang Y P.A general model for analyzing VOC emission characteristics from building materials and its application[J]. Atmospheric Environment，2004，38 (1)：13-119.

[18] Deng B Q，Chang N K. An analytical model for VOCs emission from dry building materials[J]. Atmospheric Environment，2004，38(8)：1173-1180.

[19] Zhang Y P，Xu Y. Characteristics and formulae of VOC emissions from building materials[J]. International Journal of Heat and Mass Transfer，2003，46(25)：4877-4883.

[20] Qian K，Zhang Y P，Little J C，et al. Dimensionless correlations to predict VOC emissions from dry building materials[J]. Atmospheric Environment，2007，41(2)：352-359.

[21] Zhang Y P，Luo X X，Wang X K，et al. Influence of temperature on formaldehyde emission parameters of dry building materials[J]. Atmospheric Environment，2007，41：3203-3216.

[22] Xiong J Y，Zhang Y P，Wang X K，et al. Macro-meso two scale model for predicting the VOC diffusion coefficients and emission characteristics of porous building material[J]. Atmospheric Environment，2008，42：5278-5290.

[23] Wang X K，Zhang Y P，Xiong J Y. Correlation between the solid/air partition coefficient and liquid74molar volume for VOCs in building materials[J]. Atmospheric Environment，2008，42：7768-7774，757.

[24] 王新轲 . 室内干建材 VOC 散发预测、测量及控制研究 [D]. 北京：清华大学，2008.

第5章

绿色

建筑

概论

INTRODUCTION TO
GREEN BUILDING

第6章
建筑水环境

○○ ────── ○○ ○ ○○ ──────────

　　水之于建筑如同血液之于人体，可以说供水和排水系统如同建筑物的动脉和静脉系统。水资源是建筑物正常运转和发挥作用的必要资源，建筑物内部及周边水环境是影响建筑物运行效果和服务质量的关键要素。建筑水系统是建筑物供排水的载体，也是建筑节水的基础和支撑。建筑节水和建筑雨水收集利用是建筑物内部及周围水资源高效利用的途径，是建筑物实现绿色低碳的关键方法之一。本章从与建筑物水资源、水系统、水环境相关的概念、知识入手，介绍建筑给排水系统相关知识、建筑节水相关技术、建筑物雨水收集利用相关技术、建筑水环境与海绵城市的关系及相关知识，结合绿色建筑评价标准，讲述建筑水环境相关的知识和内容。

 学习目标

掌握建筑物供排水系统的基本知识，认识水对建筑物的重要性；

掌握建筑物节水、雨水收集利用技术；

了解和认识绿色建筑相关标准中涉及的建筑水环境问题以及相关的技术。

关键词： 水资源；建筑给排水；节水技术；雨水收集利用；建筑水环境；海绵城市

 讨论

1. 水在建筑物中的作用是什么？
2. 建筑物水资源的来源和类型是什么？
3. 建筑物水系统的循环路径和分类是什么？
4. 建筑节水技术有哪些？
5. 建筑雨水利用技术有哪些？
6. 绿色水环境与海绵城市的关系是什么？

6.1　建筑水循环系统

6.1.1　建筑物水资源

城市水资源是城市所能利用的水资源，它包括一切可利用的资源性水源（如地表水、地下水等）和非资源性水源（如使用以后被污染，经物理、化学手段处理后消除或减轻了污染程度而重新具备使用价值的净化再生水）。按水的地域特征，城市水资源可分为当地水资源和外来水资源两大类。当地水资源包括流经和贮存在城市区域内的一切地表和地下水资源；外来水资源指通过引水工程从城市以外调入的地表水资源。根据《城市用水分类标准》（CJ/T 3070—1999），城市区域的用水分为居民家庭用水、公共服务用水、生产运营用水、消防用水及其他特殊用水。这些用水项的用水活动大部分都发生在建筑物内部或周围。

建筑物水资源是满足建筑物安全运行和保障建筑物内居民生活、工业生产等人类活动所需要的水资源的总称。从建筑物的代表性和建筑内部用水类型全面性出发，本书选择公共建筑为代表进行建筑水资源相关的内容描述。

公共建筑水资源综合利用是通过各种措施对公共建筑水资源进行开发利用和管理。在满足公共建筑用水需求的基础上，最大限度节约优质市政供水，最大限度减少污水、雨水排放量。通过水质型梯级用水体系的建设，实现建筑不同用途的分质供水。其根本目的是实现公共建筑资源型节水、减排，降低公共建筑用水的资源性和输送性运行成本，控制水系统运行期间的次生污染和安全运行，实现公共建筑水系统的节水、节能和卫生安全运行。

公共建筑水资源利用用途主要包括厨房及卫生间盥洗用水，生活热水用水，冲厕用水，暖通空调、消防用水，道路冲洒、清洁用水，洗车用水，绿化用水，景观水体用水。

建筑物水循环系统是为建筑物内部的居民生活或生产活动提供供水和排水服务，保障建筑物消防安全、降雨降雪安全等建筑物安全运转需求的水循环系统的总称。图 6-1 展示了建筑物水循环系统的分类和循环路径。不同线条表示建筑物内部不同类型的管道系统。建筑物内部的水循环过程主要包括供水 - 用水 - 耗水 - 排水 - 中水回用等环节，其中供水、排水、中水回用是建筑物建设和管理过程需要实现的过程，是建筑物达到使用条件所必须具备的功能。本章将建筑物水系统划分为建筑室内给水系统、建筑物消防给水系统、建筑物室内排水系统、建筑内部热水供应系统、建筑内部中水回用系统、屋面雨水排水系统。

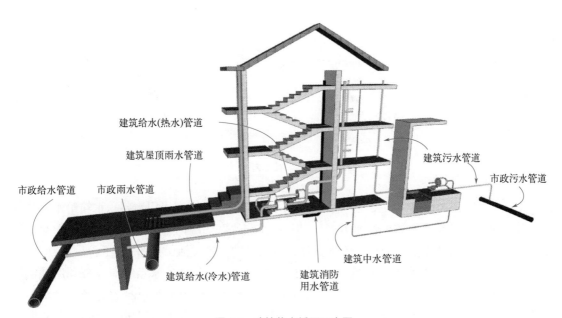

图 6-1　建筑物水循环示意图

6.1.2　建筑物室内给水系统

建筑物室内给水系统的水源包括自来水、再生水（中水）等。建筑物的给水方式包括直接给水方式，单设水箱的给水方式，设水池、水泵给水方式，设贮水池、水泵、水箱联合给水方式，设气压给水装置的给水方式，分区分压给水方式。

    直接给水方式适用于外网的水压在任何时刻都能满足室内用水需求的情况，其特点是给水系统简单、经济、无能耗、易管理，但是水压和给水量受室外给水管网的影响显著，室内用水的压力波动明显，见图 6-2（a）。

    对于外网水压周期性不足或不稳定的情况，通常采用设置水箱的给水方式，其特点是用水低峰时外网直接供水，水箱贮存水；用水高峰时水箱补水；水压波动时水箱进行补水或存水调压，见图 6-2（b）。有的情况会增加水泵，形成水箱 - 水泵给水方式。

    对于外网水压经常性不足，建筑物内部用水不均匀的情况，采用底部设置水池（水池末端配有水泵），顶部设置水箱的给水方式，其特点是水泵及时向水箱补水，保证水压稳定，通过水箱调节给水和用水之间的不平衡流量，见图 6-2（c）。

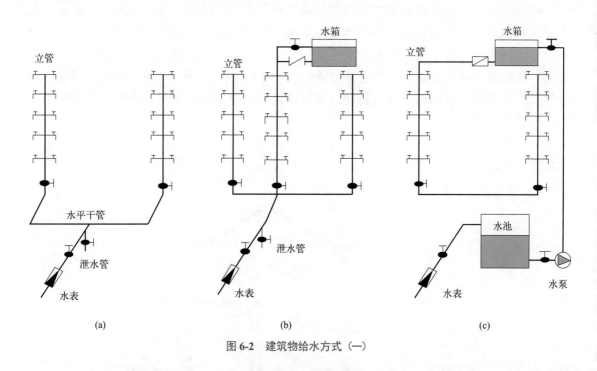

图 6-2   建筑物给水方式（一）

    对于外网水压经常性不足，建筑物内部用水不均匀，且不宜采用水泵、水箱给水的建筑物，建议采用气压给水装置的给水方式，其特点是利用密闭罐内空气的压缩性能来贮存、调节和输送流量，气压罐安装简单，管理方便，可安置的位置灵活，见图 6-3（a）。

    根据《民用建筑节水设计标准》（GB 50555—2010），生活给水系统应充分利用城镇供水管网的水压直接给水，当地的市政给水压力无法满足楼层用水需求时需要考虑二次加压给水，这就需要采用分区的给水方式，其特点是下部楼层区直接利用建筑物外部管网提供的压力给水，上部楼层区由水泵和其他设备联合工作实现给水，见图 6-3（b）。分区的给水方式还可以划分为并联给水方式、串联给水方式、减压阀给水方式 - 串联、减压阀给水方式 - 并联。建筑物给水系统还有设变频调速泵的给水方式、环状网给水方式、分质给水方式等。

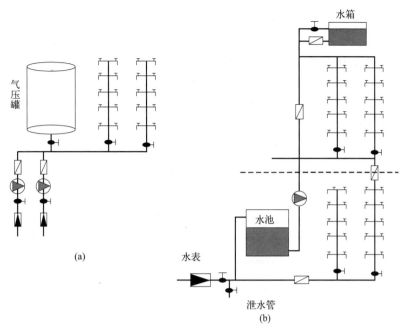

图 6-3　建筑物给水方式（二）

6.1.3　建筑物消防给水系统

建筑物消防给水系统根据灭火方式可以分为：消火栓给水系统和自动喷水灭火系统。消火栓给水系统的主要给水方式包括：由室外给水管网直接给水的消防给水方式，设置水池、水泵的消火栓给水方式，设置水泵、水池、水箱的消火栓给水方式（图6-4），分区给水方式，设置水泵、水箱的消火栓给水方式，设置水箱的消火栓给水方式。

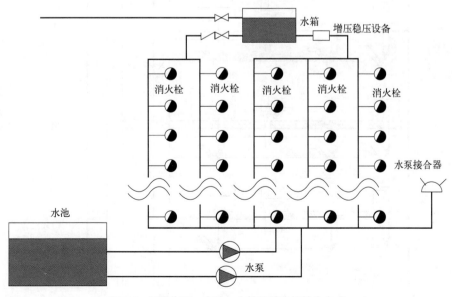

图 6-4　设置水泵、水池、水箱的消火栓给水方式

根据建筑物的高度、室外消防给水管网所提供的水压和水量，室内对水压、水量的要求等，建筑物消防给水系统划分为低层建筑室内消火栓给水系统和高层建筑室内消火栓给水系统。建筑高度不超过 10 层的住宅以及小于 24m 的建筑物内部设置的室内消火栓给水系统称为低层建筑室内消火栓给水系统。常见的低层建筑室内消火栓给水系统有三种类型：无加压消防水泵、无水箱的室内消火栓给水系统，设有消防水箱的室内消火栓给水系统，设有消防水泵和水箱的室内消火栓给水系统。建筑高度 10 层及 10 层以上的住宅以及超过 24m 的建筑物内部设置的室内消火栓给水系统称为高层建筑室内消火栓给水系统，按照消防给水系统服务范围，分为独立的室内高压（或临时高压）消火栓给水系统、区域集中的室内高压（或临时高压）消火栓给水系统；按照建筑物高度，分为高度低于 50m 的高层建筑一次供水室内消火栓给水系统，高度超过 50m 的高层建筑分区供水室内消火栓给水系统。建筑物消防给水系统设计应参考和遵照的规范包括：《建筑设计防火规范（2018 年版）》（GB 50016—2014）、《自动喷水灭火系统设计规范》（GB 50084—2017）。

6.1.4　建筑物室内排水系统

建筑物室内排水系统由卫生器具、排水管道、通气管道、清通设备等组成，如图 6-5 所示。建筑物室内排水系统必须满足两个基本要求：能迅速畅通地将废水排到室外、排水管道内气压稳定且有害气体不能进入室内。

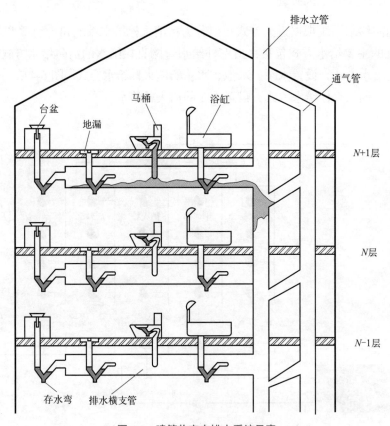

图 6-5　建筑物室内排水系统示意

卫生器具是指将使用后的废水、废物排到排水管道中的容器，比如便溺器具、盥洗器具、淋浴器具、洗涤器具、地漏等。排水管道由器具排水管、横支管、立管、通气管、排出到室外的排出管等组成。通气管道的作用是在卫生器具排水时向排水管道系统内补给空气，避免内部气压变化，保证水流通畅，更重要的是将排水管道系统中臭气和有毒有害气体排放到大气中去，确保室内的空气质量。通气管的主要类型有：伸顶通气管、专用通气管、环形通气管、主通气立管、副通气立管、结合通气管、器具通气管等。清通设备是疏通建筑物内部排水管道、保障排水通畅的排水设备，包括检查口、清扫口和室内检查井等。

《绿色建筑评价标准》（GB/T 50378—2019）中对给水排水系统的要求如下：

> 5.1.3 给水排水系统的设置应符合下列规定：
> 1 生活饮用水水质应满足现行国家标准《生活饮用水卫生标准》GB 5749 的要求；
> 2 应制定水池、水箱等储水设施定期清洗消毒计划并实施，且生活饮用水储水设施每半年清洗消毒不应少于 1 次；
> 3 应使用构造内自带水封的便器，且其水封深度不应小于 50mm；
> 4 非传统水源管道和设备应设置明确、清晰的永久性标识。

6.1.5 建筑内部热水供应系统

建筑内部的热水供应系统主要由热媒系统、热水供应系统、附件三部分组成，如图 6-6 所示，其中热媒系统是第一循环系统，热水供应系统是第二循环系统。按照热水供应范围的大小可分为：局部热水供应系统、集中热水供应系统、区域热水供应系统。

局部热水供应系统适用于用水点少且分散的建筑，通常对使用的要求不高，其特点是供水范围小、热水分散制备、配水点少，距离热源较近、热水管路短、热损失小，主要的能量来源有蒸汽、煤气、炉灶余热、煤炭、太阳能等。

集中热水供应系统适用于用水点多且分布密集的建筑，通常使用要求高，耗热量大，其特点是供水范围大、热水集中制备，主要的能量来源包括工业余热、废热、地热、太阳热、煤炭、天然气等。

区域性热水供应系统指热电厂、热交换站将水集中加热后，通过热力管网输送到整个建筑群、居民区、城市街道、整个工业企业或整个城区的热水系统。

建筑热水供应系统的供水方式根据管网压力不同划分为开式供水方式和闭式供水方式；根据加热冷水的方式不同可划分为直接加热供水和间接加热供水；根据管网设置循环管道的不同可划分为全循环供水、半循环供水、不循环供水、倒循环供水；根据系统中循环动力不同可划分为机械循环供水和自然循环供水；根据水平干管不同可划分为上行下给式供水和下行上给式供水。

高层建筑物内部的热水供应系统采用竖向分区供水，应该与给水系统的分区一致，各区的水加热器进水由同区的给水系统供给。

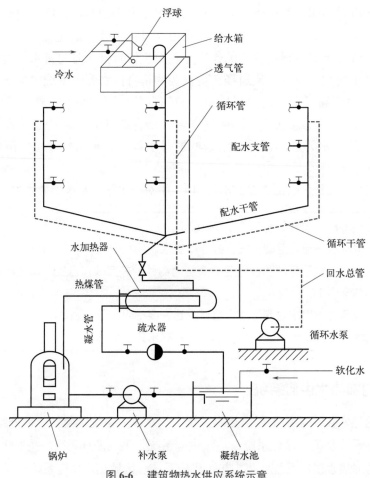

图 6-6   建筑物热水供应系统示意

6.1.6   建筑内部中水供应系统

"中水"是相对于"上水（给水）"和"下水"（排水）而言的。建筑中水系统是以建筑物中的冷却水、沐浴排水、盥洗排水、洗衣排水等为水源，经过物理、化学方法的处理，用于厕所冲洗便器、绿化、洗车、道路浇洒、空调冷却及水景等的供水系统。根据概念来看建筑中水系统由中水原水系统、中水处理系统、中水管道系统三部分组成，其中中水管道系统又划分为中水原水集水系统和中水供应系统，后者就是建筑内部中水供应系统。

建筑中水给水系统的给水方式有余压给水方式、水泵水箱给水方式、气压给水方式。中水给水系统对中水管道和设备有如下要求：中水给水系统必须独立设置；中水管道必须具有耐腐蚀性；中水管道严禁与生活饮用水管道连接；中水管道不宜安装于墙体和楼面内，以防标记不清影响维修；中水管道不得装设取水水龙头，便器冲洗宜采用密闭型设备和器具；中水管道、设备及受水器具应按照规定着浅绿色，以免引起误用；中水供水系统应该按要求安装计量装置。

建筑中水的水质基本要求：卫生上安全可靠，无有害物质，其主要衡量指标是大肠菌群指数、细菌总数、余氯量、悬浮物量、生化需氧量及化学需氧量；外观上无使人不快的感觉，其主要衡量指标有浊度、色度、臭气、表面活性剂和油脂等；不引起设备、管道等的严重腐蚀、结垢和不造成维护管理困难，主要衡量指标有 pH 值、硬度、蒸发残留物、溶解性物质等。

图 6-7 展示了排水设施完善和不完善地区单幢建筑物的中水系统，对比可以看出中水设施不完善的建筑无法直接将目标污水引入中水系统中，只能先在净化池中收集，然后选取较澄清的污水进行中水处理。

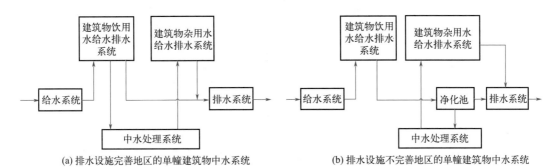

(a) 排水设施完善地区的单幢建筑物中水系统　　　　　(b) 排水设施不完善地区的单幢建筑物中水系统

图 6-7　建筑物中水系统分类

图 6-8 展示了建筑物中水系统收集 - 处理 - 回用的流程示意图。以冲厕所的污水为例，经过杂物收集器后进入隔油调节池，沉淀后进入氧化生化池，然后再过滤和消毒，进入清水池，最后用于绿化浇灌。

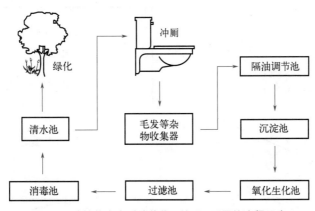

图 6-8　建筑物中水系统收集 - 处理 - 回用的流程示意

6.1.7　屋面雨水排水系统

建筑物雨水系统主要指屋面雨水排水系统，其作用是将屋面雨水排至室外地面或雨水控制利用设施和管道系统，见图 6-9。屋面雨水排水系统指排除降落在建筑物屋面的雨水、雪水的建筑物排水系统，其目的是避免屋顶积水对屋顶承重造成威胁或雨水溢流、屋顶漏水等水患事故，以保证正常生活和生产活动的开展。按照雨水管道布置位置，屋面雨水系统可以分为内排水系统、外排水系统和混合排水系统。

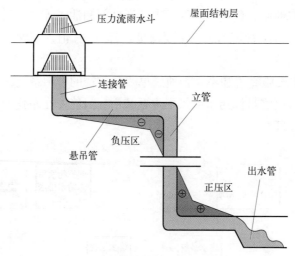

图 6-9   建筑物屋面雨水排水系统示意

建筑物雨水内排系统（图 6-10）是指屋面设雨水斗，雨水管道设置在建筑物内部的雨水排水系统，由天沟、雨水斗、连接管、悬吊管、立管、排水管等部分组成。建筑物雨水内排系统适用于屋面跨度大、屋面曲折（壳形、锯齿形）、屋面有天窗等设置天沟困难的情况，以及高层建筑、建筑立面要求比较高的建筑、大屋顶建筑、寒冷地区的建筑等不宜在室外设置雨水立管的情况。根据立管连接雨水斗的个数分为单斗雨水排水系统和多斗雨水排水系统；根据系统

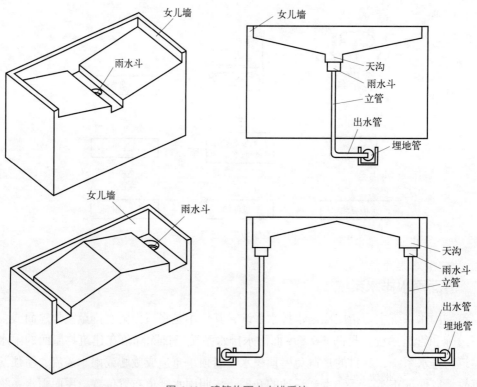

图 6-10   建筑物雨水内排系统

是否与大气相通分为密闭系统和敞开系统；按雨水管中水流的设计流态分为重力半有压流雨水系统、重力无压流雨水系统、压力流雨水系统（虹吸流雨水系统）。建筑物雨水外排系统（图 6-11）指屋面不设雨水斗，建筑物内部没有雨水管道的雨水排放方式，又分为檐沟外排水方式和天沟外排水方式。混合排水系统指同一建筑物采用几种不同形式的雨水排出系统，分别设置在屋面的不同部位，组合成屋面雨水混合排水系统。相关技术规范可参见《建筑屋面雨水排水系统技术规程》（CJJ 142—2014）。

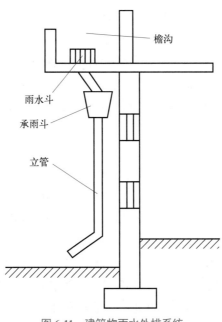

图 6-11 建筑物雨水外排系统

6.2 建筑节水管理与技术

建筑生活用水约占城市总用水量的 60%，随着城市建设的不断发展和建筑设施的不断完善，其值还将逐步增大。解决建筑生活用水的节水问题，是推进全国节水工作的重要组成部分。建筑给水排水的节水和节能潜力很大，且建筑给水排水的节能和节水是相互联系的，在节水的同时往往也能达到节能的目的。建筑给水排水的节能是重点降低长期使用时的总能耗，节水是重点考虑水资源的循环利用。生活水池的大小应尽量按经济、节地、节能的原则设计，从节水的角度出发，生活水池内应采用釉磁涂料涂刷或采用不锈钢材料，确保卫生，以减少水箱的污染和换水次数，达到减少水资源的浪费、节能的目的。采用新型给水管道，如塑料管、不锈钢管、衬（涂）塑钢复合管等，在节约用水的同时，也节约了材料和能源。

建筑给排水专业在建筑节水设计中主要依据的法规、规范、标准有：《中华人民共和国建筑法》、《民用建筑节能管理规定》、《住宅建筑规范》（GB 50368—2005）、《建筑给水排水设计标准》（GB 50015—2019）、《城镇污水再生利用工程设计规范》（GB 50335—2016）、《建筑中水设计标准》（GB 50336—2018）、《建筑与小区雨水控制及利用工程技术规范》（GB 50400—2016）、《节水型生活用水器具》（CJ/T 164—2014）、《绿色建筑评价标准》（GB/T 50378—2019）等。目前涉及建筑给水排水方面的节能标准并不多，但随着节能要求的提高，建筑给水排水的节能将逐步得到提高，标准也将不断完善。

其中《建筑给水排水设计标准》（GB 50015—2019）对住宅、公共建筑、工业企业建筑等生活用水定额作出了修改，定额划分更加细致，在卫生设施更完善的情况下，有的用水定额稍有增加，有的略有下降。从设计用水量的选用上贯彻了节水要求，为建筑节水工作的开展创造了条件。《绿色建筑评价标准》（GB/T 50378—2019）规定应在建筑给排水系统中设置用水量远传计量系统，能分类、分级记录，统计分析各种用水情况，利用计量数据进行管网漏损自动检测、分析与整改，管道漏损率应低于5%，应制定完善的节能、节水、节材、绿化的操作规程、应急预案，实施能源资源管理激励机制，且有效实施。

6.2.1　合理制订建筑节水用水定额

用水定额也叫用水量标准，不同的用水对象有不同的用水定额。建筑用水定额是设计给水系统、热水系统的一项重要基础参数。制订一个合理的节水用水定额，可以保证设计人员从技术上有满足节水用水定额实施的相应措施，给管理者提供限制用水量的依据。住宅建筑的生活用水定额依据住宅类别、建筑标准、卫生器具完善程度和区域等因素确定。集体宿舍、旅馆和公共建筑的生活用水定额依据卫生器具完善程度和区域条件确定。生产用水定额，应依据工艺要求确定。消防用水量，应按现行有关消防标准执行。

随着国家经济的发展、科学技术的进步，节约用水作为我国的一项国策在全国推行，节水器具与节水五金配件逐渐普及，建筑用水定额也在不断调整。《建筑给水排水设计标准》（GB 50015—2019）中给出了住宅和公共建筑的平均日生活用水定额。住宅生活用水定额及小时变化系数，可根据住宅类别、建筑标准、卫生器具设置标准等因素按表6-1确定。

表6-1　住宅生活用水定额及小时变化系数

住宅类型	卫生器具设置标准	最高日用水定额/[L/（人·d）]	平均日用水定额/[L/（人·d）]	最高日小时变化系数 K_h
普通住宅	有大便器、洗脸盆、洗涤盆、洗衣机、热水器和沐浴设备	130～300	50～200	2.8～2.3
普通住宅	有大便器、洗脸盆、洗涤盆、洗衣机、集中热水供应（或家用热水机组）沐浴设备	180～320	60～230	2.5～2.0
别墅	有大便器、洗脸盆、洗涤盆、洗衣机、洒水栓、家用热水机组和沐浴设备	200～350	70～250	2.3～1.8

注：当地主管部门对住宅生活用水定额有具体规定时，参照当地规定执行，别墅生活用水定额中含庭院绿化用水和汽车洗车用水，不含游泳池和室外景观补水用水。

标准中还规定建筑物室内外消防用水的设计流量、供水水压、同一时间火灾起数等参照国家现行的消防规范进行确定，无资料情况下给水管网漏失量和未预见水量可按照最高日用水量的 8% ～ 12% 计算，居住小区内的公用设施用水量应由该设施的管理部门提供用水量计算参数。

《绿色建筑评价标准》（GB/T 50378—2019）中关于建筑节水的规定如下：

> 6.2.10 制定完善的节能、节水、节材、绿化的操作规程、应急预案，实施能源资源管理激励机制，且有效实施。
>
> 6.2.11 建筑平均日用水量满足现行国家标准《民用建筑节水设计标准》GB 50555 中节水用水定额的要求，评价总分值为 5 分。具体评分规则见标准。
>
> 7.1.7 应制定水资源利用方案，统筹利用各种水资源。具体评分规则见标准。

6.2.2 建筑给水系统节水

（1）限制给水系统超压出流

超压出流是指卫生器具的给水配件（如水龙头、淋浴器等）在较高水压条件下，流出大于其额定流量的水量，超出额定流量的那部分流量未产生正常的使用效益，是浪费的水量。通俗地讲，超压出流是指给水配件前的压力过高，使得其流量大于额定流量的现象。这种水量浪费不易被人们察觉和认识，因此可称为"隐形"水量浪费。要全面搞好建筑节水工作，应从建筑给水系统的设计上限制超压出流。超压出流的防治技术如下：

① 设置减压阀：减压阀最常见的安装形式是支管减压，即在各超压楼层的住宅入户管上安装减压阀，这样可以避免各供水点超压，使供水压力的分配更加均匀。高层建筑可以设置分区减压阀。高层建筑各分区下部立管上设置减压阀。这种减压方式与支管减压阀相比，所设减压阀数量较少，但各楼层水压仍不均匀，有些支管仍可能处于超压状态。立管和支管减压阀相结合可使各层给水压力比较均匀，同时减少了支管减压阀的数量。但减压阀的种类较多，增加了维护管理的工作量。

② 设置减压孔板：减压孔板是一种构造简单的节流装置，经过长期的理论和试验研究，该装置现已标准化。在高层建筑给水工程中，减压孔板可用于消除给水龙头和消火栓前的剩余水头，以保证给水系统均衡供水，达到节水的目的。

③ 设置节流塞：节流塞的作用及优缺点与减压孔板基本相同，适于在小管径及其配件中安装使用。

（2）采用节水龙头

节水龙头与普通水龙头相比，能够节水的节水量在 3% ～ 50% 不等，大部分在 20% ～ 30% 之间，并且在普通水龙头出水量越大的地方，节水龙头的节水量也越大。

6.2.3 建筑热水系统节水

随着人民生活水平的提高和建筑功能的完善，建筑热水供应已逐渐成为建筑供水不可缺少的组成部分。据统计，在住宅和宾馆饭店的用水量中，淋浴用水量已分别占到30%和75%左右。科学合理地设计、管理和使用热水系统，减少热水系统水的浪费，是建筑节水工作的重要环节。据调查和实际测试，集中热水供应系统的水浪费现象，主要体现在开启热水装置后，不能及时获得满足使用温度的热水，而是要放掉部分冷水之后才能正常使用。这部分冷水，未产生应有的使用效益，因此称之为无效冷水。这种水的浪费现象是设计、施工、管理等多方面原因造成的。如在设计中未考虑热水循环系统多环路阻力的平衡，循环流量在靠近加热设备的环路中出现短流，使远离加热设备的环路中水温下降；热水管网布置或计算不合理，致使混合配水装置冷热水的进水压力相差悬殊，若冷水的压力比热水大，使用配水装置时往往要出流很多冷水，之后才能将温度调至正常。同一建筑采用各种循环方式的节水效果，其优劣依次为支管循环、立管循环、干管循环，而按此顺序各回水系统的工程成本却是由高到低。

建筑热水供应系统节水的技术措施包括：

（1）改造现有定时供应热水的无循环系统，增设热水回水管；

（2）新建建筑的热水供应系统应根据建筑性质及建筑标准选用大管循环或立管循环方式；

（3）尽量减少局部热水供应系统热水管线的长度，并应进行管道保温；

（4）选择适宜的加热和储热设备，严格执行有关设计，建立健全管理制度；

（5）选择性能良好的单管热水供应系统的水温控制设备，双管系统应采用带恒温装置的冷热水混合龙头；

（6）防止热水系统超压出流；

（7）提高热水管网的设计和施工质量，提高热水管网的管理水平，降低热水管道的漏损率。

6.2.4　节水器具与设备节水

（1）节水型器具设备的含义与要求

节水型器具设备是指低流量或超低流量的卫生器具设备，是与同类器具、设备相比具有显著节水功能的用水器具设备或其他检测控制装置。节水型器具设备有两层含义：一是其在较长时间内免除维修，不发生跑、冒、滴、漏等无用耗水现象；二是设计先进合理、制造精良、使用方便，较传统用水器具设备能明显减少用水量。在建筑物中优先选用符合《节水型生活用水器具》（CJ/T 164—2014）和当前国家鼓励发展的节水设备。

《绿色建筑评价标准》（GB/T 50378—2019）规定：建筑物给水系统全部卫生器具的用水效率等级应达到2级，50%以上卫生器具的用水效率等级应达到1级且其他达到2级，绿化灌溉及空调冷却水系统应采用节水设备或技术。

城市生活用水主要通过给水器具设备的使用来完成，卫生器具与设备的性能对于节约生活用水具有举足轻重的作用。因此，节水器具设备的开发推广和管理对于节约用水的工作是十分重要的。节水型器具设备种类很多，主要包括节水型龙头阀门类，节水型淋浴器类，节水型卫生器具类，水位、水压控制类以及节水装置设备类等。这类器具设备节水效果明显，可用以代替低用水效率的卫生器具设备，平均节省31%的生活用水。

　　节水器具设备的常用节水途径有：限定水量，如使用限量水表；限制水流量或减压，如各类限流、节流装置；限时，如各类延时自闭阀；限定（水箱、水池）水位或水位实时传感显示，如水位自动控制装置、水位报警器；防漏，如低位水箱的各类防漏阀；定时控制，如定时冲洗装置；改进操作或提高操作控制的灵敏性，如冷热水混合器、自动水龙头、电磁式淋浴节水装置；提高用水效率，如多次重复利用；适时调节供水水压或流量，如水泵机组。不同的节水器具和设备往往采取不同的方法，所以某些常用节水器具和设备的种类繁多，选择时应依据其作用原理，着重考察是否满足下列基本要求：①实际节水效果好。②安装调试和操作使用、维修方便。③质量可靠、结构简单、经久耐用。④技术上应有一定的先进性，在今后若干年内具有使用价值，不被淘汰。⑤经济合理，在保证以上特点的同时具有较低的成本。合格的节水器具和设备都应全面地体现以上要求，否则就难以推广应用。

　　（2）节水型阀门、水龙头与卫生器具

　　节水型阀门主要包括延时自闭式便池冲洗阀、表前专用控制阀、减压阀、疏水阀、水位控制阀和恒温混水阀等。

　　节水型水龙头主要有延时自闭水龙头、水力式水龙头、光电感应式水龙头、磁控水龙头、停水自动关闭水龙头、脚踏水龙头、手压水龙头、肘动水龙头、陶瓷片防漏水龙头等产品。水龙头是应用范围最广、数量最多的一种盥洗洗涤用水器具，目前开发研制的节水型水龙头最大流量不大于 0.15L/s（水压 0.1MPa 和管径 15mm 以下）。

　　节水型卫生器具包括节水型淋浴器具、坐便器、小便器等。大小便分档冲洗结构，大便冲洗用水量不大于 6L，小便不大于 4.5L，极度缺水地区可使用无水真空抽吸坐便器。沟槽式公厕自动冲洗装置由于它的集中使用性和维护管理简便等性能，目前在学校等公共场所仍在使用，所以卫生和节水成为主要考核指标。常用于沟槽式公厕的冲水装置有：水力自动冲洗装置、感应控制冲洗装置、压力虹吸式冲洗水箱、延时自闭式高水箱。淋浴器具包括接触式和非接触式，有水温调节或流量限制功能的节水型淋浴器，淋浴器喷头最大流量不大于 0.15L/s（水压 0.1MPa 和管径 15mm 以下）。

　　节水型家用电器（洗衣机、洗碗机）。洗衣机的额定洗涤水量与额定容量之比应符合《家用和类似用途电动洗衣机》（GB/T 4288—2018）的要求。

　　《绿色建筑评价标准》（GB/T 50378—2019）中对用水器具和设备的要求如下：

> 7.1.7　应制定水资源利用方案，统筹利用各种水资源。用水器具和设备应满足节水产品的要求。
>
> 7.2.10　使用较高用水效率等级的卫生器具，评价总分值为 15 分。具体评分规则见标准。

6.2.5　合理使用水表和节能设备

　　水表是累计水量的仪表，是节水的"眼睛"和"助手"，是科学管理和定额考核的重要基础，是关系到城市供水企业的经济收入和城市千家万户利益的重要贸易结算工具，同时也是水量衡测的主要监测工具。从管理角度看，安装普通水量计量仪表，对加强供水与节水管理、克服"包费制"存在的弊病、促进节水，具有积极的意义。

水表主要有旋翼式、螺翼式和容积式水表及超声波流量计、电磁流量计、孔板流量计等。为充分发挥水表对节水工作的促进作用，水表的设置和使用应考虑以下要求。

《建筑给水排水设计标准》（GB 50015—2019）指出建筑物水表的设置位置应符合下列规定：建筑物的引入管、住宅的入户管；公用建筑物内按用途和管理要求需计量水量的水管；根据水平衡测试的要求进行分级计量的管段；根据分区计量管理需计量的管段。住宅的分户水表宜相对集中读数，且宜设置于户外；对设在户内的水表，宜采用远传水表或IC卡水表等智能化水表。水表应装设在观察方便、不冻结、不被任何液体及杂质所淹没和不易受损处。在消防时除生活用水外尚需通过消防流量的水表，应以生活用水的设计流量叠加消防流量进行校核，校核流量不应大于水表的过载流量；水表规格应满足当地供水主管部门的要求。

6.2.6　建筑污水资源化利用（中水回用）

建筑物污水是城市污水的重要组成部分，建筑物中水回用也是城市污水资源化的重要手段。建筑中水把民用建筑或建筑小区内的生活污水或生产活动中属于生活排放的污水和雨水等杂水收集起来，经过处理达到一定的水质标准后回用于民用建筑或建筑小区内，用作小区绿化、景观用水、洗车、清洗建筑物和道路以及室内冲洗便器等供水系统。具体技术方案可参考《模块化户内中水集成系统技术规程》（JGJ/T 409—2017）工程实践证明建筑中水回用具有显著的环境效益、经济效益和社会效益，可以减少自来水消耗量，缓解城市用水的困难，减少城市生活污水排放量，减轻城市排污系统和污水系统的负担，保护城市生态环境。

建筑中水资源化利用的三个方面，即回用生活杂用水、作为热泵低位热源、污泥的开发利用，合理开发建筑中水可以有效节约城市用水。近年来我国政府加大了城市水资源危机和节约用水的宣传力度，在生活污废水资源化应用研究方面投入资金支持，目前常见的生活污废水资源化方式包括：单个家庭内部废水回用；上层废水处理后用于下层冲厕；设置建筑物中水系统。

（1）单个家庭内部废水回用技术

家庭内部收集洗衣服、淋浴的废水并进行重复利用是一种有效的建筑物节水方式，也是大部分居民可以接受的建筑物废水回用方式。通常的做法是居民用盆或桶贮存收集到的废水用于拖地、冲厕所等，这种废水回用方式成本低、技术难度低，但是操作相对麻烦，水质保障能力差，实际操作起来费时费力，因此实际采用率并不高。为保证家庭废水得到有效利用，需要为单个家庭内部废水回用提供技术支持，主要做法包括安装带有洗手龙头的低位便器冲洗水箱；对卫生器具和家庭用水设备的排水口进行改造，有效利用优质废水。

（2）上层废水下层回用

对于用水人数较多的公共建筑物，比如学生宿舍、教学楼等建筑物，可以采用上层废水下层回用技术，具体是上层盥洗废水回用于下层冲厕。这种方法对现有管道改造难度低、投资成本低、操作简单、管理方便。但是由于上层废水不经过处理直接回用，水质保障性较差，可能带来卫生安全问题，因而应该开发简单的废水处理设施，并对上层废水进行消毒，保证用水水质安全。建筑物高位水箱清洗废水的回用是一种操作简单、经济适用的高位废水回用方式。高位水池或水箱的冲洗废水可用于小区绿化、道路洒水、河道补水等。

（3）建筑中水工程

建筑中水系统选择未经处理的废水作为中水原水，由中水原水的收集、储存、处理和中水供给等一系列工程设施组合而成。与前两种建筑物废水回用方式相比，建筑中水工程的优点为水源广泛、水量比较大、水质容易控制、出水应用范围广、受居民节水意识影响小；与城市建设中水处理厂相比，建筑中水工程可以减轻城市排水管道系统和城市污水处理厂的负担，避免污水处理厂和城市中水供应长距离输水问题，减少城市排水管道系统、城市污水处理厂和城市中水供水管道系统的投资。

建筑中水的污水来源主要包括：卫生间、公共浴室的浴盆和淋浴等排水；盥洗排水；空调循环冷却系统排水；冷凝水；高位水箱冲洗排水；游泳池排污水；洗衣排水；厨房排水；厕所排水等。

根据排水收集和中水供应的范围大小，建筑中水系统又分为建筑物中水系统和小区中水系统（图6-12）。建筑物中水系统是指一栋或几栋建筑物内建立的中水系统。建筑物中水系统具有投资少、见效快的特点。建筑小区中水系统是指在新（改、扩）建的校园、机关办公区、商住区、居住小区等集中建筑区内建立的中水系统。建筑小区中水系统因供水范围大，生活用水量和环境用水量都很大，可以设计成不同形式的中水系统，易于形成规模效益，实现污废水资源化和小区生态环境的建设。建筑中水系统可采用的系统形式包括：全部完全分流系统、部分完全分流系统、半完全分流系统、无分流管系的简化系统。

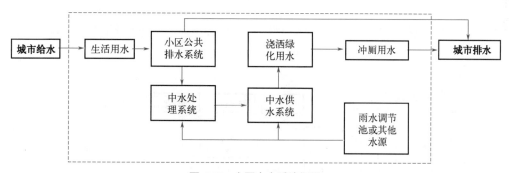

图 6-12　小区中水系统框图

建筑中水系统由中水原水收集系统、处理系统和中水供水系统三部分组成。中水原水收集系统是指收集、输送中水原水到中水处理设施的管道系统和一些附属构筑物。根据中水原水的水质，中水原水集水系统有合流集水系统和分流集水系统两类。合流集水系统由生活污水和废水用一套管道排出的系统，即通常的排水系统。合流集水系统的集流干管可根据中水处理站位置要求设置在室内或室外。这种集水系统具有管道布置设计简单、水量充足稳定等优点，但是由于该系统由生活污废水合并为综合污水，因此原水水质差、中水处理工艺复杂、用户对中水接受程度低、处理站容易对周围环境造成污染。合流集水系统的管道设计要

求和计算与建筑内部排水系统相同。分流制原水系统由建筑物室内污水分流（原水集流）管
道和设备、建筑小区污水集流管道和污水泵站及压力管道组成。建筑小区污水集流管道可布
置在庭院道路或绿地以下，应根据实际情况尽可能地依靠重力把污水输送到中水处理站。建
筑小区集流污水管分为干管和支管，根据地形和管道走向，可在管网中适当位置设置检查
井、跌水井、溢流井等，以保证集流污水管网的正常运行以及集流污水水量的恒定。当集流
污水不能依靠重力自流输送到中水处理站时，需要设置泵站进行提升。这种情况下泵站到中
水处理站之间的集流污水管道应该设计为压力管道。

　　建筑中水处理工艺主要包括物化处理工艺流程（适用于优质排水）、生物处理和物化
处理相结合的工艺流程、曝气生物滤池处理工艺流程、膜生物反应器处理工艺流程等，
如图 6-13 所示。

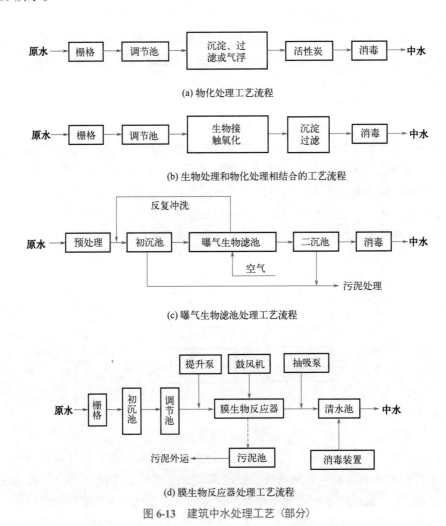

(a) 物化处理工艺流程

(b) 生物处理和物化处理相结合的工艺流程

(c) 曝气生物滤池处理工艺流程

(d) 膜生物反应器处理工艺流程

图 6-13　建筑中水处理工艺（部分）

　　GB/T 50378—2019《绿色建筑评价标准》中关于非传统水源的要求如下：

　　7.2.13　使用非传统水源，评价总分值为 15 分。具体评分规则见标准。

6.2.7　建筑屋顶雨水资源化

屋面雨水利用就是将屋面或其他建筑物作为汇水面收集利用雨水的一种雨水利用方式。屋面雨水一般占城区雨水资源量 65% 左右，且屋面雨水水质相对较好，雨水回收利用成本较低，只需简单过滤便可回用，是一种易于推广的雨水收集方式，成本低且易于实现。

城市屋面雨水利用系统的构建也需要根据不同的气候条件和水资源的状况以及可利用雨量的大小，综合分析各种因素，这样才能设计出具有实际效益的屋面雨水利用系统，缓解缺水地区的用水问题。建筑屋面主要有平屋顶和坡屋顶之分。不同的屋顶对雨水的收集作用不同，同时屋面材料亦有不同的作用。目前我国各地区使用的屋面材料有水泥砖保护层屋面、砾石保护层屋面、瓦屋面、石油沥青油毡屋面和金属屋面等。因此需根据各地区情况，因地制宜，设计自己的雨水收集方式，实现雨水回收的最大化。屋面雨水的计算如下：

$$Q = \varphi\alpha(1-\beta)AP \times 10^{-3}$$

式中　Q——屋面可利用雨量；

φ——径流系数，通常取 0.9；

α——季节折减系数；

β——初期雨水弃流系数；

A——屋面的水平投影面积；

P——降雨量。

为了使屋面雨水收集取得良好的效果，可以对居住建筑屋顶进行绿化设计。屋面绿化有以下优点：能够延缓各种防水材料老化，增加屋面的使用寿命；削减雨水径流量，减少雨水资源的流失，调节雨水的自然循环和平衡；削减雨水污染负荷，其产生的径流具有良好的水质，有利于后续的收集利用。

为了确保屋顶不漏水和屋顶排水的通畅，可以考虑双层防水和排水系统。即除了建筑物屋顶原设的防水、排水系统外，在种植层底部再增加一道防水和排水措施。种植区的排水通过排水层下的排水花管或排水沟汇集到排水口，再通过雨水管排入地面雨水池或雨水渗透设施。在靠近雨水收集管的种植区表面还要考虑溢流口，遇到暴雨超出土壤渗透能力的降雨可通过溢流口直接下排，不会造成屋顶过量积水。

6.3　建筑雨水收集与利用技术

建筑雨水收集利用包括建筑物屋面雨水收集利用与建筑物周围的雨水收集利用。建筑物周围的雨水收集利用放在下一节建筑水环境与海绵城市技术中进行介绍，本节重点介绍建筑物屋面雨水收集利用。

建筑物屋面雨水利用方式有三种：雨水入渗、收集回用、入渗和收集回用的组合。其中第一种形式对收集回用设施的利用率较高。屋面雨水是采用入渗，还是收集回用，可以通过对技术难度、经济成本的比较后决定。

《绿色建筑评价标准》（GB/T 50378—2019）对雨水利用做出了规定。

> 7.2.12　结合雨水综合利用设施营造室外景观水体，室外景观水体利用雨水的补水量大于水体蒸发量的60%，且采用保障水体水质的生态水处理技术，评价总分值为8分，具体评分规则详见标准。
>
> 8.1.4　场地的竖向设计应有利于雨水的收集或排放，应有效组织雨水的下渗、滞蓄或再利用；对大于10hm² 的场地应进行雨水控制利用专项设计。
>
> 8.2.2　规划场地地表和屋面雨水径流，对场地雨水实施外排总量控制，评价总分值为10分。场地年径流总量控制率达到55%，得5分；达到70%，得10分。
>
> 8.2.5　利用场地空间设置绿色雨水基础设施，评价总分值为15分。具体评分规则见标准。

6.3.1　建筑屋面雨水收集利用流程

屋面雨水处理流程与一般的水处理过程相似，不同的是雨水的水质明显比一般的回用水水质好。其处理流程为：屋面雨水→初期弃流→贮水池→清水池→屋面雨水的供应等。

（1）屋面雨水

屋面雨水指降落在屋面的雨水径流，是屋面雨水资源化收集的原水。建筑物的屋面包括平屋面、立屋面。建筑物屋面以硬化屋面为主，屋面材料包括卷材或涂膜屋面、刚性防水屋面、瓦屋面、金属板屋面等。也有部分建筑物采用绿色屋顶，这些屋顶种植草或灌丛植被等。绿色屋面也可以收集雨水。

（2）初期弃流

屋面雨水污染物主要来源为屋面材料分解、大气中的沉积物和天然降水。由于屋面径流雨水经常表现出初期冲刷效应，初期径流雨水中污染物浓度较高，水质混浊，随着降雨的持续，一旦冲刷效应完成，径流雨水的水质将明显提高，所以要对初期雨水采用弃流措施。

（3）贮水池

贮水池是整个工艺的主要构筑物，它不仅起到屋面雨水收集的作用，同时也起到调节、沉淀作用。设计贮雨量应根据工程所在地多年降雨统计资料和雨水利用工程投资规模、水量平衡等多重因素来合理确定。

（4）清水池

清水的回用需要水泵提升。小规模的雨水回用一般采用潜水提升泵，潜水泵可设在清水池内。一般的冲厕、绿化浇灌、地面冲洒、露天观赏性水景等用水的水质要求不高。

（5）屋面雨水的供应

雨水的使用，在未经过妥善处理前（如消毒等），一般建议用于替代不与人体接触的用水（如卫生用水、浇灌花木等）。也可将所收集下来的雨水，经处理与储存后，用水泵将雨水提升至顶楼的水塔，供厕所的冲洗使用。另外，与人接触的用水，仍以自来水供应。雨水除了可以作为街厕冲洗用水外，也可作为其他用水如空调冷却水、消防用水、洗车用水、花草浇灌用水、景观用水、道路清洗用水等，此外，也可以经处理消毒后供居民饮用。

6.3.2　建筑屋面雨水收集利用分类

屋面雨水收集利用系统主要有两种形式，一种是单体建筑分散式，另一种是建筑群集中式，其收集量受当地气候和环境、屋面建筑材料、降雨量、降雨强度等因素的影响。有研究表明陶瓷作为一种屋顶集水材料，具有雨水收集质量高、稳定性强的特点。单体建筑分散式可在居民小区建筑物的雨落管下端放置小型储雨容器或开设集雨坑，该方法适合一般居民楼、平房或四合院。建筑群集中式通常采用雨水集蓄利用系统，该系统由集雨区、输水系统、截污净化系统、储水系统和配水系统等组成。典型的屋面雨水收集方式为：屋面雨水经雨水立管进入初期弃流装置，通过初期弃流装置将初期较脏的雨水排至小区污水管道，进入城市污水处理厂处理后排放。经过初期弃流的雨水经独立设置的雨水管道流入贮水池，雨水在池中经过过滤、沉淀、再过滤、消毒处理后，用于绿地、景观、市政及冲厕，大大节省了水资源，如图 6-14 所示。

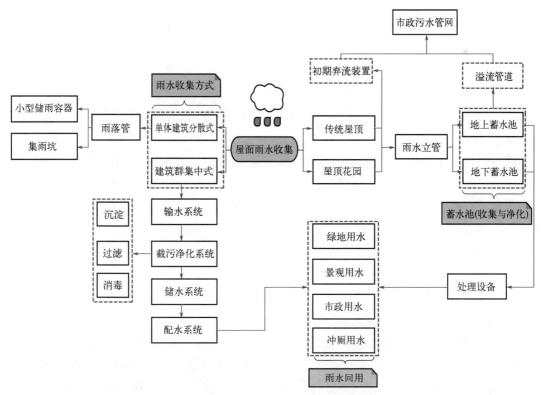

图 6-14　建筑屋面雨水收集利用流程图

根据存储设施位置的不同，屋顶对雨水的利用分为两种：一种雨水经过雨水斗、雨水立管汇流至地面，由地面的存储设施集中存储；另一种则是在屋顶直接建立存储池存储雨水，雨水箱溢出的水作为废水排放，最终到达污水处理厂。但屋顶径流水质较差，因此可以设计屋顶花园，将雨水收集和生态景观有机结合是一种适用而有效的办法，也是城市景观的有机延伸，城市绿地的扩展；它不仅能节约能源和水资源，还能改善居住生态环境、净化城市空气、吸收城市交通噪声、调节温度等，是一种十分有效的利用雨水的办法。此外，屋顶绿化措施不仅可以吸收和过滤雨水，减缓雨水的侵蚀强度，也可作为雨水储存的一部分，以备将来使用，既能减少下水道溢出的风险，又能延长城市排水系统的使用寿命。资料显示，屋顶花园系统可使屋面径流系数减少到 0.3，有效地消减了雨水流失量，同时改善了城市环境。

6.4　建筑水环境与海绵城市技术

6.4.1　建筑水环境系统

建筑水环境系统指满足居民水量、水质要求的前提下，将水资源综合利用技术集成一体的水环境系统，由小区给水、管道直饮水、中水、雨水收集、污水收集、排水、水景等系统组成。

我国于 2003 年发行了《中国生态住宅技术评估手册（第二版）》（以下简称《手册》）。《手册》对生态住宅小区的规划和建设做出了明确的规定，按照规定制定小区建筑总体规划方案，结合当地自然条件和水环境状况，全面统一规划住宅小区内各种水系统，提出小区水环境总体规划方案，充分发挥各系统的功能，使其相互联结、协调与补充，并对水环境工程进行初步的效益分析，是实现以合理的投资达到最好的住宅小区水环境的经济、社会及环境效益的重要手段，也是生态住宅水环境工程设计与建设的重要依据。

建筑水环境在住宅小区中占有重要地位，在住宅内要有室内给水排水系统，以保证供给合格的用水和及时通畅地排水，同时在一些大型建筑物内部有室内的盆栽、绿化景观等，这些室内绿化也需要配置相应的水环境系统。住宅小区内要有室外给水排水系统、雨水系统。现在人们常说的亲水型住宅，在小区内还必须有景观水体，以及水景等娱乐或观赏性水面。大面积的绿地及小区内道路也需要用水来养护与浇洒。这些系统和设施是保证住宅小区有一个优美、清洁、舒适环境的重要物质条件。

建筑区绿化、景观用水是建筑区植被和水环境水生态健康的根本保障，因此需要改善建筑区用水分配，提高绿化、景观用水效率。要根据绿化用水、景观用水对象的水质要求来确定处理深度与消毒程度。建筑区景观用水应设置循环系统，并结合中水系统进行优化设计以保证水质，提高用水效率，限制使用市政供水进行建筑绿化和环境供水。根据绿化用水标准制定用水方案，包括采用高效节水灌溉技术，比如微观灌溉，采用土壤水分湿度传感器监测土壤水分；采用收集的雨水或中水进行绿化浇灌或景观补水；种植适应本地气候和土壤条件的节水植物；开展海绵住宅小区建设，实现建筑环境的低影响开发和建设。

6.4.2　海绵城市

6.4.2.1　海绵城市政策的提出及发展

2013 年，习近平总书记在中央城镇化工作会议上提出，要建设自然积存、自然渗透、自然净化的海绵城市。2014 年 10 月，住房和城乡建设部发布了《海绵城市建设技术指南——低影响开发雨水系统构建（试行）》。根据《海绵城市建设技术指南——低影响开发雨水系统构建（试行）》，海绵城市是指城市能够像海绵一样，在适应环境变化和应对自然灾害等方面具有良好的"弹性"，下雨时吸水、蓄水、渗水、净水，需要时将蓄存的水"释放"并加以利用。海绵城市主要目标是缓解城市内涝，改善城市水质，增加雨水利用。海绵城市采用渗、滞、蓄、净、用、排等 6 种低影响开发技术，通过保护、恢复和修复天然河湖水域空间，把城市排水系统从"区域快排、末端集中"转变为"源头分散、慢排缓释"来缓解城市洪涝灾害，全面打造水安全、水资源、水生态、水环境、水文化系统。通过修复水系的廊道作用，形成蓄排得当、自净自渗的城市立体水文循环系统来保护 / 修复水生态系统。通过构建"格局合理、蓄泄兼筹、引排得当、环境优美、综合利用"的城市水系来增加雨水利用。

2015 年第一批海绵城市试点城市建设启动，共计 16 个；2016 年第二批海绵城市试点城市建设启动，共有 14 座城市。2016 年出台了《建筑与小区雨水控制及利用工程技术规范》（GB 50400—2016）。2019 年，住房和城乡建设部发布《绿色建筑评价标准》（GB/T 50378），规定建筑小区充分保护或修复场地生态环境，合理布局建筑及景观，要求保护场地内原有的自然水域、湿地、植被等，保持场地内的生态系统与场地外生态系统的连贯性。规划场地地表和屋面雨水径流，对场地雨水实施外排总量控制，要求场地年径流总量控制率达到 55%，充分利用场地空间设置绿化用地。利用场地空间设置绿色雨水基础设施，要求下凹式绿地、雨水花园等有调蓄雨水功能的绿地和水体的面积之和占绿地面积的比例达到 40%，衔接和引导不少于 80% 的屋面雨水进入地面生态设施，衔接和引导不少于 80% 的道路雨水进入地面生态设施，硬质铺装地面中透水铺装面积的比例达到 50%。2021 年 4 月，财政部、住房和城乡建设部、水利部三部委印发《关于开展系统化全域推进海绵城市建设示范工作的通知》，指出"十四五"期间，财政部、住房和城乡建设部、水利部决定开展系统化全域推进海绵城市建设示范工作。

6.4.2.2　海绵小区

海绵小区运用海绵城市理念，采用绿色基础设施或灰色、绿色基础设施结合，完成雨水的入渗、滞蓄、净化、收集利用等。海绵小区是多种低影响开发（LID）措施的综合运用，在降雨期间，相较于单一措施，海绵小区在削峰减洪上的效果更加稳定。建设海绵小区有助于降低径流带来的面源污染以及城市内涝的发生，也为水资源缺乏的建筑小区提供了可行性方案。

海绵小区作为重要的海绵城市建设模块，在我国海绵城市建设中发挥重要作用。目

前，我国建筑小区约占城市建设总用地的40%，近50%的城市总径流量来自建筑小区用地，故海绵城市建设中的一项重要内容就是有效控制、利用建筑小区内产生的雨水径流。海绵小区的建设应统筹考虑小区内各项设施，将建筑屋面、道路、绿地等要素有机结合。

我国首批海绵城市建设试点城市的海绵小区建设主要体现在采用下凹式绿地、绿色屋顶、植草沟、雨水花园、雨水湿塘、生物滞留设施、渗透弃流井、渗透池（塘）、透水铺装、透水水泥混凝土路面、雨水调蓄设施、植草沟、雨水湿地等。下凹式绿地指低于周边地面标高，可积蓄、下渗自身和周边雨水径流的绿地。下凹式绿地分为狭义下凹式绿地和广义下凹式绿地，狭义的下凹式绿地指低于周边铺砌地面或道路在200mm以内的绿地；广义的下凹式绿地泛指具有一定的调蓄容积（在以径流总量控制为目标进行目标分解或设计计算时，不包括调节容积），且可用于调蓄和净化径流雨水的绿地，包括生物滞留设施、渗透塘、湿塘、雨水湿地、调节塘等。绿色屋顶又称种植屋面或屋顶绿化，指在高出地面以上，与自然土层不相连接的各类建筑物、构筑物的顶部以及天台、露台上由表层植物、覆土层和疏水设施构建的具有一定景观效应的绿化屋面。植草沟指种有植被的地表沟渠，可收集、输送和排放径流雨水，并具有一定的雨水净化作用，可用于衔接其他各单项设施、城市雨水管渠系统和超标雨水径流排放系统。雨水花园指自然形成或人工挖掘的下沉式绿地，其中种植灌木、花草，形成小型雨水滞留入渗设施，用于收集来自屋顶或地面的雨水，利用土壤和植物的过滤作用净化雨水，暂时滞留雨水并使之逐渐渗入土壤。雨水湿塘是具有雨水调蓄和净化功能的景观水体。生物滞留设施指在地势较低的区域，通过植物、土壤和微生物系统蓄渗、净化径流雨水的设施。渗透弃流井指具有一定储存容积和过滤截污功能，将初期径流暂存并渗透至地下的装置。渗透池（塘）指雨水通过侧壁和池底进行入渗的滞留水池（塘）。透水铺装指可渗透、滞留和渗排雨水并满足荷载要求和结构强度的铺装结构。根据铺装结构下层是否设置排水盲管，分为半透水铺装和全透水铺装。透水水泥混凝土路面又叫透水混凝土路面，由具有较大空隙的水泥混凝土作为路面结构层、砂砾石作为垫层、土壤作为底层共同构成。从我国海绵城市建设经验来看，下沉式绿地、透水铺装、雨水调蓄设施的组合是最基本的。典型海绵小区低影响开发情景下雨水资源化流程如图6-15。

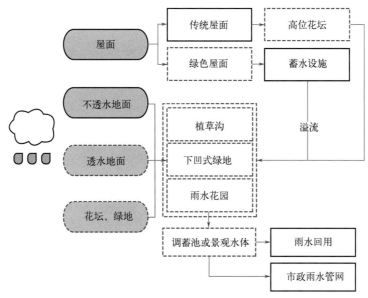

图 6-15　海绵小区雨水资源化流程图

《绿色建筑评价标准》（GB/T 50378—2019）对建筑小区水环境作了规定。

> 8.2.9　采取措施降低热岛强度，评价总分值为 10 分。具体评分规则见标准。

 思考题　　　　　　　　　　　　　　在线题库

6-1　我国水资源的状况如何？城市水资源有哪些特点？

6-2　建筑物水循环系统的分类、建筑给水系统的给水方式有哪些？

6-3　建筑物节水技术有哪些？你在生活中节约用水吗？举例说明。

6-4　建筑雨水收集利用的意义有哪些？你在生活中使用过收集的雨水吗？如果有，请描述你收集雨水的方式和使用雨水的方式。

6-5　建筑物水环境的重要性有哪些？你认为建筑物水环境对建筑物的作用有哪些？

【参考文献】

[1] 付婉霞，吴俊奇 . 建筑节水技术与中水回用 [M]. 北京：化学工业出版社，2004.

[2] 刘加平 . 绿色建筑概论 [M]. 北京：中国建筑工业出版社，2010.

[3] 朱颖心 . 建筑环境学 [M]. 北京：中国建筑工业出版社，2016.

[4] 田杰芳 . 绿色建筑与绿色施工 [M]. 北京：清华大学出版社 .2020.

[5] 李广贺 . 水资源利用与保护 [M].3 版 . 北京：中国建筑工业出版社，2016.

[6] 中华人民共和国住房和城乡建设部 . 海绵城市建设技术指南——低影响开发雨水系统构建（试行）[EB/OL].（2014-10-22）[2023-12-05]. https://www.mohurd.gov.cn/gongkai/zhengce/zhengcefilelib/201411/20141103_219465.html.

[7] 中华人民共和国住房和城乡建设部 . 绿色建筑评价标准：GB/T 50378—2019[S]. 北京：中国建筑工业出版社，2019.

[8] 中华人民共和国住房和城乡建设部 . 建筑给水排水设计标准：GB 50015—2019[S]. 北京：中国计划出版社，2019.

绿色

建筑

概论

INTRODUCTION TO
GREEN BUILDING

第 7 章
绿色建筑能源系统

○○ ——— ○○ ○ ○○

　　建筑节能是在当今人类面临生存与可持续发展重大问题的大环境下世界建筑发展的基本趋向，是建筑技术进步的重大标志，也是建筑可持续发展的一个关键环节。建筑能耗的控制设计有很多方面，是一个复杂的大系统，重视建筑的节能设计、节能技术创新、技术进步可有效节约能耗。通过本章的学习，读者可以从建筑规划的设计层面、建筑单体设计层面及建筑设备设计层面了解绿色建筑设计的节能措施与技术。

 学习目标

了解我国建筑能源消耗的主要特征及建筑节能的基本原则。
了解现阶段常用的建筑节能措施。
关键词：建筑节能；建筑能源消耗；可再生能源

 讨论

1. 建筑能耗受哪些因素的影响？为什么？
2. 建筑节能的主要途径有哪些？
3. 建筑节能的意义是什么？

7.1 建筑能源消耗的基本概念

7.1.1 建筑能源消耗的主要特征

建筑能源消耗，即建筑能耗，是指建筑在建造和使用过程中，热能通过传导、对流和辐射等方式对能源的消耗。广义上的建筑能耗包括建筑建造过程中的能耗和使用过程中的能耗，其中建造过程能耗包括建筑材料、建筑设备的生产、运输、施工及安装中的能耗。建筑业全寿命周期核算结果显示，2020年全国建筑业能耗为22.7亿tce，占全国能耗的45.5%，其中材料准备阶段能耗占全国能耗的22.3%，施工阶段能耗占1.9%，运营阶段能耗占比为21.3%。

按照国际通行的分类，建筑能耗专指民用建筑（包括居住建筑和公共建筑）使用过程中对能源的消耗，主要包括采暖、空调、通风、热水供应、照明、炊事、家用电器和电梯等方面的能耗，其中采暖及空调能耗位居首位。据统计，我国建筑能耗约占社会总能源消耗的三分之一。

建筑的能源消耗特征是指建筑在使用过程中所需要的能源及其使用情况的特征，主要包括以下几个方面：

（1）能源类型和使用量：建筑在使用过程中所需要的能源类型有电力、天然气、燃煤、燃油等。了解建筑所使用的能源类型及其使用量可以帮助我们评估其能源消费水平。

（2）能源效率：能源效率是指建筑在使用能源时所实现的功效与消耗之比。高能效建筑能够在保证使用舒适性的前提下，减少能源消耗，降低能源成本。

（3）能源结构：能源结构是指建筑在使用能源时所采用的能源类型的组合。合理的能源结构可以降低能源成本、减少能源消耗和环境污染。

（4）能源管理：能源管理是指对建筑使用能源过程进行管理，通过对能源的计量、监测、分析和优化，实现节能减排的目标。

7.1.2　建筑节能的基本原则

建筑物中的能量消耗是为人服务的，建筑节能的原则要本着"以人为本"的原则，不能为节能而节能。因此，建筑节能的核心是将浪费的能量节省下来，尽可能提高能效（包括能量转换效率和能量利用效率），这也是能耗管理的最基本原则。

能量转换效率与技术因素有关，能量利用效率主要与管理水平有关。无论提高哪种效率，都会减少终端能量的使用，从而达到明显的节能效果。

7.1.2.1　能量转换效率

终端能量使用的效率是沿着能量转换链的三种效率相乘而得到的：①初级能量（煤、油）转换成二次能量（电）的转换效率；②从转换点输送二次能量到终端用户的传输效率；③转换二次能量到能量服务终端的使用效率。

大多数人只注重前两种效率：转换（包括提取初级能量和把初级能量转换成二次能量）和传输。仅把注意力集中在前两种效率，会使人们忽略使用能量的真正目的。

把三种效率考虑在一起，对能源的最终有效使用和原始能源的分流进行比较，可以看出提高能源使用效率的最大潜能所在。因为沿着能源转换链，各转换效率是相乘的关系，所以虽然可以认为能源链各环节的节能同等重要，但下游的节能，即最接近能源最终使用环节的节能是最重要的。终端能量使用效率的提高，可以以最少的投资、在最短的时间内取得最大的效率。因此，为了最大限度节约原始能源和投资成本，有效的方法是从能量转换链的下游开始减少能量需求。例如，对采暖、空调和通风系统首先应提出和解决的问题包括：满足需要的最小流量是多少？管道的阻力可以减小到多少？多大的电机可以恰好与所需的流量匹配？水泵的效率是多少？泵与系统内其他设备是否会互相影响，即是否耦合？然后，从最终需求及最大变化开始，再逆向分析能源传输转换链，直至能源的源头，以达到下游能源使用效率的最大化，从而最大幅度地减少上游能源链的消耗。

7.1.2.2　能耗优化管理

（1）能耗优化管理的前提

能耗优化管理，首先需要获得建筑正常工作时的能量消耗数据，要获得这个数值，除了上文提及的监测外，还需要对能量的使用做必要的审计。

①能量审计的内容。

a. 建筑物围护审计：测出建筑围护的能耗损失，如建筑结构、门窗等绝热程度差所引起的能耗。

b. 功能审计：确定特殊功能所需的总能量和确认节能的潜力。功能审计包括供热、制冷、通风、照明、电气设备等。

c. 过程审计：确定每个处理功能所需的总能量和确认节能的潜力。包括机械装置、制热、通风处理、空气处理和锅炉等。

② 能量审计的类型。根据收集信息的详细程度，能量审计可分为三种类型：预审计、具体审计和计算机模拟审计。

a. 预审计：巡回检查每个系统，包括分析能耗量和能耗数据估算，与相同类型工业设备的能耗均值或基准值的比较。通过对实际运行和维护状况的改进，形成具有节能潜力的初步列表。如果表中显示有较大的节能潜力，这些预审计的信息也可以被用于随后更详细的审计。

b. 具体审计：通过对现场设备、系统的特性分析以及现场测试和更详细的计算，对已经量化的能耗进行损失审计，分析基于每个系统的改进效率和节省的能量，一般还包括在经济分析基础上推荐的节能方案。

c. 计算机模拟审计：常用于复杂设备或系统。这种审计包括更详细的功能能耗和更复杂耗能方式的评估。计算机仿真软件被用于预测建筑系统的性能和当天气等其他环境变化时的统计，其目标是建立一个与实际设备能耗相一致的对比基数。审计者将改进不同系统的效率并估量其与基数相对应的效果。这种方法还考虑系统之间的相互作用，以防止过高评估节能的效果。

（2）估算整个建筑物和系统的能量传输效率和能量利用效率

通过能量审计，估算出整个建筑物和系统的能量传输效率和能量利用效率。通过测量仪器检测出系统产生的能耗，根据不同的能源种类进行分类，计算出各系统产生能量的效率，提出节能的可行性。

（3）确定可以节省的能量来源和数量

根据审计的结果，确定可以节省的能量来源和数量，以人工或自动方式管理能量的使用与调度。有条件的建筑应将建筑的环境因素（温度、湿度）也作为能量的一部分进行管理，从而达到最优化的节能效果。

（4）改造设备，获得更优的转换效率

确定了能量的转换效率后，根据获得的结果对相应的设备进行改造，以获得更优的转换效率。能量管理更多体现在提高能量利用效率上，根据能量审计获得能量利用效率后，对能量利用效率低的部门和系统，可通过减少能量供给、调整能量供给模式或改变部门或系统的运行模式来达到节能目的。

7.2　建筑本体节能

7.2.1　建筑规划布局节能

在人类文明初期，部落选择宜居地，也即聚落的选址，与聚落的形态、布局疏密程度、朝向与日照、水与风等气候因素密切相关，经过长期对环境的适应，不同地区的聚落建筑有了不同的形式，如我国陕北地区的窑洞、云南的傣族竹楼等。现代建筑也是如此，比如宽敞的建筑布局形态有利于热湿气候条件下的通风降温；而紧凑的布局形态则有利于冬季防风，同时在干热的气候条件下也可以利用建筑遮挡夏季烈日，使街道和户外空间形成更多的阴影空间。

工业化社会，空气污染是城市所面临的重要问题之一，良好的外部风环境有利于城市空气污染的扩散。在冬季采暖期，北方的空气质量与外界风速有着密切的关系，连续几天的静风天气会使空气质量恶化。在规划城市工业区的布局时也应考虑风向与污染源的关系。一般来说，产生污染的工业区应该位于城市的下风向。但对于许多地区，冬季和夏季主导风向会显著不同，因而应根据不同季节的风向、风速来综合决定。

从总体上讲，建筑的朝向主要是由日照决定的，在寒冷多风地区还会受到风力、风向的显著影响。风会促成降雨，也会携带沙尘，因此也在很大程度上影响了聚落的布局、朝向、封闭形式、建筑之间的关系、建筑与水体的关系、建筑门窗开口的位置和大小等。例如，北京四合院、山西四合院都是防风抗沙的典型范例。

我国合院式居住体系中的院落大小，也恰好准确地反映出建筑形式与日照的关系。在低纬度地区，院落的尺度比较大，而高纬度地区院落的尺度较小。如东北大院院落的高宽比约为 3∶15，北京四合院的高宽比约为 3∶10，而到了江浙地区则为 6∶5。

在建筑密集的城市，由于建筑物和地面铺装吸收和蓄存太阳辐射的能力大大超过自然植被，且各种热源（如锅炉房、空调器、汽车尾气）较多，这就会产生城市的温度显著高于郊区温度的情况，即所谓"城市热岛"效应。"城市热岛"效应也有明显的年变化和日变化，一般来说冬季强于夏季，夜晚强于白天。例如 20 世纪 80 年代初北京冬季日最高热岛强度为 5℃，夏季月均热岛强度为 1.5℃。城市不仅在温度上有"城市热岛"效应，其相对湿度也往往比郊区低 5%～10%。"城市热岛"效应对于城市热环境的不利影响主要体现在夏季傍晚城区温度迟迟居高不下。但热岛效应也并不总是弊大于利，例如对于寒冷地区而言，冬季的热岛效应对于创造相对温和的室外环境和建筑节能都有一定益处。

按照平面形状特征，现代城市住宅可分为板楼和塔楼两大类。板楼是指长度明显大于宽度的住宅，比较典型的板楼采用一梯两户设计，低层住宅一般以条状板楼为主，而高层住宅中板楼所占的比率也是最高的，如图 7-1（a）。塔楼是指外观像塔，长度与宽度大致相同的高层住宅，以共用楼梯、电梯为核心布置多套住房，高层塔楼的同层住户一般在 6 户以上，V 形、十字形、方形和蝶形等是比较常见的塔楼形式，如图 7-1（b）～（e）。

对于住宅建筑，板楼和塔楼各有优劣。板楼的面宽大，保证了良好的采光效果，南北通透的格局保证了良好的自然通风效果。塔楼的居住密度比板楼高，大多数户型为单侧开窗，采光和通风效果较差。但相对于板楼，塔楼具备建造成本低、抗震性能优秀、空间分割自由度高等优点，因此也成为人口密集的大城市中常见的住宅类型。

居住建筑的规划布局受地块形状、日照采光、设计理念等多种因素的影响，建筑布局一般分为"行列式"、"错列式"、"点群式"和"围合式"等几种。中国的建筑布局主要有"行列式"、"点群式"和"围合式"三种基本模式，当前的居住区建筑布局主要以这三种模式为基础进行组合搭配。

行列式布局是指建筑物成排成行地布置，这种布局形式能够使大多数建筑得到良好的日照环境，并有利于自然通风。错列式布局是建筑物并列式布置，前后错开，便于建筑群内空气流通，同时也可以争取更多的日照，对高而长的建筑群是有利的。

(a) 高层板楼住宅   (b) V形塔楼住宅   (c) 十字形塔楼住宅

(d) 方形塔楼住宅   (e) 蝶形塔楼住宅

图 7-1 常见住宅形式

"行列式居住区"又称"板楼居住区",是以条状板式建筑为主要住宅形式的居住区。板楼的宽度约 18 ~ 20m,长度变化范围较大,一般在 40 ~ 120m 之间。传统的板式住宅一般为 6 层的住宅建筑,近年来在人口密集的城市也出现了较多的超过 12 层的高层板楼。建筑排布根据条状建筑的走向呈整齐的行列式排布,如图 7-2。此类建筑布局日照及通风条件较为优越,有利于管线的敷设和工业化施工,是我国早期居住区的主要形式。目前在我国城市内,采用此种布局的小区仍占很高的比例。

图 7-2 行列式居住区

点群式布局为自由布局,是由独立式住宅或多层、高层塔式住宅组成的成组成行的布局形式。这种布局方式可以充分利用地形,布局形式多样,便于采用多种建筑平面形式和高低错落的体块组合,有利于毗邻建筑物之间相互遮挡阳光,同时也可以争取更好的通风效果。通常情况下,各栋建筑围绕中心绿地、水景或配套建筑,有规律或自由地布置。

"点群式居住区"又称"塔楼居住区",是以长宽比例接近 1:1 的点式塔楼为主要住宅形式的居住区。塔楼的长、宽在 30 ～ 40m 范围内浮动，高度变化范围多为 12 ～ 24 层。塔楼多采用错落式布局方式进行排列，如图 7-3，以利于不同建筑的采光及居住区的通风。塔楼居住区由于建筑占地面积小、空间分割自由度高、自由空间可实施绿化等优点，已成为目前较为广泛采用的一种建筑布局形式。

图 7-3　点群式居住区

　　围合式布局分为半围合和全围合布局，是指建筑物沿建筑用地边线建造，把建筑用地围起来的布局，利用建筑落差形成楼间距。这种布局方式可以围合出开阔的庭院式空间供景观绿化、休憩娱乐之用。这种布局方式中很多建筑的房间因朝向和建筑之间的相互遮挡而日照不佳，也不利于自然通风，但有利于冬季的避风，所以这种布局形式仅适用于北方寒冷地区。

　　"围合式居住区"是以板楼通过四周合围式的布局结构形成的封闭或半封闭型居住区，如图 7-4。形成围合的建筑多以板楼、直角形建筑或 U 形建筑为主。此类居住区以围合中心区域作为核心活动空间，通过若干个通道与外界发生联系。由于围合式布局的通风效果不佳，同时形成围合的建筑采光效果一般较差，因此目前此类布局的居住区在设计中所占比例较低。

图 7-4　围合式居住区

第 7 章

从通风的角度考虑，建筑群中的建筑可能会对来流的空气形成阻碍和引导两种效应。对于行列式布局，当条状建筑走向与来流风向呈垂直布置时，建筑对空气流动起阻碍作用，空气流动受到建筑的阻挡，从建筑的两侧与建筑的上方绕过建筑，在建筑两侧形成角隅效应，流速增加，在建筑后方形成三维漩涡，空气流通被阻碍，如图7-5，此时条状建筑的高度和宽度均对建筑后方的气流方向产生影响。当条状建筑的走向与来流方向一致时，建筑对空气流动起引导作用，空气可以顺利地流过建筑之间的空间，带走建筑之间的热量和污染物，如图7-6。当来流方向与建筑物的走向呈小于90°的夹角时，空气流动呈引导与阻碍混合的模式，如图7-7。

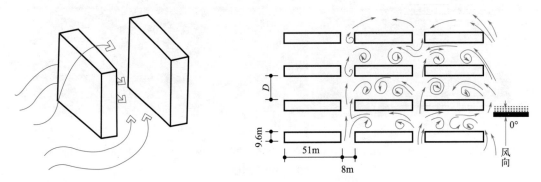

图7-5　行列式布局对气流的阻碍作用

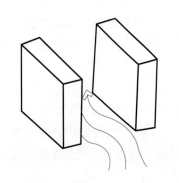

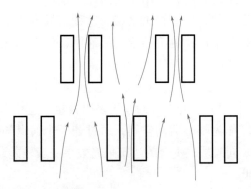

图7-6　行列式布局对气流的引导作用

对于点群式布局，建筑对空气流动的影响主要表现为阻碍和引导的混合效应。由于点群式建筑的迎风面宽度较小，建筑阻碍空气流动的空气流向改变较小，角隅效应较弱，空气沿两列建筑之间的走廊继续流动，又形成引导作用，因此表现为点群式建筑对空气流动是阻碍与引导的混合效应，如图7-8。

对于围合式布局，建筑对各个方向的来流均起阻碍作用，其效果如同行列式建筑对气流的阻碍作用，从而导致居住区内空气流动不顺畅，尤其是处于围合中心的建筑与外界发生关系的通道较少，因此通风效果极差，是所有布局形式中最不利于夏季和过渡季自然通风的建筑布局，如图7-9。

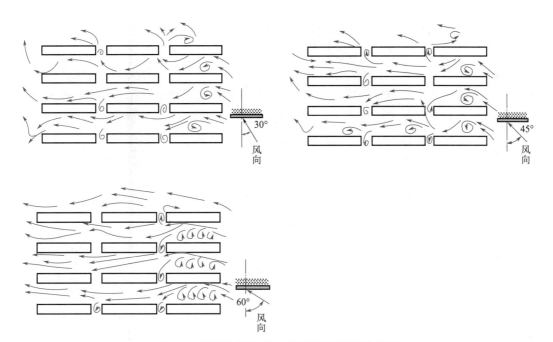

图 7-7　行列式布局对气流的引导与阻碍混合作用

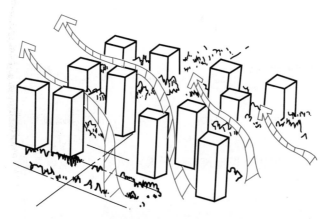

图 7-8　点群式布局对气流的引导与阻碍混合作用

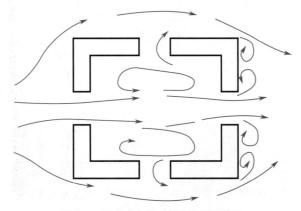

图 7-9　围合式布局对气流的阻碍作用

在建筑风环境与人的关系中，通风与避风对人体的舒适性影响很大。在高温潮湿的气候区，虽然通风带来室外的热量，但通风带来的排汗及除湿效果是人抵抗酷暑所不可或缺的手段，全天的自然通风对满足人体的舒适性需求是十分重要的；在高温干燥的气候区，夏季营造舒适的室内环境的前提是减少高温时刻的通风与太阳辐射，避免通风带来的额外热量，并在夜间室外空气温度较低时大量引入自然通风，通过夜间的冷空气实现对建筑降温的目的，并且能通过围护结构蓄冷来改善日间的室内环境及降低空调能耗；在冬季干冷的气候区，建筑中采取措施避免通风带来的人体及建筑的热量过度损失，减小空气流动所带来的湿度降低是重要的考虑因素；在湿冷的气候区，在降低室内空气湿度的同时，还要考虑避免通风造成建筑和室内空间的过度热损失。因此，对于住宅建筑，在夏季需要通过建筑自然通风的有效组织，在不使用空调的情况下满足人体的舒适性需求，减少能源的消耗；在冬季，在满足适当换气的条件下，采取适当的避风措施以减少建筑的能耗。

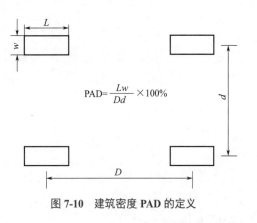

$$PAD = \frac{Lw}{Dd} \times 100\%$$

图 7-10　建筑密度 PAD 的定义

建筑布局排列通过影响建筑周边的风环境，改变建筑表面的风压分布，进而影响建筑的自然通风效果。在其他条件相同的情况下，建筑布局越密集、前后建筑间距越小，越不利于建筑的自然通风，自然通风换气量越小。建筑周边布局的密集程度可采用建筑密度 PAD 来表征（如图 7-10），根据《城市居住区规划设计标准》，高层住宅的建筑密度不得超过 20%。

图 7-11 给出了孤立建筑及 5%、10%、15% 和 20% 五种建筑密度下板式住宅（平面布局如图 7-12 所示）在 1m/s 气象风速下（1 级风）的自然通风平均换气次数。可以看出，与通风换气最理想的孤立建筑相比，当建筑密度增大到 20% 时，也就是最密集的高层板式住宅的自然通风换气次数下降了 34%。

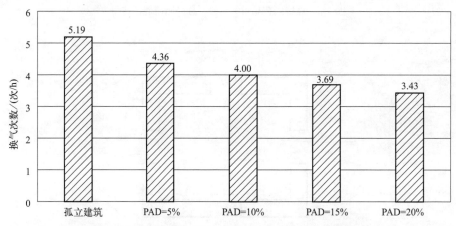

图 7-11　不同建筑密度下四梯板式住宅的自然通风换气量

图 7-12　四梯板式住宅平面布局

图 7-13 所示为位于北京的两个建筑密度不同的住宅小区，其中图 7-13（a）所示为建筑布局相对稀疏的小区，图 7-13（b）为建筑布局较为密集的小区。在相同的自然通风策略下，图（b）小区住宅的年均自然通风换气量将比图（a）小区少 21%，即图（b）小区的住宅的新风量仅为图（a）小区的 79%。

(a) 建筑密度为5%的住宅小区　　　　　　　　(b) 建筑密度为20%的住宅小区

图 7-13　北京地区两个不同密度的住宅小区

对于塔式住宅建筑，大多数户型为单侧开窗，不能形成穿堂风，因此通风换气效果相较板式住宅要差。图 7-14 给出了孤立建筑及 5%、10%、15% 和 20% 五种建筑密度下 V 形塔楼住宅（平面布局如图 7-15 所示）在 1m/s 气象风速下（1 级风）的自然通风平均换气次数。可以看出，与通风换气最理想的孤立建筑相比，当建筑密度增大到 20% 时，也就是最密集的 V 形塔楼住宅的自然通风换气次数下降了 28%。

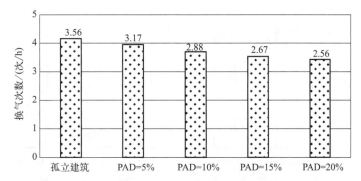

图 7-14　不同建筑密度下 V 形塔楼住宅的自然通风换气量

图 7-16 给出了孤立建筑及 5%、10%、15% 和 20% 五种建筑密度下十字形塔楼住宅（平面布局如图 7-17 所示）在 1m/s 气象风速下（1 级风）的自然通风平均换气次数。可以看出，与通风换气最理想的孤立建筑相比，当建筑密度增大到 20% 时，也就是最密集的十字形塔楼住宅的自然通风换气次数下降了 17%。

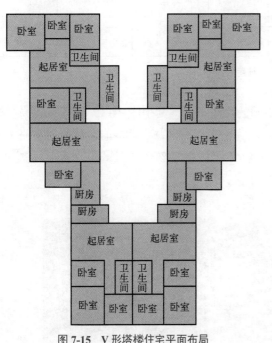

图 7-15   V 形塔楼住宅平面布局

图 7-18 给出了孤立建筑及 5%、10%、15% 和 20% 五种建筑密度下方形塔楼住宅（平面布局如图 7-19 所示）在 1m/s 气象风速下（1 级风）的自然通风平均换气次数。可以看出，与通风换气最理想的孤立建筑相比，当建筑密度增大到 20% 时，也就是最密集的方形塔楼住宅的自然通风换气次数下降了 22%。

图 7-20 给出了上述住宅形式在 1m/s 气象风速下（1 级风）不同建筑密度的自然通风平均换气次数。从中可以看到，同一气候条件、同一自然通风策略下，不同平面布局的住宅建筑的自然通风换气次数差异较大。板式住宅由于房间门窗对位设置，风道短直顺畅，气流能够畅通无阻地进入室内空间，保证了室内在夏季和过渡季节通风的畅通。塔式住宅建筑由于多为单侧通风，不能形成穿堂风，因此通风换气量相比南北通透的板式住宅要小很多。所有形式的塔式住宅建筑的平面布局均不利于建筑夏季及过渡季的自然通风，即使建筑布局密度非常稀疏的塔式住宅的自然通风换气效果也不一定会优于布局比较密集的板式住宅。因此，板式建筑是有利于夏季和过渡季自然通风的首选；而在冬季室外温度下降时，则可通过减少门窗的开启，阻挡冷空气的渗入和流通，增加建筑依据室外气候特点而应变的能力。

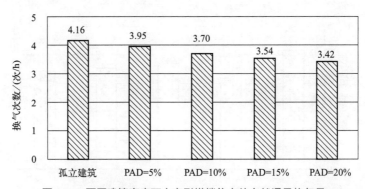

图 7-16   不同建筑密度下十字形塔楼住宅的自然通风换气量

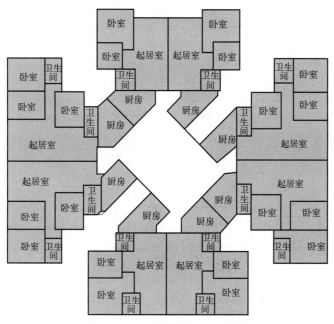

图 7-17　十字形塔楼住宅平面布局

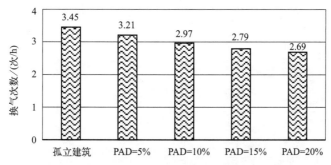

图 7-18　不同建筑密度下方形塔楼住宅的自然通风换气量

7.2.2　建筑设计节能优化

7.2.2.1　建筑自然通风

　　建筑通风可以通过空气流动带走建筑内部环境中的大量热量，从而直接降低室内空气温度。当室外空气温度显著低于建筑内部的空气温度时，或者当建筑的得热主要来自建筑内部的热源（如产生大量热量的厂房、实验室等）时，建筑通风是实现降温的极为有效的手段。

　　良好的自然通风是实现建筑降温最古老、最节能的方式。人类历史上就一直把自然通风这一措施作为维护和营造室内适宜环境的重要途径。在传统民居中，人们利用自然通风来带走炎热季节建筑内部的余热、余湿，利用大量夜间和清晨的凉风增加建筑围护结构以及室内家具的蓄冷量。同时，自然通风带来新鲜、清洁的空气，既有利于降低室内污染物及二氧化碳浓度，又能满足人们接触自然的心理需要。此外，人体热舒适性与热环境中气流的紊动特性密切相关，越接近自然特性的环境其热舒适性越好。而且现代热舒适理论的研究指出，由于自然通风的脉动特性，在同等温度条件下，自然通风环境可以提供更加舒适的室内环境，即人处在同等温度同等换气量的机械通风房间中和自然通风的房间中，自然通风的环境更可以令人满意。而空调环境只能满足基本的热中性环境要求，无法提供具有自然界特性的室内环境。

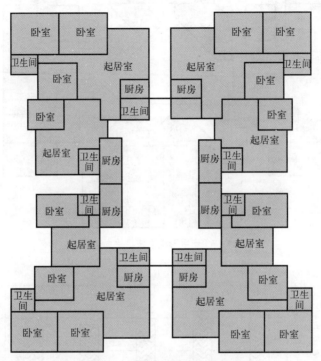

图 7-19　方形塔楼住宅平面布局

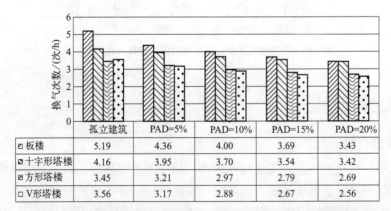

	孤立建筑	PAD=5%	PAD=10%	PAD=15%	PAD=20%
板楼	5.19	4.36	4.00	3.69	3.43
十字形塔楼	4.16	3.95	3.70	3.54	3.42
方形塔楼	3.45	3.21	2.97	2.79	2.69
V形塔楼	3.56	3.17	2.88	2.67	2.56

图 7-20　不同建筑密度下板楼和 V 形塔楼的自然通风换气量对比

　　世界各地的传统建筑都是劳动人民在长期的生活经验中总结创造的因地制宜的建筑形式，至今仍在给建筑师们提供灵感。自然通风作为一种非常重要的被动式调节手段，在世界各地的传统民居中，得到了广泛的应用。在这一节中介绍几种自然通风方式。

　　(1) 风塔

　　早在几千年前，风塔就在古埃及得到应用，如今在中东地区，仍然可以见到它的身影。

风塔由垂直的竖井和风斗组成，在通风不畅的地区，可以利用高出屋面的风斗，把上部的气流引入建筑内部，来加速建筑内部的空气流通。当地区存在明显的主导风向时，风斗往往都朝向主导风向修建；在主导风向不固定的地区，则设计多个朝向的风斗，从而形成多个不同风向的风井，如图 7-21。

图 7-21　干燥地区传统民居的风塔

（2）干栏

风塔可应用于干燥地区，却很难应用于热湿气候地区。解决热湿气候的高湿度问题，在古代是很困难的环境控制技术，因此热湿气候地区的人们，自古只能利用对流通风的形式来争取微弱的蒸发冷却作用。干栏的居住形式是热湿气候调节室内环境的最佳方式，不仅可以利用通风除湿的原理来调节湿气，也是一种防虫、防疾病传染的居家卫生策略，如中国傣族的干栏式民居等，如图 7-22 和图 7-23。

图 7-22　中国广南傣族干栏式民居　　　　图 7-23　中国西双版纳傣族干栏式竹楼

干栏是一种在木（竹）柱底架上建造的高出地面的房屋，一般为两层，用木、竹料作桩柱、楼板和上层的墙壁，下层无遮拦，屋顶为人字形，覆盖以树皮、茅草或陶瓦，上层住人，下层用于圈养家畜或置放农具（如图 7-24）。此种建筑可防蛇、虫、洪水等的侵害，并有利于防潮及通风（图 7-25），适用于温暖潮湿的地域。今壮、傣、布依、侗、水等族住房建筑形式即由此发展而来。此外，东南亚一带较盛行的栅居、巢居等，以及日本所谓的高床式住居，亦属此类建筑。

图 7-24　干栏内部结构示意图

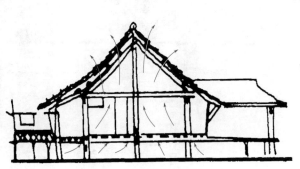

图 7-25　干栏通风示意图

（3）烟囱效应或热压效应

寒冷地区最常利用"烟囱效应"或"热压效应"来通风。烟囱效应是指室内空气沿着有垂直坡度的空间向上升或下降，形成加强空气对流的现象。在有公共中庭、竖向通风（排烟）风道、楼梯间等具有类似烟囱特征——从底部到顶部具有通畅流通空间的建筑物、构造物（如水塔）中，空气（包括烟气）靠密度差的作用，沿着通道很快进行扩散或排出建筑物的现象，即为烟囱效应。建筑内的烟囱效应能够利用热压差组织室内空气按一定流线运动，将热空气排出，以实现自然通风，从而改善室内空气品质。与风压式自然通风不同，热压式自然通风更能适应常变的外部环境和不良的外部风环境。如中国北京民居常利用檐口的高通风窗来形成室内的热压通风（图 7-26），英国剑桥民居往往采用高耸的烟囱来实现热压通风效应（图 7-27）。

图 7-26　北京民居檐下通风口

图 7-27　英国剑桥民居的烟囱

（4）天井

天井建筑也是因地制宜的宜居建筑。天井是对庭院中房与房之间或房与围墙之间围成的露天空地的称谓。四面有房屋、三面有房屋另一面有围墙或两面有房屋另两面有围墙时中间的空地均可称为天井。天井是中国南方房屋结构中的重要组成部分，一般位于单进或多进房屋中前后正间之中，两边被厢房包围，宽与正间相同，进深与厢房等长。因其面积较小，光线被高屋围堵显得较暗，状如深井，故名天井。在徽派建筑中，在正堂前的中央部位常设有一个直通屋面的天井，起通风、采光的作用，如今在皖南一带的老房子里仍然可以看到天井（图 7-28）。

图 7-28　徽州民居的天井

（5）现代建筑的自然通风方式

现代建筑中对自然通风的利用不局限于传统建筑中的开窗、开门通风，而是在建筑构件上，通过门窗、中庭、双层幕墙、风塔、屋顶等构件的优化设计，来实现良好的自然通风效果，使建筑的人工环境与自然环境达到动态的平衡，这是现代建筑在满足了基本使用功能和美学要求后应追求的更高目标。

现代建筑有很多利用中庭的热压作用实现自然通风的优秀范例，如英国的德蒙福特（De Montfort）大学工程与制造学院 Queens Building 大楼（图 7-29）和德国法兰克福商业银

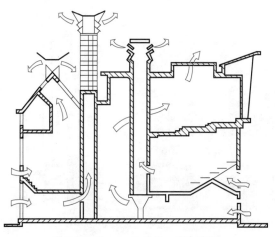

图 7-29　Queens Building 烟囱通风

行大厦（图 7-30）。Queens Building 大楼是英国首创的利用自然浮力通风设计来取代空调设备的实例，建筑整体构造有利于穿堂风的形成，并利用了直接耸立在屋顶上的烟囱产生的热压作用，使建筑整体实现了优良的自然通风效果。法兰克福商业银行大厦将整个中庭分成多个

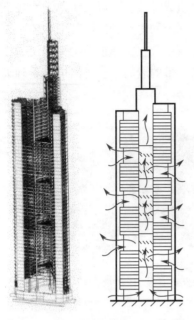

通风单元，各个单元之间通过透明玻璃相分隔，多个离地高度不同的空中花园在中庭周围环绕，并呈螺旋状交替向下旋转，办公室两边的窗户可开可闭，结合自然对流与中央筒体的"烟囱效应"，使大厦具有良好的自然通风特性，作为生态技术建筑的成功例证，其生态设计手法为高层、高密度城市生活方式与自然生态环境相融提供了宝贵的经验。

自然通风型双层皮幕墙也是依靠"烟囱效应"在内外两层幕墙之间形成了一个通风换气层，从而实现建筑的自然通风。双层皮幕墙又称"呼吸式幕墙"或"热通道幕墙"，它由内外两层玻璃幕墙组成，两层幕墙之间形成一个空腔（夹层），空腔的两端设置有可以控制的进风口和出风口。太阳辐射被双层皮幕墙夹层中的遮阳百叶和外层幕墙吸收后，通过对流换热的形式重新释放到夹层的空气中，使得夹层空气被加热升温并超过室外空气温度。由于

图 7-30　德国法兰克福商业银行大厦

内外空气的密度差，在双层皮幕墙下部的进风口处会形成负压，上部的出风口处形成正压，在此压差的驱动下，室外空气将从下部的风口进入到夹层并从上部的风口排出，从而形成双层皮幕墙与室外的自然通风。清华大学超低能耗示范楼的东向外墙上，即采取了双层皮玻璃幕墙的做法（图 7-31）。双层皮玻璃幕墙在保持外形轻盈的同时，能够很好地解决高层建筑中过高的风压和热压带来的风速过大而造成的紊流不易控制的问题，能实现夜间开窗通风而无需担心安全问题，可加强围护结构的保温隔热性能，并能降低室内的噪声，既实现了室内与室外间接自然通风，又有利于减少室内的空调能耗，而且还满足了人们对自然通风的需求。

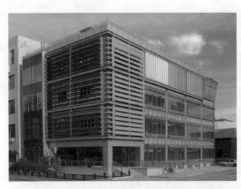
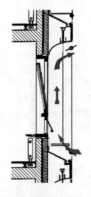

(a) 清华大学超低能耗示范楼东向外墙　　　(b) 夏季自然通风　　(c) 过渡季自然通风

图 7-31　双层皮玻璃幕墙自然通风实例

7.2.2.2　建筑遮阳

遮阳节能技术是建筑节能技术的重要组成部分。建筑遮阳的目的是阻断直射阳光进入室内，防止建筑围护结构过热并造成对室内环境的热辐射，防止直射阳光造成的强烈眩光。对于炎热地区（包括干热地区和湿热地区）而言，在各种建筑防热的技术措施中，建筑遮阳永远是第一位的。而对于采用空调系统的现代建筑来说，建筑遮阳对于降低夏季空调能耗具有重大意义。

建筑遮阳是历史最悠久的、简便高效的建筑防热措施，如中国古建筑屋顶巨大的挑檐便具有遮阳作用。作为木结构建筑的其中一个显著特征，"挑檐"也被称为"飞檐"，即屋角的檐部向上翘起，形如飞鸟展翅，呈现飞举之势，如图 7-32 所示。除了美观，这种挑檐还具备防晒功能，以北京地区为例，夏至日正午太阳高度角达到 74.5°，外挑的屋檐可以让光线照射在延伸至房屋主体之外的屋檐外侧，一部分热辐射被隔绝于建筑以外，保持室内阴凉；在清晨温度相对较低时，太阳高度角较小，阳光可以从挑檐外照射入屋内，保证室内采光；此外，夏日降水多，雨水落到屋顶后，可由挑檐"挑"到建筑一定距离之外，防止室内潮湿。除挑檐外，中国古典建筑的游廊也是建筑遮阳、避雨的典型范例。

图 7-32　颐和园香岩宗印阁的飞檐

根据不同的分类方式，建筑遮阳可以分为很多类型。依据在建筑物中所处的位置，可以分为室外遮阳、室内遮阳和夹层遮阳；依据其布置方式可分为水平遮阳、垂直遮阳和格栅式遮阳等；依据其可调节性，可分为固定遮阳和活动遮阳；依据其所用材料，可分为混凝土遮阳、金属遮阳、织物遮阳、玻璃遮阳和植物遮阳等类型。市面上的遮阳产品常见的有建筑遮阳篷、建筑遮阳板、遮阳百叶帘、遮阳百叶窗、建筑用遮阳天篷帘、遮阳软卷帘、遮阳硬卷帘、遮阳玻璃等。

（1）水平遮阳

由于太阳方位和高度的不断变化，水平遮阳对一个"遮阳"物体所产生的阴影区也随之改变。在低纬度地区或一年中的夏季，由于太阳高度角很高，建筑的阴影很短，因而水平遮阳比垂直遮阳更加有效（图7-33、图7-34）；在湿热地区，悬挑出的长长的屋檐或遮阳篷可以起到遮阳、避雨的作用（图7-35）。一幢建筑如果位于南北回归线之间，那么南北两个方向上就都要考虑遮阳，对此比较简单的解决办法就是在建筑的四周都做外廊，例如在非洲等地区建造出四周都有宽大通廊的住宅（图7-36），其过渡空间形成了一个休息、睡觉的场所，同时还起到遮阳、防止眩光、保证持续通风的作用。

图 7-33　低纬度地区建筑的水平遮阳

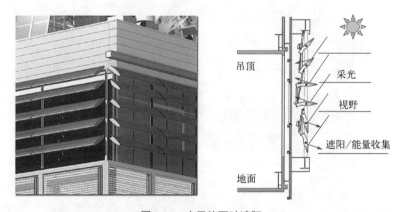

图 7-34　水平外百叶遮阳

图 7-35　湿热地区建筑悬挑的遮阳篷

图 7-36　巨大的外挑遮阳的建筑

（2）垂直遮阳

与水平遮阳相比，垂直遮阳主要是根据太阳方位角来实现对光线的遮挡，因此垂直遮阳能够有效地挡住高度角很低的光线，适合用于遮挡东西向阳光（图 7-37 和图 7-38）。

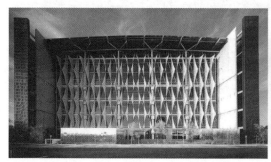
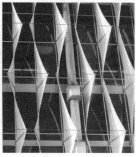

图 7-37　凤凰城中央图书馆的垂直百叶遮阳板

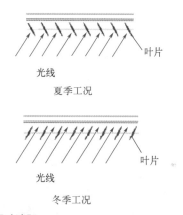

图 7-38　垂直外百叶遮阳

（3）格栅式遮阳

格栅式遮阳则综合了水平遮阳和垂直遮阳的优点，对于各种朝向和高度角的阳光都比较有效。昌迪加尔议会大厦是当之无愧的典范（图 7-39）；而尼尔森美术馆的遮阳与通风相结合（图 7-40），垂直遮阳板可以增加建筑进风口风压，室内热空气可以从水平遮阳板中间排出。

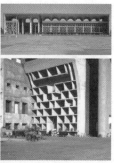

图 7-39　昌迪加尔议会大厦的格栅遮阳

图 7-40　尼尔森美术馆的格栅式遮阳

（4）自遮阳

建筑遮阳已经成为当代建筑环境设计不可忽视的一部分。建筑遮阳的形式很多，自遮阳就是多种多样的建筑遮阳中的一种。例如沙特国家银行采用厚重而封闭的外墙避免了灼热阳光的直晒和沙漠热风的侵袭，在建筑中央采用超大尺度的采光口取代窗户进行采光［图 7-41（a）］；印度孟买干城章嘉公寓所采用的遮阳方式也属于建筑自遮阳［图 7-41（b）］，这类遮阳方式没有明显的遮阳构件，而是通过建筑自身的凸凹来形成大面积阴影，最主要的采光窗都位于阴影之中，而暴露在墙体表面的窗洞口往往尺寸较小。干城章嘉公寓巧妙的遮阳方式不仅可以避免日晒，还可以获得理想的滨海景观。此外，一梯两户、每户为复式的布局获得了极为理想自然通风。

(a) 沙特国家银行　　　　　　　　　　　(b) 干城章嘉公寓

图 7-41　自遮阳建筑的遮阳与采光相结合

（5）绿化遮阳

大自然给我们提供了一些天然的遮阳手段，树木或攀缘植物可以用来遮挡阳光，形成阴影，对于防止太阳辐射有着举足轻重的作用。绿化遮阳不同于建筑构件遮阳之处还在于它的能量流向，植被通过光合作用将太阳能转化为生物能，植被叶片本身的温度并未显著升高。而遮阳构件在吸收太阳能后温度会显著升高，其中一部分热量还会通过各种方式向室内传递。

最为理想的遮阳植被是落叶乔木，茂盛的枝叶可以阻挡夏季灼热的阳光，而冬季温暖的阳光又会透过稀疏枝条射入室内，例如图 7-42 所示遮阳板和旁边的阔叶落叶乔木。在湿热地区，建筑周围宽大通廊的主要缺点是室内过于阴暗，即使在较冷的季节也无阳光照射，对此，可以用长满攀缘植物的凉廊加以代替，冬季植物落叶，便不会阻碍阳光的射入。

图 7-42　遮阳板和旁边的阔叶落叶乔木

7.2.2.3　建筑采光

建筑采光的目的是使建筑内部的照度可以满足（或尽量满足）相应的需要，这样既可以减少人工照明（如电灯、油灯、炉火等）的使用量，又有利于人与外界环境的沟通。

为了获得充足的自然采光，通常会在建筑外围护结构上设计各种形式的洞口，这些透光的孔洞统称为采光口。根据采光口在建筑围护结构上所处的位置，可分为侧窗和天窗两类。侧窗是最常见的采光口形式，它可以用于任何有外墙的建筑物，但利用侧窗进行自然采光的照射范围通常是有限的，因此这种侧窗采光形式只适用于进深不大的房间的自然采光。在屋顶上设置的采光口称为天窗，它可以用于任何具有屋顶的室内空间的自然采光。天窗采光也称顶部采光，一般用于大型建筑空间，这些空间采用侧窗采光不能满足需求，故可采用顶部采光来补充自然采光（如图 7-43）。天窗与侧窗相比很少受到室外的遮挡，采光效率较高，具有较好的照度均匀性。

建筑遮阳与采光有时是互相影响甚至互相制约的。建筑物内部能否获得足够的自然采光，除取决于建筑透光围护结构外部是否存在遮挡、玻璃的透光率等因素之外，关键因素还取决于房间的窗地面积比。可以通过合理的遮阳设计将自然光引入室内，这样既可以充分利用自然采光，尽量减少人工照明，同时又减少了辐射到室内的热量。解决采光和遮阳之间矛盾的办法是遮挡太阳直射光线，利用漫反射光线进行自然采光。例如，徽州民居的天井空间，以夏季防暑为主，兼顾冬季防寒，通过天井，光线是经过多次反射、折射、散射及吸收后的漫反射光线，狭小天井中照度较低，但是很均匀（图 7-44）；罗比住宅用深远的水平屋檐遮阳，并依靠反光性能较好的室外平台将光线反射入室内（图 7-45）。

在现代建筑设计中，还可以利用反光板调整室内大空间光环境。例如香港汇丰银行外部的新型反光板（图 7-46）在机械控制下，根据太阳位置变换角度，将阳光反射到中庭的顶部，然后再反射至内部空间。

图 7-43   侧窗及天窗采光

图 7-44   徽州民居的天井空间采光

图 7-45   罗比住宅的反射采光

图 7-46   香港汇丰银行外部的反光板

《绿色建筑评价标准》（GB/T 50378—2019）中对建筑节能的要求如下：

> 7.1.1 应结合场地自然条件和建筑功能需求，对建筑的体形、平面布局、空间尺度、围护结构等进行节能设计，且应符合国家有关节能设计的要求。
>
> 7.1.8 不应采用建筑形体和布置严重不规则的建筑结构。

7.3 建筑设备节能

7.3.1 高能效暖通空调设备与系统

目前我国的暖通空调系统还高度依赖电能，而我国的电力大多数还是以化石能源燃烧为主的火电，绿色建筑的任务之一就是逐步减少对化石能源的依赖，继而使用可再生的清洁能源代替。以下将从冷热源系统、输配系统、末端装置以及整体系统设计几方面对绿色建筑可以发展利用的主要技术路线进行论述。

7.3.1.1 冷热源的节能技术或系统

（1）热泵技术

热泵是通过动力驱动，从低温环境（热源）中取热，将其温度提升，再送到高温环境（热汇）中放热的装置，它可在夏季为空调提供冷源或在冬季为采暖提供热源。与直接燃烧燃料获取热量相比，热泵冬季运行时，在一定条件下可降低能源消耗。

热泵是利用自然界各种低品位热源的有效途径之一。根据热源类型可将热泵分为三大类：土壤源热泵、水源热泵和空气源热泵。其中，水源热泵又可根据水质不同分为地下水源、地表水（江、河、湖、海）源和污水源热泵。

① 土壤源热泵

土壤源（地源）热泵，又称为地下耦合热系统或者地下热交换热泵系统，它通过中间介质（通常为水或者是加入防冻剂的水溶液）作为热载体，使中间介质在埋于土壤内部的封闭环路（土壤换热器）中循环流动，从而实现与土壤进行热交换的目的。

土壤换热器主要分为水平埋管和垂直埋管两种，埋管方式的选择主要取决于场地大小、当地岩土类型及挖掘成本。水平埋管通常设置在 1 ～ 2m 的地沟里。其特点是安装费用低、换热器的寿命长，但占地面积大、水系统耗电大。垂直埋管的孔深度在 30 ～ 150m 的范围内。其特点是占地面积小，水系统耗电少，但钻井费用高。垂直埋管换热器中，目前应用最广泛的是单 U 形管。此外还有双 U 形管，即把两根 U 形管放到同一个垂直井孔中。同样条件下双 U 形管的换热能力比单 U 形管要高 15% 左右，可以减少总打井数。在人工费明显高于材料费的条件下应用较多。

近年来，地源热泵技术的垂直埋管土壤源热泵系统作为空调冷热源的解决方案在我国许多项目中得到了应用，主要应用领域是住宅类的高档公寓、酒店和轻型商用建筑，装机容量普遍在 1MW 以上，有些项目采用了垂直埋管结合水平埋管、垂直埋管结合冰蓄冷等多种冷热源组合的形式。

目前我国土壤源热泵被大量用于高容积率的住宅小区及高负荷密度的公共建筑，单个系统规模基本超过 1MW。由于土地面积有限，井孔不得不密集布置，严重制约了地层的热恢复能力，使得系统的实际供热供冷能力低于期望值。由于土壤源热泵系统往往需要集中供热或供冷，因此不适用于我国的集合住宅建筑。住宅建筑的冷热负荷明显属于间歇性的负荷，特别是冷负荷的间歇特征尤为显著，但只要有少数居民在家，系统就必须供冷或供热，而连续供热供冷必然导致大量额外的水泵或风机电耗，并增加了建筑的实际耗冷量和耗热量。

因此，土壤源热泵系统既不适用于高负荷密度的、大型的公共建筑，也不适用于集合住宅小区，只适用于低密度的独栋住宅，以及有足够场地的小型公共建筑。另外还需注意，由于埋管内的平均水温与管壁周围地温之间的温差往往在 8℃以上，与地下水温相差甚远。如果周围存在温度比埋管水温更适合的冷热源，就不提倡用地源热泵，例如夏季用地源热泵提供生活热水，冬季用地源热泵为建筑区内供冷都是不好的方案。

②水源热泵

a. 地下水水源热泵。地下水水源热泵系统是指抽取浅层地下水（100m 以内），经过热泵提取热量或冷量，使水温降低或升高，再将其回灌到地下的热泵系统形式。此时，地下水水源热泵的另一端即可产生可供采暖的热水或可供空调的冷水，用于为建筑物提供采暖用热源和空调用冷源。

地下水水源热泵机组自 20 世纪广泛应用于国内空调工程领域以来，已成为华北和中原地区空调系统的一大热点。据不完全统计，2021 年地下水水源热泵市场规模达到了 12.9 亿元。调查数据显示，地下水水源热泵系统近几年来在山东、河南、湖北、辽宁、北京及河北等地，已有大量工程在实际应用。沈阳市对地下水水源热泵技术的应用始于 1997 年，是全国地下水水源热泵应用最早的城市之一，截至 2008 年，沈阳市地下水水源热泵系统应用面积累计达到 2246 万 m^2，占热泵供暖总面积的 64.9%。

当前，地下水水源热泵系统在应用的过程中也遇到了一些问题。如地下水的开采问题、地下水的回灌问题、投资的经济性和运行的经济性问题等。面对以上问题，在应用地下水水源热泵前，必须因地制宜、科学地对地下水水源热泵在当地的适用性进行评价分析。

（a）地下水属于优质淡水资源，大规模、过量开采利用地下水，可能产生地质环境问题和地质灾害，破坏地下水环境和生态环境等，影响久远。因此，应该对该类系统采取谨慎开发的态度，城市范围内的大规模建设地下水水源热泵项目需要审慎考量。

（b）能否有效取水和有效回灌取决于地下地质结构。地下水的回灌方式目前普遍采用的有同井回灌和异井回灌两种技术。同井回灌，是利用一口井，在深处含水层取水，向浅处的另一个含水层回灌。异井回灌是在与取水井有一定距离处单独设置回灌井。就两种回灌方式来说，异井回灌法的总费用高出同井回灌法约 20%。总体而言，同井回灌法主要适宜在砂性土含水层等渗透系数小的场地应用，而对于卵石土含水层的城市，则采用异井回灌法比较适宜。

（c）全面考察水源热泵系统的技术经济性。一方面，要考虑采用地下水水源热泵系统形式造成的地下水提取 / 回灌能耗增加对整体系统性能的影响，并且要以一次能源消耗为比较基准，而不是电耗；另一方面，地下水水源热泵性能的逐年衰减必须纳入技术经济性评价的内容。

b. 地表水水源热泵。地表水是暴露在地表面的江、河、湖、海水体的总称，在地表水水源热泵系统中使用的地表水源主要是指流经城市的江河水、城市附近的湖泊水和沿海城市的海水。地表水水源热泵以这些地表水为热泵装置的热源，冬天从中取热向建筑物供热，夏季以地表水源为冷却水向建筑物供冷。

地表水水源热泵系统可采用开式循环或闭式循环两种形式。开式循环是用水泵抽取地表水在热泵的换热器中换热后再排入水体，但在水质较差时换热器中易产生污垢，降低换热效果，严重时甚至影响系统的正常运行，因而地表水水源热泵系统一般采用闭路循环，即把多组塑料盘管沉入水体中，或通过特殊换热器与水体进行换热，通过二次介质将水体的热量输送至热泵换热器，从而避免因水质不良引起的热泵换热器的结垢和腐蚀问题。

我国地表水水源热泵主要应用在大型商用建筑，个别应用于住宅类高档公寓式建筑的供暖，为提高热泵系统的全年利用率常常也兼作供冷系统的冷源。装机容量大多在 1MW 到 10MW 之间，个别海水源热泵项目装机容量超过 20MW，有些地表水水源热泵系统在城市级示范工程中单体规模达到 80 万 m^2。

地表水水源热泵系统在实际工程中，主要存在冬季供热的可行性、夏季供冷的经济性，以及长途取水与送水的经济性三个主要问题，并在技术上还需要解决水源导致换热装置结垢、腐蚀从而引起换热性能恶化和设备的安全性问题。

正因为工程应用中常常遇到上述问题，故必须因地制宜地、科学地评价地表水水源热泵的适用性问题，为系统方案的选择提供依据。

（a）选用地表水水源热泵方案时，必须有适宜的水源，并进行深入的环境影响评价。

（b）必须根据水文、气象资料和建筑负荷特点，分析冬季供热的可行性、夏季供冷的经济性以及长途取水、送水的经济性问题，装机容量不宜大于 5MW，要避免超大容量的地表水水源热泵工程。

（c）必须进行投资回收期经济性分析，与常规分散独立的供冷 / 供热方案进行比较，当投资回收期超过 10 年时，需慎用地表水水源热泵系统。

③ 空气源热泵

空气源热泵是指通过空气换热器与室外换热制取冷量和热量的热泵系统形式，因此空气源热泵的一侧换热器必为空气 - 制冷剂换热剂。

与其他热泵相比，空气源热泵的主要优点在于其热源获取的便利性。只要有适当的安装空间，并且该空间具有良好的获取室外空气的能力，该建筑便具备了安装空气源热泵系统的基本条件。除多联机外，在建筑领域使用的空气源热泵大致有三种主要类型：大型空气源冷热水机组（空气 - 水热泵系统），该空气源热泵机组的用户侧介质是水，与普通水冷冷水机组相同，特征在于能够在制冷季节提供空调冷水并在制热季节提供采暖热水；房间空调器，这是一类结构最为简单且普及率最广的空气源热泵系统；空气源热泵热水器，这是一种以空气作为热源的专门生产工业热水或生活热水的热泵装置，近年来得到快速发展。

小型空气源热泵（房间空调器）是住宅建筑良好的冷热源系统，但由于分散设置在建筑物的外立面上，影响建筑物的外部景观，所以大中型空气源热泵机组是商用建筑的冷热源系统的主要形式之一。尽管大中型空气源热泵机组的技术已经有很大进展，但工程应用中还存在一些问题需要进一步加以解决。

对于空气源热泵系统的适用性评价，主要需考察的因素是夏季室外空气的温度和冬季室外空气的温度和湿度。

对于夏季室外温度过高的地区，空气源热泵机组的制冷能效比很低，此时就不宜采用空气源热泵系统。对于冬季温度和湿度均较低的地区，空气源热泵的低温性能将是机组选型时的主要考虑因素，此时选用经低温改良技术的空气源热泵系统是一个可行的方案。对于夏热冬冷地区，如我国华中沿海、沿江地区，采用空气源热泵时，必须重点考虑机组的除霜性能。

此外，从小区微气候角度考虑，空气源热泵系统的容量规模不宜过大，大规模设置机组将导致热泵机组附近的温度过度升高（制冷时）或降低（制热时），影响机组的整体能效。

（2）吸收机

吸收式制冷是一种把热能直接转换为空调用冷量的能量转换方式。吸收机有单效、双效和三效之分，单效吸收机可以利用较低温度的热源（例如 100℃的热源），但制冷效率较低，制冷性能系数（COP，Coefficient of Performance，是指单位功耗所能获得的冷量）在 0.7～0.8 之间，也就是 1 份热量仅可产生 0.7～0.8 份的冷量；双效吸收机可以利用较高温度的热源（例如 150℃），从而产生较高的制冷效率，其 COP 可达到 1.2～1.3，即 1 份热量可产生 1.2～1.3 份冷量；为了充分利用更高温度的热源，产生更高的制冷效率，目前国内外都在积极开发三效吸收式制冷机，它需要利用 200℃以上的热源，其 COP 可达到 1.6～1.7。

吸收式制冷适用于有较多废热排放的建筑或区域，如地区有工厂余热或热电联产电厂发电的余热，则吸收机可利用这部分热量制冷，实现能源的充分利用。

吸收机的另一个适用场合是以吸收式热泵的形式在采暖季供热。吸收式热泵指利用高温热源，把低温热源的热能提高到中温的热泵系统，它是同时利用吸收热和冷凝热以制取中温热水的吸收式制冷机，用高温热水或工业余热驱动，从地下水中提取热量，其制热系数可达到 1.6，即消耗 1 份热量，可获得 1.6 份热量；用天然气或蒸汽作动力，则制热系数可高达 2，而直接用锅炉制取热水，则制热系数不会大于 1。与电动压缩的水源热泵相比，因为从地下水中提取的热量小，因此需要的水量也小，低温热源侧水泵能耗也低，恰好解决目前北方地区使用水源热泵过程中地下水源不足和取水泵能耗过高的问题。充分发挥吸收式热泵的特点，从而为北方地区采暖节能给出一个新的有效途径。

如果是燃煤或燃气锅炉产生蒸汽，再利用蒸汽进行吸收式制冷；或者直接通过直燃式吸收机，利用燃气或燃油制冷，则并不是节约能源的措施。因为目前与吸收机规模相同的大型离心式制冷机组的电力 - 冷量转换 COP 一般都在 5.5～6。通过直接燃烧一次能源制冷的吸收机比常规的电压缩制冷机要消耗更多的一次能源。

在实际运行的系统中，吸收机的运行能耗和能效，以及其配套的冷却水泵的运行能耗，均高于电制冷机及其能量输运系统。因此，一般情况下不应提倡通过燃煤、燃气或燃油的吸收式制冷方式为空调系统提供冷源。只有大量工业余热可供利用时，才应考虑使用吸收式制冷。

（3）建筑热电冷联供系统技术

建筑热电冷联供系统（BCHP），是分布式供能系统的一种，是在建筑物内安装燃气或燃油发电机组发电，满足建筑物的用电基础负荷，同时，用其余热产生热水，用于空调的降温和除湿的供能系统。即在建筑物中同时解决电能、热能和冷能需要的能源供应系统。

建筑热电冷联供系统由发电设备、余热利用设备及蓄能设备等组成，可形成多种系统形式。由于原动机形式的不同，BCHP 的发电效率、产热效率和所产生热量的承载形式也不同，从而决定了能耗性能的差异。通常，发动机产生的余热量有烟气热量和冷却水热量两部分可以回收利用，根据能量的梯级利用原则，在余热的利用方面一般采用如下方式：温度在 150℃ 以上的余热在夏季可用于驱动双效吸收式制冷机制取空调用冷冻水，此时，烟气中的热量转换为冷量的转换效率可达到 1.2 ～ 1.3；在冬季可用于驱动吸收式热泵制热，制热 COP 可达 1.6 ～ 1.7；温度在 80℃ 以上的余热可作为单效吸收式制冷机的驱动能源，此时，热量转换为冷量的转换效率只能达到 0.7 ～ 0.8；温度在 60℃ 以上的余热可直接用于供热（采暖或生活热水），或作为除湿机的驱动能源；60℃ 以下的余热可利用热泵技术回收后用于供热，如采用热泵技术将天然气烟气冷凝热回收供热。

将天然气热电冷联供系统与天然气发电厂和燃气锅炉，以及用电制冷从能源利用率角度进行对比分析会得到如下结论：当全年有稳定的热负荷时，采用 BCHP 是一种高效的能源利用方式，但对于天然气热电冷联供系统，一方面应该研究提高系统的发电效率，另一方面应该注意改进系统的总体能源利用效率；而以冷负荷为主的 BCHP 一般都不节能。这是因为一是发电机本身的发电效率与燃气蒸汽联合循环电厂相比较低，二是其烟气余热仍然较高，可利用的热量温度可以在 400℃ 以上，而吸收式制冷机所需要的热量温度只要 160℃。因此，利用燃气轮机排放的热量直接驱动吸收机制冷，巨大的传热温差将会造成巨大的不可逆损失，从而降低了能源利用率。这是热电冷联供系统供冷工况下不节能的主要原因。

在考察三联供系统的适用性时，必须从政策方面、设计方面、项目施工建设、项目运行管理方面形成一套科学有效的体系才能保证系统健康合理、高效地发展。从当前实际工程反映出的问题来看，不成功的三联供系统往往不是单一原因造成的，而是由多个阶段多个原因造成的。要进行合理的中小型天然气热电冷联供系统配置，不仅要求设计人员非常了解规划区域的电力 / 燃气条件、周边自然条件，而且要求设计人员具有较强的多学科知识（电力、暖通、机械等）融合能力、多学科知识的综合平衡能力。设计人员必须对每个具体项目进行仔细斟酌，因地制宜，因时而异。

（4）变制冷剂流量的多联机系统

多联式空调（热泵）系统简称多联机，具有室内机独立控制、扩展性好、占用安装空间小、可不设专用机房等突出优点，因此在有不同室温要求、室内机启停自由、分户计量、空调系统分期投资等个性化要求的建筑物中备受青睐，目前已成为中、小型商用建筑中最为活跃的中央空调系统形式之一。

① 多联机系统设计合理时，具有良好的节能效果

多联机是一类以制冷压缩机为动力，将制冷剂送入室内换热器实现制冷或制热的直接蒸

发式空调系统，由于它没有其他载冷介质的输配能耗，故具有良好的变容量调节功能，在系统设计合理时，具有良好的节能效果。目前我国采用热泵型多联系统较多，制冷运行额定能效比普遍位于 2.26～3.40 之间，在系统设计合理的条件下，与其他类型的中央空调系统相比，具有较高的系统能效比。

多联机实际运行性能不仅与多联机组的设计水平、控制方式、制冷剂种类和室内外环境工况等因素相关，还很大程度上取决于室内外机组之间的相对位置、建筑物的负荷类型和系统容量规模等因素，而后者与多联机系统的工程设计和施工质量有关，故在多联机应用时必须引起高度重视。

② 多联机系统的节能设计措施

a. 避免室内外机组之间的连接管过长、上下高差过大。室内外机组之间的连接管长度、高差和局部阻力等都直接影响多联机系统的运行性能。对于以 R22（二氟-氯甲烷）为制冷剂的多联机系统，其适宜的安装位置是：室内外机组与最远的室内机组之间的单程管长为 80m，室内外机组之间的最大高差为 30m、最高位与最低位室内机组之间的高差小于 20m。在上述安装位置条件下，多联机系统的运行性能比其他中央空调系统性能更好。

b. 避免多联机容量过大。多联机容量过大时会导致过多的能耗。其一，由于机组容量增加，实现系统各部件的最优化匹配有难度，致使能耗增加。例如，日本规定多联式空调机组的额定制冷能效比：额定制冷量小于 4kW 的为 4.12，大于 4kW 而小于 7kW 的为 3.23，大于 7kW 小于等于 28kW 的为 3.07。这说明多联机容量不宜过大。其二，由于管路过长，阻力损失大大增加，也将造成制冷压缩机能耗大为增加。其三，目前的大容量多联机系统几乎都是由一台变容量室外机组和多台定容量室外机组组合，通过集中的制冷剂输配管路与众多的室内机组构成庞大的单一制冷循环系统。多联机在部分负荷运行时，定容量室外机组停止运行，其对应的室外换热器不参与制冷循环，使得系统的部分负荷性能更接近定容量系统，削弱了变容量系统的部分负荷特性。

因此，对于目前的多联机系统，不宜将室外机组并联过多，且室外机应尽可能分散布置，防止室外机换热器进风短路，特别以单一变容量机组构成的系统运行性能最佳。

c. 避免多联机应用于负荷分散的建筑物或功能区。部分负荷特性决定了多联机系统的运行性能。多联机系统在 40%～80% 负荷率范围内具有较高的系统 COP，且室内机同时使用率越高，系统的 COP 越高。因此，多联机不适用于负荷分散、室内机同时使用率低的建筑物和功能区。研究表明，逐时负荷率（逐时负荷与设计负荷之比）为 40%～80%，所发生的时间占总供冷时间的 60% 以上的建筑较适宜于使用多联机系统，此时系统具有较高的运行能效，而对于餐厅这类负荷变化剧烈（就餐时负荷集中，其他时间负荷很小）的建筑或功能区则不适宜采用多联机系统。

总之，多联机系统具有室内机独立控制、扩展性好、占用安装空间小、良好的容量调节功能等优势，在系统设计、安装合理时是一类节能空调系统。为保证多联机系统高效、节能运行，系统设计时必须避免"高""大""长""散"，倡导"低""小""短""匀"。避免室内外机组之间的高差过大，避免单一系统容量规模过大，避免系统输配管路过长，避免多联机在同时使用率低、室内负荷分散的建筑或区域中使用。遵循上述原则设计安装系统，并逐步改善机组的设计水平，多联机空调系统将有效地发挥节能优势。

（5）磁悬浮变频离心式冷水机组

磁悬浮变频离心式冷水机组（磁悬浮冷机）与传统离心式冷水机组的区别在于采用磁悬浮轴承的无油离心式压缩机。磁悬浮轴承技术可以利用磁力作用使转子处于悬浮状态，通过位置传感器检测转子的偏差信号，从而始终能处于平衡状态。由于转子与定子之间没有机械接触，不会产生摩擦损耗，因此压缩机不需要润滑油。磁悬浮冷机的优势在于：无润滑油运转使得离心式压缩机的叶轮可以以更高转速运行，从而在减小叶轮直径的同时，还能实现一定容量、高压比运转。磁悬浮冷机具有制冷效率高、调节范围大、体积小、应用灵活、噪声低、寿命长等特点。主要的技术特点如下：

① 磁悬浮冷机的换热效率比传统离心机高。传统离心机在运行过程中润滑油会随制冷剂循环进入到换热器中，形成的油膜增大了换热热阻。而无油的磁悬浮冷机没有润滑油渗透进制冷剂中，从而提高了换热器的换热效率，消除了润滑油带来的冷机性能衰退。

② 磁悬浮冷机与传统离心机相比具有更大的调节范围，体积小，应用灵活。由于无须考虑润滑油回油的压差问题，变频调节的磁悬浮冷机可以实现冷水高温出水和冷却水低温进水的小压缩比工况，能够实现10%负荷工况到满负荷工况的无级调节。另一方面，由于在运行时不会产生摩擦，磁悬浮冷机转速显著提高，转速的提高减小了压缩机叶轮的尺寸，压缩机的体积和重量显著下降，使得磁悬浮冷机的应用更加灵活。

③ 磁悬浮冷机在小压比、部分负荷下效率更高。传统定频离心机，在部分负荷下通过减小导叶阀开度降低制冷量。由于导叶阀开度小，蒸发压力降低，在冷却侧环境不变的情况下，压缩机压比有一定上升。同时，由于容积效率降低等原因导致压缩机效率降低，传统定频离心机制冷能效逐渐降低。而对于磁悬浮冷机，在部分负荷下，通过降低转速来减少出力，此时导叶阀全开，由于不存在节流的问题，压缩机压比逐渐减小，同时压缩机效率近似不变，使得磁悬浮冷机制冷能效随着负荷率降低逐渐上升。对于传统变频离心机，同样在部分负荷时，首先通过降低压缩机转速调节制冷量，由于其轴承系统需要润滑油润滑，压缩机变频后受到回油影响，其运行可靠性和能效有所下降。

④ 磁悬浮冷机的振动小、噪声低，满载噪声为 60 ～ 70dB。无油系统免去了该部分的定期维护保养与故障检修工作，提高了系统的可靠性和设备使用寿命，比传统机械轴承更加持久耐用，寿命一般在 15 ～ 20 年。

虽然磁悬浮冷机相比于传统离心机具有较多优势，但是在实际应用过程中仍然存在常规冷机普遍存在的问题：

① 冷冻水供水温度设定过低。磁悬浮冷机在小压缩比下运行效率较高，但在运行过程中，特别是在室外环境凉爽，供冷负荷不大时，如果及时根据实际供冷需求调整供水温度设定值，可以充分发挥磁悬浮冷机小压缩比下效率高的特点，产生节能效果。

② 多台冷机联合运行出力不均时，会导致整体 COP 下降。当多台磁悬浮冷机联合运行时，由于冷机群控策略不当，各冷机出力不均，整体 COP 会下降。

总而言之，依靠磁悬浮冷机实现公共建筑节能，必须在设计选型、施工验收调试、维护保养、运行控制等各个环节予以关注，通过精细化的质量把控，避免或解决常规冷站出现的问题，才能最大限度地发挥磁悬浮冷机的节能作用。

第7章

7.3.1.2   输配系统中的变频技术

中央空调的耗电量是大型公共建筑耗电量的30%～50%，而中央空调耗电量的40%～60%是各类风机、循环水泵的电耗。采用变频技术，对这些风机水泵进行变频调节，可以使风机水泵全年的运行能耗降低40%以上，从而可以使中央空调的电耗降低20%～30%。

全空气系统的风机变频调节是最有效的节能途径之一。调节冷水水阀维持恒定的送风温度，或者仅分区对冷水阀进行手动调节；根据被控的室内温度通过改变风机转速调节送风量，实现对室温的调节。这种调节方式能改善室内空气湿度，同时可大幅降低风机电耗。多个工程实践证明，这是一种方便、易行、效果显著的节能方式。

冷却塔风机变频调节是通过改变风机转速调节冷却塔风量与水量比，并满足冷却水供水水温要求，不必根据冷机开启台数改变冷却塔运行台数，避免了部分冷却塔运行时经常出现的溢水现象，同时可维持冷却水温度接近室外湿球温度，提高冷冻机运行效率。

冷冻水循环泵的变频也是一项有效的节能途径。根据末端装置的调节特性，应采用不同的变频调节方式。当大部分末端装置为不具备调节手段或者是"通断"控制的风机盘管时，可以根据冷冻水的供回水温差调节循环水泵，使循环泵流量根据气候变化，避免出现"小温差、大流量"。当末端主要为自动的连续调节水阀时，应根据某个最不利点的供回水压差调节水泵转速，使得在满足最不利回路的需要的前提下，尽可能减少调节阀门消耗的能量，从而降低循环水泵能耗。

7.3.1.3   末端送风形式的选择

办公楼末端采用变风量还是风机盘管，是近年来备受争论的问题。

变风量空调系统（Variable air Volume system,VAV）作为全空气系统的一种，是在以前多房间、多区域定风量空调系统上，为了改善末端风量分配不均造成的冷热失调而发展出来的。与末端不能调节的系统相比，可以较好地满足同一个系统、不同房间的不同需要，与定风量加末端再加热调节的系统相比要节能。但在我国，相对于风机盘管系统，变风量系统运行能耗高，实际使用效果舒适性并不令人满意，并且存在一定隐患，主要存在以下问题。

（1）运行能耗高

大量的研究和实测表明，变风量系统的运行能耗明显高于风机盘管系统，经过对一些体量、功能、地区相近相似的两种系统类型的实际项目的现场调研，风机盘管建筑的空调总运行能耗均在25kWh/（$m^2 \cdot a$）以下，而变风量系统的空调总运行能耗是风机盘管系统的2～4倍。原因主要有以下几个方面：

① 风机扬程

由于采用空气输送冷热量，全空气系统风机需要提供更高的风机扬程，通常为几千帕，而风机盘管风机只需要克服局部空气循环的阻力，所用风机扬程只需要几百帕，因为风机功率正比于空气体积与风机扬程的乘积，所以处理同样体积的空气，全空气系统的风机功率是风机盘管系统数倍。

② 部分房间使用时的关闭特性

办公室经常处于部分房间使用的状态，此时不使用的风机盘管可以关闭，减少系统的能耗，而变风量系统并不能单独关闭某个末端。在房间使用量减少时，风机输配能耗不能降低，同时给系统增加了没有必要处理的冷热量，使得整个空调系统的能耗无法降低。

③ 负荷不均匀时的调节特性

对于不同的房间温度设定值不同，风机盘管可以很容易实现调节，而变风量系统则调节困难，为了达到控制目标，会导致系统的风量过大。在各个房间之间负荷差异较大时（尤其是过渡季），风机盘管的水阀采用通断控制，风机采用低速或者通断运行，风机电耗和水系统电耗都会相应降低。而国内变风量系统不能加装再热装置，为了降低冷热失调，系统只能提升送风温度，大幅降低送回风温差，导致总风量加大，风机电耗增加。

（2）舒适性差

① 冷热失调

由于变风量系统的调控范围较小，在房间负荷差异较大时会出现比较明显的冷热失调现象。

② 新风供给不均

由于变风量系统固定新风比，对于负荷较低的房间新风供给较小。然而新风需求与负荷并不是正相关的关系，因此就容易出现部分房间新风供给过量，而部分房间新风供给不足的情况。而风机盘管的独立新风供应，不会出现上述问题。

③ 安全隐患

变风量系统还存在安全隐患。各房间的空气统一返回到空气处理机组中处理，就使得污染物在一个系统中相连的各房间扩散，另外，变风量系统因为具有较长的风道，积灰严重，在空气干净时反而对空气造成二次污染。而风机盘管由于空气仅在一个房间内循环，可以保证使用者之间互不串通。

对于大空间大进深的商场公共区，出于管理的考虑采用全空气系统。其空调风机输配电耗一般占到全楼空调总电耗的 15% ～ 25%，是重要的节能潜力分项。全空气系统的节能高效，需要做到以下几个方面：

a. 系统宜小不宜大：全空气系统应在可能情况下尽量减小单个系统的规模，并尽可能按照负荷分布进行系统划分。由于系统较小风道长度缩短，降低了风机扬程需求，从而降低能耗。

b. 防止漏风：实测表明，实际建筑中风道漏风，导致能耗浪费。

c. 控制调节：因为空调系统是按照最大负荷情况设计的，但实际运行中必然存在部分负荷工况，采取风机变频的形式可以在部分负荷时大幅度降低风机电耗。

总而言之，风机盘管系统优于变风量系统的深层次原因，是分散、独立可调的系统一定比集中的系统更适用、节能；水输送冷热量比风输送冷热量更节能。因为空调系统的各个区域负荷情况不同，所需要的空气参数也不同，分散、独立可调的系统可以根据各个空调区域的要求切合地进行调节。

7.3.1.4　空调系统的节能设计

（1）温湿度独立控制空调系统

目前，空调均通过空气冷却器同时对空气进行冷却和冷凝除湿，产生冷却干燥的送风，实现排热排湿的目的。这种热湿联合处理的方式存在如下问题：

① 热湿联合处理所造成的能源浪费。排除余湿要求冷源温度低于室内空气的露点温度，而排除余热仅要求冷源温度低于室温。占总负荷一半以上的显热负荷本可以采用高温冷源带走，却与除湿一起共用 7℃的低温冷源进行处理，造成高品位能源被低品位利用。而且，经过冷凝除湿后的空气虽然满足湿度要求，但温度过低，有时还需要再热，造成了能源的进一步浪费。

② 空气处理的显热潜热比难以与室内热湿比的变化相匹配。通过冷凝方式对空气进行冷却和除湿。其吸收的显热与潜热比只能在一定范围内变化，而建筑物实际需要的热湿比却在较大的范围内变化。当不能同时满足温度和湿度的要求时，一般做法是牺牲对湿度的控制，通过仅满足温度的要求来妥协，造成室内相对湿度过高或过低的现象，导致人员不舒适。

③ 室内空气品质问题。冷凝除湿产生的潮湿表面成为霉菌繁殖的最好场所。空调系统繁殖和传播霉菌成为空调可能引起健康问题的主要原因。

温湿度独立控制空调系统可能是解决目前空调系统上述各种问题的有效途径。温湿度独立控制系统中，采用温度与湿度两套独立的空调控制系统，分别控制、调节室内的温度与湿度，从而避免了常规空调系统中热湿联合处理带来的损失。由于温度、湿度采用独立的控制系统，可以满足不同房间热湿比不断变化的要求，克服了常规空调系统难以同时满足温、湿度参数的要求，避免了室内湿度过高（或过低）的现象。

温湿度独立控制系统采用高温冷源、余热消除末端装置组成了处理显热的空调系统，采用水作为输送媒介，其输送能耗仅是输送空气能耗的 1/10 ~ 1/5；处理潜热（湿度）的系统由新风处理机组、送风末端装置组成，采用新风作为能量输送的媒介，同时满足室内空气品质的要求。

温湿度独立控制系统的四个核心组成部件分别为：高温冷水机组（出水温度 18℃）、新风处理机组（制备干燥新风）、去除显热的室内末端装置、去除潜热的室内送风末端装置。

① 高温冷水机组

由于除湿的任务由处理潜热的系统承担，因而显热系统的冷水供水温度由常规空调系统中的 7℃提高到 18℃左右。此温度的冷水为天然冷源的使用提供了条件，如地下水、土壤源换热器等。在西北干燥地区，可以利用室外干燥空气（干空气能）通过直接蒸发或间接蒸发的方法获取 18℃冷水，如应用于西北干燥地区的间接蒸发冷水机组。在东南潮湿地区，即使没有地下水等自然冷源可供利用，需要通过机械制冷方式制备出 18℃冷水时，由于供水温度的提高，制冷机的性能系数也有明显提高。

② 新风处理机组

对于我国西北干燥地区，室外新风的含湿量很低，新风处理机组的核心任务是实现对新风的降温处理，如应用于西北地区的蒸发冷却新风机。而对我国东南潮湿地区，室外新风的含湿量很高，新风处理机组的核心任务是实现对新风的除湿处理，如应用于东南潮湿地区的溶液除湿新风机。

③ 去除显热的室内末端装置

去除显热的末端装置可以采用辐射板、干式风机盘管等多种形式，采用较高温度的冷源通过辐射、对流等多种方式实现。由于冷水的供水温度高于室内空气的露点温度，因而不存在结露的危险。此外，还可采用干式风机盘管排除显热，由于不存在凝水问题，干式风机盘管可采用完全不同的结构和安装形式，这可使风机盘管成本和安装费用大幅度降低，并且不再占用吊顶空间。这种末端方式在冬季可完全不改变新风送风参数，仍由其承担室内温度和 CO_2 的控制。

④ 去除潜热的室内送风末端装置

在温湿度独立控制空调系统中，由于仅是为了满足新风和湿度的要求，因而送风量远小于变风量系统的风量。这部分空气可通过置换送风的方式从下侧或地面送出，也可采用个性化送风方式直接将新风送入人体活动区。

综合比较，温湿度独立控制空调系统在冷源制备、新风处理等过程中比传统的空调系统具有较大的节能潜力，这种温湿度独立控制空调系统已经在多个示范工程中得到应用。在西北干燥地区，在满足室内热湿环境的前提下，与常规空调系统相比，可节能约 60%；在东南潮湿地区，大幅度提高了冷冻水出水温度，通过风机盘管或辐射板等末端装置控制室内温度，通过溶液除湿的方式处理新风湿度，采用置换通风或个性化送风方式，可节能约 30%。

（2）高效制冷机房

在公共建筑中，暖通空调能耗通常占总能耗的 50% 以上，经实地测试，90% 以上的中央空调制冷机房运行能效（不含末端）在 3.5 以下，与高效机房水平尚有较大差距。2019 年我国发布的《绿色高效制冷行动方案》中提出，到 2030 年大型公共建筑制冷能效提升 30%。近年来，随着"双碳"目标的推进，中央空调技术逐渐从机组本身节能向系统运行节能转变，高效制冷机房等系统节能技术获得蓬勃发展。

高效机房技术在美国、新加坡等地发展较早。新加坡是世界范围内对于绿色建筑要求最高的国家之一，新加坡建设局 BCA 绿色指标规定，对于总装机 >500RT 的空调系统，最高要求全年制冷机房平均能效比高于 5.41；美国供热制冷空调工程师协会 ASHRAE 标准对制冷机房能效进行了分级，定义全年平均能效高于 5.0 的为高效制冷机房。在国内，目前尚无中央空调系统能效等级的相关国家标准，国内高效机房技术发展尚处于初步阶段。

高效制冷机房是对传统机房的彻底革新，具有以下全新的研发理念：通过在建筑实际使用中长期计量累计运行能效来进行评价，是更加科学可信的评价方式；按需定制开发满足适配性的高效设备，从而与建筑负荷工况需求更加适配；注重考量在设计、建造、运维的全寿命周期，获得合理的投入与节能收益，实现节能与经济效益的最大化。主要实现方法如下：

① 全工况高效设备

高效设备是系统高效运行的基础。在绝大多数时间空调设备运行于部分负荷工况，为了提升全工况系统能效，需要在水系统主要设备选型时采用全工况高效设备，其中永磁变频、直驱等是比较典型的节能技术。冷水机组是空调水系统最核心的设备，不同类型冷水机组随负荷变化的能力、压比调节特性不同，需要根据建筑负荷工况需求，合理配置变频系统，如变频离心机、变频变容螺杆机、水系统变频设备等。

② 系统适配性设计

中央空调系统是多因素耦合的复杂系统，且建筑运行负荷工况多样，设备性能各异。为了实现整个系统的全局能效最优，需要基于建筑负荷工况需求研究精准适配的设备，适配参数包括冷量、温度、压比、高效区等四个方面。需要充分应用全年逐时能耗仿真、大数据分析等技术手段，使空调系统实现与负荷工况需求相适配。

③节能运行策略控制。

a. 冷水管网大温差运行。在部分负荷下，基于管网水系统水力调节平衡的前提，通过末端流量调节、管网水力平衡调节、水泵调频等控制策略，使冷水系统全工况在适度大温差下运行，避免过量供水的现象，降低输配能耗，实现水系统的能力适配。

b. 冷却侧策略优化。在过渡季，通过均匀布水、同步变频策略，使冷却塔出水温度接近湿球温度，并降低风机能耗，同时冷却水泵适度变频提升输配效率，实现冷却侧尽可能降低冷却水温度，提高冷机能效，实现压比适配。

c. 冷水机组开机组合策略优化。基于变频冷机部分负荷高效的特点，在不同冷却水温下，优化冷水机组开机组合策略，使冷机运行于高效负荷区间，实现高效区适配。

《绿色建筑评价标准》（GB/T 50378—2019）中关于建筑供暖、空调系统能耗的规定如下：

7.1.2   应采取措施降低部分负荷、部分空间使用下的供暖、空调系统能耗，并应符合下列规定：

1   应区分房间的朝向细分供暖、空调区域，并应对系统进行分区控制；

2   空调冷源的部分负荷性能系数（IPLV）、电冷源综合制冷性能系数（SCOP）应符合现行国家标准《公共建筑节能设计标准》GB 50189 的规定。

7.3.2   绿色照明

7.3.2.1   绿色照明简介

20 世纪 90 年代初，美国国家环保局首先提出了"绿色照明"（Green Lights）的概念，其内涵包含高效节能、环保、安全、舒适 4 项指标，不可或缺。而后"绿色照明"成为一种在全球绿色环保运动下兴起的以节约能源、保护环境为宗旨的新理念。

我国是照明电力消费大国，照明用电占全社会用电量的 13% 左右，实施绿色照明对提高我国照明能效水平、促进节能减排、应对全球气候变化具有重要的意义。1993 年 11 月中国国家经济贸易委员会开始启动中国绿色照明工程，于 1996 年制定发布了《"中国绿色照明工程"的实施方案》，正式列入国家计划。因为能源短缺，我国的绿色照明概念侧重于节能的要求。"九五"与"十五"期间，我国通过推广高效照明电器产品，实现了照明终端累计节电量 569 亿千瓦时。2009—2016 年，我国开始逐步淘汰 15W 以上的白炽灯，大力推广节能灯与 LED（Light Emitting Diode）灯。该项目的预期效果是在项目结束后的 10 年间，实现累计节电 1600 亿～2160 亿千瓦时、减排二氧化碳 1.75 亿～2.37 亿吨的节能减排效益。

而随着社会的发展，人们对安全、舒适的重视程度越来越高，对照明质量的要求也不断提高。最终的绿色照明是指通过科学的照明设计，采用光效高、寿命长、安全和性能稳定的照明电器产品（电光源、灯用电器附件、灯具、配线器材以及调光控制器材等），改善和提高人们工作、学习、生活的照明条件和质量，从而创造一个高效、舒适、安全、经济、有益于环境并充分体现现代文明的照明环境。

7.3.2.2　天然采光应用技术

太阳是天然光的光源，日光在通过大气层后可分为太阳直射光与天空扩散光。直射光强度极高，能提供远远大于扩散光的光能。但直射光具有很强的方向性，且逐时变化很大，很难直接引入室内。而其强度高的特点也使直接引直射光进入室内会造成眩光和房间过热的问题。不过如果能够动态控制直射光的光路，并能够在其落到被照面之前将其有效扩散，则直射光也是非常好的天然光源。

在屋顶开天窗、在墙壁开侧窗等是天然采光最简单的方式。当只有扩散光透过窗口进入室内时，室内的平均照度较低，难以满足照明需求。而当直射光进入室内时，室内的平均照度较高，但会存在室温过高、照度分布不均匀、眩光等一系列影响室内光环境舒适度的问题。因此采取适当的遮阳措施，控制进入室内的直射光，可以很好地改善室内的自然光环境。常用的遮阳措施主要有选用特殊玻璃、外部遮阳技术等。

在阳光资源充足的地区选择折光型或漫射型的印花玻璃可以使直射光进入室内后分布更加均匀；单银或双银 Low-E 玻璃，可以将红外波段的太阳光反射到室外，同时又具有良好的可见光透过性，在保证室内照度水平的同时，减少了房间的得热量；阻挡紫外线的光致变色玻璃可以自动控制进入室内的太阳辐射，改善室内的自然采光，调控室内的温度；利用棱镜的折射作用改变入射光的方向的导光棱镜窗，可以使太阳光更均匀地照射到房间内部甚至进入房间深处，有效地减少窗户附近直射光引起的眩光，提高室内照度的均匀度。

无电光导照明技术并不是直接引入自然直射阳光，而是在使用导光罩收集自然光的同时，利用导光管或导光纤维将自然光传递至需要照明的位置。利用导光管的漫散射特性，或者在末端加装漫射器，可以扩大光照的覆盖范围。即使在阴雨天，无电光导照明技术也能通过采集自然光来保持室内的光照亮度。这种技术具有无污染、绿色、清洁的特性，在使用过程中不会产生任何电能消耗，是现代建筑设计过程中绿色照明系统的主要发展方向之一。

采光隔板与反光百叶是安装在窗户上的一类自然采光装置，它们可以遮挡直射向窗户的阳光，并将之反射到天花板上，通过天花板表面的漫反射照亮房间。与之类似的折光膜是一项相对较新的技术，膜的外观如同磨砂玻璃，从折光效果上，作用类似于折光百叶，其原理在于其微观结构，即在膜层的微观构造中实现折射光的功能。直射阳光通过折光膜后会被均匀折射，非直射阳光通过折光膜后则经折射作用有效引入室内进深处。折光膜与折光百叶相比，优点是可避免折光百叶对低角度阳光的漏光现象，同时可直接贴附在玻璃上，省去内置折光百叶的施工问题和外置折光百叶的清理难题，节约安装成本。

7.3.2.3　人工光源技术

天然采光具有很多优点，但它的应用受到时间和地点的限制。建筑不仅夜晚需要照明，在某些场合，白天也需要人工照明。为保障建筑内人们工作、生活、学习的安全与舒适度，人工照明必不可少。

人工光源的评价标准不仅有表示人工光源节能性的指标——光效（人工光源发出的光通量与它消耗的电功率之比称为该光源的发光效率，简称光效，单位为 lm/W），还要考虑人工光源的色温与显色性（如果某一光源发出的光，与某一温度下黑体发出的光所含的光谱成分相同，黑体的温度就称为光源的色温；物体在待测光源下的颜色同它在参照光源下的颜色相比的符合程度，定义为待测光源的显色性）等其他指标。建筑内常用的光源主要有白炽灯、气体放电光源、LED 灯。

白炽灯是一种利用电流通过细钨丝所产生的高温而发光的热辐射光源。白炽灯光谱功率分布是连续性分布的，与天然光有共性，所以与其他人工光源相比，它具有良好的显色性。但它发出的可见光长波部分的功率较大，短波部分功率较小，因此与天然光相比，其光色偏红，因此白炽灯并不适用于对颜色分辨要求很高的场所。

白炽灯具有一些其他光源所不具备的优点，如无频闪现象，适用于不允许有频闪现象的场合；灯丝小，便于控光，以实现光的再分配；调光方便，有利于光的调节；开关频繁程度对寿命影响小，适用于频繁开关的场所。此外，白炽灯还有体积小、构造简单、价格便宜、使用方便等优点。但白炽灯的光效不高，仅在 12 ～ 20lm/W，即达到相同的照度水平，白炽灯的能耗更高。白炽灯灯丝亮度很高，易形成眩光；另外，白炽灯的使用寿命较低，只有 1000 小时左右，而应用碘钨循环减少钨丝蒸发量的碘钨灯寿命可以增加至 1500 小时。现今白炽灯仅作为辅助光源存在。

气体放电光源，目前有汞灯、钠灯、金属卤化物灯等。汞灯管内充有低压汞蒸气和少量帮助启燃的氩气，灯管内壁涂有一层荧光粉，当灯管两极加上电压后，由于气体放电产生紫外线，紫外线激发荧光粉发出可见光。荧光粉的成分决定荧光灯的光效和颜色。荧光灯的光效高，一般可达 60lm/W，有的甚至可达 100lm/W 以上。荧光灯的寿命也很长，优质产品为 8000 小时，有的寿命已达到 10000 小时以上。钠灯灯管内充钠、汞蒸气和氙气，当灯管两极加上电压后，由钠蒸气发出可见光。钠灯的光效非常高，高压钠灯一般为 120lm/W，而低压钠灯则可以达到 300lm/W，但其显色性较差，不适用于小空间照明。钠灯是寿命最长的灯，可达 20000 小时以上。金属卤化物灯的内管充有碘化铟、碘化钪、溴化钠等金属卤化物、汞蒸气、惰性气体等，发出的可见光与天然光相近，光效可达 80lm/W 以上。金属卤化物灯与汞灯、钠灯相比，显色性有很大改进，其使用寿命一般为 8000 ～ 10000 小时。

气体放电光源的光效较高，使用其进行照明可节省大量能源。但其光通量随交流电压的变化而产生周期性的强弱变化，使人眼观察旋转物体时产生不转动或倒转或慢速旋转的错觉，这种现象称频闪现象。频闪现象会造成眼睛疲劳、注意力不集中等问题。而且气体放电光源开关次数多也会影响灯的寿命。另外气体放电光源需要镇流器稳定电流，工作时会产生次声波与噪声，对人造成不利影响。此外，因为气体放电光源内部通常都充有大量的汞蒸气，废弃后随意丢弃会造成严重的土壤污染问题，所以废旧光源的回收是推广应用气体放电光源必须考虑的问题。

LED，即半导体发光二极管，是采用半导体材料制成的，直接将电能转化为光能、电信号转换成光信号的发光器件。它的核心部分是一个半导体晶片，晶片的一端是正极，晶片的另一端为负极。一个 LED 灯具通常由多个晶片组成，可串可并。传统的 LED 主要用于信号显示领域，如建筑物航空障碍灯等。由于蓝光和白光 LED 及大功率 LED 的研制成功，目前其在建筑物室内外照明中的应用日益广泛。

LED 具有功耗低、响应速度快、绿色环保（几乎不含有害物质）、寿命长（可达 100000

小时）、发热量低等特点。目前市场上销售的 LED 灯具光效一般在 75 ～ 128lm/W，远远高于白炽灯，同时显色性指数较好，可保持在 75 ～ 82 之间。虽然目前 LED 灯具的采购价格要高一些，但是较之白炽灯、荧光灯的能耗，LED 灯的能耗特别低，长期而言可以节省换灯的工人费用投入，同时也可以节省大量的电费，所以就综合使用成本而言，LED 将会是未来建筑内照明的主要选择。

7.3.2.4　人工光源配套设备技术

光源配套设备也会对光源的性能造成影响，灯具是光源、灯罩及其附件的总称，分为装饰灯具和功能灯具两种。功能灯具是指为满足高效、低眩光要求而采用控光设计的灯罩，以保证把光源的光通量集中到需要的地方。灯具效率与灯罩开口大小、灯罩材料的光学性能有关。

灯具类型主要有直接型、扩散型和间接型三大类。直接型是光源直接向下照射，上部灯罩用反射性能良好的不透光材料制成。扩散型灯具用扩散型透光材料罩住光源，使室内的照度分布均匀。间接型灯具是用不透光反射材料把光源的光通量投射到顶棚，再通过顶棚扩散反射到工作面，从而避免了灯具的眩光。实际上，多数的灯具都是上述两种或三种方式的灵活结合，例如顶棚上的直接型暗装灯具在下部开口处加设磨砂玻璃等扩散透光罩以增加光的扩散作用。

在实际使用高压气体光源时，高频交流电子镇流器是必要的配套设备，它的作用是稳定电流，而在使用高频交流电子镇流器时，采用调光控制法，根据用电环境及照明效果的需求，调整高频交流电子镇流器的脉冲效果，可以保证两极的开关管道实现同时同步的导电过程，保证电力系统整体的安全性。调光控制法运用在调光开关中，还可以调整控制角，从而改善电源的输出波形，使电源提供的电压更加稳定，从而确保照明系统的使用寿命和照明效果，并进一步提升照明系统的节能效率。

另外使用高频软开关技术，利用电容电感形成谐振网络，通过换流支路形成谐振波，也可以提升照明电路的抗干扰能力，并进一步提升照明的安全系数。此外，应用高频软开关技术时，可以通过使用电子镇流器来减轻照明器件的重量，并减小其体积，从而降低照明损耗率，并减少开关噪声，实现绿色照明。

7.3.2.5　光源控制技术

天然采光控制也是采光照明中的一个重要环节。因为太阳直射具有很强的方向性，且逐时变化很大。如何控制进入室内直射光的强度是自然采光必须解决的问题。传统控制方法基本为手动控制窗帘、百叶的开关。但为了避免眩光与室内过热的问题，室内人员通常都会将其长时间关闭。而无电光导照明与反光板等技术的自动控制可以结合室内照度水平，通过主动追踪太阳移动轨迹控制搜集直射光，以保证室内的光环境处于令人满意的水平。

当天然采光无法营造负荷标准的室内光环境时，就需要开启人工光源补充照明。对于人工照明控制的方式同样可以归纳为手动控制和自动调节控制。例如，通常早晨第一个进入房间的人会根据个人判断决定开灯与否，当灯一旦打开，一般整个上午基本上都会处于打开的状态，直至最后一个人离开时才有可能关掉。所以在公共场所，人工手动控制的方法会造成

第 7 章

极大的能源浪费。

现今的自动控制照明系统主要为定时分区控制与光电感应控制。

定时分区控制的核心思想是先将照明区域划分为具有不同照明需求的功能区域，随后通过照明控制器对不同功能区域的照明设备进行控制。该种控制方式需要根据不同区域、不同时间段的功能需求，使用软件记录编制各组灯具的运行时间表。对于某些具有规律性的活动场所，使用该种控制方式，能够避免照明灯具长期处于开启状态带来的能源浪费。然而由于其对照明灯具的控制灵活性不足，如当遇到天气变化或作息时间的改变时，就需要修改程序，不方便使用。

感应控制需要实时与需要光照的空间照度进行对比调节，以改善灯光所处的光环境。但是，这种控制方式存在的缺点就是，白天光线会出现明暗多次变化，对照度的要求也会有变化，那么控制开关就会连续工作，从而不利于光环境的控制，通常会给系统加载延时装置来补偿这样的问题。连续调光控制方式则可以通过电阻、变压器等方法实时连续控制灯光照度以及灯光的方向。

另外，结合照明区域内安装的由声、光、红外元件构成的传感器，来对区域内的人员活动进行检测，随后依据标准中有关照度和照明均匀度的标准，并通过使用时序控制、场景控制、自然光补偿、连续调光控制等方法，对照明系统中的灯具进行控制。当区域内的人员活动停止，即人员离开该区域，系统中的程序会按照预先设定好的时间延时后，自动切断照明系统的能源供给或通过控制将该区域的照度维持在最低水平，以实现照明系统的节能。

《绿色建筑评价标准》（GB/T 50378—2019）中对建筑照明的规定如下：

> 7.1.4　主要功能房间的照明功率密度值不应高于现行国家标准《建筑照明设计标准》GB 50034 规定的现行值；公共区域的照明系统应采用分区、定时、感应等节能控制；采光区域的照明控制应独立于其他区域的照明控制。

7.3.3　电梯节能

随着国内经济水平的大幅提升，高质量商务写字楼、商场以及高层住宅楼等的需求增加。这些高层建筑在很大程度上需要依靠电梯的正常运转来保证内部人员工作和生活的便捷。截至 2022 年初，我国电梯保有量约为 787 万部。在存在电梯的建筑中，电梯耗能在总能源消耗量中占到 20% ～ 25%。这样的占比数据大于供水或者照明所需的能耗占比，仅仅低于空调的能耗占比，因此电梯的节能技术是建筑节能中的重要部分。

7.3.3.1　电梯设备系统简介

电梯的整体结构相对简单，可以分为垂直升降机以及台阶式履带电梯，垂直升降机使用厢形吊舱来运送人员以及货物，而台阶式履带电梯则通过传送带完成人员及货物的运送。两种电梯的主要耗能模块均可分为三大部分，即传动模块、拖动模块以及控制系统。

电梯的传动系统一般由设置在外部的微型计算机控制曳引设备，输出并传递相关动力来维持电梯运行。曳引设备主要可以分为涡轮蜗杆传动曳引机以及传统异步电动机,曳引设备的能耗一般以能耗比效率作为衡量标准。在实际使用过程中,曳引设备的效率随着载荷的从零增加,会先从低变高再变低,在一般条件下处于 87% ~ 90% 之间。此外,曳引设备的能耗还和电梯的绕绳比、运行速度以及相对空气阻力等因素有关。

电梯的拖动模块是电梯最重要的应用模块,对电梯的启动加速、平稳运行控制、制动减速等起着控制作用,其性能优劣直接影响电梯的使用感受,包括平稳舒适度、平层精度以及加速减速的惯性等,对于舒适度需求较高的高端酒店以及商务写字楼用户群体来说相当重要。

电梯的控制模块主要承担的功能是对电梯的运行进行具体操作以及相应控制。该模块的组成部分包括基础操纵设备、选层按钮、楼层显示装置以及变频装置等。其能耗分布较为复杂,各项功能的实现过程中,均会产生一定损耗。例如变频设备的能耗主要有电容器、滤波器产生的电抗等损耗,功率模块在启动关闭过程中产生的损耗等,该模块损耗的大小和主电流的大小存在密切关联。总控系统的能耗则主要与各项功能模块以及电梯的控制系统设计相关。

7.3.3.2 电梯节能技术

(1) 变频再生能量回馈技术

目前阶段最先进的节能电梯通常都会采用变频再生能量回馈技术。这种电梯在启动后,能够通过变频逐步达到最大速度,同时提升机械能到最大值。传统电梯在到达使用者设定的楼层之前,通常需要消耗大量能量来降低机械能并使其平稳停靠。然而,通过应用能量回馈原理,电梯可以在运行过程中将产生的机械能转换为直流电,并暂时储存在变频设备的电容器中。随着储能的逐渐增加,电容器中的电压也逐渐增大。通过能量回馈器,电梯能够将电容器中储存的电能回收再利用,作为补充能源参与运行,从而达到节能的目的。采用该技术的电梯的最大速度越快,能够产生的最大机械能就越高,能够回馈再利用的能量也就越多。据估计,采用这种技术的电梯能够将电梯总耗能的约48% 回收利用。

(2) 电梯群控技术

传统的电梯群算法通常会致力于缩短使用者的等待时间,但在某些时刻,如上下班高峰期,电梯很容易出现拥堵和低效的情况,难以满足所有使用者的需求。相比之下,更先进的电梯群控技术则将同一座建筑物内的多部电梯通过一部中央控制计算机连接起来。它会汇总所有电梯使用者发出的信号,并通过一定的算法计算出最优的调度命令结果,然后将这些指令反馈给各电梯进行具体执行,及时调配和动态调整建筑物内各部电梯的运行状态。这样一来,电梯既能够满足使用者的需求,又能够通过最短路径等方案实现最大的节能效果。在实际使用中,由于使用者需求的非线性和随机性特点,需要使用相对更智能的计算机,并植入模糊控制、神经网络等算法,进一步增强群控电梯的实用性。

(3) 制动能再利用技术

电梯停靠主要依赖制动器的工作,其简要工作原理是在电梯启动运行时,通过抱闸板向抱闸线圈发出信号,触发抱闸打开动作;在电梯静止停靠时,抱闸关闭,确保电梯不会移动。在电梯的制动过程和维持静止的过程中，会存在相当数量的能量损耗。

为此，制动能再回收利用技术可以被采用，以便回收利用电梯运行中产生的制动能，从而提高电梯的节能效果。通常，先进的电子技术和具有高性能开关的电子元件被采用，例如使用 IGB/T 开关的电子元件。这些元件具有智能运转、操作简单以及可靠性高等特点，并能够对电压进行自适应控制。在电压波动时，它们能够将电梯的机械能转化为电能，将其存储在储能器中，并将电能重新反馈到电网，以实现制动能再生利用的目的。

7.3.3.3 电梯节能技术的应用

（1）传动设备模块节能应用研究

传动设备是电梯运行的心脏，为电梯运行提供动力来源，直接影响着电梯的节能水准。主流的传动设备包括涡轮蜗杆曳引机、行星齿轮斜齿轮传动机以及无齿轮曳引机等。其中传统的涡轮蜗杆曳引机作为最早在电梯中应用的传动设备，其设计理念早已落后，质量和体积巨大，耗能高的同时传动效率仅有 70%。行星齿轮斜齿轮传动机尽管传动效率能提高 20% 左右，但其部件加工精度要求较高，不利于总体使用成本的控制，而新兴的无齿轮曳引机具备体积较小、结构简单、传动效率高等特点，最有代表性的应为永磁同步电机（PMSM），但其仍旧存在节能空间。

永磁同步电动机直接驱动传动系统，省去了庞大的减速齿轮箱，因此其运行效率更高。但是，实际统计表明，在低负载运行和高频率变速运行时，采用这种电机的电梯损耗相对较高。由于机械损耗相对较为复杂且不可控，因此在实际应用中应注重铁损耗和铜损耗的情况。根据等效电路原理，各种励磁电流与转速之间存在线性关系，可以通过计算不同运行条件下的最优励磁电流来计算最优的定子磁链指令值。通过对给定磁链的控制，可以使电机损耗值最小化，从而达到节能的目的。

（2）电梯群控技术应用研究

无论使用何种传动和拖动设备，电梯在全速运行时的能量损耗都比启动加速和制动减速时低得多。电梯在不同楼层之间停靠次数越多，其耗能越高。通过优化群控系统的算法，可以尽可能减少电梯的停靠次数，从而减少启动加速和制动减速过程中的能量损耗，提高输送效率，实现节能目标，并满足不同使用者的需求。

电梯群控系统是一个复杂的多要素决策系统，具有随机性、非线性和多目标性等特点。目前缺乏精确的数学模型和算法来进行最优解演算，传统控制模式也难以满足新的使用需求。使用模糊控制技术可以通过深度学习来模拟人类思维，并通过自我逻辑推理来简化和处理复杂问题。神经网络算法可以与模糊算法进行结合，对电梯群控系统设置优化目标，并依照相关参数设置权重展开学习，以减少乘客平均乘梯时间、等候电梯时间、降低长时间等候电梯概率以及减少电梯群控系统自身能耗。神经网络的深度学习机制能够为模糊算法进行智能提取和调整模糊规则参数，大大减少计算机学习时间，使电梯应答更快遵循合理规律，为使用者提供更为完善的服务。

（3）电梯拖动模块技术应用研究

电梯的拖动模块主要是指运动控制系统，用于控制电梯的启动、加速、减速和稳定运行等多种运作方式。传统电梯的拖动模块通常采用交流双驱动系统或无齿轮直流驱动系统，这些系统存在能耗高和控制能力弱等问题。变频调速技术的出现有效提高了电梯的驱动控制性能和运行质量，但在实际应用中仍有提升空间，可以进一步节约电梯能耗。

上文已经详细介绍了变频能量再生能量回馈技术，下面主要介绍变频调速控制装置在实际应用中面临的问题。能量回馈装置采用有源逆变技术将机械能产生的再生能量转化为电能，但在实际使用中，电网的电压波动容易导致误回馈或回馈效率降低。因此，应该更新能量回馈器的设计，使其能够适应复杂的电网环境。采用脉冲调制器（Pulse Width Modulation，PWM）控制模式可以有效缓解原有能量回馈模式存在的弊端，提升拖动模块的效率和精度，提高回馈装置的功率因数，从而实现电梯节能的目标。

《绿色建筑评价标准》（GB/T 50378—2019）中对建筑电梯的规定如下：

> 7.1.6　垂直电梯应采取群控、变频调速或能量反馈等节能措施；自动扶梯应采用变频感应启动等节能控制措施。

7.4　可再生能源的建筑利用

一次能源可以分为非可再生能源和可再生能源两大类型，非可再生能源包括煤、原油、天然气、油页岩、核能等，可再生能源包括风能、太阳能、水能、生物质能、地热能、海洋能等非化石能源。随着全球气候变化和能源危机的问题日益突出，大力发展可再生能源已经成为国际社会的共识，2020 年全球可再生能源占能源消费的比例为 21.6%，其中现代可再生能源（水能、风能、太阳能、生物质能等）占到 12.6%。近年来，我国可再生能源的开发利用发展迅速，截至 2022 年底，可再生能源装机量达到 12.13 亿千瓦，占全国发电总装机量的 47.3%。2022 年，可再生能源发电量达到 2.7 万亿千瓦时，占全社会用电量的 31.6%，相当于减少二氧化碳排放约 22.6 亿吨。

由于经济、技术等原因，可再生能源在建筑领域的开发利用形式以太阳能和地热能为主，其他形式的利用相对较少。2021 年 10 月，国务院印发《2030 年前碳达峰行动方案》，要求深化可再生能源在建筑中的应用，推广光伏发电与建筑一体化，因地制宜推行热泵、生物质能、地热能、太阳能等清洁能源低碳供暖。

7.4.1　太阳能的建筑利用

7.4.1.1　我国太阳能资源概况

我国幅员辽阔，具有比较丰富的太阳能资源，太阳能资源总体呈"高原大于平原、西部干燥区大于东部湿润区"的分布特点。青藏高原、甘肃北部、宁夏北部和新疆南部等地是我国太阳能资源最丰富的地区，其中青藏高原最为丰富，大气层透明度好，日照时间长，年总辐射量超过 1800kWh/m²，部分地区甚至超过 2000kWh/m²。四川和贵州两省是我国太阳能资源最少的地区，其中以四川盆地为最，雨多、雾多，晴天较少，日照时间短，存在年总辐射量低于 1000kWh/m² 的区域（表 7-1）。

表7-1   全国太阳辐射总量等级和区域分布

名称	年总辐射量 / （MJ/m²）	年总辐射量 / （kWh/m²）	年平均辐照度 / （W/m²）	占国土面积 /%	主要地区
最丰富带	≥ 6300	≥ 1750	≥ 200	22.8	内蒙古额济纳旗以西、甘肃酒泉以西、青海 100°E 以西大部分地区、西藏 94°E 以西大部分地区、新疆东部边缘地区、四川甘孜部分地区
很丰富带	5040～6300	1400～1750	160～200	44.0	新疆大部、内蒙古额济纳旗以东大部、黑龙江西部、吉林西部、辽宁西部、河北大部、北京、天津、山东东部、山西大部、陕西北部、宁夏、甘肃酒泉以东大部、青海东部边缘、西藏 94°E 以东、四川中西部、云南大部、海南
较丰富带	3780～5040	1050～1400	120～160	29.8	内蒙古 50°N 以北、黑龙江大部、吉林中东部、辽宁中东部、山东中西部、山西南部、陕西中南部、甘肃东部边缘、四川中部、云南东部边缘、贵州南部、湖南大部、湖北大部、广西、广东、福建、江西、浙江、安徽、江苏、河南
一般带	＜ 3780	＜ 1050	＜ 120	3.3	四川东部、重庆大部、贵州中北部、湖北 110°E 以西、湖南西北部

我国十分重视太阳能资源的利用，先后出台了一系列的政策和法规，《节能中长期专项规划》提出"加快太阳能、地热等可再生能源在建筑物的利用"；《中华人民共和国节约能源法》提出"国家鼓励在新建建筑和既有建筑节能改造中安装和使用太阳能等可再生能源利用系统"；《中华人民共和国可再生能源法》提出国家鼓励单位和个人安装和使用太阳能热水系统、太阳能供热采暖和制冷系统、太阳能光伏发电系统等太阳能利用系统。国务院建设行政主管部门会同国务院有关部门制定太阳能利用系统与建筑结合的技术经济政策和技术规范；《民用建筑节能条例》提出"国家鼓励和扶持在新建建筑和既有建筑节能改造中采用太阳能、地热能等可再生能源。在具备太阳能利用条件的地区，有关地方人民政府及其部门应当采取有效措施，鼓励和扶持单位、个人安装使用太阳能热水系统、照明系统、供热系统、采暖制冷系统等太阳能利用系统"。

2021 年，国家能源局、农业农村部、国家乡村振兴局印发《加快农村能源转型发展助力乡村振兴的实施意见》提出"到 2025 年，建成一批农村能源绿色低碳试点，风电、太阳能、生物质能、地热能等占农村能源的比重持续提升""大力推广太阳能、风能供暖。利用农房屋顶、院落空地和具备条件的易地搬迁安置住房屋顶发展太阳能供热。"国家发展改革委、国家能源局发布《关于完善能源绿色低碳转型体制机制和政策措施的意见》指出"完善建筑绿色用能和清洁取暖政策""完善建筑可再生能源应用标准，鼓励光伏建筑一体化应用，支持利用太阳能、地热能和生物质能等建设可再生能源建筑供能系统"。财政部办公厅、住房和城乡建设部办公厅、生态环境部办公厅和国家能源局综合司印发《关于组织申报 2022 年北方地区冬季清洁取暖项目的通知》指出"'十四五'期间，中央财政将进一步扩大北方地区冬季清洁取暖支持范围，持续推进绿色发展""资金主要支持有关城市开展电力、燃气、地热能、生物质能、太阳能、工业余热、热电联产等多种方式清洁取暖改造，加快推进既有建筑节能改造等工作"。住房和城乡建设部印发《"十四五"建筑节能与绿色建筑发展规划》提出"推动太阳能建筑应用。根据太阳能资源条件、建筑利用条件和用能需求，统筹太阳能光伏和太阳能光热系统建筑应用，宜电则电，宜热则热""在城市酒店、学校和医院等有稳定热水需求的公共建筑中积极推广太阳能光热技术。在农村地区积极推广被动式太阳能房等适宜技术"。国家发展改革委、国家能源局发布《"十四五"现代能源体系规划》提出"加快推进建筑用能电气化和低碳化，推进太阳能、地热能、空气能、生物质能等可再生能源应用"。国家能源局、科学技术部印发《"十四五"能源领域科技创新规划》提出在太阳能热发电与综合利用技术方面：开展热化学转化和热化学储能材料研究，探索太阳能热化学转化与其他可再生能源互补技术；研发中温太阳能驱动热化学燃料转化反应技术，研制兆瓦级太阳能热化学发电装置。开发光热发电与其他新能源多能互补集成系统，发掘光热发电调峰特性，推动光热发电在调峰、综合能源等多场景应用。

7.4.1.2　太阳能的利用

太阳能的利用是将太阳辐射的能量直接转换为热能来加以利用，是太阳能开发利用的重要方向之一。太阳能在建筑领域常见的热利用方式包括太阳能热水、被动式太阳能采暖、太阳能供热等。

（1）太阳能热水

太阳能热水系统是利用太阳辐射的能量把水加热以供使用，是目前应用最多、技术最成熟的太阳能利用系统。从环保、节能、使用绿色能源等因素考虑，在建筑中推广太阳能热水系统为居民提供生活热水已经是必然趋势，游泳池水加热也是太阳能热水系统的主要应用领域之一，在餐馆、旅馆、医院、学校和康乐设施等需要热水供应的建筑中太阳能热水系统也得到了越来越广泛的应用。

太阳能热水系统可以分为集中式和分户式两种。集中式太阳能热水系统的集成化程度高（图 7-47），集中储热效率高，管路简单、初投资少，但系统出现故障时，受影响的用户数较多，且支管较长的用户在使用时放冷水量较多。分户式太阳能热水系统各户独立，没有流量分配以及复杂控制的问题，管理方便，但由于各户使用不均衡，太阳能集热设施的利用率不高，且管路较多，总体成本要高于集中式系统。

太阳能热水系统在早期主要由用户自行购买安装，对建筑美观性和安全性都有一定的影响（图 7-48）。近年来，随着建筑行业规模不断扩大，造型结构日益复杂，以及对建筑的节能要求不断提高，太阳能与建筑的一体化成为必然的选择。太阳能与建筑一体化就是将太阳能利用系统作为建筑的标准体系（图 7-49），与建筑同步设计、同步施工、同步验收、同步后期管理，可以在不对建筑外观以及结构产生破坏与影响的前提下，安装太阳能利用系统并使其与建筑融合成为一体，避免了传统太阳能利用系统对建筑外观造成的影响，以达到建筑节能和美观的双重目的。

图 7-47 集中式太阳能热水系统

图 7-48 用户自行购买安装的太阳能热水系统

图 7-49 太阳能与建筑一体化

按照太阳能集热器类型的不同，我国目前太阳能热水系统应用最多的是平板式太阳能集热器和真空管式太阳能集热器。平板式太阳能集热器具有低温段热效率较高、长期运行稳定、易于与建筑结合等优点，而真空管式太阳能集热器在高温段仍能保持较高的热效率，同时具有热损失系数小、防冻性能较好等优点。两者性能比较见表 7-2。

表7-2 平板式与真空管式太阳能热水器性能比较

集热器类型	年平均输出量 /（kWh/m²）	与建筑结合	安全系数	防结垢	热性能	抗冻性	成本	使用范围
平板式	485～541	较好	强度高、耐用	不易结垢	100℃以下	不抗冻	相对较高	12%
真空管式	466～561	较差	易损坏、炸管	易结垢	100℃以上	抗冻	相对较低	80%

太阳能热水系统的初投资较高，通过节能减少的运行费来获得收益回报，并用以补偿增加的初投资。设计合理的太阳能热水系统，应在使用寿命期内，用节约的常规能源使用费完全补偿回收太阳能热水系统增加的初投资，如果不能回收，则该系统的设计在经济上是不合理的。太阳能资源丰富区，静态投资回收期宜在 5 年以内，资源较富区宜在 8 年以内，资源一般区宜在 10 年以内，资源贫乏区宜在 15 年以内。

根据对太阳能热水系统的相关分析，太阳能热水系统最好的利用方式为太阳能单独系统，在发展太阳能热水系统时，应鼓励采用不带辅助能源的太阳能热水系统或仅作为预热系统；带电补热的太阳能热水系统类似于一个高效的电热水系统，从全寿命周期环境负荷的角度，其表现一般不如燃气热水系统；带燃气补热的太阳能热水系统类似于一个高效的燃气热水系统，因此现阶段可以鼓励带燃气补热的太阳能热水系统。此外，用水模式对系统能耗影响很大，实际工程中应结合使用者需求进行合理设计，保证系统的高利用率。

（2）被动式太阳能采暖

被动式太阳能采暖是指不需要机械设备及动力，仅通过建筑的合理布置、建筑材料和结构的恰当选择（图 7-50），使其在冬季能汲取、储存和分配太阳热能以使建筑物室内温度满足居住者采暖要求的方式。根据对太阳辐射热收集、蓄存和使用方式的不同，可以分为直接受益式、集热蓄热墙式、附加阳光间式等。直接受益式是利用南向窗户的透明玻璃通过太阳光直射和太阳光散射向建筑室内提供热量，集热蓄热墙式是利用建筑朝向为南侧的墙体作为主要吸收并存储太阳能的围护结构，附加阳光间式是通过在建筑南侧附设阳光间利用温室效应来获取太阳能。

图 7-50 被动式太阳能采暖

图 7-51 高性能遮阳卷帘

长期以来被动式太阳能采暖建筑被局限在农村、乡镇和常规能源匮乏的边远地区发展，随着我国经济实力的提高、建筑围护结构保温隔热性能的提高和节能意识的增强，被动式太阳能采暖技术可在城市建筑中采用。提高窗户的热性能是在城市建筑中实施被动式太阳能采暖技术的关键。现行建筑节能标准将窗视为失热部件，而在被动式太阳能采暖建筑的设计中，窗被看作是一个重要的得热部件，透过窗的太阳能得热应大于通过窗的热损失。以北京地区为例，外窗传热系数减小到 2.8W/（$m^2 \cdot K$）时，冬季白天从南向外窗进入室内的太阳辐射热量将大于窗的传热损失，高效节能窗配合高性能的遮阳卷帘（图 7-51）可作为城市建筑中被动式太阳能采暖的重要得热部件。

（3）太阳能供热

太阳能供热综合利用系统由太阳能集热器、供暖水箱、供热水箱、辅助热源等组成，在供暖季为用户提供采暖热量，在非供暖季提供生活热水。太阳能供热采暖的工程应用在我国发展比较缓慢，目前仍处于起步阶段，仅有一些小范围的试点工程建成。太阳能供热采暖推广困难的原因在于初投资高、冬季太阳能供热不足以及非采暖季系统过热和热水过剩，需要考虑季节蓄能技术和全年的综合利用。

我国的太阳能供热采暖从 2000 年之后逐步开始发展，初期以一些单体建筑的试点工程为主，其中比较有代表性的工程包括北京清华阳光能源开发有限责任公司办公楼试点工程、北京平谷新农村建设太阳能采暖试点工程等。北京清华阳光能源开发有限责任公司办公楼试点工程采用了太阳能地板辐射采暖，太阳能集热器与采暖面积的配置比例大约为 1：4，对该工程在 2004 年 1 月 1 日—3 月 15 日的运行性能监测结果表明，白天室温 16℃，夜间 14.5℃ 左右条件下，太阳能保证率为 77%。北京平谷新农村建设太阳能试点工程采用了低温热水地板辐射采暖末端系统（图 7-52），该工程在 2005 年 11 月—2006 年 3 月采暖期内的跟踪测试结果表明，由于采用地板辐射采暖，所需热水温度低，采暖季平均室温 12℃，太阳能保证率为 100%。

从 2006 年开始，多个政府主管部门开展了包括太阳能供热采暖技术在内的各类可再生能源应用示范项目，2009 年，国家标准《太阳能供热采暖工程技术规范》（GB 50495—2009）颁布实施并于 2019 年重新修订为《太阳能供热采暖工程技术标准》（GB 50495—2019），这些政策和措施促进了太阳能供热采暖技术在国内的推广应用。2010 年，我国首个季节性蓄热太阳能供热采暖工程在内蒙古自治区巴彦淖尔市乌拉特中旗建成，该项目覆盖总建筑面积 16.3 万 m² 的住宅小区，太阳能集热器总面积约 1.2 万 m²，蓄热水池容积约 1.3 万 m³，太阳能保证率 40%。

图 7-52　北京平谷新农村太阳能采暖示范工程

我国拥有世界上最大的太阳能集热器安装面积，但太阳能供热采暖的应用仍然处于较低的水平。一方面，需要通过合理的规划和设计，采用季节蓄能等技术加强太阳能供热采暖系统的全年综合利用，最大化地利用系统产生的热量，才能获得更好的节能收益。另一方面，国家和地方政府相关部门需要通过财政补贴、激励政策等措施，加强太阳能建筑应用技术的开发，在适宜应用太阳能供热采暖技术的地区加强对太阳能供热采暖系统的推广。

7.4.1.3　太阳能光伏技术

太阳能光伏技术是利用太阳能电池将太阳光能直接转化为电能的技术。太阳能光伏建筑一体化，以及可作为建筑材料和装饰材料的光伏电池产品（图 7-53 和图 7-54），已经成为近年来世界太阳能利用的热点，是太阳能光伏技术的重要发展方向。

图 7-53　太阳能光伏建筑一体化　　　　　　　图 7-54　透明光伏组件

　　发达国家已经建成了相当数量应用光伏技术的太阳能建筑，而我国尚处于快速发展的过程中。《中华人民共和国可再生能源法》的实施以及国家和地方各级政府相关政策的出台，极大地促进了并网太阳能光伏发电技术和太阳能光伏建筑的发展。2014 年 11 月，深圳机场的光伏发电二期 10MW 项目开工，项目完成后，深圳机场光伏发电装机容量达到 20MW，成为全球民航机场中利用太阳能资源规模最大的机场，该项目的太阳能板安装在物流园屋顶和货运站屋顶，利用屋顶面积 10 万 m² 以上，年发电 2000 万 kWh，占机场总用电负荷 10%以上。

　　与建筑结合的太阳能并网光伏系统主要由太阳能电池方阵、联网逆变器和控制器三大部分组成，太阳能电池方阵的设计安装在建筑物建设时同步考虑，与建筑结合难度要小于太阳能集热器（图 7-55）。太阳能并网光伏系统安装两块电表，一块计量出售给电力公司的电量，另一块计量从电网买入的电量。白天太阳能电池方阵接收阳光发出直流电，经逆变器转换为交流电，供用电器使用，同时将多余电能经联网逆变器逆变为符合所接电网电能质量要求的交流电传入电网，晚上或阴雨天发电量不足时，则由电网向用户供电。

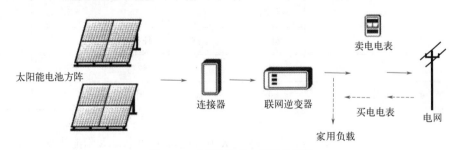

图 7-55　光伏并网发电系统示意图

　　太阳能光伏电池是光伏发电系统的主要组件，按照电池材料的不同一般可以分为晶体硅和薄膜涂层电池两大类，其中，晶体硅电池包括单晶硅和多晶硅两种，薄膜涂层电池包括非晶硅和化合物半导体两种（图 7-56）。考虑材料、生产工艺以及与建筑结合的难易程

度，目前我国建筑中应用较多的是单晶硅、多晶硅和非晶硅薄膜组件。单晶硅电池的光
电转换效率最高可达 16% ～ 17%，但成本最高；多晶硅电池的光电转换效率次之，可达
12% ～ 14%，但成本较单晶硅低一些；非晶硅薄膜电池的光电转换效率只有 6% ～ 7%，
但成本较低（表 7-3）。

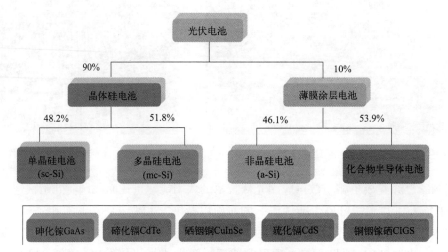

图 7-56　光伏电池分类及市场份额

表7-3　光伏电池性能指标比较

技术类型	晶体硅电池		薄膜涂层电池			
	单晶硅	多晶硅	非晶硅	碲化镉	铜铟镓硒	砷化镓
电池光电转换效率	16% ～ 17%	14% ～ 15%	6% ～ 7%	8% ～ 10%	10% ～ 11%	18% ～ 22%
光伏组件效率	13% ～ 15%	12% ～ 14%	6% ～ 7%	8% ～ 10%	10% ～ 11%	18% ～ 22%
受光面积/（m²/kWp）	7	8	15	11	10	4
制造能耗	高	较高	低	低	低	高
制造成本	高	较高	低	中	中	很高
资源丰富度	中	中	丰富	较贫乏	较贫乏	贫乏
运行可靠程度	高	中	中	较高	较高	高
污染程度	中	小	小	中	中	高

　　表 7-4 为北京和广州不同朝向时太阳能光伏组件的发电功率，太阳能光伏组件光电转换
效率最高约为 15%，这是在 25℃环境下，干净无尘的新品，在太阳光垂直入射时的数据。实
际项目中光伏组件的发电效率受到多种因素的影响，考虑到入射角非垂直、光伏板老化、光
伏板积尘、环境温度高于 25℃（每高 1℃效率降低 0.4%）、被其他建筑物阴影遮挡（尤其是
太阳高度角低的时候）等不利因素，实际的发电效率是 3% ～ 5%。

表7-4　不同朝向太阳能光伏组件发电功率

地点朝向	最大辐照度 / (W/m²)	最大发电功率 / (W/m²)	夏至日平均辐照度 / (W/m²)	最高日平均发电功率 / (W/m²)
北京水平	950	142.5	333	50.0
北京南向	448	67.2	128	19.2
广州水平	983	147.5	317	47.6
广州南向	181	27.2	66	9.9

7.4.2　地热能的建筑利用

地热能是指地球内部能够被人类开发和利用的热量，作为可再生能源，地热能具有储量大、利用效率高、运行成本低和节能减排等优势。我国地热能资源丰富，自然资源部中国地质调查局调查评价结果显示，336 个地级以上城市浅层地热能年可开采资源量折合 7 亿吨标准煤，全国水热型地热资源年可开采资源量折合 19 亿吨标准煤，深埋在 3000 ～ 10000m 的干热岩资源折合 856 万亿吨标准煤，作为对比，2022 年我国全年能源消费总量为 54.1 亿吨标准煤，可见地热能资源量非常可观。

作为可再生能源的地热能，资源的利用有多种形式，人们熟悉的温泉和用于制冷取暖的地源热泵，都属于典型的地热能利用方式。地热能的建筑利用主要是通过地源热泵技术利用浅层地热能实现建筑的制冷和取暖。地源热泵是一种机械蒸气压缩制冷循环系统，该系统将热量排入地表层或者从地表层吸收热量，一机两用，节省建筑空间。地源热泵是一个广义的术语，它包括了使用土壤、地下水和地表水作为热源和冷源的体系。

（1）土壤热交换器地源热泵

土壤热交换器地源热泵通过土壤耦合地热换热器利用土壤的热（或冷）加热（或冷却）建筑用水。根据换热器敷设方式的不同，可以分为水平埋管、竖直埋管（U 形管垂直安装在竖井中）以及螺旋埋管这三种形式（图 7-57）。土壤热交换器地源热泵直接提取地下低温热量，不会对地下水带来任何影响，单管产热量 20 ～ 40W/m，系统投资高，占地面积大。

图 7-57　地源热泵土壤热交换器敷设方式（水平、竖直、螺旋）

（2）地下水地源热泵

地下水地源热泵利用地下水为建筑供冷或者供热，分为开式系统和闭式系统。开式系统将地下水直接供应到每台热泵机组，之后将井水回灌地下；闭式系统利用板式换热器将地下水和建筑物内的采暖空调系统循环水分开。

（3）地表水地源热泵

地表水是指暴露在地表上面的江水、河水、湖水、海水以及污水（生活废水、工业废水）等水体的总称，地表水地源热泵利用地表水的热（或冷）加热（或冷却）建筑用水，分为闭式系统和开式系统。闭式系统将封闭的换热盘管按照特定的排列放入具有一定深度的地表水体中，传热介质通过换热管管壁与地表水进行热交换；开式系统将地表水经处理直接供应到热泵机组或通过中间换热器进行热交换。

地源热泵通过夏季高温差的散热（制冷的冷凝温度降低）和冬季低温差的取热（热泵的蒸发温度提高），使得地源热泵机组能效比提高，从而达到节能的目的，系统的高效率、压缩机的低功耗，带来了电费的大幅减少，具有高效、节能、运行费用低的技术特点。此外，地源热泵系统在冬季供暖时，不需要锅炉或辅助加热器，因而环保、无污染；系统组成简单，使得地源热泵系统无须专人看管，也无须经常维护，维护费用低。

地源热泵在应用时，需要注意各种类型系统的适用条件。对于土壤热交换器地源热泵系统，要求建筑负荷密度低，有足够的埋管面积；夏天的冷量与冬天的热量需要平衡，否则地温会逐年变化，不能满足需要；夏热冬冷地区最合适，寒冷地区和炎热地区均不合适。对于地下水地源热泵系统，要有充足的地下水，且政策允许采用地下水，并保证使用时100%回灌。对于地表水地源热泵系统，水处理、换热器防污垢可能需要很高的初投资。

7.4.3 其他可再生能源的建筑利用

除太阳能、地热能外，其他可再生能源的建筑利用主要是风能和生物质能，受限于技术水平、应用条件和经济成本等因素，这两种可再生能源的应用规模和普及程度都要远远小于太阳能和地热能。

（1）风能

风能是空气流动所形成的动能，由太阳辐射能转化而来。风能的建筑利用主要包括自然通风和风力发电这两种形式。

自然通风是建筑中最常见的风能利用形式，不需要提供机械动力，同时在适当条件下能获得的通风换气量也大，是一种非常经济的通风方式。通过自然通风让室内空气流通，不仅可以保持室内空气新鲜，还可以带走室内多余的热量和湿气，有助于改善室内的舒适度。自然通风的效果与建筑的平面布置、通风门窗的设置均有密切的关系。利用自然通风的建筑需要有较理想的外部风环境，在设计时建筑应朝向夏季主导风向，且房间进深应较浅，还需要考虑充分利用春秋季风向。此外，由于自然风变化幅度较大，建筑需要采用合适的进排风口或者窗扇来调节室内气流状况，例如，在冬季基本换气次数要求的前提下尽量降低通风量以减小换热损失。对于建筑群，则需要在规划设计时，通过调整建筑群的布局、建筑单体间的高低关系等来优化整个建筑群的风环境，以利于自然通风。

风力发电是通过发电装置将风的动能转换为机械能，再将机械能转换为电能，通常是利用风力带动风车叶片旋转，再通过增速机将旋转的速度提升，使发电机发电。风力发电的建筑利用主要利用高层建筑之间以及建筑物楼顶的风力资源。研究发现，高层建筑之间有较强的气流，将两建筑建成开放式的"喇叭口"形状则可以捕获更多的风能。巴林世贸中心是世界同类建筑中首座利用风能作为电力来源的建筑（图 7-58），采用双塔式设计，每个主塔都像一面张起的风帆，而两塔之间呈开放式的"喇叭口"形状，利用海湾的风力通过巨大的风力涡轮机来发电。广州珠江城大厦在大楼中部和上部的设备层设有开口（图 7-59），内部安装风力发电系统，利用"穿堂风"发电。

图 7-58 巴林世贸中心风力发电装置　　图 7-59 广州珠江城大厦风力发电装置

（2）生物质能

生物质能是通过植物的光合作用将太阳能转化为化学能，储存在生物质内部的能量，通常包括木材、森林废弃物、农业废弃物、水生植物、油料植物、城市和工业有机废弃物、动物粪便等。生物质能传统的利用方式主要是直接燃烧，热效率低，同时伴有大量的烟尘和余灰，因此，生物质能作为可再生能源的利用主要是通过各种先进高效的生物质转换技术，将生物质资源转化为各种清洁能源后加以使用，我国当前生物质能利用的重点是生物质发电、沼气和生物质液体燃料等。

生物质能的建筑利用目前主要集中在我国的广大农村地区，利用方式主要有两种：一是生物质能固化，将秸秆等生物质能通过加工变为密度较大的生物质压块作为燃料，使用为生物质压块专门设计的燃料炉，满足采暖、炊事等需求；二是生物质能气化，利用沼气池将秸秆、禽畜粪便等生物质通过厌氧微生物的发酵作用转化为 CH_4 和 CO_2 等气体，同时产生沼液和沼渣，沼气可以满足采暖、炊事以及照明（沼气灯）的需求，沼液和沼渣则可以用作肥料（图 7-60）。沼气的生产不仅是开发农村可再生能源，满足采暖、炊事、照明等生活需求的过程，也是对农业废料进行无害化处理的过程，这个过程建立起了以沼气为中心的农村新能量、物质循环系统，使农业肥料中的生物能以沼气的形式缓慢地释放出来，提供了燃料的同时也提供了肥料。

目前国家和地方各级政府部门鼓励全面发展生物质能技术应用，但最终落地的建筑利用以农村沼气项目居多。发展农村沼气，实现畜禽粪便、农作物秸秆等农业农村废弃物的资源化利用，对于开发农村清洁可再生能源、促进生态循环农业发展、改善农村人居环境等都具有重要意义。

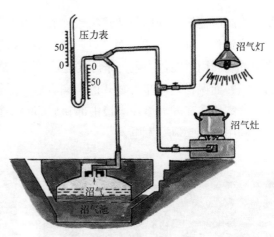

图 7-60　沼气利用示意图

思考题

7-1　我国寒冷地区和炎热地区的建筑能耗有何不同？

7-2　建筑本体节能的关键点有哪些？分别会对建筑能耗产生哪些影响？

7-3　地热能的利用形式都有哪些？我国哪些地区的建筑可利用地热能节能？

【参考文献】

[1]　观研报告网.中国热泵行业发展现状调研与投资趋势研究报告（2022—2029 年）[EB/OL].（2023-4-27）[2023-12-05].https：//www.bilibili.com/read/cv23340267/.

[2]　杨武成，李国正，陈赫.沈阳市地下水源热泵应用中存在的问题与对策 [J].水资源保护，2012，28（03）：88-91.

[3]　彦启森.论多联式空调机组 [J].暖通空调，2002（05）：2-4.

[4]　REN21. Renewables 2022 Global Status Report [R/OL].（2022-06-15）[2023-12-05].https：//www.ren21.net/reports/global-status-report/.

[5]　国家发展和改革委员会.2022 年我国可再生能源发展情况 [EB/OL].（2023-02-15）[2023-12-05].https：//www.ndrc.gov.cn/fggz/hjyzy/jnhnx/202302/t20230215_1348799.html.

[6]　国务院.国务院关于印发 2030 年前碳达峰行动方案的通知 [EB/OL].（2021-10-26）[2023-12-05]. http：//www.gov.cn/zhengce/content/2021-10/26/content_5644984.htm.

[7]　国家能源局.我国太阳能资源是如何分布的？[EB/OL].（2014-08-03）[2023-12-05].http：//www.nea.gov.cn/2014-08/03/c_133617073.htm.

[8]　国家能源局.节能中长期专项规划 [EB/OL].（2011-08-18）[2023-12-05].http：//www.nea.gov.cn/2011-08/18/c_131057667.htm.

[9]　全国人民代表大会常务委员会.中华人民共和国节约能源法 [EB/OL].（2018-11-05）[2023-12-05]. http：//www.npc.gov.cn/npc/c12435/201811/045c859c5a31443e855f6105f

e22852b.shtml.

[10] 全国人民代表大会常务委员会 . 中华人民共和国可再生能源法 [EB/OL].（2009-12-26）[2023-12-05].https：//flk.npc. gov.cn/detail2.html?MmM5MDlmZGQ2NzhiZjE3OTAxNjc4YmY3MDhhNjA1NzM.

[11] 国务院 . 民用建筑节能条例 [EB/OL].（2008-08-01）[2023-12-05].https：//flk.npc.gov.cn/detail2.html?ZmY4MDgwODE 2ZjNjYmIzYzAxNmY0MDhlM2YxNjA0M2Q.

[12] 周志华，刘俊伟，黄欣 . 两种集中式太阳能集热器集热效率对比研究 [J]. 建筑节能，2019，47（05）：45-50.

[13] 宋凌 . 可再生能源建筑应用的评价方法研究 [D]. 北京：清华大学，2014.

[14] 郑瑞澄 . 中国太阳能供热采暖技术的现状与发展 [J]. 中国勘察设计，2010（07）：68-71.

[15] 郑瑞澄，韩爱兴 . 我国太阳能供热采暖技术现状与发展 [J]. 建设科技，2013（01）：12-16.

[16] 国家发展和改革委员会 . 地热能有望"热"起来 [EB/OL].（2023-03-02）[2023-12-05].https：//www.ndrc.gov.cn/fggz/ hjyzy/jnhnx/202303/t20230302_1350588.html.

[17] 秦生升 . 风力发电在建筑中的应用 [J]. 建筑节能，2010，38（10）：44-46.

[18] 中研网 . 中国太阳能利用相关政策 [EB/OL].（2023.3.29）[2023-12-05].https：//www.chinairn.com/hyzx/20230329/1 51622621.shtml.

绿色

建筑

概论

INTRODUCTION TO
GREEN BUILDING

第 8 章
绿色建筑与周围环境

绿色建筑设计不仅局限于建筑本身，还应关注建筑物周边良好居住环境的塑造和对生态环境的合理利用与重点保护。本章分别从生活便利和环境宜居两方面讲解绿色建筑与建筑物周边环境的关系与设计重点。8.1节重点讲解了绿色建筑生活便利的设计与评价要点，介绍了出行与无障碍、服务设施、智慧运行与物业管理的基本理念与设计需求，并介绍了设计要求与常见设计形式。8.2节重点讲解了绿色建筑环境宜居的设计与评价要点，由人与自然界的关系引出宜居城市的概念，进而引出绿色建筑设计中应关注的景观设计，包括城市绿地、雨水收集与再利用、生态保护与修复等评价要点，以及室外物理环境的管理，尽可能减少环境噪声污染、光污染以及城市热岛现象的产生，共同塑造宜居环境。

 学习目标

掌握与建筑物相关的周围环境的内涵；

认识到周围的宜居环境和便利性对建筑物的使用感受同样重要；

掌握绿色建筑生活便利的设计和评价要点；

掌握绿色建筑环境宜居的设计和评价要点。

关键词： 绿色建筑；生活便利；环境宜居；公共服务；生态景观

 讨论

1. 为什么要重视绿色建筑周围环境的建设？
2. 在构建生活便利时，绿色建筑重点关注哪些方向？
3. 在营造环境宜居时，绿色建筑重点关注哪些方向？

8.1 绿色建筑与生活便利

中国特色社会主义进入新时代，人们的物质性需要不断得到满足，开始更多追求社会性需要和心理性需要，比如期盼更可靠的社会保障、更高水平的医疗卫生服务、更舒适的居住条件、更优美的环境、更丰富的精神文化生活等等。近年来我国基础设施建设不断完善，人们在"住""行"方面的基本要求得到满足。在做到"能住""能行"的基础上，在绿色建筑设计过程中应更进一步，解决如何"便利地住""便利地行"这一问题。

人对于便利生活方式的需求，包括便捷的出行、建筑周边能够提供多样化服务的公共服务设施、提供健身空间和设施、拥有智能化的运行手段及运行期完善的服务制度等。在《绿色建筑评价标准》生活便利一节中就对绿色建筑应满足的有关出行、配套设施布局、绿色建筑周边公共服务设施进行了定义。在本节中，将分别从无障碍与绿色出行和服务设施两方面讲解绿色建筑在生活便利方面的要求。

8.1.1 无障碍与绿色出行

人与建筑的关系应该是和谐的，建筑最终的目的是为人服务。人一生中有 80% 以上的时间是在室内空间居住和工作的，因此建筑物提供的环境是否舒适很大程度上会影响人们的生活起居，好的建筑物甚至可以起到降低患疾病风险、提高工作效率、增强社交生活的作用。在关注良好的室内环境设计的同时，也不可忽视在不同建筑物之间移动的过程，即人员的出行问题。

8.1.1.1 无障碍环境与无障碍出行

（1）无障碍环境

无障碍环境指的是一个既可通行无阻又易于接近的理想环境，包括物质环境、信息和交流的无障碍。其中物质环境无障碍主要是要求城市道路、公共建筑物和居住区的规划、设计、建设应方便残疾人通行和使用，如城市道路应方便坐轮椅者、拄拐杖者和视力残疾者通行；建筑物应考虑出入口、地面、电梯、扶手、厕所、房间、柜台等设置残疾人可使用的相应设施以方便残疾人通行。无障碍设计是充分体现和保障不同需求使用者人身安全和心理健康的重要设计内容，通过进行无障碍设计使城市形成一个良好的无障碍环境，是提高人民生活质量，确保不同需求的人能够出行便利、安全地使用各种设施的基本保障。

根据第二次全国残疾人抽样调查结果，早在 2006 年我国残疾人口总数就达到了约 8296 万人；2021 年发布的第七次全国人口普查公报显示，截至 2020 年 11 月 1 日，我国 60 岁以上人口已有约 2.6 亿人，占比达到 18.7%。庞大人群的需求，使得无障碍设计成为一项重要任务。1986 年，我国建设部、民政部、中国残疾人福利基金会共同编制了《方便残疾人使用的城市道路和建筑物设计规范（试行）》，并于 1989 年 4 月 1 日颁布实施。这是我国第一部无障碍环境设计标准，标志着我国无障碍环境建设工作拉开序幕。之后经过多次修改与新条文的颁布，我国全面推进了无障碍环境建设的进程。2012 年，对无障碍规范再次进行了修订与增添内容，最终命名为《无障碍设计规范》（GB 50763—2012）并作为国家标准全面实施。我国已建立了无障碍环境建设技术标准体系，为开展无障碍环境建设提供了技术指导和支持。

① 城市道路无障碍设计

在进行城市道路无障碍设计时，应对包括主干路、次干路、支路等在内的城市各级各类道路进行满足规范条件的设计，保证城市无障碍步行系统的连贯性，场地范围内的人行通道应与城市道路、场地内道路、建筑主要出入口、场地公共绿地和公共空间等相连通、连续等，如图 8-1 和图 8-2 所示。

第 8 章

图 8-1　在有高差处设置的无障碍坡地形

图 8-2　无障碍坡道

② 建筑公共空间无障碍设计

建筑物内的公共空间包括出入口、门厅、走廊、楼梯、电梯等，应满足《无障碍设计规范》（GB 50763—2012）中的相关规定，并尽可能实现场内的城市街道、室外活动场所、停车场所、各类建筑出入口和公共交通站点之间等步行系统的无障碍联通。同时，在建筑物的公共区域还应充分考虑墙面或者易接触面不应有明显棱角或尖锐突出物，以保证使用者，特别是行动不便的老人、残疾人、儿童的行走安全。建筑内公共空间形成连续的无障碍通道，不仅能满足行为障碍者的使用需求，同时老人，推婴儿车、搬运行李的正常人也能从中得到方便，营造全龄、全群体友好的生活环境。如图 8-3 和图 8-4，在公共场所配有无障碍把手可以塑造良好的无障碍环境。

图 8-3　配有无障碍把手的电梯

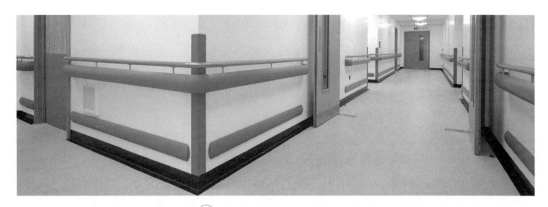

图 8-4　楼道无障碍扶手设计

（2）无障碍出行

无障碍出行的一个重要关注点是为无障碍群体的出行配备专门的出行配套设施，如无障碍停车位，如图 8-5 所示。2022 年 4 月，新修订的《机动车驾驶证申领和使用规定》实施，部分残疾人在符合规定中申领条件时可以申领驾驶证并驾驶部分汽车。为创造更良好的无障碍出行交通环境，无障碍停车位必不可少。根据《无障碍设计规范》对不同场所无障碍停车的要求，在居住区内，居住区停车场和车库的总停车位应设置不少于 0.5% 的无障碍机动车停车位；对于公共建筑，建筑基地内总停车数量在 100 辆以下时应设置不少于 1 个无障碍机动车停车位，100 辆以上时应设置不少于总数 1% 的无障碍机动车停车位。

图 8-5　无障碍停车位

《绿色建筑评价标准》（GB/T 50378—2019）中对无障碍环境与无障碍出行的规定如下：

6.1.1　建筑、室外场地、公共绿地、城市道路相互之间应设置连贯的无障碍步行系统。

6.2.2　建筑室内外公共区域满足全龄化设计要求，评价总分值为 8 分。具体评分规则见标准。

8.1.1.2 绿色出行与停车场（库）建设

除无障碍出行外，绿色建筑还应满足绿色出行的基本要求。绿色出行一般指能够节约能源、减少污染、兼顾绿色环保与出行效率的方式。常见的绿色出行方式一般有公共交通，如公共汽车、地铁；选乘清洁能源交通工具；步行、骑自行车等。

以公共交通为例。优先发展公共交通是缓解城市交通拥堵问题的重要措施，因此建筑与公共交通联系的便捷程度很重要。常见的公共交通站点包括公共汽车站和轨道交通站，如地铁站、公交车站等。为便于选择公共交通出行，在选址与场地规划中应重视建筑场地与公共交通站点的便捷联系，保证人员可在合理的时间内前往最近的公共交通枢纽。

"停车难"始终是困扰人们选择出行方式的一大难题。建造规模适度、布局合理、位置方便的停车场（库），提供便利的停车场所，是提高生活便利度的一个重要手段。以绿色出行方式如新能源汽车、共享单车为例，建造与其配套的停车设施，构造便利的出行环境，可以更好鼓励人们选择绿色出行方式，推动环境保护。

以新能源汽车与配有新能源汽车充电基础设施的停车场为例。电动汽车受电量限制，车主驾驶新能源汽车出行时必须考虑停车场能否有充电桩以避免出现电量耗尽等问题，如图 8-6 即为设立有新能源汽车充电桩的停车场。近年来新能源和清洁能源车辆产业发展迅速，2021 年新能源汽车销量 333.41 万辆，其中纯电动汽车最受欢迎，销量高达 273.4 万辆。新能源技术的不断更新进步和国家推出的一系列利好政策使新能源汽车产业蓬勃发展，已有停车场无论从停车位数量还是从提供充电等必要服务上都存在不足，解决新能源汽车配套专用停车场需求迫在眉睫。应当考虑如何对既有停车场进行可充电设施加设与改造、如何合理规划新阶段建设新型可充电停车场等问题，以解决"有车无桩""有桩无车"的现象。根据《电动汽车充电基础设施发展指南（2015—2020 年）》，绿色建筑配建停车场（库）应具备电动汽车充电设施或安装条件。对于新建社区，也可以考虑采用建设立体停车楼的形式扩大社区可容纳车辆数，如图 8-7 所示。

图 8-6　新能源汽车充电桩

图 8-7　北京南站立体停车楼

《绿色建筑评价标准》（GB/T 50378—2019）中关于绿色出行与停车场建设的规定如下：

6.1.2　场地人行出入口 500m 内应设有公共交通站点或配备联系公共交通站点的专用接驳车。

6.1.3　停车场应具有电动汽车充电设施或具备充电设施的安装条件，并应合理设置电动汽车和无障碍汽车停车位。

6.1.4　自行车停车场所应位置合理、方便出入。

6.2.1　场地与公共交通站点联系便捷，评价总分值为 8 分，具体评分规则见标准。

6.2.4　城市绿地、广场及公共运动场地等开敞空间，步行可达，评分总分值为 5 分。具体评分规则见标准。

8.1.2　服务设施

近年来，我国城市规划建设管理工作成就显著，城市规划法律法规和实施机制基本形成，基础设施明显改善，公共服务水平持续提升。"十三五"时期，我国公共服务体系日益健全完善，基本民生底线不断筑牢兜实，公共服务供给水平稳步提升，但也要看到，我国社会主要矛盾已经转化为人民日益增长的美好生活需要和不平衡不充分的发展之间的矛盾，广大人民群众期盼有更好的教育、更稳定的工作、更满意的收入、更可靠的社会保障、更高水平的医疗卫生服务、更舒适的居住条件、更优美的环境、更丰富的精神文化生活。人民群众的公共服务需求呈现多样化多层次多方面的特点。

8.1.2.1　公共服务及公共服务设施

公共服务可以根据其内容和形式分为基础公共服务、经济公共服务、公共安全服务、社会公共服务。基础公共服务是指那些通过国家权力介入或公共资源投入，为公民及其组织提供从事生产、生活、发展和娱乐等活动都需要的基础性服务，如提供水、电、气、交通与通信基础设施、邮电与气象服务等。

公共设施主要包括公共管理与公共服务设施、商业服务业设施、市政公用设施、交通场站及社区服务设施、便民服务设施。在 2016 年印发的《中共中央　国务院关于进一步加强城市规划建设管理工作的若干意见》中，也提出了"健全公共服务设施。坚持共享发展理念，使人民群众在共建共享中有更多获得感。合理确定公共服务设施建设标准，加强社区服务场所建设，形成以社区级设施为基础，市、区级设施衔接配套的公共服务设施网络体系。配套建设中小学、幼儿园、超市、菜市场，以及社区养老、医疗卫生、文化服务等设施，大力推进无障碍设施建设，打造方便快捷生活圈"。

提供完善的周边公共服务是提高居民生活体验、增加居民生活便利程度的重要手段之一。在《绿色建筑评价标准》中，就将"（绿色建筑周边服务设施能够）提供便利的公共服务"作为了评价其生活便利程度的重要指标之一。因此在设计绿色建筑时，应同时考虑如何合理规划周边建筑可提供的公共服务及公共服务设施的建设问题。

8.1.2.2　住宅建筑及其配套公共服务设施的设计

《住宅建筑规范》（GB 50368—2005）中提到，"住宅建筑配套公共服务设施应包括：教育、医疗卫生、文化、体育、商业服务、金融邮电、社区服务、市政公用和行政管理等9类设施。""配套公共服务设施可提供的服务项目与规模，必须与居住人口规模相对应，并与住宅同步规划、同步建设、同期交付。"由于不同规模住宅区域的人口密度、人员构成等因素的不同，其所需要配置的公共服务类型、规模等都不同。因此在对住宅建筑及其所在的居住区的配套服务设施进行设计时，首先应对居住区进行分级。

首先要了解"居住区"与"生活圈"的含义。"居住区"是指城市中住宅建筑相对集中的地区；"生活圈"是根据城市居民的出行能力、设施需求频率及其服务半径、服务水平等标准的不同，划分出的不同的居民日常生活空间，并据此进行公共服务、公共资源（包括公共绿地等）的配置。如图8-8所示，按照居民出行能力，可将生活圈分为社区生活圈、通勤圈和拓展生活圈。"生活圈"通常不是一个具有明确空间边界的概念，圈内的用地功能是混合的，里面包括与居住功能并不直接相关的其他城市功能。"生活圈居住区"是指一定空间范围内，由城市道路或用地边界线所围合，住宅建筑相对集中的居住功能区域；通常根据居住人口规模、行政管理分区等情况可以划定明确的居住空间边界，界内与居住功能不直接相关或是服务范围远大于本居住区的各类设施用地不计入居住区用地。居住区分级以人的基本生活需求和步行可达为标准，充分体现了以人为本的发展理念；分级设计同时也兼顾了配套设施的合理服务半径和运行规模，有利于充分发挥设施的社会效益和经济效益，以向居民提供更优质的服务。

图8-8　生活圈居住区示意图

《城市居住区规划设计标准》（GB 50180—2018）中根据居民在合理的步行距离满足基本生活需求的原则，将生活圈居住区分为了十五分钟生活圈居住区、十分钟生活圈居住区、五分钟生活圈居住区和居住街坊。各级居住区的居住人口和住宅数量也应满足一定数量限制，见表 8-1。

表8-1 居住区分级控制规模[《城市居住区规划设计标准》（GB 50180—2018）]

距离与规模	十五分钟生活圈居住区	十分钟生活圈居住区	五分钟生活圈居住区	居住街坊
步行距离 /m	800 ～ 1000	500	300	—
居住人口 / 人	50000 ～ 100000	15000 ～ 25000	5000 ～ 12000	1000 ～ 3000
住宅数量 / 套	17000 ～ 32000	5000 ～ 8000	1500 ～ 4000	300 ～ 1000

根据居住区的等级不同，《城市居住区规划设计标准》中还规定了居住区中不同规模居住区的用地控制指标。如表 8-2 就是对于十五分钟生活圈居住区规定的用地控制指标。利用分级，在设计时就可依据《城市居住区规划设计标准》对绿色建筑的建筑间距、配套的公园绿地等进行合理设计。

表8-2 《城市居住区规划设计标准》十五分钟生活圈居住区用地控制指标

建筑气候区划	住宅建筑平均层数类别	人均居住区用地面积/（m²/人）	居住区用地容积率	居住区用地构成 /%				
				住宅用地	配套设施用地	公共绿地	城市道路用地	合计
Ⅰ、Ⅶ	多层Ⅰ类 （4 ～ 6 层）	40 ～ 54	0.8 ～ 1.0	58 ～ 61	12 ～ 16	7 ～ 11	15 ～ 20	100
Ⅱ、Ⅵ		38 ～ 51	0.8 ～ 1.0					
Ⅲ、Ⅳ、Ⅴ		37 ～ 48	0.9 ～ 1.1					
Ⅰ、Ⅶ	多层Ⅱ类 （7 ～ 9 层）	35 ～ 42	1.0 ～ 1.1	52 ～ 58	13 ～ 20	9 ～ 13	15 ～ 20	100
Ⅱ、Ⅵ		33 ～ 41	1.0 ～ 1.2					
Ⅲ、Ⅳ、Ⅴ		31 ～ 39	1.1 ～ 1.3					
Ⅰ、Ⅶ	高层Ⅰ类 （10 ～ 18 层）	28 ～ 38	1.1 ～ 1.4	48 ～ 52	16 ～ 23	11 ～ 16	15 ～ 20	100
Ⅱ、Ⅵ		27 ～ 36	1.2 ～ 1.4					
Ⅲ、Ⅳ、Ⅴ		26 ～ 34	1.2 ～ 1.5					

如今居民对于配套设施的需求不再局限于学校、超市、医疗卫生等便民服务设施上，群众对于文化活动需求的提高，促进了对于文化馆、文化宫、老年人或儿童活动中心等设施的建设。配套设施的选择首先应尽可能多地满足群众需求，以保障民生、方便生活为设计目标。同时也应坚持开放共享的原则，例如中、小学的体育活动场地宜错时开放，作为居民的体育活动场地，提高公共空间的使用效率。配套设施布局应综合统筹规划用地的周围条件、

自身规模、用地特征等因素，并应遵循集中和分散布局兼顾、独立和混合使用并重的原则，集约节约使用土地，提高设施使用便捷性。

在实际建设中，由于缺乏详细的规范引导和建设控制要求，很多城市的社区工作用房和居民公益性服务设施分散、位置偏僻，导致使用不便，配套设施长期不能配齐的情况也普遍存在。因此在设计与建设过程中应鼓励将基层公共服务设施（尤其是公益性设施）集中或相对集中配置，打造城市基层"小、微中心"，为老百姓提供便捷的"一站式"公共服务，方便居民使用。十五分钟和十分钟生活圈居住区配套设施中，同级别的公共管理与公共服务设施、商业服务业设施、公共绿地宜集中布局，可通过规划将由政府负责建设或保障建设的公共服务设施相对集中，如文体设施、医疗卫生设施、养老设施等，来引导市场化配置的配套设施集中布局，形成居民综合服务中心。

在居住区土地使用性质相容的情况下，还应鼓励配套设施的联合建设，十五分钟生活圈居住区宜将文化活动中心、街道服务中心、街道办事处、养老院等设施集中布局，形成街道综合服务中心。五分钟生活圈居住区配套设施规模较小，更应鼓励社区公益性服务设施和经营性服务设施组合布局、联合建设，鼓励社区服务设施中社区服务站、文化活动站（含青少年、老年活动站）、老年人日间照料中心（托老所）、社区卫生服务站、社区商业网点等设施联合建设，形成社区综合服务中心。独立占地的街道综合服务中心用地和社区综合服务中心用地应包括同级别的体育活动场地。

8.1.2.3　公共建筑及其提供的公共服务

公共建筑内应至少兼容2种主要公共服务功能，如公用的会议设施、展览设施、健身设施、餐饮设施等以及交往空间、休息空间等空间，提供休息座位、家属室、母婴室、活动室等人员停留、沟通交流、聚集活动等与建筑主要使用功能相适应的公共空间。

公共服务功能设施向社会开放共享的方式也有多种形式，可以全时开放，也可根据自身使用情况错时开放。例如文化活动中心、图书馆、体育运动场、体育馆等，通过科学管理错时向社会公众开放；办公建筑的室外场地、停车库等在非办公时间向周边居民开放，会议室等向社会开放。

电动汽车充电桩的车位数占总车位数的比例不低于10%，是适应电动汽车发展的必要措施。周边500m范围内设有社会公共停车场（库），也是对社会设施共享共用、建筑使用者出行便捷性的重要评价内容。

此外，还可以对城市步行公共通道等进行设计，以提高和保障城市公共空间步行系统的完整性和连续性，一方面为城市居民的出行提供便利、提高通达性，另一方面也是绿色建筑使用者出行便利的重要评价内容。

8.1.2.4　广场、绿地和运动场地及其提供的公共服务

健身活动有利于人体骨骼、肌肉的生长，增强心肺功能，改善血液循环系统、呼吸系统、消化系统的机能状况，有利于人体的生长发育，提高抗病能力，增强有机体的适应能力。室外健身还可以促进人们更多地接触自然，提高对环境的适应能力，也有益于心理健康，对保障人体健康具有重要意义。在《中共中央　国务院关于进一步加强城市规划建设管理工作的若干意见》中提出"合理规划建设广场、公园、步行道等公共活动空间，方便居民

文体活动，促进居民交流。强化绿地服务居民日常活动的功能，使市民在居家附近能够见到绿地、亲近绿地"，如图 8-9 所示。

　　建造适量适当的配套户外运动场地可以提高建筑物的生活便利程度。这些场地首先应满足便捷性、可达性。在建筑物 300m 半径的范围内应配设一定规模的公园绿地或城市广场等，对住宅建筑物还应包括居住区公园；在建筑物 500m 半径的范围内，应至少有一处中型多功能运动场地（如集中设置篮球、排球、5 人足球的运动场地）或是其他对外开放的专用运动场，如学校对外开放的运动场。

　　除专业运动设施外，还可在建筑物周围零散设置小型健身场地或空间，如室外健身活动区、健身慢行道等。在中国的很多小区中一般会设有室外健身活动区，配有不同功能的健身器材。对于这类室外健身活动区（图 8-10），其设置位置应避免噪声扰民，并根据运动类型设置适当的隔声措施；健身场地内的设施等应进行全龄化的设计，满足各年龄段人群的室外活动需求。

图 8-9　居住区公园

图 8-10　社区室外健身活动区

　　健身慢行道（图 8-11）是指在场地内设置的供人们行走、慢跑的专用道路。健身慢行道应尽可能避免与场地内车行道交叉，步道宜采用弹性减震、防滑和环保的材料，如塑胶、彩色陶粒等。为保证舒适的行走或慢跑体验，步道的宽度应不少于 1.25m 且不短于 100m。

图 8-11　健身慢行道

第 8 章

此外，对于有条件新建或可改造的居住区，应鼓励在建筑或社区内设置专业健身房，或利用公共空间（如小区会所、入口大堂、休闲平台、共享空间等）设置健身区，配置一些健身器材，提供给人们全天候进行健身活动的条件，鼓励积极健康的生活方式。

《绿色建筑评价标准》（GB/T 50378—2019）中关于公共服务的规定如下：

> 6.2.3　提供便利的公共服务，评价总分值为 10 分。具体评分规则见标准。
>
> 6.2.5　合理设置健身场地和空间，评价总分值为 10 分。具体评分规则见标准。

8.2　绿色建筑与环境宜居

8.2.1　环境宜居与宜居城市

（1）环境宜居

"绿水青山就是金山银山"。习近平总书记在党的二十大报告中指出："我们坚持绿水青山就是金山银山的理念，坚持山水林田湖草沙一体化保护和系统治理，全方位、全地域、全过程加强生态环境保护，生态文明制度体系更加健全，污染防治攻坚向纵深推进，绿色、循环、低碳发展迈出坚实步伐，生态环境保护发生历史性、转折性、全局性变化，我们的祖国天更蓝、山更绿、水更清。"城市是人所创造的环境，城市的建立必然会产生人、自然与环境三者之间的矛盾。加快发展方式绿色转型，是党中央立足全面建成社会主义现代化强国、实现第二个百年奋斗目标，以中国式现代化全面推进中华民族伟大复兴作出的重大战略部署，具有十分重要的意义。

作为从业人员，我们同样也要从人与自然和谐共生的高度谋划建筑与环境的关系。地球表面生态系统包括大气圈、岩石圈、水圈、生物圈，如图 8-12。人类的生存依存于这些圈层，人类的生存活动必然会影响自然环境。为了在建筑全寿命周期中减少对土地的占用，减少对能源的消耗、污染物的排放，减少对生态系统的破坏，特别是土壤、地下水和地表水系统，减少人类同自然界之间的矛盾，在讨论绿色建筑的同时必须考虑建筑物本身对于环境的影响，并做到合理运用自然条件来构造一个无害于自然环境且同时满足人类居住的宜居环境。

（2）宜居城市

宜居城市则是城市发展到后工业化阶段的产物，宜居城市一般是指经济、社会、文化、环境协调发展，人居环境良好，能够满足居民物质和精神生活需求，适宜人类工作、生活和居住的城市。1996 年联合国第二次人居大会提出了城市应当是适宜居住的人类居住地的概念。此概念一经提出就在国际社会形成了广泛共识，成为 21 世纪新的城市观。2005 年，在国务院批复的《北京城市总体规划》中首次出现"宜居城市"概念。此后，中国城市竞争力研究会也连续多年发布"中国十大宜居城市"排行榜，各地都以建立宜居城市为目标大力进行城市宜居建设与规划。

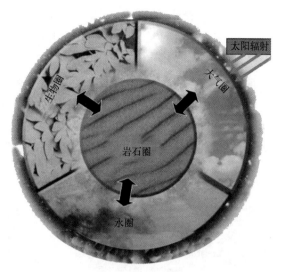

图 8-12　地球圈层结构

8.2.2　场地生态与景观

城市的宜居性不仅体现在其建设完善程度上，还体现在其良好的生态环境、自然资源上。理想的宜居城市应有着清洁的空气、水体，适宜的土地、岩层，良好少灾的气候，多样的山林、植被等等。近现代工业革命以来，世界各国展现出城市化进程的加快。以农业为主的传统乡村型社会向以工业和服务业等产业为主的现代城市型社会逐渐转变，促使了工厂等大型工业建筑及设施的需求不断增加。这些建筑的兴建必然会占用一部分自然资源，但由于需求量的激增，在建设时往往会减少对于兴建该建筑时可能会对自然环境造成伤害的关注度，进而造成对空气、土壤、水资源等自然资源的污染与浪费。

在这一小节中，将通过城市绿地、雨水资源再利用和生态环境的保护与修复等内容，讲解如何营造良好的宜居城市生态环境。

8.2.2.1　建筑配建绿地

根据《城市绿地分类标准》（CJJ/T 85—2017），城市绿地是指城市专门用以改善生态，保护环境，为居民提供游憩场地和美化景观的绿化用地。绿地可分为大类、中类、小类。大类包含公园绿地、防护绿地、广场用地、区域绿地、生态保育绿地等。绿地中用于绿化的植物，根据地区不同种类也各有不同，常见绿化植物有法桐、白玉兰、垂柳等乔木，也可以采用灌木作为绿地主要植被或采用大面积平坦草坪的方式构建绿地。实际上，大面积的草坪不但维护费用高，其生态效益也远小于灌木、乔木。因此，合理搭配乔木、灌木和草坪，以乔木为主，能够提高绿地的空间利用率、增加绿量，使有限的绿地发挥更大的生态效益。

复层绿化（图 8-13），是乔木、灌木、草坪的组合配置，是以乔木为主，灌木填补林下空间，地面栽花种草的一种种植模式，垂直面上形成乔、灌、草空间互补和重叠的效果。复层绿化根据植物的不同特性（如高矮、冠幅大小、光及空间需求等）差异而取长补短，相互兼容，进行立体多层次种植，以求在单位面积内充分利用土地、阳光、空间、水分、养分而达到最大生长量。植物配置应充分体现本地区植物资源的特点，突出地方特色，如北京地区绿化常用乔木有银杏、垂柳、槐树、白杨等，常用灌木有木槿、紫薇、紫丁香、大叶黄杨等。

在苗木的选择上，首要应保证的是绿植无毒无害，保证绿化环境的安全，不影响居民健康。如"花粉症大国"日本，国民中患有花粉症的人群比例很高，而其中引起大部分人花粉症的过敏原正是日本全国范围内大量种植的杉树的花粉（图8-14）。杉树虽然能够提供大量建设用木材，但其花粉的大量传播会诱发人们的花粉症，因此在选择绿化植物时除了考虑外观、经济效益等因素，还要保证其对人体健康不会造成影响。

图 8-13   复层绿化模式

图 8-14   杉树花粉

绿地除了设在地面，还可设在建筑物表面，这一类绿化方式被称为"屋顶绿化"（图8-15）。屋顶绿化不仅仅局限于字面意义上的屋顶，垂直外墙、露台、天台等，这些不与地面、自然土壤相连接的各类建筑物和构筑物的特殊空间也可以作为绿地的依附平台。人们可以根据建筑屋顶结构特点、荷载和屋顶上的生态环境建造绿色景观。因此在设计时，应鼓励各类建筑进行屋顶绿化和墙面垂直绿化，充分利用空闲的屋顶与墙面资源进行城市绿化，既能增加绿化面积，又可以改善屋顶和墙壁的保温隔热效果，还可有效滞留雨水以促进雨水等资源的回收再利用。

合理设置绿地可以起到改善和美化环境、调节微气候、缓解城市热岛效应等作用。绿地率以及公共绿地的数量是衡量居住区环境质量的重要指标之一。根据现行国家标准《城市居住区规划设计标准》（GB 50180—2018），集中绿地是指居住街坊配套建设、可供居民休憩、开展户外活动的绿化场地。为保障城市公共空间的品质、提高服务质量，每个城市对城市中不同地段或不同性质的公共设施建设项目，都要制订相应的绿地管理控制要求。

图 8-15　屋顶绿化

8.2.2.2　生态保护与修复

我国逐渐加强了对生态环境的保护与修复工作，草原围栏、退牧还草、京津风沙源治理等，取得了不同程度的进展。社会发展必然会影响生态环境，面对这不可避免的问题，应当采取必要措施以尽量降低影响程度。因此对于绿色建筑所在场地的生态，应尽可能做到保护原有的生态环境、修复已被影响的生态环境，合理布局建筑及景观。

（1）场地勘察

在建设项目时，应先对场地的地形和场地内可利用的资源进行勘察，充分利用原有的地貌进行场地设计及建筑、生态景观的布局，尽量减少土石方量，减少开发建设过程对场地周边环境生态系统的改变，包括原有植被、水体、山体等。

（2）生态复原

在建设过程中必须进行的改造，在工程结束后应及时采取生态复原措施，减少对原场地环境的改变和破坏。生态浮岛（图 8-16）就是常见的生态复原措施之一，常用于修复城市水体污染，如水体富营养化等。其原理是：以水生植物为主体，运用无土栽培技术人工搭建不同几何形状的漂浮载体，载体中培育有可吸收水中氨氮、磷等有机污染物质的各类植物。将载体置入富营养化的水体中，植物根系自然延伸并悬浮于水中，即可对水体净化。

8.2.2.3　雨水收集与再利用

雨水收集与再利用可以通过"海绵城市"实现。在第 6 章中，我们已经学习了有关"海绵城市"的相关知识。建设海绵城市，能够有效控制雨水径流，实现自然积存、自然渗透、自然净化的城市发展方式，有利于修复城市水生态、涵养水资源，增强城市防涝能力，提高新型城镇化质量，促进人与自然的和谐发展。

图 8-16　生态浮岛

建造海绵城市，最重要的就是要有"海绵体"。如图 8-17 所示，城市"海绵体"既包括河、湖、池塘等水系，也包括绿地、花园、可渗透路面这样的城市配套设施。雨水通过这些"海绵体"下渗、滞蓄、净化、回用，最后剩余部分径流通过管网、泵站外排，还可以起到缓解城市内涝压力的作用。因此在设计时，应考虑对场地的竖向设计。

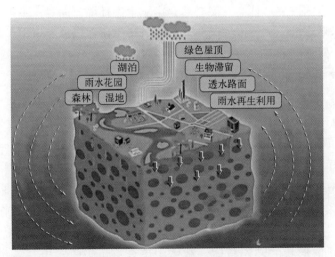

图 8-17　海绵城市示意图

利用竖向设计，将场地内雨水收集起来，经简单处理后用于土地入渗补充地下水、城市的绿化浇灌、冲洗马路、消防、洗车、冲厕、洗衣服及其他生活用途，既能减少城市雨洪危害、减轻城市排水和河道行洪压力，又能缓解城市水资源短缺的危机。场地的竖向设计还有防止场地积水或内涝的作用。因此无论是在水资源丰富的地区还是在水资源贫乏的地区，场地的竖向设计都是十分必要的。

场地的竖向设计到底是有利于雨水的收集还是排放，是有选择性的，如雨水的过量收集就会导致原有水体的萎缩或影响水系统的良性循环。因此雨水的收集量与排放量应由具体项目及建筑所在地的年降雨量等雨水情况决定，通过合理规划场地地表和屋面等处的雨水径流，对场地雨水实施外排总量控制。在规划时应以年径流总量控制率作为依据来分析设计是否合理。年径流总量控制率，即通过自然和人工强化的渗入、滞蓄、调蓄和收集回用，场地内累计一年控制的雨水量占全年总降雨量的比例。控制的总量应包括径流减排、污染控制、雨水调节和收集回用等，根据场地的实际情况，通过合理的技术经济比较，来确定最优方案。

以硬化地面的恢复为例。要使硬化地面恢复到自然地貌的环境水平，最佳的雨水控制量应以雨水排放量接近自然地貌为准，因此从经济性和维持区域水环境的良性循环角度出发，雨水径流的控制率也不宜过大，年径流总量控制率不宜超过 85%。

雨水的收集与回用还可以利用绿色雨水基础设施，如图 8-18 所示的雨水收集系统即为绿色雨水基础设施之一。常见的利用场地空间设置的绿色雨水基础设施有雨水花园、下凹式绿地、屋顶绿化、植被浅沟、截污设施、渗透设施、雨水塘、雨水湿地、景观水体等。水塘、湿地、低洼等天然具有调蓄雨水功能的绿地和水体是最简单的绿色雨水基础设施，可实现有限土地资源综合利用的目标。屋面雨水和道路雨水则是通过建筑场地构造引导雨水形成径流，再进行下渗的雨水排放方式。但是作为径流的重要源头，屋面雨水和道路雨水易被污染并形成污染源，故应合理设计雨水引导，采取相应的截污措施。另外雨水下渗作为削减径流和径流污染的重要途径之一，可以通过在硬质铺装地面中采用透水铺装来形成雨水下渗的有利条件。硬质铺装地面指场地中停车场、道路和室外活动场地等的地面，不包括建筑占地（屋面）、绿地、水面等；透水铺装是指既能满足路用及铺地强度和耐久性要求，又能使雨水通过本身与铺装下基层相通的渗水路径直接渗入下部土壤的地面铺装系统，包括采用透水铺装方式或使用植草砖、透水沥青等。

由于绿色雨水基础设施有别于传统的灰色雨水设施，如雨水口、雨水管道、调蓄池等，能够以自然的方式削减雨水径流、控制径流污染、保护水环境，因此在设计时更推荐使用。

8.2.2.4　城市标识系统

在《绿色建筑评价标准》（GB 50378—2019）中，新增了对于标识系统的要求。标识系统包括导向标识和定位标识，能够为建筑使用者带来便捷的使用体验。标识一般有人车分流标识、公共交通接驳引导标识、易于老年人识别的标识、满足儿童使用需求与身高匹配的标识、健身慢行道导向标识、健身楼梯间导向标识、公共卫生导向标识，以及其他促进便捷使用的导向标识。

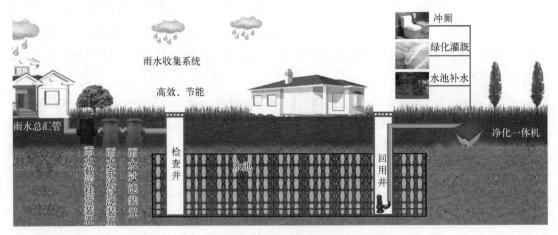

图 8-18　雨水收集系统图示

在标识系统设计和设置时，应考虑建筑使用者的识别习惯，通过色彩、形式、字体、符号等整体进行设计，具有统一性和可辨识度。同时也要考虑到老年人、残障人士、儿童等不同人群对于标识的识别和感知方式，如老年人由于视觉能力下降，需要采用较大的文字、较易识别的色彩系统等，儿童由于身高较低、识字量不够等，需要采用高度合适、色彩与图形化结合等方式的识别系统等，如图 8-19。

图 8-19　城市内的标识系统

8.2.2.5　生活垃圾与污染源的处理

生活垃圾一般分为四类（图 8-20），包括有害垃圾、易腐垃圾（厨余垃圾）、可回收垃圾和其他垃圾。近年来我国也在不断推行垃圾分类处理，以降低垃圾处理量与处理成本，提高资源回收利用率，降低对土地资源的消耗和环境污染。生活便利同样包括对生活垃圾的处理方式。根据垃圾产生量和种类，绿色建筑应合理设置其配置的垃圾分类收集设施，其中有害垃圾必须单独收集、单独清运。垃圾收集设施规格和位置应符合标准，其数量、外观色彩及标志应符合垃圾分类收集的要求，并置于隐蔽、避风处，与周围景观相协调。垃圾收集设施应坚固耐用，防止垃圾无序倾倒和露天堆放。同时还应考虑垃圾容器和收集点的环境卫生与景观美化问题，做到密闭并位置相对固定，具备定期冲洗、消杀条件，并能及时做到密闭清运。

🌲 图 8-20　垃圾分类垃圾桶

《绿色建筑评价标准》(GB/T 50378—2019) 中对场地生态与景观的规定如下：

8.1.3　配建的绿地应符合所在地城乡规划的要求，应合理选择绿化方式，植物种植应适应当地气候和土壤，且应无毒害、易维护，种植区域覆土深度和排水能力应满足植物生长需求，并应采用复层绿化方式。

8.1.4　场地的竖向设计应有利于雨水的收集或排放，应有效组织雨水的下渗、滞蓄或再利用；对大于 10hm² 的场地应进行雨水控制利用专项设计。

8.1.5　建筑内外均应设置便于识别和使用的标识系统。

8.1.7　生活垃圾应分类收集，垃圾容器和收集点的设置应合理并应与周围景观协调。

8.2.1　充分保护或修复场地生态环境，合理布局建筑及景观。具体评分规则见标准。

8.2.2　规划场地地表和屋面雨水径流，对场地雨水实施外排总量控制。具体评分规则见标准。

8.2.3　充分利用场地空间设置绿化用地。具体评分规则见标准。

8.2.4　室外吸烟区位置布局合理。具体评分规则见标准。

除了生活垃圾，绿色建筑场地内也不应存在未达标排放或者超标排放的气态、液态或固态的污染源，例如：易产生噪声的运动和营业场所，油烟未达标排放的厨房，煤气或工业废气超标排放的燃煤锅炉房，污染物排放超标的垃圾堆等。若有污染源应积极采取相应的治理措施并达到无超标污染物排放的要求。

8.2.3　室外物理环境

8.2.3.1　环境噪声与环境噪声污染

在第 4 章建筑声环境中，已经介绍了有关声音的各项参数、传播特性，以及人对于声音的接收方式与承受最高限度等知识。不仅室内有噪声问题，室外同样也存在噪声污

第 8 章

染问题。

根据我国目前颁布的《中华人民共和国环境噪声污染防治法》规定，环境噪声污染，是指所产生的环境噪声超过国家规定的环境噪声排放标准，并干扰他人正常生活、工作和学习的现象。环境噪声污染是一种能量污染，与其他工业污染一样，是危害人类环境的公害。根据环境噪声排放标准规定的数值，可以区分"环境噪声"与"环境噪声污染"。在数值以内的称为"环境噪声"，超过数值并产生干扰现象的称为"环境噪声污染"，环境噪声污染是噪声整治的重要部分。图 8-21 是施工现场对扬尘处理设备产生的噪声进行监测。

图 8-21　施工现场对扬尘处理设备产生的噪声进行监测

环境噪声污染一般有室外机器设备产生的噪声、施工噪声、音量过高或在休息时间的广场舞等噪声。对于环境噪声污染的控制，除了控制噪声大小，还要根据昼夜分时段进行不同程度的噪声防控。在进行设计时，可参考《声环境质量标准》（GB 3096—2008）。对于不同分区的建筑物，其应满足的室外环境噪声控制等级也有不同。在《声环境质量标准》中，将各类建筑根据声环境功能进行了分区：

0 类噪声控制要求等级最高，对应康复疗养区等特别需要安静的区域；

1 类为居民住宅、医疗卫生、科研设计等需要保持全区域安静的区域；

2 类为以商业金融、集市贸易为主要功能，或居住与商业、工业混杂区域，应优先维护住宅安静；

3 类为以工业生产、仓储物流为主要功能的区域，该区域的噪声控制应以防止工业噪声对周围环境产生影响为目标；

4 类为交通干线两侧一定区域，分为 4a 类和 4b 类两种，4a 类包括高速公路、一级公路、二级公路、城市快速路、城市主、次干路、内河航道等的两侧区域，4b 类为铁路干线两侧区域。对于这五类声环境功能分区，其昼间与夜间应满足的环境噪声限制如表 8-3 所示。

表8-3　《声环境质量标准》中环境噪声限值

声环境功能区类别		时段	
		昼间	夜间
0 类		50	40
1 类		55	45
2 类		60	50
3 类		65	55
4 类	4a 类	70	55
	4b 类	70	60

　　根据《绿色建筑评价标准》的要求，设计时应仅考虑室外环境噪声对人的影响，不考虑建筑所处的声环境功能区，即不论项目的声环境功能区类别等级高低，项目应尽可能地采取措施来实现环境噪声控制，将噪声影响降到最低。可以采用如合理选址规划、设置植物防护等方式对室外场地的超标噪声进行降噪处理。

8.2.3.2　光污染与照明设计

　　光污染是继废气、废水、废渣和噪声等污染之后产生的一种新的环境污染源。建筑光污染主要包括建筑反射光（眩光）、夜间的室外夜景照明以及广告照明等造成的光污染。国际上一般将光污染分为白亮污染（图 8-22）、人工白昼（图 8-23）和彩光污染三类。如在太阳光照射强烈时，采用玻璃幕墙、釉面砖墙等可反射光线建材的建筑就会造成白亮污染。人工白昼则是指霓虹灯、广告灯等在夜间产生的光污染形式，有些设施设备发出的强光甚至可以将夜空照亮如白昼一样，因此被称为"人工白昼"。彩光污染是指舞厅等场所安装的黑光灯、旋转灯、荧光灯以及闪烁的彩色光源构成的一类光污染。

图 8-22　白亮污染

图 8-23　城市夜间光照造成的"人工白昼"光污染

　　适当的光照可以增加环境舒适程度或起到装饰点缀的作用，但过量的光照会产生光污染。光污染的危害是多样的。首先光污染会严重扰乱居民生活，夏天玻璃幕墙强烈的反射光可能使室内温度升高，严重时会由于光汇聚引起火灾；其次，光污染还会影响人的安全与健康，其产生的眩光会让人感到不舒适，还会使人降低对灯光信号等重要信息的辨识力，带来道路安全隐患，在夜间过亮的环境也会影响人的生物节律；再次，光污染还会破坏生态环境，如城市的夜间，常亮的路灯或广告牌等就会影响具有趋光性的昆虫或鸟类。

为尽可能避免光污染的产生，减少光污染对生态环境的影响，需要进行照明设计。常见的控制对策包括降低建筑物表面的可见光反射比、合理选配照明器具、采取防止溢光措施等。如在现行国家标准《玻璃幕墙光热性能》（GB/T 18091—2015）中就将玻璃幕墙的光污染定义为有害光反射，规定了玻璃幕墙在满足采光、隔热和保温要求的同时，不应对周围环境产生有害光反射，通过控制其自身的可见光透射比与反射比、太阳光直接透射比、太阳能总透射比、遮阳系数、颜色透射系数等改变光的反射效果以起到减少有害光反射的效果。

对于室外夜景照明设计，设计时应参考现行国家标准《室外照明干扰光限制规范》（GB/T 35626—2017）和现行行业标准《城市夜景照明设计规范》（JGJ/T 163—2008）的各项要求，根据城市环境进行亮度分区，合理选择不同用途城市分区内应设置的光照强度、颜色、灯具种类等设计参数，注重整体艺术效果的同时兼顾其实际作用，同时满足居民生活与夜间交通等目的。

对于建筑物的日照设计，首先应使建筑规划布局满足日照标准，且不得降低周边建筑的日照标准。建筑室内的环境与日照密切相关，我国对住宅建筑及幼儿园、医院、疗养院等公共建筑都有日照的要求，如对于托儿所、幼儿园的主要生活用房，应能获得冬至日不小于3h的日照标准，对于老年人住宅、残疾人住宅的卧室、起居室，医院、疗养院半数以上的病房和疗养室，中小学半数以上的教室应能获得冬至日不小于2h的日照标准。在设计阶段应参考相关标准，包括现行国家标准《城市居住区规划设计标准》（GB 50180—2018）、《中小学校设计规范》（GB 50099—2011）等以及现行行业标准《托儿所、幼儿园建筑设计规范（2019年版）》（JGJ 39—2016）等。新建建筑在设计时，除自身必要的日照要求外，还应兼顾周边，减少对相邻的已建住宅、幼儿园生活用房等有日照标准要求的建筑产生不利的日照遮挡。

8.2.3.3 室外风环境与城市热岛效应

(1) 室外风环境

室外风环境也是影响城市室外空间环境舒适度的一项重要因素。风的产生是空气流动引起的自然现象，温差、地势差都是引起空气流动进而产生风的原因。城市风则是由于城市热岛效应和城市峡谷效应共同作用形成的城市所特有的风。由于建筑物高度的不同与产生的涡流、受热不均产生的局部热力环流也可能在城市内形成风。

城市峡谷效应是由于城市化程度较高的地区高楼多且密集，楼间距狭窄地带多，气流由城市内较开阔地带流入楼间隙之间时，空气被压缩，风速随之增大，气流在楼间流动时不断加速，瞬时风力甚至可以使汽车在行驶过程中摇晃；气流直到流出楼间隙时，风速才会再次放缓。这种类似自然界峡谷中存在的导致局部风力骤增的气流运动出现在城市中的现象被称作"城市峡谷效应"。

城市内适当风速的气流流动，可以带走城市内可能存在的有害空气团，净化城市环境；人在露天活动场所中被吹也会有较良好的室外体验；但同时，城市与郊区之间的气流流动会将城市内的有害污染空气扩散到郊区从而污染郊区环境，过高的风速也会影响市民出行，也可能影响建筑结构稳定。

因此对于场地内的风环境，应按照有利于室外行走，满足活动舒适和建筑自然通风的要求进行设计。如对于场地内主要功能为可供行人通行或停留的区域，其冬季距地 1.5m 高处风速应以小于 5m/s 作为不影响人们正常室外活动的基本要求；或以建筑物的迎风面与背风面风压不超过 5Pa 为标准，减少冷风向室内的渗透。在设计时应合理使用计算流体动力学等方式对不同季节典型风向、风速等内容进行模拟（图 8-24），模拟时使用的气象参数建议按地方有关标准要求、现行行业标准《建筑节能气象参数标准》（JGJ/T 346—2014）、现行国家标准《民用建筑供暖通风与空气调节设计规范》（GB 50736—2012）、《中国建筑热环境分析专用气象数据集》的顺序依次取得。

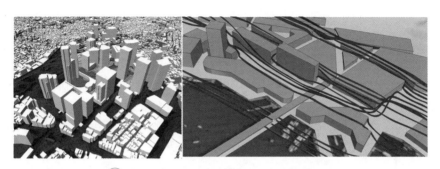

图 8-24 利用软件进行的风环境模拟与评价

（2）城市热岛效应

城市热岛效应（图 8-25）是指城市中心比郊区温度高的现象。由于城市中心聚集了大量建筑物（包括住宅、商业、工业建筑等）导致人工发热量的增加、存在建筑物和道路等高蓄热体以及绿地减少等原因，城市中心市区的温度相较于郊区会更高。在水平面上分析处在城市周边的郊区与处在中心的市区的温度，市区的温度就像突出海面的岛屿高于周边郊区，因此被形象地称作城市热岛。

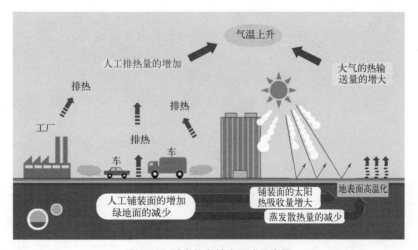

图 8-25 城市热岛效应形成示意图

城市热岛现象应得到有效控制。热岛现象常在夏季出现，不仅会使人们高温中暑的概率变大，同时还容易形成光化学烟雾污染，并增加建筑的空调能耗，给人们的生活和工作带来负面影响。一般可通过对室外硬质地面，如处于建筑阴影区外的步道、游憩场、庭院广场等，采用如乔木、花架等遮阴措施有效降低室外活动场地地表温度，减少热岛效应，提高场地热舒适度。对于屋顶或其他由建筑建材构成的表面，可以采用高反射率涂料等方式减少对太阳辐射的反射。

《绿色建筑评价标准》(GB/T 50378—2019) 中对室外物理环境的规定如下：

> 8.1.2　室外热环境应满足国家现行有关标准的要求。
>
> 8.1.6　场地内不应有排放超标的污染源。
>
> 8.2.6　场地内的环境噪声优于现行国家标准《声环境质量标准》GB 3096 的要求。具体评分规则见标准。
>
> 8.2.7　建筑及照明设计避免产生光污染。具体评分规则见标准。
>
> 8.2.8　场地内风环境有利于室外行走、活动舒适和建筑的自然通风。具体评分规则见标准。
>
> 8.2.9　采取措施降低热岛强度。具体评分规则见标准。

 思考题

 在线题库

8-1　什么是无障碍环境？为什么要进行无障碍设计？无障碍设计都包括哪些方面？

8-2　公共服务可分为哪几种？公共设施可分为哪几种？

8-3　住宅建筑配套的公共服务设施包括哪些？居住区与生活圈分别指什么？住宅建筑配套公共服务设施在建设时要注意哪些问题？公共建筑服务设施呢？

8-4　营造良好城市生态环境的方式有哪些？举例说明每种方式的原理。

8-5　声环境功能分区有哪些？在实际设计时应如何考虑声环境功能区的设计？

8-6　光污染种类有哪些？是如何产生的？有哪些危害？

8-7　什么是城市峡谷效应？什么是城市热岛效应？分别有哪些对应措施？

【参考文献】

［1］ 宁吉喆.第七次全国人口普查主要数据情况［EB/OL］.（2021-05-11）［2023-12-05］. https：//www.gov.cn/xinwen/2021-05/11/content_5605760.htm.

［2］ 中华人民共和国国家统计局.2006 年第二次全国残疾人抽样调查主要数据公报［EB/OL］.（2006-12-01）［2023-12-05］. https：//www.gov.cn/ztzl/gacjr/content_459223.htm.

［3］ 中华人民共和国国家发展和改革委员会.推动停车设施发展，支撑城市品质提升［EB/OL］.（2021-05-24）［2023-12-05］. https：//www.ndrc.gov.cn/fzggw/jgsj/zys/sjdt/202105/t20210528_1281684.html.

［4］ 中华人民共和国国家发展和改革委员会.电动汽车充电基础设施发展指南（2015—2020 年）［EB/OL］.（2015-10-09）［2023-12-05］. https：//www.ndrc.gov.cn/xwdt/gdzt/cjnjtzzcwj/201606/t20160607_1033476.html.

［5］ 中华人民共和国住房和城乡建设部.建筑与市政工程无障碍通用规范：GB 55019—2021［S］.北京：中国建筑工业出版社，2021.

［6］ 中华人民共和国住房和城乡建设部.城市居住区规划设计标准：GB 50180—2018［S］.北京：中国建筑工业出版社，2018.

第
8
章

绿色

建筑

概论

INTRODUCTION TO
GREEN BUILDING

第 9 章
绿色建筑与施工

○○ —— ○○ ○ ○○

　　"绿色"一词强调的是对原生态的保护，是借用名词，其实质是为了实现人类生存环境的有效保护和促进经济社会可持续发展。对于工程施工而言，在施工过程中要注重保护生态环境，关注节约与充分利用资源，贯彻"以人为本"的理念，行业的发展才具有可持续性。绿色施工强调对资源的节约和对环境污染的控制，是根据可持续发展对工程施工提出的重大举措，具有战略意义。

 学习目标

掌握绿色施工的相关知识；
认识绿色施工的重要性及其与传统施工之间的差异；
掌握绿色施工的组织管理方法；
了解绿色建材技术及其如何应用于绿色施工中。
关键词：绿色施工；组织与管理；绿色建材；绿色技术

 讨论

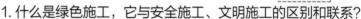

1. 什么是绿色施工，它与安全施工、文明施工的区别和联系？
2. 土木工程施工过程中，有哪些绿色施工技术？

9.1 绿色施工的定义

绿色施工技术除了文明施工、封闭施工、减少噪声扰民、减少环境污染、清洁运输等外，还包括减少场地干扰、尊重基地环境，结合气候施工，节约水、电、材料等资源或能源，采用环保健康的施工工艺，减少填埋废弃物的数量，以及实施科学管理、保证施工质量等。

关于绿色施工，具有代表性的定义主要有如下几种：

住房和城乡建设部颁发的《绿色施工导则》认为，绿色施工是指"工程建设中，在保证质量、安全等基本要求的前提下，通过科学管理和技术进步，最大限度地节约资源与减少对环境负面影响的施工活动，实现四节一环保（节能、节地、节水、节材和环境保护）"。这是迄今为止，政府层面对绿色施工概念的最权威界定。

北京市住房和城乡建设委员会与北京市市场监督管理局统一发布的《绿色施工管理规程》（DB11/T 513—2018）认为，绿色施工是"在保证质量、安全等基本要求的前提下，通过科学管理和技术进步，最大限度地节约资源，减少对环境负面影响的工程施工活动"。

《绿色奥运建筑评估体系》认为，绿色施工是"通过切实有效的管理制度和工作制度，最大限度地减少施工活动对环境的不利影响，减少资源与能源的消耗，实现可持续发展的施工技术"。

还有一些定义，如：绿色施工是以可持续发展作为指导思想，通过有效的管理方法和技术途径，以达到尽可能节约资源和保护环境的施工活动。

以上关于绿色施工的定义，尽管说法有所不同，文字表述有繁有简，但本质意义是完全相同的，基本内容具有相似性，其推进目的具有一致性，即都是为了节约资源和保护环境，实现国家、社会和行业的可持续发展，从不同层面丰富了绿色施工的内涵。另外，对绿色施工定义表述的多样性也说明了绿色施工本身是一个复杂的系统工程，难以用一个定义全面展现其多维内容。

综上所述，绿色施工的本质含义包含如下方面：

（1）绿色施工以可持续发展为指导思想。绿色施工正是在人类日益重视可持续发展的基础上提出的，无论节约资源还是保护环境都是以实现可持续发展为根本目的的，因此绿色施工的根本指导思想就是可持续发展。

（2）绿色施工的实现途径是绿色施工技术的应用和绿色施工管理的升华。绿色施工必须依托相应的技术和组织管理手段来实现。与传统施工技术相比，绿色施工技术有利于节约资源和环境保护，是实现绿色施工的技术保障。而绿色施工的组织、策划、实施、评价及控制等管理活动，是绿色施工的管理保障。

（3）绿色施工是追求尽可能减少资源消耗和保护环境的工程建设生产活动，这是绿色施工区别于传统施工的根本特征。绿色施工倡导施工活动以节约资源和保护环境为前提，要求施工活动有利于经济社会可持续发展，体现了绿色施工的本质特征与核心内容。

（4）绿色施工强调的重点是使施工作业对现场周边环境的负面影响最小，污染物和废弃物排放（如扬尘、噪声等）最小，对有限资源的保护和利用最有效，它是实现工程施工行业升级和更新换代的更优方法与模式。

9.2　绿色施工组织与管理

9.2.1　组织管理

建立绿色施工管理体系就是策划设计绿色施工组织管理，制订系统、完整的管理制度和绿色施工的整体目标。在这一管理体系中有明确的责任分配制度，项目经理为绿色施工第一责任人，负责绿色施工的组织实施及目标实现，并指定绿色施工管理人员和监督人员。

9.2.1.1　管理体系

施工项目的绿色施工管理体系是建立在传统的项目组织结构基础上的，融入了绿色施工目标，并且能够制订相应责任和管理目标以保证绿色施工开展的管理体系。目前的工程项目管理体系依照项目的规模大小、建设特点以及各个项目自身的特殊要求，分为职能组织结构、线性组织结构、矩阵组织结构等。绿色施工思想的提出，不是要采用一种全新的组织结构形式，而是将其当作建设项目中的一个待实施的目标来实现。这个绿色施工目标与工程进度目标、成本目标以及质量目标一样，都是项目整体目标的一部分。

为了实现绿色施工这一目标，可建立如图 9-1 所示的具有绿色施工管理职能的项目组织结构。具体措施有：

在项目部下设一个绿色施工管理委员会，作为总体协调项目建设过程中有关绿色施工事宜的机构。委员会中可以包含建设项目其他参与方人员，以便吸纳来自项目建设各个方面的绿色施工建议，并发布绿色施工的相关计划。

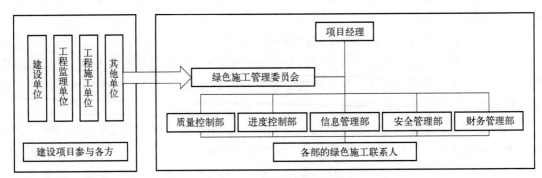

图 9-1　绿色施工管理组织体系

各个部门中任命相关绿色施工联系人，负责该部门所涉及的与绿色施工相关的任务的处理，在部门内部指导员工具体实施，对外履行和其他部门及绿色施工管理委员会的沟通。

以绿色施工管理委员会及各部门中绿色施工联系人为节点，将位于各个部门的不同组织层次的人员都融入绿色施工管理中。

9.2.1.2　责任分配

绿色施工管理体系中，应当建立完善的责任分配制度。项目经理为绿色施工第一负责人，由他将绿色施工相关责任划分到各个部门负责人，再由部门负责人将本部门责任划分到部门中的个人，保证绿色施工整体目标和责任分配。具体做法如下：

管理任务分工。在项目组织设计文件中应当包含绿色施工管理任务分工表（见表9-1）编制该表前应结合项目特点对项目实施各阶段的与绿色施工有关的质量控制、进度控制、信息管理、安全管理和组织协调管理任务进行分解。管理任务分工表应该能明确表示各项工作任务由哪个工作部门（个人）负责，由哪些工作部门（个人）参与，并在项目进行过程中不断对其进行调整。

表9-1　主要绿色施工管理任务/职能分工表

任务	部门					
	项目经理部	质量控制部	进度控制部	信息管理部	安全管理部	……
绿色施工目标规划	决策与检查	参与	执行	参与	参与	
与绿色施工有关的信息收集与整理	决策与检查	参与	参与	执行	参与	
施工进度中的绿色施工检查	决策与检查	参与	执行	参与	参与	
绿色施工质量控制	决策与检查	执行	参与	参与	参与	
……						

管理职能分工。管理职能主要分为四个，即决策、执行、检查和参与。应当保证每项任务都有工作部门或个人负责决策、执行、检查以及参与。

针对由于绿色施工思想的实施而带来的技术上和管理上的新变化和新标准，应该对相关人员进行培训，使其能够胜任新的工作方式。

在责任分配和落实过程中，项目部高层和绿色施工管理委员会应该由专人负责协调和监控，同时可以邀请相关专家作为顾问，保证实施顺利。

9.2.2　规划管理

9.2.2.1　编制绿色施工方案

绿色施工方案策划属于施工组织设计阶段的内容，分为总体施工方案策划以及独立成章的绿色施工方案策划，并按有关规定进行审批。

（1）总体施工方案策划

建设项目施工方案设计的优劣直接影响工程实施的效果，要实现绿色施工的目标，就必须将绿色施工的思想体现到方案设计中去。同时根据建设项目的特点，在进行施工方案设计时，应该考虑如下因素：

① 建设项目场地上若有需拆除的旧建筑物，设计时应考虑对拆除材料的利用。对于可重复利用的材料（如屋架、支撑等大中型构件），拆除时尽量保持其完整性，在满足结构安全和质量的前提下运用到新建设项目中去。对于不能重复使用的建筑垃圾（碎砖石、碎混凝土和钢筋等），也应当尽量在现场进行消化，如利用碎砖石混凝土铺设现场临时道路等。实在不能在现场利用的建筑废料，应当联系好回收和清理部门。

② 主体结构的施工方案要结合先进的技术水平和环境效应来优选。对于同一施工过程有若干备选方案的情况，尽量选取环境污染小、资源消耗少的方案。分项施工应当积极采用目前不断涌现出的具有显著节能环保效果的施工技术，例如钢筋的直螺纹连接方式、新型模板形式等。

③ 借鉴工业化的生产模式。把原本在现场进行的施工作业全部或者部分转移到工厂进行，现场只有简单的拼装，这是减少对周围环境干扰最有效的方法，同时也能节约大量材料和资源。建设项目可以根据自身的工程特点，采用不同程度的工业化方式，比如叠合楼板和叠合梁、一体化的外墙等。

④ 吸收精益生产的概念，对施工过程和施工现场进行优化设计。精益思想倡导的是"无浪费，无返工"的管理理念，通过计划和控制来合理安排建设程序，达到节约建设材料的目的。这与绿色施工的可持续性是高度一致的，因此在设计施工过程中可以吸纳这样的精益思想，实现节材和节能的目的。

（2）绿色施工方案策划

其主要内容如下：

① 明确项目所要达到的绿色施工具体目标，并在设计文件中以具体的数值表示，比如材料的节约量、资源的节约量、施工现场噪声降低的分贝数等。

② 根据总体施工方案的设计，标示出施工各阶段的绿色施工控制要点。

③ 列出能够反映绿色施工思想的现场专项管理手段。

9.2.2.2 绿色施工方案的内容

绿色施工方案具体应包括环境保护措施、绿色建材和节材措施、节水措施、节能措施、节地与施工用地保护措施 5 个方面的内容。

（1）环境保护措施

工程施工过程会扰乱场地环境和影响当地文脉的继承和发扬，对生态系统及生活环境等都会造成不同程度的破坏，包括对场地的破坏、噪声污染、建筑施工扬尘污染、泥浆污染、有毒有害气体对空气的污染、建筑垃圾污染。因此，施工过程中减少场地干扰、尊重场地原有资源对于维持地方文脉、减少环境污染、提高环境品质、保护生态平衡具有重要的现实意义和深远的历史意义。

（2）绿色建材和节材措施

绿色建材的含义是指采用清洁的生产技术，少用天然资源，大量使用工业或城市固体废弃物和农作物秸秆，生产无毒、无污染、无放射性，有利于环保与人体健康的建筑材料。绿色建筑材料的基本特征是：建筑材料生产尽量少用天然资源，大量使用尾矿、废渣、垃圾等废弃物；采用低能耗、无污染的生产技术；在生产中不使用甲醛、芳香族碳氢化合物等，不使用铅、镉、铬及其化合物制成的颜料、添加剂和制品；建材产品不仅不损害人体健康，而且有益于人体健康；产品具有多种功能，如抗菌、灭菌、除霉、除臭、隔热、保温、防火、调温、消磁、防射线和抗静电等功能；产品可循环和回收利用，废弃物无污染。

使用绿色建材就要求施工单位按照国家、行业或地方对绿色建材的法律法规及评价方法来选择建筑材料，以确保建筑材料的质量。即选用低耗能、高性能、高耐久性的建材；选用可降解、对环境污染少的建材；选用可循环、可回用和可再生的建材；使用采用废弃物生产的建材；就地取材，充分利用本地资源进行施工，以减少运输的能源消耗和对环境造成的影响。

节材措施具体包括：节约资源、减少材料的损耗、可回收资源的利用、建筑垃圾的减量化，临时设施充分利用旧料和现场拆迁回收材料，使用装配方便、可循环利用的材料；周转材料、循环使用材料和机具应耐用且维护与拆卸方便、易于回收和再利用；采用工业化的成品，减少现场作业与废料；减少建筑垃圾，充分利用废弃物。

（3）节水措施

据调查，建筑施工用水的消耗约占整个建筑成本的 0.2%，因此在施工过程中对水资源进行管理有助于减少浪费，提高效益，节约开支。所以，根据工程所在地的水资源状况，现场可不同程度地采取以下措施：监测水资源的使用，安装小流量的设备和器具，减少施工期间的用水量；采用节水型器具，降低用水量；有效利用基础施工阶段的地下水；在可能的场所利用雨水来减少施工期间的用水量；在许可情况下，设置废水重复、回用系统。

（4）节能措施

分析研究表明，大约有一半的温室气体来自建筑材料的生产和运输、建筑物的建造以及运行过程中的能源消耗。根据欧洲的有关数据，建设活动引起的环境负担占总环境负担的 15% ～ 45%。在英国，制造和运输建筑材料所消耗的能源占全国总能耗的 10%，而仅建筑照明就占总能耗的 20% ～ 40%。整个欧洲所消耗的能源大约有 1/2 用于建筑的运行，另外 25% 用于交通。这些能源大部分来源于日益减少的不可再生的原油，而且这样的能源消耗模式已不太可能持续很多代。

可采取的节能措施：通过改善能源使用结构，有效控制施工过程中的能耗；工艺和设备选型时，优先采用技术成熟且能源消耗低的工艺设备；合理安排施工工序，根据施工总进度计划，在施工进度允许的前提下，尽可能减少夜间施工；宿舍内所有日光灯均采用节能灯。

（5）节地与施工用地保护措施

"十分珍惜、合理利用土地和切实保护耕地"已成为我国的一项基本国策，土地问题越来越引起世人的关注，而我国土地资源紧缺的压力尤为突出。为了人类的命运，为了可持续发展，各行各业都在探索节约用地、合理用地的途径与方法，在这种形势下，工程建设施工过程中，节地与采取施工用地保护措施已势在必行，这些措施包括合理布设临时道路，合理布置临时房屋，合理设计取弃土方案，设施的布置要节约并合理使用土地，淘汰使用多孔红砖，施工组织中，科学地进行施工总平面设计。

9.2.3　实施管理

施工方案确定之后，进入到项目的实施管理阶段，其实质是对实施过程进行控制，以达到设计所要求的绿色施工目标。绿色施工应对整个施工过程实施动态管理，加强对施工策划、施工准备、现场施工、工程验收等各阶段的管理和监督。

9.2.3.1　施工过程的动态管理

建设项目进行过程中时刻都有变更发生，对绿色施工目标的完成产生干扰。为了保证绿色施工目标的实现，应对整个施工过程实施目标控制。具体步骤如下：将绿色施工的"四节一环保"整体目标进行分解，将其贯穿到施工策划、施工准备、材料采购、现场施工、工程验收等各阶段的管理和监督之中。可以将项目按照施工内容的不同分为几个阶段，根据以往的项目经验以及绿色施工目标为相关数据规定限值，作为实际操作中的目标值；项目实施过程中的绿色施工目标控制采用动态控制的原理。绿色施工目标从粗到细可以分为不同的层次，包括绿色施工方案设计、绿色施工技术设计、绿色施工控制要点以及现场施工过程等（见图 9-2）；动态控制的具体方法是在施工过程中对项目目标进行跟踪和控制。收集各个绿色施工控制要点的实测数据，定期将实测数据与目标值进行比较。当发现实施过程中的实际情况与计划目标发生偏离时，应分析偏离的原因，确定纠正措施，采取纠正行动。在工程建设项目实施中如此循环，直至目标实现为止。项目目标控制的纠偏措施主要有组织措施、管理措施、经济措施和技术措施等；整体目标控制可以用信息化技术作为协助实施手段。目前建设项目的信息化应用越

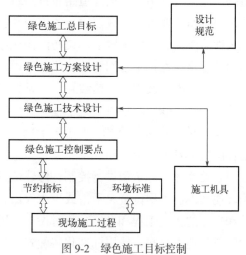

图 9-2　绿色施工目标控制

来越普遍，已开发出进度管理、质量控制、材料消耗、成本管理等信息化模块。在项目的信息化平台上开发绿色施工管理模块，对项目绿色施工实施情况进行监督、控制和评价等工作起到了积极的辅助作用。

9.2.3.2 施工准备

施工准备是为保证绿色施工生产正常进行而必须事先做好的工作。施工准备通常包括技术准备和施工现场准备。

（1）技术准备

技术准备主要包括：①收集技术资料，即调查研究。收集包括施工场地、地形、地质、水文、气象及现场和附近房屋、交通运输、供水、供电、通信、网络、现场障碍物状况等在内的资料；了解地方资源、材料供应和运输条件等资料，为制订绿色施工方案提供依据。②熟悉和审查图纸。包括学习图纸，了解设计图纸意图、出图时间，掌握设计内容及技术条件；了解设计各项要求，审查建筑物与地下构筑物、管线等之间的关系；踏勘现场，了解总平面与周围的关系，会审图纸，核对土建与安装图纸相互之间有无尺寸错误和矛盾，明确各专业间的配合关系。③编制施工组织设计或施工方案。这是做好绿色施工准备的中心环节。④编制施工预算。按照绿色施工的工程量、绿色施工组织设计拟定的施工方法、建筑工程预算定额和有关费用规定，编制详细的施工预算作为备料、供料、编制各项计划的依据。⑤做好现场控制网测量。设置场区内永久性控制坐标桩和水平基桩，建立工程控制网，作为工程轴线、标高控制依据。⑥规划技术组织。配齐工程项目施工所需各项专业技术人员、管理人员和技术工人；对特殊工种制订培训计划，制订各项岗位责任制和技术、质量、安全、管理网络和质量检验制度；对采用的新结构、新材料、新技术，组织力量进行研制和试验。⑦进行技术交底。向所有参与施工的人员层层进行全面细致的技术交底，使之熟悉了解施工内容。

（2）施工现场准备

施工现场准备主要包括：①整平场地。施工场地按设计总平面确定的范围和粗平标高进行整平，清理不适合于施工的土壤，拆除或搬迁工程和施工范围内的障碍物。②修筑临时道路。主干线宜结合永久性道路布置修筑，施工期间只修筑路基和垫层，铺简易泥结碎石面层；道路布置要考虑一线多用，考虑循环回转余地。③设防洪排水沟。现场周围修好临时或永久性防洪沟；山坡地段上部设防洪沟或截水沟，临时运输道路两侧应设排水沟；宜尽可能利用工程永久性排水管网为施工服务，现场内外原有自然排水系统应予疏通。④修好现场临时供水、供电以及现场通信线路。有条件时应尽可能先修建正式工程线路，为施工服务，节省施工费用。⑤修筑临时设施工程。分大型临时设施和小型临时设施两类。大型临时设施包括：职工单身宿舍、食堂、厨房、浴室、医务室、工地办公室、仓库等；小型临时设施包括：队组工具库、维修棚、烘炉棚、休息棚、茶炉棚、厕所以及小型机具棚等。修筑面积应按照有关修建指标定额进行控制，修建位置应严格遵照施工平面图布置的要求搭设，做到使用方便，不占工程位置，不占或少占农田，尽量靠近交通线路，尽量利用现场或附近原有建筑和拟建的正式工程和设施，临时设施设置尽可能做到经济实用，结构简易，因地制宜，利用旧料和地方材料，使用标准化装配式结构，使之可拆迁重复使用，同时遵循各项安全技术规定。

9.2.3.3　施工现场管理

建设项目对环境的污染以及对自然资源能源的耗费主要发生在施工现场，因此施工现场管理是能否实现整体绿色施工目标控制的关键。施工企业现场绿色施工管理的好坏，决定了绿色施工执行的程度。绿色施工现场管理的内容主要包括：

（1）合理规划施工用地

首先要保证场内占地合理。当场内空间不充分时，应会同建设单位、规划部门和公安交通部门申请，经批准后才能使用场外临时用地。

（2）施工组织中，科学地进行施工总平面设计

施工组织设计是施工项目现场管理的重要内容和依据，特别是施工总平面设计，其目的主要是对施工场地进行科学规划以合理利用空间。在施工总平面图上，临时设施、材料堆场、物资仓库、大型机械、物件堆场、消防设施、道路及进出口、加工场地、水电管线、周转使用场地都应合理，文明施工，以利于安全和环境保护。

（3）根据施工进展的具体需要按阶段调整施工现场的平面布置

不同施工阶段施工的需求不同，现场的平面布置亦应进行调整。一般情况下，施工内容发生变化，对施工现场也提出新的要求。所以，施工现场不是固定不变的空间组合，而应对其进行动态的管理和控制。但应遵守不浪费的原则。

（4）加强对施工现场使用的检查

现场管理人员应经常检查现场布置是否按平面布置进行，是否符合有关规定，是否满足施工需要，从而更合理地做好施工现场布置。

（5）建立文明的施工现场

建立文明施工现场，可使施工现场和临时占地范围内秩序井然，文明安全，环境得到保护，绿地树木不被破坏，交通方便，文物得以保存，居民不受干扰，这样有利于提高工程质量和工作质量，提高企业信誉。

（6）及时清场转移

施工结束后，应及时清场，将临时设施拆除，以便整治规划场地，恢复临时占用土地。

9.2.3.4　工程验收管理

每个环节的控制效果成功与否，应当通过一系列的检查验收工作来鉴定。工程验收即是对绿色施工的鉴定。健全完善现场材料进场验收制度，特别是对商品混凝土、钢筋等大宗材料要落实专人进行验收，确保材料质量合格，避免不必要的损失。

（1）对进场材料的验收不仅要从数量和价格方面进行验收，更主要的是对先期封存的相关资料、样品及各项技术参数（尤其是在满足力学性能要求的前提下对涉及环保因素的指标）的验收和检查。

（2）对各工艺过程中涉及环保指标的检查和验收。

（3）对完工工程的整体验收。

施工项目竣工验收是指承包人按施工合同完成了项目全部任务，经检验合格，由发包人组织验收的过程。施工项目竣工验收依据包括：设计文件、施工合同、设备技术说明书、设

计变更通知书、工程质量验收标准等。

9.2.3.5　营造绿色施工的氛围

近年来，随着我国经济的快速发展，城市化进程不断加快。在企业发展的实践中，应综合运用多种方法，努力做好建筑绿色施工，结合工程项目的特点，有针对性地对绿色施工作相应的宣传，通过宣传营造绿色施工的氛围。

9.3　绿色施工之绿色建材

9.3.1　有利于建筑节材的新材料、新技术

（1）采用高强建筑钢筋

我国城镇建筑主要是采用钢筋混凝土建造的，钢筋用量很大。一般来说，在相同承载力下，强度越高的钢筋，其在钢筋混凝土中的配筋率越小。相比于 HRB335 钢筋，以 HRB400 为代表的钢筋具有强度高、韧性好和焊接性能优良等特点，应用于建筑结构中具有明显的技术经济性能优势。经测算，用 HRB400 钢筋代替 HRB335 钢筋，可节省 10% ～ 14% 的钢材，用 HRB400 钢筋代换小直径 HPB235 钢筋，则可节省 40% 以上的钢材；同时，使用 HRB400 钢筋还可改善钢筋混凝土结构的抗震性能。可见，HRB400 等高强钢筋的推广应用，可以明显节约钢材资源。

（2）采用强度更高的水泥及混凝土

混凝土主要是用来承受荷载的，其强度越高，同样截面积承受的重量就越大；反过来说，承受相同的重量，强度越高的混凝土，它的横截面积就可以做得越小，即混凝土柱、梁等建筑构件可以做得越细。所以，建筑工程中采用强度高的混凝土可以节省混凝土材料。

（3）采用商品混凝土和商品砂浆

商品混凝土是指由水泥、砂石、水以及根据需要掺入的外加剂和掺合料等组分按一定比例在集中搅拌站（厂）经计量、拌制后，采用专用运输车，在规定时间内，以商品形式出售，并运送到使用地点的混凝土拌和物。商品混凝土也称预拌混凝土。早在 20 世纪 80 年代初，发达国家商品混凝土的应用量已经达到混凝土总量的 60% ～ 80%。

商品砂浆是指由专业生产厂生产的砂浆拌和物。商品砂浆也称为预拌砂浆，包括湿拌砂浆和干混砂浆两大类。湿拌砂浆是指水泥、砂、保水增稠材料、外加剂和水以及根据需要掺入的矿物掺合料等组分按一定比例在搅拌站经计量、拌制后，采用搅拌运输车运至使用地点，放入专用容器储存，并在规定时间内使用完毕的砂浆拌和物。干混砂浆是指经干燥筛分处理的砂与水泥、保水增稠材料以及根据需要掺入的外加剂、矿物掺合料等组分按一定比例在专业生产厂混合而成的固态混合物，在使用地点按规定比例加水或配套液体拌和使用。

（4）采用散装水泥

散装水泥是相对于传统的袋装水泥而言的，是指水泥从工厂生产出来之后不用任何小包装直接通过专用设备或容器从工厂运输到中转站或用户手中。多年来，我国一直是世界第一水泥生产大国，2023 年我国水泥总产量为 20.23 亿 t。袋装水泥需要消耗大量的包装材料，且由于包装破损和袋内残留等造成的损耗率较高，而散装水泥由于装卸、储运采用密封无尘作业，水泥残留可控制在 0.5% 以下，除节约水泥外，还节约水、电、煤等资源。

（5）采用专业化加工配送的商品钢筋

专业化加工配送的商品钢筋是指在工厂中把盘条或直条钢线材用专业机械设备制成钢筋网、钢筋笼等钢筋成品，直接销售到建筑工地，从而实现建筑钢筋加工的工厂化、标准化及建筑钢筋加工配送的商品化和专业化。由于能同时为多个工地配送商品钢筋，钢筋可进行综合套裁，废料率约为 2%，而工地现场加工的钢筋废料率约为 10%。

在现代建筑工程中，钢筋混凝土结构得到了非常广泛的应用，钢筋作为一种特殊的建筑材料起着极其重要的作用。2022 年，建筑行业是我国钢材消费量最大的行业，占钢材消费总量约 55%，是我国冶金行业的最大用户，其中螺纹钢筋，占到钢材总量的 20% 左右。但是建筑用钢筋规格形状复杂，钢厂生产的钢筋原料往往不能直接在工程上使用，一般需要根据建筑设计图纸的要求经过一定工艺过程的加工。施工工地现场加工的传统方式，不仅劳动强度大，加工质量和进度难以保证，而且材料浪费严重，往往是大材小用、长材短用，加工成本高，安全隐患多，占地多，噪声大。所以，提高建筑用钢筋的工厂化加工程度，实现钢筋的商品化专业配送，是建筑行业的一个必然发展方向。

《绿色建筑评价标准》（GB/T 50378—2019）中关于建材使用的规定如下：

> 7.2.15　合理选用建筑结构材料与构件，评价总分值为 10 分。具体评分规则见标准。
>
> 7.2.17　选用可再循环材料、可再利用材料及利废建材，评价总分值为 12 分。具体评分规则见标准。
>
> 7.2.18　选用绿色建材，评价总分值为 12 分。具体评分规则见标准。

9.3.2　绿色混凝土技术

9.3.2.1　清水混凝土技术

清水混凝土具装饰效果，所以又称装饰混凝土。它浇筑的是高质量的混凝土，而且在拆除浇筑模板后，不再进行任何外部抹灰等工程。它不同于普通混凝土，表面非常光滑，无任何外墙装饰，只是在表面涂一层或两层透明的保护剂，显得十分天然。采用清水混凝土作为装饰面，不仅美观大方，而且节省了附加装饰所需的大量材料，堪称建筑节材技术的典范。

清水混凝土也可预制成外挂板，而且可以制成彩色饰面。清水混凝土外挂板采用埋件与主体栓接或焊接，安装方式较为简单，方便快捷。清水混凝土外挂板或彩色混凝土外挂板将建筑物的外墙板预制装饰完美地结合在一起，使大量的高空作业移至工厂完成，能充分利用工业化和机械化的优势。

9.3.2.2　植生混凝土

植生混凝土以多孔混凝土为基本构架，内部存在一定比例的连通孔隙，为混凝土表面的绿色植物提供根部生长、吸取养分的空间，是一种生态友好型混凝土。植生混凝土由多孔混凝土、保水填充材料、表面土等组成，主要技术内容有多孔混凝土的制备技术、内部碱环境的改造技术及植物生长基质的配制技术、植生喷灌技术、植生混凝土的施工技术等。

（1）护堤植生混凝土

由碎石或碎卵石、普通硅酸盐水泥、矿物掺合料（硅粉、粉煤灰、矿粉）、水、高效减水剂组成。利用模具制成包含有大孔的混凝土模块拼接而成，模块中的大孔供植物生长；或是采用大骨料制成大孔混凝土，形成的大孔供植物生长；强度范围在 10MPa 以上；混凝土密度 1800～2100kg/m³；混凝土空隙率不小于 15%，必要时可达 30%。

（2）屋面植生混凝土

由轻质骨料、普通硅酸盐水泥、硅粉或粉煤灰、水、植物种植基组成。利用多孔的轻骨料混凝土作为保水和根系生长基材，表面敷以植物生长腐殖质材料；混凝土强度 5～15MPa；屋顶植生混凝土密度 700～1100kg/m³；屋顶植生混凝土空隙率 18%～25%。

（3）墙面植生混凝土

由天然矿物废渣（单一粒径 5～8mm）、普通硅酸盐水泥、矿物掺合料、水、高效减水剂组成。利用混凝土内部形成的庞大毛细管网络，作为为植物提供水分和养分的基材；混凝土强度 5～15MPa；墙面植生混凝土密度 1000～1400kg/m³；混凝土空隙率 15%～22%。

植生混凝土适用于屋顶绿化、市政工程坡面机构以及河流两岸护坡等表面的绿化与保护。

9.3.2.3　透水混凝土

透水混凝土是既有透水性又有一定强度的多孔混凝土，其内部为多孔堆聚结构。透水的原理是利用总体积小于骨料总空隙体积的胶凝材料部分地填充粗骨料颗粒之间的空隙并剩余部分空隙，使其形成贯通的孔隙网，因而具有透水效果。

透水混凝土由骨料、水泥、水等组成，多采用单粒级或间断粒级的粗骨料作为骨架，细骨料的用量一般控制在总骨料的 20% 以内；水泥可选用硅酸盐水泥、普通硅酸盐水泥和矿渣硅酸盐水泥；掺合料可选用硅灰、粉煤灰、矿渣微细粉等。投料时先放入水泥、掺合料、粗骨料，再加入一半用量的水，搅拌 30s；然后加入添加剂（外加剂、颜料等），搅拌 60s；最后加入剩余水量，搅拌 120s 出料。

透水混凝土的施工主要包括摊铺、成型、表面处理、接缝处理等工序。可采用机械或人工方法进行摊铺；成型可采用平板振动器、振动整平棍、手动推拉棍、振动整平梁等进行施工，表面处理主要是为了提高表面观感，对已成型的透水混凝土表面进行修整或清洗；透水混凝土路面接缝的设置与普通混凝土基本相同，缩缝等距布设，间距不宜超过 6m。

透水混凝土施工后采用覆盖养护，洒水保湿养护至少 7d，养护期间要防止混凝土表面孔隙被泥沙污染。混凝土的日常维护包括日常的清扫、封堵孔隙的清理。清理封堵孔隙可采用风机吹扫、高压冲洗或真空清扫等方法。

透水混凝土一般多用于市政道路、住宅小区、城市休闲广场、园林景观道路、商业广场、停车场等路面工程。

9.3.3　建筑装修绿色化

商品房装修一次到位是指房屋交钥匙前，所有功能空间的固定面全部铺装或粉刷完成，厨房和卫生间的基本设备全部安装完成，也称全装修住宅。

一次性装修到位不仅有助于节约，而且可减少污染和重复装修带来的扰邻纠纷。一次性整体装修可选择菜单模式（也称模块化设计模式），由房地产开发商、装修公司、购房者商议，根据不同户型推出几种装修菜单供住户选择。考虑住户的个性需求，一些可以展示个性的地方，如客厅的吊顶、玄关、影视墙等可以空着，由住户发挥。从国外以及国内部分商品房项目的实践来看，模块化设计是未来的发展方向，业主只需从模块中选出中意的客厅、餐厅、卧室、厨房等模块，设计师再进行自由组合，然后综合色彩、材质、软装饰等环节，统一整体风格，降低设计成本。

家庭装修以木工、油漆工为主，而将木工、油漆工的大部分工作在工厂做好运到现场完成安装组合的做法，目前在发达城市称为家庭装修工厂化。

传统的家装模式分为两种：

一是根据事先设计好的方案连同所需家具一同在现场进行施工，这样能使家具与居室内其他细木工制品（如门套、暖气罩、踢脚等）配色成套，但这种手工操作的方式避免不了噪声、污染以及各种因质量和工期问题给消费者带来的烦恼，刺耳的铁锤声、电锯声，满室飞舞的尘埃和锯末，不仅影响施工现场的环境要求，关键是一些材料（如细木工板、多层板等）和各种的油漆、黏结剂所散发出的刺鼻气味，还会直接影响消费者的身心健康，况且手工制作的木制品极易出现变形、油漆流迹、起鼓等质量问题。

二是很多消费者在经过简单的基础装修后，根据自己的感觉和设计师的建议到家具城购买家具，采用这种方式购买的家具经常不能令人十分满意，会出现颜色不匹配、款式不协调、尺寸不合适等一系列问题，使家具与整个空间装饰风格不能形成有机的统一，既破坏了装修的特点，又没起到家具应有的装饰作用。鉴于此，一些装饰公司通过不断地探索与实践，推出了"家具、装修一体化"装修方式，装饰公司把家装工程中所有的细木工制作（包括门、门套、木制窗、家具、暖气罩、踢脚等）全部搬到了工厂，用高档环保的密度纤维板代替低档复合板材，运用先进的热压处理技术，采用严格的淋漆打磨工艺，使生产出来的木制品和家具在光泽度、精确度、颜色、质量等方面达到了理想的效果。另外"一体化"生产在环保方面也可放心。在时间方面，现场开工的同时，工厂同期生产木工制品，待现场的基础工程完工，木制品就可以进入现场进行拼装，打破了传统的瓦工、木工、油漆工的施工顺序，大大节省了施工周期，为消费者装修节省了更多的时间和精力。此外，家庭装修工厂化基本上达到了无零头料，损耗率控制在 2% 以内，低于现场施工的材料损耗率，这样也能使装修费用降低 10% 以上。

《绿色建筑评价标准》（GB/T 50378—2019）中关于建筑装修的规定如下：

> 7.2.16 建筑装修选用工业化内装部品，评价总分值为 8 分。具体评分规则见标准。

9.3.4 利用当地建材资源

我国幅员辽阔，各地区资源状况很不一样，所以各地区使用的建筑材料品种不能要求千篇一律，否则会给很多地方带来很大困难，例如很多地区使用的建筑材料需要从外地长途运输，增加了建设成本，浪费了能源，也浪费了当地资源。所以应该实现建材本地化，就地取材，利用本地化建材建造相应的建筑，即建筑应该和本地化建材相适应。

例如，生土建筑是一种充分利用当地材料资源的建筑形式，中国传统建筑中最大量存在的生土建筑是窑洞。我国陕西、甘肃、山西、河南等黄土高原及相邻地区，有相当一批居民曾经或至今依然居住在依山开挖或在平地开凿的窑洞建筑中。窑洞的形式为长方形平面与圆拱形屋顶，有时可以并列若干窑洞屋，中间连以较小的窑洞式通道。另外一种较为典型的传统风格的生土建筑是福建永定地区的多层客家土楼。这些建筑的一个重要特点是冬暖夏凉，因而可以节约能源，此外也能节约建筑材料，不会造成环境的污染与破坏。

9.3.5 建筑垃圾再生利用

建筑垃圾大多为固体废弃物，一般是在建设过程中或旧建筑物维修、拆除过程中产生的。建筑垃圾不经任何处理，露天堆放或填埋，会造成不容忽视的后果：

一是恶化生态环境，例如：碱性的混凝土废渣使大片土壤失去活性，植物无法生长；使地下水、地表水水质恶化，危害水生生物的生存和水资源的利用。

二是建筑垃圾堆场占用了大量的土地甚至耕地。

三是影响市容和环境卫生。建筑垃圾堆场一般位于城郊，堆放的建筑垃圾不可避免地会产生粉尘、灰砂飞扬，不仅严重影响堆场附近居民的生活环境，粉尘、灰砂随风飘落到城区还将影响市容环境。

可见，大量的建筑垃圾若仅仅采取向堆场排放的简单处置方法，产生的危害直接威胁着人类生存环境和生态环境，在很大程度上制约着社会可持续发展战略的实施。为此，世界各国积极采取各种措施来解决建筑垃圾危害问题，努力实现建筑垃圾"减量化、无害化、资源化"，其中，资源化利用是处理建筑垃圾的有效途径。基于这一思想，世界各国都力求将建筑垃圾变为可再生资源加以循环利用。例如，自 20 世纪 40 年代以来，不少国家已经用废弃混凝土来填海造陆，或者用于铺垫路基、建筑工程基础回填等。由拆迁产生的建筑垃圾中无机物占 95% 左右，有机物和土壤占 5%。经过一系列科学的工艺加工，能生产出 80% 左右的砖末和砂浆末、15% 左右的混凝土再生骨料。砖末和砂浆末可以用于制作非承重轻质砖，混凝土再生骨料可用于制作承重砖等。如此操作，建筑垃圾就可以循环利用下去。建筑垃圾资源化利用新技术已成为世界各国共同关注的热点问题和前沿课题。例如，国内外已经开始探索利用废旧建筑塑料、废旧防水卷材、废弃混凝土、废弃砖瓦、再生水、废弃植物纤维及工业废渣、城市垃圾等生产的再生建材建造房子。

9.3.6　农业废弃物与建筑材料

9.3.6.1　粉煤灰

粉煤灰是火力发电厂排出的一种工业废渣。大量的粉煤灰如果任其排放,不仅严重污染环境,还占用了大面积的土地。因此,无论从节约能源、再利用资源,还是从保护地球环境来说,粉煤灰的再利用都是很迫切的。

粉煤灰是一种人工火山灰质材料。粉煤灰的化学组成主要是硅质和硅铝质材料,其中氧化硅、氧化铝及氧化铁等的总含量一般为 85% 左右,其他的如氧化钙、氧化镁和氧化硫的含量一般较低。粉煤灰的矿物组成主要是晶体矿物和玻璃体,在经历了高温分解、烧结、熔融及冷却等过程后,玻璃体结构在粉煤灰中占据了主要地位,晶体矿物则以石英、莫来石等为主。这种矿物组成使得粉煤灰具有独特的性质。就粉煤灰的颗粒特性来看,主要由玻璃微珠、多孔玻璃体及碳粒组成,其粒径为 0.001 ~ 0.01mm。粉煤灰的上述性质决定了它十分适用于建筑材料的生产,例如作为水泥掺合料、混凝土掺合料,生产墙板材料、加气混凝土、陶粒、粉煤灰烧结砖、蒸压粉煤灰砖等。

9.3.6.2　矿渣

冶金工业产生的矿渣有很多种,如钢铁矿渣、铜矿渣、铅矿渣、锡矿渣等,其中钢铁矿渣排放量占绝大多数,故此处矿渣专指钢铁矿渣。矿渣是冶炼钢铁时,由铁矿石、焦炭、废钢及石灰石等造渣剂通过高温反应排出的副产品。我国是钢铁生产大国,2020 年,全国生铁产量 8.87 亿 t、粗钢 10.6 亿 t、铁合金 3419.6 万 t,全年产生高炉渣 3.11 亿 t、钢渣 1.28 亿 t、铁合金渣 6839.2 万 t、含铁尘泥 9761.46 万 t,钢铁冶金渣共计 6.04 亿 t。矿渣在产生过程中经过了适宜的热处理、冷却固化、加工处理后,其化学成分、物理性质等都与天然资源相似,可应用于许多领域。钢铁矿渣因其潜在水硬性高、产量大、成本低,可以用于多种建筑材料的生产中。钢铁矿渣已经成为水泥生产中首选的混合材料,它还可以代替黏土、砂、石等材料生产砖、砌块以及矿棉、微晶玻璃等多种建筑材料。将矿渣用作建筑材料生产的原料,不仅避免了矿渣对环境的污染,而且节约了大量天然资源,符合循环经济发展要求。

近年来,国际上采用先进粉磨技术将矿渣单独磨细至比表面积达 400m²/kg 以上,用作水泥混合材可提高掺入比例达 70% 以上而不降低水泥强度,用作混凝土掺合料可等量取代 20% ~ 50% 的水泥,能配制成高性能混凝土,起到节能降耗、降低成本、保护环境和提高矿渣利用附加值的作用。

在我国,利用矿渣的成功事例也有很多:青岛钢厂利用钢渣磁选线,把每年产生的 50 万 t 钢渣全部变成了钢渣水泥、钢渣砖等建材产品;太原钢铁厂下属的东山水泥厂,利用矿渣生产的水泥每年达 30 万 t。

9.3.6.3　硅灰

硅灰又称微硅粉,是在冶炼硅铁和工业硅时,通过烟道排出的硅蒸气氧化后,经收尘器收集得到的具有活性的、粉末状的二氧化硅(SiO_2)。硅灰含有 85% ~ 95% 以上玻璃态的活性 SiO_2,硅灰平均粒径为 0.1 ~ 0.15μm,为水泥平均粒径的几百分之一,比表面积为 15 ~ 27m²/g,具有极强的表面活性。硅灰主要应用于水泥或混凝土掺合料,以改善水泥或混凝土的性能，配制超高强（C70 以上）、耐磨、耐冲刷、耐腐蚀、抗渗透、抗冻、早强的特种混凝土。由于采用硅灰配制的混凝土很容易达到高强度、高耐久性，所以混凝土建筑构件承载断面得以减小，混凝土建筑构件的使用寿命得以延长，容易实现建筑节材的目的。

9.3.6.4 稻壳灰

我国是世界上主要的水稻生产国，稻壳是大米生产过程中的副产品。我国每年稻壳产量约 5400 万吨。由于合成饲料的发展，原来可用作饲料的稻壳失去了市场，大量的稻壳只能采用简单焚烧的方法处理。事实上，稻壳经过燃烧形成的稻壳灰，其性质与硅灰相似，非常适合于生产多种建筑材料。例如，日本将稻壳灰与水泥、树脂混匀，经快速模压制得的砖块具有防火、防水及隔热性能，质量轻，且不易碎裂。美国以 65% 磨细的稻壳灰与 30% 熟石灰、5% 氯化钙混合，使用时再与水泥、砂、水按一定比例拌和，即得到一种性能相对稳定的混凝土砂浆，固化后强度高，防水、防渗性能良好，用于仓库、地下室极为合适。稻壳煅烧成活性高的黑色炭粉后，与石灰化学反应便可生成黑色稻壳灰水泥，它防潮、不结块，使用时再配上抗老化性能良好的罩光剂，能赋予建筑物柔和典雅的光泽。印度是多雨水的国家，为避免屋顶渗漏，某科研所用稻壳灰对沥青改性，新材料可耐 8 级高温，防水性能优异，有效使用寿命达 20 年以上，现已批量生产。巴西某公司依据稻壳灰熔点高、热传导率极低的特性，将其放入球磨机内研磨后，与耐火黏土、有机溶剂混合制造耐火砖取得成功，这种砖适用于易燃易爆品仓库。

9.3.6.5 煤矸石

我国是世界上产煤大国之一，能源结构以煤为主。煤矸石是夹在煤层中的岩石，是采煤和洗煤过程中排出的固体废弃物，煤矸石是我国排放量最大的工业废渣之一。

煅烧煤矸石或自燃煤矸石可作为混凝土掺合料使用：一是能降低水泥用量，降低能源消耗；二是能大量利用工业废渣，降低对环境的污染；三是能改善水泥混凝土的性能，增加水泥混凝土的抗碳化和抗硫酸盐侵蚀等能力。煤矸石经过适当处理后还可以作为其他建筑材料的原材料。

煤矸石的堆存，不仅浪费了宝贵的资源，而且严重污染大气及生态环境，危害人们的身体健康，占用了大片土地。煤矸石综合利用是节约资源、保护环境、实现可持续发展的重要措施。

9.3.6.6 淤泥

我国地域辽阔，江河湖泊众多，每年清淤会产生大量的淤泥，我国沿海地区还有大量的淤积海泥。大量的淤泥（尤其是含有很多有害物质的城市下水道污泥）随意堆放势必对自然环境造成污染，而且堆放会占用大量耕地，所以，加强对各种淤泥的综合利用开发，已成为一项迫切任务。大多数淤泥当中含有很多硅质材料和钙质材料，品质合格的淤泥适合用作多种建筑材料的原料。例如，江河湖泊的淤泥其矿物成分一般以高岭土为主，其次是石英、长石及铁质，有机质含量较少，淤泥的颗粒大多数在 80μm 以下，含有一定量的粗屑垃圾及细砂。就淤泥的成分来看，它完全可以作为建筑材料的原材料。按目前的工艺技术，品质合格的淤泥至少可以应用在三种建材产品中替代水泥企业生产的辅助原料。

建材行业参与开发利用淤泥资源，还具有良好的综合效益。仅以利用江河湖泊的淤泥来看，既能疏浚整治河道，加大河道蓄水量和过水量，恢复和提高其引排能力和防洪标准，又能减轻农民负担与河道工程投入对地方财政的压力，为加快河道疏浚步伐和实现水利建设良性循环开辟了切实有效的途径；而且能为建材企业提供新的原料来源，节约其他宝贵自然资源；既能有效地消除淤泥堆存造成的环境污染，减轻环境承受负担，又能有效节约和保护耕地资源。对淤积海泥的利用还能在相当大的海域范围消除赤潮污染和航道阻塞现象，有利于海湾生态环境保护和发展海洋经济。

9.3.6.7 农作物秸秆

我国是一个农业大国，农作物秸秆资源十分丰富，稻草、小麦秸秆和玉米秸秆为三大农作物秸秆。废弃植物纤维由于具有很多良好的性能，在建筑材料中应用具有一定的潜力。例如，可以开发研究绿色环保型植物纤维增强水泥基建筑材料及制品，变废为宝，不仅可以消化吸收大量的农作物秸秆等废弃植物纤维，减轻环境污染，而且为建筑材料生产提供了廉价的原材料来源，减少了建筑材料生产对矿产等宝贵天然资源的使用，促进循环经济发展。比如：

一是以秸秆为填充料，以膨润土或膨润类黏土为基料，以水玻璃作黏结剂按适当配比配料。生产工艺是将秸秆切割成一定尺寸，与其他原料混合，喂入挤压机，连续挤压成一定宽度和厚度的板，然后按一定长度切割，在自然环境或热风下干燥，再机械加工成可供建筑安装的板材。该板材适用于建筑物内外墙，其特色是轻质高强，适应各种气候变化。

二是以秸秆为基料，以硅酸盐水溶液和水玻璃作黏结剂，按需要添加淀粉或有机纤维素成型助剂，外掺亚黏土配料。将该配合料混合，均化处理，注模，在一定压力和温度下热压干燥一定时间，可生产出具有良好隔热隔声性能的轻质高强建筑板材。

三是用聚异磷酸酯有机黏结剂与秸秆配料，外掺用作防火剂的水玻璃、抗静电剂和杀菌剂，经模压工艺成型，由此制成的建筑板材具有轻质、低导热性、防静电、阻燃、抗菌的功能。

四是将短切秸秆浸泡在硼砂溶液中处理，取出放干，再在氢氧化钙悬浮液中处理，取出放干。经这样处理的秸秆可作为保温隔热、隔声、防火的优质心材，生产轻质夹心复合墙板。

五是用秸秆的碎屑与亚黏土配料生产出超轻质建筑砖。

9.4 绿色施工之技术措施

9.4.1 基坑施工封闭降水技术

基坑施工封闭降水技术是国家推广应用的 10 项新技术之一，指采用基坑侧壁止水帷幕＋基坑底封底的截水措施，阻截基坑侧壁及基坑底面的地下水流入基坑，同时采用降水措施抽取或引渗基坑开挖范围内地下水的基坑降水方法。基坑降水通过抽排方式，在一定时间内降低地层中各类地下水的水位，以满足工程的降水深度和时间要求，保证基坑开挖的施工环境和基坑周边建筑物、构筑物或管网的安全，同时为基坑底板与边坡的稳定提供有力保障。因此保证工程施工过程中降水技术的可行性是施工质量得以保障的基础。

在我国南方沿海地区宜采用地下连续墙或护坡桩+搅拌桩止水帷幕的地下水封闭措施。北方内陆地区宜采用护坡桩+旋喷桩止水帷幕的地下水封闭措施。河流阶地地区宜采用双排或三排搅拌桩对基坑进行封闭同时兼作支护的地下水封闭措施。

基坑施工封闭降水的技术指标主要包括：

封闭深度：宜采用悬挂式竖向截水和水平封底相结合，在没有水平封底措施的情况下要求侧壁帷幕（连续墙、搅拌桩、旋喷桩等）插入基坑下卧不透水土层一定深度。

连续截水帷幕厚度：搭接处最小厚度应满足抗渗要求，渗透系数宜小于 1.0×10^{-6} cm/s。

基坑内井深度：可采用疏干井和降水井。若采用降水井，井深度不宜超过截水帷幕深度；若采用疏干井，井深应插入下层强透水层。

结构安全性：截水帷幕必须与基坑支护措施配合使用（如注浆法），或者帷幕本身经计算能同时满足基坑支护的要求（如地下连续墙）。

9.4.2　施工过程水回收利用技术

发展中国家近1/3的人口居住在严重缺水地区。严重缺水地区水资源缺乏，水务基础设施建设相对滞后，再生水利用程度低。一些国家较早认识到施工过程中水回收、废水资源化的重大战略意义，为开展回收水再生利用，积累了丰富的经验。美国、加拿大等国家的回收水再利用实施法规涵盖了实践的各个方面，如回收水再利用的要求和过程、回收水再利用的法规和环保指导性意见。

目前，我国在水回收利用方面还没有专门的法规，但在《中华人民共和国水法》提出了提高水的重复利用率，鼓励使用再生水，提高污水、废水再生利用率的原则规定。

9.4.2.1　基坑施工降水回收利用技术

基坑施工降水回收利用技术，一般包含两种技术：一是利用自渗效果将上层滞水引渗至下层潜水层中，可使大部分水资源重新回灌至地下的回收利用技术；二是将降水所抽水体集中存放，用于生活用水中洗漱、冲刷厕所及现场洒水控制扬尘，经过处理或水质达到要求的水体可用于结构养护用水、基坑支护用水，如土钉墙支护用水、土钉孔灌注水泥浆液用水以及混凝土试块养护用水、现场砌筑抹灰施工用水等的回收利用技术。

基坑施工降水回收指标包括基坑涌水最大量、降水井出水能力、现场生活用水量、现场洒水控制扬尘用水量、施工砌筑抹灰用水量、基坑降水回收利用率。需要在现场设置高效洗车池和现场集水箱。现场设置一个高效洗车池，包括蓄水池、沉淀池和冲洗池三部分。将降水井所抽出的水通过基坑周边的排水管汇集到蓄水池，用于冲洗运土车辆等。冲洗完的污水经预设的回路流进沉淀池（定期清理沉淀池，以保证其较高的使用率）。沉淀后的水可再流进蓄水池，用作洗车。设置现场集水箱需要根据相关技术指标测算现场回收水量，制作蓄水箱，箱顶制作收集水管入口，与现场降水水管连接，并将蓄水箱置于固定高度（根据所需水压计算），回收水体通过水泵抽到蓄水箱，用于现场部分施工用水。

9.4.2.2 雨水回收利用技术与现场生产废水利用技术

雨水回收利用技术是指在施工过程中将雨水收集后，经过雨水渗蓄、沉淀后集中存放，用于施工现场降尘、绿化和洗车。经过处理的水体可用于结构养护用水、基坑支护用水，如土钉墙支护用水、土钉孔灌注水泥浆液用水以及混凝土试块养护用水、现场砌筑抹灰施工用水等的回收利用技术。现场生产废水利用技术是指将施工生产、生活废水经过过滤、沉淀等处理后循环利用的技术。施工现场用水应有 20% 来源于雨水和生产废水等回收。

9.4.3 墙体自保温体系施工技术

墙体自保温体系是指以蒸压加气混凝土、陶粒增强加气砌块和硅藻土保温砌块（砖）等制成的蒸压粉煤灰砖、蒸压加气混凝土砌块和陶粒砌块等为墙体材料，辅以节点保温构造措施的自保温体系，可满足夏热冬冷地区和夏热冬暖地区节能 50% 的设计标准。墙体自保温体系主要技术要求参见表 9-2，其他技术要求参见《蒸压加气混凝土砌块》（GB/T 11968—2020）和《蒸压加气混凝土制品应用技术标准》（JGJ/T 17—2020）的标准要求。

表9-2　墙体自保温体系主要技术要求

项目		指标
干体积密度 /（kg/m³）		475 ～ 825
抗压密度 /MPa	B05 级	3.5
	B06 级	5.0
	B07 级	5.0
	B08 级	7.5
导热系数 /[W/（m·K）]		0.12 ～ 0.2
体积吸水率 /%		15 ～ 25

由于砌块是多孔结构，其收缩受湿度、温度影响大，干缩湿胀现象比较明显，墙体上会产生各种裂缝，严重的还会造成砌体开裂。要解决上述质量问题，必须从材料、设计、施工等多方面共同控制，针对不同季节和情况进行处理控制。

一是砌块在存放和运输过程中要做好防雨措施。使用中要选择强度等级相同的产品，应尽量避免在同一工程中选用不同强度等级的产品。

二是砌筑砂浆宜选用黏结性能良好的专用砂浆，其强度等级应不小于 M10，砂浆应具有良好的保水性，可在砂浆中掺入无机或有机塑化剂。有条件的应使用专用的加气混凝土砌筑砂浆或干混砂浆。

三是为消除主体结构和围护墙体之间由于温度变化产生的收缩裂缝，砌块与墙柱相接处须留拉结筋，竖向间距为 500 ～ 600mm，压埋 2φ6 钢筋，两端伸入墙体内不小于 800mm；另每砌筑 1.5m 高时应采用 2φ6 通长钢筋拉结，以防止收缩拉裂墙体。

四是在跨度或高度较大的墙中设置构造梁柱。一般当墙体长度超过 5m，可在中间设置钢筋混凝土构造柱：当墙体高度超过 3m（120mm 厚墙）或 4m（180mm 厚墙）时，可在墙高中腰处增设钢筋混凝土腰梁。构造梁柱可有效地分割墙体，减少砌体因收缩变形产生的叠加值。

五是窗台与窗间墙交接处是应力集中的部位，容易因砌体收缩产生裂缝，宜在窗台处设置钢筋混凝土现浇带以抵抗变形。在未设置圈梁的门窗洞口上部的边角处也容易产生裂缝和空鼓，此外宜用圈梁取代过梁，墙体砌至门窗过梁处，应停一周后再砌以上部分，以防应力不同形成八字缝。

六是外墙墙面水平方向的凹凸部位（如线角、雨罩、出檐、窗台等）应做泛水和滴水，以避免积水。

9.4.4　粘贴式外墙外保温隔热系统施工技术

外墙外保温系统是由保温层、保护层和固定材料（胶黏剂锚固件等）构成，并且适用于安装在外墙外表面的非承重保温构造的总称。

目前国内应用最多的外墙外保温系统从施工做法上可分为粘贴式、现浇式、喷涂式及预制式等几种主要方式。其中粘贴式做法的保温材料包括模塑聚苯板（EPS 板）、挤塑聚苯板（XPS 板）、矿物棉板（MW 板，以岩棉为代表）、硬泡聚氨酯板（PU 板）、酚醛树脂板（PF 板）等，在国内也称为薄抹灰外墙外保温系统或外墙保温复合系统。这些材料中又以模塑聚苯板的外保温技术最为成熟，应用也最为广泛。

粘贴保温板外保温系统施工技术是指将燃烧性能符合要求的聚苯乙烯泡沫塑料板粘贴于外墙外表面，在保温板表面涂抹抹面砂浆并铺设增强网，然后做饰面层的施工技术。聚苯板与基层墙体的连接有黏结和粘锚结合两种方式。保温板为模塑聚苯板（EPS 板）或挤塑聚苯板（XPS 板）。构造示意图如图 9-3 所示。

图 9-3　粘贴保温板外保温系统构造示意图

系统应符合《外墙外保温工程技术标准》（JGJ 144—2019）的要求。

放线。根据建筑立面设计和外保温技术要求，在墙面弹出外门窗口水平、垂直控制线及伸缩缝线、装饰线条、装饰缝线等。

拉基准线。在建筑外墙大角（阳角、阴角）及其他必要处挂垂直基准钢线，每个楼层适当位置挂水平线，以控制聚苯板的垂直度和平整度。

XPS 板背面涂界面剂。如使用 XPS 板，系统要求时应在 XPS 板与墙的黏结面上涂刷界面剂，晾置备用。

配聚苯板胶黏剂。按配置要求，严格计量，机械搅拌，确保搅拌均匀。一次配制量应少于可操作时间内的用量。拌好的料注意防晒避风，超过可操作时间后不准使用。

粘贴聚苯板。排板按水平顺序进行，上下应错缝粘贴，阴阳角处做错茬处理；聚苯板的拼缝不得留在门窗口的四角处。当基面平整度不大于 5mm 时宜采用条粘法，大于 5mm 时宜采用点框法；当设计饰面为涂料时，黏结面积率不小于 40%，设计饰面为面砖时黏结面积率不小于 50%。

安装锚固件。锚固件安装应至少在聚苯板粘贴 24h 后进行。打孔深度依设计要求，拧入或敲入锚固钉。设计为面砖饰面时，按设计的锚固件布置图的位置打孔，塞入胀塞套管。如设计无要求且采用涂料饰面时，墙体高度在 20 ～ 50m 时，不宜小于 4 个 /m²，50m 以上或面砖饰面不宜少于 6 个 /m²。

XPS 板涂界面剂。如使用 XPS 板，系统要求时应在 XPS 板面上涂刷界面剂。

配抹灰砂浆。按配置要求，做到计量准确，机械搅拌，确保搅拌均匀。一次配置量应少于可操作时间内的用量。拌好的料注意防晒避风，超过可操作时间后不准使用。

抹底层抹面砂浆。聚苯板安装完毕 24h 且经检查验收后进行。在聚苯板面抹底层抹面砂浆，厚度 2 ～ 3mm。门窗口四角和阴阳角部位所用的增强网格布随即压入砂浆中。采用钢丝网时厚度为 5 ～ 7mm。

铺设增强网。对于涂料饰面采用玻纤网格布增强，在抹面砂浆可操作时间内，将网格布绷紧后贴于底层抹面砂浆上，用抹子由中间向四周把网格布压入砂浆中，要平整压实，严禁网格布褶皱。铺贴遇有搭接时，搭接长度不得少于 80mm。设计为面砖饰面时，宜用后热锁锌钢丝网，将锚固钉（附垫片）压住钢丝网拧入或敲入胀塞套管，搭接长度不少于 50mm 且保证 2 个完整网格的搭接。如采用双层玻纤网格布做法，在固定好的网格布上抹面砂浆，厚度 2mm 左右，然后按以上要求再铺设一层网格布。

抹面层抹面砂浆。在底层抹面砂浆凝结前抹面层抹面砂浆，以覆盖网格布、微见网格布轮廓为宜。抹面砂浆切忌不停揉搓，以免形成空鼓。

外饰面作业。待抹面砂浆基面达到饰面施工要求时可进行外饰面作业。外饰面可选择涂料、饰面砂浆、面砖等形式，具体施工方法按相关饰面施工标准进行。选择面砖饰面时，应在样板件检测合格、抹面砂浆施工 7d 后，按《外墙饰面砖工程施工及验收规程》（JGJ 126—2015）的要求进行。

9.4.5　现浇混凝土外墙外保温施工技术

9.4.5.1　TCC 建筑保温模板施工技术

建筑保温模板施工体系（Thermal insulation Construction Composites，TCC）是保温与模

板一体化的保温模板体系（图9-4）。该技术将保温板辅以特制支架形成保温模板，在需要保温的一侧代替传统模板，并同另一侧的传统模板配合使用，共同组成模板体系。保温材料为XPS挤塑聚苯乙烯板，保温性能和厚度符合设计要求。模板拆除后结构层和保温层即成型。

图 9-4   TCC 建筑保温模板体系构造示意图

保温材料为 XPS 挤塑聚苯乙烯板，保温性能和厚度符合设计要求，燃烧性能等技术性能符合《绝热用挤塑聚苯乙烯泡沫塑料（XPS）》（GB/T 10801.2—2018）要求；安装精度要求同普通模板，见《混凝土结构工程施工质量验收规范》（GB 50204—2015）。

该技术适用于有节能要求的新建剪力墙结构建筑工程。

建筑节能作为一种强制性法规在全国大部分地区贯彻实施。本技术在不改变传统墙体结构受力形式和施工方法的前提下，实现了保温与模板一体化的施工工艺，不仅能够很好地满足建筑节能的要求，而且具有施工快捷、成本较低等优点，与目前国内的其他保温施工体系比较，具有明显的优越性。

TCC 建筑保温模板系统施工技术是在充分吸收国内外各种保温施工体系成果的基础上，结合国内市场研制出的一种先进的保温施工体系。该体系吸收了国外保温施工体系的两个先进理念：一是保温层同结构层同时成型；二是保温板兼作模板，实现了保温与模板一体化施工。该技术为我国引进国外先进建筑施工技术提供了范例。

9.4.5.2   现浇混凝土外墙外保温施工技术

现浇混凝土外墙外保温施工技术是指在墙体钢筋绑扎完毕后，浇灌混凝土墙体前，将保温板置于外模内侧，浇灌混凝土完毕后，保温层与墙体有机地结合在一起。聚苯板可以是EPS，也可以是XPS。当采用XPS时，表面应做拉毛、开槽等加强黏结性能的处理，并涂刷配套的界面剂。按聚苯板与混凝土的连接方式不同可分为有网体系与无网体系两种。

有网体系。外表面有梯形凹槽和带斜插丝的单面钢丝网架聚苯板（EPS或XPS），在聚苯板内外表面及钢丝网架上喷涂界面剂，将带网架的聚苯板安装于墙体钢筋之外，用塑料锚栓穿过聚苯板与墙体钢筋绑扎，安装内外大模板，浇灌混凝土墙体，拆模后有网聚苯板与混凝土墙体连接成一体。

无网体系。采用内表面带槽的阻燃型聚苯板（EPS或XPS），聚苯板内外表面喷涂界面剂，安装于墙体钢筋之外，用塑料钢栓穿过聚苯板与墙体钢筋绑扎，安装内外大模板，浇灌混凝土墙体，拆模后聚苯板与混凝土墙体连接成一体。

9.4.6　外墙聚氨酯硬泡喷涂施工技术

外墙聚氨酯硬泡喷涂施工技术是指将硬质发泡聚氨酯喷涂到外墙外表面，并达到设计要求的厚度，然后做界面处理、抹胶粉聚苯颗粒保温浆料找平，薄抹抗裂砂浆，铺设增强网，再做饰面层。

外墙聚氨酯硬泡喷涂系统的技术特点如下：①聚氨酯导热系数低，实测值仅为 $0.018 \sim 0.024W/(m \cdot K)$，是目前常用的保温材料中保温性能最好的。②直接喷涂于墙体基面的聚氨酯有很强的自黏结强度，与各种常用的墙体材料（如混凝土、木材、金属、玻璃）都能很好黏结。③现场喷涂，对基面形状适应性好，不需要机械锚固件辅助连接；施工具有连续性，整个保温层无接缝。④比聚苯板耐老化，阻燃、化学稳定性好。聚氨酯硬泡在低温下不脆裂，高温下不流淌、不粘连、能耐温 120℃；燃烧中表面炭化，无熔滴；耐弱酸、弱碱侵蚀。⑤现场喷涂的聚氨酯硬泡受施工环境的影响很大，如温度、湿度、风力等，对操作人员的技术水平要求严格。⑥喷涂发泡后聚氨酯表面不易平整。⑦施工时遇风会对周围环境产生污染。⑧造价较高。

9.4.7　工业废渣及（空心）砌块应用技术

工业废渣及（空心）砌块应用技术是指将工业废渣制作成建筑材料并用于建设工程的技术。本节介绍两种：一是磷氨厂和磷酸氢钙厂在生产过程中排出的废渣，制成磷石膏标准砖、磷石膏盲孔砖和磷石膏砌块等；二是以粉煤灰、石灰或水泥为主要原料，掺加适量石英、外加剂、颜料和集料等，以还料制备、成型、高压或常压养护而制成的粉煤灰实心砖。粉煤灰小型空心砌块是以粉煤灰、水泥、各种轻重集料、水为主要组分（也可加入外加剂等）拌和制成的小型空心砌块，其中粉煤灰用量不应低于原材料重量的 20%，水泥用量不应低于原材料重量的 10%。

磷石膏砖适用于所有砌块结构建筑的非承重墙外墙和内填充墙；粉煤灰小型空心砌块适用于一般工业与民用建筑，尤其是多层建筑的承重墙体及框架结构填充墙。

9.4.8　铝合金窗断桥技术

铝合金窗于 20 世纪 70 年代初传入我国，铝合金窗以抗风性、抗空气渗透、耐火性好而被建筑工程广泛采用。铝的热传导系数高，在冷热交替的气候条件下，如果不经过断热处理，普通铝合金门窗的保温性能较差。目前，铝合金门窗一般采用断热型材。

隔热断桥铝合金在铝型材中间穿入了隔热条，将铝型材断开形成断桥，有效阻止了热量的传导。隔热铝合金型材门窗的热传导性比非隔热铝合金型材门窗降低了 40% ～ 70%。中空玻璃断桥铝合金门窗自重轻、强度高，加工装配精密、准确，因而开闭轻便灵活，无噪声，密度仅为钢材的 1/3，隔声性好。

断桥铝合金窗指采用隔热断桥铝型材、中空玻璃、专用五金配件、密封胶条等辅件制作

第 9 章

而成的节能型窗，如图 9-5 所示。主要特点是采用断热技术将铝型材分为室内、外两部分，采用的断热技术包括穿条式和浇注式两种。断桥铝合金窗适用于各类形式的建筑物外窗。

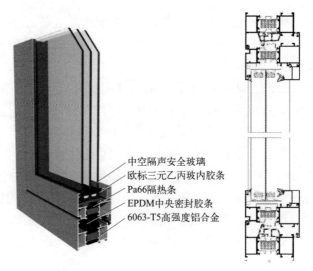

中空隔声安全玻璃
欧标三元乙丙玻内胶条
Pa66隔热条
EPDM中央密封胶条
6063-T5高强度铝合金

图 9-5　断桥铝合金窗

9.4.9　太阳能与建筑一体化应用技术

太阳能与建筑一体化是指在建筑规划设计之初，利用屋面构架、建筑屋面、阳台、外墙及遮阳等，将太阳能利用纳入设计内容，使之成为建筑的有机组成部分。

太阳能与建筑一体化分为光热一体化和光电一体化。

太阳能与建筑光热一体化是将太阳能转化为热能的利用技术，建筑上直接利用的方式有：①利用太阳能空气集热器进行供暖；②利用太阳能热水器提供生活热水；③基于集热 - 储热原理的间接加热式被动太阳房；④利用太阳能加热空气产生的热压增强建筑通风。

太阳能与建筑光电一体化是指利用太阳能电池将太阳能转化为电能由蓄电池储存起来，晚上在放电控制器的控制下释放出来，供室内照明和其他需要。光电池组件由多个单晶硅或多晶硅单体电池通过串并联组成，其主要作用是把光能转化为电能。

太阳能与建筑一体化适用于太阳辐射总量在 5000MJ/ 日的青藏高原、西北地区、华北地区、东北大部，以及云南、广东、海南的部分低纬度地区。太阳能与建筑光电一体化宜建小区式发电厂。

9.4.10　建筑遮阳技术

建筑遮阳是将遮阳产品安装在建筑外窗、透明幕墙和采光顶的外侧、内侧和中间等位置，夏季可阻止太阳辐射热从玻璃窗进入室内，冬季阻止室内热量从玻璃窗逸出。设置适合的遮阳设施可节约建筑运行能耗（节约空调用电 25%）；设置良好遮阳的建筑可以使外窗保温性能提高约一倍，节约建筑采暖用能 10% 左右。

遮阳产品安装的位置有外遮阳、内遮阳、中间遮阳及中置遮阳。

影响建筑遮阳性能的指标有抗风荷载性能、耐雪荷载性能、耐积水荷载性能、操作力性能、机械耐久性能、热舒适和视觉舒适性能等，产品技术性能指标见《建筑遮阳通用技术要求》（JG/T 274—2018）；施工时应符合《建筑遮阳工程技术规范》（JGJ 237—2011）。

建筑遮阳适合于我国严寒、寒冷、夏热冬冷、夏热冬暖地区的建筑工业与民用建筑。

 思考题

 在线题库

9-1　什么是绿色施工？简述绿色施工的意义。

9-2　绿色施工管理包括哪些内容？

9-3　考虑安全耐久时，绿色施工应该注意哪方面的因素？

9-4　常用的绿色建材技术有哪些？

9-5　请列举 10 项常用的绿色施工技术。

【参考文献】

[1] 马荣盔.绿色施工概念解析及推广应用 [R].上海：中国建筑第八工程局，2018.

[2] 李飞，杨建明.绿色建筑技术概论 [M].北京：国防工业出版社，2014.

[3] 张桂云.绿色施工技术在建筑工程中的实践运用 [J].建筑工程技术与设计，2015，(22)：205.

[4] 赵升琼.建筑可持续发展中的绿色施工技术 [J].科技创业月刊，2009 (7)：2.

[5] 吴瑞卿，祝军权.绿色建筑与绿色施工 [M].长沙：中南大学出版社，2017.

[6] 王艳.房屋建筑绿色施工技术应用研究 [D].南京：东南大学，2019.

[7] 肖绪文，罗能镇，蒋李红，等.建筑工程绿色施工 [M].北京：中国建筑工业出版社，2013.

[8] 韩建坤.建筑工程绿色施工管理研究 [D].石家庄：石家庄铁道大学，2019.

[9] 同继锋，马誉荣.绿色建材 [M].北京：化学工业出版社，2015.

[10] 于群，杨春峰.绿色建筑与绿色施工 [M].北京：清华大学出版社，2017.

绿色

建筑

概论

INTRODUCTION TO
GREEN BUILDING

第 10 章
绿色建筑与安全耐久

○○ ——— ○○ ○ ○○

　　绿色建筑的内涵自20世纪90年代开始，逐渐凸显"以人为本"理念。《绿色建筑评价标准》（GB/T 50378—2019）的修编，结构与上一版相比有了根本性的改变，即以建筑使用者为考虑对象，根据人们对建筑的感知、感受所对应的建筑性能进行章节的分列。其中安全感是最基本的，对应的建筑安全耐久性也是建筑最基本的性能要求。安全是绿色建筑质量的基础和保障；绿色建筑的安全以人为本，区别于以物作为考虑对象；建筑使用安全是社会关注度高、群众感知性强的问题；强调预防和前置考虑安全问题，不同于安全生产；绿色建筑对安全的评价有助于更好地实现安全生产目标，将安全耐久章节作为新国标第一章，说明其在绿色建筑评价中的基础性，更说明其不可或缺的地位。本章结合《绿色建筑评价标准》对建筑安全耐久做出了解释，总结了绿色建筑的选址原则，介绍了建筑安全耐久技术的设计原则和相关知识，帮助读者更好地学习绿色建筑的安全耐久设计。

 学习目标

掌握建筑物相关的安全耐久知识，认识建筑物安全耐久的重要性；

掌握建筑安全耐久的相关设计要求；

了解建筑物需要注意的安全问题。

关键词：安全耐久；建筑选址；建筑安全耐久设计

 讨论

1. 什么是建筑安全耐久？

2. 建筑安全耐久有哪些设计要求？

10.1 建筑安全耐久之定义

10.1.1 建筑安全

党的二十大报告提出：提高防灾减灾救灾和重大突发公共事件处置保障能力，加强国家区域应急力量建设。

绿色建筑的安全从人的安全角度出发，避免建筑使用过程中对人造成安全风险，例如人车分流、安全玻璃、防夹、坠落防护等。

所谓**建筑工程的安全性**，指的是土木建筑工程处于正常运转过程中可以负荷外界给予的不同作用的能力。在标准及设计所要求的震害、撞击等作用出现时，依旧可以保持建筑工程的整体性以及稳定性，即便是建筑工程结构发生局部破坏，也不会导致连续倒塌问题的发生。

此外，建筑安全不仅研究单体建筑的安全问题，也研究建筑群、村镇、城镇乃至城市的安全问题。城市由于人口集中、经济集中、社会财富集中、现代化设施集中，一旦出现灾害，往往会造成人员伤亡以及财产的损失，甚至是惨重的损失。而且各种灾害因群发性、交叉性，易诱发次生灾害，万万不可掉以轻心。建筑可能遭受的灾害有：水灾、地震、风灾、火灾、地质灾害（滑坡、泥石流、崩塌等）、海啸等。

《绿色建筑评价标准》（GB/T 50378—2019）对建筑安全提出明确要求：

> 4.2.1 采用基于性能的抗震设计并合理提高建筑的抗震性能。
>
> 4.2.2 采取保障人员安全的防护措施，采取措施提高阳台、外窗、窗台、防护栏杆等安全防护水平；建筑物出入口均设外墙饰面、门窗玻璃意外脱落的防护措施，并与人员通行区域的遮阳、遮风或挡雨措施结合；利用场地或景观形成可降低坠物风险的缓冲区、隔离带。
>
> 4.2.3 采用具有安全防护功能的产品或配件，采用具有安全防护功能的玻璃，采用具备防夹功能的门窗。
>
> 4.2.4 室内外地面或路面设置防滑措施，建筑出入口及平台、公共走廊、电梯门厅、厨房、浴室、卫生间等设置防滑措施，防滑等级不低于现行行业标准《建筑地面工程防滑技术规程》JGJ/T 331 规定的 B_d、B_w 级；建筑室内外活动场所采用防滑地面，防滑等级达到现行行业标准《建筑地面工程防滑技术规程》JGJ/T 331 规定的 A_d、A_w 级；建筑坡道、楼梯踏步防滑等级达到现行行业标准《建筑地面工程防滑技术规程》JGJ/T 331 规定的 A_d、A_w 级或按水平地面等级提高一级，并采用防滑条等防滑构造技术措施。

10.1.2 建筑耐久

所谓建筑工程结构的**耐久性**，指的是工程结构处于正常的运营、维护状态之下，可以达到一定的耐久性要求。也就是说，在工程结构的正常运行、维护之下，可以达到建筑工程的设计寿命周期要求。例如，工程结构所使用的材料不会对建筑功能有损坏、结构中的钢筋材料不会由于混凝土保护层太薄或者由于混凝土裂纹而发生腐蚀问题等。

《绿色建筑评价标准》（GB/T 50378—2019）对建筑物耐久性提出明确要求：

> 4.2.6 采取提升建筑适变性的措施，采取通用开放、灵活可变的使用空间设计，或采取建筑使用功能可变措施；建筑结构与建筑设备管线分离；采用与建筑功能和空间变化相适应的设备设施布置方式或控制方式。
>
> 4.2.7 采取提升建筑部品部件耐久性的措施，使用耐腐蚀、抗老化、耐久性能好的管材、管线、管件；活动配件选用长寿命产品，并考虑部品组合的同寿命性；不同使用寿命的部品组合时，采用便于分别拆换、更新和升级的构造。
>
> 4.2.8 提高建筑结构材料的耐久性，按 100 年进行耐久性设计；采用耐久性能好的建筑结构材料，对于混凝土构件，提高钢筋保护层厚度或采用高耐久混凝土；对于钢构件，采用耐候结构钢及耐候型防腐涂料；对于木构件，采用防腐木材、耐久木材或耐久木制品。
>
> 4.2.9 合理采用耐久性好、易维护的装饰装修建筑材料，采用耐久性好的外饰面材料；采用耐久性好的防水和密封材料；采用耐久性好、易维护的室内装饰装修材料。

第 10 章

10.2 绿色建筑安全耐久之选址

绿色建筑首先要选址正确，若选址错误，比如在生态保护区、湿地公园建一个绿色零能耗的建筑，无论再节能节水也违背了绿色建筑的本源。

10.2.1   绿色建筑选址的总体原则

在选址时，应将用户舒适度作为关注的重点，同时还要遵循绿色建筑设计理念。在正式选址前，企业应指定专业人员完成现场勘察工作，收集各类环境信息数据，并对这些信息数据进行全面分析，然后在此基础上开展建筑设计工作，确保建筑设计符合绿色环保理念。首先要做好建筑周边环境调查工作，并根据调查数据分析绿化率对建筑能耗造成的影响；其次要充分考虑当地的气候条件和地质情况，对现场的土壤、湿度、温度等进行记录和分析，选择最佳的建筑位置，从而减少建筑能耗；最后要利用地理优势来确定建筑的朝向、规模、角度以及高度，并且充分利用当地的光照、自然风等条件来实现建筑建设效益的最大化，有效减少资源消耗。

10.2.2   建筑选址中绿色设计理念的应用

建筑选址设计是绿色建筑设计中比较关键的内容。建筑选址影响建筑企业经济效益、施工设计方案，同时也是影响建筑安全、美观、舒适的重要因素。建筑企业在选址问题上必须充分考虑周围的自然环境、交通、配套设施、地势、地形、水利、气候等各种因素，从而确保选址的科学、合理。受各种因素的影响，建筑设计要依据外界环境，因地制宜，加强对当地自然资源的充分利用，一方面可以有效减少企业生产成本，另一方面也能大大提高使用者的便利性。另外，建筑设计加强对太阳能、风能等自然、清洁、可再生能源的充分利用，可以在很大程度上提高建筑设计的绿色节能程度，提高能源使用效率。

在绿色建筑设计中进行建筑选址需要考虑不同场地的自然地理环境条件，通常来说依山傍水的地理位置、良好的光照条件和通风条件等，都是当前绿色建筑设计中比较优秀的场地选项。

10.3   建筑安全耐久之技术

10.3.1   建筑防风

10.3.1.1   防风规划设计的原则

建筑防风灾设计的原则即对建筑安全设计的总要求和总目的，包括以下几个方面：

（1）确保人员安全和尽可能减少财产损失。灾害造成的直接损失是人员的伤亡，以及建筑物、构筑物、城市设施和其他财产的破坏，所以避免人员伤亡和财产损失是防灾设计基本要求。人的生命是最为宝贵的，在任何情况下都要首先考虑人的安全。即使在某些毁灭性灾害的情况下，仍要尽一切可能减少人员的伤亡，并尽可能减少财产的损失。

（2）综合考虑灾害环境、防灾设计等级和社会经济条件。灾害环境是某一地区灾害的类型及其危险性程度在空间上的分布状况，一般由灾害危险性分析或灾害区划图确定，取决于人们对灾害危险性的认识水平和预测方法的正确性；而防灾设计的等级取决于建筑物的重要性程度。灾害环境和防灾设计等级是防灾设计的基本依据，但同时还要兼顾当地社会经济的发展水平，合理确定防灾设计的标准。

（3）建筑物和构筑物在灾害中只发生有限破坏。在一些严重性灾害情况下，建筑物和构筑物的损坏难以避免，但必须将灾害造成的损坏控制在一定的范围内，不至于造成倒塌或完全失效，以避免或减少人员伤亡和财产损失，并使建筑物或构筑物在灾后可以修复。

（4）灾害发生过程中不会导致次生灾害的发生。在风灾发生过程中，树木倾倒、建筑物和构筑物局部损毁或构件脱落等，常常导致其他建筑物、构筑物和管线设施的损坏，进而发生交通阻塞、停水停电等现象。因此，避免次生灾害的发生往往比防御强风灾害更加重要。

（5）确保生命线工程在灾害中能够正常使用。生命线工程是保障城市功能、保障人民生命财产安全以及灾害救治所必不可少的建筑物、构筑物和城市基础设施。如道路、桥梁、堤坝、机场、车站、救灾指挥部门、消防站、医院、学校、通信和供水供电供气设施等。在生命线工程的规划设计中，必须提高设计的安全标准，确保在灾害中能够继续正常使用。

防风规划设计的指导思想建立在对人与灾害环境关系的正确认识之上。历史上人与灾害环境的关系经历了三个发展阶段，即逃灾、抗灾、减灾。"逃灾"反映出人类对灾害环境的惧怕和无奈，"抗灾"强调的是对灾害环境的征服，而"减灾"强调尽可能地减少灾害损失。从"逃灾"到"抗灾"是人类工程技术进步的结果，而从"抗灾"到"减灾"则是人类重新认识灾害客观规律的结果。应当认识到我们生活于自然之中，也是自然的一部分，应该主动地去适应灾害环境，并依循自然规律对灾害环境加以改善，创造人类与自然相融合的、和谐的人居环境，这才是我们应当遵循的行为准则和追求的理想目标，并以此作为防灾规划设计的指导思想，创造适应灾害环境的城市与建筑。

10.3.1.2　建筑防风设计要点

当代建筑的防风设计问题，集中表现在大量性低标准房屋和高层建筑这两种类型的建筑上。大量性低标准房屋的建设受到经济技术条件的限制，对风灾的防御应充分利用建筑形式和群体组合的优势，合理利用防风建筑材料和各种适宜的防风技术措施。高层建筑受风力的影响很大，还会出现近地面风速风向的复杂变化，即所谓风环境问题。因此，高层建筑的设计应特别注意体型及其组合，处理好风环境问题。高层建筑防风设计的要点，也适用于一般低层和多层建筑。

（1）就灾取材，材尽其用

在风灾严重地区进行建设，不仅要就地取材，还要"就灾取材"，选择适于防风灾的建筑材料。应向传统建筑学习，按照建筑上各个部位的不同要求，选择适合的材料并结合使用，达到物尽其美、材尽其用的目的。例如在基础、勒脚和墙角等部位采用砖石材料，上部可用夯土或土坯，并根据其重要性和当地的气候特点，加入不同的胶结材料。墙面可贴面砖、贝壳或抹灰，顶部采用砖瓦灰。这种做法综合利用了各种材料的特性，达到经济合理的目的，产生了丰富多彩的艺术效果。

石材的容重大且耐水耐风化性能好，是理想的建筑防风材料。砖也是一种有利于防风防水的建筑材料，砖砌体与石、木、混凝土等相结合，形成砖石、砖木和砖混结构，也是一种防风性能较好的结构形式和构造方法，但滨海地区咸湿强劲的海风具有很强的腐蚀性和风化力，砖的抗风化剥蚀性能较差，滨海的建筑物和构筑物比较少用。使用钢材和混凝土时，须特别注意做好防腐措施。

（2）屋顶材料与构造

混凝土平屋顶的防风主要是防止屋面构件脱落，加设檐墙是很好的做法。各种瓦面的屋顶必须特别注意其防风问题，因为大风中房屋的破坏往往是从屋顶开始的。为此应采用防风性能较好的硬山式屋顶，采用悬山式屋顶时应尽量少出檐。体量和面积较大的建筑应选择四坡顶。在各种方向风力的作用下，坡屋顶的屋脊和檐部的最大瞬时风压是屋面平均值的7倍，坡屋顶的破坏一般发生在屋脊或屋檐。因此要特别注意保护屋檐和屋脊，尽可能增加屋檐、屋脊和瓦面的重量与整体性，少出檐或不出檐，在屋檐下加设封檐板或挑檐板，特别是加建混凝土平顶外廊，或在屋檐上加设檐墙，可以取得很好的防风效果。

（3）"保本弃末"的防风灾措施

特大风灾是一种小概率事件，鉴于建筑物各部分的重要性不同和投资的合理性，在建筑物的不同部分采用不同的设计可靠度和不同的建筑构造，不失为一种经济合理的设计方法。为了保证在特大风灾时人、畜的安全，尽可能地减少财产损失，应将有限的人力物力重点用在建筑物的主要部分，以保其在特大风灾时不至于完全毁坏。例如海南有些民居在卧室的坡屋顶之下加建一层平顶。此外，设置防风避难室，也是沿海人民防御特大风灾的有效的办法。

尽可能降低房屋的高度，也是减轻风灾危害的有效途径。降低房高意味着减少受风面积和缩短风力传递路径、减少材料用量。以单层双坡顶房屋为例，若屋顶高跨比为1.5，进深为6m，当檐高由4m降至3m时，房屋所受水平风力可减少近30%，墙体材料可节约30%。降低房高的同时也缩短了柱子的高度。根据材料力学的原理，构件的刚度（即抗变形能力）与其长度的四次方成反比，柱子高度的降低大大增加了柱子的刚度，改善了梁柱间的受力状态，从而增加了结构整体的刚度。

（4）临时性防风灾措施

强风的破坏力很大但出现的概率很小，这使得建筑设计中，尤其是在大量性低标准房屋的设计中，安全性与经济性的矛盾比较突出。解决这一矛盾的好方法之一就是采取临时性的防灾措施。在灾害来临前，应及时对建筑的破损部位进行检查维修，若室外有桅杆、招幌等构件，也需要进行检查维修。对建筑的薄弱部位进行加固，如加设斜撑、拉索和屋面重物等，并在原结构的相应部位预设连接构造。这类措施的要点在于增加建筑物的变形约束条件，其费用很低而效果十分显著，但往往妨碍正常使用。

10.3.2　建筑防水

建筑防水作为现代建筑的基本功能要求，可直接纳入建筑安全的概念之中。以安全、环保、公众健康为原则的国家标准强制性条文中就收入了建筑防水的部分内容。水的长期浸入，会腐烂木结构，锈蚀钢筋，使混凝土裂缝发展，损害结构主体，形成建筑安全隐患，缩短安全使用寿命。随着生活水平的提高，居住建筑的设计标准及使用要求愈来愈高。高标准的装饰装修，对渗漏水特别敏感，常常对居住者的心理安全产生重要影响。

10.3.2.1 屋面防水设计

要提高屋面工程的技术水平，就必须把屋面当作一个系统工程来进行研究。因此，这里所说的屋面防水设计，实际也包括屋面工程设计，不仅考虑防水，还考虑保温隔热及其他有关内容的设计。

(1) 防水等级及设防要求

屋面防水设计最基本的依据是防水等级。因此，首先应根据建筑物的性质、重要程度、使用的功能要求以及防水层合理使用年限，确定屋面防水等级，再据此决定设防要求。防水等级的确定，也可以直接按业主要求的耐用年限确定。表 10-1 为屋面防水等级和设防要求详表。

表10-1　屋面防水等级和设防要求详表

项目	屋面防水等级			
	Ⅰ级	Ⅱ级	Ⅲ级	Ⅳ级
建筑物类别	特别重要或对防水有特殊要求的建筑	重要的建筑和高层建筑	一般的建筑	非永久性的建筑
防水屋面合理使用年限	25 年	15 年	10 年	5 年
设防要求	三道或三道以上防水设防	二道防水设防	一道防水设防	一道防水设防
防水层选用材料	宜选用合成高分子卷材、高聚物改性沥青防水卷材、金属板材、合成高分子防水涂料、细石防水混凝土等材料	宜选用高聚物改性沥青防水卷材、合成高分子防水卷材、金属板材、合成高分子防水涂料、高聚物改性沥青防水涂料、细石防水混凝土、平瓦、油毡瓦等材料	宜选用高聚物改性沥青防水卷材、合成高分子防水卷材、三毡四油沥青防水卷材、金属板材、高聚物改性沥青防水涂料、合成高分子防水涂料、细石防水混凝土、平瓦、油毡瓦等材料	可选用二毡三油沥青防水卷材、高聚物改性沥青防水涂料等材料

(2) 防水设计的一般原则

屋面工程防水设计应遵循"合理设防、防排结合、因地制宜、综合防治"的原则，这是我国建筑防水技术 50 年的经验总结。

屋面提倡多道设防，就是结合我国当前防水工程实际情况提出的原则之一。多道设防，以刚柔复合为宜，刚性在上，柔性在下，可使柔性防水层——通常作为主防水层——得到有效的保护。刚性防水上人屋面，还可结合饰面层设置聚合物水泥砂浆铺贴浅色饰面块材，形成辅助防水层，一举多得。屋面局部，如天沟、檐沟、阴阳角、水落口、变形缝等部位应设置附加防水层。这些部位是防水的薄弱环节，因此应做防水增强处理。

（3）屋面的排水设计

排水系统的基本设计至少应包括排水分区、水落口的分布及排水坡度。并明确给出分水脊线、排水坡交线。排水途径应力求通畅便捷，水落口应负荷均匀。屋面水落管的数量，应通过水落管的排水量及每根水落管的屋面汇水面积计算确定。

设计应优先采用结构找坡。规范规定，室内允许顶板有斜度，应采用结构找坡。跨度大的一般工业建筑和公共建筑，对平顶水平要求不高或加装吊顶的应采用结构找坡。其他平屋面，只要建筑功能允许，均宜采用结构找坡。结构找坡不仅节省材料、降低成本，减轻屋面荷重，还有利于构造的合理设计，简化层类，有利防水，方便维修。特别是在没有合适的找坡材料的地区，意义重大。

（4）提高屋面板刚度，减少板缝开裂

屋面结构刚度大小，对屋面变形大小起主要作用，这在多雨雪地区尤为重要。因此，除非在干燥少雨地区，屋面最好是现浇钢筋混凝土。结构层为装配式钢筋混凝土板时，规范规定其板缝应用强度等级不低于 C20 的细石混凝土灌缝；灌缝的细石混凝土中宜掺入 UEA 等混凝土膨胀剂，使混凝土密实不裂；板缝宽度大于 40mm 或上窄下宽时，还须设置构造钢筋。这些增加预制屋面板整体刚度的构造措施，只能避免较大的板缝开裂。因此，经常有人活动的屋面，全年屋面温差大于 55℃的地区，建议加掺聚合物，改善灌缝混凝土的脆性，减少板间裂缝的发生率。

10.3.2.2　外墙防水设计

由于各地外墙材料不同、气候条件不同，外墙防水设计的概念差别很大；同一地区，不同时期，不同建筑，设计标准不同，差别也很大。但由于我国一般城市民用建筑的结构及构造体系大体相近，特别是砌体材料变化不大，因此防水方面需要解决的问题又有许多共同之处。

（1）主体变形要求

减少结构主体变形的影响是外墙防水的先决条件。除了结构专业须控制荷载变形及整体温度变形外，容易被忽视的是屋盖温度变形对顶层墙体的影响。因此，屋面构造均应设计绝热层，而不必考虑顶层房间是否经常有人活动。否则容易使屋面与墙体交接处产生裂缝，导致外墙渗漏。非框架砌体建筑，主要靠圈梁、构造柱或芯柱减少或控制主体变形的影响。框架填充砌块墙体减少主体变形影响的措施主要有：拉结锚筋；从顶层向下，逐层填砌；各层砌至框架梁底，暂时留空不作，待外墙全部填砌后，再完成斜砖顶砌；粉刷前进行梁底检查，有空漏处勾填砂浆，必要时压力注浆。

（2）综合性能要求

注意提高墙体的综合性能：选择热工性能好的墙体材料，饰面考虑呼吸性、自洁性、耐候性，采用合理的外墙防水绝热构造系统。单纯提高墙体材料或某一构造层类的抗渗性能而牺牲过多的其他物理性能，是不可取的。"专治"渗水，往往治不了渗水。

（3）砌筑质量要求

外墙发生较严重的渗漏，大多与砌体砌筑质量有直接关系，而与砌块种类基本无关。保证砌筑质量，确保灰缝，特别是竖缝砂浆的饱满度，乃是外墙防水的基本条件。保证砌筑质量，除按有关规定浇筑芯柱或设置拉结钢筋、拉结网片之外，还应积极采用专用砂浆砌筑。专用砂浆，俗称干混砂浆。干混砂浆还可视使用部位（砌筑或粉刷）、适用砌体（混凝土空心砌块、加气混凝土砌块等）预先添加胶粉，和易性好，黏结力高，保水性强，收缩率低，有效减少砌缝开裂。但竖缝砂浆的饱满，仍主要靠施工操作人员的认真态度和技术水平来保证。

（4）温度变化产生裂缝的要求

解决温度变化引起的外墙裂缝，最好的方法是采用外墙外保温系统。不仅节能，同时也能解决防水问题。该系统用于新建建筑的关键是外墙设计必须一次到位，包括所有外挂设备及预留预埋条件。标准较低，且以隔热为主的新建建筑，若选用混凝土空心砌块（外墙），其东、西朝向的外墙，应采用 3 排孔砌块。该砌块总厚 190mm，两侧扁孔各宽约 20mm，形成的空气层对流活动少，可起隔热作用。外墙饰面设计成浅色，隔热效果显著提高。多层建筑，特别是低层建筑，绿化遮阳则是一种既有效又经济美观的隔热措施，应为首选。

（5）内装修的影响

内装修的规模对防水效果有直接影响：大拆大建，引发裂缝的产生与发展，渗漏机会多；较温和的装修引起的渗漏要少得多。对住宅来说，解决的办法之一是实行菜单式装修，一方面可避免大拆大建，另一方面，责任也更为明确。

10.3.2.3　地下防水设计

地下工程防水与安全问题的严重性在于：一旦发生渗漏，无一例外，都要付出沉重的代价。大量排水可能引起地面和地面建筑物不均匀沉降；长期慢性渗漏，则使混凝土持续产生渗出物，导致混凝土内碱性环境失衡，进而钢筋锈蚀，影响结构安全；特别是发生大面积渗漏时，几乎没有彻底维修的办法，被迫采取排、堵结合的办法，只能维持正常运作，根本无法考虑长久的安全问题。

（1）防水设计原则

地下工程的防水设计原则，以前的提法很多，各行业系统的提法也不尽一致。《地下工程防水技术规范》规定：地下工程防水的设计和施工应遵循"防、排、截、堵相结合，刚柔相济，因地制宜，综合治理"的原则。

防水原则既要考虑如何适应地下工程种类的多样性问题，也要考虑如何适应地下工程所处地域的复杂性问题，同时还要使每个工程的防水设计者，在符合总的原则的基础上，可根据各自工程的特点有适当选择的自由。

（2）地下室防水概念设计

简化平剖面设计：地下室平剖面设计应尽量简化，即所谓"简、并、避、离、升"。这种简化原则，作为地下室防水设计的基本概念，曾为建筑专业几十年来所遵循。其中最主要的是"简、并"原则。在工艺要求的地下室平面给出来以后，首先将地下室外墙琐碎细部简化，将单独的零散部分并入，最后调整外墙，原则是使其总长愈小愈好。

关于分期建设：分期建设的项目，有时地上是分开的，地下却是连成一片的。连成一片的地下部分最好不分期。资金有困难，施工可分期，设计则不应分；若一定要分，必须将两期之间交接处的预留设计一次完成。交接预留主要与防水设计的变形缝、施工缝、后浇带、预注浆有关。

变形缝的设计：变形缝的设计不是一个简单的缝的构造设计，而是涉及很多方面的一个系统设计，因此将其归在防水概念设计之中。其设计原则主要是尽量减少变形缝的设置数量、设计长度，并充分考虑缝的设置位置。缝的位置要与建筑平面功能划分及剖面设计形式协调好，不能矛盾。其次，变形缝还与集水坑的设置、施工组织设计有关。

地下室外墙柱：地下室的防水，重要的是主体防水；主体防水主要是结构自防水，钢筋混凝土外墙防水主要是防止混凝土产生有害裂缝，减少或消除有害裂缝的主要措施之一就是设计后浇带；后浇带在地下室外墙上的作用能否发挥，就与外墙及柱的设计有关，墙柱分离有利，墙柱合一则有害。

降排水：地下工程中具有自流排水条件且允许做自流排水的工程，应积极采用排水系统以降低地下水的压力，使防水设防做到简单、省钱、效果好。

回填土：地下室回填土要求采用黏土或原土，按每层300mm分层夯实。若采用石渣回填，使地下室长年浸泡在地下水中，对防水大为不利；且建筑物周边地面在经年雨水的沉实作用下，有下沉开裂的可能。

连续墙：将连续墙加厚，与内衬墙合二为一，并非好思路。若没有特殊措施，建议另加内衬墙，连续墙与内衬墙之间设置空腔或滤水层，当然要在内衬墙施工前，对连续墙实施全面认真的堵漏防渗。

10.3.2.4　室内工程防水设计

室内工程防水具体包括住宅的厨房、卫生间；商业建筑的厨房（俗称大厨房，简称大厨）、公共浴室、公共卫生间（厕所、盥洗）；也包括办公等其他建筑的卫生间、开水间、其他用水房间。此外，与民用建筑，特别是住宅关系密切的室外楼梯、半室外楼梯、阳台、大平台、水池及泳池，也可包括在室内工程之内，尽管这部分并不在室内。

（1）厨房、卫生间、浴室

平面位置：厨房、卫生间、浴室的平面设计位置应充分考虑对下层房间的影响。平面设计中，公共厕所、厨房，特别是浴室，还应考虑对相邻房间的影响。将装修标准高、对蒸汽渗透敏感的房间换到其他位置上去，必要时改换墙体材料。以餐饮为主要特色的某些大型酒店，会有多个厨房连续集中布置在楼层上，此时整个大厨用房范围内都不应跨越变形缝，即使是干货仓库也不例外。

方法及要点：大厨平面，在初步设计阶段就应有包括明沟在内的主要设备设施布置示意，以便进入施工图阶段确定给排水及其他预留预埋条件，这些条件有时是防水构造设计的前提；公共浴室、卫生间、厨房的楼面结构设计应适当增加厚度及配筋率，以提高板的刚度，为减少其裂缝创造条件；厨、卫、浴室内使用的防水材料应对人体无害，并在施工过程中，不得有超过标准的有害成分挥发，不造成对环境的污染。

（2）半室外楼梯

半室外楼梯和与室内空间紧邻的室外楼梯，做好防排水，可以减少雨季可能在邻墙内表面产生湿迹的机会。防排水，以排为主，防为辅。建议的办法是利用梯边排水：在梯段周边作槽，所谓槽，就是在做饰面层时预留的凹槽，尺度仅 1.5～2.0mm，饰面工程收尾时，用聚合物水泥防水砂浆勾出凹缝，深 10mm，宽约 15mm，因其在阴角处连续生成，带有自然的装饰性。沟的设计原则应从顶层到底层连续转下，将雨水排至室外地坪，梯段踏步及平台则向两侧凹槽找坡，使雨水随满随排，雨停即止，整个楼梯便可避免产生积水。

（3）阳台、平台

阳台排水不推荐设置泄水管。由于排水坡度的加大，排水路线的加长，传统的阳台排水设计已较难满足现在阳台的要求。现在的阳台越做越大，导致排水路线长，找坡厚度过大，有时只好减少坡度，甚至减到 1% 以下。较好的解决办法是，阳台周边设槽。凹槽的做法同前述半室外楼梯。周边设槽的结果使排水坡减为阳台短边宽度的一半，环周边设置的凹槽，与阳台地漏联通，其表面高度比槽底略低 2～3mm 即可。

平台设计的要点是：结构降板。结构不降，建筑做门槛，标准低，使用不便，即使做好了，也只解决防水，不解决防潮。因此，结构降板不仅是为了门口处进出方便及充分做好泛水，也是防止室内局部受潮的主要措施。

（4）水池

水池主要防水层应设在迎水面，并采用刚性防水。埋在地下或设在地下室的水池，在做好内防水的同时，应做好外防水。水池防水设防，应采用结构防水混凝土。结构防水混凝土宜采用补偿收缩混凝土，抗渗等级不低于S8。水池一般只允许设置水平施工缝。体积不大，且设防标准高的水池，设计上也可要求不设施工缝，包括不设水平施工缝，连续整浇。

10.3.3 建筑防火

10.3.3.1 建筑防火设计目的

（1）建筑防火设计要确保建筑物内人员的安全。为达此目的采取的主要措施大多关系到防止倒塌、安全疏散及有效救助。

（2）减少着火建筑内部的财产损失，就要防止火势在建筑物内蔓延，并有利于灭火扑救。其主要措施就是不得因某一空间着火而蔓延到其他空间，也包括火灾后的修复中，不得影响不属于着火空间的使用。因建筑类型不同，使用性质不同，管理主体不同，采取的措施会有较大区别。

（3）防止火灾危害周边建筑，也就是防止火势向相邻建筑物蔓延。只依靠着火建筑的条件是难以解决的，其相邻建筑物也必须采取相应的措施，由此形成一种防止火势蔓延的整体结构，既要防止火灾危害其他建筑，也要防止受其他建筑火灾危害。

（4）防止发生城镇大火。火灾大规模危害周边建筑，引发街区大火或社区大火，就形成城镇大火。从历史角度讲，可以说建筑法规是为防止城镇火灾而产生的。

10.3.3.2 防火设计基本知识

建筑火灾的发生不仅与管理有关，许多情况下也与建筑防火设计有关，建筑防火计算的要点如下：

（1）防火分隔

防火分隔是针对火灾旺燃期所采取的防止其扩大蔓延的基本措施。防止火势在建筑内部的蔓延——水平或垂直的蔓延，其主要措施就是设置防火分区。所谓防火分区，就是用具有一定耐火能力的墙、楼板等分隔构件，作为一个区域的边界构件，能够在一定时间内把火灾控制在某一建筑空间之内。防火分区按其作用，又可分为水平防火分区和竖向防火分区。水平防火分区用以防止火灾在水平方向扩大蔓延，主要是按建筑面积划分的。竖向防火分区主要防止起火层火势向其他楼层垂直方向蔓延，主要是以每个楼层为基本防火单元的。

① 建筑平面防火设计

这里只简单涉及民用建筑。工业厂房及库房可查阅有关规范。主要包括三方面的内容：一是防火分区的面积。按照建筑物耐火等级的不同给予相应的限制；二是建筑物的平面布置，应对建筑内部空间进行合理分隔，防止火灾在建筑内部蔓延扩大；三是防火分隔措施。

常见的防火分隔措施有防火墙、防火隔断、防火卷帘门和穿墙管线与风道等几种。防火墙是指用具有 4h 以上耐火极限的非燃烧材料砌筑在独立的基础（或框架结构的梁）上，用以形成防火分区，控制火灾范围的部件。防火隔断一般指耐火极限不低于 2h 的墙体。主要用于疏散楼梯间、疏散走道两侧的隔墙、面积超过 $100m^2$ 的房间隔墙、贵重设备房间隔墙、火灾危险性较大的房间隔墙及医院病房间的隔墙。防火卷帘门在建筑中广泛用于大面的地下室、展厅开敞的电梯厅、商场营业厅、自动扶梯的封隔、高层建筑外墙的门窗洞口（防火间距不满足要求时）等。管道必须穿过防火墙时，应用不燃烧材料将其周围缝隙紧密堵塞（图 10-1）。走道等防火分隔的墙体穿过管道时，构造可参照防火墙。

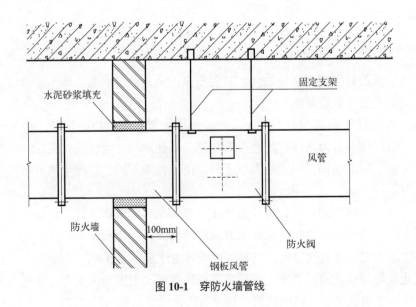

图 10-1　穿防火墙管线

② 建筑剖面防火设计

火灾垂直蔓延主要以热对流方式进行，也有辐射和传导。竖向防火分区主要由具有一定耐火能力的钢筋混凝土楼板作分隔构件。此外，还要防止火灾从外窗蔓延，同时做好竖井防火分隔措施。自动扶梯的设置，使得楼层空间连通，形成了竖向防火分区的薄弱环节。自动扶梯本身运行使用过程中，也会出现火灾事故。中庭通常出现在高层建筑中，其最大的问题是发生火灾时，以楼层分隔的水平防火分区被上下贯通的大空间所破坏。因此，建筑中庭防火分区面积应按上、下层连通的面积叠加计算。穿楼板的管线，在竖向防火分区上造成薄弱点。穿管线处的防火分隔措施主要是用不燃烧材料封塞填实，其构造与穿防火墙管线相同。详见图 10-2。

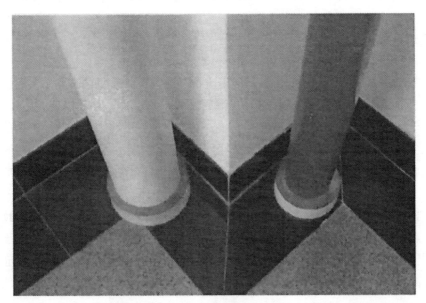

图 10-2　穿楼板管线

③ 建筑防火间距

防火间距是一座建筑物着火后，火灾不致蔓延到相邻建筑物的最小间隔。火灾在相邻建筑物间蔓延的主要途径为热辐射和飞火，也有热对流。要考虑防火间距和消防车道的要求。

（2）安全疏散

安全疏散设计，是建筑设计中最重要的组成部分之一。其目的就是要根据建筑物的使用性质、人们在火灾事故时的心理状态与行动特点及火灾危险性大小、容纳人数、面积大小等合理布置疏散设施。

① 疏散与防烟

当建筑物某一空间内发生火灾，并达到轰燃时，沿走廊的门窗会被破坏，导致浓烟烈火扑向走道。若走道的吊顶、墙壁上未设有效的阻烟、排烟设施，或走道外墙未设有效的排烟窗，则烟气迟早会侵入前室，进而涌入楼梯间。另一方面，发生火灾时，人员的疏散行动路线，也基本上和烟气的流动路线相同，即：房间 - 走道 - 前室 - 楼梯间。因此，烟气的蔓延扩散，将对火灾层人员的安全疏散形成很大的威胁。

②疏散安全分区

为保障人员疏散安全，最好能使上述疏散路线中各个空间的防烟、防火性能依序逐步提高，并使楼梯间的安全性达到最高。为叙述方便，将各空间划分为不同的区间，称为疏散安全分区。以一类高层民用建筑及高度超过32m的二类高层民用建筑及高层厂房为例，离开火灾房间后先进入走道，走道的安全性应高于火灾房间，称其为第一安全分区；以此类推，前室为第二安全分区，楼梯间为第三安全分区。一般说来，当进入第三安全分区后，由于楼梯间不能进入烟气，即可认为到达了相当安全的空间。

③房间内人员的疏散

房间内人员的安全疏散，主要考虑疏散门的数量、宽度及开启方向、疏散距离及疏散时间。

（3）建筑耐火设计

①钢筋混凝土结构的耐火构造

爆裂是钢筋混凝土构件和预应力钢筋混凝土构件在火灾中常见的现象。实验证明，构件承受的压应力是发生爆裂的主要因素之一。混凝土含水率也是影响其爆裂的主要因素之一。在钢筋混凝土构件中掺加合成纤维不仅可以减少混凝土硬化过程中水化收缩产生的裂缝，还可以减少火灾中混凝土爆裂。适当加大受拉区混凝土保护层的厚度，是降低钢筋温度、提高构件耐火性能的重要措施之一。当然，在客观条件允许的情况下，也可以在楼板的受火（拉）面抹一层防火涂料，可较大幅度地延长构件的耐火时间。

预应力构件在使用阶段承受的荷载要大于非预应力构件。即在受火作用时，预应力筋处于高应力状态，而高应力状态一定会导致高温下钢筋的徐变。因此，预应力混凝土楼板在火灾温度作用下，钢筋很快松弛，预应力迅速消失。当钢筋温度超过300℃后，预应力几乎全部损失。提高预应力钢筋混凝土楼板耐火极限的方法。主要有增加保护层厚度和使用防火隔热涂料。

②钢结构的防火保护

钢结构的防火保护可以采用现浇混凝土、砌块包砌、防火板材包封、防火灰浆、防火砂浆、防火涂料等方法。现浇混凝土一般用于钢柱。柱子较高时，可预焊锚固短筋拉接或在粉刷前用钢丝网包敷。采用防火板做吊顶，使吊顶具有防火性能，而省去钢架、钢网架、钢屋面等的防火保护层。防火涂料在受火时，发泡膨胀，形成隔热层，保护钢构件，因此，也称防火膨胀涂料。

③建筑防、耐火构造

玻璃幕墙受到火焰烧、烤时，易因受热不均而破碎，或者在火场中，受热的玻璃，被消防水喷淋而碎裂。璃幕墙破裂常引起火势迅速向上一楼层蔓延，造成更大损失。为了阻止火灾从幕墙与楼板、隔墙之间的缝隙蔓延，幕墙与每层楼板附近的水平缝和隔墙处的垂直缝隙，均应用不燃烧材料严密填实，窗下墙的填充材料应采用不燃烧材料。

顶棚（包括顶棚搁栅）是建筑室内重要的装饰性构件，顶棚空间内往往密布电线、灯具或采暖、通风、空调设备管道，起火因素较多。顶棚及其内部空间，常常成为火灾蔓延的途径，严重影响消防安全，主要原因是其面层的厚度较小，受火时顶棚内的设备材料很快被加热。特别是有些顶棚采用可燃的木搁栅，甚至面层采用木板条，当其受高温作用时就炭化起燃产生明火。顶棚的不燃化途径是采用不燃的钢搁栅，不燃的轻质耐火顶棚板使之满足一级耐火等级要求；采用木搁栅时，其顶棚板应难燃、不燃，使之满足二级耐火等级的要求。

10.3.4　建筑抗震

10.3.4.1　建筑抗震基本原则

抗震设防是指对建筑结构进行抗震设防并采取一定的抗震构造措施，以达到结构抗震的效果和目的。抗震设防的依据是抗震设防烈度。抗震设防必须贯彻执行《中华人民共和国建筑法》和《中华人民共和国防震减灾法》并实行以预防为主的方针，使建筑经抗震设防后，减轻建筑的地震破坏，避免人员伤亡，减少经济损失。抗震设计的基本原则如下：

（1）合理选择场地和确定地基基础

① 选择建筑场地时，应根据工程需要，掌握地震活动情况、工程地质和地震的有关资料，对抗震有利、不利和危险地段作出综合评价。对不利地段，应提出避开要求，当无法避开时应采取有效措施；不应在危险地段建造甲、乙、丙类建筑。

② 建筑场地为Ⅰ类时，甲、乙类建筑应允许仍按本区抗震设防烈度的要求采取抗震构造措施；丙类建筑应允许按本地区抗震设防烈度降低一度的要求采取抗震构造措施，但抗震设防烈度为 6 度时仍应按本地区抗震设防烈度的要求采取抗震构造措施。

③ 建筑场地为Ⅲ、Ⅳ类时，对设计基本地震加速度为 0.15g 和 0.30g 的地区，宜分别按抗震设防烈度 8 度和 9 度时各类建筑的要求采取抗震构造措施。

④ 地基和基础设计应符合下列要求：

a.同一结构单元的基础不宜设置在性质截然不同的地基上；

b.同一结构单元不宜部分采用天然地基部分采用桩基；

c.地基为软弱黏性土、液化土、新近填土或严重不均匀时，应估计地震时地基不均匀沉降或其他不利影响，并采取相应的措施。有关建筑场地的分类详见表 10-2。

表10-2　场地土的类型划分

土的类型	土层剪切波速 /（m/s）
坚硬土或岩石	$v_s > 500$
中硬土	$500 \geqslant v_s > 250$
中软土	$250 \geqslant v_s > 150$
软弱土	$v_s \leqslant 150$

（2）避免地震时发生次生灾害

非地震直接造成的灾害称为次生灾害。有时，次生灾害会比地震直接产生的灾害所造成的社会损失更大。避免地震时发生次生灾害，是抗震工作的一个很重要方面。

在地震区的建筑规划上，应使房屋不要建得太密，为便于在地震发生后疏散和营救受灾人群以及为抗震修筑临时建筑留有余地，房屋的距离以不小于 1 ~ 1.5 倍房屋的高度为宜。要避免房高巷小，避免地震时由于房屋倒塌将通路堵塞。公共建筑物更应考虑防震的疏散问题，一般可与防火疏散同时考虑。

烟囱、水塔等高耸构筑物，应与居住房屋（包括锅炉房等）保持一定的安全距离。例如不小于构筑物高度的 1/4 ~ 1/3，以免地震后倒塌而砸坏其他建筑。

应该特别注意使易于发生火灾、爆炸和气体中毒等次生灾害的工业建筑物远离人口稠密区，以防地震时发生爆炸、火灾等事故而造成更大的灾难。

（3）合理选择结构体系

① 结构体系应根据建筑的抗震设防类别、抗震设防烈度、建筑高度、场地条件、地基、结构材料和施工等因素，经技术、经济和使用条件综合比较确定。

② 结构体系应符合下列各项要求：应具有明确的计算简图和合理的地震作用传递途径。应避免因部分结构或构件破坏而导致整个结构丧失抗震能力或对重力荷载的承载能力。应具备必要的抗震承载力，良好的变形能力和消耗地震能量的能力。对可能出现的薄弱部位，应采取措施提高抗震能力。

③ 结构体系尚宜符合下列各项要求：宜有多道抗震防线。宜具有合理的刚度和承载力分布，避免因局部或突变形成薄弱部位，产生过大的应力集中或塑性变形集中。结构在两个主轴方向的动力特性宜相近。

④ 结构构件应符合下列要求：砌体结构应按规定设置钢筋混凝土圈梁和构造柱、芯柱，或采用配筋砌体等。混凝土结构构件应合理地选择尺寸、配置纵向受力钢筋和箍筋，避免剪切破坏先于弯曲破坏、混凝土的压溃先于钢筋的屈服、钢筋的锚固黏结破坏先于构件破坏。预应力混凝土的抗侧力构件，应配有足够的非预应力钢筋。钢结构构件应合理控制尺寸、避免局部失稳或整个构件失稳。

⑤ 结构各构件之间的连接，应符合下列要求：构件节点的破坏，不应先于其连接的构件。预埋件的锚固破坏，不应先于其连接的构件。装配式结构构件的连接，应能保证结构的整体性。预应力混凝土构件的预应力钢筋，宜在节点核心区以外锚固。

⑥ 装配式单层厂房的各种抗震支撑系统，应保证地震时结构的稳定性。

（4）力求建筑体及其构件布置规则

建筑设计应根据抗震概念设计的要求明确建筑体形的规则性，不规则的建筑应按规定采取加强措施；特别不规则的建筑应进行专门研究和论证，采取特别的加强措施；不应采取严重不规则的设计方案。

建筑及其抗侧力结构的平面布置宜规则、对称、并应具有良好的整体性。建筑的立面和竖向剖面宜规则，结构的侧向刚度宜均匀变化，竖向抗侧力构件的截面尺寸和材料强度宜自下而上逐渐减小，避免抗侧力结构的侧向刚度和承载力突变。

（5）保证结构整体性，使结构和连接部分具有较好的延性

整体性的好坏是建筑物抗震能力高低的关键。整体性好的房屋，空间刚度大，地震时，各部分之间互相连接，形成一个总体，有利于抗震。

整体性好的结构，除构件本身具有足够的强度和刚度外，构件之间还要有可靠的连接。构件的连接除必须保证强度外，还要求超过弹性变形后，能保持相当的继续变形的能力——"延性"。结构的"延性"对结构吸收地震力的能量、减小作用在结构上的地震力具有重要的意义。

（6）处理好非结构中的连接问题

① 非结构构件，包括建筑非结构构件和建筑附属机电设备，自身及其与结构主体的连接，应进行抗震设计。

② 非结构构件的抗震设计，应由相关专业人员分别负责。

③ 附着于楼、屋面结构上的非结构构件，必须与主体结构有可靠的连接或锚固，避免地震时倒塌伤人或砸坏重要设备。

④ 围护墙和隔墙应考虑对结构抗震的不利影响，避免不合理设置而导致主体结构的破坏。

⑤ 幕墙、装饰贴面与主体结构应有可靠连接，避免地震时脱落伤人。

⑥ 安装在建筑上的附属机械、电气设备系统的支座和连接，应符合地震时使用功能的要求，且不应导致相关部件的损坏。

（7）必要时采用隔震和消能减震设计

隔震和消能减震设计，主要应用于使用功能有特殊要求的建筑及抗震设防烈度为 8 度、9 度的建筑。

采用隔震或消能减震设计的建筑，当遭遇本地区的多遇地震影响、抗震设防烈度地震影响和罕遇地震影响时，其抗震设防目标应高于"小震不坏，中震可修，大震不倒"的规定。

（8）合理选择结构材料和正确确定施工方法

施工质量的好坏，直接影响房屋的抗震能力。设计中一方面要对材质、强度、临时加固措施、施工程序等提出要求，另一方面，也要从设计上为使施工能保证实施和便于检查创造条件，以确保施工质量。

（9）建立建筑地震反应观测系统

抗震设防烈度 7 度、8 度、9 度时，高度分别超过 160m、120m、80m 的高层建筑，应设置建筑结构的地震反应观测系统，建筑设计应留有观测仪器和线路的位置，以便地震时收集资料以利研究。

10.3.4.2　建筑隔震与消能减震设计

（1）隔震结构的设计要点

① 隔震结构方案的选择

隔震结构方案的采用，应根据建筑抗震设防类别、设防烈度、场地条件、建筑结构方案和建筑使用要求，进行技术、经济可行性综合比较分析后确定。隔震结构主要用于高烈度地区或使用功能有特别要求的建筑，符合以下各项要求的建筑应采用隔震方案：不隔震时，结

构基本周期小于 1.0s 的多层砌体房屋、钢筋混凝土框架房屋等；体型基本规则，且抗震计算可采用底部剪力法的房屋；建筑场地宜为Ⅰ、Ⅱ、Ⅲ类，并应选用稳定性较好的基础类型；风荷载和其他非地震作用的水平荷载不宜超过结构总重力的10%。

② 隔震层的设置

隔震层宜设置在结构第一层以下的部位。当隔震层位于第一层及以上时，结构体系的特点与普通隔震结构可能有较大差异，隔震层以下的结构设计计算也更复杂，需做专门研究。

③ 隔震层的布置要求

a. 隔震层可由隔震支座、阻尼装置和抗风装置组成。阻尼装置和抗风装置可与隔震支座合为一体，亦可单独设置。必要时可设置限位装置。

b. 隔震层刚度中心宜与上部结构的质量中心重合。

c. 隔震支座的平面布置宜与上、下部结构的竖向受力构件的平面位置相对应。

d. 同一房屋选用多种规格的隔震支座时，应注意充分发挥每个橡胶支座的承载力和水平变形能力。

e. 同一支承处选用多个隔震支座时，隔震支座之间的净距应大于安装操作所需要的空间要求。

f. 设置在隔震层的抗风装置宜对称、分散地布置在建筑物的周边或周边附近。

（2）消能减震设计要点

① 消能减震部件及其布置

消能减震设计时，应根据罕遇地震下的预期结构位移控制要求，设置适当的消能部件。消能部件可由消能器及斜撑、墙体、梁或节点等支承构件组成。消能器可采用速度相关型、位移相关型或其他类型。

消能部件可根据需要沿结构的两个主轴方向分别设置。消能部件宜设置在层间变形较大的位置，其数量和分布应通过综合分析合理确定，并有利于提高整体结构的消能能力，形成均匀合理的受力体系。

② 消能减震设计要点

a. 由于加上消能部件后不改变主体结构的基本形式，除消能部件外的结构设计仍应符合规范相应类型结构的要求。因此，计算消能减震结构的关键是确定结构的总刚度和总阻尼。

b. 一般情况下，计算消能减震结构宜采用静力非线性分析或非线性时程分析方法。对非线性时程分析法，宜采用消能部件的恢复力模型计算；对静力非线性分析法，可采用消能部件附加给结构的有效阻尼比和有效刚度计算。

c. 当主体结构基本处于弹性工作阶段时，可采用线性分析方法作简化估计，并根据结构的变形特征和高度等，按《建筑抗震设计规范》（GB 50011—2010）5.1节的规定分别采用底部剪力法、振型分解反应谱法和时程分析法。其地震影响系数可根据消能减震结构的总阻尼比按《建筑抗震设计规范》（GB 50011—2010）5.1.5条的规定采用。

d. 消能减震结构的总刚度为结构刚度和消能部件有效刚度的总和。

e. 消能减震结构的总阻尼比为结构阻尼比和消能部件附加给结构的有效阻尼比的总和。

③ 消能器部件的连接

a. 消能器与斜撑、墙体、梁或节点连接，应符合钢构件连接或钢与钢筋混凝土构件连接的构造要求，并能承担消能器施加给连接节点的最大作用力。

b. 与消能部件相连的结构构件，应计入消能部件传递的附加内力，并将其传递到基础。

c. 消能器及其连接构件应具有耐久性和较好的易维护性。

10.3.4.3　非结构构件的抗震设计

（1）结构体系相关部位的要求

设置连接建筑构件的预埋件、锚固件的部位，应采取加强措施，以承受建筑构件传给结构体系的地震作用。

（2）非承重墙体的材料、选型和布置要求

应根据设防烈度、房屋高度、建筑体型、结构层间变形、墙体抗侧力性能的利用等因素经综合分析后确定。应优先采用轻质墙体材料，采用刚性非承重墙体时，其布置应避免使结构形成刚度和强度分布上的突变。

楼梯间和公共建筑的人流通道，其墙体的饰面材料要有限制，避免地震时塌落堵塞通道。天然的或人造的石料和石板，仅当嵌砌于墙体或用钢锚件固定于墙体时，才可作为外墙体的饰面。

（3）墙体与结构体系的拉结要求

墙体应与结构体系有可靠的拉结，应能适应不同方向的层间位移；8 度、9 度时结构体系有较大的变形，墙体的拉结应具有可适应层间变位的变形能力或适应结构构件转动变形的能力。

（4）砌体墙的构造措施

砌体墙主要包括砌体结构中的后砌隔墙、框架结构中的砌体填充墙、单层钢筋混凝土柱厂房的砌体围护墙和隔墙、多层钢结构房屋的砌体隔墙、砌体女儿墙等，应采取措施（如柔性连接等）减少对结构体系的不利影响，并按要求设置拉结筋、水平系梁、圈梁、构造柱等加强自身的稳定性和与结构体系的可靠拉结。

（5）顶棚和雨篷的构造措施

各类顶棚、雨篷与主体结构的连接件，应满足要求的连接承载力，足以承担非结构自身重力和附加地震作用。

（6）幕墙的构造措施

玻璃幕墙、预制墙板等的抗震构造，应符合其专门的规定。

10.3.5　建筑防爆

10.3.5.1　建筑防爆设计原则

建筑防爆主要与工业建筑有关，除了化工、医药企业等显然存在爆炸危险的建筑外，冶金、机械、轻工以及食品、粮油加工企业的建筑也存在建筑防爆问题。民用锅炉房、燃油燃气供应站及某些科研教学单位的实验室，也存在爆炸风险，必要时要考虑建筑防爆。

使用燃油燃气的酒店、餐饮建筑，虽然也有发生爆炸事故的可能，但一般从防火的角度进行安全防范，不采取防爆措施。一般居住建筑中虽然使用燃气，但主要考虑安全使用问题，不考虑建筑防爆问题。至于隧道的防火防爆，重点在防火。隧道爆炸，一般可能发生在公路隧道。其解决的办法，也主要在管理方面，与防爆设计并无直接关系。最重要的管理措施，就是限制载有爆炸危险品的车辆通过隧道。爆炸事故由于其突发性，瞬间完成巨大能量的释放，所以造成的后果往往比较严重，不仅容易造成人员重大伤亡及建筑物倒塌等物质财产的巨大损失，而且往往迫使工矿企业停产，长时间不能恢复正常运作。建筑防爆设计基本原则如下：

（1）合理布置总平面

有爆炸危险性的厂房和库房的选址，应远离城市居民区、铁路、公路、桥梁和其他建筑物。更不能在甲、乙类厂房和库房内设置铁路线。靠山建设工厂时，要充分利用地形和自然屏障。利用山沟布置有爆炸危险厂房时，厂房与厂房间以小的山包作屏障，万一发生爆炸，不会危害相邻厂房。

有爆炸危险的厂房和库房应布置在下风方向。全年的风向不明显时，选择冬季主导风向。合理布置总平面，可以减轻爆炸事故的危害。反之，不仅不能减少危害，还会加重爆炸事故的危害。

（2）合理布置防爆单元

① 在厂房中，危险性大的车间和危险性小的车间之间，应用坚固的防火墙隔开，用以控制由于爆炸引起的火势蔓延。只爆炸不着火的厂房，应设置防爆墙（图10-3）。为便于车间之间的联系，宜在外墙上开门，利用外廊或阳台联系，或在防火墙上做双门斗，尽量使两扇门错开，也可参照人防地下室防爆单元的做法，设置门斗来减弱爆炸冲击波的威力，缩小爆炸影响范围。②有爆炸危险性的厂房宜采用单层建筑；有爆炸危险性的车间，应布置在单层厂房内，并靠外墙设置；如厂房为多层时，则应将其设置在最上一层，并靠外墙。③有爆炸危险的物品不应将其贮存库设在地下室或半地下室内。有爆炸危险的车间，也不要设在地下室、半地下室内。④生产或使用相同爆炸物品的房间，应尽量集中在一个

图10-3　防爆墙

区域，这样便于对防火墙等防爆建筑结构的处理。⑤将不同性质的化学物品分隔生产或贮存，以免两种不同性质的化学物品互相接触产生化学反应而引起爆炸。⑥将有火源的生产辅助设施与有爆炸危险的生产车间分隔布置，有利于预防爆炸事故的发生。⑦易产生爆炸的设备，应尽量设置在露天或室内外墙靠窗处，以减弱其破坏力。⑧有爆炸危险的仓库也应采用单层建筑。

（3）采取泄压措施

有爆炸危险的甲、乙类生产厂房，应采取必要的泄压措施。泄压设计得好，爆炸时可以降低室内压力，避免建筑结构遭受破坏。泄压措施，主要包括设计恰当的轻质屋顶、轻质墙体和门窗等。泄压应保证足够的面积。

10.3.5.2　泄压、防爆构造设计

防爆构造设计，不包括设备上直接安装的防爆及泄压装置，只包括泄压、防爆、不发火地面和其他防爆构造，本节主要讨论建筑泄压及防爆构造。

（1）泄压

泄压可减少或避免冲击波危害是易于理解的，至于哪一类爆炸混合物，需要用多大的泄压面积是一个值得研究的问题。目前主要根据实践经验，并考虑当前我国建筑结构发展的水平，一般将泄压面积与厂房容积之比值选为 $0.05 \sim 0.10 \mathrm{m}^2/\mathrm{m}^3$。采取 $0.05 \sim 0.10 \mathrm{m}^2/\mathrm{m}^3$ 的比值对谷物、纸、皮革、铅、铬、铜、锌、锑、锡、尿素、乙烯树脂、合成树脂、煤等粉尘和醋酸蒸气等一般爆炸危险混合物的爆炸是适用的。而对那种危险性较大的爆炸混合物，则只适用于浓度超过爆炸下限或低于上限 2.5% 的情况，否则，就有使厂房结构遭到破坏的危险。

扩大厂房侧窗的泄压面积，目前在大量采用混凝土框架结构的条件下，是很容易做到的，应把那些爆炸介质的爆炸下限较低或爆炸压力较强，以及容积较小的厂房的泄压面积尽量加大。但体积超过 $1000 \mathrm{m}^3$ 的厂房，如果采用 $0.05 \sim 0.10 \mathrm{m}^2/\mathrm{m}^3$ 的比值有困难时，可适当降低，但不应小于 $0.03 \mathrm{m}^2/\mathrm{m}^3$。

泄压面应布置合理，靠近可能爆炸的部位，不要面对人员集中的地方和主要交通道路。可以作为泄压面积的设施有轻质屋盖、轻质墙体和门窗等。轻质屋盖的泄压效果好，爆炸后造成的破坏和损失较小。用门、窗、轻质墙体作为泄压面积时，应注意不影响相邻车间和建筑物的安全。如果泄压设施有可能影响到邻近车间或建筑物时，应在窗外设保护挡板，或在墙外留出空地并设置栏杆，防人进入。

（2）防爆

① 防爆墙

建造防爆墙的材料，除应具有较高的强度外，还应具有不燃烧的性能。因此，黏土砖、混凝土、钢板等都是建造防爆墙的材料。

防爆墙的厚度除由结构计算确定外，还应分不同情况满足防火、施工、维修等要求。

a. 防爆砖墙构造。防爆砖墙按照结构计算，往往厚度很大，因而占地面积也很大，在缺少钢材的情况下才采用。在构造上配置钢筋，增加防爆砖墙的抗拉强度，可以减小防爆砖墙

的厚度，所以常采用砖墙配置钢筋并与结构柱拉结的做法。

b.混凝土墙。混凝土具有很高的抗压强度，还具有较高的耐火性能，适合建造防爆墙。图 10-4 是防爆混凝土墙构造，图中有三种不同厚度（120mm、200mm、500mm）的墙体，应根据使用要求确定。为了使混凝土施工捣制密实，墙的厚度不宜小于 120mm；为了能够抵抗火灾，墙的厚度不宜小于 200mm。混凝土强度等级不低于 C20。图中墙的厚度为 500mm，采取连续钢筋不间断配置时，可以提高耐爆强度。

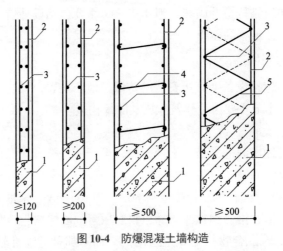

图 10-4　防爆混凝土墙构造

1—钢筋混凝土；2—垂直受力钢筋；3—水平受力钢筋；4—联系钢筋；5—不间断联系钢筋

c.防爆钢板墙。防爆钢板墙一般采用型钢制作骨架，钢板与骨架铆接或焊接。此类防爆墙具有很高的强度，但耐火极限低，故用于化学爆炸厂库时需提高此类防爆墙的耐火极限。

② 防爆窗

发生爆炸时要使防爆窗坚而不破、玻璃破而不掉，窗框和玻璃均应选择采用防爆强度高的材料。所以常用角钢、钢板制作窗框，并采用抗爆强度很高的夹层玻璃。夹层玻璃虽然是由两片或两片以上平板玻璃黏合制成的，但仍然具有高透明度，并且没有折光性，建造防爆窗不影响平常使用，其层数和玻璃厚度可按照抗爆要求确定。

③ 防爆门

防爆门具有很高的抗爆强度，门骨架采用角钢、槽钢、工字钢拼装焊接，门板采用抗爆强度高的装甲钢板或锅炉钢板。

10.3.6　建筑环境无障碍设计

10.3.6.1　不同残疾类型的特点及设计对策

残疾类型分为肢体残疾、视力残疾和听力及语言残疾三大类，不同残疾类型的特点、环境中障碍及设计对策，如表 10-3 所示。

表10-3　不同残疾类型的特点、环境中障碍及设计对策

残疾类型		特点	环境中障碍	设计对策
肢体残疾	上肢残疾	手的活动范围小于正常人，难以承担各种巧的动作，持续力差，难以完成双手并用的动作	对球形门执手、对号锁、钥匙门锁、门窗插销、拉线开关以及密排按键等均难以操作	设施选择应有利于减缓操作节奏，减少程序，缩小操作半径，采用肘式开关、长柄执手、大号按键，以简化操作
	偏瘫	半侧身体功能不全，兼有上、下肢残疾特点，虽可拄杖独立跛行，或乘坐特种轮椅，但动作总有方向性，依靠"优势侧"	只设单侧扶手或不易抓握扶手的楼梯，卫生设备的安全抓杆与优势侧不对应，地面滑而不平	楼梯安装双侧扶手并连贯始终；抓杆与优势侧相应；或双向设置采用平整下滑的地面做法
	下肢残疾独立乘坐轮椅者	各项设施的高度均受轮椅尺寸的限制。轮椅行动快速灵活，但占用空间较大。使用卫生设备时需设支持物，以利移位和安全稳定	台阶、楼梯、高于500mm的门槛、路缘、过长的坡道；旋转门、强力弹簧门，以及小于800mm净宽的门洞；非残疾人专用的卫生间及其他设施；阻力较大的地面，如长绒地毯	门、走道及所行动的空间均以轮椅通行为准；上楼应有适当的升降设备；按轮椅乘用者的需要设计残疾人专用卫生间设备及有关设施；地面平整，尽可能不选用长绒地毯
	下肢残疾拄杖者	攀登动作困难，水平推力差，行动缓慢，不适应常规的运动节奏。拄双杖者只有坐姿时，才能使用双手。拄双杖者行动时幅度可达950mm。使用卫生设备时常需支持物	级差大的台阶；有直角突缘的踏步；较高较陡的楼梯及坡道，宽度不足的楼梯及门洞；旋转门、强力弹簧门；光滑、积水的地面，宽度>20mm的地面缝隙和>20mm×20mm的孔洞；扶手不完备，卫生设备缺支持物	地面平坦、坚固、不滑、不积水、无缝隙及大孔洞；尽量避免使用旋转门及弹簧门；台阶、坡道平缓，设有适宜扶手；卫生间设备安装支持物；利用电梯解决垂直交通问题；各项设施安装要考虑残疾人的行动特点和安全需要；通行空间要满足拄双杖者所需宽度
视力残疾	盲人	不能利用视觉信息定向、定位去从事活动，而均需借助其他感官功能了解环境、定向、定位去从事活动。需借助盲杖行进，步速慢，在生疏环境中易产生意外伤害	复杂地形地貌缺乏导向措施；人行空间内有意外突出物；旋转门、弹簧门、手动推拉门；只有单侧扶手或扶手不连贯的楼梯；拉线式灯开关	简化行动线、布局平直；人行空间内无意外变动及突出物；强化听觉、嗅觉和触觉信息环境以利引导（如扶手、盲文标志、音响信号等）；电器开关有安全措施，且易辨别；不得采用拉线开关；已习惯的环境不轻易变动
	低视力	形象大小、色彩对比及照度强弱都直接影响视觉辨认。借助其他感官功能有助于各种活动的安排	视觉标志尺寸偏小；光照弱、色彩反差小	加大标志图形，加强光照，有效利用反差，强化视觉信息；其余可参考盲人的设计对策

续表

残疾类型	特点	环境中障碍	设计对策
听力及语言残疾	一般无行动困难，在与人交往时，常需借助增音设备，重听及聋者需借助视觉信号及振动信号	只有常规音响系统的环境，如一般影剧院及会堂的安全报警设备，视觉信息不完善	改善音响信息系统，如在各类观演厅、会议厅增设环形天线，使配备助听器者改善收音效果，在安全疏散方面，配备音响信号的同时，完善同步视觉和振动报警

10.3.6.2　建筑物无障碍设计

无障碍设计需要通过对建筑各部位设施及其构造、构件的设计，使行动障碍者能够安全、方便地到达、通过和使用建筑内部空间。其设计和实施范围应符合国家和地方现行的有关标准和规定。

（1）出入口

无障碍出入口是指在坡度、宽度、高度上以及地面材质、扶手形式等方面方便行动障碍者通行的出入口，包括三种类别：平坡出入口；同时设置台阶和轮椅坡道的出入口；同时设置台阶和升降平台的出入口。无障碍出入口的上方应设置雨篷，地面应平整、防滑，为人们特别是行动缓慢的残疾人和老年人在进出时的过渡提供便利，该作用在雨雪天气里更为明显。供轮椅者使用的出入口，当室内设有电梯时，出入口应靠近候梯厅。公共建筑主要入口及接待区宜设提示盲道，并安装有音响引导装置。坡道设计要符合规范要求。

（2）坡道

坡道是用于联系地面不同高度空间的通行设施，由于功能及实用性强的特点，当今在新建和改建的城市道路、房屋建筑、室外通路中已广泛应用。它不仅受到残疾人、老年人、推童车者的欢迎，同时也受到健全人的欢迎。这是包括残疾人在内面向大众服务的一项无障碍设施，也是城市建设以人为本的具体表现，在建筑学中已成为建筑无障碍设计的重要元素之一。坡道的位置要设在方便和醒目的地段，并悬挂国际无障碍通用标志。为了防止倾覆，轮椅对坡道的纵坡和斜坡都有相应的要求。

（3）通道

通道是轮椅在建筑物内部通行的主要空间，因此通道宽度应按照人流的通行量和轮椅行驶的宽度而定。无障碍通道应连续，其地面应平整、防滑、反光小或无反光，并不宜设置厚地毯。无障碍通道上有高差时，应设置轮椅坡道。走道一侧或尽端与地坪有高差时，应采用栏杆、栏板等安全设施。轮椅在走廊上行驶的速度有时比健全人步行的速度要快，为了防止碰撞，需要开阔走道转弯处的视野，可将走道转弯处的阳角做成圆弧形墙面或切角形墙面。在容易发生危险的地方，应巧妙地配置色彩，通过强烈的对比提醒人们注意。标识应考虑便于视觉和行动障碍者阅读，如文字、号码采用较大字体，做成凹凸等形式的立体字形。

（4）门窗

建筑物的门通常设在室内外及各室之间衔接的主要部位，也是促使通行和房间完整独立使用功能不可缺少的要素。由于出入口的位置和使用性质的不同，门扇的形式、规格、大小各异。对肢体残疾者和视觉残疾者的影响也不同，因此，门的部位和开启方式的设计，需要考虑残疾人的使用方便与安全。如果设计得好，它既能供残疾人和其他人自由出入又能防火。

（5）楼梯

楼梯是我们在一幢建筑物中上下楼的最基本方式，也是危险产生时疏散的通道。楼梯的通行和使用不仅要考虑健全人的使用需要，而且要考虑残疾人、老年人的使用要求。

（6）电梯与升降平台

电梯是人们使用最为频繁和理想的垂直通行设施，尤其是残疾人、老年人在公共建筑和居住建筑上下活动时，通过电梯可以方便地到达想去的每一楼层，在高层建筑内只需要进行水平方向上的走动。乘轮椅者在到达电梯厅后，要转换位置和等候，因此电梯厅的深度不应小于 1.80m。电梯厅的呼叫按钮的高度为 0.90 ～ 1.10m。电梯厅显示电梯运行层数标示的规格不应小于 50mm×50mm，以方便弱视者了解电梯运行情况。在电梯入口的地面设置提示盲道标志，告知视觉残疾者电梯的准确位置和等候地点。

（7）扶手

扶手是残疾人在通行中的重要辅助设施，用来保持身体平衡和协助使用者行进，避免摔倒。扶手安装的位置和高度及选用的形式是否合适，将直接影响使用效果。扶手不仅能协助乘轮椅者、拄拐杖者及盲人通行，同时也给老年人的行走带来安全和方便。

（8）公共厕所、专用厕所和公共浴室

供残疾人使用的公共厕所及浴室要易于寻找和接近，并应有无障碍标志作为引导。入口的坡道设计应便于轮椅出入，坡度不应大于 1/12，坡道宽度为 1.20m，入口平台和门的净宽应不小于 1.50m 和 0.90m。室内要有直径不小于 1.5m 的轮椅回转空间。地面防滑且不积水。为了方便残疾人使用，在男厕所内应设残疾人使用的低位小便器，小便器下口的高度不应超过 0.50m，在小便器的两侧和上方设安全抓件。洗手盆的前方要留有 1.10m×0.80m 的轮椅使用面积，在洗手盆的三面设安全抓杆。

浴室入口、通道、浴间及设施等应方便残疾人和老年人通行和使用，特别是要方便乘轮椅残疾人的进入和使用。地面需防滑和不积水。公共浴室的主要设施分为淋浴和盆浴两种，但都需要分别设置方便残疾人和老年人使用的浴间。浴间入口最好采用活动门帘。采用平门时，门扇应向外开启，开启后的净宽不应小于 0.80m，在门扇面内侧设关门拉手。浴间内设轮椅回旋空间和衣柜、更衣台、座椅（淋浴）、洗浴台（盆浴）、安全抓杆等设施及呼叫按钮。

（9）无障碍客房

标准客房的室内通道是残疾人开门、关门及通行与活动的枢纽，其宽度不宜小于 1.50m，以方便乘轮椅者从房间内开门，在通道存取衣服，从通道进入卫生间。为节省卫生间使用面积，卫生间的门宜向外开启，开启后的净宽应达到 0.80m。卫生间内要提供轮椅的回旋空间。

在坐便器一侧或两侧需安装安全抓杆，在坐台墙面和浴盆内侧墙面上，安装安全抓杆。洗脸盆如设计为台式，可不安装抓杆，但洗脸盆的下方应方便乘轮椅者靠近。

在客房床位的一侧，要留有直径不小于 1.50m 的轮椅回转空间。客房床面的高度、坐便器的高度、浴盆或淋浴座椅的高度，应与标准轮椅坐高一致，即 0.45m，可方便残疾人进行转移。在卫生间及客房的适当部位，须设紧急呼叫按钮。

（10）停车车位

汽车停车场是城市交通和建筑布局的重要组成部分。设置在地面上或是地面下的停车场地，应将通行方便、距离路线最短的停车车位安排残疾人使用，如有可能将残疾人的停车车位安排在建筑物的出入口旁。残疾人停车车位的数量应根据停车场地大小而定，但不应少于总停车数的 2%，至少应有 1 个停车车位。停车场地面应保持平整，当有坡度时，最大的坡度不宜超过 1/50，以便于残疾人通行。

（11）无障碍住房

残疾人居住套房的入口位置，应设在公共走道通行便捷和光线明亮的地段，在户门外要有不小于 1.50m×1.50m 的轮椅活动面积。在开启户门把手一侧墙面的宽度要达到 0.45m，以便乘轮椅者靠近门把手能将户门打开。户门开启后，供通行的净宽度不应小于 0.80m，在门扇的下方和外侧要安装护门板和关门拉手。为了方便残疾人在夜间使用卫生间，最好将卫生间的位置靠近卧室，以减少残疾人行走不便的困难。

 思考题   在线题库

10-1　什么是建筑安全与建筑耐久？

10-2　绿色建筑选址的原则是什么？

10-3　建筑安全耐久技术有哪些？

10-4　建筑防风规划设计的原则？

10-5　建筑防水都包含哪些方面的内容？

10-6　请概述屋面防水设计的一般原则。

10-7　地下防水设计的原则是怎样的？

10-8　建筑防火设计的目的是什么？

【参考文献】

[1] 叶青.《绿色建筑评价标准》GB/T 50378—2019 "安全耐久" 章节解读 [J].建设科

技，2019（20）：35-38.

[2] 吴庆州. 建筑安全 [M]. 北京：中国建筑工业出版社，2007.

[3] 住房和城乡建设部. 绿色建筑评价标准：GB/T 50378—2019[S]. 北京：中国建筑工业出版社，2019.

[4] 陈萍. 建筑工程中绿色建筑设计的具体应用探讨 [J]. 房地产世界，2022（18）：29-31.

[5] 钟佳镇，李锞. 基于绿色建筑设计理念与节能技术应用的探究 [C]//Proceedings of 2022 Academic Forum on Engineering Technology Application and Construction Management（ETACM 2022）（VOL.2）.[S.l.：s.n.]，2022：68-70.

[6] 符骁. 建筑设计中绿色建筑设计理念渗透研究 [J]. 砖瓦，2022（05）：68-70.

绿色

建筑

概论

INTRODUCTION TO
GREEN BUILDING

第 11 章
绿色建筑运营与维护

○○ ——— ○○ ○ ○○ ————————————

　　绿色建筑技术是中国未来建筑发展的方向。绿色建筑因地制宜地采用高性能保温隔热非透明围护结构，高保温气密性外门外窗，无热桥、高气密性、高效热回收新风系统，充分利用可再生能源等技术手段，大幅降低了建筑能耗。

　　中国特色的绿色建筑，要结合中国国情以及国内先进的建筑节能技术，打造出达到世界领先水平的建筑理念、设计方案、认证标准、能耗指标、后期保障等一系列成熟且完备的体系。本章主要围绕绿色建筑在未来发展中可能需要逐渐实施的管理平台（构建能耗运行管理平台）及合理结合相关技术（包括 BIM 技术、装配式建造方式）的建筑节能方式，以及建筑实际运行过程的的智慧运行进行阐述。

 学习目标

了解能耗运行管理平台的发展现状；
了解能耗运行管理平台的工作内容与主要构成；
了解 BIM 技术相关内容；
了解 BIM 技术在绿色建筑设计中的优势。
关键词：建筑能耗运行管理；BIM；装配式建造；智慧运行

 讨论

1. 什么是能耗运行管理平台？作用是什么？
2. 如何将能耗运行管理平台融入建筑运营？
3. BIM 技术的特点是什么？

11.1　构建能耗运行管理平台

11.1.1　能耗运行管理平台发展现状

能耗运行管理平台是指通过对建筑安装能耗计量装置，采用本地或远程传输等手段采集能耗数据，实现能耗数据的在线监测和动态分析决策功能的硬件系统和软件系统的统称，是更为广义的能耗监测系统。

近几年来，信息技术在建筑领域中的应用不仅给人们的生活、工作和学习带来了极大的方便，而且已发展成为提高建筑能源利用效率、降低建筑环境荷载、提升建筑功能的重要技术手段。基于信息技术的高速发展，可以建立起全国联网的绿色建筑能耗监测平台，对全国绿色建筑能耗进行实时监测，并通过能耗统计、能源审计、能效公示、用能定额和超定额加价等制度，促使绿色建筑提高节能运行管理水平，培育建筑节能服务市场，为推动我国绿色建筑的进一步发展，打下坚实的基础。

11.1.1.1　建筑能耗运行管理平台的主要工作内容

（1）能耗监测。对绿色建筑安装分项计量装置，通过远程传输等手段及时采集分析能耗数据，实现对绿色建筑能耗的实时动态监测；能耗统计、能源审计等基本信息实现全国联网，方便进行汇总分析。

（2）能耗统计。对绿色建筑的基本情况、能源消耗（电、水、燃气、热量）分季度、年度的调查统计与分析。

（3）能源审计。根据能耗统计结果，选取各类型建筑中的部分高能耗建筑，或部分低能耗建筑进行能源审计，分析结果及成因，为绿色建筑发展总结经验。

（4）能效公示。在政府或其指定的官方网站以及本地主流媒体上对能耗统计结果和能源审计结果进行公示。

（5）制度建设。制订本辖区能效公示办法；制订本辖区能耗调查与能源审计管理办法；建立和完善节能运行管理制度及操作规程；研究能耗定额标准与用能系统运行标准，逐步建立超定额加价制度；研究探索市场化推进绿色建筑节能的机制。

11.1.1.2　国内外建筑能耗运行管理平台建设现状

（1）国外发展现状

美国是世界上建筑能耗数据和信息最好的国家之一。其国家标准局负责了美国的建筑能耗统计。美国环境保护署在美国进行了四年的大规模建筑能耗调查和监测。经过多年积累，已经获得了全国大量详细的建筑能耗数据，为了解建筑能耗特点和开展必要性的节能工作提供了很重要的真实数据。

1976 年，英国第一个开始统计建筑物的详细能耗和分类能耗。英国的商业、企业和管理改革部根据各个公共建筑的不同功能将建筑能耗区分为十个类别，对于每种类型的建筑，根据使用的确切要求将建筑能耗分成八个能耗项目，并分别给出了每个能耗项目的电力、固体燃料、燃料油和天然气的能耗值，进而获得了大批真实的建筑能耗数据，为英国相关部门在建筑节能等方面的工作提供了参考。

国外高校也纷纷投资研究能耗监测系统，以解决学校能耗过高的问题并挖掘出巨大节能潜力。美国的北卡罗来纳大学提出了降低学生宿舍能耗的解决方案，这个方案设计了一个放置在宿舍大厅中的数字显示系统，该系统可以实时显示所采集到的学生宿舍中用电的能耗数据。东京大学和帝国理工学院合作的建筑能耗监控系统是一个基于网络的开放式分布式系统，该系统通过可编程控制器采集原始数据，经计算机处理后保存到服务器，并发布到网络上。

（2）国内发展现状

我国对建筑能耗的统计工作起步相对比较晚，从 20 世纪 90 年代开始，我国才着手进行能耗监测系统建设，先后颁布了一些行政法规，成立了一些专门机构负责能耗监测和管理。

2005 年 11 月，清华大学建筑节能研究中心提出了建立大型政府办公建筑能耗分项计量系统，作为提升政府机构建筑能效的基础。2006 年 1 月，北京节能环保中心和清华大学建筑节能研究中心在对北京市政府机构的 10 个试点节能诊断结果进行分析和整理后，向北京市政府提交了综合报告，报告中建议对北京市政府机构的办公楼实行逐项能耗计量。

2007 年 7 月，清华大学建筑节能研究中心在 10 座大型公共建筑中建立了实时能耗分项计量分析系统，实现了分项计量数据的稳定、连续采集、传输、储存和分析。同一年，深圳、天津和北京被要求建立能耗检测平台并被列入了大型公共建筑节能监管体系示范城市。

我国高度重视建筑能耗监测工作，制定了一系列相关政策，如《"十四五"建筑节能与绿色建筑发展规划》和《"十四五"节能减排综合工作方案》都明确提出了建筑能耗监测的重要性。截至 2020 年，全国各省（市、区）完成公共建筑能耗统计 72579 栋，能源审计 1394 栋，能耗公示 12733 栋，能耗监测 3117 栋。以上海为例，2023 年 6 月，上海市住房和城乡建设管理委员会及上海市发展和改革委员会联合发布了《2022 年上海市国家机关办公建筑和大型公共建筑能耗及分析》，截至 2022 年，上海市国家机关办公建筑和大型公共建筑能耗监测平台联网的公共建筑累计达 2195 栋，覆盖建筑面积达 10442.5 万平方米；新增与能耗监测平台联网的公共建筑共 52 栋。深圳市建设科技促进中心与深圳市建筑科学研究院股份有限公司于 2023 年 8 月联合发布的《深圳市大型公共建筑能耗监测情况报告（2022 年度）》中，截至 2022 年底，深圳市接入能耗监测平台的国家机关办公建筑和大型公共建筑累计 1020 栋，监测建筑总面积 6585 万平方米。2022 年新增监测建筑共 134 栋，新增监测建筑面积约 1240 万平方米。我国目前关于建筑能耗监测工作的发展总体乐观。

目前，深圳、北京、天津已顺利完成了动态能耗监测平台，并通过了国家验收。在这种形势下，各公司陆续推出了各种用于能耗监测的软硬件产品，其中数据采集器种类比较多，一些互联网公司也在着手开发可用于建筑系统的数据资源管理系统，实现能耗数据的实时监测。如图 11-1 所示，基于目前已有技术，北京工业大学绿建楼设计了用于楼宇碳排放监测的数据平台，利用这一平台可以对建筑的能耗与碳排放进行统计与数据查看。

图 11-1　楼宇碳排放监测数据平台

11.1.2　能耗运行管理平台构成

11.1.2.1　基于物联网技术的能耗运行管理平台

互联网无疑在人类社会发展历程中起到了至关重要的作用，但是它对现实世界物体的实时信息获取和监控能力有限，物联网是解决这一问题的有效办法。狭义上讲，物联网是在互联网的基础之上，通过射频识别、全球定位系统、激光扫描器等信息传感设备，按约定协议把客观世界中的物品（需要感知的物理参数）与互联网连接起来进行信息交换，以实现对物体的智能识别、定位跟踪监控和管理的一种网络。

　　广义上讲，物联网是通过有线和无线通信方式，以物质世界的数据采集、信息处理和反馈应用为主要任务，以网络为信息传递载体，实现人与物、物与物之间信息交互、提供信息服务的智能网络信息系统。如图 11-2 所示，多数文献认为物联网包含感知层、网络层和应用层。感知层用于实现物品的信息采集、对象识别，其关键技术包括传感器、无线射频、短距离无线通信等。网络层用于物质信息的传输，主要依赖于互联网和电信网，有多种设备需要接入物联网，因此物联网是异构的。应用层实现信息的存储、加工、数据挖掘，提供反馈信息服务于物体，物联网的智能化中心，该层涉及海量信息的智能处理、分布式计算等技术。

图 11-2　物联网架构图

　　随着我国建筑节能减排工作的推进和发展，将物联网的概念、标准和技术引入建筑节能减排领域，研究建筑能源系统物联网被提上日程。建筑的水、电、气、热、煤、油等能源供应系统及其在建筑本体内的输配和消耗系统统称为建筑能源系统，其高效节能运行与低碳排放是当前建筑节能领域新的热点和新的发展方向。建筑能源系统物联网（Internet of Building Energy System，IBES）是指基于对建筑能源系统中各类物理量的在线感知，通过异构网络融合、信息汇聚、决策诊断和反馈控制，实现对建筑能源系统监测、控制与管理的物联网。

　　建筑能源系统物联网的架构体系如图 11-3 所示，采用分层结构形式，共包含 6 层，分别为：感知控制层、网络传输层、信息汇聚层、数据加工层、诊断决策层和信息输出层。建筑能源系统物联网的架构体系中各层之间相互独立，任一层并不知道它的相邻层是如何实现的，层之间仅通过层接口提供信息互通。由于每一层只实现单一且独立的功能，因此可将复杂的问题分解成若干个容易处理的子问题，降低问题的复杂度。当架构体系中任何一层发生变化时，只要层间接口的关系保持不变，则架构体系的整体功能不受影响。架构体系的结构既松散又紧密联系，由于系统工作量大，难以采用单一的某种技术手段实现架构体系的所有功能，各层都可以采用最合适的技术来实现。建筑能源系统物联网的研究重点在感知控制层、信息汇聚层和诊断决策层。

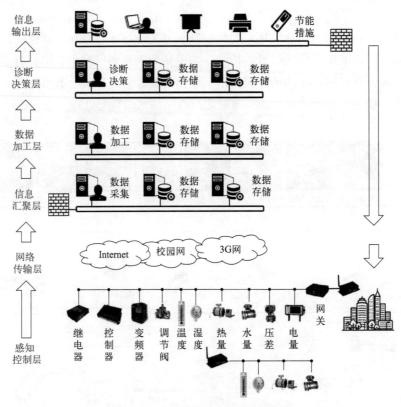

图 11-3　建筑能源系统物联网架构图

（1）感知控制层位于建筑能源系统现场，为所有现场耗能设备编码，通过低功耗有线和无线技术感知建筑能源子系统的各种基本物理参数。物联网的本质是信息的处理与控制，因此开发具有控制功能的现场智能网关就格外重要。

（2）网络传输层由于现场条件千差万别，建筑能源系统物联网的监测数据不仅可通过 Internet 网络传输，将来也可通过电信网络和广播电视网络传输。多网融合技术可解决此问题。

（3）信息汇聚层多种监测数据（比如三相电流、三相电压、有功功率和电能消耗量等）被收集到信息汇聚层的数据库，考虑到数据采集和保存的频率较高，信息汇聚层必须解决海量监测数据的传输和保存的理论问题。

（4）数据加工层对原始数据进行初步处理，为其上层的诊断决策做数据准备工作。

（5）诊断决策层负责建筑能源系统物联网数据库的海量数据挖掘工作和建筑能源子系统的控制理论与方法，包括建筑暖通空调系统、建筑其他系统等。

（6）信息输出层研究建筑能源系统的能效评价和节能评价指标体系，将理论决策转换成切实可行的节能措施。信息输出服务器公布节能方法并通知相关人员采取改进措施。

11.1.2.2 建筑能耗监测系统

（1）硬件子系统。建筑能耗监测系统硬件拓扑结构如图 11-4 所示。在建筑内部，需安装用于监测用电、热量、冷量、流量、用水等参数的建筑能耗数据采集仪表，建筑用户层的模块连接存在多种形式。

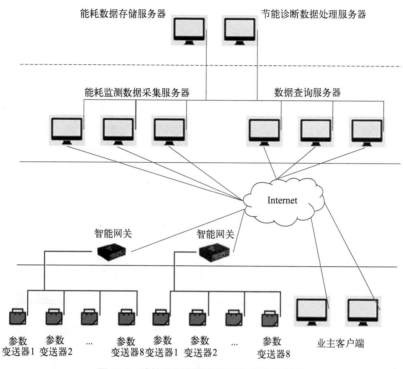

图 11-4　建筑能耗监测系统硬件拓扑结构图

① 有线连接方式：新建绿色建筑中，配电比较集中，施工时不受建筑用户影响，可选购的仪表种类较多，目前多数数据采集仪表配套 RS485 接口，具有价格竞争优势，可采用如图 11-5 所示的 RS485 有线连接方式。

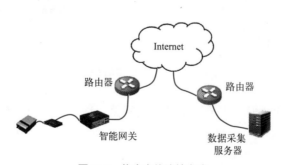

图 11-5　仪表有线连接方式

② 无线连接方式：既有建筑超低能耗绿色改造中，存在分散的用能点，有线连接方式可能影响建筑用户正常使用，可采用如图 11-6 所示的施工方便的无线连接方式，其缺点在于

仪表设备费用高。例如低速短距离传输的无线上网协议（ZigBee 无线通信方式），需要所有监测仪表均支持 ZigBee 无线接口，配套的智能网关也采用 ZigBee 接口与其连接。图 11-7 为 ZigBee 网络结构图，包括 ZigBee 终端、中继器和网络协调器。试验证明使用 ZigBee 实现无线数据采集技术切实可行，配电室等强电场环境对 ZigBee 无线传输影响不大；ZigBee 对障碍物的穿透能力比较弱，可通过增加节点发射功率和增加中继节点的方法来解决。

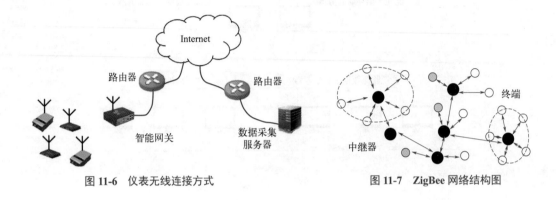

图 11-6 仪表无线连接方式   图 11-7 ZigBee 网络结构图

③ 有线和无线结合方式：有线方式和无线方式各有优缺点，有时单纯采用某一种形式不能适应当前情况。如某建筑有集中配电室，而制冷机房相距较远，建筑业主明确要求不能敷设明线影响建筑外观，若全部仪表均采用无线方式则项目成本骤然增加，此时可采用如图 11-8 所示的有线和无线结合连接方式。此种方式中，无线传输模块起到透明传输作用，对智能网关上通信程序无影响。

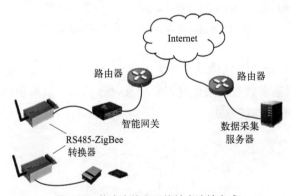

图 11-8 仪表有线和无线结合连接方式

④ 采集和传输能耗数据的主要设备是智能网关，是能耗监测子系统与信息中心层数据采集服务器连接的通信接口。根据数据采集方式可分为总线式透明传输型、总线式中转采集型和星形中转采集型。

a. 总线式透明传输型。此类智能网关承担传输协议的转换工作但不承担数据采集工作，如 RS485 总线与 TCP/IP 之间的协议转换，CAN 总线与 TCP/IP 之间的协议转换和 ZigBee 与 TCP/IP 之间的协议转换。此类智能网关虽然能实现建筑内部监测子系统与数据中心远距离的数据传输，但是存在多种缺点。由于智能网关只有透明传输功能，数据采集服务器需要针对建筑用户层的能耗监测子系统的每一个数据采集仪表均发送采集命令，仪表数量多导致智能网关下仪表之间的采集间隔短，要求网络反馈速度快。数据采集服务器持续工作，增加了服务器的运行负担，也导致了网络拥堵。智能网关缺乏数据缓存功能，只有在网络通畅的条件下才能顺利采集到数据。由于透明传输，数据采集服务器只能依靠跟智能网关所处的远端 IP 地址来区分网关身份，并与相关建筑编号相关联；若建筑中安装多个该类型智能网关，则无法区分具有相同 IP 地址的智能网关下所辖的采集仪表。

b. 总线式中转采集型。此类智能网关自身具备数据采集的功能，先对所辖的数据采集仪表发送命令并解析数据存储为数据包，再经过 Internet 网络传输到数据中心的数据采集服务器。该类智能网关具备数据缓存功能，故能支持断点续传，避免了数据遗漏的现象。

c. 星形中转采集型。此类智能网关与数据采集仪表采用星形连接方式，具备中转采集型网关的优点，但每个网关只能连接 8 个采集仪表，增加了建筑能耗监测子系统在智能网关上的投资。网络层要实现数据远传，除经 Internet 网络外，还可采用 GPRS 无线网络形式在监测系统的数据中心安装多台服务器，分别用于实现能耗监测数据采集、数据存储、诊断处理、信息展示功能。为保证能在公网中访问数据中心的多台服务器，要求该中心配备固定 IP 地址，使用端口映射技术将提供对外服务的能耗监测服务器和信息展示服务器暴露在公网上。

（2）软件子系统。建筑能耗监测系统的软件子系统包括数据库和多个软件，其软件拓扑结构如图 11-9 所示。数据库为能耗监测数据存储服务器，软件分别为能耗监测数据采集服务器程序、数据处理程序、数据查询服务器程序和客户端用于信息展示的查询分析程序。

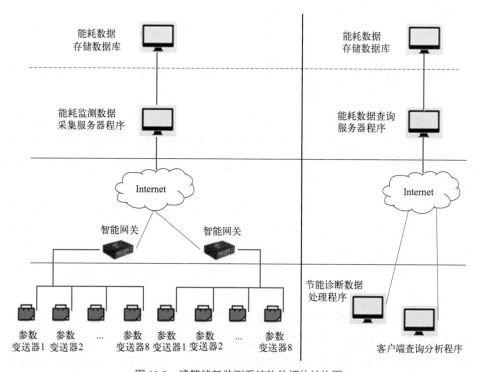

图 11-9　建筑能耗监测系统软件拓扑结构图

能耗监测数据采集服务器通过安装在建筑能源系统中的电量表、热量表、冷量表、水表和燃气表等数据采集仪表采集各用电回路的耗电量、用电设备的耗电量、建筑用市政热水和蒸汽量、耗水量和燃气量等能耗信息。数据处理程序首先处理采集上来的大量能耗原始数据，并诊断分析，为节能改造提供技术保证。科研人员和建筑业主能够通过信息展示查询分析程序查询最新的能耗数据和数据分析结果。

11.1.3 平台技术应用对绿色建筑的意义

建筑节能的最终目标是实现建筑实际消耗能源数量的降低，应以实际的能源消耗数据为前提评价建筑节能工作，实际运行能耗应该是评价建筑节能的标准。为合理评价建筑运行模式和设备系统用能情况，应掌握建筑实时能耗状况，采取对应的节能措施。传统的人工按月抄表方式费时、费力，准确性和及时性得不到可靠的保障，缺少足够详细和准确的数据；无法反映建筑的逐时或一天内能耗变化的实际情况，无法进行更深层次的分析和决策，只有制订分项计量的划分原则，确定横向和纵向比较的判别指标，才能进一步制订用能定额管理方式，最终构建科学用能管理体系，将国家建筑节能运行管理制度落到实处，实现节能降耗的目标。

11.1.3.1 发展现状

目前，能耗运行管理平台能够实现初期的对单栋建筑或者局部建筑群体的分项能耗监测即可。目前无论是绿色建筑国家标准《绿色建筑评价标准》（GB/T 50378—2019），抑或《近零能耗建筑技术标准》（GB/T 51350—2019），都对建筑运行评价提出了严格的要求，而运行评价要求中建筑分项能耗监测值又是重中之重。

绿色建筑的发展是一个不断深入的过程，以往人们关注设计和施工阶段的绿色评价是必然的，而如今关注绿色建筑的运行和后评估也是必须的，体现了不同阶段不同的重点。事实上，《绿色建筑评价标准》（GB/T 50378—2014）版本中已经突出了运行标准，在新版中将评价划分为预评价和评价两个阶段，将评价方法调整为对评价指标评分并以总得分确定等级。不仅《绿色建筑评价标准》包含关于运行评价方面的内容，有关部门还出台过专门文件，如2009年《绿色建筑评价技术细则补充说明（运行使用部分）》、2016年12月住房城乡建设部批准自2017年6月1日起实施的《绿色建筑运行维护技术规范》（JGJ/T 391—2016）。

行业专家认为，《绿色建筑运行维护技术规范》（JGJ/T 391—2016）符合我国国情，首次构建了绿色建筑综合效能调适体系，规定了绿色建筑运行维护的关键技术和实现策略，建立了绿色建筑运行管理评价指标体系，有利于优化建筑的运行，有效提升了绿色建筑的运行管理水平。这些显示出住房城乡建设部在发展绿色建筑方面所具有的前瞻性和对评价体系不断完善的努力。

绿色建筑的绿色程度关键要看运行效果，建筑能耗监测是推动绿色建筑获得落实的重要环节。绿色建筑的大量增加，要求建筑能耗监测的能力也在增强，可以说，是绿色建筑发展的客观环境在呼唤后评估的出现，而近年建筑能耗监测所受到的高度关注，表明绿色建筑后评估正在起步，其广泛的实行也不是遥远的事情。

11.1.3.2　未来发展方向

从未来中国的发展来看，我国必将从发展中国家迈入发达国家。我国的主要矛盾已经从人民日益增长的物质文化需求同落后的社会生产之间的矛盾转化为人民日益增长的美好生活需要和不平衡不充分的发展之间的矛盾。建筑行业也必须积极转变，积极努力解决国家的主要矛盾。随着人民对美好生活需求的提高，为了提高建筑的舒适性，必要的能耗投入是必需的，而这又与我国建筑节能产生矛盾。所以建设与发展绿色建筑就显得尤为重要。但是目前绿色建筑的节能改观及问题总结依然无法单纯从设计、施工来总结与优化，因此建立起基于物联网平台的广义建筑能耗监测就显得意义重大。

从建筑能耗监测平台所具有的网络特性和信息处理特性来看，其具有明显的感知设备、感知室内环境、感知电力系统和感知建筑的特点，具有明显的网络融合、信息汇聚、海量数据处理和数据挖掘的特性，是应用于建筑的物联网雏形。但从物联网的角度，目前的建筑能耗监测与控制平台还存在以下诸多需要进一步研究开发的问题。

（1）从感知对象的角度，目前的建筑能耗监测系统主要是针对建筑机电设备系统的监测和感知，这仅从工程的层面满足了建筑能耗监测系统的建设要求，但是从建筑节能和建筑能效数据挖掘的角度，建筑能源系统物联网感知层传感器优化配置的理论依据是值得进一步研究的基础问题。

（2）从建筑能耗和能效监测系统误差（精度）控制要求的角度，如何有效地保证建筑能源系统监测和控制结果的精度，如何确定监测控制系统的感知层的传感器精度，是建筑能源系统物联网必须解决的又一关键问题。

（3）从网络架构的角度，目前的建筑能耗监测系统仅实现了建筑能耗数据的采集，实现了能耗数据信息向数据中心的单向流动。建筑能源系统需要实现反馈控制的双向数据流动，要求研究开发适于建筑节能要求的网络架构模式，要求研究开发该网络架构模式的软硬件技术实现方法。

（4）建筑、建筑群，特别是面向全国范围内的建筑能耗和能效数据显然具有海量数据的特征，必然涉及海量数据的信息汇聚、分析、存储、数据挖掘等关键理论和技术问题，该类问题直接关系到建筑能耗监测系统或者建筑能源物联网系统建成后的功效和进一步开发利用问题。

（5）尽管目前我国已经给出建筑能耗监测系统技术实施导则，但是仍然缺乏实用化的建筑能源系统物联网设计、施工、调试等工程技术标准或规范性做法，该问题是建筑能源系统物联网理论架构和方法付诸实施的关键。

综上，需要建立全国联网的建筑能耗监测平台，准确给出机关办公建筑和大型公共建筑，甚至包括住宅建筑等民用建筑消耗终端能源的具体数据，掌握绿色建筑能耗的具体特点，包括用能发展变化特点、用能种类特点、用能分项特点、气候环境对建筑能耗的影响和建筑功能对建筑能耗的影响等。

11.2　BIM 技术

11.2.1　BIM 技术发展现状

BIM 是建筑信息模型（Building Information Modeling）的简称，以三维数字化信息模型为基础，可以集成建筑项目的各种相关信息的工程数据模型。在建筑工程项目的全寿命周期中，通过 BIM 建模，可以把不同阶段的工程信息、资源管理、施工过程数据等资源存储在统一的系统平台上，促进工程设计和施工协调配合。其作为一种全新的理念和技术正受到建筑行业人士和国内外学者的普遍关注。在《绿色建筑评价标准》（GB/T 50378—2019）中第9.2.6 条，就将 BIM 技术列为评价加分项，推荐在建筑的规划设计、施工建造和运行维护阶段中的一个或多个阶段使用。在本节中，将对 BIM 技术进行介绍并分析其技术优势。

11.2.1.1　BIM 技术简介

通过建筑信息模型进行数据交流，可以有效提高建筑工程项目全寿命周期的管理效率，使设计方案、施工方案得以优化，使工程成本能够降低。BIM 技术的使用，使建设单位、设计单位、施工单位等工程项目参建各方的工作管理更加合理化、科学化。BIM 技术的不断发展，推动着建筑行业的不断发展。最新的 BIM5D 技术，实现了 5 个维度的紧密结合，使时间、空间、资金等因素在 5D 平台上有效集成，更加有利于工程建设各参建方对建设目标的宏观把控。

BIM 技术的特色是可以将多种类型的设计软件与建筑信息综合利用起来，如图 11-10 所示。在建筑设计中利用 BIM 技术，可以把建筑功能系统、维护系统、设备系统有机结合起来，综合考量建筑的结构、空间划分和功能模块，优化建筑资源配置，从而实现建筑的绿色、环保节能设计目标。在施工管理中利用 BIM 技术，可以在过程中不断进行施工检查、优化资源配置和完成方案，实现工程项目管理的专业化及科学化。总之，随着中国 BIM 技术的不断发展，建筑工程管理将变得更加精细化，BIM 技术是一种建筑工程技术的创新和创造，能有效促进建筑行业的资源节约、绿色健康可持续发展。

11.2.1.2　国内外 BIM 技术概况

BIM 技术最早起源于美国，其中美国 BIM 标准 NBIMS 是全世界范围内较为先进的 BIM 国家标准，为使用者提供 BIM 过程适用标准化途径，整合项目全周期的各个参与方，依据统一的标准，签订项目需要的所有合同，合理共享项目风险，实质上是实现了经济利益的再分配。

很多欧洲发达国家，比如英国在美国的标准基础上针对自己国家的特点做了修改，可操作性较强，在实际工程中的应用较多，经验也比较丰富。伦敦是众多全球领先的设计公司的总部，因此造就了英国各大公司在 BIM 技术实施方面的发展非常迅速，技术也非常领先，从而成为英国政府强制使用 BIM 技术非常强有力的后盾。同时，其他欧洲国家例如德国、挪威、芬兰等也制定了相关的标准和应用指南。BIM 很好地解决了许多项目建设过程中所存在的大量高难度和高要求的问题，使得工程项目能够顺利进行。

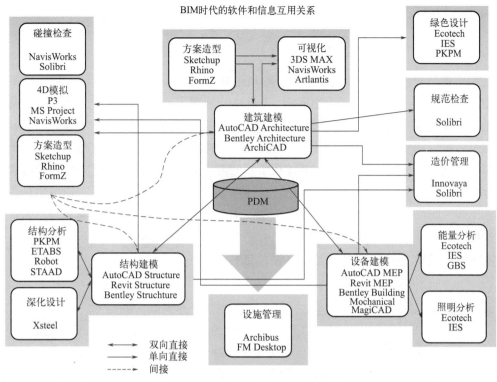

图 11-10　BIM 时代的软件和信息互用关系

日本在较早时期就提出信息化的概念，并且日本政府加大对于建筑信息化管理的要求，一定程度上加速了日本建筑行业科技创新的步伐。2012 年，日本建筑学会发布了从设计师角度出发的 BIM 规定，明确了人员职责以及组织机构的要求，为减少浪费，提高工程效率和质量，将原来的设计流程调整为四阶段设计。

我国对于 BIM 技术的研究起步较晚，但近几年来掀起了对 BIM 技术的研究热潮。上海迪士尼度假区有 70% 的建筑依靠 BIM 进行电脑设计、文件编制和分析，通过在整套系列项目中应用 BIM，设计和施工时间相近的项目之间形成了一定的协同作用。《中国 BIM 应用价值研究报告（2015）》指出，上海在 32% 的项目中应用 BIM 技术，领先于全国各地。根据《2023 上海市建筑信息模型技术应用与发展报告》中的统计数据，截至 2022 年上海市满足投资额 1 亿元及以上或单体建筑面积 2 万平方米及以上的项目中 BIM 应用比例已达到了 95.10%；从应用阶段上，约 94% 的项目将 BIM 技术应用于了建筑、结构专业模型构建等的设计阶段，在施工阶段的深化设计上也达到约 85% 的应用率。

北京地区可以 2019 年通航的北京大兴国际机场为例。大兴机场项目在设计阶段针对项目特点设置了 BIM 数字标准与 BIM 管理标准。如在主平面系统设计中，运用 Autodesk AutoCAD 平台上成熟的协同设计模式快速推进设计，并随设计节点创建和更新建筑、结构、设备全专业的 Autodesk Revit 模型，同各专项系统、外围护系统模型一起在 Autodesk Navisworks，Autodesk Stingray 中进行三维校核及漫游演示；在专项系统设计中，BIAD 发挥 Autodesk Revit 平台的优势，集中处理大量专项系统新问题，将全楼数百间机房作为专项系统进行全 BIM 设计。BIM 的应用不仅可以对系统管线进行几何表达，还可对流量、压力、流速等进行处理，为更深入高效的设计提供依据。

11.2.2　基于BIM技术绿色建筑优势

在绿色建筑建设的全生命周期中，合理利用BIM技术，存在着大量的优势。由于BIM注重建筑全生命周期的概念，因此能够将项目从开始到完工阶段所有相关信息传输到BIM模型中，以保证建筑模型中建筑信息的完整性，同时还能够保证其准确性。相比普通建筑，绿色建筑有着更加复杂、精细的设计，严谨、细致的施工过程。因此，在建筑中存在的信息繁杂以及传递效率低等问题，通过BIM技术都能够得到有效的解决。BIM模型中包含着建筑的设计信息、施工过程中使用的材料品种规格、属性以及材料设备厂家等所有信息。为了使业主更加全面地了解工程建设中的各类信息，BIM能够将完整无误的信息传递到工程运营阶段，从而进行科学节能的运营管理。

11.2.2.1　BIM技术在绿色建筑设计阶段的优势

（1）人员协同设计

绿色建筑涉及很多学科，如人文、社科、生态学、建筑学、能源学、土地规划学、材料学、设备工程学等，设计过程也贯穿了工程项目的多个阶段，因此，在绿色建筑设计过程中，需要业主、建筑设计师、结构师、给排水工程师、暖通工程师、电气工程师、管网设计师以及各材料提供商等参与人员的积极配合以及协调沟通，从而使项目各部门人员在项目中能够坚持统一的绿色可持续理念，注重建筑物内外系统间的关系。如图11-11所示就是一种设计过程中的人员协同设计示意图。通过总部的项目连接各项目参与方进行线上或线下的协同，实现多个办公地点项目数据的汇总与交流。

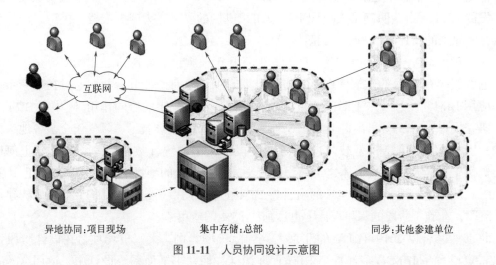

异地协同：项目现场　　　集中存储：总部　　　同步：其他参建单位

图11-11　人员协同设计示意图

通过使用BIM软件，能够随时对项目设计方案的更改进行跟踪，提高各部门在项目全过程中的参与度，并且能够关注到各个专业之间的相互联系，例如，在绿色建筑中安装新型节能门窗，相比于常规的门窗，这种门窗具有更加优越的保温性、气密性，但安装方式却与传统建筑有很大出入，那么在安装这种门窗的过程中，就需要门窗厂商提前参与到设计过程中来，与此同时也需要外墙保温厂商与施工人员提前介入，协调设计方案的合理性及可行性。利用 BIM 技术协同设计的优势，能够很好地增强各参与方对绿色建筑的了解，从而解决建设项目咨询团队和设计师、结构师等各参与人员之间沟通的问题，同时，使得工程建设项目各参与方能够随时地跟进了解项目，从而建造出更好的绿色建筑。

（2）建筑性能分析对比

以往，要想进行绿色建筑的性能分析模拟，需要使用相关的性能分析软件，而这些软件只能由专业人员进行操作，并且软件中所有的数据都必须进行手工输入，工作量巨大。由于各地方标准及发展差异，目前各地性能分析软件参差不齐。而且使用多种不同的性能分析软件，由于数据信息不能共享，就需要进行多次建模来分析数据；当设计发生变更时，需要进行数据的重新录入比对以及重新建立模型，出现大量重复劳动，耗费人力物力。正是由于这些原因，在传统的模式下，绿色建筑设计阶段的性能模拟大多良莠不齐，没有把建筑的节能潜力完全开发出来。

然而，在 BIM 技术的协助下，这个难题便能迎刃而解。如图 11-12，在建筑师的设计过程中，所有的设计信息都已经包含在 BIM 模型中，包括了建筑的几何信息、材料性能、构件属性等。因此，在性能模拟时无须重新建立模型，只需要将 BIM 模型转换格式到性能分析所需要用的数据格式上，就能很快地得到想要的性能分析结果，减少建筑性能分析对比所耗费的时间。

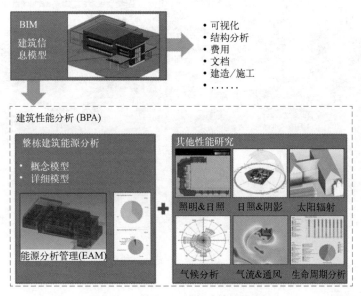

图 11-12 利用 BIM 进行建筑性能分析

此外，运用 BIM 技术对建筑场地的环境气候等进行分析模拟，能够让建筑师在场地设计时更加理性和科学，从而能够设计出可持续的、能够与周围环境和谐共生的绿色建筑。在对多个方案进行比对时，通过 BIM 软件建立体量模型，进而对不同建筑体量进行能耗的模拟，对建筑场地风环境、声环境、日照、人流量等性能进行模型分析，最终确定最优方案；在初步设计阶段，再次利用性能模拟来深化最优方案，从而能够实现绿色建筑的设计目的。

11.2.2.2　BIM 在绿色建筑施工阶段的优势

（1）施工模拟以及可视化

在绿色建筑建设项目施工阶段，各类复杂的施工流程相互交叉，仅仅通过专业技术人员对施工员进行抽象表述及样板间的现场指导，很难让施工员学会举一反三、熟练掌握。但是如果通过 BIM 技术，进行施工模拟，就可以在可视化的条件下，检测各部门的工作间是否存在冲突摩擦以及重合，能够更加方便快捷地看到下一道工序按原定计划进行可能会产生的过错，以及因为这些过错而导致的损失或者延期。还能够通过 BIM 对施工现场布置、人员配置等进行优化，从可视化的角度对工程项目施工过程进行指导。

（2）碰撞检查

通过 BIM 软件，能够提前对参建各专业的信息模型进行碰撞检查，包括安装各专业之间及安装工程和结构工程之间。如图 11-13，在 BIM 软件中可对包括空调风管线、水管线等各种管线进行碰撞检查，以避免在施工过程中出现管线交会等情况。对查找出的碰撞点的施工过程进行模拟，在三维模式下观看施工过程，从而使得技术人员能够更加便捷直观地了解碰撞产生的具体原因，并制订相应的解决方案。

图 11-13　BIM 软件中进行管线碰撞检查

（3）施工进度管理

充分利用 BIM 的可视化手段，可以将 BIM 软件中的模型信息和进度计划相关联，对处于关键路线的工程项目施工计划以及施工的过程进行仿真模拟，对非关键路线的重要工作进行提前检查，对有可能会存在的一些影响因素提前做好防范工作。还可以对通过 BIM 软件模拟之后的信息和当前已完工的工程进行比对更加及时高效地发现施工过程中存在的错误。合理有效地分配项目施工过程中需要的各类施工设施，合理调度各项资源，以此保证施工现场的进度能够正常推进。

(4) 节约资源

① 节约土地资源。在对整个施工场地充分调研之后，在 BIM 技术的协助下，需要对施工场地进行模拟布置，使得现场施工的便利程度大大增加，提高场地布置的容纳空间，从而能够提高建筑用地的利用效率。

② 节约水资源。利用 BIM 技术，对现场各部门以及各种施工设备等的用水量进行仿真模拟，统计设备的正常水资源使用量及其损耗，对施工用水量进行控制。并且对现场各部门以及各种施工设备的用水量进行汇总，在 BIM 技术的协助下，对施工现场的施工用水以及给排水情况进行技术协调，避免造成水资源的浪费。

③ 节约材料。通过对施工方案的设计深化、碰撞检查以及三维可视交底、虚拟建造、工程量统计等，能够保证在工程施工过程中建筑材料供应量在合理范围之内（限额领料），并且能在使用过程中进行跟踪控制，以此减少由于设计、协调等各方面原因造成的材料浪费或者工程返工等，从而达到节约建材的目标。

④ 节约能源。通过 BIM 技术，能够对能源进行优化使用。在建立 3D 模型时，设置了许多的能源控制参数，在工程项目实际施工之前，对施工过程中可能会出现的关键功能现象以及物理现象进行数字化探索，从而对参建各部门的能源使用进行优化分析，进而有效降低能源的消耗量。

11.2.2.3　BIM 在绿色建筑竣工决算阶段的优势

对工程竣工结算相关资料的完整性和准确性的审查是一个庞大的工程。建设工程项目往往有规模大、周期长的特点，因此不可避免地会出现大量的设计变更、现场签证以及相关法律法规政策的变化问题，这样产生的工程资料繁多，更关键的是大多资料是以纸质形式保存的，这就直接导致工程竣工资料审核的任务十分艰巨。而且建筑业相关专业人员的流动性大，在交接过程中容易出现信息混乱、信息流失、信息滞后等，大大降低了工程竣工结算工作实施的效率。

此外工程量的审查通常由于缺少高效的工具及方法，存在着审查耗时长、工作量大、效率低下等问题，在核对工程量的过程中，经常因为甲乙双方计算方法上的区别，导致工程量的核对工作进展迟缓，甚至因为主观因素最终导致工程量的失真。单价合同中，针对单价的审查主要以投标报价中的综合单价为基础，同时根据招投标文件、合同中的相应价格条款，对单价在允许变动范围内进行调整，并最终以调整后的单价进入竣工结算。而费用的审查重点是判断取费依据是否符合国家现行法律法规的规定以及相关的费用调整是否符合合同约定。但调整费用的相关政策文件具有很强的时效性，这就需要及时更新掌握全面的相关法律法规以及政策资料。这些都将给工程竣工结算带来很大的麻烦。

在整个工程造价管理的过程中，BIM 模型数据库是不断更新、修改完善的。与模型有关的合同、设计变更、施工管理、材料管理等相关信息也随着相应的变化录入更新，这样到竣工结算阶段时，其信息量已经足以表达竣工工程的整个实体。所以运用 BIM 技术的工程能够极大地缩短结算审查前期准备工作的时间，最终提高结算工程的质量与效率。

11.2.2.4　BIM 在绿色建筑后期运营管理的优势

将 BIM 模型与绿色建筑中的设备管理系统相结合，能够使结合的 BIM 模型包含各种设备的所有信息，通过 BIM 可以随时三维直观地查看各种设备的状态，方便设备的相关管理人员及时了解设备的相关状况，并依据设备目前的状态预测设备将来可能会出现的问题和故障，在设备尚未发生故障之前就采取相应的措施对设备进行维护，防止故障的出现。基于 BIM 的设备管理，能够实时查询每种设备的各种信息，自助进行相关设备的报修等，还可以对相关设备实施计划性的维护等。

对于绿色建筑中能耗运行监测来说，绿色建筑具有环境监测点数量大、监测系统布线复杂、监测点分布密集等各种特点，结合 BIM 技术可以建立绿色建筑能源管理系统。通过运用网络技术及 BIM 技术的可视化，实现绿色建筑能耗的可视化管理，同时系统地分析节能策略，有效降低绿色建筑的能耗量。绿色建筑的能耗可视化是对各项能耗数据进行采集和传输，并将综合评价结果予以落实，通过多媒体显示的方式将各种能耗呈现给大众。除此之外，也可以通过手机 APP 的形式实时查看相关监测数据。

11.3　智慧运行与维护

在学习本节内容前，首先要了解智能建筑与智慧建筑。

11.3.1　智能建筑

智能建筑是指以建筑物为平台，通过研究它的结构、系统、服务等要素的内在联系，以最优的设计理念建设一个投资合理又高效的优雅舒适、便利快捷、高度安全的环境空间。智能建筑通过设计楼宇设备自控系统（Building Automation System，BAS），对建筑物的用电系统、给排水系统、空调系统等多种系统进行运行监测与管理，实现对建筑物的智能管理，节约能源和人力资源。

想要让现代建筑能够更好地匹配人们的生活需求，智能建筑需要向更高层次发展，因此提出了智慧建筑的概念。

11.3.2　智慧建筑

智慧建筑是比智能建筑更加先进、更加科学的综合性建筑系统，它更加符合人们的需求，也能够为人们提供主动化的服务。智慧建筑以科学技术以及互联网技术为载体，集机构、系统、应用、管理机器优化组合为一体，有效提升了各类智能化信息的综合应用，同时具备感知、传输、记忆、判断和决策等综合智慧能力。美国智慧建筑研究院给出的定义是：智慧建筑是指通过优化自身结构、系统服务和管理以及他们的内在关系，来提供一种具有高效舒适便利环境的建筑物。2017 年，阿里巴巴在《智慧建筑白皮书（2017）》中指出："智慧建筑应该是自学习、会思考，可以与人自然地沟通和交互，具有对各种场景的自适应能力，并且作为智慧城市的一部分，可以在更高的结构层次上高度互联的建筑。"

智慧建筑的最终目的是能够以一种主动化的能力来满足人们多元化的需求，整体方便与优化人们的生活方式，为人们带来智慧生活的良好体验。这要求智慧建筑相较于智能建筑更注重个性化与精细化，依托于物联网技术形成一套智能化系统，提高智慧建筑的智能化水平，同时还能够整体优化建筑的节能环保效益，推动建筑行业向着生态建筑的方向发展。

2021 年 10 月，中共中央办公厅、国务院办公厅印发了《关于推动城乡建设绿色发展的意见》，其实施有利于建立和完善推动城乡建设绿色发展的体制机制，推进城乡建设治理体系和治理能力现代化。2022 年 3 月，住房和城乡建设部印发了《"十四五"建筑节能与绿色建筑发展规划》，提出"十四五"时期是落实"双碳"目标的关键时期，面临挑战的同时也迎来重要发展机遇，提出了发展总体目标，即到 2025 年，城镇新建建筑全面建成绿色建筑，建筑能源利用效率稳步提升，建筑用能结构逐步优化，建筑能耗和碳排放增长趋势得到有效控制，基本形成绿色、低碳、循环的建设发展方式。当前发展大背景下，推动建筑行业全面可持续发展，积极推行生态节能建筑已经成为人们的普遍共识。

依托于物联网技术来打造符合环境需求、人们使用习惯的智慧建筑，不仅能够有效降低建筑能耗，减少建筑工程对资源消耗和能源消耗等方面的依赖，还能够整体优化人们的使用和居住体验。大量智慧建筑还可以通过物联网等技术形成整体，即智慧城市，打造智慧城市管理系统，集成城市业务管理数据，对城市运行当中的多项数据进行实时监测，实现城市数据的运行管理，推动提高城市管理效率、降低运行成本。如图 11-14 所示，展示了一种智慧城市管理系统示意，根据接入系统并提供智慧管理服务的用户进行了统计与展示，同时还设置了监测数据的用量、支出费用等项目的展示模块。

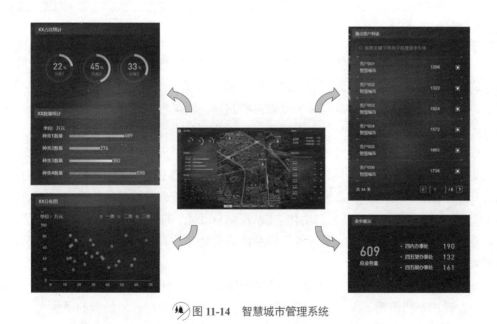

图 11-14　智慧城市管理系统

11.3.3　绿色建筑智慧运行与物业管理

11.3.3.1　智慧运行

随着建筑逐渐向着信息化、智能化的目标发展，人们对建筑在信息交换、安全性、舒适性、便利性和节能性等方面提出了更高要求，这些必须通过建筑物内置的越来越多的如计算机网络、通信、自动控制等现代化建筑设备来实现。这些设备根据结构、功能的不同，其布置位置、连接方式等均有差异，管理设备时往往需要单独操作，这意味着建筑管理人员需要往返不同设备之间进行对设备的启停、调节等管理。

为解决建筑管理与运行上的不足，智慧运行的概念应运而生。在这一节中将讨论关于智慧运行及建筑物如何设置智慧运行的问题。

智慧运行不单是技术问题，而是能运用既有规则来调整、改变存现的事物，以获得符合特定目标结果的"执行智慧"。信息化、智能化的技术都是实现智慧运行的支撑手段，根据建筑运营的组织结构和业务流程对运营系统进行顶层设计，建立运营的体制与机制，协调各类人员利益关系，承担经营和管理的责任。在前两节中介绍的技术，即搭建建筑能耗运行管理平台、应用 BIM 技术对建筑实际能耗进行管理与数据监测，都是建筑智慧运行的有效手段之一。在《绿色建筑评价标准》（GB/T 50378—2019）中对建筑的智慧运行尤其是运行中使用的系统提出了系统功能及运行建议，接下来做简单介绍。

11.3.3.2 建筑监测

（1）建筑设备管理系统的自动监控管理

首先应理解建筑设备管理系统配备自动监控管理功能的必要性。在《绿色建筑评价标准》（GB/T 50378—2019）中对绿色建筑提出了要求：

> 6.2.6 设置分类、分级用能自动远传计量系统，且设置能源管理系统实现对建筑能耗的监测、数据分析和管理。

以空调系统为例，节省其能耗时首先应考虑降低运行时能耗，如调节运行工况、调节被处理空间需求温湿度等参数进而调节机组运行状况。在调节过程中最重要的是决定应调节的项目、应调节到的状态，这就需要一个可以对建筑能源消耗进行监控与调节的系统。但建筑物内各类系统均有可调节项目与各自系统运行所需监测的内容，统一由管理人员通过先监测再做出操作决定，不仅耗费人力还需要投入大量时间。为了更直观地监控与检测系统运行状态、更集中地调节大量可调项目，就要求建筑配置建筑设备管理系统。如图 11-15 为智能楼宇综合管理系统组成示意图，系统中可包含多种自动化系统，根据其分管内容的不同，可分为 BA 楼宇控制自动化、OA 办公自动化、SA 安防自动化、FA 消防自动化、CA 通信自动化和 EM 能源管理。完善和落实建筑设备管理系统的自动监控管理功能，可以确保建筑物的高效运营管理。

再如《智能建筑设计标准》（GB/T 50314—2015）对不同用途建筑的智能化设计做出了具体要求，提出不同规模、不同功能的建筑项目是否需要设置以及需设置的系统大小应根据实际情况合理确定，规范设置。比如当公共建筑的面积不大于 2 万 m^2 或住宅建筑面积不大于 10 万 m^2 时，对于其公共设施的监控可以不设建筑设备自动监控系统，但应设置简易的节能控制措施，如对风机水泵的变频控制、不联网的就地控制器、简单的单回路反馈控制等，也都能取得良好的效果。

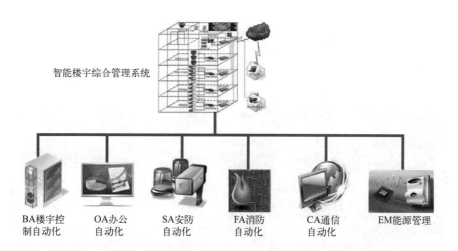

智能楼宇综合管理系统

BA楼宇控　　OA办公　　SA安防　　FA消防　　CA通信　　EM能源管理
制自动化　　自动化　　自动化　　自动化　　自动化

图 11-15　智能楼宇综合管理系统

在选择不同建筑内部系统具体应具备的监控功能时，应根据其所提供的服务、功能选择较适合项。根据《建筑设备监控系统工程技术规范》(JGJ/T 334—2014)，共有 5 种监控功能，包括监测、安全保护、远程控制、自动启停、自动调节。对于暖通空调设备，其应全部具备这 5 种功能，而对于如供配电设备、电梯和自动扶梯相关系统，可以仅配置监测和安全保护 2 项功能。

《绿色建筑评价标准》(GB/T 50378—2019)提出，计量系统是实现运行节能、优化系统设置的基础条件，能源管理系统使建筑能耗可知、可见、可控，从而达到优化运行、降低消耗的目的。冷热源、输配系统和电气等各部分能源应进行独立分项计量、并能实现远传，其中冷热源、输能系统的主要设备包括冷热水机组、冷热水泵、新风机组、空气处理机组、冷却塔等，电气系统包括照明、插座、动力等。对于住宅建筑，主要针对公共区域提出要求，对于住户仅要求每个单元（或楼栋）设置可远传的计量总表。

此外，通过能源管理系统实现数据传输、存储、分析功能，系统可存储数据均应不少于一年，以备进行长期数据分析。

（2）建筑室内空气质量监测

保持理想的室内空气质量指标，必须不断收集建筑室内空气质量测试数据，《绿色建筑评价标准》(GB/T 50378—2019)第 6.2.7 条就提出绿色建筑应设置有多项空气参数的空气质量监测系统：

> 6.2.7　设置 PM_{10}、$PM_{2.5}$、CO_2 浓度的空气质量监测系统，且具有存储至少一年的监测数据和实时显示等功能。

实际运行中有多种监测方式，如利用建筑监控系统或在建筑能耗运行管理平台中增加相关页面，对室内空气质量进行监控，如图 11-16 所示。空气污染物传感装置和智能化技术的完善普及，使对建筑内空气污染物的实时采集监测成为可能。当所监测的空气质量偏离理想阈值时，系统应作出警示，建筑管理方应对可能影响这些指标的系统做出及时的调试或调整。将监测发布系统与建筑内空气质量调控设备组成自动控制系统，可实现室内环境的智能化调控，在维持建筑室内环境健康舒适的同时减少不必要的能源消耗。《绿色建筑评价标准》第 6.2.7 条要求对于安装监控系统的建筑，系统至少对 PM_{10}、$PM_{2.5}$、CO_2 分别进行定时连续测量、显示、记录和数据传输，监测系统对污染物浓度的读数时间间隔不得长于 10min。

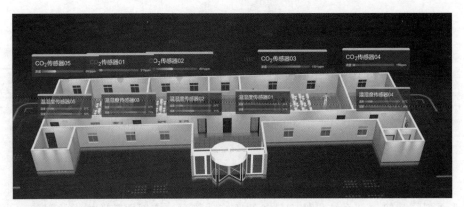

图 11-16　室内空气质量监测系统页面

（3）建筑用水监测

建筑的用水也是建筑信息监测的重要组成部分，在《绿色建筑评价标准》（GB/T 50378—2019）的第 6.2.8 条体现了这一点。建筑用水监测不仅要包括用水量，同时还要对各类用水系统的水质进行监测与测评，以下对具体的系统内容进行讲解。

6.2.8　设置用水远传计量系统、水质在线监测系统。具体评分规则见标准。

---

① 设置用水量远传计量系统，分类、分级记录、统计分析各种用水情况。采用远传计量系统对各类用水进行计量，可准确掌握项目用水现状，如水系管网分布情况，各类用水设备、设施、仪器、仪表分布及运转状态，用水总量和各用水单元之间的定量关系，找出薄弱环节和节水潜力，制订出切实可行的节水管理措施和规划。

② 利用计量数据进行管网漏损自动检测、分析与整改。远传水表可以实时地将用水量数据上传给管理系统。远传水表应根据水平衡测试的要求分级安装。物业管理方应通过远传水表的数据进行管道漏损情况检测，随时了解管道漏损情况，及时查找漏损点并进行整改。

③ 设置水质在线监测系统，监测生活饮用水、管道直饮水、游泳池水、非传统水源、空调冷却水的水质指标，记录并保存水质检测结果，且能随时供用户查询。建筑中设有的各类供水系统均设置了在线监测系统，方可得分。根据相应水质标准规范要求，可选择对浊度、余氯、pH 值、电导率（TDS）等指标进行监测，例如管道直饮水可不监测浊度、余氯，对终端直饮水设备没有在线监测的要求。对建筑内各类水质实施在线监测，能够帮助物业管理部门随时掌握水质指标状况，及时发现水质异常变化并采取有效措施。水质在线监测系统应有报警记录功能，其存储介质和数据库应能记录连续一年以上的运行数据，且能随时供用户查询。水质监测的关键性位置和代表性测点包括：水源、水处理设施出水及最不利用水点。

11.3.3.3　建筑信息网络系统与智能化服务系统

在《绿色建筑评价标准》（GB/T 50378—2019）中，提出绿色建筑应具有智能化服务系统：

> 6.2.9　具有智能化服务系统，评价总分值为 9 分。具体评分规则见标准。

为建筑物设置信息网络系统，可以为建筑使用者提供高效便捷的服务功能。建筑内的信息网络系统一般分为业务信息网和智能化设施信息网，包括物理线缆层、网络交换层、安全及安全管理系统、运行维护管理系统四部分，支持建筑内语音、数据、图像等多种类信息的传输。

此外，保证系统和信息的安全，是系统正常运行的前提。在选用智能化服务系统依靠的网络或系统时，应重点考虑其可靠性、安全性。建筑物内信息网络系统与建筑物外其他信息网互联时，必须采取信息安全防范措施，确保信息网络系统安全、稳定和可靠。

对于建筑的智能化运行系统，其应具有家电控制、照明控制、安全报警、环境监测、建筑设备控制、工作生活服务等中至少 3 种类型的服务功能。智能化服务系统包括智能家居监控服务系统或智能环境设备监控服务系统，具体包括家电控制、照明控制、安全报警、环境监测、建筑设备控制、工作生活服务（如养老服务预约、会议预约）等系统与平台。如图 11-17 所示就是一种建筑智能化运行系统中火灾启动系统报警功能的效果图。

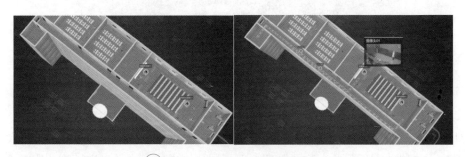

图 11-17　建筑火灾报警功能示意

建筑智能化运行系统控制方式包括电话或网络远程控制、室内外遥控、红外转发以及可编程定时控制等。智能家居监控系统或智能环境设备监控系统是以相对独立的使用空间为单元，利用综合布线技术、网络通信技术、自动控制技术、音视频技术等将家居生活或工作事务有关的设施进行集成，构建高效的建筑设施与日常事务管理的系统，提升家居和工作的安全性、便利性、舒适性、艺术性，实现更加便捷适用的生活和工作环境，提高用户对绿色建筑的感知度。

建筑智能化运行系统应具有远程监控的功能。智能化服务系统具备远程监控功能，使用者可通过以太网、移动数据网络等，实现对建筑室内物理环境状况、设备设施状态的监测，以及对智能家居或环境设备系统的控制、对工作生活服务平台的访问操作，从而可以有效提升服务便捷性。

建筑智能化运行系统应具有接入智慧城市（城区、社区）的功能。智能化服务系统如果仅由物业管理单位来管理和维护的话，其信息更新与扩充的速度和范围一般会受到局限，如果智能化服务平台能够与所在的智慧城市（城区、社区）平台对接，则可有效实现信息和数据的共享与互通，实现相关各方的互惠互利。智慧城市（城区、社区）的智能化服务系统的基本项目一般包括智慧物业管理、电子商务服务、智慧养老服务、智慧家居、智慧医院等。

图 11-18 展示的是智慧家庭、智慧社区与智慧城市的运行关系，通过系统由小到大的智慧化，对于未来城市管理可以起到积极作用。

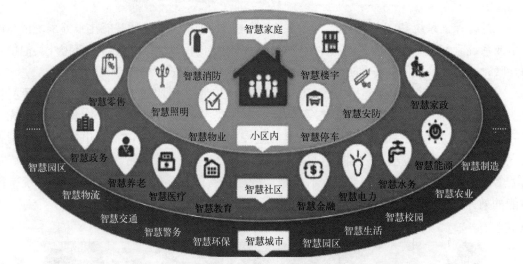

图 11-18　智慧家庭、智慧社区、智慧城市的运行关系

11.3.3.4　物业管理

目前，我国人口较为集中的居住区一般是以数栋住宅楼围绕中心花园或绿地形成的与外部有较明显分界（如利用围栏等形成的分界）的社区，每一个社区一般都会有专门负责的物业管理机构提供物业管理服务。物业管理一般指居住区内的业主通过选聘物业服务企业，进行合同约定，由物业服务企业对居住区内房屋及配套设施、设备和相关场地进行维修、养护、管理，维护规定的物业管理区域内的环境卫生和相关秩序。作为服务的提供方，物业管理机构要承担起社区的运营业务，不仅要保障居住区内居民的生活质量，还要保障居住区的设备管理等，这意味着物业管理机构在其运营过程中要做到合理制订运营策略。进行物业管理的另一方面，是从管理的角度对于整个社区的能源系统进行较为全面的管控，合理设定能源分配与消耗。

（1）运营管理方案的制订

6.2.10　制定完善的节能、节水、节材、绿化的操作规程、应急预案，实施能源资源管理激励机制，且有效实施。

根据《绿色建筑评价标准》（GB/T 50378—2019），物业管理机构作为管理居住区水、电等能源及社区环境等的提供服务方，首先应制订完善的绿色建筑节能、节水、节材、绿化的操作管理制度、工作指南和应急预案，并放置、悬挂或张贴在各个操作现场的明显处，为运营与管理人员提供工作时应参照的准则。如可再生能源系统操作规程、雨废水回用系统作业标准等。节能、节水设施的运行维护技术要求高，维护的工作量大，无论是自行运维还是购买专业服务，都需要建立完善的管理制度及应急预案，并在日常运行中做好记录，通过专业化的物业管理促使操作人员有效保证工作质量。同时，物业管理机构作为营利性企业，应在保证建筑的使用性能要求、投诉率低于规定值的前提下，实现经济效益与建筑用能系统的能耗状况、水资源等的使用情况直接挂钩。

（2）运营效果评估与优化

> 6.2.12　定期对建筑运营效果进行评估，并根据结果进行运行优化，评价总分值为 12 分。具体评分规则见标准。

对绿色建筑的运营效果进行评估是及时发现和解决建筑运营问题的重要手段，也是优化绿色建筑运行的重要途径。绿色建筑设计的专业面很广，所以制订绿色建筑运营效果评估技术方案和评估计划是评估有序和全面开展的保障条件。根据评估结果，可发现绿色建筑是否能够达到预期运行目标，进而针对发现的运营问题制订绿色建筑优化运营方案，保持甚至提升绿色建筑运营效率和运营效果。

除对运营效果的定期评估，对于管辖区域内的公共设施设备系统、装置运行，物业管理机构也应做好定期巡检和维护保修工作。这就要求物业管理机构应提前制订好机构与人员的管理制度和设施维保计划，向巡检或维保负责人员布置巡检规定、作业标准，做到全面且高效的运营维护工作。定期巡检可包括：公共设施设备（管道井、绿化、路灯、外门窗等）的安全、完好程度、卫生情况等；设备间（配电室、机电系统机房、泵房）的运行参数、状态、卫生等；消防设备（室外消防栓、自动报警系统、灭火器）等的完好程度、状态等。

系统、设备、装置的检查、调试不仅限于新建建筑的试运行和竣工验收，而应是一项持续性、长期性的工作，在居民入住后也应不断进行。建筑运行期间，所有与建筑运行相关的管理、运行状态，建筑构件的耐久性、安全性等都会随时间、环境、使用需求调整而发生变化，因此持续到位的维护十分重要。

能源消耗与相关设备运营也是物业管理中重要的组成部分。对于居住区，尤其是采用集中供暖或中央空调的社区，物业管理机构承担起了冷热源系统中全部工作机组的运营与维护工作。因此物业管理机构有责任定期开展能源诊断，并根据诊断结果进行系统设备的维护、运行方案改进等措施，以保证设备的正常工作，保障居民生活。住宅类建筑能源诊断的内容主要包括能耗现状调查、室内热环境和暖通空调系统等现状诊断。公共建筑能源诊断的主要内容包括：冷水机组、热泵机组的实际性能系数，锅炉运行效率，水泵效率，冷却塔冷却性能等。

（3）物业管理的绿色运营

> 6.2.13　建立绿色教育宣传和实践机制，编制绿色设施使用手册，形成良好的绿色氛围，并定期开展使用者满意度调查，评价总分值为 8 分。具体评分规则见标准。

在建筑物长期的运行过程中，用户和物业管理人员的意识与行为直接影响绿色建筑的目标实现，因此需要坚持倡导绿色理念与绿色生活方式的教育宣传制度，培训各类人员正确使用绿色设施，形成良好的绿色行为与风气。

如通过建立绿色宣传和实践活动机制，促进普及绿色建筑知识，让更多的人了解绿色建筑的运营理念和有关要求。也可以通过充分运用社区或网络等平台进行绿色生活概念的展示、宣传和推广。

绿色建筑归根结底是为使用者提供生活工作空间的建筑，其最终应用效果的重要评判依据之一就是建筑使用者的评判和满意度。提升绿色建筑生活便利程度的方式主要从出行与无障碍、服务设施、智慧运行和物业管理四方面考虑，而这些方式最终能够达成的绿色性能提升效果，不仅要关注如设备、设施的增设与改造、运营管理达成的能耗减少量等具体的方面，还要关注建筑使用者的满意程度。可以定期开展针对绿色建筑使用者的建筑绿色性能使用满意度调查，根据满意度调查结果制订建筑性能提升改进措施并加以落实。

 思考题　 在线题库

11-1　建筑能耗运行管理平台的主要工作内容有哪些？作用是什么？

11-2　建筑能耗运行管理平台的构成是什么？

11-3　BIM 是什么？在工程当中 BIM 可起到什么作用？

11-4　BIM 在绿色建筑设计的不同阶段能够提供哪些优势？

【参考文献】

[1] 中国建筑科学研究院，上海市建筑科学研究院.绿色建筑评价标准：GB/T 50378—2019[S].北京：中国建筑工业出版社，2019.

[2] 刘加平.绿色建筑概论[M].2 版.北京：中国建筑工业出版社，2021.

[3] 赵哲身.智慧建筑悄悄走来——智慧建筑的属性与架构[J].智能建筑，2019（03）：10-14.

[4] 郭昆灵.智慧建筑理念在现代建筑中应用的探讨[J].智能城市，2019（16）：46-47.

［5］智慧城市研究社 . 建筑能源管理系统（BEMS）的智慧运营［EB/OL］.（2018-02-02）［2023-11-20］.https：//www.sohu. com/a/220617867_465947.

［6］玩物说 AI. 如何从"智能建筑"跨越到"智慧建筑"？［EB/OL］.（2017-11-30）［2023-11-20］.https：//www.sohu.com/ a/207720018_99930281.

［7］wybim.BIM 技术在大兴国际机场的应用［EB/OL］.（2020-5-18）［2023-11-20］. http：//www.wybim.com/portal. php?mod=view&aid=228.

［8］上海市住房和城乡建设管理委员会 . 上海市建筑信息模型技术应用与发展报告［EB/OL］.（2023-10-11）［2023-11-2］. https：//www.shbimcenter.org/fazhanbaogao/20213250.html.

［9］中共中央办公厅，国务院办公厅 . 关于推动城乡建设绿色发展的意见［EB/OL］.（2021-10-21）［2023-11-20］.https：// www.gov.cn/zhengce/2021-10/21/content_5644083.html.

［10］住房和城乡建设部 . "十四五"建筑节能与绿色建筑发展规划［EB/OL］.（2022-03-01）［2023-11-20］.https：//www. gov.cn/zhengce/zhengceku/2022-03/12/content_5678698.html.